KUHMINSA

한 발 앞서나가는 출판사, **구민사**

구민사 출간도서 中 수험서 분야

- 용접
- 자동차
- 조경/산림
- 품질경영
- 산업안전
- 전기
- 건축토목
- 실내건축

- 기술사
- 기계
- 금속
- 환경
- 보일러
- 가스
- 공조냉동
- 위험물

전국 도서판매처

- 일산남부서점
- 안산대동서적
- 대전계룡서점
- 대구북앤북스
- 대구하나도서
- 포항학원사
- 울산처용서림
- 창원그랜드문고
- 순천중앙서점
- 광주조은서림

www.kuhminsa.co.kr

자격증 시험 접수부터 자격증 수령까지!

01 필기 원서 접수
큐넷(www.q-net.or.kr)
필기 시험은 회원 가입 후 인터넷 접수만 가능
(사진 파일, 접수비(인터넷 결제) 필요)
응시자격 요건 반드시 확인

02 필기시험
입실 시간 미준수 시 시험 응시 불가
준비물 : 수험표, 신분증, 필기구 지참

03 필기 합격 확인
큐넷(www.q-net.or.kr)
사이트에서 확인

04 실기 원서 접수
큐넷(www.q-net.or.kr)
응시 자격 서류는 실기시험 접수기간(4일 내)에
제출해야만 접수 가능

전문가를 위한 첫걸음, 구민사는 그 이상을 봅니다!
KUHMINSA

실기 시험
필답형과 작업형으로 분류
원서 접수 시 선택한 장소와 시간에 맞게 시험을 봅니다.
준비물 : 수험표, 신분증, 필기구 지참

최종합격 확인
큐넷(www.q-net.or.kr)
사이트에서 확인

자격증 신청
인터넷으로 신청(상장형 자격증 발급을 원칙으로 하며,
희망 시 수첩형 자격증 발급 신청/ 발급 수수료 부과)

자격증 수령
인터넷으로 발급(출력)
(수첩형 자격증 등기 수령 시 등기 비용 발생)

D-DAY 60 | 대기환경산업기사 필기 D-60 합격 플랜
(위의 플랜은 가장 이상적인 것이므로 참고하여 개인의 입장과 일정에 맞춰 준비하시기 바랍니다.)

월요일	화요일	수요일	목요일	금요일	토요일	일요일
D-60	D-59	D-58	D-57	D-56	D-55	D-54
PART 1~4. 이론 학습 및 복습						
D-53	D-52	D-51	D-50	D-49	D-48	D-47
PART 1~4. 이론 학습 및 복습						
D-46	D-45	D-44	D-43	D-42	D-41	D-40
과년도 문제 풀이						
D-39	D-38	D-37	D-36	D-35	D-34	D-33
과년도 문제 풀이						
D-32	D-31	D-30	D-29	D-28	D-27	D-26
이론 및 문제 복습						

D-DAY 60 | 놓친 부분 다시보기

월요일	화요일	수요일	목요일	금요일	토요일	일요일
D-25	D-24	D-23	D-22	D-21	D-20	D-19
		이론복습 (O/X)				문제풀이 (O/X)
D-18	D-17	D-16	D-15	D-14	D-13	D-12
		이론복습 (O/X)				문제풀이 (O/X)
D-11	D-10	D-9	D-8	D-7	D-6	D-5
		이론복습 (O/X)				문제풀이 (O/X)
D-4	D-3	D-2	D-1			
		이론복습 (O/X)				

시험장 가기 전에 Tip

Q 계산기를 따로 가져가야 하나요?
A 시험을 치르는 PC에 설치된 계산기를 이용하실 수 있습니다.(개인 계산기 지참 가능)

Q PC로 시험을 치르면 종이는 못 쓰나요?
A 시험장에서 필요한 사람에 한해 종이를 제공합니다. 시험장마다 상황이 다를 수 있으니 전화로 해당 시험장의 상황을 파악해보시길 권장합니다. 이 때 시험이 끝나고 종이 반납은 필수입니다.

머리말

　대기환경산업기사 자격증은 경제의 고도성장과 산업화를 추진하는 과정에서 필연적으로 수반되는 오존층과, 온난화, 산성비 문제 등 대기오염이라는 심각한 문제를 일으키고 있다. 이러한 대기오염으로부터 자연환경 및 생활환경을 관리·보전하여 쾌적한 환경에서 생활할 수 있도록 대기환경분야에 전문인력을 양성하고자 제정된 국가기술자격증으로 환경분야에서 가장 유망한 자격증이다.

　본 수험서는 대기환경산업기사 필기시험을 준비하는 수험생들을 위해 집필된 것으로 최근에 출제된 과년도 문제들을 분석하고 한국산업인력공단 출제경향에 맞게 집필된 수험서이며, 문제마다 충분한 해설을 실어 기본문제에서 응용문제까지 대비할 수 있게 하였다. 따라서 본 수험서를 통하여 대기환경산업기사 공부를 마무리함으로써 수험생 여러분의 실력을 한단계 업그레이드 시키고 합격을 앞당길 수 있도록 마무리 공부에 아주 많은 도움을 줄 것으로 기대한다.

[본 문제집의 특징]
1. 각 과목마다 최근기출문제를 철저히 분석하여 핵심적인 내용만으로 이론을 수록하였다.
2. 출제되는 빈도가 높은 문제는 응용문제까지 대비할 수 있도록 상세한 해설과 Tip으로 정리하였다.
3. 계산문제는 혼자서도 풀 수 있도록 공식 및 용어를 상세히 설명하였다.
4. 법규문제는 최근 개정된 내용으로 해설을 구성하였고, 출제빈도가 높은 문제는 더욱 상세한 해설을 통해 응용문제에 대비할 수 있게 하였다.

　본인은 다년간의 학원강의를 통하여 얻은 지식들과 최근에 출제되는 문제를 바탕으로 이론을 정리하였으며, 문제풀이를 통하여 수험생들이 궁금해하는 부분을 상세하게 서술함으로써 수험생 여러분이 대기환경산업기사 공부에 쉽게 접근하여 자격증취득에 이르기까지 아주 많은 도움이 되리라 자부한다.

　아무쪼록 본 교재를 통하여 수험생 여러분의 뜻한바 목적을 이루기를 바라며, 내용중 오류 및 잘못된 점들이 있다면 수험생 여러분들의 기탄없는 충고를 바라며, 저자와 출판사는 여러분들이 보다 쉽게 공부할 수 있는 환경자격증의 대표수험서가 될수 있도록 최대한 노력을 할 것이다.

　마지막으로 이 수험서가 출간되기까지 수고를 아끼지 않으신 도서출판 구민사 조규백 대표자님을 비롯한 임직원 여러분, 그리고 환경전문 고려종합기술학원 식구들 및 항상 물심양면으로 도와주시는 분들께 진심으로 감사의 말씀을 드립니다.

저자 씀

저자직강 동영상 바로가기 http://www.환경에듀.com
블로그 http://blog.naver.com/airnara69

이 책의 구성과 특징

01 체계적인 핵심 요약

- 각 과목마다 최근기출문제를 철저히 분석하여 핵심적인 내용만으로 이론을 수록하였습니다. 또한 중간중간 Tip으로 중요 부분을 정리하였습니다.

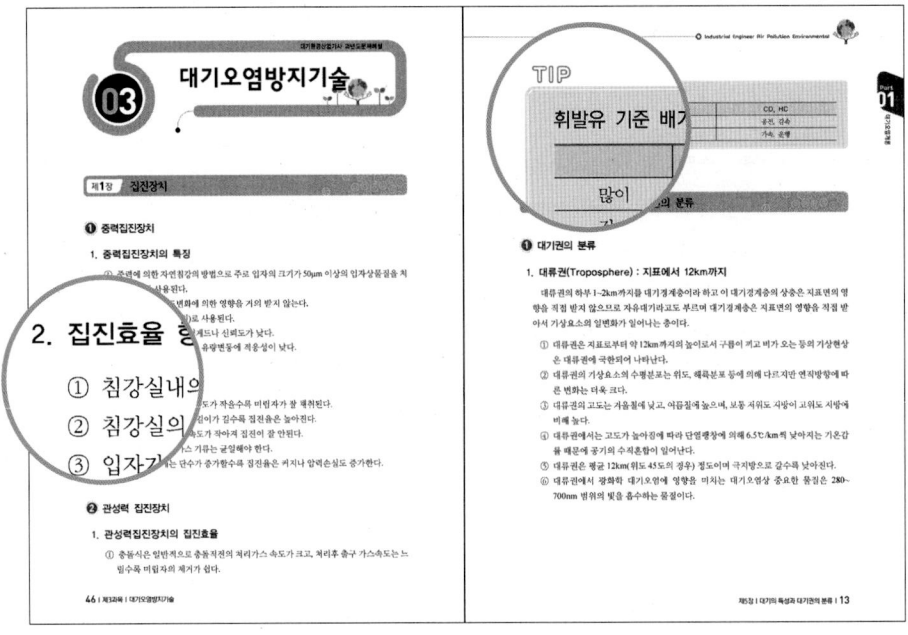

02 과년도 기출문제 및 CBT 복원문제 수록

- 출제년도를 표기해 수험생들이 최근 출제경향을 쉽게 파악할 수 있도록 하였습니다.
- 출제되는 빈도가 높은 문제는 응용문제까지 대비할 수 있도록 상세한 해설과 Tip으로 정리하였습니다.
- 계산문제는 혼자서도 풀 수 있도록 공식 및 용어를 상세히 설명하였습니다.
- 법규문제는 최근 개정된 내용으로 해설을 구성하였고, 출제빈도가 높은 문제는 더욱 상세한 해설을 통해 응용문제에 대비할 수 있게 하였습니다.
- CBT 시행에 따라 복원문제를 수록하여 실전시험에 대비하였습니다.

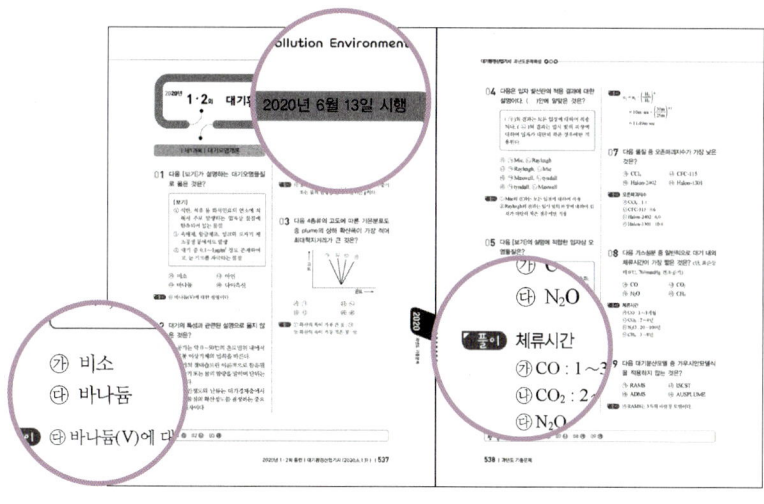

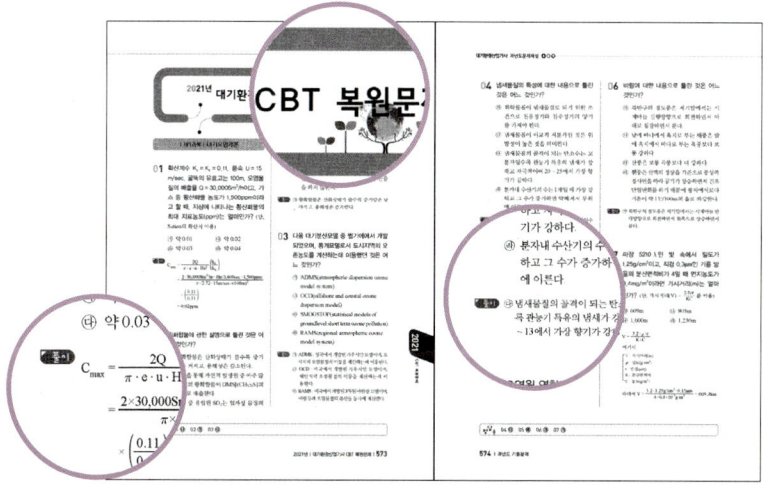

CONTENTS

PART 01 대기오염개론

CHAPTER 1 대기오염 개요   3
    1. 대기오염의 역사적 사건   3
    2. 직경의 종류   4
    3. 실내오염물질   5
    4. 가스상 물질   5

CHAPTER 2 광화학 오염   9
    1. 오염물질의 종류   9
    2. 광화학반응   10
    3. 광화학오염물질   11

CHAPTER 3 오염물질의 배출원 및 대기오염현상   11
    1. 대기오염물질의 배출원   11

CHAPTER 4 자동차   12
    1. 자동차 배출물질의 특징   12

CHAPTER 5 대기의 특성과 대기권의 분류   13
    1. 대기권의 분류   13

CHAPTER 6 바람   15
    1. 바람   15

CHAPTER 7 대기의 안정도   16
    1. 리챠든슨 수(Ri : Richardson Number)   16
    2. 혼합고   17
    3. 기온역전   18
    4. 대기의 안정도에 따른 연기의 모양   19

CHAPTER 8 대기의 확산   21
    1. 확산 모델의 종류   21
    2. 대기분산모델의 종류   23

PART 02 대기오염공정시험기준

CHAPTER 1 총칙   26

CHAPTER 2 일반시험방법   26
    1. 화학분석 일반사항   26
    2. 기체크로마토그래피법   28
    3. 자외선/가시선 분광법   30
    4. 비분산 적외선 분광분석법의 측정기기 성능   31
    5. 이온크로마토그래피법 (Ion Chromatography)   31

CHAPTER 3 배출허용기준시험방법   33
    1. 배출가스 중 무기물질의 측정법   33
    2. 배출가스 중의 금속화합물의 측정   39
    3. 배출가스중 휘발성유기화합물 측정방법   41

CHAPTER 4 환경기준시험방법   43
    1. 환경대기 중 시료채취방법   43
    2. 환경대기 중 무기물질 측정법   44

PART 03 대기오염방지기술

CHAPTER 1 집진장치 47
    1. 중력집진장치 47
    2. 관성력 집진장치 47
    3. 원심력 집진장치 48
    4. 흡수장치 및 세정집진장치 48
    5. 여과집진장치 50
    6. 전기집진장치 52

CHAPTER 2 유해가스 처리법 54
    1. 황산화물(SO_x)처리법 54
    2. 질소산화물(NO_x)의 처리법 55

CHAPTER 3 흡착법과 연소법 및 악취물질 56
    1. 흡착법 56
    2. 연소법과 산화법 58
    3. 악취(냄새) 유발물질 59

CHAPTER 4 환기법 60
    1. 후드 및 덕트 60
    2. 송풍기 61

PART 04 대기환경관계법규

CHAPTER 1 총칙 62
    1. 대기환경보전법에서 사용하는 용어 62
    2. 대기오염 방지시설 64
    3. 상시측정 64
    4. 대기환경개선 66
    5. 장거리이동대기오염물질피해방지 종합대책의 수립 67

CHAPTER 2 사업장 등의 대기오염물질 배출 규제 67
    1. 총량규제 67
    2. 배출부과금 68
    3. 과징금 처분 70
    4. 환경기술인 71

CHAPTER 3 생활환경상의 대기오염물질 배출 규제 72
    1. 연료용 유류 및 그 밖의 연료의 황함유기준 72
    2. 휘발성유기화합물 배출시설의 변경신고 72

CHAPTER 4 자동차·선박 등의 배출가스 규제 73
    1. 자동차, 선박의 배출가스 규제 73
    2. 위임업무 보고사항 및 위탁업무 보고사항 75

CHAPTER 5 환경정책기본법 76
    1. 환경정책기본법상 환경기준 76

CHAPTER 6 악취편 77
    1. 지정악취물질 77

CHAPTER 7 다중이용시설 등의 실내공기질관리법 78

CONTENTS

PART 05 과년도 기출문제

2012년
1회 대기환경산업기사(2012년 3월 4일 시행) 83
2회 대기환경산업기사(2012년 5월 20일 시행) 101
4회 대기환경산업기사(2012년 9월 15일 시행) 120

2013년
1회 대기환경산업기사(2013년 3월 10일 시행) 139
2회 대기환경산업기사(2013년 6월 2일 시행) 160
4회 대기환경산업기사(2013년 9월 28일 시행) 181

2014년
1회 대기환경산업기사(2014년 3월 2일 시행) 202
2회 대기환경산업기사(2014년 5월 25일 시행) 221
4회 대기환경산업기사(2014년 9월 20일 시행) 239

2015년
1회 대기환경산업기사(2015년 3월 8일 시행) 258
2회 대기환경산업기사(2015년 5월 31일 시행) 277
4회 대기환경산업기사(2015년 9월 19일 시행) 297

2016년
1회 대기환경산업기사(2016년 3월 6일 시행) 316
2회 대기환경산업기사(2016년 5월 8일 시행) 335
4회 대기환경산업기사(2016년 10월 1일 시행) 352

2017년
1회 대기환경산업기사(2017년 3월 5일 시행) 370
2회 대기환경산업기사(2017년 5월 7일 시행) 389
4회 대기환경산업기사(2017년 9월 23일 시행) 406

2018년
1회 대기환경산업기사(2018년 3월 4일 시행) 423
2회 대기환경산업기사(2018년 4월 28일 시행) 442
4회 대기환경산업기사(2018년 9월 15일 시행) 461

2019년
1회 대기환경산업기사(2019년 3월 3일 시행) 481
2회 대기환경산업기사(2019년 4월 27일 시행) 501
4회 대기환경산업기사(2019년 9월 21일 시행) 521

2020년
1·2회 통합 대기환경산업기사(2020년 6월 13일 시행) 541
3회 대기환경산업기사(2020년 8월 23일 시행) 560

대기환경산업기사 CBT 모의고사 580

※ CBT시행에 따라 저자께서 수검자들의 도움으로 최대한 유형에 가깝게 문제를 복원하였습니다.

출제기준 - 대기환경산업기사 필기

직무분야	환경·에너지	중직무분야	환경	자격종목	대기환경산업기사	적용기간	2020.1.1~2024.12.31
직무내용	대기분야에서 측정망을 설치하고 그 지역의 대기오염 상태를 측정하여 다각적인 연구와 실험분석을 통해 대기오염에 대한 대책을 강구하고, 대기오염 물질을 제거 또는 감소시키기 위한 오염방지 시설을 설계, 시공, 운영하는 업무						
필기검정방법	객관식	문제수	80	시험시간	2시간		

필기과목명	문제수	주요항목
대기오염개론	20	1. 대기오염
		2. 대기환경기상
		3. 광화학오염
		4. 대기오염의 영향 및 대책
		5. 기후변화 대응
대기오염방지기술	20	1. 입자 및 집진의 기초
		2. 집진기술
		3. 유해가스 및 처리
		4. 환기 및 통풍
		5. 연소이론
대기오염 공정시험기준(방법)	20	1. 일반분석
		2. 시료채취
		3. 측정방법
대기환경관계법규	20	1. 대기환경 보전법
		2. 대기환경 보전법 시행령
		3. 대기환경 보전법 시행규칙
		4. 대기환경 관련법

시험정보 - 대기환경산업기사 필기

[개요]
경제의 고도성장과 산업화를 추진하는 과정에서 필연적으로 수반되는 오존층과, 온난화, 산성비 문제 등 대기오염이라는 심각한 문제를 일으키고 있다. 이러한 대기오염으로부터 자연환경 및 생활환경을 관리·보전하여 쾌적한 환경에서 생활할 수 있도록 대기 환경 분야에 전문기술인 양성이 시급해짐

[수행직무]
대기 분야에 측정망을 설치하고 그 지역의 대기오염상태를 측정하여 다각적인 연구와 실험분석을 통해 대기오염에 대한 대책을 강구함. 대기 오염물질을 제거 또는 감소 시키기 위한 오염방지시설을 설계, 시공, 운영하는 업무 수행

[취득방법]
① 시행처 : 한국산업인력공단
② 관련학과 : 대학이나 전문대학의 대기과학, 대기환경공학 관련학과
③ 훈련기관 : 사회교육원의 환경관리 과정
④ 시험과목
  1. 대기오염개론 2. 대기오염 공정시험 기준(방법) 3. 대기오염방지기술 4. 대기환경 관계 법규
⑤ 검정방법
  객관식 4지 택일형 과목당 20문항(과목당 30분)
⑥ 합격기준
  100점을 만점으로 하여 과목당 40점 이상, 전과목 평균 60점 이상

[시험수수료]
19,400원

원소주기율표

1 H 수소																		2 He 헬륨
3 Li 리튬	4 Be 베릴륨											5 B 붕소	6 C 탄소	7 N 질소	8 O 산소	9 F 플루오린	10 Ne 네온
11 Na 나트륨	12 Mg 마그네슘											13 Al 알루미늄	14 Si 규소	15 P 인	16 S 황	17 Cl 염소	18 Ar 아르곤
19 K 칼륨	20 Ca 칼슘	21 Sc 스칸듐	22 Ti 타이타늄	23 V 바나듐	24 Cr 크로뮴	25 Mn 망가니즈	26 Fe 철	27 Co 코발트	28 Ni 니켈	29 Cu 구리	30 Zn 아연	31 Ga 갈륨	32 Ge 저마늄	33 As 비소	34 Se 셀레늄	35 Br 브로민	36 Kr 크립톤
37 Rb 루비듐	38 Sr 스트론튬	39 Y 이트륨	40 Zr 지르코늄	41 Nb 나이오븀	42 Mo 몰리브덴	43 Tc 테크네튬	44 Ru 루테늄	45 Rh 로듐	46 Pd 팔라듐	47 Ag 은	48 Cd 카드뮴	49 In 인듐	50 Sn 주석	51 Sb 안티몬	52 Te 텔루륨	53 I 아이오딘	54 Xe 제논
55 Cs 세슘	56 Ba 바륨	란타넘족	72 Hf 하프늄	73 Ta 탄탈	74 W 텅스텐	75 Re 레늄	76 Os 오스뮴	77 Ir 이리듐	78 Pt 백금	79 Au 금	80 Hg 수은	81 Tl 탈륨	82 Pb 납	83 Bi 비스무트	84 Po 폴로늄	85 At 아스탄틴	86 Rn 라돈
87 Fr 프랑슘	88 Ra 라듐	악티늄족	104 Rf 러더포듐	105 Db 더브늄	106 Sg 시보귬	107 Bh 보륨	108 Hs 하슘	109 Mt 마이트너륨	110 Ds 다름슈타튬	111 Rg 뢴트게늄							

란타넘족:

57 La 란타넘	58 Ce 세륨	59 Pr 프라세오디뮴	60 Nd 네오디뮴	61 Pm 프로메튬	62 Sm 사마륨	63 Eu 유로퓸	64 Gd 가돌리늄	65 Tb 테르븀	66 Dy 디스프로슘	67 Ho 홀뮴	68 Er 에르븀	69 Tm 툴륨	70 Yb 이터르븀	71 Lu 루테튬

악티늄족:

89 Ac 악티늄	90 Th 토륨	91 Pa 프로트악티늄	92 U 우라늄	93 Np 넵투늄	94 Pu 플루토늄	95 Am 아메리슘	96 Cm 퀴륨	97 Bk 버클륨	98 Cf 캘리포늄	99 Es 아인슈타이늄	100 Fm 페르뮴	101 Md 멘델레븀	102 No 노벨륨	103 Lr 로렌슘

범례:
- 20 Ca 칼슘 — 원자번호 / 원소기호 / 이름
- 원소기호(예: ⓢ:액체 ⓖ:기체 a:고체)
- 금속 / 비금속 / 전이원소 / 란타넘족 / 악티늄족

동영상 강의 수강자를 위한 전쌤의 환경에듀 이용방법

동영상 강의 바로가기 www.환경에듀.com

01
STEP 1.
교재를 구입하셨나요?
전쌤의 환경에듀로 시작하세요.
열심히 해서 **합격**해보자구요!

02
STEP 2.
전쌤 강의는 **홈페이지와 블로그**를 통해
전쌤과 함께 공부하실 수 있습니다.

방법1
홈페이지 http://www.환경에듀.com

방법2
블로그 http://blog.naver.com/airnara69

03
STEP 3.
알기 쉽고 귀에 쏙쏙 들어오는
재미있는 **동영상 강의**
잘 시청하고 계신가요?

04
STEP 4.
공부하다가 궁금한 점이 있거나
알고 넘어가야하는 문제가 있으신가요?
환경에듀(http://www.환경에듀.com)의
문을 두드려보세요!

05
STEP 5.
전쌤의 환경에듀(www.환경에듀.com)는
여러분이 자격증을 취득하는 순간까지
늘 곁에서 함께 하겠습니다.

최고의 **합격** 수험서

전화택 원장님이 제시하는 합격 완벽대비!

수질계열
- 수질환경기사·산업기사 필기
- 수질환경기사·산업기사 실기
- 수질환경기사 과년도
- 수질환경산업기사 과년도

대기계열
- 대기환경기사·산업기사 필기
- 대기환경기사·산업기사 실기
- 대기환경기사 과년도
- 대기환경산업기사 과년도

환경계열
- 환경기능사 필기&실기
- 환경기능사 필기+작업형 실기

폐기물계열
- 폐기물처리기사 필기
- 폐기물처리기사 실기
- 폐기물처리기사 과년도
- 폐기물처리산업기사 필기
- 폐기물처리산업기사 실기
- 폐기물처리산업기사 과년도

화학계열
- 화학분석기능사 필기+실기

교재분야
- 수질환경분석
- 환경학개론
- 환경기초학 및 환경방지기술
- 수질오염
- 대기오염

❖ 환경에듀 홈페이지
http://www.환경에듀.com

❖ 블로그
http://blog.naver.com/airnara69

🔍 동영상 강의는 주소창에 www.환경에듀.com을 검색하세요!

도서출판 구민사
Address (07293) 서울특별시 영등포구 문래북로 116, 604호(문래동3가 46, 트리플렉스)
Tel 02)701-7421~2 Fax 02)3273-9642 homepage http://www.kuhminsa.co.kr/

핵심요약 정리

제1과목 대기오염개론
제2과목 대기오염공정시험기준
제3과목 대기오염방지기술
제4과목 대기관계법규

대기오염개론

제1장 대기오염 개요

❶ 대기오염의 역사적 사건

1. 포자리카(Pozarica) 사건

① 발생 : 1950년 11월 멕시코 공업지대 포자리카
② 특징 : 세계적으로 유명한 대기오염사건 중 부주의로 인하여 발생한 인재(人災)의 대표적인 사건으로 천연가스에서 황화수소(H_2S)를 추출하여 황을 생산하는 공장에서 부주의로 황화수소가 다량 누출, 공장주변의 주민에게 피해를 준 사건이다.
③ 주원인물질 : 황화수소(H_2S)
④ 누설에 의해 발생한 대표적인 사건

2. 런던 스모그사건과 로스앤젤레스 스모그사건 비교

	런던 스모그 사건	로스앤젤레스 스모그 사건
연료	석탄계	석유계
계절	겨울	여름
기온	0~5℃	24~32℃
습도	높다(90% 이상)	낮다(70% 이하)
오염형태	1차성 오염	2차성 오염
화학반응	환원 반응	광화학 반응(산화반응)
역전	복사성(방사성)역전(복사형)	침강성 역전(침강형)
오염물질	SO_2, 미세먼지	광화학산화물(O_3, PAN 등)

3. 보팔시(Bopal) 사건

① 발생 : 1984년 12월 인도중부 보팔시
② 주원인물질 : 메틸이소시아네이트(CH_3CNO)
③ 누설에 의해 발생한 대표적 사건

❷ 직경의 종류

(1) 공기역학적 직경(Aerodynamic Diameter)

① 본래의 먼지와 침강속도가 동일하며, 밀도 $1g/cm^3$인 구형입자의 직경으로 정의된다.
② 먼지의 여과집진과정, 호흡기 침착, 공기정화기의 성능조사 등 입자의 특성파악에 주로 이용된다.
③ 역학적 등가직경은 Stokes직경과 공기역학적 직경으로 세분된다.
④ 공기 중 먼지입자의 밀도가 $1g/cm^3$보다 크고 구형에 가까운 입자의 공기역학적 직경은 실제직경보다 항상 크다.

(2) 스토크스 직경(Stoke's Diameter)

① 스토크스 직경은 알고자 하는 입자상 물질과 같은 밀도 및 침강속도를 갖는 입자상 물질의 직경이다.
② 구형이 아닌 입자와 같은 종속도와 밀도를 가진 구형입자의 직경이다.

> **TIP**
> Stokes 반경이란 구형이 아닌 입자와 같은 종속도와 밀도를 가진 구형입자의 반경이다.

(3) 마틴직경(Martin Diameter)

① 입자상물질의 크기를 결정할 때 사용한다.
② 마틴직경은 입자상물질의 그림자를 2개의 등면적으로 나눈 선의 길이를 직경으로 결정한다.

(4) 광학적직경(Optical Diameter)

현미경을 이용하는 방법으로 투영된 입자의 모양이 원형이 아닐 때 입자의 최장 또는 최단 크기로 정의하거나 여러 방향으로 나누어 크기를 측정하여 산술평균한 값으로 정의한다.

(5) Feret 직경(정방향 직경)

광학현미경을 이용하여 입경을 측정하는 방법에서 입자의 투영면적을 이용하여 측정한 입경 중 입자의 투영면적 가장 자리에 접하는 가장 긴 선의 길이로 나타낸다.

③ 실내오염물질

(1) 라돈

① 자연계에 널리 존재하며 무색, 무취의 기체이고 액화되어도 색을 띠지 않는다.
② 공기보다 약 9배정도 무거워 환기시설이 불량한 지하실 등에서 높은 농도를 나타낸다.
③ 주로 건축자재를 통하여 인체에 영향을 미치고 있으며 화학적으로 거의 반응을 일으키지 않는 불활성 물질이다.
④ 노출되면 주로 호흡기계통의 질환과 폐암이 발생할 수 있다.

(2) 석면

① 먼지의 형태는 등축형, 판형, 섬유형으로 분류한다.
② 건축물의 열차단제 등에 쓰이고, 인체에 폐암이나 악성 중피종 등을 일으킨다.
③ 자연계에서 산출되는 길고, 가늘며, 강한 섬유상 물질로서 내열성, 불활성, 절연성의 성질을 갖는다.
④ 석면은 자연계에 존재하는 유화화된 규산염 광물의 총칭이고, 미국에서 가장 일반적인 것으로는 크리스틸(백석면)이 있다.
⑤ 먼지의 모양 중 다른 두축이 매우 짧은 길이를 가진 반면에 한 축이 매우 긴 먼지형태로 최근에 석면의 흡입에 의한 건강상 유해가 문제가 되는 것이 섬유형이다.
⑥ 석면폐증의 용혈작용은 석면내의 Mg에 의해서 발생되며 적혈구의 증가 증상이다.
⑦ 석면에 폭로되어 중피종이 발생되기까지의 기간은 일반적으로 폐암보다는 긴편이나 20년 이하에서 발생하는 예도 있다.

④ 가스상 물질

1. 황산화물(SO_X)

(1) SO_X(황산화물의 총칭)

① SO_X란 황산화물의 총칭이며 SO_2, SO_3, H_2SO_4, H_2S, CS_2 등의 물질을 의미한다.
② SO_X 중 그 양이 가장 많이 존재하는 것이 H_2S(황화수소)이며, 약 80% 이상을 차지한다.
③ 전세계의 황화합물 배출량 중 인위적 배출량이 50%를 차지하며, 나머지 50%는 자연적 발생원에서 배출된다.

④ 전 지구적 규모로 볼때 해양을 통해 자연적 발생원 중 가장 많은 양의 황화합물 DMS (Dimethyl sulfide;$(CH_3)_2S$)형태로 배출되고 있으며, 일부는 H_2S, OCS, CS_2 형태로 배출되고 있다.

⑤ 카르보닐황(OCS)은 대류권에서 매우 안정하기 때문에 거의 화학적인 반응을 거치지 않고 서서히 성층권으로 유입되며 광분해반응에 종속된다. 반응성이 작아 청정대류권에서 가장 높은 농도를 나타내는 황화합물(수백 ppt정도)로 간주되며, 거의 일정한 수준의 농도를 유지한다.

(2) SO_2(아황산가스 = 이산화황)

① SO_2(아황산가스)의 인체에 미치는 영향
　㉠ SO_2가 적당히 노출되었을때에는 상부호흡기에 영향을 미치며 단독흡입보다 먼지나 액적등과 동시에 흡입하게 되면 황산미스트가 되어 SO_2보다 독성이 10배로 증가한다.
　㉡ 인체에 미치는 독성순서는 (SO_2+H_2O) > (SO_2+먼지) > (SO_2 단독) 이다.
　㉢ SO_2가 인체에 미치는 피해는 농도와 노출시간이 문제가 되며 주로 호흡기계통의 질환을 일으킨다.
　㉣ SO_2는 물에 대한 용해도가 매우 높기 때문에 흡입된 대부분의 가스는 상기도 점막에서 흡수된다.

② SO_2(아황산가스)의 식물에 미치는 피해
　㉠ SO_2는 잎뒷면의 기공으로 침입하여 잎을 황갈색으로 고갈시킨다.
　㉡ 유기산의 분해 생성물인 알데히드와 반응하여 히드록시슬폰산을 형성하여 세포를 파괴한다.
　㉢ SO_2의 지표식물(약한식물)은 대맥, 담배, 자주개나리(알팔파), 목화, 보리 등이다.
　㉣ SO_2에 대한 저항력이 강한 식물에는 양배추, 까치밤나무, 쥐당나무, 셀러리, 소나무, 옥수수 등이 있다.

(3) CS_2(이황화탄소)

① 분자량이 76으로 공기에 대한 비중이 2.64로 물보다 무겁고 불용성이다.
② 상온에서 무색 투명하며 일반적으로 자극성 냄새를 내는 유독성의 증발하기 쉬운 휘발성 액체이다.
③ 비스코스섬유 제조시 많이 발생하는 대기오염물질로 불순물은 불쾌한 냄새를 유발한다.
④ 햇빛에 파괴될 정도로 불안정 하지만 부식성은 비교적 약하다.
⑤ 끓는점은 46℃(760mmHg), 인화점은 -30℃ 이다.

⑥ 휘발성이 높은 액체이므로 쉽게 작업실 내의 농도가 높아져 중추신경계에 대한 특징적인 독성작용으로 심한 급성 또는 아급성 뇌병증을 유발한다.
⑦ 피부를 통해서도 흡수되지만 대부분은 상기도를 통해 체내에 흡수된다.

2. 질소산화물(NO_X)

1) NO_X(질소산화물의 총칭)

① NO_X란 질소산화물의 총칭이며 NO, NO_2, HNO_3, N_2O 등을 의미한다.
② 전세계 질소화합물 중 인위적인 질소화합물 배출량은 자연적 배출량의 10% 정도인 것으로 추정되고 있다.
③ 자연적인 NO_X 방출량은 인위적 NO_X방출량의 7~15배 정도이다.
④ NO_X의 인위적 배출량 중 거의 대부분이 자동차와 연료의 연소과정에서 발생된다.
⑤ NO_X는 그 자체도 인체에 해롭지만 광화학스모그의 원인물질로 중요한 역할을 한다.
⑥ 대기에서 질소는 NO_X cycle에서 지면으로의 침전과 질산염으로의 산화가 일어난다.
⑦ NO_X는 연소시에 주로 배출되며 탄화수소와 함께 태양광선에 의한 광화학스모그를 형성한다.

2) NO(일산화질소)

① 고온의 연소과정에서 화염속에서 주로 생성되는 질소산화물의 90% 이상이 NO이다.($NO : NO_2 = 90\% : 10\%$)
② NO는 연소시에 배출되는 무색의 기체로 물에 매우 난용성이며, 혈액중의 헤모글로빈과 결합력이 강해 산소운반 능력을 감소시키는 물질이다.
③ 연소시 연료 중 질소의 NO 변환율은 연료의 종류와 연소방법에 따라 차이가 있으나 대체로 약 20~50% 범위이다.

3) NO_2(이산화질소)

① NO_2는 적갈색, 난용성, 자극성, 공기보다 무거운 기체로 무색의 NO보다 독성이 5~7배 강하며 공기보다 무겁고 난용성이며 대기중 고농도로 존재할 경우 단독으로 독성을 가진다.
② NO_2의 독성은 O_3의 $\frac{1}{10} \sim \frac{1}{15}$ 정도이다.
③ 우리나라 대기오염물질 중 서울을 비롯한 대도시지역의 1990~2000년 동안 오염농도가 다른 물질에 비해 크게 감소하지 않은 물질이 NO_2이다.

4) N₂O(아산화질소)

① N_2O는 일명 스마일기체(Smile gas)라고도 하며 상쾌하고 달콤한 냄새와 맛을 가진 무색의 기체이다.
② N_2O는 보통 대기중에 0.5ppm 정도로 존재한다.
③ N_2O는 대기중에 존재하는 기체상의 NO_x 중 대류권에서는 온실가스로 알려져 있고, 성층권에서는 오존층파괴물질로 알려져 있다.

3. CO(일산화탄소)

① 무색, 무미, 무취의 난용성 기체로 분자량은 28이고 공기에 대한 비중은 0.97이다.
② 혈액내 Hb(헤모글로빈)과의 친화력이 산소의 210배에 달해 산소운반능력을 저하시킨다. (CO+Hb → COHb(카르복시 헤모글로빈))
③ 가연성분의 불완전연소시나 자동차에서 많이 발생된다.
④ 대기중에서 이산화탄소로 산화되기 어려우며 다른 물질에 흡착현상도 거의 나타내지 않는다.
⑤ 물에 난용성이므로 비에 의한 영향은 거의 받지 않는다.
⑥ 대기중에서 평균 체류시간은 발생량과 대기 중 평균농도로부터 1~3개월로 추정되고 있다.
⑦ CO는 2차성 스모그에 참여하지 않는다. (CO와 NH_3는 1차성 물질로만 작용)
⑧ 토양 박테리아의 활동에 의하여 이산화탄소로 산화됨으로써 대기중에서 제거된다.

4. 다이옥신

① PCB의 부분산화 또는 불완전연소에 의하여 생성된다.
② 2,3,7,8-TCDD(Tetrachloro Dibenzo para Dioxin)는 가장 유해한 다이옥신으로 표준상태에서 증기압이 매우 낮은 고형화합물이다.
③ 다이옥신이 고온에서 완전연소될 때 완전분해된다고 하더라도 연소후 연소가스의 배출시 저온(300~400℃)에서 재생성이 활발하다.
④ 유해폐기물을 소각할때보다 도시폐기물을 소각할 때 다이옥신의 배출량이 훨씬 많다.
⑤ 300℃ 까지 열적으로 안정하며 700℃ 이상에서 열분해한다.
⑥ 수용성은 낮지만 벤젠등에는 용해되는 지용성으로 토양등에 흡수된다.
⑦ 다이옥신류에는 크게 PCDD는 75개, PCDF는 135개의 이성질체를 가진다.
⑧ 열적안정, 낮은 증기압, 낮은 수용성
⑨ 유기염소계 화합물을 소각하는 과정 등에서 발생한다.

⑩ 표준상태에서 증기압이 매우 낮은 고형화합물이다.
⑪ 살충제, 제초제 등의 농업 및 산업화학물질의 부산물에서 발생된다.
⑫ 2개의 산소교량으로 2개의 벤젠고리가 연결된 일련의 유기염화물이다.
⑬ 다이옥신은 산소원자가 2개인 PCDD와 산소원자가 1개인 PCDF를 통칭하는 용어이다.
⑭ 다이옥신은 전구물질의 연소뿐만 아니라 유기화합물과 염소화합물이 고온에서 연소하여서도 생성된다.
⑮ 저온에서 촉매화 반응에 의해 먼지와 결합하여 생성된다.
⑯ 다이옥신의 주요 구성요소는 두개의 산소, 두개의 벤젠, 두개 이상의 염소이다.
⑰ 유기성 고체물질로서 용출실험에 의해서도 거의 추출되지 않는 특징을 가지고 있다.
⑱ 다이옥신의 광분해에 가장 효과적인 파장범위는 250~340nm이다.

제2장 광화학 오염

❶ 오염물질의 종류

1. 1차성 오염물질

발생원에서 대기중으로 방출되어 대기를 직접 오염물질로서 H_2S, SiO_2, CH_3COOH, C_6H_6, C_6H_5OH, $NaOH$, $NaCl$, SO_2, NH_3, NO, Cl_2, CO 등이 있다.

2. 2차성 오염물질

대기중으로 방출된 1차성 오염물질이 광화학반응이나 광분해반응 및 산화반응을 통해서 형성되는 물질로서 O_3, PAN($CH_3COOONO_2$), 아크로레인(CH_2CHCHO), $NOCl$, H_2O_2, CO-케톤 등이 있다.

3. 1, 2차성 오염물질

발생원에서 대기중으로 직접 배출될 수도 있고, 배출된 물질이 광화학반응을 통해서 형성되는 물질로서 SO_3, NO_2, $HCHO$, 케톤 등이 있다.

② 광화학반응

1. 광화학반응의 특징

① NO_2는 도시 대기오염물질중에서 가장 중요한 태양빛 흡수기체로서 파장이 420nm 이상의 가시광선에 의하여 광분해한다.
② 오존은 200~300nm의 파장에서 강한 흡수가 450~700nm에서는 약한 흡수가 일어난다.
③ 광화학스모그는 맑은날 자외선의 강도가 클수록 잘 발생한다.
④ 대기중의 광화학반응에서 탄화수소를 주로 공격하는 화학종은 OH기이다.
⑤ 성층권의 오존층이 대부분의 자외선을 차단한 후 대류권으로 들어오는 태양빛의 파장은 280nm 이상의 파장이다.
⑥ 케톤은 파장 300~700nm에서 약한 흡수를 하여 광분해한다.
⑦ 알데히드(RCHO)는 파장 313nm 이하에서 광분해한다.
⑧ 대기중에서의 오존농도는 보통 NO_2로 산화되는 NO의 양에 비례하여 증가한다.
⑨ NO에서 NO_2로의 산화가 거의 완료되고, NO_2가 최고농도에 달하면서 O_3가 증가되기 시작한다.
⑩ NO 광산화율이란 탄화수소에 의하여 NO가 NO_2로 산화되는 율을 뜻하며, PPb/min의 단위로 표현한다.
⑪ 과산화기가 산소와 반응하여 오존이 생성될 수도 있다.
⑫ 대기중에 NO가 존재하면 O_3은 NO_2와 O_2로 되돌아가므로 O_3는 축적되지 않고 대기중 O_3은 증가하지 않는다.
⑬ 미국 로스앤젤레스에서 시작하여 최근에는 자동차 운행이 많은 대도시지역에서 발생되고 있다.
⑭ 일사량이 크고 대기가 안정되어 있을 때 잘 발생된다.
⑮ 광화학산화물인 오존의 농도는 아침에 서서히 증가하기 시작하여 일사량이 최대인 오후에 최대가 되고 다시 감소한다.
⑯ 질소산화물과 올리핀계 탄화수소 등이 원인물질로 작용했다.
⑰ SO_2는 파장 280~290nm에서 강한 흡수가 일어나지만 대류권에서는 광분해반응이 일어나지 않는다.
⑱ 알데히드는 O_3생성에 앞서 반응초기부터 생성되며 탄화수소의 감소에 대응한다.

③ 광화학오염물질

1. 오존(O_3)

① 무색, 무미, 해초 냄새를 가진 강산화성 물질이며 분자량은 48, 비중은 1.658 이다.
② 대류권의 오존은 국지적인 광화학스모그로 생성된 옥시단트의 지표물질이다.
③ 대기 중 오존은 온실가스로 작용한다.
④ 오염된 대기 중의 오존은 LA스모그 사건에서 처음 확인되었다.
⑤ 대기 중에서 오존의 배경농도는 0.01~0.02ppm 정도이며 청정지역에서 오존농도의 일 변화는 크지 않다.
⑥ 오존은 타이어나 고무절연제 등 고무제품에 균열을 일으키는 물질이다.
⑦ 오존은 대기 중에서 야간에 NO_2와 반응하여 소멸된다.
⑧ 오존은 태양빛, 자동차 배출원인 질소산화물과 휘발성유기화합물 등에 의해 일어나는 복잡한 광화학반응으로 생성된다.
⑨ 눈을 자극하고 폐수종과 폐충혈 등을 유발시키며 섬모운동의 기능장애를 일으킨다.
⑩ 실내냄새 제거제로 사용한다.

제3장 오염물질의 배출원 및 대기오염현상

① 대기오염물질의 배출원

① 벤젠(C_6H_6) : 석유정제, 피혁제조, 도장공업, 살충제, 수지공업, 포르말린 제조
② 시안화수소(HCN) : 청산제조공업, 제철공업, 화학공업, 가스공업
③ 카드뮴(Cd) : 아연정련공업(아연소결로), 합금공업, 도금공업, 안료공업
④ 포름알데히드 = 폼알데히드(HCHO) : 합성수지, 포르말린 제조공업, 피혁공장
⑤ 황화수소(H_2S) : 암모니아공업, 석유화학공업, 펄프공업, 가스공업, 석탄건류
⑥ 불화수소(HF) : 화학비료공업(인산비료공업), 알루미늄공업, 요업공업, 유리공업
⑦ 염화수소(HCl) : 소오다공업, 활성탄제조, 금속제련, 플라스틱공업, 염산제조
⑧ 염소(Cl_2) : 농약제조, 화학공업, 소오다공업
⑨ 브롬(Br_2) : 염료, 의약품, 농약제조
⑩ 페놀(C_6H_5OH) : 합성수지, 도장, 타르, 염료공업, 화학공업
⑪ 니켈(Ni) : 석유화학, 석탄화력발전소, 석면제조

⑫ 비소(As) : 안료, 화학, 농약, 의약품
⑬ 아황산가스(SO_2) : 중유와 석탄 등 화석연료 사용공장, 제련소, 펄프제조공업, 용광로
⑭ 질소산화물(NO_X) : 내연기관, 폭약, 비료제조업, 필름제조업
⑮ 암모니아(NH_3) : 도금공업, 냉동공업, 비료공장, 표백, 색소제조공장
⑯ 크롬(Cr) : 피혁공업, 염색공업, 시멘트 제조업
⑰ 납(Pb) : 인쇄, 도가니 제조공장, 축전지 제조공장, 고무가공 공장, 크레용, 에나멜, 페인트, 휘발유 자동차
⑱ 이황화탄소(CS_2) : 비스코스섬유공업, 레이온 제조업

제4장 자동차

1 자동차 배출물질의 특징

① 자동차에서 배출되는 물질은 CO_2, CO, HC, NO_X, SO_2, Pb, 매연, 입자상물질이다.
② 삼원촉매장치란 산화촉매(Pt, Pd)와 환원촉매(Rh)를 이용하여 CO, HC, NO_X를 동시에 줄일 수 있는 후처리 시설이다.
③ 사용되는 촉매를 보면 최근에는 백금, 로듐에 팔라듐을 포함하여 사용하는 추세이다.
④ CO와 HC의 산화촉매로는 주로 백금(Pt)과 팔라듐(Pd)이 사용되고, NO의 환원촉매로는 로듐(Rh)이 사용된다.
⑤ Rh는 NO 반응을, Pt는 주로 CO와 HC를 저감시키는 산화반응을 촉진시킨다.
⑥ 자동차의 크랭크케이스(Crank case)에서 많이 배출되어 문제가 되는 blow by 가스는 탄화수소(HC)이다.
⑦ 일반적인 가솔린 자동차 배기가스의 구성 중 가장 많은 부피를 차지하는 물질은 CO_2이다. (가속상태 기준)
⑧ 일반적으로 자동차의 주요 배출 유해가스는 CO, NO_X, HC 등이다.
⑨ 휘발유 자동차의 경우 CO는 공회전(아이들링)시, HC는 감속시, NO_X는 가속시에 상대적으로 많이 발생한다.
⑩ CO는 연료량에 비하여 공기량이 부족할 경우에 발생하고 NO_X는 높은 연소온도에서 많이 발생하며 매연은 연료가 미연소하여 발생한다.
⑪ 디젤자동차의 경우 CO 및 HC가 휘발유 자동차에 비해서 상대적으로 적게 배출된다.

> **TIP**
>
> 휘발유 기준 배기가스
>
> | | NOx | CO, HC |
> |---|---|---|
> | 많이 | 가속, 운행 | 공전, 감속 |
> | 적게 | 공전, 감속 | 가속, 운행 |

제5장 대기의 특성과 대기권의 분류

❶ 대기권의 분류

1. 대류권(Troposphere) : 지표에서 12km까지

대류권의 하부 1~2km까지를 대기경계층이라 하고 이 대기경계층의 상층은 지표면의 영향을 직접 받지 않으므로 자유대기라고도 부르며 대기경계층은 지표면의 영향을 직접 받아서 기상요소의 일변화가 일어나는 층이다.

① 대류권은 지표로부터 약 12km까지의 높이로서 구름이 끼고 비가 오는 등의 기상현상은 대류권에 국한되어 나타난다.
② 대류권의 기상요소의 수평분포는 위도, 해륙분포 등에 의해 다르지만 연직방향에 따른 변화는 더욱 크다.
③ 대류권의 고도는 겨울철에 낮고, 여름철에 높으며, 보통 저위도 지방이 고위도 지방에 비해 높다.
④ 대류권에서는 고도가 높아짐에 따라 단열팽창에 의해 6.5℃/km씩 낮아지는 기온감률 때문에 공기의 수직혼합이 일어난다.
⑤ 대류권은 평균 12km(위도 45도의 경우) 정도이며 극지방으로 갈수록 낮아진다.
⑥ 대류권에서 광화학 대기오염에 영향을 미치는 대기오염상 중요한 물질은 280~700nm 범위의 빛을 흡수하는 물질이다.

2. 성층권(Stratosphere) : 지상 12km에서 50km까지

① 고도가 높아질수록 온도가 높아진다. (이유 : 성층권의 오존이 태양광선중의 자외선을 흡수하기 때문이다.)
② 성층권을 비행하는 초음속 여객기에서 NO가 배출되면 NO는 촉매적으로 오존을 파괴한다.
③ 오존의 생성과 분해가 가장 활발하게 일어나는 층이다.
④ 하층부의 밀도가 커서 매우 안정한 상태를 유지하므로 공기의 상승이나 하강등의 연직운동은 억제된다.
⑤ 화산분출등에 의하여 미세한 먼지가 이 권역에 유입되면 수년간 남아 있게 되어 기후에 영향을 미치기도 한다.
⑥ 오존층이란 성층권에서도 오존이 더욱 밀집해 분포하는 지상 20~30km 구간을 말하며 오존의 최대농도는 10ppm이다.
⑦ 대기중에서 오존층의 파괴현상이 가장 심한 곳은 남극을 중심으로 한 남극대륙으로 오존층에 구멍이 생긴 것으로 보고 되었다.
⑧ 오존층의 두께를 표시하는 단위는 돕슨(Dobson)이며 극지방이 400돕슨이고 적도지방이 200돕슨이다.
⑨ 지구대기층의 오존총량을 표준상태에서 두께로 환산했을 때 1mm는 100돕슨에 해당한다.
⑩ 태양으로부터 오는 자외선을 성층권의 오존층에 의해서 대부분이 흡수된다.
⑪ 오존층에서 산소분자를 태양광선 중에서 240nm 이하의 자외선을 흡수하여 2개의 산소 원자로 해리된다.
⑫ 오존층에서 오존은 자외선을 흡수하면 광해리를 일으켜 산소원자와 산소분자로 분열한다.
⑬ 성층권에서는 산소분자가 자외선에 의해 광분해되는 과정을 통해 오존의 생성과 소멸과정이 되풀이된다.
⑭ 비행기가 초음속으로 고공비행을 할 때 대기에 미치는 영향으로는 Ozone층의 파괴와 CO_2의 증가이다.
⑮ 오존층은 자외선 파장의 200nm~290nm 파장의 태양빛을 흡수하여 지상의 생명체를 보호한다.
⑯ 햇빛이 지표면에 도달하기 전에 자외선의 대부분을 흡수함으로써 생물의 성장에 중요한 역할을 한다.
⑰ 지구전체의 평균 오존량은 약 300Dobson 전후이지만 지리적으로 또는 계절적으로는 평균치의 ±50% 정도까지 변화한다.
⑱ 290nm 이하의 단파장인 UV-C는 대기중의 산소와 오존분자등의 가스성분에 의해 그 대부분이 흡수되어 지표면에 거의 도달하지 않는다.

⑲ 오존층의 생성 및 분해과정에 의해 자연상태의 성층권 영역에서는 일정한 수준의 오존량이 평형을 이루고, 다른 대기권 영역에 비해 오존 농도가 높은 오존층이 생긴다.
⑳ 오존층에서는 오존의 생성과 소멸이 계속적으로 일어나면서 오존의 농도를 유지한다.

3. 중간권(Mesosphere) : 지상 50km에서 80km까지

① 고도가 증가하면서 온도가 낮아지며, 지구대기층 중에서 가장 기온이 낮은 구역이 분포한다.
② 지상 80km부근에서 온도가 -90℃ 이다.

4. 온도권(Thermosphere) : 지상 80km 이상

① 온도권은 열권이라고도 한다.
② 고도가 증가할수록 온도가 상승하는 층이다.

제6장 바람

❶ 바람

1. 바람에 관여하는 힘의 종류

(1) 기압경도력(Pressure gardient force)

① 바람발생의 근본원인이다.
② 기압경도력은 연직성분과 수평성분으로 나누어지고 기압은 고도에 따라 감소한다.
③ 특정한 지점에서 기압차에 의해 발생한다.
④ 수평기압 경도력은 등압선의 간격이 좁으면 강해지고, 반대로 간격이 넓으면 약해진다.

(2) 코리올리힘(Coriolis force)

① 일명 전향력이라고도 한다.
② 지구의 자전에 의해서 생기는 수평방향으로의 가상적인 힘을 말한다.
③ 전향력의 크기는 위도가 높아질수록 증가하므로 극지방에서 최대가 되고 적도지방에서 최소가 된다.

④ 지구자전에 의해 생기는 가속도를 전향가속도라 하고 가속도에 의한 힘을 코리올리 힘이라 한다.
⑤ 코리올리힘은 북반구에서 오른쪽 직각으로 작용하며, 운동의 방향만을 변화시키고 속도에는 아무런 영향을 미치지 않는다.
⑥ 경도력과 반대방향으로 힘이 작용한다.
⑦ 전향력의 크기는 위도, 지구자전 각속도, 풍속의 함수로 나타낸다.
⑧ 전향인자(f)는 $2\Omega\sin\psi$로 나타내며, ψ는 위도, Ω 지구자전 각속도로써 7.27×10^{-5}rad$\cdot s^{-1}$이다.
⑨ 전향력은 전향인자에 속도를 곱한 값으로 정의한다.

(3) 원심력(Centrifugal force)

① 회전운동을 하는 물체에 나타나는 관성이며 그 운동방향을 변경시키려 할 때 발생하는 힘으로 지구자전을 고려하면 가상적인 힘이다.
② 곡선의 바깥쪽으로 향하는 힘으로 극지방에서 최소이고 적도지방에서 최대이다.

제7장 대기의 안정도

❶ 리챠든슨 수(Ri : Richardson Number)

1. 리챠든슨 수(Ri)의 특징

① 무차원수이다.
② 근본적으로 대류난류를 기계적인 난류로 전환시키는 율을 측정한 것이다.
③ 지구경계층에서의 기류 안정도를 나타내는 척도로 이용된다.
④ 대기의 동적인 안정도를 나타내는 것이다.
⑤ Ri = 0 일 때는 기계적 난류만 존재한다.
⑥ Ri가 큰 음의 값을 가지면 대류가 지배적이어서 바람이 약하게 되어 강한 수직운동이 일어난다.
⑦ 기계적인 난류와 대류난류 중에서 어느 것이 지배적인가를 Ri를 근거로 추정할 수 있다.
⑧ 0.25보다 크게 되면 수직혼합은 없어지고 수평상의 소용돌이만 남게 된다.

⑨ 리챠든슨 수(Ri)를 구하기 위해서는 두층(보통 지표에서 수 m와 10m 내외의 고도)에서 (기온)과 (풍속)을 동시에 측정하여야 하며 특히 정확한 (풍속)측정이 중요하다. 그리고 이 값은 (풍속차의 제곱)에 반비례한다.
⑩ -0.03 < Ri < 0 이면 기계적 난류와 대류가 존재하나 기계적 난류가 혼합을 주로 일으킨다.
⑪ 0 < Ri < 0.25이면 성층에 의해 약화된 기계적 난류가 존재한다.
⑫ Ri < -0.04이면 대류에 의한 혼합이 기계적 혼합을 지배한다.
⑬ 풍속의 수직분포가 대수적 분포를 보이는 때의 Ri의 범위는 -0.01 < Ri < +0.01 정도이다.

❷ 혼합고

1. 라디오존데(radiosonde)

고도에서의 온도, 기압, 습도를 측정하는 장비이다.

2. 최대혼합고(Maximum Mixing Depth)의 특징

① 열부상 효과에 의한 대류에 의해 혼합층의 깊이가 결정되는데 이를 최대 혼합고라 한다.
② 실제로 지표상 수 km까지의 실제공기의 온도 종단도를 작성함으로써 결정된다.
③ 역전이 심할수록 최대혼합고는 작은값을 가지며 대기오염의 심화를 나타낸다.
④ 야간에 역전이 심할 경우에는 그 값이 거의 0이 될 수도 있다.
⑤ 최대혼합깊이는 하루 중 밤에 가장 적고 한낮에 최대이며 계절적으로 여름에 최대, 겨울에 최소가 된다.
⑥ MMD값은 통상적으로 (밤)에 가장 낮으며, (낮)시간동안 증가한다. (낮)시간 동안에는 통상(2000~3000m) 값을 나타내기도 한다.
⑦ 환기량은 혼합층의 높이에 풍속을 곱한 값으로 정의한다.
⑧ 일반적으로 대단히 안정된 대기에서의 MMD는 불안정한 대기에서보다 MMD가 작다.
⑨ 일반적으로 MMD가 높은 날은 대기오염이 약하고, MMD가 낮은 날에는 대기오염이 심함을 나타낸다.
⑩ 최대혼합깊이의 자료는 통상 1개월 간의 평균치로서 가용한다.
⑪ 실제오염농도(ppm) = 예상오염농도(ppm) $\times \left[\dfrac{\text{예상최대혼합고(m)}}{\text{실제최대혼합고(m)}} \right]^3$

❸ 기온역전

1. 역전의 종류

(1) 접지역전(지표역전)의 종류

① 복사성(방사성) 역전
② 이류성 역전

(2) 공중역전의 종류

① 침강성 역전
② 전선성 역전
③ 해풍 역전
④ 난류성 역전

2. 접지역전

따뜻한 공기가 찬 지표면이나 수면위를 불어갈 때 따뜻한 공기의 하층이 찬 지표면 수면에 의해 냉각되어 발생한다.

(1) 복사성(방사성) 역전

지표에 접한 공기가 그보다 상공의 공기에 비하여 더 차가워져서 생기는 역전이다.

① 겨울철 맑은날 아침에 자주 발생한다.
② 단기간의 오염물질의 축적으로 대기오염문제를 야기시킨다.
③ 발생하는 시간대는 주로 밤에서 이른 새벽까지이다.
④ 하늘이 맑고 바람이 적을 때 지표면 근처의 공기가 낮은 온도로 냉각되면서 발생한다.
⑤ 대기오염물질 배출원이 위치하는 대기층에서 주로 생성된다.
⑥ 구름이 낀 날이나, 센 바람이 부는 날에는 잘 생기지 않는다.
⑦ 지표 가까이에 형성되므로 지표역전이라고도 한다.
⑧ 보통 가을로부터 봄에 걸쳐 날씨가 좋고, 바람이 약하며 습도가 적을 때 자정 이후 아침까지 잘 발생하고 낮이 되면 일사로 인해 지면이 가열되면 곧 소멸된다.

3. 공중역전

(1) 침강성 역전

① 고기압 중심부분에서 기층이 서서히 침강하면서 기온이 단열변화로 승온되어서 발생한다.
② 대도시에서 발생한 대기오염사건은 주로 침강역전과 관련이 있다.
③ 단시간의 오염 문제라기 보다는 장기간의 오염축적에 의하여 문제를 야기한다.
④ 로스엔젤레스 스모그 발생과 밀접한 관계가 있는 역전 형태이다.
⑤ 고기압이 정체하고 있는 넓은 범위에 걸쳐서 시간에 무관하게 장기적으로 지속된다.

❹ 대기의 안정도에 따른 연기의 모양

1. Looping형

① 안정도는 과단열(매우 불안정)조건이며 일명 환상형, 파상형, 루핑형이라 한다.
② 지표농도가 최대인 연기의 모양이다.
③ 전체 대기층이 불안정할 경우에 나타나며, 연기의 모양이 상하로 요동이 심하며, 순간적으로 지상에 고농도가 될 수 있다.
④ 난류가 심할 때 발생하고, 강한 난류에 의해 연기는 재빨리 분산되나 연기가 지면에 도달할 경우 굴뚝 가까운 곳의 지표농도는 높게 될 수도 있다.

2. Fanning형(부채형)

① 전체 대기층이 강한 안정시에 나타나며, 지상에는 오염물질의 영향이 매우 크다.
② 연기가 바람의 하류 방향 먼곳까지 그대로 이동하게 된다.
③ 굴뚝의 높이가 낮으면 지표부근에 심각한 오염문제를 발생시킨다.
④ 대기가 매우 안정상태에서 발생하며 상하의 확산폭이 적어 지표에 미치는 오염도는 적다.
⑤ 대기가 매우 안정된 상태일때에 아침과 새벽에 잘 발생한다.
⑥ 풍향이 자주 바뀔때면 뱀이 기어가는 연기모양이 된다.

3. Conning형(원추형)

① 선체 대기층이 중립일 경우에 나타나며, 연기모양의 요동이 적은 형태이다.
② 바람이 다소 강하거나 구름이 많이 낀 경우에 발생한다.

③ 연기의 퍼지는 모양에서 가우시안 확산모델(Gaussian diffusion model)을 적용할 수 있는 가장 이상적인 연기형태이다. (오염의 단면분포가 전형적인 가우시안 분포를 이루고 있다.)
④ 날씨가 흐리고 바람이 비교적 약하면 약한 난류가 발생하여 생긴다.

4. Lofting형

① 일명 지붕형 또는 상승형이라 한다.
② 안정도는 고공(상층)이 과단열(매우 불안정)이고 지표(하층)가 역전(매우 안정)인 경우에 나타나며 연기가 서서히 확산된다.
③ 굴뚝의 높이보다 더 낮게 지표 가까이에 역전층이 이루어져 있고 그 상공에는 대기가 비교적 불안정상태일 때 발생한다.
④ 주로 고기압 지역에서 하늘이 맑고 바람이 약한 경우에 초저녁으로부터 아침에 걸쳐 발생하기 쉽다.
⑤ 지상으로부터의 기온구배는 역전 - 과단열이다.

5. Fumigation형(훈증형)

① 안정도는 고공(상층)이 역전(매우안정)이고 지표(하층)는 과단열(매우 불안정)이다.
② 연기모양으로 볼 때 대기오염 최대이다.
③ 야간에 형성된 접지역전층은 일출 후 지표면이 가열되면 지표면에서부터 역전이 해소되어 하층은 대류가 활발하여 불안정해지나 그 상층은 아직 안정상태로 남아있는 경우에 나타나는 굴뚝 연기형태이다.
④ 지상으로부터의 기온구배는 과단열 - 역전이다.
⑤ 30분 이상 지속되지 않는다.

6. Trapping형(구속형)

① 안정도는 고공(상층)은 침강성 역전, 지표(하층)는 복사성 역전이다.
② 고기압지역에서 자주 발생된다.

제8장 대기의 확산

❶ 확산 모델의 종류

1. Fick's 방정식

① 소용돌이 확산모델(Eddy diffusion model)의 기본방정식이다.
② 확산 방정식

$$\frac{dC}{dt} = Kx \frac{\sigma^2 C}{\sigma x^2} + Ky \frac{\sigma^2 C}{\sigma y^2} + Kz \frac{\sigma^2 C}{\sigma z^2}$$

(1) 가정조건

① 오염물은 점원으로부터 계속적으로 방출된다.
② 과정은 안정상태이다. 즉 $\frac{dC}{dt} = 0$
③ 풍속은 X, Y, Z 좌표시스템 내의 어느 점에서든 일정하다.
④ 바람에 의한 오염물의 주 이동방향은 X축이다.

(2) 상자모델(격자모델)의 가정조건

① 오염물 분해는 1차 반응에 의한다.
② 오염물 배출원이 지면전역에 균등히 분포되어 있다.
③ 고려된 공간에서 오염물의 농도는 균일하다.
④ 오염물질의 농도가 시간에 따라서만 변하는 0차원 모델이다.
⑤ 오염원은 방출과 동시에 균등하게 혼합된다.
⑥ 고려되는 공간의 단면에 직각방향으로 부는 바람의 속도가 일정하여 환기량이 일정하다.
⑦ 배출원 오염물질은 다른 물질로 변하지도 않고 지면에 흡수되지도 않는다.
⑧ 상자안에서는 밑면에서 방출되는 오염물질이 상자높이인 혼합층까지 즉시 균등하게 혼합된다.

(3) 가우시안(Gaussian) 확산모델 유도에 사용되는 가정

① 연기의 확산은 정상상태로 가정한다.
② 오염물질은 점배출원으로부터 연속적으로 방출된다.
③ 바람에 의한 오염물의 주 이동방향은 X축으로 하며 오염물질은 플룸(Plume)내에서 소멸되거나 생성되지 않는다.
④ 수평방향의 난류확산은 대류에 의한 확산보다 작다고 가정하여 유도한다.
⑤ 난류 확산계수는 일정하다.
⑥ 연직방향의 풍속은 통상 수평방향의 풍속보다 상대적으로 크기가 작기 때문에 연직방향의 풍속을 무시한다.
⑦ 풍속은 일정하다.

(4) 분산모델

1) 장점

① 미래의 대기질을 예측할 수 있다.
② 특정한 오염원의 배출속도와 바람에 의한 분산요인을 입력자료로 하여 수용체 위치에서의 영향을 계산한다.
③ 특정오염원의 영향을 평가할 수 있는 잠재력이 있다.
④ 2차 오염원의 확인이 가능하다.
⑤ 점, 선, 면 오염원의 영향을 평가할 수 있다.
⑥ 기초적인 기상학적 원리를 적용, 미래의 대기질을 예측하여 대기오염제어 정책입안에 도움을 준다.

2) 단점

① 새로운 오염원이 지역내에 생길 때 매번 재평가하여야 한다.
② 지형 및 오염원의 조업조건에 영향을 받는다.
③ 기상과 관련하여 대기중의 무작의적인 특성을 적절하게 묘사할 수 없기 때문에 결과에 대한 불확실성이 크게 작용한다.
④ 오염물의 단기간 분석시 문제가 된다.
⑤ 먼지의 영향평가는 기상의 불확실성과 오염원이 미확인인 경우에 많은 문제점을 가진다.

(5) 수용모델

1) 장점
① 입자상 및 가스상 물질, 가시도 문제 등 환경과학 전반에 응용할 수 있다.
② 새로운 오염원, 불확실한 오염원과 불법 배출 오염원을 정량적으로 확인 평가할 수 있다.
③ 대기오염 배출원이 주변지역에 미치는 영향 또는 기여도를 수리통계학적으로 분석하는 것이다.
④ 질량보전의 법칙과 질량수지개념에 바탕을 두고 유도가 시작된다.
⑤ 적용범위는 도시단위의 소규모에서 최근에는 국가 단위의 중규모까지 확장되고 있고, 분산모델의 결과를 확인하는 역할을 하고 있다.
⑥ 지형, 기상학적 정보 없이도 사용 가능하다.
⑦ 수용체입장에서 영향평가가 현실적으로 이루어질 수 있다.
⑧ 현재나 과거에 일어났던 일을 추정, 미래를 위한 전략을 세울 수 있다.
⑨ 오염원의 조업 및 운영 상태에 대한 정보 없이도 사용 가능하다.

2) 단점
① 측정자료를 입력자료로 사용하므로 시나리오 작성이 곤란하다.
② 미래의 대기질을 예측하기가 어렵다.

❷ 대기분산모델의 종류

1. UAM(Urban Airshed Model)
① 적용모델식 : 광화학모델
② 적용배출원 형태 : 점, 면에 적용
③ 개발국 : 미국
④ 특징 : 도시지역에서 광화학반응을 고려하여 오염물질의 이동을 계산하는데 이용된다.

2. ADMS(Atmospheric Dispersion Model System)
① 적용모델식 : 가우시안 모델
② 적용배출원 형태 : 점, 면, 선에 적용
③ 개발국 : 영국
④ 특징 : 도시지역 오염물질의 이동을 계산하는데 이용된다.

3. TCM(Texas Climatological Model)

① 적용모델식 : 가우시안 모델
② 적용배출원 형태 : 점, 면에 적용
③ 개발국 : 미국
④ 특징 : 장기모델로서 한국에서 많이 사용되었다.

4. ISCST(Industrial Source Complex model for Short)

① 적용모델식 : 가우시안 모델
② 적용 배출원 형태 : 점, 면, 선에 적용
③ 개발국 : 미국
④ 특징 : ISCLT와 같은 구조로서 주로 단기농도예측에 사용된다.

5. ISCLT(Industrial Source Complex for Long Term)

① 적용모델식 : 가우시안 모델
② 적용배출원 형태 : 점, 면, 선에 적용
③ 개발국 : 미국
④ 특징 : 미국에서 널리 이용되는 범용적인 모델로 장기농도 계산용의 모델이다.

6. RAMS(Regional Atmospheric Model System)

① 적용모델식 : 3차원 바람장모델
② 개발국 : 미국
③ 특징 : 바람장모델로 바람장과 오염물질의 분산을 동시에 계산한다.

7. MM5(Mesoscale Model)

① 적용모델식 : 3차원 바람장모델
② 개발국 : 미국
③ 특징 : 바람장모델로 바람장을 계산하고 기상을 예측하는데 이용된다.

8. CMAQ(Complex Multiscale Air Quality modeling)

① 적용모델식 : 광화학모델
② 적용배출원 형태 : 점, 면에 적용
③ 개발국 : 미국
④ 특징 : 지역별 이동을 고려한 광화학물질과 미세먼지의 이동을 계산하는데 이용된다.

9. AUSPLUME(Austrlian Plume Model)

① 적용모델식 : 가우시안 모델
② 적용배출원 형태 : 점, 면, 선에 적용
③ 개발국 : 호주
④ 특징 : 미국의 ISCST와 ISCLT 모델을 개조하여 만든 모델로 호주에서 주로 사용된다.

10. CTDMPLUS(Complex Terrain Dispersion Model Plus)

① 적용모델식 : 가우시안 모델
② 적용배출원 형태 : 점, 면에 적용
③ 개발국 : 미국
④ 특징 : 복잡한 지형에서 오염물질 이동을 계산하는데 사용된다.

11. CALINE(California Line)

① 적용모델식 : 가우시안 모델
② 적용배출원 형태 : 선에 적용
③ 개발국 : 미국
④ 특징 : 자동차에서 배출되는 오염물질의 이동을 계산하는데 이용된다.

12. OCD(Offshore and Coastal Dispersion model)

① 적용모델식 : 가우시안 모델
② 적용배출원 형태 : 점, 면에 적용
③ 개발국 : 미국
④ 특징 : 해안지역 오염물질의 이동을 계산하는데 이용된다.

Part 02 대기오염공정시험기준

제1장 총칙

1. 배출허용기준 중 표준산소농도를 적용받는 항목에 대한 오염물질의 농도와 배출가스량 보정식

   ① 오염물질 농도 보정

   $$C = C_a \times \frac{21-O_s}{21-O_a}$$

   - C : 오염물질 농도(mg/Sm³ 또는 ppm)
   - O_a : 실측산소농도(%)
   - O_s : 표준산소농도(%)
   - C_a : 실측오염물질농도(mg/Sm³ 또는 ppm)

   ② 배출가스유량 보정

   $$Q = Q_a \div \frac{21-O_s}{21-O_a}$$

   - Q : 배출가스유량(Sm³/일)
   - O_a : 실측산소농도(%)
   - O_s : 표준산소농도(%)
   - Q_a : 실측배출가스유량(Sm³/일)

제2장 일반시험방법

❶ 화학분석 일반사항

1. 농도표시

   ① 중량백분율로 표시할 때는 (질량분율 %)의 기호를 사용한다.
   ② 액체 1,000mL 중의 성분질량(g) 또는 기체 1,000mL 중의 성분질량(g)을 표시할 때는 g/L의 기호를 사용한다.

③ 액체 100mL중의 성분용량(mL) 또는 기체 100mL중의 성분용량(mL)을 표시할 때는 (부피분율 %)의 기호를 사용한다.

④ 백만분율(Parts Per Million)을 표시할 때는 ppm의 기호를 사용하며 따로 표시가 없는 한 기체일 때는 용량 대 용량(부피분율), 액체일 때는 중량 대 중량(질량분율)을 표시한 것을 뜻한다.

⑤ 1억분율(Parts Per Hundred Million)은 pphm, 10억분율(Parts Per Billion)은 ppb로 표시하고 따로 표시가 없는 한 기체일 때는 용량 대 용량(부피분율), 액체일 때는 중량 대 중량(질량분율)을 표시한 것을 뜻한다.

2. 온도의 표시

① 표준온도 : 0℃, 상온 : (15~25)℃, 실온 : (1~35)℃, 찬곳 : 따로 규정이 없는 한 (0~15)℃

② 냉수 : 15℃ 이하, 온수 : (60~70)℃, 열수 : 약 100℃

③ "수욕상 또는 수욕중에서 가열한다."라 함은 따로 규정이 없는 한 수온 100℃에서 가열함을 뜻하고 약 100℃ 부근의 증기욕을 대응할 수 있다.

④ "냉후"(식힌 후)라 표시되어 있을 때는 보온 또는 가열 후 실온까지 냉각된 상태를 뜻한다.

3. 용기

① 용기라 함은 시험용액 또는 시험에 관계된 물질을 보존, 운반 또는 조작하기 위하여 넣어두는 것으로 시험에 지장을 주지 않도록 깨끗한 것을 뜻한다.

② 밀폐용기라 함은 물질을 취급 또는 보관하는 동안에 이물이 들어가거나 내용물이 손실되지 않도록 보호하는 용기를 뜻한다.

③ 기밀용기라 함은 물질을 취급 또는 보관하는 동안에 외부로부터의 공기 또는 다른 가스가 침입하지 않도록 내용물을 보호하는 용기를 뜻한다.

④ 밀봉용기라 함은 물질을 취급 또는 보관하는 동안에 기체 또는 미생물이 침입하지 않도록 내용물을 보호하는 용기를 뜻한다.

⑤ 차광용기라 함은 광선을 투과하지 않은 용기 또는 투과하지 않게 포장을 한 용기로서 취급 또는 보관하는 동안에 내용물의 광화학적 변화를 방지할 수 있는 용기를 뜻한다.

4. 시험의 기재 및 용어

① "정확히 단다"라 함은 규정한 량의 검체를 취하여 분석용 저울로 0.1mg까지 다는 것을 뜻한다.

② 액체성분의 양을 "정확히 취한다"함은 홀피펫, 부피플라스크 또는 이와 동등 이상의 정도를 갖는 용량계를 사용하여 조작하는 것을 뜻한다.

③ "항량이 될 때까지 건조한다 또는 강열한다"라 함은 따로 규정이 없는 한 보통의 건조방법으로 1시간 더 건조 또는 강열할 때 전후 무게의 차가 매 g당 0.3mg 이하일 때를 뜻한다.

④ 시험조작 중 "즉시"란 30초 이내에 표시된 조작을 하는 것을 뜻한다.

⑤ "감압 또는 진공"이라 함은 따로 규정이 없는 한 15mmHg 이하를 뜻한다.

⑥ "방울수"라 함은 20℃에서 정제수 20방울을 떨어뜨릴 때 그 부피가 약 1mL 되는 것을 뜻한다.

⑦ "바탕시험을 하여 보정한다"함은 시료에 대한 처리 및 측정을 할 때 시료를 사용하지 않고 같은 방법으로 조작한 측정치를 빼는 것을 뜻한다.

⑧ 시료의 시험, 바탕시험 및 표준액에 대한 시험을 일련의 동일시험으로 행할 때 사용하는 시약 또는 시액은 동일롯트(Lot)로 조제된 것을 사용한다.

⑨ "정량적으로 씻는다"함은 어떤 조작으로부터 다음 조작으로 넘어갈 때 사용한 비커, 플라스크 등의 용기 및 여과막 등에 부착한 정량대상 성분을 사용한 용매로 씻어 그 세액을 합하고 먼저 사용한 같은 용매를 채워 일정용량으로 하는 것을 뜻한다.

⑩ 표준품을 채취할 때 표준액이 정수로 기재되어 있어도 실험자가 환산하여 기재수치에 "약"자를 붙여 사용할 수 있다.

⑪ "약"이란 그 무게 또는 부피에 대하여 ±10% 이상의 차가 있어서는 안된다.

❷ 기체크로마토그래피법

1. 분리관오븐(Column Oven)

   ① 분리관오븐은 내부용적이 분석에 필요한 길이의 분리관을 수용할 수 있는 크기
   ② 임의의 일정온도를 유지할 수 있는 가열기구, 온도조절기구, 온도측정기구 등으로 구성
   ③ 온도조절 정밀도는 ±0.5℃의 범위 이내
   ④ 전원 전압변동 10%에 대하여 온도변화 ±0.5℃ 범위 이내(오븐의 온도가 150℃ 부근일 때)

2. 검출기(Detector)

① 열전도도 검출기(TCD, thermal conductivity detector)
  금속 필라멘트 또는 전기저항체를 검출소자로 하여 금속판안에 들어있는 본체와 여기에 안정된 직류전기를 공급하는 전원회로, 전류조절부, 신호검출 전기회로, 신호감쇄부 등으로 구성된다.

② 불꽃이온화 검출기(flame ionization detector, FID)
  수소 연소 노즐(nozzle), 이온 수집기(ion collector)와 전극 및 배기구로 구성되는 본체와 이 전극 사이에 직류전압을 주어 흐르는 이온전류를 측정하기 위한 직류전압변환회로, 감도조절부, 신호감쇄부 등으로 구성된다.

3. 운반가스(Carrier Gas)

① 운반가스는 충전물이나 시료에 대하여 불활성인 것
② 사용하는 검출기의 작동에 적합한 것
③ 열전도도형 검출기(TCD)에서도 순도 99.8% 이상의 수소나 헬륨 사용
④ 불꽃 이온화 검출기(FID)에서는 순도 99.8% 이상의 질소 또는 헬륨 사용

4. 흡착형 충전물질

분리관내경(mm)	흡착제 및 담체의 입경 범위(m)
3	149~177(100~80mesh)
4	177~250(80~60mesh)
5~6	250~590(60~28mesh)

① 이론단수(n) = $16 \times \left(\dfrac{t_R}{W}\right)^2$

  t_R : 시료도입점으로부터 봉우리 최고점까지의 길이(머무름 시간)
  W : 봉우리의 좌우 변곡점에서 접선이 자르는 바탕선의 길이

② HETP = $\dfrac{L}{n}$

  L : 분리관의 길이(mm)

③ 분리계수(d) = $\dfrac{t_{R2}}{t_{R1}}$

④ 분리도(R) = $\dfrac{2(t_{R2} - t_{R1})}{W_1 + W_2}$

$\begin{bmatrix} t_{R1} : \text{시료도입점으로부터 봉우리 1의 최고점까지의 길이} \\ t_{R2} : \text{시료도입점으로부터 봉우리 2의 최고점까지의 길이} \\ W_1 : \text{봉우리 1의 좌우 변곡점에서의 접선이 자르는 바탕선의 길이} \\ W_2 : \text{봉우리 2의 좌우 변곡점에서의 접선이 자르는 바탕선의 길이} \end{bmatrix}$

❸ 자외선/가시선 분광법

1. 개요

① 램버어트 비어(Lambert-Beer)의 법칙 : $I_t = I_0 \cdot 10^{-\epsilon \cdot C \cdot L}$

  I_0 : 입사광의 강도, I_t : 투사광의 강도, C : 농도, L : 빛의 투과거리
  ϵ : 비례상수로서 흡광계수라 하고, $C = 1mol$, $L = 10mm$일 때의 ϵ의 값을 몰흡광계수라 하며 K로 표시

② 투과도(t) = $\dfrac{I_t}{I_0}$

③ t(투과도)×100 = T(투과 퍼센트)

④ 흡광도(A)는 투과도의 역수의 상용대수

⑤ 흡광도(A) = $\log \dfrac{1}{t}$

⑥ 흡광도(A) = $\epsilon \cdot C \cdot L$

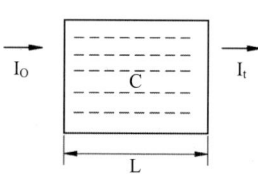

흡광광도 분석방법 원리도

2. 자외선/가시선 분광법 분석장치

광원부 - 파장선택부 - 시료부 - 측광부로 구성되어 있다.

3. 광원부

① 가시부와 근적외부의 광원 : 텅스텐램프
② 자외부의 광원 : 중수소 방전관

④ 비분산 적외선 분광분석법의 측정기기 성능

1. 성능

① 재현성 : 동일 측정조건에서 제로가스와 스팬가스를 번갈아 3회 도입하여 각각의 측정값의 평균으로부터 편차를 구한다. 이 편차는 전체 눈금의 ±2% 이내이어야 한다.

② 감도 : 최대눈금범위의 ±1% 이하에 해당하는 농도변화를 검출할 수 있는 것이어야 한다.

③ 제로드리프트(zero drift) : 동일 조건에서 제로가스를 연속적으로 도입하여 고정형은 24시간, 이동형은 4시간 연속 측정하는 동안에 전체 눈금의 ±2% 이상의 지시 변화가 없어야 한다.

④ 스팬드리프트(span drift) : 동일 조건에서 제로가스를 흘려 보내면서 때때로 스팬가스를 도입할 때 제로드리프트를 뺀 드리프트가 고정형은 24시간, 이동형은 4시간 동안에 전체 눈금의 ±2% 이상이 되어서는 안된다.

⑤ 응답시간(response time) : 제로 조정용 가스를 도입하여 안정된 후 유로를 스팬가스로 바꾸어 기준 유량으로 분석기에 도입하여 그 농도를 눈금 범위 내의 어느 일정한 값으로부터 다른 일정한 값으로 갑자기 변화시켰을 때 스텝(step) 응답에 대한 소비시간이 1초 이내이어야 한다. 또 이때 최종 지시값에 대한 90%의 응답을 나타내는 시간은 40초 이내이어야 한다.

⑥ 온도변화에 대한 안정성 : 측정가스의 온도가 표시온도 범위 내에서 변동해도 성능에 지장이 있어서는 안된다.

⑦ 유량변화에 대한 안정성 : 측정가스의 유량이 표시한 기준유량에 대하여 ±2% 이내에서 변동하여도 성능에 지장이 있어서는 안된다.

⑧ 주위온도 변화에 대한 안정성 : 주위온도가 표시 허용변동 범위 내에서 변동하여도 성능에 지장이 있어서는 안된다.

⑨ 전압 변동에 대한 안정성 : 전원전압이 설정 전압의 ±10% 이내로 변화하였을 때 지시값 변화는 전체 눈금의 ±1% 이내여야 하고, 주파수가 설정 주파수의 ±2%에서 변동해도 성능에 지장이 있어서는 안된다.

⑤ 이온크로마토그래피법(Ion Chromatography)

1. 원리 및 적용범위

이동상으로는 액체를, 그리고 고정상으로는 이온교환수지를 사용하여 이동상에 녹는 혼합물을 고분리능 고정상이 충전된 분리관 내로 통과시켜 시료성분의 용출상태를 전도도 검출기 또는 광학 검출기로 검출하여 그 농도를 정량하는 방법으로 일반적으로 강수(비, 눈, 우박 등), 대기먼지, 하천수 중의 이온성분을 정성, 정량 분석하는데 이용한다.

2. 장치

(1) 분석장치의 구성순서

용리액조 - 송액펌프 - 시료주입장치 - 분리관 - 써프렛서 - 검출기 - 기록계

(2) 분리관

① 이온교환체의 구조면에서는 표층피복형, 표층박막형, 전다공성 미립자형이 있으며, 기본 재질면에서는 폴리스타이렌계, 폴리아크릴레이트계 및 실리카계가 있다.
② 양이온 교환체는 표면에 슬폰산기를 보유한다.
③ 분리관의 재질은 내압성, 내부식성으로 용리액 및 시료액과 반응성이 적은 것을 선택하며 에폭시수지관 또는 유리관이 사용된다.
④ 일부는 스테인리스관이 사용되지만 금속이온 분리용으로는 좋지 않다.

(3) 써프렛서

① 써프렛서란 용리액에 사용되는 전해질 성분을 제거하기 위하여 분리관 뒤에 직렬로 접속시킨 것으로써 전해질을 물 또는 저 전도도의 용매로 바꿔줌으로써 전기전도도 셀에서 목적이온 성분과 전기 전도도만을 고감도로 검출할 수 있게 해주는 것이다.
② 써프렛서는 관형과 이온교환막형이 있으며, 관형은 음이온에는 스티롤계 강산형(H^+) 수지가, 양이온에는 스티롤계 강염기형(OH^-)의 수지가 충진된 것을 사용한다.

제3장 배출허용기준시험방법

① 배출가스 중 무기물질의 측정법

1. 배출가스 중 먼지에서 측정점

(1) 측정점

① 측정점의 선정굴뚝단면이 원형일 경우 : 측정 단면에서 서로 직교하는 직경선상에 부여하는 위치를 측정점으로 선정한다. 측정점수는 굴뚝직경이 4.5m를 초과할 때는 20점까지로 한다.

굴뚝직경 2R(m)	반 경 구분수	측정점수	굴뚝 중심에서 측정점까지의 거리(m)				
			r1	r2	r3	r4	r5
1 이하	1	4	0.707 R	-	-	-	-
1 초과 2 이하	2	8	0.500 R	0.866 R	-	-	-
2 초과 4 이하	3	12	0.408 R	0.707 R	0.913 R	-	-
4 초과 4.5 이하	4	16	0.354 R	0.612 R	0.791 R	0.935 R	-
4.5 초과	5	20	0.316 R	0.548 R	0.707 R	0.837 R	0.949 R

② 굴뚝 단면이 사각형일 경우

굴뚝단면적(m²)	구분된 1변의 길이(L)(m)
1 이하	L ≦ 0.5
1 초과 4 이하	L ≦ 0.667
4 초과 20 이하	L ≦ 1

2. 비산먼지

(1) 시료채취방법

① 시료채취장소 및 위치선정
  ㉠ 측정하려고 하는 발생원의 부지경계선상에 선정
  ㉡ 풍향을 고려하여 그 발생원의 비산먼지 농도가 가장 높을 것으로 예상되는 지점 3개소 이상을 선정
  ㉢ 부근에 장애물이 없고 바람에 의하여 지상의 흙모래가 날리지 않는 곳
  ㉣ 기타 다른 원인에 의하여 영향을 받지 않고 그 지점에서의 비산먼지농도를 대표할 수 있는 곳
  ㉤ 발생원의 위인 바람의 방향을 따라 대상 발생원의 영향이 없을 것으로 추측되는

곳에 대조위치를 선정
② 채취 시간
　　시료채취는 1회 1시간 이상 연속 채취한다.

(2) 먼지농도의 계산

비산먼지농도 : $C = (C_H - C_B) \times W_D \times W_S$

C_H : 채취먼지량이 가장 많은 위치에서의 먼지농도(mg/Sm^3)
C_B : 대조위치에서의 먼지농도(mg/Sm^3)
W_D, W_S : 풍향, 풍속 측정결과로부터 구한 보정계수

단, 대조위치를 선정할 수 없는 경우에는 C_B는 $0.15mg/Sm^3$로 한다.

(3) 풍향, 풍속 보정계수(W_D, W_S)

① 풍향에 대한 보정

풍향변화범위	보정계수
전 시료채취 기간 중 주 풍향이 90° 이상 변할 때	1.5
〃　　　　　　　　45°~90° 변할 때	1.2
〃　　　　풍향이 변동이 없을 때(45° 미만)	1.0

② 풍속에 대한 보정

풍위	보정계수
풍속이 0.5m/s 미만 또는 10m/s 이상되는 시간이 전 채취시간의 50% 미만일 때	1.0
풍속이 0.5m/s 미만 또는 10m/s 이상되는 시간이 전 채취시간의 50% 이상일 때	1.2

3. 배출가스 중 암모니아

분석방법	정량범위	방법검출한계	정밀도(%RSD)
자외선/가시선 분광법 - 인도페놀법	(1.2~12.5)ppm 시료채취량 : 20L, 분석용 시료용액 : 250mL	0.4ppm	10%이내

4. 배출가스 중 일산화탄소

(1) 자동측정법-비분산적외선분광분석법

대기 및 굴뚝 배출가스 중의 오염물질을 연속적으로 측정하는 비분산 정필터형 적외선 가스 분석기에 대하여 적용하며, 측정범위는 0ppm~1,000ppm 이하로 한다.

(2) 자동측정법-전기화학식(정전위전해법)

측정범위 : 0ppm ~ 1,000ppm 이하

(3) 기체크로마토그래피

① 열전도도검출기 : 일산화탄소 농도가 1,000ppm 이상인 시료에 적용하며, 방법검출한계는 314ppm이다.
② 불꽃이온화검출기 : 일산화탄소 농도가 (1 ~ 2,000)ppm인 시료에 적용하며, 방법검출한계는 0.3ppm이다.

5. 배출가스 중 염화수소

(1) 이온크로마토그래피

이 시험법은 환원성 황화합물의 영향이 무시되는 경우에 적합하며 정량범위는 시료기체를 통과시킨 흡수액을 100mL로 묽히고 분석용 시료용액으로 하는 경우 0.4ppm ~ 7.9ppm이다. 방법검출한계는 0.1ppm이다

(2) 싸이오사이안산제이수은 자외선/가시선분광법

이 시험법은 이산화황, 기타 할로겐화물, 사이안화물 및 황화합물의 영향이 무시되는 경우에 적합하며, 파장 460nm에서 흡광도를 측정하고, 정량범위는 2.0ppm ~ 80.0ppm이며, 방법검출한계는 0.6ppm이다.

6. 배출가스 중 염소

분석방법	정량범위	방법검출한계	정밀도
자외선/가시선분광법 -오르토톨리딘법	(0.2 ~ 5.0)ppm (시료채취량 : 2.5L 분석용 시료용액 : 50mL)	0.1ppm	10% 이내
자외선/가시선분광법- 4-피리딘카복실산-피라졸론법	0.08ppm 이상 (시료채취량 : 20L 분석용 시료용액 : 50mL)	0.03ppm	10% 이내

7. 배출가스 중 황산화물

(1) 자동측정법

① 적용가능한 방법

측정	개요
자동측정법- 전기화학식 (정전위전해법)	정전위전해분석계를 사용하여 시료를 가스투과성 격막을 통하여 전해조에 도입시켜 전해액 중에 확산 흡수되는 이산화황을 규정된 산화전위로 정전위전해하여 전해전류를 측정하는 방법이다.
자동측정법- 용액 전도율법	시료를 과산화수소에 흡수시켜 용액의 전기전도율(electro conductivity)의 변화를 용액전도율 분석계로 측정하는 방법이다.
자동측정법- 적외선 흡수법	시료가스를 셀에 취하여 7,300nm 부근에서 적외선가스분석계를 사용하여 이산화황의 광흡수를 측정하는 방법이다.
자동측정법- 자외선 흡수법	자외선흡수분석계를 사용하여 (280~320)nm에서 시료 중 이산화황의 광흡수를 측정하는 방법이다.
자동측정법- 불꽃 광도법	불꽃광도검출분석계를 사용하여 시료를 공기 또는 질소로 묽힌 다음 수소불꽃 중에 도입할 때 394nm 부근에서 관측되는 발광광도를 측정하는 방법이다.

② 측정범위(적용범위) : 0ppm ~ 1,000ppm 이하
③ 측정방법에 따른 간섭물질

측정방법	간섭물질
전기화학식(정전위전해법)	황화수소, 이산화질소, 염화수소, 탄화수소, 염소
용액 전도율법	염화수소, 암모니아, 이산화질소, 이산화탄소
적외선 흡수법	수분, 이산화탄소, 탄화수소
자외선 흡수법	이산화질소
불꽃 광도법	황화수소, 이황화탄소, 탄화수소, 이산화탄소

(2) 침전적정법 - 아르세나조 III법

① 목적

시료를 과산화수소에 흡수시켜 황산화물을 황산으로 만든 후 아이소프로필알코올과 아세트산을 가하고 아르세나조 III을 지시약으로 하여 아세트산바륨 용액으로 적정한다.

② 적용범위

시료가스 20L를 흡수액에 통과시키고 이 액을 250mL로 묽에 하여 분석용 시료용액으로 할 때 전 황산화물의 농도가 (140~700)ppm의 시료에 적용된다. 방법검출한계는 44.0ppm이다.

8. 배출가스 중 질소산화물

(1) 자동측정법

① 적용가능한 방법

측정	개요
자동측정법- 전기화학식 (정전위전해법)	가스투과성 격막을 통하여 전해질 용액에 시료가스 중의 질소산화물을 확산·흡수시키고 일정한 전위의 전기에너지를 부가하여 질산이온으로 산화시켜서 생성되는 전해전류로 시료가스 중 질소산화물의 농도를 측정한다.
자동측정법- 화학 발광법	일산화질소와 오존이 반응하여 이산화질소가 될 때 발생하는 발광강도를 (590~875)nm 부근의 근적외선 영역에서 측정하여 시료 중의 일산화질소의 농도를 측정하는 방법이다. 이산화질소는 일산화질소로 환원시킨 후 측정한다.
자동측정법- 적외선 흡수법	일산화질소의 5,300nm 적외선 영역에서 광흡수를 이용하여 시료중의 일산화질소의 농도를 비분산형 적외선분석계로 측정하는 방법이다. 이산화질소는 일산화질소로 환원시킨 후 측정한다.
자동측정법- 자외선 흡수법	일산화질소는 (195~230)nm, 이산화질소는 (350~450)nm 부근에서 자외선의 흡수량 변화를 측정하여 시료 중의 일산화질소 또는 이산화질소의 농도를 측정하는 방법이다.

② 측정범위 : 0ppm ~ 1,000ppm 이하

③ 측정방법에 따른 간섭물질

측정방법	간섭물질
전기화학식(정전위전해법)	염화수소, 황화수소, 염소
화학 발광법	이산화탄소
적외선 흡수법	수분, 이산화탄소, 이산화황, 탄화수소
자외선 흡수법	이산화황, 탄화수소

(2) 자외선/가시선분광법-아연환원나프틸에틸렌다이아민법

① 목적 및 적용범위

시료 중의 질소산화물을 오존 존재 하에서 흡수액에 흡수시켜 질산이온으로 만들고 분말금속아연을 사용하여 아질산 이온으로 환원 후 설파닐아마이드(sulfanilamide) 및 나프틸에틸렌다이아민(naphthyl ethylen diamine)을 반응시켜 얻어진 착색의 흡광도로부터 질소산화물을 정량하는 방법으로 배출가스 중의 질소산화물을 이산화질소로 하여 계산한다. (측정파장 545nm 부근)

② 적용범위
  ㉠ 시료채취량이 150mL인 경우 시료 중의 질소산화물 농도가 (6.7 ~ 230)ppm의 것을 분석하는데 적당하다. 방법검출한계는 2.1ppm이다.
  ㉡ 2,000ppm 이하의 이산화황은 방해하지 않고 염화 이온 및 암모늄 이온(ammonium ion)의 공존도 방해하지 않는다.

9. 배출가스 중 이황화탄소(CS_2)

분석방법	정량범위	방법검출한계	정밀도
기체크로마토그래피	(0.5~10.0)ppm (FPD)	0.1ppm	10% 이내
자외선/가시선분광법	(4.0~60.0)ppm(시료채취량 10L 경우)	1.3ppm 이하	10% 이내

10. 배출가스 중 황화수소

분석방법	정량범위	방법검출한계	정밀도
자외선/가시선분광법 -메틸렌블루법	(1.7 ~ 140)ppm (시료채취량 : (0.1 ~ 20)L, 분석용 시료용액 : 200mL 또는 20mL)	0.5ppm	10% 이내
기체크로마토그래피	0.5ppm 이상 (시료채취주머니 채취 및 직접 주입)	0.2ppm	10% 이내

11. 배출가스 중 플루오린화합물

분석방법	정량범위	방법검출한계
자외선/가시선분광법	0.05ppm ~ 7.37ppm (시료채취량 : 80L, 분석용 시료용액 : 250mL)	0.02ppm
적정법	0.60ppm ~ 4,200ppm (시료채취량 : 40L, 분석용 시료용액 : 250mL)	0.20ppm
이온선택전극법	7.37ppm ~ 737ppm (시료채취량 : 40L, 분석용 시료용액 : 250mL)	2.31ppm

12. 배출가스 중 사이안화수소

분석방법	정량범위	방법검출한계	정밀도
자외선/가시선분광법 - 4 - 피리딘카복실산 - 피라졸론법	0.05ppm ~ 8.61ppm (시료채취량 : 10L, 분석용 시료용액 : 250mL)	0.02ppm	10% 이내
연속흐름법	0.11ppm 이상 (시료채취량 : 20L 분석용 시료용액 : 250mL)	0.03ppm	10% 이내

13. 유류 중 황함유량 분석방법

분석 방법의 종류	황함유량에 따른 적용 구분	방법검출한계	적용 유류
연소관식 공기법	질량분율 0.010% 이상	0.003%	원유·경유·중유 등
방사선식 여기법	질량분율 (0.030 ~ 5.000)%	0.009%	

(1) 연소관식 공기법

(950~1,100)℃로 가열한 석영재질 연소관 중에 공기를 불어넣어 시료를 연소시킨다. 생성된 황산화물을 과산화수소(3%)에 흡수시켜 황산으로 만든 다음, 수산화소듐표준액으로 중화적정하여 황함유량을 구한다.

❷ 배출가스 중의 금속산화물의 측정

1. 배출가스 중 비소

분석방법	정량범위(ppm)	방법검출한계(ppm)	측정파장(nm)
수소화물 생성 원자흡수분광광도법	0.003 ~ 0.13	0.001	193.7
흑연로 원자흡수분광광도법	0.003 ~ 0.013	0.001	193.7
유도결합플라스마분광법	0.003 ~ 0.130	0.001	193.69
자외선/가시선분광법	0.007 ~ 0.035	0.002	510

2. 배출가스 중 카드뮴

분석방법	정량범위(mg/Sm^3)	방법검출한계(mg/Sm^3)	측정파장(nm)
원자흡수분광광도법	0.010~0.380	0.003	228.5
유도결합플라스마분광법	0.004~0.500	0.001	226.50(214.439)

3. 배출가스 중 납화합물

분석방법	정량범위(mg/Sm^3)	방법검출한계(mg/Sm^3)	측정파장(nm)
원자흡수분광광도법	0.050~6.250	0.015	217.0(283.3)
유도결합플라스마분광법	0.025~0.500	0.008	220.351

4. 배출가스 중 크로뮴

분석방법	정량범위(mg/Sm^3)	방법검출한계(mg/Sm^3)	측정파장(nm)
원자흡수분광광도법	0.100~5.000	0.030	357.9
유도결합플라스마분광법	0.002~1.000	0.001	357.87(206.149)
자외선/가시선분광법	0.002~0.050	0.001	540

5. 배출가스 중 구리화합물

분석방법	정량범위(mg/Sm^3)	방법검출한계(mg/Sm^3)	측정파장(nm)
원자흡수분광광도법	0.012~5.000	0.004	324.8
유도결합플라스마분광법	0.010~5.000	0.003	324.75

6. 배출가스 중 니켈화합물

분석방법	정량범위(mg/Sm^3)	방법검출한계(mg/Sm^3)	측정파장(nm)
원자흡수분광광도법	0.010~5.000	0.003	232
유도결합플라스마분광법	0.010~5.000	0.003	231.60(221.647)
자외선/가시선분광법	0.002~0.050	0.001	450

7. 배출가스 중 아연화합물

분석방법	정량범위(mg/Sm³)	방법검출한계(mg/Sm³)	측정파장(nm)
원자흡수분광광도법	0.003 ~ 5.000	0.001	213.8
유도결합플라스마분광법	0.100 ~ 5.000	0.030	206.19

8. 배출가스 중 수은화합물

분석방법	정량범위(mg/Sm³)	방법검출한계(mg/Sm³)	측정파장(nm)
냉증기 원자흡수분광광도법	0.0005 ~ 0.0075	0.0002	253.7

9. 배출가스 중 베릴륨화합물

분석방법	정량범위(mg/Sm³)	방법검출한계(mg/Sm³)	측정파장(nm)
원자흡수분광광도법	0.010 ~ 0.500	0.003	234.9

❸ 배출가스 중 휘발성유기화합물 측정방법

1. 배출가스 중 폼알데하이드 및 알데하이드류

(1) 고성능 액체크로마토그래피법

시료채취량이 2L ~ 10L일 경우, 배출가스 중 알데하이드 화합물을 0.010ppm ~ 100ppm 범위까지 측정할 수 있다. 알데하이드 화합물의 방법검출한계는 0.003ppm이다.

(2) 크로모트로핀산 자외선/가시선분광법

정량범위는 시료채취량 60L일 때 0.010ppm~0.200ppm이다. 시료채취량 및 흡수액량을 적절히 선택하면 100ppm 정도까지도 측정할 수 있다. 폼알데하이드의 방법검출한계는 0.003ppm이다.

(3) 아세틸아세톤 자외선/가시선분광법

정량범위는 시료채취량 60L일 때 0.020ppm~0.400ppm이고, 방법검출한계는 0.007ppm이다.

2. 배출가스 중 브로민화합물

(1) 자외선/가시선분광법

① 배출가스 중 브로민화합물을 수산화소듐 용액에 흡수시킨 후 일부를 분취해서 산성으로 하여 과망간산포타슘 용액을 사용하여 브로민으로 산화시켜 클로로폼으로 추출한다. 클로로폼층에 물과 황산제이철암모늄 용액 및 싸이오사이안산제이수은 용액을 가하여 발색한 정제수층의 흡광도를 측정해서 브로민을 정량하는 방법이다. 흡수 파장은 460nm이다.

② 정량범위는 시료채취량이 40L인 경우 브로민화합물로서 (1.8~17.0)ppm이며, 방법검출한계는 0.6ppm이다.

(2) 적정법

① 배출가스 중 브로민화합물을 수산화소듐 용액에 흡수시킨 다음 브로민을 하이포아염소산소듐용액을 사용하여 브로민산 이온으로 산화시키고 과잉의 하이포아염소산염은 폼산소듐으로 환원시켜 이 브로민산 이온을 아이오딘 적정법으로 정량하는 방법이다.

② 정량범위는 시료채취량이 40L인 경우 브로민화합물로서 1.2ppm~59.0ppm이며, 방법검출한계는 0.4ppm이다.

3. 배출가스 중 페놀화합물

(1) 4-아미노안티피린 자외선/가시선분광법

① 배출가스 중의 페놀화합물을 측정하는 방법으로서 배출가스를 수산화소듐 용액에 흡수시켜 채취한다.

② pH를 10 ± 0.2로 조절한 후 여기에 4-아미노안티피린 용액과 헥사사이아노철(Ⅲ)산포타슘 용액을 순서대로 가하여 얻어진 적색액을 510nm의 파장에서 흡광도를 측정하여 페놀화합물의 농도를 계산한다.

③ 10L의 시료를 용매에 흡수시켜 채취할 경우 시료 중의 페놀화합물의 농도가 1.0ppm ~ 20.0ppm 범위의 분석에 적합하다.

④ 총 페놀화합물의 방법검출한계는 0.32ppm이다.

⑤ 시료 중에 다량의 오염물질이 함유되어 있으면 클로로폼으로 추출하여 적용할 수 있다.

4. 배출가스 중 탄화수소

(1) 불꽃이온화검출기

① 반응시간 : 오염물질 농도의 단계변화에 따라 최종값의 90%에 도달하는 시간
② 총탄화수소분석기 : 배출가스 중 총탄화수소를 분석하기 위한 배출가스 측정기로써 형식승인을 받은 분석기기를 사용
③ 교정가스 주입장치 : 제로 및 교정가스를 주입하기 위해서는 3방콕이나 순간연결장치 사용
④ 기록계 : 기록계를 사용하는 경우에는 최소 4회/min이 되는 기록계 사용

제4장 환경기준시험방법

❶ 환경대기중 시료채취방법

1. 시료채취를 위한 일반사항

(1) 채취지점수(측정점수)의 결정방법(인구비례에 의한 방법)

① 대상지역의 인구 분포 및 인구밀도를 고려하여 인구밀도가 5,000명/km² 이하일 때 적용
② 가주지면적 = 총면적 - (전답 + 임야 + 호수 + 하천)
③ 측정점수 = $\dfrac{\text{그 지역 가주지면적}}{25\text{km}^2} \times \dfrac{\text{그 지역 인구밀도}}{\text{전국 평균인구밀도}}$

(2) 시료채취 위치선정

① 시료채취 위치는 원칙적으로 주위에 건물이나 수목 등의 장애물이 없고 그 지역의 오염도를 대표할 수 있다고 생각되는 곳을 선정한다.
② 주위에 건물이나 수목 등의 장애물이 있을 경우에는 채취위치로부터 장애물까지의 거리가 그 장애물 높이의 2배 이상 또는 채취점과 장애물 상단을 연결하는 직선이 수평선과 이루는 각도가 30° 이하되는 곳을 선정한다.
③ 주위에 건물등이 밀집되거나 접근되어 있을 경우에는 건물 바깥벽으로부터 적어도 1.5m 이상 떨어진 곳에 채취점을 선정한다.
④ 시료채취의 높이는 그 부근의 평균오염도를 나타낼 수 있는 곳으로서 가능한 한 1.5m~10m 범위로 한다.

❷ 환경대기 중 무기물질 측정법

1. 환경대기 중 아황산가스 측정방법

(1) 측정방법의 종류

① 수동 및 반자동측정법
  ㉠ 파라로자닐린법
  ㉡ 산정량 수동법
  ㉢ 산정량 반자동법

② 자동 연속 측정법
  ㉠ 용액 전도율법
  ㉡ 용액 전도율법
  ㉢ 불꽃광도법
  ㉣ 자외선형광법(주시험방법)
  ㉤ 흡광차분광법

③ 파라로자닐린법의 간섭물질
  알려진 주요 방해물질은 질소산화물(NOx), 오존(O_3), 망간(Mn), 철(Fe) 및 크롬(Cr)이다.
  ㉠ NOx의 방해는 설퍼민산(NH_3SO_3)을 사용함으로써 제거
  ㉡ 오존의 방해는 측정기간을 늦춤으로써 제거된다.
  ㉢ 에틸렌다이아민테트라아세트산(EDTA) 및 인산은 위의 금속성분들의 방해를 방지한다.
  ㉣ 암모니아, 황화물(Sulfides) 및 알데하이드는 방해되지 않는다.

2. 환경대기 중 질소산화물 측정방법

(1) 측정방법의 종류

① 자동연속측정방법
  ㉠ 화학발광법(주시험방법)
  ㉡ 살츠만법
  ㉢ 흡광차분광법

② 수동측정방법
  ㉠ 야곱스호흐하이저법
  ㉡ 수동살츠만법

3. 환경대기 중 먼지 측정방법

(1) 측정방법의 종류

① 고용량 공기시료채취기법(High Volume Air Sampler Method)
② 저용량 공기시료채취기법(Low Volume Air Sampler Method)
③ 베타선법(β-Ray Method)

(2) 고용량 공기시료채취기(High Volume Air Sampler)법

① 원리 및 적용범위

이 방법은 대기 중에 부유하고 있는 입자상물질을 고용량 공기시료채취기를 이용하여 여과지상에 채취하는 방법으로 입자상물질전체의 질량농도를 측정하거나 금속성분의 분석에 이용한다. 이 방법에 의한 채취입자의 입경은 일반적으로 0.01~100μm 범위이다.

② 채취용 여과지

㉠ 입자상 물질의 채취에 사용하는 여과지는 0.3μm되는 입자를 99% 이상 채취 가능
㉡ 압력손실과 흡수성이 적고 가스상 물질의 흡착이 적은 것
㉢ 분석에 방해되는 물질을 함유하지 않은 것
㉣ 여과지의 재질은 유리섬유, 석영섬유, 폴리스틸렌, 니트로셀룰로스, 플루오로수지

(3) 저용량 공기시료채취기(Low Volume Air Sampler)법

① 원리 및 적용범위

이 방법은 환경대기중에 부유하고 있는 입자상 물질을 저용량 공기시료채취기를 사용하여 여과지 위에 채취하는 방법으로 일반적으로 총부유먼지와 10μm 이하의 입자상 물질을 채취하여 질량농도를 구하거나 금속 등의 성분분석에 이용한다.

② 흡입펌프의 구비조건

㉠ 연속해서 30일 이상 사용할 수 있을 것
㉡ 진공도가 높을 것
㉢ 유량이 큰 것
㉣ 맥동이 없이 고르게 작동될 것
㉤ 운반이 용이할 것

4. 환경대기 중 탄화수소 측정법(불꽃 이온화 검출기법)

① 총탄화수소 측정법
② 비메탄 탄화수소 측정법(주시험방법)
③ 활성 탄화수소 측정법

5. 환경대기 중의 석면측정용 현미경법

분석방법	정량범위	방법검출한계
위상차현미경(주시험방법)	0.2μm~5μm	0.2μm
주사전자현미경	1.0nm 이하	-
투과전자현미경	1.0nm 이상	7,000 구조수/mm^2

(1) 위상차 현미경

① 위상차현미경을 사용하여 섬유상으로 보이는 입자를 계수하고 같은 입자를 보통의 생물현미경으로 바꾸어 계수하여, 그 계수치들의 차를 구하면 굴절율이 거의 1.5인 섬유상의 입자 즉 석면이라고 추정할 수 있는 입자를 계수할 수가 있게 된다.
② 석면먼지의 농도표시는 20℃, 1 기압 상태의 기체 1mL 중에 함유된 석면섬유의 개수(개/mL)로 표시한다.

(2) 시료채취 및 관리

① 시료채취 및 측정시간 : 주간시간대에 (오전 8시 ~ 오후 7시) 10L/min 으로 1시간 측정
② 시료 채취면이 주 풍향을 향하도록 설치한다.
③ 유량계의 부자를 10L/min 되게 조정한다.

(3) 식별방법 : 채취한 먼지 중에 길이 5μm 이상이고, 길이와 폭의 비가 3:1 이상인 섬유를 석면섬유로서 계수한다.

6. 환경대기 중의 벤조(a)피렌 시험방법

(1) 분석방법의 종류

① 기체크로마토그래피법(주시험방법)
② 형광분광광도법

Part 03 대기오염방지기술

제1장 집진장치

❶ 중력집진장치

1. 중력집진장치의 특징

① 중력에 의한 자연침강의 방법으로 주로 입자의 크기가 50μm 이상의 입자상물질을 처리 하는데 사용된다.
② 함진가스의 온도변화에 의한 영향을 거의 받지 않는다.
③ 전처리(1차처리장치)로 사용된다.
④ 유지비 및 설치비가 적게드나 신뢰도가 낮다.
⑤ 함진가스의 먼지부하나 유량변동에 적응성이 낮다.

2. 집진효율 향상조건

① 침강실내의 처리가스 속도가 작을수록 미립자가 잘 채취된다.
② 침강실의 높이가 낮고 길이가 길수록 집진율은 높아진다.
③ 입자가 작을 때 침강속도가 작아져 집진이 잘 안된다.
④ 침강실내의 배기가스 기류는 균일해야 한다.
⑤ 다단일 경우에는 단수가 증가할수록 집진율은 커지나 압력손실도 증가한다.

❷ 관성력 집진장치

1. 관성력집진장치의 집진효율

① 충돌식은 일반적으로 충돌직전의 처리가스 속도가 크고, 처리후 출구 가스속도는 느릴수록 미립자의 제거가 쉽다.

② 반전식은 기류의 방향 전환시 곡률반경이 작을수록, 방향전환 횟수는 많을수록, 압력 손실은 커지나 집진효율은 좋다.
③ 호퍼(DUST BOX)는 적당한 모양과 크기가 필요하다.

❸ 원심력 집진장치

1. Blow Down(블로우다운) 효과

사이클론의 집진효율을 높이는 방법으로 하부의 더스트박스(Dust Box)에서 처리가스량 5~10%를 처리하여 사이클론내의 난류현상을 억제시킴으로 먼지의 재비산을 막아주며, 장치 내벽 부착으로 일어나는 먼지의 축적도 방지하는 효과이다.

2. 사이클론의 집진효율의 성능인자

① 함진가스의 선회속도가 클수록 입자의 분리속도는 커진다.
② 내경(배출내관)이 작을수록 입경이 작은 먼지를 제거할 수 있다.
③ 입구유속이 빠를수록 효율이 높은 반면에 압력손실은 높아진다.
④ 몸체직경 및 출구직경이 커지면 효율은 감소한다.
⑤ 입자의 입경과 밀도가 클수록 효율은 증가한다.
⑥ 입자의 입경이 클수록 입자의 분리속도는 커진다.
⑦ Blow down 효과를 적용하여 효율을 증대시킨다.
⑧ Dust box의 모양과 크기도 효율에 영향을 미친다.

❹ 흡수장치 및 세정집진장치

1. 흡수장치의 종류

① 가스분산형 흡수장치
　㉠ 액측저항이 큰 경우에 이용
　㉡ 용해도가 낮은 가스에 적용
　㉢ 다공판탑, 종탑, 기포탑 등이 있다.

② 액분산형 흡수장치
   ㉠ 가스측 저항이 큰 경우 이용
   ㉡ 용해도가 높은 가스에 적용
   ㉢ 충전탑(흡수탑), 분무탑(살수탑), 벤츄리스크러버 등이 있다.

2. 흡수액 선정시 고려할 사항

① 용해도가 높아야 한다.
② 휘발성이 낮아야 한다.
③ 흡수액의 점성은 비교적 작아야 한다.
④ 용매의 화학적 성질과 비슷해야 한다.
⑤ 부식성 및 독성이 없어야 한다.
⑥ 어는점이 낮아야 한다.
⑦ 비점이 높아야 한다.
⑧ 시장성이 좋고 값이 싸야 한다.

3. 충전탑(흡수탑)

원통형의 탑내에 여러 가지 충전재를 넣어 함진가스(가스유입속도 1m/sec 이하)와 세정액을 접촉시켜 세정하는 장치이다.

① 액분산형 흡수장치이다.
② [충전탑의 직경/충전제 직경] = 8~10 일때 편류현상이 최소가 된다.
③ 범람점에서의 가스속도는 충전제를 불규칙하게 쌓았을 때 보다 규칙적으로 쌓았을 때가 더 크다.
④ 충전제를 규칙적으로 충전하면 불규칙적으로 충전하는 방법에 비하여 압력손실이 적어 더 많은 흡수제를 흘릴 수 있다.
⑤ 가스의 유속이 증가하면 충전층내의 액의 보유량이 증가하여 탑위로 넘치게 되므로 가스유속은 범람(flooding)속도의 40~70%가 적당하다.
⑥ 효율을 증대시키기 위해서는 가스의 용해도를 증가시키고, 액가스비를 증가시켜야 한다.

4. 벤츄리스크러버

함진가스를 벤츄리관의 목(throat)부에 유속 60~90m/sec로 빠르게 공급하여 목부주변의 노즐로부터 세정액이 흡입분사되게 함으로써 채취하는 방식이다.

① 가압수식중에서 집진율이 가장 높아 대단히 광범위하게 사용되며, 소형으로 대용량의 가스처리가 가능하다.
② 액체방울(Liquid droplet)과 입자의 주된 접촉 메카니즘은 충돌(Impaction)이다.
③ 물방울입경과 먼지입경의 비는 충돌 효율면에서 150 : 1전후가 적당하다.
④ 압력손실이 300~800mmH$_2$O로 아주 크므로 동력비가 크다.
⑤ 소형으로 대용량의 가스를 처리할 수 있다.
⑥ 효율이 우수하고 광범위하게 사용된다.
⑦ 액가스비는 일반적으로 먼지의 입경이 작고, 친수성이 적을 때 커진다.
⑧ 벤츄리관의 목부의 함진가스 유속은 60~90m/sec이다.
⑨ 액가스비는 10μm 이하 미립자 또는 친수성이 아닌 입자의 경우는 1.5L/m^3 정도를 필요로 한다.
⑩ 먼지입자의 친수성이 적을 때 액가스비는 커진다.
⑪ 액가스비는 보통 0.3~1.5L/m^3 정도이다.
⑫ 먼지와 가스의 동시제거가 가능하다.
⑬ throat부의 배기가스 속도를 크게하면 효율이 증가한다.
⑭ 먼지부하 및 가스유동에 민감하고, 대량의 세정액이 요구된다.

❺ 여과집진장치

1. 여과집진장치의 특징

① 다양한 여과재의 사용으로 인하여 설계시 융통성이 있다.
② 세정집진장치보다 압력손실과 동력소모가 적다.
③ 여과재의 교환으로 유지비가 고가이다.
④ 수분이나 여과속도에 대한 적응성이 낮다.
⑤ 벤츄리스크러버보다 압력손실과 동력소모가 적은편이다.
⑥ 1μm 이상의 미세입자의 제거가 용이하다.
⑦ 폭발성, 점착성 및 흡습성 먼지의 제거가 어렵다.

2. 탈진방식

(1) 간헐식 탈진방식

① 먼지의 재비산이 적다.
② 높은 집진율을 얻을 수 있다.
③ 여포의 수명은 연속식에 비해 길다.
④ 진동형과 역기류형, 역기류 진동형이 있다.
⑤ 대용량 처리에 부적당하다.
⑥ 여러개의 방으로 구분하고 방 하나씩 처리가스의 흐름을 차단하여 순차적으로 탈진하는 방식이다.
⑦ 간헐식 중 진동형은 음파진동, 횡진동, 상하진동에 의해 채취된 먼지층을 털어내는 방식으로 접착성 먼지의 집진에는 사용할 수 없다.
⑧ 진동형의 경우 여과속도는 1~2cm/sec 정도이다.

(2) 연속식 탈진방식

① 먼지의 재비산이 크다.
② 집진율이 낮다.
③ 고농도, 대용량의 처리가 용이하다.
④ 연속식은 간헐식에 비해 여과자루의 수명이 짧다.
⑤ 채취과 탈진이 동시에 이루어지므로 압력손실이 거의 일정하다.
⑥ 연속식에는 역제트기류 분사형(reverse jet)과, 충격제트기류 분사형(pulse jet) 등이 있다.
⑦ 충격제트기류 분사형은 처리가스가 여과포의 외부에서 내부로 투과되기 때문에 먼지는 여과포 외벽에 집진되는 방식이다.
⑧ 충격제트기류 분사형 탈진방식은 집진장치 내 운동장치가 없어 탈진주기에 비해 소요되는 시간이 짧다.
⑨ 연속식 중 가압형을 고압의 충격제트기류를 먼지층에 분사하고 압력에 의해 먼지층을 털어내는 방식으로 최근 사용이 늘고 있다.

6 전기집진장치

1. 전기집진장치 특징

(1) 장점

① 고집진율(99%)을 얻을 수 있다.
② 고온가스처리가 가능하다. (350℃ 정도)
③ 대량의 공기를 다룰 수 있다.
④ 부식성 가스가 함유된 먼지도 처리가 가능하다.
⑤ 전력소비(동력비)가 적게들고 유지관리비가 적게 든다.
⑥ 광범위한 온도와 대용량 범위에서 운전이 가능하다.

(2) 단점

① 초기시설비가 크다.
② 설치면적이 크게 소요된다.
③ 전압변동과 같은 조건변동에 쉽게 적응하기 어렵다.
④ 집진율이 서서히 저감된다.
⑤ 전처리 시설이 필요하다.

2. 전기집진기에서 먼지의 비저항(겉보기 전기 저항률)

① 전기집진장치에서 집진효율에 가장 크게 영향을 주는 것이 전기저항이다.
② 재비산 현상
  ㉠ 발생조건 : 먼지의 전기저항이 $10^4 \, \Omega \, cm$ 이하일 때
  ㉡ 방지책
    ⓐ NH_3를 주입
    ⓑ 습식집진장치 사용
③ 역전리 현상
  ㉠ 발생조건 : 먼지 전기저항이 $10^{11} \, \Omega \, cm$ 이상일 때
  ㉡ 방지책
    ⓐ 처리가스의 온도를 조절하거나 습도를 높인다.
    ⓑ SO_3를 스프레이로 주입한다.
    ⓒ 습식집진장치를 사용한다.

ⓓ 황산을 조절제로 주입한다.
ⓔ 타격빈도를 높인다.

> **TIP**
> 먼지의 비저항이 비정상적으로 높은 경우 투입하는 물질
> ① H_2SO_4
> ② NaCl
> ③ Soda lime

④ SO_3에 의한 부식방지책 : NH_3를 주입
⑤ 효율이 가장 우수할때의 먼지의 전기저항은 $10^4 \sim 10^{11} \Omega \cdot cm$ 이다.

3. 전기집진장치에서 장애현상

(1) 2차 전류가 주기적으로 변하거나 불규칙적으로 흐르는 장애현상의 대책

① 충분하게 먼지를 탈리시킨다.
② 1차 전압을 스파크가 안정되고 전류의 흐름이 안정될때까지 낮추어 준다.
③ 방전극과 집진극을 점검한다.

(2) 2차전류가 많이 흐르는 장애현상의 원인

① 먼지의 농도가 너무 낮을때
② 방전극이 너무 가늘때
③ 공기 부하시험을 행할 때
④ 이온 이동도가 큰 가스를 처리할 때

(3) 2차 전류가 현저하게 떨어질 때

① 원인
  ㉠ 먼지의 농도가 너무 높을 때
  ㉡ 먼지의 비저항이 비정상적으로 높을 때
② 대책
  ㉠ 스파크의 횟수를 늘린다.
  ㉡ 조습용 스프레이의 수량을 늘린다.
  ㉢ 입구먼지농도를 적절히 조절한다.

제2장 유해가스 처리법

❶ 황산화물(SO_x) 처리법

1. 중유탈황법

(1) 중유탈황법의 종류

① 금속산화물에 의한 흡착탈황
② 미생물에 의한 생화학적 탈황
③ 방사선화학에 의한 탈황
④ 접촉수소화 탈황법 ┌ 가장 많이 사용
　　　　　　　　　　├ 탈황이 이루어지는 온도 : 350~420℃
　　　　　　　　　　└ 탈황이 이루어지는 압력 : 50~220kg/cm²

(2) 직접탈황법

① 내독성 촉매를 첨가하여 고온과 고압수조의 존재하에 반응시켜 황과 황화수소(H_2S)를 제거하는 방법이다.
② Co-Ni-Mo을 수소첨가촉매로 하여 250~450℃에서 30~150kg/cm²의 압력을 가하여 H_2S, S, SO_2 형태로 제거하는 중유탈황법이다.

2. 촉매산화법 = 접촉산화법 = 산화법

(1) 정의

배연탈황법의 일종으로 배출가스중의 황산화물을 촉매를 사용하여 SO_2를 SO_3로 산화시켜 약 80% 농도의 황산을 직접 회수할 수 있는 방법이다.

(2) 사용 촉매

① 백금(Pt)
② 오산화바나듐(V_2O_5)
③ K_2SO_4

❷ 질소산화물(NO_x)의 처리법

1. 선택적 촉매(접촉)환원법(SCR) – 건식법

배기가스 중에 존재하는 산소와는 무관하게 NO_x를 선택적으로 접촉환원시키는 방법이다.

① 질소산화물이 촉매에 의하여 선택적으로 환원되어 질소분자와 물로 전환된다.
② 환원제로는 NH_3가 사용된다.
③ 질소산화물 전환율은 반응온도에 따라 종모양(bell shape)을 나타낸다.
④ 선택적 환원제로는 NH_3, H_2S 등이 있다.
⑤ 선택적인 접촉환원법에서 Al_2O_3계의 촉매는 SO_2, SO_3, O_2와 반응하여 황산염이 되기 쉽고, 촉매의 활성이 저하된다.
⑥ H_2S를 사용하는 선택적 촉매환원법은 Claus 반응에 따라 아황산가스 제거도 가능한 NO_x, SO_x 동시제거법으로 제안되기도 하였다.
⑦ 선택적 촉매환원법에서 NH_3를 환원제로 사용하는 탈질법은 산소존재에 의해 반응속도가 증대하는 특이한 반응이고, 2차 공해의 문제도 적은 편이므로 광범위하게 적용된다.
⑧ 선택적 촉매환원법의 최적온도범위는 300~400℃ 정도이며, 보통 80% 정도의 NO_x를 저감시킬 수 있다.

2. NO_x(질소산화물)의 발생억제법

① **저온도연소** : 주입하는 공기의 예열온도를 조절하여 질소산화물 발생을 줄인다.
② **배기가스재순환법** : 불꽃의 최고온도가 낮아져 질소산화물의 생성량이 줄어든다.
③ **수증기 분무** : 화로내에 물이나 수증기를 분무하여 산소와 수소를 분해시키면 흡열 반응을 일으키는 동시에 둥근 화염을 형성시켜 NO_x발생을 방지한다.
④ 연소용 공기의 과잉 공급량을 약 10% 이내로 줄임으로써 질소산화물의 생성을 억제할 수 있다.
⑤ 연소로에서 주위 표면으로부터 열전달을 효과적으로 촉진시켜 화염온도를 낮춤으로써 질소산화물을 줄일 수 있다.

3. NO$_X$(질소산화물) 제거법

① 배기가스 재순환법
② 연소부분 냉각법
③ 2단 연소법
④ 연소온도 낮게
⑤ NO$_X$ 함량이 적은 연료 사용
⑥ 연소영역에서의 산소농도 낮게
⑦ 연소영역에서 연소가스의 체류시간을 짧게

제3장 흡착법과 연소법 및 악취물질

❶ 흡착법

1. 흡착제의 종류별 사용용도

① 활성탄(Activated carbon)
  ㉠ 용제회수, 가스정제, 악취제거
  ㉡ 각종 방향족 유기용제, 할로겐화된 지방족 유기용제, 에스테르류
  ㉢ 알코올류 등의 비극성류의 유기용제 흡착
  ㉣ 표면적은 600~1400m^2/g이다.
  ㉤ 소수성(비극성) 흡착제이다.
② 분자체
  ㉠ 탄화수소로부터 오염물질제거
③ 활성알루미나
  ㉠ 습한 가스의 건조
  ㉡ 물과 유기물을 잘 흡착하며 175~325℃로 가열하여 재생시킬 수 있다.
  ㉢ 친수성(극성) 흡착제이다.
④ 실리카겔(Sillicagel)
  ㉠ 가스건조, 황분제거
  ㉡ NaOH 용액 중 불순물 제거
  ㉢ 250℃ 이하에서 물과 유기물을 잘 흡착
  ㉣ 친수성(극성) 흡착제이다.

⑤ 보오크사이트
  ㉠ 석유분류물 처리
  ㉡ 석유중의 유분제거
  ㉢ 가스 및 용액건조
  ㉣ 친수성(극성) 흡착제이다.
⑥ 합성제올라이트(Synthetic Zeolite)
  ㉠ 특정한 물질을 선택적으로 흡착시키거나 흡착속도를 다르게 할 수 있다.
  ㉡ 극성이 다른 물질이나 포화정도가 다른 탄화수소의 분리가 가능
  ㉢ 합성제올라이트는 분자체로 알려져 있다.
  ㉣ 친수성(극성) 흡착제이다.
⑦ 마그네시아(Magnesia)
  ㉠ 기름(휘발유)용제 정제
  ㉡ 표면적은 $200m^2/g$ 정도
  ㉢ 소수성(비극성) 흡착제이다.

2. 흡착의 종류

(1) 화학적 흡착

① 대부분의 흡착제가 고체이다.
② 흡착제의 재생성이 낮다.
③ 흡착열이 물리적 흡착에 비하여 높다.
④ 여러층의 흡착층이 불가능하다.
⑤ 단분자를 흡착하며 비가역적 반응이다.

(2) 물리적 흡착

① Van der Waals 힘과 같은 약한 힘으로 결합된다.
② 가역적 과정이며 흡착열이 화학적 흡착보다 작다.
③ 기체와 흡착세 분자간의 인력이 작용
④ 흡착온도를 증가시키면 평형 흡착량은 감소한다.
⑤ 결합에너지는 액체분자사이의 인력과 비슷하다.
⑥ 다분자 흡착이며 흡착제의 재생이나 오염가스의 회수에 용이하다.
⑦ 처리할 가스의 분압이 낮아지면 흡착량은 감소한다.
⑧ 압력을 감소시키면 흡착물질이 흡착제로부터 분리되는 가역적 반응이다.

❷ 연소법과 산화법

1. 연소법의 종류

(1) 가열 연소법(가열 소각법)

① 배출가스내 가연성 물질의 농도가 매우 낮아 직접 연소가 어려울 경우에 주로 사용한다.
② After burner법이라고도 하며, hydrocarbons, H_2, NH_3, HCN 등의 제거가 유용하다.
③ 오염기체의 농도가 낮을 경우 보조연료가 필요하며, 보통 경제적으로 오염가스의 농도가 연소하한치(LEL)의 50% 이상이 적합하다.
④ 그을음은 연료중의 C/H비가 3 이상일 때 주로 발생되므로 수증기 주입으로 C/H비를 낮추면 해결 가능하다.
⑤ 보통 연소실의 온도는 500~800℃, 체류시간은 0.2~0.8초 정도로 설계하고 있다.

(2) 촉매 연소법

① 낮은 온도에서 반응이 가능하며 분자량이 작은 탄화수소가 큰 탄화수소보다 쉽게 산화되지 않는다.
② 반응속도가 빠르고 온도를 낮출 수 있어 NO_x 발생이 가장 적게 발생한다.
③ 촉매는 백금, 코발트, 니켈 등이 있으나, 고가이지만 성능이 우수한 백금계의 것이 많이 사용된다.
④ 활성도가 높은 촉매를 사용하는 것이 바람직하지만 내열성과 촉매독의 문제가 있다.
⑤ 촉매연소법은 직접 연소법과 비교하여 연료 소비량이 적기 때문에 운전비가 절감되지만 촉매의 수명이 문제가 된다.
⑥ 촉매연소법은 약 300~400℃의 온도에서 산화분해시킨다.
⑦ 일산화탄소를 백금계의 촉매를 사용하여 연소시켜 처리하고자 할때 촉매독으로 작용하는 물질은 Pb, As, S, Zn 등이다.
⑧ 유해가스를 촉매연소법으로 처리할 때 촉매의 수명을 단축시키거나 효율을 감소시킬 수 있는 물질은 Fe, Si, P이다.

(3) 직접연소법

① 직접연소법은 700~800℃에서 0.5초 정도가 일반적이다.
② 직접연소법은 경우에 따라 보조연료나 보조공기가 필요하며 대체로 오염물질의 발열량이 연소에 필요한 전체 열량의 50% 이상일 때 경제적으로 타당하다.
③ 직접연소법은 after burner법이라고도 하며 HC, H_2, NH_3, HCN 및 유독가스 제거법으로 사용된다.

③ 악취(냄새) 유발물질

1. 악취(냄새)물질의 화학구조 및 특성

① 골격이 되는 탄소수는 저분자일수록 관능기 특유의 냄새가 강하고 자극적이나 8~13에서 가장 향기가 강하다.
② 불포화도(2중결합 및 3중결합의 수)가 높으면 냄새가 보다 강하게 난다.
③ 락톤 및 케톤 화합물은 환상이 크게 되면 냄새가 강해진다.
④ 냄새분자를 구성하는 원소로는 C, H, O, N, S, Cl 등이다.
⑤ 냄새물질은 화학반응성이 풍부하다.
⑥ 화학물질이 냄새물질로 되기 위해서는 친유성기와 친수성기의 양기를 가져야 한다.
⑦ 분자내 수산기의 수는 1개일 때 가장 강하고 수가 증가하면 약해져서 무취에 이른다.
⑧ 냄새는 화학적 구성보다는 구성 그룹배열에 의해 나타나는 물리적 차이에 의해 결정된다는 견해가 지배적이다.
⑨ 냄새를 일으키는 물질은 적외선을 강하게 흡수한다.
⑩ 냄새는 통상 분자내부진동에 의존한다고 가정되므로 라만변이와 냄새는 서로 관련이 있다.
⑪ 냄새물질로 분자량이 가장 작은 것은 암모니아이며, 분자량이 큰 물질은 냄새강도가 분자량에 반비례하여 약해지는 경향이 있다.
⑫ 물리화학적 자극량과 인간의 감각강도 관계는 웨버-페히너(Weber-Fechner)법칙과 잘 맞고 후각에도 잘 적용된다.
⑬ 악취유발물질들의 paraffin과 CS_2를 제외하고는 일반적으로 적외선을 강하게 흡수한다.
⑭ 냄새물질이 비교적 저분자인 것은 휘발성이 높은 것을 의미한다.
⑮ 냄새물질은 실온에서 대다수 액상이다.
⑯ 냄새물질은 산화, 환원반응, 중합·분해반응, 에스테르화·가수분해 반응이 잘 일어난다.
⑰ 냄새물질은 불쾌감과 작업능률 저하를 가져온다.
⑱ 냄새물질은 대부분 흡수, 흡착에 의해 제거된다.

제4장 환기법

❶ 후드 및 덕트

1. 후드의 흡인요령

① 후드를 발생원에 가깝게 한다.
② 국부적인 흡인방식을 취한다.
③ 후드의 개구면적을 작게한다.
④ 에어커텐을 이용한다.
⑤ 충분한 포착속도를 유지한다.

2. 후드의 포착속도(Capture Velocity)

제어속도라고도 하며, 국소배기장치 설치시 기본설계를 위해 발생원에서 오염물질의 비산방향, 비산거리 및 후드의 형식을 고려하여 오염물질의 포착점에서의 적정한 흡입속도를 말한다.

① 포착속도는 확산조건, 오염원의 주변기류에 영향을 크게 받는다.
② 오염물질의 발생속도를 이겨내고 오염물질을 후드내로 흡인하는데 필요한 최소의 기류속도를 말한다.
③ 후드개구에 바깥주변에 플랜지를 부착하면 오염물질의 제어에 필요하지 않은 후드 뒤쪽의 공기흡입을 방지할 수 있고, 그 결과 포착속도가 커지는 이점이 있다.
④ 유해물질의 발생조건이 빠른 공기의 움직임이 있는 곳에서 활발히 비산하는 경우(분쇄기 등)의 제어속도 범위는 1~3m/sec 정도이다.
⑤ 유해물질의 발생조건이 조용한 대기중 거의 속도가 없는 상태로 비산하는 경우(가스, 흄 등)의 제어속도 범위는 0.3~0.5m/sec이다.
⑥ 유해물질의 발생조건이 비교적 조용한 대기중에 저속도로 비산하는 경우(용접작업, 도금작업 등)의 제어속도 범위는 0.5~1.0m/sec이다.

❷ 송풍기

1. 송풍기의 종류

(1) 다익송풍기

같은 주속도에서 가장 높은 풍압(최고 750mmH$_2$O)을 발생시키나, 효율은 3종류의 송풍기 중 가장 낮아서 약 40~70% 정도, 여유율은 1.15~1.25 정도이고 제한된 장소나 저압에서 대풍량(20,000m^3/min 이하)을 요하는 시설에 이용된다.

(2) 비행기날개형(airfoil blade) 송풍기

표준형 평판 날개형보다 비교적 고속에서 가동되고, 후향 날개형을 정밀하게 변형시킨 것으로써 원심력 송풍기 중 효율이 가장 좋아 대형 냉난방 공기조화장치, 산업용 공기 청정장치 등에 주로 이용되며, 에너지 절감효과가 뛰어나다.

(3) 프로펠러형

① 축류송풍기이다.
② 축차는 두 개 이상의 두꺼운 날개를 틀속에 가지고 있고, 효율은 낮으며 저압응용시 사용된다.
③ 덕트가 없는 벽에 부착되어, 공간 내 공기의 순환에 응용되고, 대용량 공기 운송에 이용된다.

(4) 고정날개 축류형 송풍기

① 축류형 중 가장 효율이 높다.
② 효율과 압력상승 효과를 얻기 위해 직선형 고정날개를 사용하나 날개의 모양과 간격은 변형되기도 한다.
③ 중·고압을 얻을 수 있다.
④ 직선류 및 아담한 공간이 요구되는 HVAC 설비에 응용되며, 공기의 분포가 양호하여 많은 산업현장에서 응용한다.

Part 04 대기환경관계법규

제1장 총칙

❶ 대기환경보전법에서 사용하는 용어

① **대기오염물질** : 대기 중에 존재하는 물질 중 심사·평가 결과 대기오염의 원인으로 인정된 가스·입자상물질로서 환경부령으로 정하는 것을 말한다.
② **기후·생태계 변화유발물질** : 지구 온난화 등으로 생태계의 변화를 가져올 수 있는 기체상물질로서 온실가스와 환경부령으로 정하는 것을 말한다.
③ **온실가스** : 적외선 복사열을 흡수하거나 다시 방출하여 온실효과를 유발하는 대기 중의 가스상태 물질로서 이산화탄소, 메탄, 아산화질소, 수소불화탄소, 과불화탄소, 육불화황을 말한다.
  ㉠ 기후·생태계 변화 유발물질 중 환경부령으로 정하는 것이란 염화불화탄소와 수소염화불화탄소를 말한다.
④ **가스** : 물질이 연소·합성·분해될 때에 발생하거나 물리적 성질로 인하여 발생하는 기체상 물질을 말한다.
⑤ **입자상물질** : 물질이 파쇄·선별·퇴적·이적될 때, 그 밖에 기계적으로 처리되거나 연소·합성·분해될 때에 발생하는 고체상 또는 액체상의 미세한 물질을 말한다.
⑥ **먼지** : 대기 중에 떠다니거나 흩날려 내려오는 입자상물질을 말한다.
⑦ **매연** : 연소할 때에 생기는 유리탄소가 주가 되는 미세한 입자상물질을 말한다.
⑧ **검댕** : 연소할 때에 생기는 유리탄소가 응결하여 입자의 지름이 1미크론 이상이 되는 입자상물질을 말한다.
⑨ **특정대기유해물질** : 유해성대기감시물질 중 심사·평가 결과 저농도에서도 장기적인 섭취나 노출에 의하여 사람의 건강이나 동식물의 생육에 직접 또는 간접으로 위해를 끼칠 수 있어 대기 배출에 대한 관리가 필요하다고 인정된 물질로서 환경부령으로 정하는 것을 말한다.

⑩ **휘발성유기화합물** : 탄화수소류 중 석유화학제품, 유기용제, 그 밖의 물질로서 환경부장관이 관계 중앙행정기관의 장과 협의하여 고시하는 것을 말한다.
⑪ **대기오염물질배출시설** : 대기오염물질을 대기에 배출하는 시설물, 기계, 기구, 그 밖의 물체로서 환경부령으로 정하는 것을 말한다.
⑫ **대기오염방지시설** : 대기오염물질배출시설로부터 나오는 대기오염물질을 연소조절에 의한 방법으로 없애거나 줄이는 시설로서 환경부령으로 정하는 것을 말한다.
⑬ **선박** : 해양오염방지법에 따른 선박을 말한다.
⑭ **첨가제** : 자동차의 성능을 향상시키거나 배출가스를 줄이기 위하여 자동차의 연료에 첨가하는 탄소와 수소만으로 구성된 물질을 제외한 화학물질로서 다음 각 목의 요건을 모두 충족하는 것을 말한다.
　㉠ 자동차의 연료에 부피 기준(액체첨가제의 경우만 해당) 또는 무게 기준(고체첨가제의 경우만 해당)으로 1퍼센트 미만의 비율로 첨가하는 물질
　㉡ 석유 및 석유대체연료 사업법에 따른 가짜 석유제품 또는 석유대체연료에 해당하지 아니하는 물질
⑮ **촉매제** : 배출가스를 줄이는 효과를 높이기 위하여 배출가스저감장치에 사용되는 화학물질로서 환경부령으로 정하는 것을 말한다.
⑯ **저공해자동차**란 다음 각 목의 자동차로서 대통령령으로 정하는 것을 말한다.
　㉠ 대기오염물질의 배출이 없는 자동차
　㉡ 제작차의 배출허용기준보다 오염물질을 적게 배출하는 자동차
⑰ **배출가스저감장치** : 자동차 또는 건설기계에서 배출되는 대기오염물질을 줄이기 위하여 자동차 또는 건설기계에 부착 또는 교체하는 장치로서 환경부령으로 정하는 저감효율에 적합한 장치를 말한다.
⑱ **저공해엔진** : 자동차 또는 건설기계에서 배출되는 대기오염물질을 줄이기 위한 엔진(엔진 개조에 사용하는 부품을 포함한다)으로서 환경부령으로 정하는 배출허용기준에 맞는 엔진을 말한다.
⑲ **유해성대기감시물질** : 대기오염물질 중 심사·평가 결과 사람의 건강이나 동식물의 생육(生育)에 위해를 끼칠 수 있어 지속적인 측정이나 감시·관찰 등이 필요하다고 인정된 물질로서 환경부령으로 정하는 것을 말한다.
⑳ **공회전제한장치** : 자동차에서 배출되는 대기오염물질을 줄이고 연료를 절약하기 위하여 자동차에 부착하는 장치로서 환경부령으로 정하는 기준에 적합한 장치를 말한다.
㉑ **온실가스 배출량** : 자동차에서 단위 주행거리당 배출되는 이산화탄소(CO_2) 배출량(g/km)을 말한다.
㉒ **온실가스 평균배출량** : 자동차제작자가 판매한 자동차 중 환경부령으로 정하는 자동

차의 온실가스 배출량의 합계를 해당 자동차 총 대수로 나누어 산출한 평균값(g/km)을 말한다.
㉓ 장거리이동대기오염물질 : 황사, 먼지 등 발생 후 장거리 이동을 통하여 국가간에 영향을 미치는 대기오염물질로서 환경부령으로 정하는 것을 말한다.
㉔ 냉매(冷媒) : 기후·생태계 변화유발물질 중 열전달을 통한 냉난방, 냉동·냉장 등의 효과를 목적으로 사용되는 물질로서 환경부령으로 정하는 것을 말한다.
  ㉠ 환경부령으로 정하는 것이란 염화불화탄소, 수소염화불화탄소, 수소불화탄소, 수소염화불화탄소와 수소불화탄소를 혼합하여 만든 물질을 말한다.

❷ 대기오염 방지시설

① 중력집진시설
② 관성력집진시설
③ 원심력집진시설
④ 세정집진시설
⑤ 여과집진시설
⑥ 전기집진시설
⑦ 음파집진시설
⑧ 흡수에 의한 시설
⑨ 흡착에 의한 시설
⑩ 직접연소에 의한 시설
⑪ 촉매반응을 이용하는 시설
⑫ 응축에 의한 시설
⑬ 산화·환원에 의한 시설
⑭ 미생물을 이용한 처리시설
⑮ 연소조절에 의한 시설

❸ 상시측정

1. 대기오염 경보

① 대기오염경보의 대상 오염물질은 환경정책기본법에 따라 환경기준이 설정된 오염물

질 중 다음 각 호의 오염물질로 한다.
   ㉠ 미세먼지(PM-10)
   ㉡ 초미세먼지(PM-2.5)
   ㉢ 오존(O_3)
② 경보 단계별 조치
   ㉠ 주의보 발령 : 주민의 실외활동 및 자동차 사용의 자제 요청 등
   ㉡ 경보 발령 : 주민의 실외활동 제한 요청, 자동차 사용의 제한 및 사업장의 연료사용량 감축 권고 등
   ㉢ 중대경보 발령 : 주민의 실외활동 금지 요청, 자동차의 통행금지 및 사업장의 조업시간 단축명령 등

2. 측정망의 종류

① 수도권대기환경청장, 국립환경과학원장 또는 한국환경공단이 설치하는 대기오염 측정망의 종류
   ㉠ 대기오염물질의 지역배경농도를 측정하기 위한 교외대기측정망
   ㉡ 대기오염물질의 국가배경농도와 장거리이동 현황을 파악하기 위한 국가배경농도측정망
   ㉢ 도시지역 또는 산업단지 인근지역의 특정대기유해물질(중금속을 제외)의 오염도를 측정하기 위한 유해대기물질측정망
   ㉣ 도시지역의 휘발성유기화합물 등의 농도를 측정하기 위한 광화학대기오염물질측정망
   ㉤ 산성 대기오염물질의 건성 및 습성 침착량을 측정하기 위한 산성강하물측정망
   ㉥ 기후·생태계변화 유발물질의 농도를 측정하기 위한 지구대기측정망
   ㉦ 장거리이동 대기오염물질의 성분을 집중 측정하기 위한 대기오염집중측정망
   ㉧ 초미세먼지(PM-2.5)의 성분 및 농도를 측정하기 위한 미세먼지 측정망
② 특별시장·광역시장·도지사 또는 특별자치도지사(시·도지사)가 설치하는 대기오염 측정망의 종류
   ㉠ 도시지역의 대기오염물질 농도를 측정하기 위한 도시대기측정망
   ㉡ 도로변의 대기오염물질 농도를 측정하기 위한 도로변대기측정망
   ㉢ 대기 중의 중금속 농도를 측정하기 위한 대기중금속측정망

3. 대기오염경보단계별 대기오염물질의 농도기준

대상물질	경보단계	발령기준	해제기준
미세먼지 (PM-10)	주의보	기상조건 등을 고려하여 해당지역의 대기자동측정소 PM-10 시간당 평균농도가 150μg/m³ 이상 2시간 이상 지속인 때	주의보가 발령된 지역의 기상조건 등을 검토하여 대기자동측정소의 PM-10 시간당 평균농도가 100μg/m³ 미만인 때
미세먼지 (PM-10)	경보	기상조건 등을 고려하여 해당지역의 대기자동측정소 PM-10 시간당 평균농도가 300μg/m³ 이상 2시간 이상 지속인 때	경보가 발령된 지역의 기상조건 등을 검토하여 대기자동측정소의 PM-10 시간당 평균농도가 150μg/m³ 미만인 때는 주의보로 전환
초미세먼지 (PM-2.5)	주의보	기상조건 등을 고려하여 해당지역의 대기자동측정소 PM-2.5 시간당 평균농도가 75μg/m³ 이상 2시간 이상 지속인 때	주의보가 발령된 지역의 기상조건 등을 검토하여 대기자동측정소의 PM-2.5 시간당 평균농도가 35μg/m³ 미만인 때
초미세먼지 (PM-2.5)	경보	기상조건 등을 고려하여 해당지역의 대기자동측정소 PM-2.5 시간당 평균농도가 150μg/m³ 이상 2시간 이상 지속인 때	경보가 발령된 지역의 기상조건 등을 검토하여 대기자동측정소의 PM-2.5 시간당 평균농도가 75μg/m³ 미만인 때는 주의보로 전환
오존	주의보	기상조건 등을 고려하여 해당지역의 대기자동측정소 오존농도가 0.12ppm 이상인 때	주의보가 발령된 지역의 기상조건 등을 검토하여 대기자동측정소의 오존농도가 0.12ppm 미만인 때
오존	경보	기상조건 등을 고려하여 해당지역의 대기자동측정소 오존농도가 0.3ppm 이상인 때	경보가 발령된 지역의 기상조건 등을 고려하여 대기자동측정소의 오존농도가 0.12ppm 이상 0.3ppm 미만인 때 주의보로 전환
오존	중대경보	기상조건 등을 고려하여 해당지역의 대기자동측정소 오존농도가 0.5ppm 이상인 때	중대경보가 발령된 지역의 기상조건 등을 고려하여 대기자동측정소의 오존농도가 0.3ppm 이상 0.5ppm 미만인 때는 경보로 전환

④ 대기환경개선

1. 대기환경개선 종합계획

환경부장관은 대기오염물질과 온실가스를 줄여 대기환경을 개선하기 위하여 대기환경개선 종합계획을 10년마다 수립하여 시행하여야 한다.

2. 실천계획의 수립에 포함되어야 하는 사항

① 일반 환경 현황
② 조사결과 및 대기오염예측모형을 이용하여 예측한 대기오염도
③ 대기오염원별 대기오염물질 저감계획 및 계획의 시행을 위한 수단
④ 계획달성연도의 대기질 예측 결과

⑤ 대기보전을 위한 투자계획과 대기오염물질 저감효과를 고려한 경제성 평가
⑥ 그 밖에 환경부장관이 정하는 사항

❺ 장거리이동대기오염물질피해방지 종합대책의 수립

1. 장거리이동대기오염물질피해를 방지하기 위한 종합대책

① 환경부장관은 장거리이동대기오염물질피해방지를 위하여 5년마다 관계 중앙행정기관의 장과 협의하고 시·도지사의 의견을 들은 후 장거리이동대기오염물질대책위원회의 심의를 거쳐 장거리이동대기오염물질피해방지 종합대책을 수립하여야 한다.
② 종합대책에 포함되어야 하는 사항
  ㉠ 장거리이동대기오염물질 발생 현황 및 전망
  ㉡ 종합대책 추진실적 및 그 평가
  ㉢ 장거리이동대기오염물질피해 방지를 위한 국내 대책
  ㉣ 장거리이동대기오염물질 발생 감소를 위한 국제협력
  ㉤ 그 밖에 장거리이동대기오염물질피해 방지를 위하여 필요한 사항

제2장 사업장 등의 대기오염물질 배출 규제

❶ 총량규제

1. 사업장에서 배출되는 대기오염물질을 총량으로 규제하려는 경우 고시 사항

① 총량규제구역
② 총량규제 대기오염물질
③ 대기오염물질의 저감계획
④ 그 밖에 총량규제구역의 대기관리를 위하여 필요한 사항

2. 배출시설설치를 제한할 수 있는 경우

① 배출시설 설치 지점으로부터 반경 1킬로미터 안의 상주 인구가 2만명 이상인 지역으로서 특정대기유해물질 중 한 가지 종류의 물질을 연간 10톤 이상 배출하거나 두 가지

이상의 물질을 연간 25톤 이상 배출하는 시설을 설치하는 경우
② 대기오염물질(먼지·황산화물 및 질소산화물만 해당)의 발생량 합계가 연간 10톤 이상인 배출시설을 특별대책지역(총량규제구역으로 지정된 특별대책지역은 제외)에 설치하는 경우

3. 사업장의 분류

종별	오염물질발생량 구분
1종사업장	대기오염물질발생량의 합계가 연간 80톤 이상인 사업장
2종사업장	대기오염물질발생량의 합계가 연간 20톤 이상 80톤 미만인 사업장
3종사업장	대기오염물질발생량의 합계가 연간 10톤 이상 20톤 미만인 사업장
4종사업장	대기오염물질발생량의 합계가 연간 2톤 이상 10톤 미만인 사업장
5종사업장	대기오염물질발생량의 합계가 연간 2톤 미만인 사업장

① 대기오염물질발생량이란 방지시설을 통과하기 전의 먼지, 황산화물 및 질소산화물의 발생량을 환경부령으로 정하는 방법에 따라 산정한 양을 말한다.

❷ 배출부과금

1. 배출부과금

① 배출부과금을 부과할 때 고려사항
  ㉠ 배출허용기준 초과 여부
  ㉡ 배출되는 대기오염물질의 종류
  ㉢ 대기오염물질의 배출기간
  ㉣ 대기오염물질의 배출량
  ㉤ 자가측정(自家測定)을 하였는지 여부
  ㉥ 그 밖에 대기환경의 오염 또는 개선과 관련되는 사항으로서 환경부령으로 정하는 사항

2. 기본부과금 산정의 방법과 기준

① 기본부과금의 지역별 부과계수

구분	지역별 부과계수
Ⅰ지역	1.5
Ⅱ지역	0.5
Ⅲ지역	1.0

② 기본부과금의 농도별 부과계수

구분	연료의 황함유량(%)		
	0.5% 이하	1.0% 이하	1.0% 초과
농도별 부과계수	0.2	0.4	1.0

3. 과징금의 부과

① 과징금은 행정처분기준에 따라 조업정지일수에 1일당 부과금액과 사업장 규모별 부과계수를 곱하여 산정할 것
② 1일당 부과금액은 300만원
③ 사업장 규모별 부과계수는 1종사업장 2.0, 2종사업장 1.5, 3종사업장 1.0, 4종사업장 0.7, 5종사업장 0.4

4. 초과부과금 부과대상 오염물질

① 황산화물
② 암모니아
③ 황화수소
④ 이황화탄소
⑤ 먼지
⑥ 불소화물
⑦ 염화수소
⑧ 질소산화물
⑨ 시안화수소

5. 기본부과금 부과대상 오염물질

① 황산화물
② 먼지
③ 질소산화물

6. 초과부과금 산정 기준

구분 오염물질	오염물질 1킬로그램당 부과금액	배출허용 기준 초과율별 부과계수							
		20% 미만	20% 이상 40% 미만	40% 이상 80% 미만	80% 이상 100% 미만	100% 이상 200% 미만	200% 이상 300% 미만	300% 이상 400% 미만	400% 이상
황산화물	500	1.2	1.56	1.92	2.28	3.0	4.2	4.8	5.4
먼지	770	1.2	1.56	1.92	2.28	3.0	4.2	4.8	5.4
질소산화물	2,130	1.2	1.56	1.92	2.28	3.0	4.2	4.8	5.4
암모니아	1,400	1.2	1.56	1.92	2.28	3.0	4.2	4.8	5.4
황화수소	6,000	1.2	1.56	1.92	2.28	3.0	4.2	4.8	5.4
이황화탄소	1,600	1.2	1.56	1.92	2.28	3.0	4.2	4.8	5.4
특정유해물질 불소화물	2,300	1.2	1.56	1.92	2.28	3.0	4.2	4.8	5.4
특정유해물질 염화수소	7,400	1.2	1.56	1.92	2.28	3.0	4.2	4.8	5.4
특정유해물질 시안화수소	7,300	1.2	1.56	1.92	2.28	3.0	4.2	4.8	5.4

비고 : ⓐ 배출허용기준 초과율(%) = (배출농도 - 배출허용기준농도) ÷ 배출허용기준농도 × 100
　　　ⓑ Ⅰ지역 : 주거지역·상업지역, 취락지구, 택지개발예정지구
　　　ⓒ Ⅱ지역 : 공업지역, 개발진흥지구(관광·휴양개발진흥지구는 제외), 수산자원보호구역, 국가산업단지 및 지방산업단지, 전원개발사업구역 및 예정구역
　　　ⓓ Ⅲ지역 : 녹지지역·관리지역·농림지역 및 자연환경보전지역, 관광·휴양개발진흥지구

7. 초과부과금의 위반횟수별 부과계수

① 위반이 없는 경우 : 100분의 100
② 처음 위반한 경우 : 100분의 105
③ 2차 이상 위반한 경우 : 위반 직전의 부과계수에 100분의 105를 곱한 것

❸ 과징금 처분

1. 공익목적의 사업장

① 조업정지가 주민의 생활, 대외적인 신용·고용·물가 등 국민경제, 그 밖에 공익에 현저한 지장을 줄 우려가 있다고 인정되는 경우 조업정지처분을 갈음하여 매출액에 100분의 5를 곱한 금액을 초과하지 않는 범위에서 과징금 부과
② 과징금으로 갈음할 수 있는 공익목적의 사업장
　㉠ 의료법에 따른 의료기관의 배출시설

ⓒ 사회복지시설 및 공동주택의 냉난방시설
  ⓒ 발전소의 발전 설비
  ⓔ 집단에너지사업법에 따른 집단에너지시설
  ⓜ 초·중등교육법 및 고등교육법에 따른 학교의 배출시설
  ⓗ 제조업의 배출시설
  ⓢ 그 밖에 대통령령으로 정하는 배출시설

❹ 환경기술인

1. 환경기술인의 자격기준 및 임명기간

① 환경기술인 임명 신고 기간
  ㉠ 최초로 배출시설을 설치한 경우에는 가동개시 신고를 할 때
  ㉡ 환경기술인을 바꾸어 임명하는 경우에는 그 사유가 발생한 날부터 5일 이내. 다만, 환경기사 1급 또는 2급 이상의 자격이 있는 자를 임명하여야 하는 사업장으로서 5일 이내에 채용할 수 없는 부득이한 사정이 있는 경우에는 30일의 범위에서 4종·5종사업장의 기준에 준하여 환경기술인을 임명할 수 있다.

② 사업장별 환경기술인의 자격기준

구분	환경기술인의 자격기준
1종사업장(대기오염물질발생량의 합계가 연간 80톤 이상인 사업장)	대기환경기사 이상의 기술자격 소지자 1명 이상
2종사업장(대기오염물질발생량의 합계가 연간 20톤 이상 80톤 미만인 사업장)	대기환경산업기사 이상의 기술자격 소지자 1명 이상
3종사업장(대기오염물질발생량의 합계가 연간 10톤 이상 20톤 미만인 사업장)	대기환경산업기사 이상의 기술자격 소지자, 환경기능사 또는 3년 이상 대기분야 환경관련 업무에 종사한 자 1명 이상
4종사업장(대기오염물질발생량의 합계가 연간 2톤 이상 10톤 미만인 사업장)	배출시설 설치허가를 받거나 배출시설 설치신고가 수리된 자 또는 배출시설 설치허가를 받거나 수리된 자가 해당 사업장의 배출시설 및 방지시설 업무에 종사하는 피고용인 중에서 임명하는 자 1명 이상
5종사업장(1종사업장부터 4종사업장까지에 속하지 아니하는 사업장)	

비고 : 4종사업장과 5종사업장 중 특정대기유해물질이 포함된 오염물질을 배출하는 경우에는 3종사업장에 해당하는 기술인을 두어야 한다.

2. 환경기술인의 교육

① **신규교육** : 환경기술인으로 임명된 날부터 1년 이내에 1회
② **보수교육** : 신규교육을 받은 날을 기준으로 3년마다 1회

제3장 생활환경상의 대기오염물질 배출 규제

❶ 연료용 유류 및 그 밖의 연료의 황함유기준

1. 고체연료 사용시설 설치기준

① 석탄사용시설
㉠ 배출시설의 굴뚝높이는 100m 이상으로 하되, 굴뚝상부 안지름, 배출가스 온도 및 속도 등을 고려한 유효굴뚝높이(굴뚝의 실제높이에 배출가스의 상승고도를 합산한 높이를 말한다. 이하 같다)가 440m 이상인 경우에는 굴뚝높이를 60m 이상 100m 미만으로 할 수 있다. 이 경우 유효굴뚝높이 및 굴뚝높이 산정방법 등에 관하여는 국립환경과학원장이 정하여 고시한다.
㉡ 석탄의 수송은 밀폐 이송시설 또는 밀폐통을 이용하여야 한다.
㉢ 석탄저장은 옥내저장시설(밀폐형 저장시설 포함) 또는 지하저장시설에 저장하여야 한다.
㉣ 석탄연소재는 밀폐통을 이용하여 운반하여야 한다.
㉤ 굴뚝에서 배출되는 아황산가스(SO_2), 질소산화물(NO_X), 먼지 등의 농도를 확인할 수 있는 기기를 설치하여야 한다.

❷ 휘발성유기화합물 배출시설의 변경신고

① 변경신고를 하려는 자는 신고 사유가 ①의 변경신고를 하는 경우에 해당하는 경우에는 그 사유가 발생한 날부터 30일 이내에 시·도지사에게 제출하여야 한다.
② 휘발성유기화합물 규제에서 대통령령으로 정하는 시설
㉠ 석유정제를 위한 제조시설, 저장시설 및 출하시설과 석유화학제품 제조업의 제조시설, 저장시설 및 출하시설
㉡ 저유소의 저장시설 및 출하시설
㉢ 주유소의 저장시설 및 주유시설
㉣ 세탁시설

제4장 자동차·선박 등의 배출가스 규제

❶ 자동차, 선박의 배출가스 규제

1. 2016년 1월 1일 이후 제작자동차의 배출가스의 보증기간

사용연료	자동차의 종류	적용기간	
휘발유	경자동차, 소형 승용·화물차, 중형 승용·화물차	15년 또는 240,000km	
	대형 승용·화물차, 초대형 승용·화물차	2년 또는 160,000km	
	이륜자동차	최고속도 130km/h 미만	2년 또는 20,000km
		최고속도 130km/h 이상	2년 또는 35,000km
가스	경자동차	10년 또는 192,000km	
	소형 승용·화물차, 중형 승용·화물차	15년 또는 240,000km	
	대형 승용·화물차, 초대형 승용·화물차	2년 또는 160,000km	
경유	경자동차, 소형 승용·화물차, 중형 승용·화물차(택시를 제외한다)	10년 또는 160,000km	
	경자동차, 소형 승용·화물차, 중형 승용·화물차(택시에 한정한다)	10년 또는 192,000km	
	대형 승용·화물차	6년 또는 300,000km	
	초대형 승용·화물차	7년 또는 700,000km	
	건설기계 원동기, 농업기계 원동기	37kW 이상	10년 또는 8,000시간
		37kW 미만	7년 또는 5,000시간
		19kW 미만	5년 또는 3,000시간
전기 및 수소연료 전지 자동차	모든 자동차	별지 제30호서식의 자동차배출가스 인증신청서에 적힌 보증기간	

2. 자동차연료, 첨가제, 촉매제의 제조기준

① 자동차연료 제조기준

㉠ 휘발유

기준항목 \ 적용기간	2009년 1월 1일부터
방향족화합물함량(부피%)	24(21) 이하
벤젠함량(부피%)	0.7 이하
납함량(g/L)	0.013 이하
인함량(g/L)	0.0013 이하
산소함량(무게%)	2.3 이하
올레핀함량(부피%)	16(19) 이하
황함량(ppm)	10 이하
증기압(kPa, 37.8℃)	60 이하
90% 유출온도(℃)	170 이하

㉡ 경유

기준항목 \ 적용기간	2009년 1월 1일부터
10% 잔류탄소량(%)	0.15 이하
밀도 @15℃(kg/m³)	815 이상 835 이하
황함량(ppm)	10 이하
다환방향족(무게%)	5 이하
윤활성(μm)	400 이하
방향족 화합물(무게%)	30 이하
세탄지수(또는 세탄가)	52 이상

3. 첨가제의 종류

① 세척제
② 청정분산제
③ 매연억제제
④ 다목적첨가제
⑤ 옥탄가 향상제
⑥ 세탄가 향상제
⑦ 유동성 향상제
⑧ 윤활성 향상제

4. 운행차 배출허용기준 중 일반기준

① 휘발유와 가스를 같이 사용하는 자동차의 배출가스 측정 및 배출허용기준은 가스의 기준을 적용한다.
② 알코올만 사용하는 자동차는 탄화수소 기준을 적용하지 아니한다.
③ 휘발유사용 자동차는 휘발유·알코올 및 가스(천연가스를 포함한다)를 섞어서 사용하는 자동차를 포함하며, 경유사용 자동차는 경유와 가스를 섞어서 사용하거나 같이 사용하는 자동차를 포함한다.
④ 희박연소(Lean Burn)방식을 적용하는 자동차는 공기과잉률 기준을 적용하지 아니한다.
⑤ 수입자동차는 최초등록일자를 제작일자로 본다.

❷ 위임업무 보고사항 및 위탁업무 보고사항

① 위임업무 보고사항

업무내용	보고 횟수	보고기일	보고자
1. 환경오염사고 발생 및 조치 사항	수시	사고발생 시	시·도지사, 유역환경청장 또는 지방환경청장
2. 수입자동차 배출가스 인증 및 검사현황	연 4회	매분기 종료 후 15일 이내	국립환경과학원장
3. 자동차 연료 및 첨가제의 제조·판매 또는 사용에 대한 규제현황	연 2회	매반기 종료 후 15일 이내	유역환경청장 또는 지방환경청장
4. 자동차 연료 또는 첨가제의 제조기준 적합 여부 검사현황	연료 : 연 4회 첨가제 : 연 2회	연료 : 매분기 종료 후 15일 이내 첨가제 : 매반기 종료 후 15일 이내	국립환경과학원장

② 위탁업무 보고사항

업무내용	보고횟수	보고기일
1. 수시검사, 결함확인 검사, 부품결함 보고서류의 접수	수시	위반사항 적발 시
2. 결함확인검사 결과	수시	위반사항 적발 시
3. 자동차배출가스 인증생략 현황	연 2회	매 반기 종료 후 15일 이내
4. 자동차 시험검사 현황	연 1회	다음 해 1월 15일까지

제5장 환경정책기본법

① 환경정책기본법상 환경기준

항목	기준		측정방법
아황산가스 (SO$_2$)	연간평균치 24시간평균치 1시간평균치	0.02ppm 이하 0.05ppm 이하 0.15ppm 이하	자외선형광법 (Pulse U.V. Fluorescence Method)
일산화탄소 (CO)	8시간평균치 1시간평균치	9ppm 이하 25ppm 이하	비분산적외선분석법 (Non-Dispersive Infrared Method)
이산화질소 (NO$_2$)	연간평균치 24시간평균치 1시간평균치	0.03ppm 이하 0.06ppm 이하 0.10ppm 이하	화학발광법 (Chemiluminescent Method)
미세먼지 (PM-10)	연간평균치 24시간평균치	50μg/m^3 이하 100μg/m^3 이하	베타선흡수법 (β-Ray Absorption Method)
초미세먼지 (PM-2.5)	연간 평균치 24시간 평균치	15μg/m^3 이하 35μg/m^3 이하	중량농도법 또는 이에 준하는 자동 측정법
오존 (O$_3$)	8시간평균치 1시간평균치	0.06ppm 이하 0.1ppm 이하	자외선광도법 (U.V Photometric Method)
납 (Pb)	연간평균치	0.5μg/m^3 이하	원자흡수분광광도법 (Atomic Absorption Spectrophotometry)
벤젠	연간평균치	5μg/m^3 이하	기체크로마토그래피법 (Gas Chromatography)

비고
ⓐ 1시간 평균치는 999천분위수(千分位數)의 값이 그 기준을 초과하여서는 아니되고, 8시간 및 24시간 평균치는 99백분위수의 값이 그 기준을 초과하여서는 아니된다.
ⓑ 미세먼지(PM-10)는 입자의 크기가 10μm 이하인 먼지를 말한다.
ⓒ 초미세먼지(PM-2.5)는 입자의 크기가 2.5μm 이하인 먼지를 말한다.

제6장 악취편

❶ 지정악취물질

1. 지정악취물질의 종류

종류	적용시기
1. 암모니아 2. 메틸머캅탄 3. 황화수소 4. 다이메틸설파이드 5. 다이메틸다이설파이드 6. 트라이메틸아민 7. 아세트알데하이드 8. 스타이렌 9. 프로피온알데하이드 10. 뷰티르알데하이드 11. n-발레르알데하이드 12. i-발레르알데하이드	2005년 2월 10일부터
13. 톨루엔 14. 자일렌 15. 메틸에틸케톤 16. 메틸아이소뷰티르케톤 17. 뷰티르아세테이트	2008년 1월 1일부터
18. 프로피온산 19. n-뷰티르산 20. n-발레르산 21. i-발레르산 22. i-뷰티르알코올	2010년 1월 1일부터

2. 배출허용기준 및 엄격한 배출허용기준의 설정범위

① 복합물질

구분	배출허용기준 (희석배수)		엄격한 배출허용기준의 범위 (희석배수)	
	공업지역	기타지역	공업지역	기타지역
배출구	1000 이하	500 이하	500~1000	300~500
부지경계선	20 이하	15 이하	15~20	10~15

제7장 다중이용시설 등의 실내공기질관리법

1. 실내 공기질 유지기준

다중이용시설 \ 오염물질 항목	미세먼지 (PM-10) (µg/m³)	초미세먼지 (PM-2.5) (µg/m³)	이산화탄소 (ppm)	폼알데하이드 (µg/m³)	총부유세균 (CFU/m³)	일산화탄소 (ppm)
지하역사, 지하도상가, 철도역사의 대합실, 여객자동차터미널의 대합실, 항만시설 중 대합실, 공항시설 중 여객터미널, 도서관·박물관 및 미술관, 대규모 점포, 장례식장, 영화상영관, 학원, 전시시설, 인터넷컴퓨터게임시설제공업의 영업시설, 목욕장업의 영업시설	100 이하	50 이하	1,000 이하	100 이하	-	10 이하
의료기관, 산후조리원, 노인요양시설, 어린이집	75 이하	35 이하		80 이하	800 이하	
실내주차장	200 이하	-		100 이하	-	25 이하
실내 체육시설, 실내 공연장, 업무시설, 둘 이상의 용도에 사용되는 건축물	200 이하	-	-	-	-	-

비고 : 도서관, 영화상영관, 학원, 인터넷 컴퓨터 게임시설제공업 영업시설 중 자연환기가 불가능하여 자연환기설비 또는 기계환기설비를 이용하는 경우에는 이산화탄소의 기준을 1,500ppm 이하로 한다.

2. 실내공기질 권고기준

다중이용시설 \ 오염물질 항목	이산화질소 (ppm)	라돈 (Bq/m³)	총휘발성 유기화합물 (µg/m³)	곰팡이 (CFU/m³)
지하역사, 지하도상가, 철도역사의 대합실, 여객자동차터미널의 대합실, 항만시설 중 대합실, 공항시설 중 여객터미널, 도서관·박물관 및 미술관, 대규모점포, 장례식장, 영화상영관, 학원, 전시시설, 인터넷컴퓨터게임시설제공업의 영업시설, 목욕장업의 영업시설	0.1 이하	148 이하	500 이하	-
의료기관, 어린이집, 노인요양시설, 산후조리원	0.05 이하		400 이하	500 이하
실내주차장	0.30 이하		1,000 이하	-

3. 신축 공동주택의 실내공기질 권고기준

① 폼알데하이드 210μg/m³ 이하
② 벤젠 30μg/m³ 이하
③ 톨루엔 1,000μg/m³ 이하
④ 에틸벤젠 360μg/m³ 이하
⑤ 자일렌 700μg/m³ 이하
⑥ 스티렌 300μg/m³ 이하
⑦ 라돈 148Bq/m³ 이하

memo

과년도 기출문제

2012년	3월 4일 시행	2017년	3월 5일 시행
	5월 20일 시행		5월 7일 시행
	9월 15일 시행		9월 23일 시행

2013년	3월 10일 시행	2018년	3월 4일 시행
	6월 2일 시행		4월 28일 시행
	9월 28일 시행		9월 15일 시행

2014년	3월 2일 시행	2019년	3월 3일 시행
	5월 25일 시행		4월 27일 시행
	9월 20일 시행		9월 21일 시행

2015년	3월 8일 시행	2020년	6월 13일 시행
	5월 31일 시행		8월 23일 시행
	9월 19일 시행		

CBT 모의고사

2016년	3월 6일 시행
	5월 8일 시행
	10월 1일 시행

2012년 1회 대기환경산업기사

2012년 3월 4일 시행

| 제1과목 | 대기오염개론

01 다음은 탄화수소가 관여하지 않을 때, 이산화질소의 광화학 반응을 나타낸 것이다. ①과 ②에 들어갈 물질을 바르게 짝지은 것은?

$$NO_2 + hv \rightarrow (①) + O$$
$$O + O_2 \rightarrow (②) + M$$
$$(①) + (②) \rightarrow NO_2 + O_2$$

㉮ ① NO_2, ② NO_3 ㉯ ① NO, ② NO_3
㉰ ① O_3, ② NO ㉱ ① NO, ② O_3

02 역전에 대한 설명으로 가장 거리가 먼 것은?

㉮ 난류역전은 지표역전에 해당하며, 다른 역전에 비해 대기오염이 심각한 편이다.
㉯ 전선역전은 따뜻한 공기와 차가운 공기가 부딪쳐 따뜻한 공기는 찬 공기 위를 타고 상승하면서 전선을 이루는 것으로 공중역전에 해당한다.
㉰ 침강역전은 고기압 중심부분에서 기층이 서서히 침강하면서 기온이 단열변화로 승온되어 발생하는 현상이다.
㉱ 복사역전은 지면에 접해있기 때문에 접지역전이라고도 한다.

 ㉮ 난류역전은 공중역전에 해당한다.

03 다음 중 리차드슨 수에 대한 설명으로 가장 적합한 것은?

㉮ 리차드슨 수가 큰 음의 값을 가지면 대기는 안정한 상태이며, 수직방향의 혼합은 없다.
㉯ 리차드슨 수가 0에 접근할수록 분산이 커진다.
㉰ 리차드슨 수는 무차원수로서 대류난류를 기계적인 난류로 전환시키는 율을 측정한 것이다.
㉱ 리차드슨 수가 0.25보다 크면 수직방향의 혼합이 커진다.

㉮ 리차드슨 수가 큰 음의 값을 가지면 대류가 지배적이어서 바람이 약하게 되어 강한 수직운동이 일어난다.
㉯ 리차드슨 수가 0에 접근할수록 분산은 줄어든다.
㉱ 리차드슨 수가 0.25보다 크면 수직방향의 혼합이 없어진다.

정답 01 ㉱ 02 ㉮ 03 ㉰

04 오존 전량이 330DU이라는 것은 오존의 양을 두께로 표시하였을 때 어느 정도인가?

㉮ 3.3mm ㉯ 3.3cm
㉰ 330mm ㉱ 330cm

풀이 존층의 두께를 표시하는 단위는 돕슨이며 1mm는 100돕슨이다.
1mm : 100돕슨 = Xmm : 330돕슨
∴ $X = \dfrac{330돕슨 \times 1mm}{100돕슨} = 3.3mm$

TIP
330DU = 330돕슨

05 다음 역사적인 대기오염 사건 중 가장 먼저 발생한 사건은?

㉮ 도노라사건
㉯ 뮤즈계곡사건
㉰ 런던스모그사건
㉱ 포자리카사건

풀이
㉮ 도노라사건 : 1948년
㉯ 뮤즈계곡사건 : 1930년
㉰ 런던스모그사건 : 1952년
㉱ 포자리카사건 : 1950년

06 다음 오염물질에 관한 설명으로 가장 적합한 것은?

이 물질의 직업성 폭로는 철강제조에서 매우 많다. 생물의 필수금속으로서 동·식물에서는 종종 결핍이 보고되고 있으며 인체에 급성으로 과다폭로되면 화학성 폐렴, 간독성 등을 나타내며, 만성 폭로 시 파킨슨 증후군과 거의 비슷한 증후군으로 진전되어 말이 느리고 단조로워진다.

㉮ 납   ㉯ 불소
㉰ 구리   ㉱ 망간

07 다음 중 염화수소 배출관련 업종으로 가장 거리가 먼 것은?

㉮ 염산제조   ㉯ 활성탄제조
㉰ 소오다공업 ㉱ 유리공업

풀이 ㉱ 유리공업은 HF 발생공업이다.

08 광화학반응에 관한 설명으로 가장 거리가 먼 것은?

㉮ NO_2는 420nm 이상의 가시광선에 의해 NO와 O로 광분해 된다.
㉯ O_3는 200~320nm에서 강한 흡수가 450~700nm에서 약한 흡수가 있다.
㉰ SO_2는 550~580nm에서 강한 흡수를 보이고, 대류권에서 쉽게 광분해 된다.
㉱ RCHO(알데히드)는 파장 313nm에서 광분해 된다.

풀이 ㉰ SO_2는 200~290nm에서 강한 흡수를 보이고, 대류권에서 쉽게 광분해가 일어나지 않는다.

정답 04 ㉮ 05 ㉯ 06 ㉱ 07 ㉱ 08 ㉰

09 다음 특정물질 중 오존파괴지수가 가장 낮은 것은?

㉮ CF_2Cl_2 ㉯ CCl_4
㉰ C_2F_5Cl ㉱ CF_2BrCl

풀이 오존층 파괴지수
㉮ CF_2Cl_2 : 1.0
㉯ CCl_4 : 1.1
㉰ C_2F_5Cl : 0.6
㉱ CF_2BrCl : 3.0

10 다음 물질의 지구온난화지수(GWP)를 크기순으로 옳게 배열한 것은? (단, 큰 순서 > 작은 순서)

㉮ $N_2O > CH_4 > CO_2 > SF_6$
㉯ $CO_2 > SF_6 > N_2O > CH_4$
㉰ $SF_6 > N_2O > CH_4 > CO_2$
㉱ $CH_4 > CO_2 > SF_6 > N_2O$

11 실제 굴뚝높이 120m에서 배출가스의 수직 토출속도가 20m/s, 굴뚝 높이에서의 풍속은 5m/s 이다. 굴뚝의 유효고도가 150m가 되기 위해서 필요한 굴뚝의 직경은?(단, $\triangle H = \{(1.5 \times Vs) \cdot D\}/U$를 이용할 것)

㉮ 2.5m ㉯ 5m
㉰ 20m ㉱ 25m

풀이 $\triangle H = \dfrac{(1.5 \times Vs) \times D}{U}$

$\triangle H$: 연기의 상승고(m)
Vs : 배출가스의 토출속도(m/sec)
U : 풍속(m/sec)
D : 직경(m)

따라서 $30m = \dfrac{(1.5 \times 20m/sec) \times D}{5m/sec}$

$\therefore D = \dfrac{30m \times 5m/sec}{(1.5 \times 20m/sec)} = 5.0$

TIP
연기의 상승고($\triangle H$)
= 유효굴뚝높이(He) - 실제굴뚝높이(H)
= 150m - 120m = 30m

12 다음 대기오염물질의 분류 중 2차 오염물질에 해당하지 않는 것은?

㉮ NOCl ㉯ O_3
㉰ H_2O_2 ㉱ SiO_2

13 지상 25m에서의 풍속이 10m/s일 때 지상 50m에서의 풍속은? (단, Deacon식을 이용하고, 풍속지수는 0.2를 적용)

㉮ 16.8m/s ㉯ 13.2m/s
㉰ 11.5m/s ㉱ 10.8m/s

풀이 $U_2 = U_1 \times \left(\dfrac{H_2}{H_1}\right)^P$

U_2 : H_2에서의 풍속(m/sec)
U_1 : H_1에서의 풍속(m/sec)
P : 풍속지수

따라서 $U_2 = 10m/sec \times \left(\dfrac{50m}{25m}\right)^{0.2} = 11.49 m/sec$

정답 09 ㉰ 10 ㉰ 11 ㉯ 12 ㉱ 13 ㉰

14 대기내 질소산화물(NO_X)이 LA 스모그와 같이 광화학반응을 할 때, 다음 중 어떤 탄화수소가 주된 역할을 하는가?

㉮ 파라핀계 탄화수소
㉯ 메탄계 탄화수소
㉰ 올레핀계 탄화수소
㉱ 프로판계 탄화수소

풀이 대기내 질소산화물(NO_X)이 LA 스모그와 같이 광화학반응을 할 때 올레핀계 탄화수소가 주된 역할을 한다.

15 대기오염물질이 식물에 미치는 영향으로 가장 거리가 먼 것은?

㉮ SO_2는 보통 백화현상에 의하여 맥간반점을 형성한다.
㉯ CO는 이상낙엽과 새 나뭇가지의 성장 저해 및 생장억제를 유발하며, 스위트피는 CO에 가장 민감한 식물로서 보통 0.1ppm에서 그 피해가 인정된다.
㉰ H_2S는 어린잎과 새싹에 피해가 많으며, 지표식물은 코스모스, 무, 크로바 등이다.
㉱ HF는 매우 적은 농도에서도 피해를 주며, 특히 어린잎에 현저하며 지표식물은 글라디올러스, 메밀 등이다.

풀이 ㉯ 일산화탄소(CO)는 식물에 미치는 피해가 약하다.

16 아황산가스에 약한 지표식물과 가장 거리가 먼 것은?

㉮ 대맥   ㉯ 담배
㉰ 자주개나리   ㉱ 옥수수

풀이 아황산가스에 약한 지표식물은 대맥, 담배, 자주개나리(알팔파), 목화, 보리 등이다.

17 다음 중 일반적으로 건조대기 내 체류시간이 가장 긴 것은?

㉮ N_2 ㉯ O_2
㉰ CH_4 ㉱ CO_2

18 다음 중 바람과 관련한 설명으로 옳은 것은?

㉮ 푄은 육지의 경사면을 따라 하강하는 바람의 일종으로 록키 산맥의 동쪽 경사면을 따라 흐르는 것을 치누크라 한다.
㉯ 곡풍은 경사면 → 계곡 → 주계곡으로 수렴하면서 풍속이 가속되기 때문에 낮에 산 위쪽으로 부는 산풍보다 일반적으로 더 강하다.
㉰ 해륙풍 중 육풍은 주로 여름에 빈발하고 육지로 보통 15~20km 까지 분다.
㉱ 전향력은 속력만 변화시킬 뿐, 운동방향에는 아무런 영향을 미치지 않는다.

풀이 ㉯ 산풍은 경사면 → 계곡 → 주계곡으로 수렴하면서 풍속이 가속되기 때문에 낮에 산위쪽으로 부는 곡풍보다 더 강하다.
㉰ 해륙풍 중 육풍은 주로 겨울에 주로 발생한다.
㉱ 전향력은 운동의 방향만을 변화시키고 속도에는 아무런 영향을 미치지 않는다.

정답 14 ㉰   15 ㉯   16 ㉱   17 ㉮   18 ㉮

19 다음 중 침강역전층에 관한 설명으로 가장 적합한 것은?

㉮ 고기압 중심 부근의 높은 고도(보통 1000~2000m)에서 발생하며 오염물질의 장기 축적에 기여할 수 있다.
㉯ 일몰 후 지표면 냉각이 시작될 때, 지표면 근처 공기가 빠르게 냉각되면서 발생한다.
㉰ 하강하여 생성되므로 접지역전(surface inversion)이라고도 한다.
㉱ 주로 일출 직전에 하늘이 맑고 바람이 적을 때 강하게 형성된다.

【풀이】 ㉯ 복사성 역전 설명
㉰ 공중역전 설명
㉱ 복사성 역전 설명

20 A산업체에서 기기고장으로 염소(Cl_2) 가스가 누출되었다. 이에 대한 사고대책을 수립하기 위하여 일차적으로 염소가스의 특성을 이해하고자 한다. 이 염소가스는 동일한 체적의 공기보다 얼마나 더 무거운가?

㉮ 약 1.5배 ㉯ 약 2.0배
㉰ 약 2.5배 ㉱ 약 4.0배

【풀이】 Cl_2의 분자량 = 71kg
공기의 분자량 = 29kg
따라서 $\dfrac{71kg}{29kg}$ = 2.45배

제2과목 대기오염공정시험기준

21 다음은 환경대기 중 옥시단트(오존으로서) 농도측정을 위한 화학발광법의 측정원리이다. ( )안에 알맞은 것은?

> 시료대기 중에 오존과 (①)가 반응할 때 생기는 발광도가 오존농도와 비례관계가 있다는 것을 이용하여 오존농도를 측정한다. 이 측정방법의 최저감지농도는 (②)ppm이며, 방해물질로는 수분에 대해 약간 영향을 받는다.

㉮ ① 메탄가스, ② 0.003
㉯ ① 메탄가스, ② 0.05
㉰ ① 에틸렌가스, ② 0.003
㉱ ① 에틸렌가스, ② 0.05

22 다음 중 따로 규정이 없는 한 각 시약별 사용하는 규정시약으로 적합하지 않은 것은?

㉮ HI : 농도 55.0~58.0%, 비중(약) 1.70
㉯ $HClO_4$: 농도 60.0~62.0%, 비중(약) 1.54
㉰ HNO_3 : 농도 28~30%, 비중(약) 1.28
㉱ H_3PO_4 : 농도 85% 이상, 비중(약) 1.69

【풀이】 ㉰ HNO_3 : 농도 60.0~62.0%, 비중(약) 1.38

정답 19 ㉮ 20 ㉰ 21 ㉰ 22 ㉰ 23 ㉮

23 환경대기 중 아황산가스 측정을 위한 파라로자닐린법(Pararosaniline Method)의 장치구성에 관한 설명으로 옳지 않은 것은?

㉮ 흡광광도계는 376nm에서 흡광도를 측정할 수 있어야 하고, 측정에 사용되는 스펙트럼 폭은 50nm이어야 한다.
㉯ 시료분산기는 외경 8mm, 내경 6mm 및 길이 152mm의 유리관으로서 끝은 외경 0.3~0.8mm로 가늘게 만든 것을 사용한다.
㉰ 흡입펌프는 유량조절기와 펌프사이에 적어도 0.7기압의 압력차이를 유지하여야 한다.
㉱ 여과기는 0.8~2.0μm의 다공질막 또는 유리솜 여과기를 사용한다.

[풀이] ㉮ 흡광광도계는 548nm에서 흡광도를 측정할 수 있어야 하고, 측정에 사용되는 스펙트럼 폭은 15nm이어야 한다.

24 다음 중 굴뚝 배출가스 내의 플루오린화합물 분석방법에 사용되는 시약만으로 옳게 구성된 것은?

㉮ 아이오딘용액, 염화철(Ⅲ)용액
㉯ 네오트린용액, 란탄용액
㉰ 싸이오황산소듐용액, 아미노디메틸아닐린용액
㉱ 메틸렌블루우용액, 아이오딘용액

25 폐기물 소각로 등에서 배출되는 다이옥신류의 측정 및 분석에 사용되는 증류수를 세정할 때 사용하는 시약은?

㉮ 노말헥산 ㉯ 디클로로메탄
㉰ 톨루엔   ㉱ 아세톤

[풀이] 증류수는 노말헥산으로 세정한 증류수를 사용한다.

26 기체-액체 크로마토그래피법에서 사용하는 고정상액체의 분류 중 탄화수소계에 해당하는 것은?

㉮ 인산트리크레실
㉯ 스쿠아란
㉰ 다이에틸폼아미드
㉱ 플루오린화규소

[풀이] ㉮ 인산트리크레실 : 기타
㉯ 스쿠아란 : 탄화수소계
㉰ 다이에틸폼아미드 : 기타
㉱ 플루오린화규소 : 실리콘계

27 굴뚝 배출가스 내의 황화수소(H_2S)의 자외선/가시선분광법(메틸렌블루우법)에서의 농도범위가 100ppm 미만일 때 시료채취량 범위로 가장 적합한 것은?

㉮ 10~100mL ㉯ 0.1~1L
㉰ 1~20L   ㉱ 50~100L

정답 24 ㉯ 25 ㉮ 26 ㉯ 27 ㉰

28 A공장 굴뚝 배출가스 중 페놀류를 기체 크로마토그래피법(내표준법)으로 분석하였더니 아래 표와 같은 결과와 식이 제시되었을 때, 시료 중 페놀류의 농도는?

- 건조시료가스량 : 10L
- 정량에 사용된 분석용 시료용액의 양 : 8μL
- 분석용 시료용액의 제조량 : 5mL
- 검량선으로부터 구한 정량에 사용된 분석용 시료용액 중 페놀류의 양 : 6μg
- 페놀류의 농도 산출식 :
  $C = \dfrac{0.238 \times a \times V_1}{S_L \times V_S} \times 1,000$ 를 이용할 것

㉮ 약 89 V/Vppm
㉯ 약 159 V/Vppm
㉰ 약 229 V/Vppm
㉱ 약 357 V/Vppm

풀이 $C = \dfrac{0.238 \times a \times V_1}{S_L \times V_S} \times 1,000$

- C : 페놀류의 농도(ppm)
- S_L : 정량에 사용되는 분석용 시료용액의 양(μL)
- V_S : 건조시료가스량(L)
- V_1 : 분석용 시료용액의 제조량(mL)
- a : 검량선으로부터 구한 정량에 사용된 분석용 시료용액 중 페놀류의 양(μg)

따라서 $C = \dfrac{0.238 \times 6\mu g \times 5mL}{8\mu L \times 10L} \times 1,000 = 89.25 ppm$

29 굴뚝 배출가스 내 질소산화물의 분석방법 중 자외선/가시선분광법 아연환원나프틸에틸렌다이아민법에서의 흡수액으로 옳은 것은?

㉮ 황산용액
㉯ 크로모트로핀산 + 황산
㉰ 페놀디슬폰산용액
㉱ 나프틸에틸렌디아민용액

풀이 자외선/가시선분광법 아연환원나프틸에틸렌다이아민법의 흡수액은 0.005mol/L 황산용액이다.

30 굴뚝 배출가스 중 CS_2의 자외선 가시선 분광법(흡광광도법)에 관한 설명으로 옳은 것은?

㉮ 다이에틸다이싸이오카밤산구리의 흡광도를 435nm 부근의 파장에서 측정한다.
㉯ 아미노디메틸아닐린의 흡광도를 670nm 부근의 파장에서 측정한다.
㉰ 피리딘-피라졸론의 흡광도를 620nm 부근의 파장에서 측정한다.
㉱ 다이페닐카바지드의 흡광도를 540nm 부근의 파장에서 측정한다.

풀이 굴뚝 배출가스 중 CS_2의 자외선 가시선 분광법(흡광광도법)은 흡수액 다이에틸아민구리용액이며, 측정파장은 435nm 그리고 시료가스 채취량이 10L인 경우 이황화탄소의 정량범위는 (4.0~60.0)ppm이다.

정답 28 ㉮ 29 ㉮ 30 ㉮

31 굴뚝 배출가스 중 일산화탄소 분석방법과 가장 거리가 먼 것은?

㉮ 자외선/가시선분광법
㉯ 비분산적외선분광분석법
㉰ 정전위전해법
㉱ 기체크로마토그래피법

[풀이] 굴뚝 배출가스 중 일산화탄소 분석방법에는 비분산적외선분광분석법, 정전위전해법, 기체크로마토그래피법이 있다.

32 굴뚝단면이 원형일 경우, 굴뚝반경이 1.1m일 때 먼지를 측정하기 위한 측정점 수로 적합한 것은?

㉮ 4   ㉯ 8
㉰ 12   ㉱ 16

[풀이] 굴뚝반경이 1.1m이면 직경은 2.2m가 된다. 따라서 굴뚝직경이 2.2m일때 반경구분수 3, 측정점수 12 이다.

33 다음은 이온크로마토그래피법(Ion Chromatography)의 장치에 관한 설명이다. (   )안에 알맞은 것은?

> (   )(이)란 용리액에 사용되는 전해질 성분을 제거하기 위하여 분리관 뒤에 직렬로 접속시킨 것으로써 전해질을 물 또는 저 전도도의 용매로 바꿔줌으로써 전기 전도도 셀에서 목적이온 성분과 전기 전도도만을 고감도로 검출할 수 있게 해주는 것이다.

㉮ 용리액조   ㉯ 송액펌프
㉰ 분리관   ㉱ 써프렛서

34 0.04M의 황산용액 50mL를 중화하는데 요구되는 N/10 수산화소듐용액의 양은 몇 mL인가?

㉮ 5mL   ㉯ 10mL
㉰ 20mL   ㉱ 40mL

[풀이] $N_1V_1 = N_2V_2$
$(0.04 \times 2)N \times 50mL = 0.1N \times V_2$
$\therefore V_2 = \dfrac{(0.04 \times 2)N \times 50mL}{0.1N} = 40mL$

TIP
① H_2SO_4는 2가이므로 N농도 = (0.04M×2) = 0.08N
② N농도 = M농도 × 가수

35 황산 25mL를 물로 희석하여 전량을 1L로 만들었다. 희석후 황산용액의 농도는? (단, 황산순도는 95%, 비중은 1.84이다.)

㉮ 약 0.3N   ㉯ 약 0.6N
㉰ 약 0.9N   ㉱ 약 1.3N

[풀이] N농도 = 규정농도 = eq/L
황산(H_2SO_4)의 1당량(eq) = $\dfrac{98g}{2}$ = 49g이다.

① eq/L = $\dfrac{비중(g)}{(mL)} \times \dfrac{10^3 mL}{1L} \times \dfrac{1eq}{1당량g} \times \dfrac{순도(\%)}{100}$

= $\dfrac{1.84g}{mL} \times \dfrac{10^3 mL}{1L} \times \dfrac{1eq}{49g} \times \dfrac{95\%}{100}$

= 35.673eq/L

② 희석배수치 = $\dfrac{1,000mL}{25mL}$ = 40

③ $35.673N \times \dfrac{1}{40}$ = 0.89N

정답 31 ㉮ 32 ㉰ 33 ㉱ 34 ㉱ 35 ㉰

36 다음 중 굴뚝 배출가스 내 비소화합물의 분석방법으로 가장 적합한 것은?

㉮ 기체크로마토그래피법
㉯ 원자흡수분광광도법
㉰ 비분산 적외선 분석법
㉱ 이온전극법

풀이 비소화합물을 분석하는 방법에는 수소화물생성 원자흡수분광광도법, 흑연로 원자흡수분광광도법, 유도결합플라스마분광법, 자외선/가시선분광법이 있다.

37 자외선 가시선 분광법에 관한 설명으로 옳지 않은 것은?

㉮ 파장선택부에서 단색장치로는 프리즘, 회절격자 또는 이 두 가지를 조합시킨 것을 사용하여 단색광을 내기위하여 슬릿(slit)을 부속시킨다.
㉯ 광원부에서 가시부와 근적외부의 광원으로는 주로 중수소 방전관을 사용하고 자외부의 광원으로는 주로 텅스텐램프를 사용한다.
㉰ 측광부에서 광전관, 광전자증배관은 주로 자외 내지 가시파장 범위에서 광전도셀은 근적외파장범위에서, 광전지는 주로 가시파장 범위 내에서의 광전측광에 사용된다.
㉱ 광전광도계는 파장선택부에 필터를 사용한 장치로 단광속형이 많고 비교적 구조가 간단하여 작업분석용에 적당하다.

풀이 ㉯ 광원부에서 가시부와 근적외부의 광원으로는 주로 텅스텐램프를 사용하고 자외부의 광원으로는 주로 중수소방전관을 사용한다.

38 굴뚝 배출가스 내 휘발성유기화합물질(VOC)의 시료채취방법 중 흡착관법에 쓰이는 흡착제의 종류와 거리가 먼 것은?

㉮ Charcoal   ㉯ XAD-2
㉰ Tedlar   ㉱ Tenax

풀이 휘발성유기화합물질(VOC)의 시료채취방법 중 흡착관법에 쓰이는 흡착제의 종류로는 Charcoal, XAD-2, Tenax가 있다.

39 중금속류를 분석할 때 시료 성상에 따른 전처리방법으로 옳지 않은 것은?

㉮ 소량의 유기물을 함유하는 것은 질산-과산화수소수법으로 전처리한다.
㉯ 유기물을 함유하지 않은 것은 질산법으로 전처리한다.
㉰ 다량의 유기물 유리탄소를 함유하는 것은 염산법으로 전처리한다.
㉱ 타르를 함유하는 것은 질산-염산법으로 전처리한다.

풀이 ㉰ 다량의 유기물 유리탄소를 함유하는 것은 저온회화법으로 전처리한다.

정답 36 ㉯   37 ㉯   38 ㉰   39 ㉰

40 공정시험기준의 화학분석 일반사항에 대한 표시로 옳지 않은 것은?

㉮ 10억분율(Parts Per Hundred Million)은 pphm, 1억분율(Parts Per Billion)은 ppb로 표시한다.
㉯ 실온은 1~35℃로 하고, 찬곳(冷所)은 따로 규정이 없는 한 0~15℃의 곳을 뜻한다.
㉰ "냉후"(식힌 후)라 표시되어 있을 때는 보온또는 가열후 실온까지 냉각된 상태를 뜻한다.
㉱ 황산(1+2) 또는 황산(1:2)라 표시한 것은 황산 1용량에 물 2용량을 혼합한 것이다.

[풀이] ㉮ 10억분율(Parts Per Hundred Million)은 ppb, 1억분율(Parts Per Billion)은 pphm으로 표시한다.

제3과목 대기오염방지기술

41 다음 후드 중 가열된 상부개방 오염원에서 배출되는 오염물질을 채취하는데 일반적으로 사용되며, 주로 고온의 오염공기를 배출하고 과잉습도를 제거할 때 제한적으로 사용되며, 오염원이 고온이 아닐 때는 사용되지 않는 것은?

㉮ 방사형 후드(radiation hood)
㉯ 포위형 후드(enclosure hood)
㉰ 포착형 후드(capturing hood)
㉱ 천개형 후드(canopy hood)

[풀이] 오염원이 고온인 경우는 천개형 후드를 사용한다.

42 악취방지에 사용되는 첨착활성탄에 관한 설명으로 옳지 않은 것은?

㉮ 대부분의 경우 재생이 불가능하며, 암모니아나 아민류의 경우는 흡착효과가 거의 없다.
㉯ 산성가스 탈취용 첨착활성탄인 경우 수분의 공존에 의한 탈황효과에 양호한 영향을 주는 경우가 많다.
㉰ 악취성분은 흡입된 세공의 공간부에서 첨착물질과 화학적으로 반응한다.
㉱ 첨착물질과 악취성분은 비가역적인 화학반응을 일으키면서 그 다음 무취물질로 변한다.

[풀이] ㉮ 대부분의 경우 재생이 가능하며, 암모니아나 아민류의 경우에도 흡착효과가 있다.

43 합판공장의 배기가스량은 400m³/min, 먼지부하는 4.6g/m³이라면 직경 40cm, 길이 400cm의 여과백을 사용할 경우 이 가스를 제진하기 위해서 필요한 여과백의 수는? (단, 여과속도 : 0.6m/min)

㉮ 133개 ㉯ 198개
㉰ 236개 ㉱ 265개

[풀이] $Q = \pi \cdot D \cdot L \cdot n \cdot V_f$

Q : 배기가스량(m/sec)
D : 직경(m)
L : 길이(m)
V_f : 여과속도(m/sec)
n : 여과백의 수

따라서

$n = \dfrac{Q}{\pi \cdot D \cdot L \cdot V_f} = \dfrac{400 m^3/min}{\pi \times 0.4m \times 4m \times 0.6m/min}$

= 133개

정답 40 ㉮   41 ㉱   42 ㉮   43 ㉮

44 탄소 50kg과 수소 50kg을 완전 연소시키는데 필요한 이론적인 산소의 양은?

㉮ 321kg   ㉯ 386kg
㉰ 432kg   ㉱ 533kg

[풀이] ① $C + O_2 \rightarrow CO_2$
  12kg : 32kg
  50kg : X_1
  $\therefore X_1 = \dfrac{50kg \times 32kg}{12kg} = 133.33kg$
② $H_2 + 0.5O_2 \rightarrow H_2O$
  2kg : 0.5×32kg
  50kg : X_2
  $\therefore X_2 = \dfrac{50kg \times 0.5 \times 32kg}{2kg} = 400kg$
③ 산소량 = $X_1 + X_2$ = 133.33kg + 400kg
    = 533.33kg

45 다음 가스연료의 완전연소 반응식으로 옳지 않은 것은?

㉮ 메탄 : $CH_4 + O_2 \rightarrow CO_2 + 2H_2$
㉯ 일산화탄소 : $2CO + O_2 \rightarrow 2CO_2$
㉰ 수소 : $2H_2 + O_2 \rightarrow 2H_2O$
㉱ 프로판 : $C_3H_8 + 5O_2 \rightarrow 3CO_2 + 4H_2O$

[풀이] ㉮ $CH_4 + 2O_2 \rightarrow CO_2 + 2H_2O$

46 집진효율이 각각 80%인 사이클론(cyclone) 2개를 직렬로 연결하여 입자를 제거할 경우, 총집진효율은?

㉮ 80%   ㉯ 86%
㉰ 90%   ㉱ 96%

[풀이] $\eta_T = 1 - (1-\eta_1) \times (1-\eta_2) = 1 - (1-0.8) \times (1-0.8) = 0.96$
∴ 96%

47 A굴뚝 배출가스 중 염소가스의 농도가 150mL/Sm³이다. 이 염소가스의 농도를 25mg/Sm³로 저하시키기 위하여 제거해야 할 양(mL/Sm³)은?

㉮ 95   ㉯ 111
㉰ 125   ㉱ 142

[풀이] 제거해야 할 양(mL/Sm³)
$= 150mL/Sm^3 - \left(\dfrac{25mg}{Sm^3} \times \dfrac{22.4mL}{71mg}\right)$
$= 142.11 mL/Sm^3$

48 A공장의 백필터의 입구가스량은 35.8 Sm³/h, 유입먼지농도는 4.56g/Sm³, 출구의 가스량은 42.6Sm³/h, 배출먼지농도는 4.1mg/Sm³이었다면 이 백필터의 집진율은?

㉮ 87.55%   ㉯ 89.03%
㉰ 97.19%   ㉱ 99.89%

[풀이] 집진율(%) = $\left\{1 - \dfrac{C_o \times Q_o}{C_i \times Q_i}\right\} \times 100$
$= \left\{1 - \dfrac{4.1 \times 10^{-3} g/Sm^3 \times 42.6 Sm^3/hr}{4.56 g/Sm^3 \times 35.8 Sm^3/hr}\right\} \times 100$
$= 99.98\%$

TIP
$C_o = 4.1 mg/Sm^3 = 4.1 \times 10^{-3} g/Sm^3$

정답 44 ㉱ 45 ㉮ 45 ㉮ 46 ㉱ 47 ㉱ 48 ㉱

49 과잉공기가 지나칠 때 나타나는 현상으로 옳지 않은 것은?

㉮ 연소실 내 온도 저하
㉯ 배출가스에 의한 열손실의 증가
㉰ 배출가스의 온도가 높아지고 매연이 증가
㉱ 배출가스 중 NO_x량 증가

[풀이] ㉰ 배출가스의 온도가 낮아지고 매연이 감소

50 세정집진장치의 장점이라 볼 수 없는 것은?

㉮ 입자상 물질과 가스의 동시제거가 가능하다.
㉯ 친수성, 부착성이 높은 먼지에 의한 폐쇄염려가 없다.
㉰ 제진된 먼지의 재비산 염려가 없다.
㉱ 연소성 및 폭발성 가스의 처리가 가능하다.

[풀이] ㉯ 비친수성, 부착성이 높은 먼지에 의한 폐쇄염려가 있다.

51 관성력 집진장치의 일반적인 효율 향상 조건에 관한 설명으로 옳지 않은 것은?

㉮ 기류의 방향전환 시 곡률반경이 작을수록 미립자의 채취가 가능하다.
㉯ 기류의 방향전환 각도가 작고, 방향전환 횟수가 많을수록 압력손실은 커지지만 집진은 잘 된다.
㉰ 충돌직전의 처리가스의 속도는 작고, 처리 후 출구 가스속도는 클수록 미립자의 제거가 쉽다.
㉱ 적당한 모양과 크기의 dust box가 필요하다.

[풀이] ㉰ 충돌직전의 처리가스의 속도는 크고, 처리 후 출구 가스속도는 느릴수록 미립자의 제거가 쉽다.

52 전기집진장치에서 방전극과 집진극 사이의 거리가 10cm, 처리가스의 유입속도가 2m/sec, 입자의 분리속도가 5cm/sec일 때, 100% 집진 가능한 이론적인 집진극의 길이(m)는? (단, 배출가스의 흐름은 층류이다.)

㉮ 2 ㉯ 4
㉰ 6 ㉱ 8

[풀이] $L = \dfrac{U \times S}{We}$

L : 집진극의 길이(m)
u : 유입속도(m/sec)
S : 집진극과 방전극간 거리(m)
We : 입자의 분리속도(m/sec)

따라서 $L = \dfrac{2m/sec \times 0.1m}{0.05m/sec} = 4.0m$

정답 49 ㉰ 50 ㉯ 51 ㉰ 52 ㉯

53 다음 중 착화성이 좋은 경유의 세탄값의 범위로 가장 적합한 것은?

㉮ 0.1~1 ㉯ 1~5
㉰ 5~10 ㉱ 40~60

54 다음 중 탄화도가 가장 작은 것은?

㉮ 역청탄 ㉯ 이탄
㉰ 갈탄   ㉱ 무연탄

55 송풍기의 크기와 유체의 밀도가 일정할 때 송풍기 회전속도를 2배로 증가시켰을 때 다음 중 옳은 것은?

㉮ 유량은 2배 증가한다.
㉯ 동력은 4배 증가한다.
㉰ 배출속도는 4배 증가한다.
㉱ 정압은 8배 증가한다.

[풀이] ㉮ 유량 = (회전속도)^1 = (2배)^1 = 2배
㉯ 동력 = (회전속도)^3 = (2배)^3 = 8배
㉰ 배출속도 = (회전속도)^1 = (2배)^1 = 2배
㉱ 정압 = (회전속도)^2 = (2배)^2 = 4배

56 다음 흡착제 중 표면적이 200m^3/g 정도로서 휘발유 및 용제정제를 위해 사용되는 것은?

㉮ 활성탄   ㉯ 본 차(bone char)
㉰ 마그네시아 ㉱ 실리카겔

57 집진장치의 원형직선 송풍관내에 기류의 압력손실에 관한 설명으로 옳은 것은?

㉮ 관의 직경에 비례한다.
㉯ 기체의 밀도에 비례한다.
㉰ 관의 길이에 반비례한다.
㉱ 기체의 유속에 반비례한다.

[풀이] ㉮ 관의 직경에 반비례한다.
㉰ 관의 길이에 비례한다.
㉱ 기체의 유속의 제곱에 비례한다.

58 유량 40715m^3/hr의 공기를 원형 흡습탑을 거쳐 정화하려고 한다. 흡습탑의 접근유속을 2.5m/sec로 유지하려면 소요되는 흡습탑의 지름(m)은?

㉮ 약 2.8 ㉯ 약 2.4
㉰ 약 1.7 ㉱ 약 1.2

[풀이] $Q = \dfrac{\pi \cdot D^2}{4} \times V$

$\therefore D = \sqrt{\dfrac{4Q}{\pi \cdot V}}$

$= \sqrt{\dfrac{4 \times 41,715 m^3/hr \times 1hr/3600sec}{\pi \times 2.5 m/sec}} = 2.40m$

정답 53 ㉱ 54 ㉯ 55 ㉮ 56 ㉰ 57 ㉯ 58 ㉯

59 유압분무식 버너에 관한 설명으로 옳지 않은 것은?

㉮ 구조가 간단하여 유지 및 보수가 용이하다.
㉯ 유량조절 범위가 좁아 부하변동에 적응하기 어렵다.
㉰ 연료분사 범위는 15~2000kL/hr 정도이다.
㉱ 분무각도가 40~90° 정도로 크다.

풀이 ㉰ 연료분사 범위는 15~2000L/hr 정도이다.

60 97% 집진효율을 갖는 전기집진장치로 가스의 유효 표류속도가 0.1m/sec인 오염공기 180m³/sec를 처리하고자 한다. 이 때 필요한 총집진판 면적(m²)은? (단, deutsch식에 의함)

㉮ 6,456 ㉯ 6,312
㉰ 6,029 ㉱ 5,873

풀이
$\eta = 1 - \exp^{\frac{-A \cdot We}{Q}}$

$\therefore A = \frac{LN(1-\eta)}{-\frac{We}{Q}} = \frac{LN(1-0.97)}{-\frac{0.1m/sec}{180m^3/sec}} = 6311.80m^2$

| 제4과목 | 대기환경관계법규

61 환경정책기본법령상 납(Pb)의 대기환경기준(μg/m³)으로 옳은 것은? (단, 연간평균치)

㉮ 0.5 이하   ㉯ 5 이하
㉰ 50 이하   ㉱ 100 이하

풀이 납(Pb)의 연간 평균치는 0.5μg/m³이다.

62 대기환경보전법상 배출시설과 방지시설의 운영상황에 관한 기록을 보존하지 아니하거나 거짓으로 기록한 자에 대한 과태료 부과기준으로 옳은 것은?

㉮ 50만원 이하의 과태료를 부과한다.
㉯ 100만원 이하의 과태료를 부과한다.
㉰ 200만원 이하의 과태료를 부과한다.
㉱ 300만원 이하의 과태료를 부과한다.

63 대기환경보전법규상 자동차 사용정지 표지에 관한 내용으로 옳지 않은 것은?

㉮ 사용정지기간 중 주차장소도 사용정지표지에 기재되어야 한다.
㉯ 사용정지표지는 자동차의 전면유리 좌측하단에 붙인다.
㉰ 사용정지표지는 사용정지기간이 지난 후에 담당공무원이 제거하거나 담당공무원의 확인을 받아 제거하여야 한다.
㉱ 문자는 검정색으로, 바탕색은 노란색으로 한다.

풀이 ㉯ 사용정지표지는 자동차의 전면유리 우측상단에 붙인다.

정답 59 ㉰ 60 ㉯ 61 ㉮ 62 ㉱ 63 ㉯

64 대기환경보전법령상 천재지변으로 사업자의 재산에 중대한 손실이 발생한 경우로 납부기한 전에 부과금을 납부할 수 없다고 인정될 경우, 초과부과금 징수유예기간과 그 기간 중의 분할납부 횟수기준으로 옳은 것은?

㉮ 유예한 날의 다음날부터 2년 이내, 4회 이내
㉯ 유예한 날의 다음날부터 2년 이내, 12회 이내
㉰ 유예한 날의 다음날부터 3년 이내, 4회 이내
㉱ 유예한 날의 다음날부터 3년 이내, 12회 이내

풀이 초과부과금 징수유예기간과 그 기간 중 분할납부 횟수기준으로는 유예한 날의 다음날부터 2년 이내, 12회 이내이다.

65 악취방지법규상 위임업무 보고사항 중 "악취검사기관의 지도·점검 및 행정처분 실적"의 보고횟수 기준으로 옳은 것은?

㉮ 연 1회   ㉯ 연 2회
㉰ 연 4회   ㉱ 수시

66 대기환경보전법규상 가스를 연료로 사용하는 경자동차의 배출가스 보증기간 적용기준으로 옳은 것은? (단, 2009년 1월 1일 제작자동차 기준)

㉮ 2년 또는 10,000km
㉯ 2년 또는 160,000km
㉰ 6년 또는 100,000km
㉱ 7년 또는 500,000km

67 다중이용시설 등의 실내공기질 관리법 규상 "도서관·박물관 및 미술관"의 총 휘발성 유기화합물($\mu g/m^3$)의 실내공기질 권고기준으로 옳은 것은? (단, 총휘발성유기화합물의 정의는 「환경분야 시험·검사 등에 관한 법률」에 따른 환경오염공정시험기준에서 정한다.)

㉮ 100 이하   ㉯ 400 이하
㉰ 500 이하   ㉱ 1000 이하

68 대기환경보전법상 관계 공무원의 오염물질 채취를 위한 출입·검사를 거부, 방해 또는 기피한 자에 대한 벌칙기준은?

㉮ 1년 이하의 징역이나 1천만원 이하의 벌금
㉯ 200만원 이하의 벌금
㉰ 200만원 이하의 과태료
㉱ 50만원 이하의 과태료

정답 64 ㉯   65 ㉮   66 ㉰   67 ㉰   68 ㉮

69 대기환경보전법령상 초과부과금 산정기준 중 오염물질 1kg 당 부과금액이 다음 중 가장 낮은 항목은?

㉮ 불소화합물 ㉯ 염소
㉰ 황화수소   ㉱ 시안화수소

> **풀이** 초과부과금 산정기준 중 오염물질 1kg 당 부과금액
> ㉮ 불소화합물 : 2,300원
> ㉯ 염소 : 7,400원
> ㉰ 황화수소 : 6,000원
> ㉱ 시안화수소 : 7,300원

70 환경정책기본법상 행정기관의 장이 협의절차가 완료되기 전에 시행한 개발사업과 관련하여 공사중지를 요청하였으나 이를 이행하지 아니한 경우의 벌칙기준으로 옳은 것은?

㉮ 1년 이하의 징역 또는 1천만원 이하의 벌금
㉯ 2년 이하의 징역 또는 2천만원 이하의 벌금
㉰ 3년 이하의 징역 또는 3천만원 이하의 벌금
㉱ 5년 이하의 징역 또는 5천만원 이하의 벌금

> **참고** 법개정으로 삭제

71 대기환경보전법규상 "자동차 연료 및 첨가제의 제조·판매 또는 사용에 대한 규제현황"의 위임업무 보고횟수(①) 및 보고기일(②) 기준으로 옳은 것은?

㉮ ① 연 1회, ② 다음 해 1월 15일까지
㉯ ① 연 2회, ② 매반기 종료 후 15일 이내
㉰ ① 연 4회, ② 매분기 종료 후 15일 이내
㉱ ① 수시, ② 해당사항 발생 시

72 대기환경보전법규상 배출가스 정밀검사대행자 및 지정사업자의 기술능력 및 시설·장비 기준으로 옳지 않은 것은?

㉮ 건물면적은 사무실(검사원사무실, 수검자대기실 등을 포함한다)은 20제곱미터 이상, 검사진로는 최소 100제곱미터 이상으로 한다.
㉯ 검사진로는 차량 진입 후 관능 및 기능검사, 배출가스 검사, 판정, 진출을 순차적으로 진행할 수 있는 구조이어야 하며, 검사진로 규격은 너비 5m 이상, 높이 4m 이상이어야 한다.
㉰ 검사진로는 배출가스를 검사하는 차대동력계, 관능 및 기능 검사를 수행하는 검차시설(피트)순으로 설치하여야 하며, 피트의 규격은 너비 0.8미터 이상, 길이 5미터 이상, 깊이 1.0미터 이상이어야 한다.
㉱ 검사진로의 바닥은 차대동력계중심축으로부터 전·후 8미터 이상 수평을 유지하여야 한다.

> **풀이** ㉰ 피트의 규격은 너비 0.8미터 이상, 길이 6미터 이상, 깊이 1.5미터 이상이어야 한다.

정답 69 ㉮ 70 ㉱ 71 ㉯ 72 ㉰

73 대기환경보전법규상 휘발성유기화합물 배출 억제·방지시설 설치 등에 관한 기준 중 주유소 주유시설에 부착된 유증기 회수설비의 처리효율 기준은?

㉮ 25퍼센트 이상 ㉯ 60퍼센트 이상
㉰ 80퍼센트 이상 ㉱ 90퍼센트 이상

74 대기환경보전법규상 배출시설 및 방지시설 등과 관련된 행정처분기준 중 배출시설 운영사업자가 "자가측정을 하지 아니하거나 자가측정 횟수가 적정하지 아니한 경우"의 위반횟수별 행정처분기준(1차~4차)으로 옳은 것은?

㉮ 경고 - 조업정지 30일 - 조업정지 60일 - 허가 취소 또는 폐쇄
㉯ 경고 - 조업정지 15일 - 조업정지 30일 - 허가 취소 또는 폐쇄
㉰ 경고 - 조업정지 10일 - 조업정지 20일 - 허가 취소
㉱ 경고 - 경고 - 경고 - 조업정지 10일

75 대기환경보전법령상 대기오염물질발생량의 합계가 연간 35톤인 경우 사업장 분류기준으로 몇 종 사업장에 해당하는가?

㉮ 1종 사업장 ㉯ 2종 사업장
㉰ 3종 사업장 ㉱ 4종 사업장

[풀이] 대기오염물질발생량의 합계가 연간 20톤이상 80톤미만인 경우는 2종사업장이다.

76 대기환경보전법령상 자동차제작자는 부품의 결함건수 또는 결함 비율이 대통령령으로 정하는 요건에 해당하는 경우 결함시정 요구가 없더라도 의무적으로 결함을 시정해야한다. 이와 관련하여 ( ) 안에 가장 적합한 것은?

> 같은 연도에 판매된 같은 차종의 같은 부품에 대한 부품결함 건수(제작결함으로 부품을 조정하거나 교환한 건수를 말한다.)가 ( )인 경우

㉮ 5건 이상 ㉯ 10건 이상
㉰ 25건 이상 ㉱ 50건 이상

77 대기환경보전법규상 휘발성유기화합물 배출시설의 변경신고를 하여야 하는 경우에 해당되지 않는 것은?

㉮ 사업장 소속 환경기술인이 변경된 경우
㉯ 사업장의 명칭 또는 대표자를 변경하는 경우
㉰ 설치신고를 한 배출시설 규모의 합계보다 100분의 50이상 증설하는 경우
㉱ 휘발성유기화합물 배출억제·방지시설을 임대하는 경우

[풀이] 휘발성유기화합물 배출시설의 변경신고를 하여야 하는 경우는 ㉯㉰㉱외에 휘발성 유기화합물의 배출 억제·방지시설을 변경하는 경우, 휘발성 유기화합물 배출시설을 폐쇄하는 경우이다.

정답 73 ㉱ 74 ㉱ 75 ㉯ 76 ㉱ 77 ㉮

78 대기환경보전법령상 사업장의 연료사용량 감축 권고조치를 하여야 하는 대기오염 경보발령 단계기준으로 가장 적합한 것은?

㉮ 준주의보 발령단계
㉯ 주의보 발령단계
㉰ 경보 발령단계
㉱ 중대경보 발령단계

풀이 ㉯ 주의보 발령단계 : 주민의 실외활동 및 자동차 사용의 자제요청
㉰ 경보 발령단계 : 주민의 실외활동 제한 요청, 자동차 사용의 제한명령, 사업장의 연료 사용량의 감축 권고
㉱ 중대경보 발령단계 : 주민의 실외활동 금지 요청, 자동차의 통행금지, 사업장의 조업시간 단축 명령

79 대기환경보전법규상 제1차 금속 제조시설 중 금속의 용융·용해 또는 열처리시설에서의 대기오염물질 배출시설 기준으로 옳지 않은 것은?

㉮ 시간당 100킬로와트 이상인 전기아크로(유도로를 포함한다.)
㉯ 노상면적이 4.5제곱미터 이상인 반사로
㉰ 1회 주입 연료 및 원료량의 합계가 0.5톤 이상인 제선로
㉱ 1회 주입 원료량이 0.5톤 이상이거나 연료사용량이 시간당 30킬로그램 이상인 도가니로

풀이 ㉮ 시간당 300킬로와트 이상인 전기아크로(유도로를 포함한다.)

80 대기환경보전법규상 대기오염방지시설과 가장 거리가 먼 것은? (단, 기타 환경부장관이 인정하는 시설 등은 제외한다.)

㉮ 음파집진시설
㉯ 부상에 의한 시설
㉰ 응축에 의한 시설
㉱ 직접연소에 의한 시설

풀이 대기오염방지시설에는 중력집진시설, 관성력집진시설, 원심력집진시설, 세정집진시설, 여과집진시설, 전기집진시설, 음파집진시설, 흡수에 의한 시설, 흡착에 의한 시설, 직접연소에 의한 시설, 촉매반응을 이용하는 시설, 응축에 의한 시설, 산화·환원에 의한 시설, 미생물을 이용한 처리시설, 연소조절에 의한 시설이 있다.

정답 78 ㉰ 79 ㉮ 80 ㉯

2012년 2회 대기환경산업기사

2012년 5월 20일 시행

| 제1과목 | 대기오염개론

01 다음 중 일반적으로 하루 중에서 최고 농도를 나타내는 시간이 가장 빠른 것은?

㉮ NO ㉯ NO_2
㉰ O_3 ㉱ HNO_3

[풀이] 일반적으로 하루중에서 최고 농도를 나타내는 시간이 가장 빠른 것은 1차성 물질이므로 NO(일산화질소)이다.

02 가시도(Visibility)에 관한 설명으로 옳지 않은 것은?

㉮ 빛의 흡수와 분산으로 가시도는 감소한다.
㉯ 가시거리는 습도에 의하여 크게 영향을 받는다.
㉰ COH(coefficient of haze)는 깨끗한 여과지에 분진을 모은 다음 빛 전달율의 감소를 측정함으로써 결정된다.
㉱ 강도가 I인 빛으로 X거리에서 조명하여 dx거리를 통과하는 동안 흡수와 분산으로 빛의 강도가 dI만큼 감소할 때 $dI = \sigma(I)^2/(dx)^2$이다. (σ : 소광계수)

03 유효높이 60m인 굴뚝으로부터 SO_2가 160g/s의 질량속도로 배출되고 있다. 굴뚝높이에서의 풍속은 6m/s, 풍하거리 500m에서 대기안정조건에 따른 편차 σ_y는 28m, σ_z는 18.5m이었다. 가우시안모델에서 지표반사를 고려할 때, 이 굴뚝으로부터 풍하거리 500m의 중심선상의 지표농도는?

㉮ 약 $34\mu g/m^3$ ㉯ 약 $66\mu g/m^3$
㉰ 약 $85\mu g/m^3$ ㉱ 약 $101\mu g/m^3$

[풀이]
$$C = \frac{Q}{\pi \cdot u \cdot \sigma_y \cdot \sigma_z} \exp\left[-\frac{He^2}{2\sigma_z^2}\right]$$

$\begin{bmatrix} C : 농도(\mu g/m^3) \\ Q : 오염물질 배출량(mg/sec) \\ \sigma_y : 수평방향의 표준편차(m) \\ \sigma_z : 수직방향의 표준편차(m) \\ u : 풍속(m/sec) \\ He : 유효굴뚝높이(m) \end{bmatrix}$

따라서
$$C = \frac{160g/sec \times 10^3 \mu g/g}{\pi \times 6m/sec \times 28m \times 18.5m} \exp\left[-\frac{(60m)^2}{2 \times (18.5m)^2}\right]$$
$= 85.19 \mu g/m^3$

정답 01 ㉮ 02 ㉱ 03 ㉰

04 다음 대기오염의 역사적 사건에 대한 주 오염물질의 연결로 옳은 것은?

㉮ 보팔시 사건 : SO_2, H_2SO_4-mist
㉯ 포자리카 사건 : H_2S
㉰ 체르노빌 사건 : PCB_S
㉱ 뮤즈계곡사건 : methylisocynate

풀이 ㉮ 보팔시 사건 : methylisocynate(CH_3CNO)
㉰ 체르노빌 사건 : 방사능 물질
㉱ 뮤즈계곡사건 : SO_2, H_2SO_4-mist

05 다음 설명하는 오염물질로 가장 적합한 것은?

> 부식성이 강하며 주로 상기도에 대하여 급성 흡입효과를 나타내고 고농도 하에서는 일정기간이 지나면 폐부종을 유발하기도 한다. 만성 폭로 시 구강과 혀가 갈색으로 변색되며, 호흡 시 독특한 냄새가 나고, 피부반점이 생긴다는 보고도 있다.

㉮ acryl amides   ㉯ NO_2
㉰ Br_2 ㉱ MEK

풀이 ㉰ 브롬(Br_2)에 대한 설명이다.

06 London형 스모그 사건과 비교한 Los Angeles형 스모그 사건에 관한 설명으로 옳은 것은?

㉮ 주오염물질은 SO_2, smoke, H_2SO_4, 미스트 등이다.
㉯ 주오염원은 공장, 가정난방이다.
㉰ 침강성 역전이다.
㉱ 주로 아침, 저녁에 발생하고, 환원반응이다.

풀이 ㉮ 주오염물질은 광화학산화물(오존, PAN)이다.
㉯ 주오염원은 자동차에 사용되는 석유계 연료이다.
㉱ 주로 한낮에 발생하고, 산화반응이다.

07 다음 오염물질의 재료와 구조물에 대한 영향 중 특히 타이어와 같은 고무제품에 접촉하여 균열 및 노화를 일으키며, 착색된 각종 섬유를 탈색시키는 것으로 가장 적합한 것은?

㉮ 불화수소   ㉯ 아황산가스
㉰ 일산화탄소   ㉱ 오존

풀이 ㉱ 오존(O_3)에 대한 설명이다.

08 다음 특정물질 중 오존파괴지수가 가장 낮은 것은?

㉮ CFC-115   ㉯ 사염화탄소
㉰ Halon-2402   ㉱ Halon-1301

풀이 오존층 파괴지수
㉮ CFC-115 : 0.6
㉯ 사염화탄소 : 1.1
㉰ Halon-2402 : 6.0
㉱ Halon-1301 : 10.0

정답 04 ㉯ 05 ㉰ 06 ㉰ 07 ㉱ 08 ㉮

09 다음 중 실내공기오염의 일반적인 지표가 되는 오염물질로서 다중이용시설에서 실내공기질 유지기준이 1000ppm 이하인 것은?

㉮ N_2　　㉯ CO
㉰ CO_2　　㉱ H_2S

[풀이] 다중이용시설에서 실내공기질 유지기준이 1000ppm 이하인 것은 이산화탄소(CO_2)이다.

10 다음의 대기오염물질 중 2차 오염물질과 가장 거리가 먼 것은?

㉮ N_2O_3　　㉯ PAN
㉰ O_3　　㉱ NOCl

[풀이] ㉮ N_2O_3는 1차성 물질이다.

11 다음 중 교외지역에 비해 온도가 높게 나타나는 도시열섬효과(heat island effect)를 가져오는 원인과 가장 거리가 먼 것은?

㉮ 기온역전
㉯ 건물 등 구조물에 의한 거칠기 길이의 변화
㉰ 지표면의 열적 성질 차이
㉱ 인구 집중에 따른 인공열 발생의 증가

[풀이] ㉮ 기온역전은 대기오염과 관계있다.

12 연소과정에서 방출되는 NO_x 배출가스 중 NO : NO_2의 개략적인 비는 얼마 정도인가?

㉮ 5 : 95　　㉯ 20 : 80
㉰ 50 : 50　　㉱ 90 : 10

[풀이] 연소과정에서 방출되는 NO_x 배출가스 중 NO : NO_2의 개략적인 비는 90 : 10 이다.

13 다음 대기분산모델 중 미국에서 개발되었으며, 적용 배출원의 형태는 점, 면이며, 도시 지역에서 광화학반응을 고려하여 오염물질의 이동을 계산하는 광화학 모델에 해당하는 것은?

㉮ ADMS　　㉯ RAMS
㉰ UAM　　㉱ TCM

[풀이]
㉮ ADMS : 가우시안모델이며, 점, 면, 선에 적용하고, 영국에서 개발되었으며, 도시지역 오염물질의 이동을 계산하는데 이용된다.
㉯ RAMS : 3차원 바람장모델이며, 미국에서 개발되었고, 바람장과 오염물질의 분산을 동시에 계산한다.
㉱ TCM : 가우시안모델이며, 점, 면에 적용하고, 미국에서 개발되었고, 장기델로서 한국에서 많이 사용되었다.

정답　09 ㉰　10 ㉮　11 ㉮　12 ㉱　13 ㉰

14 지상 10m에서의 풍속이 5m/s라면 지상 50m에서의 풍속은? (단, Deacon식 적용, 대기는 심한 역전상태(P = 0.4)임)

㉮ 8.5m/s　　㉯ 9.5m/s
㉰ 10.5m/s　　㉱ 11.5m/s

풀이 Decon의 식 $U_2 = U_1 \times \left(\dfrac{H_2}{H_1}\right)^P$

　$\begin{bmatrix} U_2 : H_2에서의 풍속(m/sec) \\ U_1 : H_1에서의 풍속(m/sec) \\ P : 매개변수 \end{bmatrix}$

따라서 $U_2 = 5m/sec \times \left(\dfrac{50m}{10m}\right)^{0.4} = 9.52m/sec$

15 다음 중 온실가스 감축, 오존층 보호를 위한 국제협약(의정서) 등으로 가장 거리가 먼 것은?

㉮ 바젤 협약
㉯ 교토 의정서
㉰ 몬트리올 의정서
㉱ 비엔나 협약

풀이 ㉮ 바젤 협약은 유해 폐기물의 국제적 이동의 통제와 규제를 골자로 하는 국제협약이다.

16 B-C유 보일러 배출가스 중 SO_2가 표준상태에서 1120ppm으로 측정되었다면 같은 조건에서는 몇 mg/Sm^3인가?

㉮ 392　　㉯ 689
㉰ 3200　　㉱ 3870

풀이 $mg/Sm^3 = \dfrac{1120mL}{Sm^3} \times \dfrac{64mg}{22.4mL} = 3200mg/Sm^3$

TIP
① SO_2　1mol $\begin{cases} 64mg \\ 22.4mL \end{cases}$
② ppm = mL/Sm^3

17 대기오염물질이 인체에 미치는 영향에 관한 설명으로 가장 적합한 것은?

㉮ 석면, 니켈, 크롬, 비소화합물은 인체의 영향을 미치는 형태로 분류할 때 발열물질에 해당한다.
㉯ 황화수소는 고농도에서 주로 다발성 신경염, 이따이이따이병 등을 일으킨다.
㉰ 오존에 반복 노출되면 가슴 통증, 기관지염, 심장질환, 천식 등을 일으킨다.
㉱ 일산화탄소는 피부조직에 수분이 존재하면 산으로 작용하며, 100ppm에 10분 정도의 노출도 인체에 격렬한 두통을 유발한다.

정답　14 ㉯　15 ㉮　16 ㉰　17 ㉰

18 다음 설명과 관련된 복사법칙으로 가장 적합한 것은?

> 흑체표면의 단위면적으로부터 단위시간에 방출되는 전파장의 복사에너지의 양(흑체의 전복사도) E는 흑체의 절대온도 4승에 비례한다.

㉮ 플랑크의 법칙
㉯ 빈의 법칙
㉰ 스테판-볼쯔만의 법칙
㉱ 알베도의 법칙

[풀이] ㉰ 스테판-볼쯔만의 법칙에 대한 설명이다.

19 대기권의 구조에 관한 설명으로 가장 거리가 먼 것은?

㉮ 대기의 수직온도 분포에 따라 대류권, 성층권, 중간권, 열권으로 구분할 수 있다.
㉯ 대류권 기상요소의 수평분포는 위도, 해륙분포 등에 의해 다르지만 연직방향에 따른 변화는 더욱 크다.
㉰ 대류권의 높이는 통상적으로 여름철에 낮고, 겨울철에 높으며, 고위도 지방이 저위도 지방에 비해 높다.
㉱ 대류권의 하부 1~2km 까지를 대기경계층이라고 하며, 지표면의 영향을 직접 받아서 기상요소의 일변화가 일어나는 층이다.

[풀이] ㉰ 대류권의 높이는 통상적으로 겨울철에 낮고, 여름철에 높으며, 저위도 지방이 고위도지방에 비해 높다.

20 다음 중 레알라이 산란(Rayleigh scattering)효과가 가장 뚜렷이 나타나는 조건은?

㉮ 입자의 반경이 입사광선의 파장보다 훨씬 큰 경우
㉯ 입자의 반경이 입사광선의 파장보다 훨씬 작은 경우
㉰ 입자의 반경과 입사광선의 파장이 비슷한 크기인 경우
㉱ 입자의 반경과 입사광선 파장의 크기가 정확히 일치하는 경우

| 제2과목 | 대기오염공정시험기준

21 굴뚝 배출가스 중 질소산화물을 자외선/가시선분광법 아연환원나프틸에틸렌다이아민법으로 분석할 경우 흡수액으로 알맞은 것은?

㉮ 황산용액   ㉯ 질산용액
㉰ 붕산용액   ㉱ 수산화소듐용액

[풀이] 질소산화물을 자외선/가시선분광법 아연환원나프틸에틸렌다이아민법으로 분석시 흡수액은 0.005 mol/L 황산용액이다.

22 환경대기 중 아황산가스의 농도를 측정하고자 산정량수동법으로 측정하여 다음과 같은 결과를 얻었다. 이 때 아황산가스의 농도는?

> - 적정에 사용한 0.01N-알칼리 용액의 소비량 0.2mL
> - 시료가스 채취량 1.5m³

㉮ 43μg/m³ ㉯ 58μg/m³
㉰ 65μg/m³ ㉱ 72μg/m³

풀이 $S = \dfrac{32{,}000 \times N \times v}{V}$

⎡ S : 아황산가스의 농도(μg/m³)
⎢ N : 알칼리의 규정농도(N)
⎢ v : 적정에 사용한 알칼리의 양(mL)
⎣ V : 시료가스 채취량(m³)

따라서 $S = \dfrac{32{,}000 \times 0.01N \times 0.2mL}{1.5m^3}$
= 42.67(μg/m³)

23 환경대기 중 다환방향족탄화수소류(PAHs)의 기체크로마토그래피/질량분석법에서 사용되는 용어 정의 중 "추출과 분석 전에 각 시료, 공 시료, 매체시료에 더해지는 화학적으로 반응성이 없는 환경 시료 중에 없는 물질"을 의미하는 것은?

㉮ 내부표준물질 ㉯ 대체표준물질
㉰ 외부표준물질 ㉱ 냉매

풀이 ㉯ 대체표준물질에 대한 설명이다.

24 대기오염공정시험기준상 시험에 사용하는 시약이 따로 규정이 없이 단순히 보기와 같이 표시되었을 때 다음 중 그 규정한 농도(%)가 일반적으로 가장 높은 값을 나타내는 것은?

㉮ HNO₃ ㉯ HCl
㉰ CH₃COOH ㉱ HF

풀이 ㉮ HNO₃ : 60.0~62.0%
㉯ HCl : 35.0~37.0%
㉰ CH₃COOH : 99.0% 이상
㉱ HF : 46.0~48.0%

25 화학분석시 온도의 표시에 관한 설명으로 옳지 않은 것은?

㉮ 냉수는 15℃ 이하이다.
㉯ 온수는 60~70℃, 열수는 약 100℃를 말한다.
㉰ 찬 곳은 따로 규정이 없는 한 4℃ 이하를 뜻한다.
㉱ 냉후(식힌후)라 표시되어 있을 때는 보온 또는 가열 후 실온까지 냉각된 상태를 뜻한다.

풀이 ㉰ 찬 곳은 따로 규정이 없는 한 0~15℃를 뜻한다.

정답 22 ㉮ 23 ㉯ 24 ㉰ 25 ㉰

26 피토우관을 사용하여 가스 유속을 측정하여 다음과 같은 결과를 얻었다고 할 때, 유속(m/s)은?

- 피토우관 계수 : 1.1
- 피토우관에 의한 동압 : 14.4mmH₂O
- 연도내 습윤 배출가스의 단위체적당 질량 : 1.3kg/m³

㉮ 12.3 m/s ㉯ 13.5 m/s
㉰ 14.8 m/s ㉱ 16.2 m/s

$$V = C \times \sqrt{\frac{2gh}{r}}$$

- V : 피토우관에서의 유속(m/sec)
- C : 피토우관 계수
- g : 중력가속도(9.8m/sec²)
- h : 동압(mmH₂O)
- r : 밀도(kg/m³)

따라서 $V = 1.1 \times \sqrt{\dfrac{2 \times 9.8 \text{m/sec}^2 \times 14.4 \text{mmH}_2\text{O}}{1.3 \text{kg/m}^3}}$

= 16.21m/sec

27 용기채취법으로 환경대기 중의 시료 채취를 위해 사용하는 주머니의 재질 중 '비닐주머니'는 어떤 항목의 시료채취 외에는 사용해서는 안되는가?

㉮ SO₂ ㉯ CO
㉰ NOₓ ㉱ Oxidants

풀이) 비닐주머니는 일산화탄소의 채취이외에는 사용해선 안된다.

28 0.2N–H₂SO₄ 용액 500mL를 만들기 위해서 95% H₂SO₄(비중 1.84) 약 몇 mL를 취하여야 하는가?

㉮ 약 2.8 ㉯ 약 4.8
㉰ 약 6.0 ㉱ 약 8.0

풀이) ① $eq/L = \dfrac{비중(g)}{(mL)} \times \dfrac{10^3 mL}{1L} \times \dfrac{1eq}{1당량g} \times \dfrac{농도(\%)}{100}$

$= \dfrac{1.84g}{mL} \times \dfrac{10^3 mL}{1L} \times \dfrac{1eq}{49g} \times \dfrac{95\%}{100} = 35.67N$

② 적정공식 N₁V₁ = N₂V₂를 이용한다.
0.2N×500mL = 35.67N×V₂

∴ $V_2 = \dfrac{0.2N \times 500mL}{35.67N} = 2.80mL$

TIP
① N농도 = eq/L
② H₂SO₄ 1mol = 98g
③ $1eq = \dfrac{분자량(g)}{가수}$
④ H₂SO₄는 그 당량이므로 $1eq = \dfrac{98g}{2} = 49g$

29 굴뚝 배출가스 중 황산화물의 분석방법인 침전적정법–아르세나죠Ⅲ법에서 종말점으로 알맞은 것은?

㉮ 녹색이 1분간 지속되는 점
㉯ 청색이 1분간 지속되는 점
㉰ 황색이 1분간 지속되는 점
㉱ 적색이 1분간 지속되는 점

풀이) 황산화물을 침전적정법-아르세나죠Ⅲ법으로 분석 시 종말점은 청색이 1분간 지속되는 점이다.

정답 26 ㉱ 27 ㉯ 28 ㉮ 29 ㉯

30 다음 각 장치 중 이온크로마토그래피법의 주요 장치구성과 거리가 먼 것은?

㉮ 용리액조   ㉯ 송액펌프
㉰ 써프렛서   ㉱ 회전섹터

풀이 이온크로마토그래피법의 분석장치의 구성순서는 용리액조-송액펌프-시료주입장치-분리관-써프렛서-검출기-기록계로 구성되어 있다.

31 이온크로마토그래피의 분리관에 관한 설명으로 옳지 않은 것은?

㉮ 이온교환체의 구조면에서는 표층피복형(表層被覆型), 표층박막형(表層薄膜型), 전다공성 미립자형(全多孔性 微粒子型)이 있다.
㉯ 분리관 내에 충전된 양이온 교환체는 표면에 슬폰산기를 보유하고 있다.
㉰ 분리관의 재질로 용리액 및 시료액과 반응성이 적은 것을 선택하며, 에폭시 수지관이 사용된다.
㉱ 금속이온 분리용 분리관의 재질로 스테인레스관이 사용된다.

풀이 ㉱ 금속이온 분리용 분리관의 재질로 스테인레스관은 좋지 않다.

32 단면 모양이 4각형인 어느 굴뚝을 4개의 같은 면적으로 구분하여 수동식 채취기로 각 측정점에서의 유속과 먼지농도를 측정한 결과, 유속은 각각 4.2, 4.5, 4.8, 5.0m/sec, 먼지 농도는 각각 0.5, 0.55, 0.58, 0.60g/Sm³이었다. 전체 평균 먼지농도는?

㉮ 0.56g/Sm³   ㉯ 0.63g/Sm³
㉰ 0.76g/Sm³   ㉱ 0.83g/Sm³

풀이 먼지농도(g/Sm³) = $\dfrac{\text{합(먼지농도×유속)}}{\text{합(유속)}}$

$= \dfrac{0.5 \times 4.2 + 0.55 \times 4.5 + 0.58 \times 4.8 + 0.60 \times 5.0}{4.2 + 4.5 + 4.8 + 5.0}$

$= 0.56\text{g/Sm}^3$

33 다음 중 환경대기 내의 탄화수소 농도를 측정하기 위한 시험방법으로 옳지 않은 것은?

㉮ 용융 탄화수소 측정법
㉯ 활성 탄화수소 측정법
㉰ 비메탄 탄화수소 측정법
㉱ 총탄화수소 측정법

풀이 환경대기 내의 탄화수소 농도를 측정하기 위한 시험방법으로는 활성 탄화수소 측정법, 비메탄 탄화수소 측정법(주시험방법), 총탄화수소 측정법이 있다.

34 다음 중 원자흡수분광광도법에서 사용되는 용어와 거리가 먼 것은?

㉮ 중공음극램프(Hollow Cathode Lamp)
㉯ 제로 가스(Zero Gas)
㉰ 멀티 패스(Multi-path)
㉱ 공명선(Resonance Line)

풀이 ㉯ 제로 가스(Zero Gas)는 비분산적외선분석법에서 사용하는 용어이다.

정답 30 ㉱   31 ㉱   32 ㉮   33 ㉮   34 ㉯

35 굴뚝 배출가스 중 먼지측정을 위해 시료채취 시 등속흡입 정도를 보기 위한 등속흡입계수와 범위로 가장 적합한 것은?

㉮ 85~105%　㉯ 90~110%
㉰ 95~115%　㉱ 95~110%

36 자외선/가시선분광법에 관한 설명으로 옳은 것은?

㉮ 흡광광도 분석장치는 광원부, 시료원자화부, 단색화부 등으로 구성되어 있다.
㉯ 광원부에서 자외부 광원으로는 주로 중수소 방전관을 사용한다.
㉰ 흡광도 눈금의 보정에 사용되는 것은 과망간산포타슘용액이다.
㉱ 광전광도계는 단색화부의 필터를 사용한 장치로 복광속형이 많고 구조가 복잡하다.

[풀이] ㉮ 흡광광도 분석장치는 광원부, 파장선택부, 시료부, 측광부로 구성되어 있다.
㉰ 흡광도 눈금의 보정에 사용되는 것은 다이크롬산포타슘용액이다.
㉱ 광전광도계는 파장선택부에 필터를 사용한 장치로 단광속형이 많고 비교적 구조가 간단하여 작업분석용에 적당하다.

37 저용량공기시료채취기법으로 환경대기 중에 부유하고 있는 입자상 물질을 채취하기 위한 장치의 기본구성 중 흡입펌프 조건으로 옳지 않은 것은?

㉮ 운반이 용이할 것
㉯ 유량이 큰 것
㉰ 진공도가 높을 것
㉱ 맥동이 있고 고르게 작동될 것

[풀이] ㉱ 맥동이 없고 고르게 작동될 것

38 굴뚝 배출가스 중 플루오린화합물 측정방법에 관한 설명으로 틀린 것은?

㉮ 적정법으로 분석할 때 정량범위는 HF로서 0.60ppm~4,200ppm이다.
㉯ 시료중의 무기 플루오린화합물과 수분이 응축하는 것을 막기 위하여 시료채취관 및 시료채취관에서부터 흡수병까지의 사이를 120℃ 이상으로 가열해 준다.
㉰ 자외선/가시선분광법으로 분석할 때 정량범위는 0.05ppm~3.73ppm이다.
㉱ 시료채취관은 배출가스 중의 무기 플루오린화합물에 의하여 부식을 쉽게 유발하는 재질의 관, 예를들면 플루오로수지관, 구리관 등은 사용을 피한다.

[풀이] ㉱ 시료채취관은 배출가스 중의 무기 플루오린화합물에 의하여 부식되지 않는 재질의 관, 예를 들면 플루오로수지관, 스테인리스강관, 구리관 등을 사용한다.

정답　35 ㉯　36 ㉯　37 ㉱　38 ㉱

39 원형 단면의 굴뚝에서 먼지를 측정하기 위한 측정점수로 옳은 것은? (단, 굴뚝의 반경 1.9m임)

㉮ 4   ㉯ 8
㉰ 12   ㉱ 16

풀이 굴뚝의 반경 1.9m이면 직경은 3.8m 이므로 반경 구분수는 3, 측정점수는 12이다.

40 다음 조건을 이용한 기체크로마토그래피법에서 분리관의 HETP는?

- 보유시간 : 5분
- 봉우리 좌우의 변곡점에서 접선이 자르는 바탕선의 길이 : 5mm
- 기록지 이동속도 : 5mm/분
- 분리관의 길이 : 2m

㉮ 0.125cm   ㉯ 0.25cm
㉰ 0.5cm   ㉱ 0.65cm

풀이
① $n = 16 \times \left(\dfrac{t_R}{W}\right)^2$

- n : 이론단수
- t_R : 기록지 이동속도(mm)
- W : 봉우리의 폭(mm)

따라서 $n = 16 \times \left(\dfrac{5mm/min \times 5min}{5mm}\right)^2 = 400$

② $HETP = \dfrac{L}{n}$

- L : 분리관의 길이(m)
- n : 이론단수

따라서, $HETP = \dfrac{2m \times 10^2 cm/m}{400} = 0.5cm$

| 제3과목 | 대기오염방지기술

41 먼지의 입경 $d_p(\mu m)$을 Rosin-Rammler 분포에 의해 체상분포 $R(\%) = 100\exp(-\beta d_p^n)$으로 나타낸다. 이 먼지의 입경 35μm 이하가 전체의 약 몇 %를 차지하는가? (여기서, $\beta = 0.063$, n = 1)

㉮ 11%   ㉯ 21%
㉰ 79%   ㉱ 89%

풀이 $R(\%) = 100\exp(-\beta \cdot d_p^n)$

- d_p : 먼지의 입경
- β : 입경계수
- n : 입경지수

① $R(\%) = 100\exp(-0.063 \times (35\mu m)^1) = 11.025\%$
② 35μm 이하의 입경 = 100%-11.025% = 88.98%

42 다음 기체를 각각 1Sm³씩 완전연소 하기 위하여 필요한 이론공기량(Sm³)이 많은 순서부터 차례로 나열된 것은? (단, 모두 표준상태 기준)

㉮ $C_3H_4 > C_2H_6 > C_4H_6 > C_3H_6$
㉯ $C_4H_6 > C_3H_6 > C_3H_4 > C_2H_5$
㉰ $C_4H_6 > C_3H_4 > C_2H_6 > C_3H_6$
㉱ $C_3H_6 > C_3H_4 > C_4H_6 > C_2H_5$

풀이 이론공기량이 큰 기체는 산소의 개수가 가장 많은 기체이다. 따라서 완전연소반응식을 완성하여 정답을 찾는다.
$C_4H_6 + 5.5O_2 \rightarrow 4CO_2 + 3H_2O$
$C_3H_6 + 4.5O_2 \rightarrow 3CO_2 + 3H_2O$
$C_3H_4 + 4O_2 \rightarrow 3CO_2 + 2H_2O$
$C_2H_6 + 3.5O_2 \rightarrow 2CO_2 + 3H_2O$

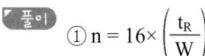
39 ㉰ 40 ㉰ 41 ㉱ 42 ㉯

43 송풍기의 크기와 유체의 밀도가 일정할 때 송풍기 회전속도를 2배로 증가시켰을 때 다음 설명 중 옳은 것은?

㉮ 정압은 원래의 8배가 된다.
㉯ 동력은 원래의 4배가 된다.
㉰ 배출속도는 원래의 16배가 된다.
㉱ 유량은 원래의 2배가 된다.

풀이
㉮ 정압 = (회전속도)^2 = (2배)^2 = 4배
㉯ 동력 = (회전속도)^3 = (2배)^3 = 8배
㉰ 배출속도 = (회전속도)^1 = (2배)^1 = 2배
㉱ 유량 = (회전속도)^1 = (2배)^1 = 2배

44 Freundlich 등온흡착식으로 가장 적합한 것은? (단, X : 흡착된 용질량(제거가스 농도 : $C_i - C_o$), M : 흡착제량, C_o : 출구가스 농도, C_i : 입구가스농도, K, n : 상수)

㉮ $\dfrac{X}{M} = KC_o^{\frac{1}{n}}$　　㉯ $\dfrac{X}{M} = (KC_o)^{\frac{1}{n}}$

㉰ $\dfrac{M}{X} = KC_o^{\frac{1}{n}}$　　㉱ $\dfrac{M}{X} = (KC_o)^{\frac{1}{n}}$

45 물에 의한 염화수소 제거방법으로 가장 거리가 먼 것은?

㉮ 염화수소는 용해열이 크고, 온도가 상승하면 염화수소 분압이 상승하므로 완전 제거를 목적으로 할 경우 충분한 냉각이 필요하다.
㉯ 염화수소 농도가 높은 배기가스 처리 시 충전탑이 사용되고, 농도가 낮을 때는 관외 냉각형을 주로 사용한다.
㉰ 염산은 부식성이 있으므로 장치는 유리라이닝, 폴리에틸렌 등을 사용하고, 회전부를 갖는 접촉장치는 재질, 보수상의 문제가 있다.
㉱ 충전탑, 스크러버를 사용할 때는 반드시 mist catcher를 설치하여 미스트 발산을 방지해야 한다.

풀이 ㉯ 염화수소 농도가 높은 배기가스 처리시 관외 냉각형이 사용되고, 농도가 낮을 때는 충전탑을 주로 사용한다.

46 어떤 0차 반응에서 반응을 시작하고 반응물의 1/2이 반응하는데 40분이 걸렸다. 반응물의 90%가 반응하는데 걸리는 시간은?

㉮ 66분　　㉯ 72분
㉰ 133분　　㉱ 185분

풀이 0차반응식 $C_t - C_o = -k \times t$를 이용한다.

$\begin{bmatrix} C_o : \text{초기농도} \\ C_t : t\text{시간 후 농도} \\ k : \text{상수} \\ t : \text{시간} \end{bmatrix}$

① $\dfrac{1}{2}C_o - 1C_o = -k \times 40\text{min}$
　∴ k = 0.0125/min
② $0.1C_o - 1C_o = -0.0125/\text{min} \times t$
　∴ t = 72min

정답 43 ㉱　44 ㉮　45 ㉯　46 ㉯

47 A집진장치의 압력손실은 500mmH₂O, 처리가스량은 300m³/min, 송풍기의 효율은 70%일 때 소요동력은?

㉮ 35kW ㉯ 155kW
㉰ 525kW ㉱ 2100kW

풀이) $kW = \dfrac{P_s \times Q}{102 \times \eta} \times \alpha$

- P_s : 압력손실(mmH₂O)
- Q : 처리가스량 m³/sec
- η : 효율

따라서

$kW = \dfrac{500\text{mmH}_2\text{O} \times 300\text{m}^3/\text{min} \times 1\text{min}/60\text{sec}}{102 \times 0.7}$

$= 35.01\text{kW}$

TIP
1Kw = 102kg/m·sec이므로 가스량(Q)의 시간단위는 반드시 sec임.

48 다음 중 전기집진장치에서 전기집진이 가장 잘 이루어질 수 있는 먼지의 비저항 영역으로 가장 적합한 것은?

㉮ $10^2 \sim 10^4 \,\Omega\cdot\text{cm}$
㉯ $10^7 \sim 10^{10} \,\Omega\cdot\text{cm}$
㉰ $10^{12} \sim 10^{15} \,\Omega\cdot\text{cm}$
㉱ $10^{14} \sim 10^{18} \,\Omega\cdot\text{cm}$

풀이) 전기집진장치에서 효율이 가장 우수한 범위는 $10^4 \sim 10^{11} \,\Omega\cdot\text{cm}$이다.

49 다음 중 연소조절에 의해 질소산화물 발생을 억제시키는 방법으로 가장 적합한 것은?

㉮ 이온화연소법 ㉯ 고산소연소법
㉰ 고온연소법 ㉱ 수증기분무

풀이) ㉮ 이단연소법
㉯ 저산소연소법
㉰ 저온연소법

50 물리적 흡착법과 화학적 흡착법의 일반적인 특성비교로 옳지 않은 것은?

구분	물리흡착	화학흡착
① 온도범위	낮은 온도	대체로 높은 온도
② 흡착층	단일 분자층	여러층이 가능
③ 가역정도	가역성이 높음	가역성이 낮음
④ 흡착열	낮음	높음 (반응열 정도)

㉮ ① ㉯ ②
㉰ ③ ㉱ ④

풀이) 물리적 흡착은 다분자 흡착이며, 화학적 흡착은 단분자 흡착이다.

정답 47 ㉮ 48 ㉯ 49 ㉱ 50 ㉯

51 Butane $2Sm^3$를 완전한 이론연소 할 때 필요한 산소량은?

㉮ $6.5Sm^3$ ㉯ $13.0Sm^3$
㉰ $31.0Sm^3$ ㉱ $61.9Sm^3$

[풀이] $C_4H_{10} + 6.5O_2 \rightarrow 4CO_2 + 5H_2O$
$22.4Sm^3 : 6.5 \times 22.4Sm^3$
$2Sm^3 : x$

$\therefore x = \dfrac{2Sm^3 \times 6.5 \times 22.4Sm^3}{22.4Sm^3} = 13.0Sm^3$

52 탄소 85%, 수소 14%, 황 1% 조성을 가진 중유 2.5kg을 완전연소 시 필요한 이론 공기량은?

㉮ 약 $11.3Sm^3$ ㉯ 약 $22.6Sm^3$
㉰ 약 $28.3Sm^3$ ㉱ 약 $32.4Sm^3$

[풀이] ① 이론공기량(A_o)
$= 8.89C + 26.67(H - \dfrac{O}{8}) + 3.33S$ (Sm^3/kg)
$= 8.89 \times 0.85 + 26.67 \times 0.14 + 3.33 \times 0.01$
$= 11.3236 Sm^3/kg$
② 따라서, $11.3236 Sm^3/kg \times 2.5kg = 28.31 Sm^3$

53 흡수법에 관한 다음 설명 중 옳지 않은 것은?

㉮ 흡수제는 휘발성이 커야한다.
㉯ 충전탑은 액분산형 흡수장치에 해당한다.
㉰ 재생가치가 있는 물질이나 흡수제의 재사용은 탈착이나 stripping을 통해 회수 또는 재생한다.
㉱ 흡수제의 빙점은 낮고, 비점은 높아야 한다.

[풀이] ㉮ 흡수제는 휘발성이 작아야 한다.

54 다음은 액체연료의 연소방식에 관한 설명이다. ( )안에 알맞은 것은?

( )는 기름을 접시모양의 용기에 넣어 점화하면 연소열로 인해 액면이 가열되어 발생되는 증기가 외부에서 공급되는 공기와 혼합연소하는 방식으로 휘발성이 좋은 경질유의 연소에 효과적이다.

㉮ 이류체 분무화식 연소
㉯ 증기 분무식 연소
㉰ 부분 예혼합 연소
㉱ 포트식 연소

[풀이] ㉱ 포트식 연소에 대한 설명이다.

정답 51 ㉯ 52 ㉰ 53 ㉮ 54 ㉱

55 황성분 1.86%가 함유된 중유 1kg을 연소하는 시설에서의 굴뚝 배출가스 중 황산화물의 농도는? (단, 표준상태를 기준하고, 중유 1kg당 굴뚝 배출가스량은 13Sm³, 황성분은 연소하여 전량 이산화황으로 산화된다.)

㉮ 약 130ppm ㉯ 약 330ppm
㉰ 약 538ppm ㉱ 약 1000ppm

풀이 SO_x의 농도(ppm) = $\frac{0.7S}{가스량} \times 10^6$

= $\frac{0.7 \times 0.0186 Sm^3/kg}{13 Sm^3/kg} \times 10^6$ = 1001.54ppm

56 벤츄리 스크러버에 관한 설명으로 옳지 않은 것은?

㉮ 가압수식 중에서 집진율이 매우 높아 광범위하게 사용된다.
㉯ 액가스비는 일반적으로 먼지의 입경이 작고, 친수성이 아닐수록 작아진다.
㉰ 먼지와 가스의 동시제거가 가능하고, 점착성 먼지제거가 용이하나 압력손실이 크다.
㉱ 먼지부하 및 가스유동에 민감하고 대량의 세정액이 요구된다.

풀이 ㉯ 액가스비는 일반적으로 먼지의 입경이 크고, 친수성 일수록 작아진다.

57 A배출시설의 배출량은 200000Sm³/h, 이 배출가스에 함유된 질소산화물은 280ppm 이었다. 이 질소산화물을 암모니아에 의한 선택적 촉매환원법(산소 공존없이)으로 처리할 경우 암모니아의 이론소요량(kg/h)은? (단, 배출가스 중 질소산화물은 모두 NO로 계산하고, 표준상태를 기준으로 한다.)

㉮ 약 28 ㉯ 약 38
㉰ 약 43 ㉱ 약 48

풀이 $6NO + 4NH_3 \rightarrow 5N_2 + 6H_2O$
$6 \times 22.4 Sm^3 : 4 \times 17 kg$
$200,000 Sm^3/hr \times 280 ppm \times 10^{-6} : X$
∴ X = 28.33 kg/hr

58 다음 유해가스 처리를 위한 연소법에 관한 설명으로 가장 거리가 먼 것은?

㉮ 직접연소법은 대체적으로 오염물의 발열량이 연소에 필요한 전체 열량의 약 50% 이상일 때 경제적으로 타당하다.
㉯ 가열연소법은 황화수소, 메르캅탄, 가솔린 등을 연소하는데 사용하며 비교적 농도가 낮은 오염물의 제거에 적합하다.
㉰ 촉매연소법에서는 촉매의 노화를 방지하기 위해 촉매량을 증가시키고, 예열온도를 높힌다.
㉱ 촉매연소법은 500~800℃에서 조업하므로 직접연소법에 비해 질소산화물 발생이 쉽다.

풀이 ㉱ 촉매연소법은 300~400℃에서 조업하므로 직접연소법에 비해 질소산화물이 적게 발생한다.

정답 55 ㉱ 56 ㉯ 57 ㉮ 58 ㉱

59 화학산화법으로 악취를 처리할 때 산화제로 적합하지 않은 것은?

㉮ $KMnO_4$ ㉯ ClO_2
㉰ O_3 ㉱ CH_3SHO_2

[풀이] 화학적 산화법에서 화학적 산화제로는 O_3, $KMnO_4$, $NaOCl$, ClO_2, H_2O_2 등이 있다.

60 세정 집진장치에 관한 설명으로 옳지 않은 것은?

㉮ 고온다습한 가스나 연소성 및 폭발성 가스의 처리가 가능하다.
㉯ 점착성 및 조해성 먼지의 처리가 가능하다.
㉰ 소수성 입자의 집진율은 낮다.
㉱ 입자상 물질과 가스의 동시 제거는 불가능하나, 타 집진장치와 비교 시 장기 운전이나 휴식 후의 운전재개시 장애는 거의 없다.

[풀이] ㉱ 입자상 물질과 가스상 물질의 동시 제거가 가능하다.

| 제4과목 | 대기환경관계법규

61 대기환경보전법령상 기본부과금의 부과대상이 되는 오염물질은?

㉮ 암모니아 ㉯ 황화수소
㉰ 황산화물 ㉱ 불소화합물

[풀이] 기본부과금의 부과대상이 되는 오염물질은 황산화물과 먼지, 질소산화물이다.

62 대기환경보전법규상 단계별 대기오염경보 발령기준이 되는 오존농도의 측정 기준농도는?

㉮ 1시간 평균농도
㉯ 1시간내 최고농도
㉰ 8시간 평균농도
㉱ 8시간내 최고농도

[풀이] 오존농도는 1시간 평균농도를 기준으로 하며 해당지역의 대기자동측정소 오존농도가 1개소라도 경보단계별 발령기준을 초과하면 해당 경보를 발령한다.

63 대기환경보전법에서 사용하는 용어의 뜻으로 옳지 않은 것은?

㉮ "첨가제"란 자동차의 성능을 향상시키거나 배출가스를 줄이기 위하여 자동차의 연료에 첨가하는 탄소와 수소만으로 구성된 화학물질을 말한다.
㉯ "휘발성유기화합물"이란 탄화수소류 중 석유화학제품, 유기용제, 그 밖의 물질로서 환경부장관이 관계 중앙행정기관의 장과 협의하여 고시하는 것을 말한다.
㉰ "매연"이란 연소할 때에 생기는 유리탄소가 주가 되는 미세한 입자상물질을 말한다.
㉱ "저공해엔진"이란 자동차 또는 건설기계에서 배출되는 대기오염물질을 줄이기 위한 엔진(엔진 개조에 사용하는 부품을 포함한다)으로서 환경부령으로 정하는 배출허용기준에 맞는 엔진을 말한다.

[풀이] ㉮ "첨가제"란 자동차의 성능을 향상시키거나 배출가스를 줄이기 위하여 자동차의 연료에 첨가하는 탄소와 수소만으로 구성된 물질을 제외한 화학물질을 말한다.

정답 59 ㉱ 60 ㉱ 61 ㉰ 62 ㉮ 63 ㉮

64 대기환경보전법규상 대기오염도 검사기관이 아닌 것은?

㉮ 한국환경보전원
㉯ 수도권대기환경청
㉰ 한국환경공단
㉱ 대구광역시 보건환경연구원

[풀이] ㉮ 한국환경보전원은 교육기관이다.

65 대기환경보전법규상 고체연료 사용시설 설치기준 중 석탄사용시설 설치기준으로 옳지 않은 것은?

㉮ 배출시설의 굴뚝높이는 100m 이상으로 하되 굴뚝상부 안지름, 배출가스 온도 및 속도 등을 고려한 유효굴뚝 높이가 440m 이상인 경우에는 굴뚝높이를 50m 이상 100m 미만으로 할 수 있다. (이 경우 유효굴뚝높이 및 굴뚝높이 산정방법 등에 관하여는 환경부장관이 정하여 고시한다.)
㉯ 석탄의 수송은 밀폐 이송시설 또는 밀폐통을 이용하여야 한다.
㉰ 석탄저장은 옥내저장시설(밀폐형 저장시설 포함) 또는 지하저장시설에 저장하여야 하며, 석탄연소재는 밀폐통을 이용하여 운반하여야 한다.
㉱ 굴뚝에서 배출되는 아황산가스(SO_2), 질소산화물(NO_X), 먼지 등의 농도를 확인할 수 있는 기기를 설치하여야 한다.

[풀이] ㉮ 배출시설의 굴뚝높이는 100m 이상으로 하되 굴뚝상부 안지름, 배출가스 온도 및 속도 등을 고려한 유효굴뚝 높이가 440m 이상인 경우에는 굴뚝높이를 60m 이상 100m 미만으로 할 수 있다. (이 경우 유효굴뚝높이 및 굴뚝높이 산정방법 등에 관하여는 국립환경과학원장이 정하여 고시한다.)

66 다음은 대기환경보전법규상 자동차연료 검사기관의 기술능력 기준이다. ( )안에 알맞은 것은?

> 검사원의 자격은 국가기술자격법 시행규칙상 규정 직무분야의 기사자격 이상을 취득한 사람이어야 하며 검사원은 (①) 이상이어야 하며, 그 중 (②) 이상은 해당 검사 업무에 (③) 이상 종사한 경험이 있는 사람이어야 한다.

㉮ ① 3명, ② 1명, ③ 3년
㉯ ① 3명, ② 2명, ③ 5년
㉰ ① 4명, ② 2명, ③ 3년
㉱ ① 4명, ② 2명, ③ 5년

67 대기환경보전법규상 대기오염물질 배출시설 중 폐수·폐기물 소각시설기준은 시간당 소각능력이 얼마 이상인가?

㉮ 5kg 이상
㉯ 10kg 이상
㉰ 20kg 이상
㉱ 25kg 이상

[풀이] 폐수·폐기물 소각시설기준은 시간당 소각능력이 25kg 이상이다.

정답 64 ㉮ 65 ㉮ 66 ㉱ 67 ㉱

68 대기환경보전법상 정밀검사업무를 대행하는 교통안전공단 및 지정사업자는 정밀검사에 필요한 기술능력, 시설 및 장비를 갖추고 환경부령으로 정하는 준수사항을 지켜야 한다. 다음 중 이 준수사항을 지키지 아니한 자에 대한 과태료 부과기준으로 옳은 것은?

㉮ 500만원 이하의 과태료를 부과한다.
㉯ 300만원 이하의 과태료를 부과한다.
㉰ 200만원 이하의 과태료를 부과한다.
㉱ 100만원 이하의 과태료를 부과한다.

69 대기환경보전법규상 사업장에 대한 지도점검결과 사업장의 대기오염물질 발생량이 변경되어 해당 사업장의 구분(1종~5종)을 변경하여야 하는 경우, 시·도지사는 그 사실을 사업자에게 통보해야 하는데, 통보받은 해당사업자는 통보일부터 며칠이내에 변경신고를 하여야 하는가?

㉮ 5일 이내   ㉯ 7일 이내
㉰ 10일 이내   ㉱ 30일 이내

70 대기환경보전법령상 배출허용기준초과와 관련하여 배출시설 및 방지시설의 개선명령을 수행하기 위한 최대 개선기간은? (단, 개선기간 연장포함)

㉮ 1년 이내   ㉯ 1년 6월 이내
㉰ 2년 이내   ㉱ 3년 이내

[풀이] 배출시설 및 방지시설의 개선기간 1년, 개선기간의 연장 1년이다.

71 다음은 대기환경보전법령상 굴뚝 자동측정기기의 부착시기 및 부착 유예에 관한 기준이다. ( )안에 알맞은 것은?

> 굴뚝 자동측정기기는 법에 따른 가동개시 신고일까지 부착하여야 한다. 다만, 같은 사업장에서 새로 굴뚝 자동측정기기를 부착하여야 하는 배출구가 (①)이상인 경우에는 가동개시일부터 (②)에 모두 부착하여야 한다.

㉮ ① 5개, ② 1년 이내
㉯ ① 5개, ② 6개월 이내
㉰ ① 10개, ② 1년 이내
㉱ ① 10개, ② 6개월 이내

72 대기환경보전법령상 굴뚝자동측정기기의 부착을 면제할 수 있는 경우에 해당하지 않는 것은?

㉮ 발전시설 중 연소가스 또는 화염이 원료 또는 제품과 직접 접촉하지 아니하는 시설로서 청정연료를 사용하는 경우
㉯ 보일러로서 사용연료를 6개월 이내에 청정연료로 변경할 계획이 있는 경우
㉰ 연간 가동일수가 30일 미만인 배출시설인 경우
㉱ 부착대상시설이 된 날부터 6개월 이내에 배출시설을 폐쇄할 계획이 있는 경우

정답 68 ㉰ 69 ㉯ 70 ㉰ 71 ㉱ 72 ㉮

73 대기환경보전법령상 매출액 산정 및 위반행위 정도에 따른 과징금의 부과기준에서 과징금 산정방법으로 옳은 것은?

㉮ 총매출액×3/100×가중부과계수
㉯ 총매출액×5/100×가중부과계수
㉰ 총매출액×10/100×가중부과계수
㉱ 총매출액×15/100×가중부과계수

74 대기환경보전법령상 대기오염물질발생량의 합계가 연간 13톤인 사업장은 사업장 분류기준 중 몇 종 사업장에 해당하는가?

㉮ 2종사업장   ㉯ 3종사업장
㉰ 4종사업장   ㉱ 5종사업장

[풀이]
① 2종사업장 : 20톤 이상 80톤 미만
② 3종사업장 : 10톤 이상 20톤 미만
③ 4종사업장 : 2톤 이상 10톤 미만
④ 5종사업장 : 2톤 미만
⑤ 1종사업장 : 80톤 이상

75 대기환경보전법규상 대기오염물질 배출시설의 설치가 불가능한 지역에서 배출시설 설치허가 또는 신고를 하지 아니하고 배출시설을 설치한 경우의 1차 행정처분기준으로 옳은 것은?

㉮ 조업정지   ㉯ 개선명령
㉰ 폐쇄명령   ㉱ 경고

76 대기환경보전법령상 배출허용기준 초과와 관련하여 개선명령을 받지 아니한 사업자가 개선계획서를 제출하고 개선하는 경우 초과부과금 산정 시 산정(기준)항목에 해당하지 않는 것은?

㉮ 배출허용기준초과 오염물질배출량
㉯ 지역별 부과계수
㉰ 시간별 산정계수
㉱ 오염물질 1킬로그램당 부과금액

[풀이] 배출허용기준초과 오염물질배출량에 오염물질 1킬로그램당 부과금액, 연도별 부과금 산정지수, 지역별 부과계수, 농도별 부과계수를 곱한 금액으로 한다.

77 다음은 대기환경보전법상 등록의 취소에 관한 설명이다. ( )안에 공통으로 들어갈 알맞은 기간은?

> 시장·군수·구청장은 확인검사대행자가 등록 후 ( ) 이내에 업무를 시작하지 아니하거나 계속하여 ( ) 이상 업무실적이 없는 경우 등록을 취소하거나 일정기간을 정하여 업무정지를 명할 수 있다.

㉮ 6개월   ㉯ 1년
㉰ 1년 6개월 ㉱ 2년

78 대기환경보전법규상 대기오염물질로 규정되어 있지 않은 항목은?

㉮ 이산화탄소   ㉯ 일산화탄소
㉰ 사염화탄소   ㉱ 이황화탄소

정답 73 ㉯ 74 ㉯ 75 ㉰ 76 ㉰ 77 ㉱

79 대기환경보전법상 장거리이동대기오염물질대책위원회의 위원 구성기준으로 옳은 것은?

㉮ 위원장 1명을 포함한 10명 이내의 위원
㉯ 위원장 1명을 포함한 15명 이내의 위원
㉰ 위원장 1명을 포함한 20명 이내의 위원
㉱ 위원장 1명을 포함한 25명 이내의 위원

풀이 장거리이동대기오염물질대책위원회의 위원 구성기준은 위원장 1명을 포함한 25명 이내의 위원이다.

80 대기환경보전법규상 운행차 배출허용기준 중 일반기준으로 옳지 않은 것은?

㉮ 휘발유와 가스를 같이 사용하는 자동차의 배출가스 측정 및 배출허용기준은 가스의 기준을 적용한다.
㉯ 알코올만 사용하는 자동차는 탄화수소의 기준을 적용한다.
㉰ 휘발유사용 자동차는 휘발유·알코올 및 가스(천연가스를 포함한다)를 섞어서 사용하는 자동차를 포함한다.
㉱ 건설기계 중 덤프트럭, 콘크리트믹서트럭, 콘크리트펌프트럭에 대한 배출허용기준은 화물자동차기준을 적용한다.

풀이 ㉯ 알코올만 사용하는 자동차는 탄화수소 기준을 적용하지 아니한다.

정답 78 ㉮ 79 ㉱ 80 ㉯

2012년 4회 대기환경산업기사

2012년 9월 15일 시행

| 제1과목 | 대기오염개론 |

01 분산모델 및 수용모델의 특성에 관한 설명으로 옳지 않은 것은?

㉮ 수용모델을 통하여 미래의 대기질을 쉽게 예측할 수 있다.
㉯ 수용모델을 통하여 새로운 오염원, 불확실한 오염원과 불법배출 오염원을 정량적으로 확인 평가할 수 있다.
㉰ 분산모델은 오염물의 단기간 분석시 문제가 된다.
㉱ 분산모델은 지형 및 오염원의 조업조건에 영향을 받는다.

[풀이] ㉮ 수용모델을 통하여 미래의 대기질을 예측하기가 어렵다.

02 실내공기 오염물질에 관한 설명으로 옳은 것은?

㉮ 이산화질소는 일산화질소보다 독성이 대략 10배 정도 강하고, 물에 잘 녹아서 인체 폐포까지 쉽게 침투할 수 있다.
㉯ 일산화탄소는 무색, 무미의 기체로 인체 혈액 중 헤모글로빈과 쉽게 결합하고, 산소보다 약 10~15배 정도의 결합력을 가지고 있다.
㉰ 라돈은 화학적으로 반응이 활발하며, 흙 속에서 방사선 붕괴에 관여한다.
㉱ 석면이나 광물섬유들은 장력강도와 열 및 전기적인 절연성이 크고, 화학적으로 분해가 잘 되지 않는다.

[풀이] ㉮ 이산화질소는 일산화질소보다 독성이 대략 5~7배 정도 강하고, 물에는 난용성이다.
㉯ 일산화탄소는 무색, 무미, 무취의 기체로 인체 혈액 중 헤모글로빈과 쉽게 결합하고, 산소보다 약 200~300배 정도의 결합력을 가지고 있다.
㉰ 라돈은 화학적으로 거의 반응을 일으키지 않는다.

03 공업지역의 먼지 농도 측정을 위해 여과지를 이용하여 0.45m/sec 속도로 3시간 여과시킨 결과, 깨끗한 여과지에 비해 사용한 여과지의 빛전달율이 66% 였다면 1000m 당 Coh는?

㉮ 3.0　㉯ 3.2
㉰ 3.7　㉱ 3.9

[풀이]
$$Coh = \frac{\log \frac{1}{빛전달율} \times 100}{여과속도(m/sec) \times 여과시간(hr) \times 3600} \times 1000m$$

$$= \frac{\log \frac{1}{0.60} \times 100}{0.45m/sec \times 3hr \times 3600} \times 1000m = 3.71$$

정답 01 ㉮　02 ㉱　03 ㉰

04 다음 대기상태에 해당되는 연기의 형태는?

> 굴뚝의 높이보다 더 낮게 지표 가까이에 역전층이 이루어져 있고, 그 상공에는 대기가 불안정한 상태일 때 주로 발생하며, 고기압 지역에서 하늘이 맑고 바람이 약한 오후나 이른 밤에 주로 발생하기 쉽다.

㉮ Looping ㉯ Lofting
㉰ Fanning ㉱ Coning

풀이
㉮ Looping(파상형) : 안정도는 과단열 조건
㉯ Lofting(상승형, 지붕형) : 안정도는 지표-역전, 고공-과단열 조건
㉰ Fanning(부채형) : 안정도는 역전 조건
㉱ Coning(원추형) : 안정도는 중립, 등온, 미단열 조건

05 다음 설명하는 복사법칙으로 가장 적합한 것은?

> 열역학평형 상태 하에서는 어떤 주어진 온도에서 매질의 방출계수와 흡수계수의 비는 매질의 종류에 관계없이 온도에 의해서만 결정된다는 법칙이다. 복사를 흡수하는 성질이 있는 물체에는 반드시 복사를 방출하는 성질이 있다는 것과, 또 복사를 완전히 흡수하는 물체는 그 온도에서 가능한 최대의 복사를 방출하는 물체라는 것을 나타낸다.

㉮ 플랑크의 법칙
㉯ 빈의 법칙
㉰ 스테판-볼쯔만의 법칙
㉱ 키르히호프의 법칙

06 대기오염물질의 특성에 관한 설명으로 가장 거리가 먼 것은?

㉮ 염화비닐(vinyl chloride)에 만성폭로되면 레이노증후군, 말단 골연화증, 간·비장의 섬유화가 일어난다.
㉯ 삼염화에틸렌(trichloroethylene)은 중추신경계를 억제하며 간과 신장에 미치는 독성은 사염화탄소에 비해 낮은 편이다.
㉰ 아크릴아마이드(acryl amide)는 주로 피부를 통해 흡수되며 다발성 신경염을 일으킨다.
㉱ 이황화탄소는 하기도를 통해서 흡수되기도 하지만 대부분 피부를 통해서 체내 흡수되며 폐부종을 일으킨다.

풀이 ㉱ 이황화탄소는 중추신경계에 영향을 준다.

07 다음 중 2차 대기오염물질과 가장 거리가 먼 것은?

㉮ H_2O_2 ㉯ NaCl
㉰ SO_2 ㉱ SO_3

풀이
㉮ H_2O_2 : 2차성 오염물질
㉯ NaCl : 1차성 오염물질
㉰ SO_2 : 광분해반응에서 생성된 2차성 오염물질
㉱ SO_3 : 1,2차성 오염물질

정답 04 ㉯ 05 ㉱ 06 ㉱ 07 ㉯

08 다음 설명하는 오염물질로 가장 적합한 것은?

> 석유, 알루미늄, 플라스틱, 염료 등의 산업현장에서 촉매제로 널리 이용되며, 비점은 19℃ 정도이고, 코를 찌르는 자극성 취기를 나타내며, 온도에 따라 액체나 기체로 존재하는 무색의 부식성 독성물질이다.

㉮ Copper
㉯ Cytochrome
㉰ Ozone
㉱ Hydrogen fluoride

풀이 ㉱ Hydrogen fluorlde(HF)에 대한 설명이다.

09 어떤 혼합기체의 부피조성이 질소가스 80%와 이산화탄소가스 20%로 이루어졌다. 이 혼합기체의 평균분자량은?

㉮ 31.2 ㉯ 38.9
㉰ 44.0 ㉱ 49.3

풀이 N_2(질소)의 분자량은 28
CO_2(이산화탄소)의 분자량은 44
따라서 평균분자량 = 28×0.8+44×0.2 = 31.2

10 바람에 관한 설명으로 옳지 않은 것은?

㉮ 해륙풍 중 육풍은 육지에서 바다로 향해 5~6km까지 바람이 불며 겨울철에 빈발한다.
㉯ 산곡풍 중 산풍은 밤에 경사면이 빨리 냉각되어 경사면 위의 공기 온도가 같은 고도의 경사면에서 떨어져 있는 공기의 온도보다 차가워져 경사면 위의 공기전체가 아래로 침강하게 되어 부는 바람이다.
㉰ 전원풍은 열섬효과 때문에 도시의 중심부에서 하강기류가 발생하여 부는 바람이다.
㉱ 휀풍은 산맥의 정상을 기준으로 풍상쪽 경사면을 따라 공기가 상승하면서 건조단열 변화를 하기 때문에 평지에서보다 기온이 약 1℃/100m의 율로 하강하게 된다.

풀이 ㉰ 전원풍은 전원지역에서 발생하여 대도시로 부는 바람이다.

11 Aerodynamic diameter의 정의로 가장 적합한 것은?

㉮ 본래의 먼지보다 침강속도가 작은 구형입자의 직경
㉯ 본래의 먼지와 침강속도가 동일하며, 밀도 $1g/cm^3$인 구형입자의 직경
㉰ 본래의 먼지와 밀도 및 침강속도가 동일한 구형입자의 직경
㉱ 본래의 먼지보다 침강속도가 큰 구형입자의 직경

정답 08 ㉱ 09 ㉮ 10 ㉰ 11 ㉯

12 지구 지표면의 열수지를 표현하기 위해 복사수지식을 적용하는데 다음 중 대기과학에서 사용하는 용어로서 지표의 반사율을 나타내는 지표는? (단, 입사에너지에 대하여 반사되는 에너지의 비)

㉮ 유효율 ㉯ 알베도
㉰ 복사도 ㉱ 일사도

▶ 풀이 ㉯ 알베도에 대한 설명이다.

13 벨기에의 뮤즈계곡사건, 미국의 도노라 사건 및 런던 대기오염사건의 공통적인 주요 대기오염 원인물질로 가장 적합한 것은?

㉮ SO_2 ㉯ O_3
㉰ CS_2 ㉱ NO_2

▶ 풀이 연료 연료시 발생된 SO_2가 주원인 물질이다.

14 표준상태(0℃, 1기압)에서 448ppm으로 측정되었다. 표준상태에서 몇 mg/m^3인가?

㉮ $\dfrac{1}{20M}$ ㉯ $\dfrac{M}{20}$
㉰ $20M$ ㉱ $\dfrac{20}{M}$

▶ 풀이 $mg/Sm^3 = \dfrac{448mL}{Sm^3} \times \dfrac{Mmg}{22.4mL} = 20Mmg/Sm^3$

TIP
① ppm = mL/Sm^3
② 가스 1mol $\begin{cases} Mmg \\ 22.4mL \end{cases}$

15 대기의 특성과 관련된 설명으로 옳지 않은 것은?

㉮ 공기는 물에 비해 탄성이 약하며, 약 0~50℃의 온도범위 내에서 공기는 보통 이상기체의 법칙을 따른다.
㉯ 공기의 절대습도란 이론적으로 함유된 수증기 또는 물의 함량을 말하며 단위는 %이다.
㉰ 행성경계층(PBL)보다 높은 고도에서 기압경도력과 전향력의 평형에 의하여 이루어지는 바람을 지균풍이라고 한다.
㉱ 대기안정도와 난류는 대기경계층내에서 오염물질의 확산정도를 결정하는 중요한 인자이다.

▶ 풀이 ㉯ 공기의 절대습도란 이론적으로 함유된 수증기 또는 물의 함량을 말하며 단위는 g/m^3 이다.

16 역전현상에 관한 설명으로 거리가 먼 것은?

㉮ 기온역전은 접지역전과 공통역전으로 나눌 수 있다.
㉯ 침강성 역전과 전선형 역전은 공중역전에 속한다.
㉰ 복사역전은 주로 밤부터 이른 아침 사이에 일어난다.
㉱ 굴뚝의 높이 상하에서 각각 침강역전과 복사역전이 동시에 발생하는 경우 플룸(Plume)의 형태는 훈증형(fumigation)으로 된다.

▶ 풀이 ㉱ 굴뚝의 높이 상하에서 각각 침강역전과 복사역전이 동시에 발생하는 경우 플룸(Plume)의 형태는 구속형(Trapping형)으로 된다.

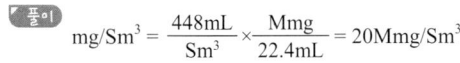
12 ㉯ 13 ㉮ 14 ㉰ 15 ㉯ 16 ㉱

17 다음 특정물질 중 펜타클로로플루오르에탄(CFC–111)의 화학식으로 옳은 것은?

㉮ $C_3H_2FCl_5$ ㉯ $C_3HF_2Cl_5$
㉰ $C_3F_3Cl_5$ ㉱ C_2FCl_5

풀이 ㉮ $C_3H_2FCl_5$: HCFC-231
㉯ $C_3HF_2Cl_5$: HCFC-222
㉰ $C_3F_3Cl_5$: CFC-213
㉱ C_2FCl_5 : CFC-111

18 대표적인 증상으로 인체 혈액 헤모글로빈의 기본요소인 포르피린 고리의 형성을 방해함으로써 헤모글로빈의 형성을 억제하므로, 중독에 걸렸을 경우 만성 빈혈이 발생할 수 있는 대기오염물질에 해당하는 것은?

㉮ 납 ㉯ 아연
㉰ 안티몬 ㉱ 비소

풀이 ㉮ 납(Pb)에 대한 설명이다.

19 다음은 레일리산란에 관한 설명이다. ( )안에 알맞은 것은?

> 레일리산란은 산란을 일으키는 입자의 크기가 전자파 파장보다 훨씬 (①) 경우에 일어난다. 산란강도는 파장의 (②) 한다.

㉮ ① 큰, ② 4승에 비례
㉯ ① 큰, ② 4승에 반비례
㉰ ① 작은, ② 4승에 비례
㉱ ① 작은, ② 4승에 반비례

20 굴뚝에서 배출되는 연기 형태 중 환상형(looping)에 관한 설명으로 옳지 않은 것은?

㉮ 과단열감률 상태의 대기일 때 발생하는 형태이다.
㉯ 상·하층 공기의 혼합이 왕성하여 오염물질을 잘 확산시킨다.
㉰ 굴뚝 가까운 곳의 지표농도가 높게 될 수 있다.
㉱ 바람이 다소 강하고, 구름이 많이 낀 날에 주로 관찰된다.

풀이 ㉱번은 원추형에 대한 설명이다.

| 제2과목 | 대기오염공정시험기준

21 대기오염공정시험법상 다음 분석가스별 시험방법에 대한 흡수액으로 틀린 것은?

㉮ 암모니아 - 붕산용액(5g/L)
㉯ 브로민화합물 - 수산화소듐용액(4g/L)
㉰ 황산화물 - 과산화수소용액(1+9)
㉱ 황화수소 - 수산화소듐용액(4g/L)

풀이 ㉱ 황화수소 - 아연아민착염용액

정답 17 ㉱ 18 ㉮ 19 ㉱ 20 ㉱ 21 ㉱

22 굴뚝 배출가스 내의 일산화탄소 분석방법 중 정전위전해법 장치성능기준에 관한 설명으로 옳지 않은 것은?

㉮ 적용범위는 최고 5%로 한다.
㉯ 재현성은 측정범위 최대 눈금값의 ±2% 이내로 한다.
㉰ 전압 변동에 대한 안정성은 최대 눈금값의 ±1% 이내로 한다.
㉱ 시료가스 유량 변화에 따른 안정성은 최대 눈금값의 ±2% 이내로 한다.

풀이 ㉮ 적용범위는 최고 3%로 한다.

23 굴뚝 배출가스 중 베릴륨 분석방법으로 옳은 것은?

㉮ 용액전도율법
㉯ 아세틸아세톤법
㉰ 원자흡수분광광도법
㉱ 디에틸아민법

풀이 굴뚝 배출가스 중 베릴륨화합물을 분석하는 방법은 원자흡수분광광도법이다.

24 다음 중 분석대상가스가 플루오린화합물인 경우 사용 여과재의 재질로 가장 적합한 것은?

㉮ 알칼리 성분이 없는 유리솜
㉯ 알칼리 성분이 없는 실리카솜
㉰ 소결유리
㉱ 카보런덤

25 다음은 굴뚝 배출가스 중의 플루오린화합물을 적정법으로 분석하는 방법이다. ( )안에 알맞은 것은?

이 방법은 플루오린 이온을 방해이온과 분리한 다음 완충액을 가하여 pH를 조절하고 (   ).

㉮ 네오트린을 가한 다음 질산토륨용액으로 적정한다.
㉯ 네오트린을 가한 다음 황산소듐 용액으로 적정한다.
㉰ 란탄과 알리자린 콤플렉손을 가한 다음 질산소듐으로 적정한다.
㉱ 란탄과 알리자린 콤플렉손을 가한 다음 황산소듐으로 적정한다.

26 굴뚝 배출가스 중 사이안화수소를 분석하는 자외선/가시선분광법-4-피리딘카복실산-피라졸론법에 대한 설명으로 틀린 것은?

㉮ 정량범위는 0.05ppm~8.61ppm이다.
㉯ 538nm 부근의 흡광도를 측정한다.
㉰ 배출가스 중 염소 등의 산화성가스가 공존하면 영향을 받는다.
㉱ 흡수액은 수산화소듐용액(20g/L)이다.

풀이 ㉯ 638nm 부근의 흡광도를 측정한다.

정답 22 ㉮ 23 ㉰ 24 ㉱ 25 ㉮ 26 ㉯

27 굴뚝 배출가스 중 먼지 채취시 배출구(굴뚝)의 직경이 2.2m의 원형 단면일 때, 필요한 측정점의 반경구분수와 측정점수는?

㉮ 반경구분수 1, 측정점수 4
㉯ 반경구분수 2, 측정점수 8
㉰ 반경구분수 3, 측정점수 12
㉱ 반경구분수 4, 측정점수 16

풀이

굴뚝직경(m)	반경구분수	측정점수
1 이하	1	4
1 초과 2 이하	2	8
2 초과 4 이하	3	12
4 초과 4.5 이하	4	16
4.5 초과	5	20

28 시험의 기재 및 용어에 대한 정의로 옳지 않은 것은?

㉮ 용액의 액성표시는 따로 규정이 없는 한 유리전극법에 의한 pH미터로 측정한 것을 뜻한다.
㉯ 액체성분의 양을 정확히 취한다 함은 홀피펫, 눈금플라스크 또는 이와 동등 이상의 정도를 갖는 용량계를 사용하여 조작하는 것을 뜻한다.
㉰ 항량이 될 때까지 건조한다 함은 따로 규정이 없는 한 보통의 건조방법으로 1시간 더 건조할 때 전후무게의 차가 0.5mg 이하일 때를 뜻한다.
㉱ 바탕시험을 하여 보정한다 함은 시료에 대한 처리 및 측정을 할 때 시료를 사용하지 않고 같은 방법으로 조작한 측정치를 빼는 것을 뜻한다.

풀이 ㉰ 항량이 될 때까지 건조한다 함은 따로 규정이 없는 한 보통의 건조방법으로 1시간 더 건조할 때 전후 무게의 차가 매 g당 0.3mg 이하일 때를 뜻한다.

29 굴뚝 배출가스 중의 유량, 유속 측정방법에 사용되는 피토우관에 관한 설명으로 옳지 않은 것은?

㉮ 스테인리스와 같은 재질의 금속관이 사용된다.
㉯ 피토우관의 각 분기관 사이의 거리는 같아야 한다.
㉰ 관의 바깥지름의 범위는 50~100mm 정도이어야 한다.
㉱ 각 분기관과 오리피스 평면과의 거리는 바깥지름의 1.05~1.50배 사이에 있어야 한다.

풀이 ㉰ 관의 바깥지름의 범위는 4~10mm 정도이어야 한다.

30 굴뚝 배출가스 중 황산화물을 측정하는 자동측정법에 대한 설명으로 틀린 것은?

㉮ 측정범위(적용범위)는 0ppm~2,000ppm이다.
㉯ 적외선흡수법은 7,300nm 부근에서 적외선가스분석계를 이용한다.
㉰ 자외선흡수법의 간섭물질은 이산화질소이다.
㉱ 수분에 의한 영향을 최소화하기 위해 시료채취관을 가열하거나, 응축기 및 응축수트랩을 연결하여 사용한다.

풀이 ㉮ 측정범위(적용범위)는 0ppm~1,000ppm이다.

정답 27 ㉰ 28 ㉰ 29 ㉰ 30 ㉮

31 굴뚝 배출가스 중의 황화수소를 자외선/가시선분광법–메틸렌블루법으로 측정하고자 할때 시료채취량과 흡입속도로 알맞은 것은? (단, 황화수소의 농도는 100ppm 미만이다.)

㉮ 1~10, 0.1~0.5 ㉯ 1~20, 0.1~1.0
㉰ 1~10, 0.1~1.0 ㉱ 1~20, 0.1~0.5

풀이 황화수소의 시료채취량 및 흡입속도

황화수소 농도 (ppm)	시료채취량(L)	흡입속도(L/min)
100 미만	(1~20)	(0.1~0.5)
(100~1,000)	(0.1~1)	약 0.1

32 환경대기 중의 먼지측정법 중 장치구성은 유량계, 공기흡입부, 광전자증배관, 광전류적 분기, 타이머, 광원부 등으로 구성되어 있으며, 습도, 비, 안개 등의 영향으로 상대습도가 70% 이상이면 측정치의 신뢰도가 낮아지는 측정방법은?

㉮ 광투과법
㉯ 광산란법
㉰ 고용량공기시료채취기법
㉱ 저용량공기시료채취기법

33 단면모양이 정사각형인 어떤 굴뚝을 동일한 면적으로 n개의 등분할 면적으로 각각 구분하여 각 측정점마다 유속과 먼지의 농도를 측정하였더니 다음과 같은 값을 얻었다. 이 전체 먼지의 평균농도는?

	1	2	3	4	5	6	7
유속 (m/s)	4.3	4.7	5.0	5.2	4.5	4.6	5.0
농도 (g/Sm³)	0.54	0.50	0.48	0.45	0.40	0.42	0.39

㉮ $0.48 g/Sm^3$ ㉯ $0.45 g/Sm^3$
㉰ $0.42 g/Sm^3$ ㉱ $0.40 g/Sm^3$

풀이 먼지의 평균농도(g/Sm^3)

$$= \frac{\text{합(유속} \times \text{분진농도)}}{\text{합(유속)}}$$

$$= \frac{4.3 \times 0.54 + 4.7 \times 0.50 + 5.0 \times 0.48 + 5.2 \times 0.45 + 4.5 \times 0.40 + 4.6 \times 0.42 + 5.0 \times 0.39}{4.3 + 4.7 + 5.0 + 5.2 + 4.5 + 4.6 + 5.0}$$

$= 0.45 g/Sm^3$

34 연료용 유류중의 황 함유량을 측정하기 위한 분석방법 중 연소관식 공기법에 관한 설명으로 옳지 않은 것은?

㉮ 연소되어 산을 발생시키는 원소(P, N, Cl 등)가 들어있는 시료에는 사용할 수 없다.
㉯ 생성된 황산화물을 과산화수소(3%)에 흡수시켜 황산으로 만든 다음, 수산화소듐표준액으로 중화적정한다.
㉰ 950~110℃로 가열한 석영재질 연소관 중에 공기를 불어넣어 시료를 연소시킨다.
㉱ 불용성 황산염을 만드는 금속(Ba, Ca 등) 등의 분석에 유효하다.

풀이 ㉱ 불용성 황산염을 만드는 금속(Ba, Ca 등) 등의 분석에는 적용할 수 없다.

정답 31 ㉱ 32 ㉯ 33 ㉯ 34 ㉱

35 자외선/가시선분광법에서 램버어트 비어(Lambert −Beer)의 법칙에 따른 흡광도 식의 표현으로 옳은 것은? (단, I_o : 입사광의 강도, I_t : 투사광의 강도, $t = \dfrac{I_t}{I_o}$ 이다.)

㉮ 10^t
㉯ $t \times 100$
㉰ $\log\left(\dfrac{1}{t}\right)$
㉱ $\log t$

36 다음은 굴뚝 배출가스 내의 먼지측정방법 중 반자동식 채취기에 의한 사항이다. ( ) 안에 가장 적합한 것은?

> 배연탈황시설과 황산미스트에 의해서 먼지농도가 영향을 받은 경우에는 여과지를 ( ) 먼지농도를 계산한다.

㉮ 110±5℃에서 2시간 이상 건조시킨 후
㉯ 160℃ 이상에서 2시간 이상 건조시킨 후
㉰ 110±5℃에서 4시간 이상 건조시킨 후
㉱ 160℃ 이상에서 4시간 이상 건조시킨 후

37 굴뚝 배출가스 중 크롬화합물의 자외선/가시선 분광 분석법에 관한 설명으로 옳지 않은 것은?

㉮ 시료 용액 중의 크롬을 과망간산포타슘에 의하여 6가로 산화하고, 요소를 가한다.
㉯ 아질산소듐으로 과량의 과망간산염을 분해한 후 다이페닐카바지드를 가하여 발색시킨다.
㉰ 파장 450nm 부근에서 흡광도를 측정한다.
㉱ 철 외에 방해물질이 많은 경우에는 클로로폼으로 추출 후 크롬을 정량할 수 있다.

[풀이] ㉰ 파장 540nm 부근에서 흡광도를 측정한다.

38 비분산적외선분광분석법에 관한 설명으로 가장 거리가 먼 것은?

㉮ 비분산 검출기(Nondispersive Detector)를 이용하여 적외선의 분산 변화량을 측정하여 시료 중 목적 성분을 구하는 방법이다.
㉯ 회전섹타는 시료광속과 비교광속을 일정주기로 단속시켜, 광학적으로 변조시킨 것이다.
㉰ 광학필터에는 가스필터와 고체필터가 있다.
㉱ 광원은 원칙적으로 니크롬선 또는 탄화규소의 저항체에 전류를 흘려 가열한 것을 사용한다.

[풀이] ㉮ 비분산 검출기(Nondispersive Detector)를 이용하여 적외선의 흡수량 변화를 측정하여 시료 중에 들어있는 특정성분의 농도를 구하는 방법이다.

정답 35 ㉰ 36 ㉱ 37 ㉰ 38 ㉮

39 다음은 이온크로마토그래피에 사용되는 머무름치에 관한 설명이다. ( )안에 가장 적합한 것은?

> 머무름치의 종류로는 머무름 시간(Retention time), 머무름 부피(Retention Volume), 비머무름 용량, 머무름비, 머무름 지표 등이 있으며, 머무름 시간을 측정할 때는 (①)회 측정하여 그 평균치를 구한다. 일반적으로 (②)분 정도에서 측정하는 봉우리의 머무름 시간을 반복시험을 할 때 (③)% 오차범위 이내이어야 한다.

㉮ ① 10, ② 30~60, ③ ±10
㉯ ① 10, ② 30~60, ③ ±3
㉰ ① 3, ② 5~30, ③ ±10
㉱ ① 3, ② 5~30, ③ ±3

40 NaOH 220g을 물에 용해시켜 800mL로 하였다. 이 용액은 몇 N 인가?

㉮ 0.0625N ㉯ 0.625N
㉰ 6.25N ㉱ 62.5N

【풀이】 N농도 = eq/L

$$eq/L = \frac{220g}{0.8L} \times \frac{1eq}{40g} = 0.625N$$

TIP

① $1eq = \frac{분자량(g)}{가수} = \frac{40g}{1} = 40g$
② $V = 800mL = 0.8L$

| 제3과목 | 대기오염방지기술

41 다음 중 시판되고 있는 액화석유가스의 구성으로 가장 적합한 것은?

㉮ methane 10%, propane 90% 의 혼합물
㉯ methane 70%, propane 30% 의 혼합물
㉰ propane 10%, butane 90% 의 혼합물
㉱ propane 70%, butane 30% 의 혼합물

【풀이】 액화석유가스는 LPG를 의미하며, 주성분은 프로판과 부탄이다.

42 A 연료가스가 부피로 H_2 9%, CO 24%, CH_4 2%, CO_2 6%, O_2 3%, N_2 56%의 구성비를 갖는다. 이 기체 연료를 1기압하에서 20%의 과잉공기로 연소시킬 경우 연료 1Sm³당 요구되는 실제 공기량은?

㉮ $0.83Sm^3$ ㉯ $1Sm^3$
㉰ $1.68Sm^3$ ㉱ $1.98Sm^3$

【풀이】
$H_2 + 0.5O_2 \rightarrow H_2O$: 9%
$CO + 0.5O_2 \rightarrow CO_2$: 24%
$CH_4 + 2O_2 \rightarrow CO_2 + 2H_2O$: 2%
O_2 : 3%

① 이론공기량(A_o)

$= \dfrac{가연성분\ 연소시\ 필요한\ 산소량-연료의\ 산소량}{0.21}$

$= \dfrac{0.5\times0.09+0.5\times0.24+2\times0.02-0.03}{0.21}$

$= 0.8333Sm^3/Sm^3$

② 실제공기량(A) = 공기비(m)×이론공기량(A_o)
$= 1.2 \times 0.8333Sm^3/Sm^3 = 1.0Sm^3/Sm^3$

TIP

과잉공기량이 20%이면 공기비(m) = 1.2

43 연료 연소중에 생성되는 NO$_x$를 저감시키기 위한 대책으로 가장 거리가 먼 것은?

㉮ 연소 영역에서의 산소의 농도를 높게 한다.
㉯ NO$_x$ 함량이 적은 연료를 사용한다.
㉰ 연소온도를 낮게 한다.
㉱ 연소 영역에서 연소 가스의 체류시간을 짧게 한다.

풀이 ㉮ 연소 영역에서의 산소의 농도를 낮게 한다.

44 다음 중 SO$_x$와 NO$_x$를 동시에 제어하는 기술로 거리가 먼 것은?

㉮ Filter cage 공정   ㉯ 활성탄 공정
㉰ NOXSO 공정   ㉱ CuO 공정

풀이 SO$_x$와 NO$_x$를 동시에 제어하는 기술로는 활성탄 공정, NOXSO 공정, CuO 공정이 있다.

45 굴뚝에서 배출되는 가스를 분석하였더니 용량비로 질소 86%, 산소 4%, 이산화탄소 10%의 결과치를 얻었다면 이 때 공기비는 약 얼마인가?

㉮ 1.2   ㉯ 1.5
㉰ 1.7   ㉱ 1.9

풀이 공기비(m) = $\dfrac{N_2\%}{N_2\% - 3.76 \times O_2\%}$

= $\dfrac{86}{86 - 3.76 \times 4}$ = 1.21

46 전기집진장치에서 코로나 방전시 정(+)코로나 보다 부(−)코로나 방전을 이용하는 이유에 관한 설명으로 옳은 것은?

㉮ 코로나 방전개시 전압이 낮기 때문에
㉯ 불꽃 방전개시 전압이 낮기 때문에
㉰ 보다 적은 양의 코로나 전류를 흘릴 수 있기 때문에
㉱ 보다 적은 전계강도를 얻을 수 있기 때문에

47 여과집진장치를 이용한 먼지 또는 훈연 처리에서 다음 중 최대여과속도가 가장 큰 것은?

㉮ 합성세제   ㉯ 밀가루
㉰ 금속훈연   ㉱ 산화아연

48 세정식 집진장치의 특성으로 가장 거리가 먼 것은?

㉮ 조해성, 점착성의 먼지 제거가 가능하다.
㉯ 소수성 입자의 집진효과가 크다.
㉰ 한번 제거된 입자는 보통 처리가스 속으로 재비산 되지 않는다.
㉱ 고온가스 및 연소, 폭발성 가스의 처리가 가능하다.

풀이 ㉯ 소수성 입자의 집진효과가 낮다.

정답 43 ㉮ 44 ㉮ 45 ㉮ 46 ㉮ 47 ㉯ 48 ㉯

49 3.2% S을 함유한 석탄 5ton을 이론적으로 완전연소 시킬 경우 표준상태에서의 SO_2 발생량은? (단, 석탄 중의 S는 모두 SO_2 형태로 발생된다.)

㉮ $112Sm^3$ ㉯ $128Sm^3$
㉰ $135Sm^3$ ㉱ $160Sm^3$

[풀이] $S + O_2 \rightarrow SO_2$
32kg : $22.4Sm^3$
$5×10^3$kg×0.032 : X

$\therefore X = \dfrac{5×10^3 kg × 0.032 × 22.4 Sm^3}{32kg} = 112 Sm^3$

50 다음 흡수장치 중 기체분산형에 해당하는 것은?

㉮ spray tower
㉯ plate tower
㉰ venturi scrubber
㉱ spray chamber

51 형상비가 3.0이고, 반경비가 2.0인 장방형 곡관의 속도압 백분율은 10% 이다. 속도압이 $20mmH_2O$라면 이 관의 압력손실(mmH_2O)은?

㉮ 2   ㉯ 10
㉰ 20 ㉱ 30

[풀이] 압력손실(mmH_2O)
= 속도압(mmH_2O)×$\dfrac{\text{속도압 백분율}(\%)}{100}$
= $20mmH_2O × \dfrac{10\%}{100} = 2mmH_2O$

52 여과집진장치에 관한 설명으로 옳지 않은 것은?

㉮ 진동형, 역기류형, 역기류 진동형은 간헐식 탈진방법에 해당한다.
㉯ 진동형은 점성이 있는 조대먼지 탈진 시에는 여포 손상을 일으킨다.
㉰ 송풍기의 위치에 따른 분류로 가압식은 여과집진장치에 부(-)압이 작용하며, 송풍기 부식의 염려는 거의 없다.
㉱ 연속식 탈진방법은 간헐식에 비해 집진율이 낮은 편이며, 탈진 시 먼지의 재비산이 일어난다.

[풀이] ㉰ 송풍기의 위치에 따른 분류로 가압식은 여과집진장치에 정(+)압이 작용한다.

53 벤츄리 스크러버에 관한 설명으로 옳지 않은 것은?

㉮ 슬로트부의 가스 유속은 60~90m/s 정도이다.
㉯ 액가스비는 10~50L/m^3 정도로 다른 가압수식에 비해 크다.
㉰ 압력손실은 300~800mmH_2O 정도이다.
㉱ 가스 입구에 벤츄리관을 삽입하고 세정액을 슬로트부 주변에 있는 분사노즐을 통하여 가스 중으로 분무하는 방식이다.

[풀이] ㉯ 액가스비는 0.3~1.5L/m^3 정도이다.

정답   49 ㉮   50 ㉯   51 ㉮   52 ㉰   53 ㉯

54 먼지(dust)에 관한 설명으로 옳지 않은 것은?

㉮ 입경 10μm 이하의 부유입자는 비교적 대기 중에 장시간 체류한다.
㉯ 진밀도가 작을수록 침강속도가 느리다.
㉰ 입경이 클수록 동종입자 간에 부착력이 작아진다.
㉱ 입경이 작을수록 비표면적이 작다.

풀이 ㉱ 입경이 작을수록 비표면적이 커진다.

55 250Sm³/h의 배출가스를 배출하는 보일러에서 발생하는 SO_2를 탄산칼슘으로 이론적으로 완전제거 하고자 한다. 이 때 필요한 탄산칼슘의 양(kg/h)은? (단, 배출가스 중의 SO_2 농도는 2500ppm 이고, 이론적으로 100% 반응하며, 표준상태기준)

㉮ 0.28   ㉯ 2.8
㉰ 28   ㉱ 280

풀이 $S+O_2 \rightarrow SO_2+CaCO_3+\frac{1}{2}O_2 \rightarrow CaSO_4+CO_2$

22.4Sm³ : 100kg
250Sm³/hr×2500ppm×10⁻⁶ : X

$\therefore X = \frac{250Sm^3/hr \times 2500ppm \times 10^{-6} \times 100kg}{22.4Sm^3}$

2.76kg/hr

56 propane 1Sm³을 공기비 1.2로 완전연소시킬 때 습배출가스 중 CO_2 농도(%)는?

㉮ 7.2   ㉯ 9.8
㉰ 12.9   ㉱ 17.2

풀이 $C_3H_8+5O_2 \rightarrow 3CO_2+4H_2O$

$CO_2\% = \frac{CO_2량}{Gw} \times 100$

$Gw = (m-0.21)A_o + CO_2량 + H_2O량$

$= (1.2-0.21) \times \frac{5}{0.21} + 3 + 4 = 30.5714 Sm^3/Sm^3$

따라서 $CO_2\% = \frac{3Sm^3/Sm^3}{30.5714Sm^3/Sm^3} \times 100 = 9.81\%$

57 옥탄(Octane)을 이론적으로 완전연소시킬 때 부피 및 무게에 의한 공기연료비(AFR)로 옳은 것은?

㉮ 부피 : 39.5, 무게 : 13.1
㉯ 부피 : 49.5, 무게 : 14.1
㉰ 부피 : 59.5, 무게 : 15.1
㉱ 부피 : 69.5, 무게 : 16.1

풀이 $C_8H_{18}+12.5O_2 \rightarrow 8CO_2+9H_2O$

$AFR(공연비) = \frac{공기량}{연료량}$

① AFR(Sm³/Sm³)

$= \frac{산소갯수 \times 22.4Sm^3 \times \frac{1}{0.21}}{연료갯수 \times 22.4Sm^3}$

$= \frac{12.5 \times 22.4Sm^3 \times \frac{1}{0.21}}{1 \times 22.4Sm^3} = \frac{12.5}{0.21} = 59.52$

② AFR(kg/kg)

$= \frac{산소갯수 \times 32kg \times \frac{1}{0.232}}{연료갯수 \times 연료의 분자량(kg)}$

$= \frac{12.5 \times 32kg \times \frac{1}{0.232}}{1 \times 114kg} = 15.12$

정답 54 ㉱ 55 ㉯ 56 ㉯ 57 ㉰

58 A연마시설에서 배출되는 먼지를 제거하기 위해 사이클론을 이용하고자 한다. 처리가스의 점도가 2.0×10^{-4} poise, 입구농도가 $7g/m^3$ 일 때 입자의 cut size diameter(μm)는? (단, 유효회전수 5, 사이클론의 입구폭 90cm, 입자의 밀도 $2900 kg/m^3$, 배출가스의 밀도 $1.2kg/m^3$, 입구 가스 속도 12.5m/s)

㉮ 8   ㉯ 10   ㉰ 12   ㉱ 17

풀이 $dp_{50} = \sqrt{\dfrac{9 \cdot \mu \cdot B}{2 \cdot \pi \cdot V \cdot (\rho_s - \rho) \cdot N}} \times 10^6 (\mu m)$

- dp_{50} = cut size diameter : 50% 제거입경
- μ : 처리가스의 점도(kg/m·sec)
- B : 입구폭(m)
- V : 가스속도(m/sec)
- ρ_s : 입자의 밀도(kg/m^3)
- ρ : 가스의 밀도(kg/m^3)
- N : 유효회전수

따라서

$dp_{50} = \sqrt{\dfrac{9 \times 2.0 \times 10^{-5} kg/m \cdot sec \times 0.9m}{2 \times \pi \times 12.5 m/sec \times (2900-1.2) kg/m^3 \times 5}} \times 10^6$

$= 11.93 \mu m$

59 다음 중 후드(hood)를 사용하여 가스를 포획하는 방법에 관한 설명으로 가장 거리가 먼 것은?

㉮ 후드는 발생원에 접근할수록 유리하다.
㉯ 개구면적을 좁게 하여 흡입속도를 크게 한다.
㉰ 국부적인 흡입방식으로 취한다.
㉱ 통제속도는 후드가 취급할 공기양을 최대로 하고, 최소의 먼지부하를 얻도록 결정한다.

풀이 ㉱ 통제속도는 후드가 취급할 공기양을 최소로 하고, 최대의 먼지부하를 얻도록 결정한다.

60 $1.4m \times 2.0m \times 2.0m$인 연소실에서 저위발열량이 10000kcal/kg인 중유를 150kg/h로 연소시키고 있다. 이 때 연소실의 열발생률($kcal/m^3 \cdot h$)은?

㉮ 2.7×10^5 ㉯ 3.6×10^5
㉰ 5.6×10^5 ㉱ 7.2×10^5

풀이 열발생률($kcal/m^3 \cdot hr$)

$= \dfrac{\text{저위발열량(kcal/kg)} \times \text{연료량(kg/hr)}}{\text{가로} \times \text{세로} \times \text{높이}(m^3)}$

$= \dfrac{10,000 kcal/kg \times 150 kg/hr}{1.4m \times 2.0m \times 2.0m}$

$= 2.7 \times 10^5 kcal/m^3 \cdot hr$

| 제4과목 | 대기환경관계법규

61 대기환경보전법규상 금속의 용융·제련 또는 열처리시설 중 대기오염물질 배출시설기준에 해당하지 않는 것은?

㉮ 1회 주입연료 및 원료량의 합계가 0.5톤 이상인 제선로
㉯ 1회 주입 원료량이 0.2톤 이상이거나 연료사용량이 시간당 25킬로그램 이상인 도가니로
㉰ 풍구(노복)면의 횡단면적이 0.2제곱미터 이상인 제선로
㉱ 노상면적이 4.5제곱미터 이상인 반사로

풀이 ㉯ 1회 주입 원료량이 0.5톤 이상이거나 연료사용량이 시간당 30킬로그램 이상인 도가니로

정답 58 ㉰ 59 ㉱ 60 ㉮ 61 ㉯

62 대기환경보전법규상 대기오염 경보단계별 발령기준 중 주의보의 발령기준으로 옳은 것은?

㉮ 기상조건 등을 검토하여 해당지역의 대기자동측정소 오존농도가 0.12ppm 이상일 때
㉯ 기상조건 등을 검토하여 해당지역의 대기자동측정소 오존농도가 0.5ppm 이상일 때
㉰ 기상조건 등을 검토하여 해당지역의 대기자동측정소 오존농도가 1.2ppm 이상일 때
㉱ 기상조건 등을 검토하여 해당지역의 대기자동측정소 오존농도가 1.5ppm 이상일 때

풀이 주의보 : 0.12ppm 이상, 경보 : 0.3ppm 이상, 중대경보 : 0.5ppm 이상이다.

63 대기환경보전법규상 자동차연료형 첨가제의 종류와 가장 거리가 먼 것은?

㉮ 유동성향상제   ㉯ 다목적첨가제
㉰ 청정첨가제   ㉱ 매연억제제

풀이 자동차연료형 첨가제의 종류에는 세척제, 청정분산제, 매연억제제, 다목적첨가제, 옥탄가 향상제, 세탄가 향상제, 유동성 향상제, 윤활성 향상제가 있다.

64 대기환경보전법규상 시·도지사가 대기환경 규제지역의 환경기준 달성을 위해 수립하는 실천계획 수립 시 포함되어야 할 사항과 가장 거리가 먼 것은?

㉮ 계획달성연도의 대기질 예측 결과
㉯ 대기오염원별 대기오염물질 저감계획 및 계획의 시행을 위한 수단
㉰ 규제지역 내 대기오염물질배출 감시시설 설치현황 및 연도별 감시시설 설치계획
㉱ 대기보전을 위한 투자계획과 대기오염물질 저감효과를 고려한 경제성 평가

풀이 ㉮, ㉯, ㉱외에 일반환경현황, 조사결과 및 대기오염 예측모형을 이용하여 예측한 대기오염도가 있다.

65 대기환경보전법규상 환경기술인의 보수교육은 신규교육을 받은 날을 기준으로 몇 년마다 1회를 받아야 하는가? (단, 정보통신매체를 이용하여 원격교육을 하는 경우 제외)

㉮ 1년   ㉯ 2년
㉰ 3년   ㉱ 5년

정답 62 ㉮ 63 ㉰ 64 ㉰ 65 ㉰

66 대기환경보전법상 비산먼지의 발생을 억제하기 위한 시설을 설치하지 아니하거나 필요한 조치를 하지 아니한 자에 대한 벌칙기준으로 옳은 것은? (단, 시멘트·석탄·토사·사료·곡물 및 고철의 분체상 물질을 운송한 자는 제외한다.)

㉮ 5년 이하의 징역이나 3천만원 이하의 벌금에 처한다.
㉯ 1년 이하의 징역이나 500만원 이하의 벌금에 처한다.
㉰ 300만원 이하의 벌금에 처한다.
㉱ 200만원 이하의 벌금에 처한다.

67 대기환경보전법령상 휘발유·알코올 또는 가스를 사용하거나 이들 연료를 섞어 사용하는 자동차의 경우 운행차 배출허용기준적용 항목이 아닌 것은? (단, 무부하(無負荷) 검사방법으로 하는 경우이다.)

㉮ 일산화탄소
㉯ 배기관 탄화수소
㉰ 매연
㉱ 질소산화물(공기과잉률의 측정에 의하여 추정되는 질소산화물)

[풀이] 휘발유·알코올 또는 가스를 사용하는 자동차는 일산화탄소, 탄화수소, 질소산화물, 알데히드, 입자상물질, 암모니아가 있다.

68 다음은 대기환경보전법규상 총량규제구역의 지정사항이다. (   )안에 가장 적합한 것은?

(①)은/는 법에 따라 그 구역의 사업장에서 배출되는 대기오염물질을 총량으로 규제하려는 경우에는 다음 각 호의 사항을 고시하여야 한다.
1. 총량규제구역
2. 총량규제 대기오염물질
3. (②)
4. 그 밖에 총량규제구역의 대기관리를 위하여 필요한 사항

㉮ ① 대통령, ② 총량규제부하량
㉯ ① 환경부장관, ② 총량규제부하량
㉰ ① 대통령,
    ② 대기오염물질의 저감계획
㉱ ① 환경부장관,
    ② 대기오염물질의 저감계획

69 대기환경보전법규상 특정대기유해물질이 아닌 것은?

㉮ 황화메틸
㉯ 베릴륨 및 그 화합물
㉰ 에틸벤젠
㉱ 벤지딘

정답 66 ㉰ 67 ㉰ 68 ㉱ 69 ㉮

70 대기환경보전법상에서 사용하는 용어의 뜻으로 옳지 않은 것은?

㉮ "매연"이란 연소할 때에 생기는 유리(遊離) 탄소가 주가 되는 미세한 입자상물질을 말한다.
㉯ "휘발성유기화합물"이란 탄화산소류 중 석유화학제품·유기용제 그 밖의 물질로서 환경부령으로 정한다.
㉰ "가스"란 물질이 연소·합성·분해될 때에 발생하거나 물리적 성질로 인하여 발생하는 기체상물질을 말한다.
㉱ "먼지"란 대기 중에 떠다니거나 흩날려 내려오는 입자상물질을 말한다.

[풀이] ㉯ "휘발성유기화합물"이란 탄화수소류 중 석유화학제품·유기용제 그 밖의 물질로서 환경부장관이 관계중앙행정기관의 장과 협의하여 고시하는 것을 말한다.

71 대기환경보전법규상 위임업무 보고사항 중 "자동차연료 제조기준 적합여부 검사현황" 보고횟수기준으로 옳은 것은?

㉮ 수시   ㉯ 연 1회
㉰ 연 2회   ㉱ 연 4회

[풀이] 연료는 연 4회이고, 첨가제는 연 2회이다.

72 대기환경보전법규상 자동차 정밀검사 업무와 관련한 과징금 산정기준에 관한 사항으로 옳지 않은 것은?

㉮ 과징금은 1개월당 과징금액에 업무정지일수를 곱한 금액으로 하되, 1천만원을 초과할 수 없다.
㉯ 월 평균검사대수(재검사대수를 제외한다)는 위반행위가 있는 날 이전 최근 3개월간의 평균검사대수로 한다.
㉰ 사업기간이 3개월 미만인 경우에는 사업개시일부터 위반행위를 한 날의 전날까지의 평균검사대수를 기준으로 하되, 월 근무일수는 23일로 계산한다.
㉱ 월 평균검사대수가 1,800대를 초과하는 경우에는 초과하는 100대 마다 200만원을 추가 하여 부과한다.

[풀이] ㉮ 과징금은 1개월당 과징금액에 업무정지일수를 곱한 금액으로 하되, 5천만원을 초과할 수 없다.

73 대기환경보전법상 대기환경규제지역을 관할하는 시·도지사가 그 지역의 환경기준을 달성·유지하기 위한 계획을 수립하고 시행하여야 하는 기간 기준으로 옳은 것은?

㉮ 그 지역이 대기환경규제지역으로 지정·고시된 후 3월 이내에
㉯ 그 지역이 대기환경규제지역으로 지정·고시된 후 6월 이내에
㉰ 그 지역이 대기환경규제지역으로 지정·고시된 후 1년 이내에
㉱ 그 지역이 대기환경규제지역으로 지정·고시된 후 2년 이내에

정답 70 ㉯ 71 ㉱ 72 ㉮ 73 ㉱

74 대기환경보전법령상 초과부과금 산정 시 다음 오염물질 중 1킬로그램당 부과금액이 가장 큰 것은?

㉮ 이황화탄소 ㉯ 황화수소
㉰ 불소화합물 ㉱ 암모니아

[풀이] ㉮ 이황화탄소 : 1600원
㉯ 황화수소 : 6000원
㉰ 불소화합물 : 2300원
㉱ 암모니아 : 1400원

75 다음은 대기환경보전법규상 제작차에 대한 인증시험대행기관의 운영 및 관리 기준이다. ( )안에 알맞은 것은?

> 인증시험대행기관은 시설장비 및 기술인력에 변경이 있으면 변경된 날부터 (①) 그 내용을 환경부장관에게 신고하여야 하며, 시험결과의 원본자료와 인증시험대장을 (②) 보관하여야 한다.

㉮ ① 15일 이내에, ② 1년 동안
㉯ ① 15일 이내에, ② 3년 동안
㉰ ① 30일 이내에, ② 1년 동안
㉱ ① 30일 이내에, ② 5년 동안

76 대기환경보전법규상 수도권대기환경청장, 국립환경과학원장 또는 한국환경공단이 설치하는 대기오염 측정망의 종류에 해당하지 않는 것은?

㉮ 도시지역 또는 산업단지 인근지역의 특정대기유해물질(중금속은 제외한다)의 오염도를 측정하기 위한 유해대기물질측정망
㉯ 산성 대기오염물질의 건성 및 습성 침착량을 측정하기 위한 산성강하물측정망
㉰ 도로변의 대기오염물질 농도를 측정하기 위한 도로변대기측정망
㉱ 장거리이동대기오염물질 등 장거리이동 대기오염물질의 성분을 집중 측정하기 위한 대기오염집중측정망

[풀이] 수도권대기환경청장, 국립환경과학원장 또는 한국환경공단이 설치하는 대기오염 측정망의 종류에는 교외대기측정망, 국가배경농도측정망, 유해대기물질측정망, 광화학대기오염물질측정망, 산성강하물측정망, 지구대기측정망, 대기오염집중측정망, 미세먼지성분측정망이 있다.

77 대기환경보전법규상 대기오염물질에 해당하지 않는 것은?

㉮ 이산화탄소 ㉯ 일산화탄소
㉰ 이황화탄소 ㉱ 사염화탄소

[풀이] ㉮ 이산화탄소는 대기오염물질이 아니다.

정답 74 ㉯ 75 ㉯ 76 ㉰ 77 ㉮

78 대기환경보전법령상 굴뚝 자동측정기기의 부착대상 배출시설, 측정 항목, 부착 면제, 부착 시기 및 부착 유예기준에 관한 사항으로 옳지 않은 것은?

㉮ 부착대상시설의 용량은 배출시설 설치허가증 또는 설치신고증명서의 방지시설의 용량을 기준으로 배출구별로 산정하되, 같은 배출시설에 2개 이상의 배출구를 설치한 경우에는 배출구별로 방지시설의 용량을 합산하며, 이 경우 방지시설의 용량은 표준상태(0℃, 1기압)로 환산한 값을 적용한다.
㉯ 같은 사업장에 부착대상 배출구가 2개 이상인 경우에는 환경오염공정시험기준에 따른 중간자료수집기(FEP)를 부착하여야 한다.
㉰ 표준산소농도가 적용되는 시설에 대해서는 산소측정기를 부착하지 아니하여도 된다.
㉱ 소각시설의 경우에는 배출구의 온도와 최종 연소실 출구의 온도를 각각 측정할 수 있도록 온도측정기를 부착하여야 한다. 다만, 최종 연소실 출구의 온도측정기는 「폐기물관리법」에 따라 온도측정기를 부착한 경우에는 별도로 부착하지 아니하여도 된다.

[풀이] ㉰ 표준산소농도가 적용되는 시설에 대해서는 산소측정기를 부착하여야 한다.

79 대기환경보전법령상 장거리이동대기오염물질대책위원회의 위원구분 중 "대통령령으로 정하는 중앙행정기관의 공무원"에 해당되는 것은?

㉮ 지식경제부장관　㉯ 보건복지부장관
㉰ 환경부장관　　　㉱ 기상청장

[풀이] 법 개정으로 삭제

80 대기환경보전법규상 배출가스 보증기간 적용기준에 관한 사항으로 옳지 않은 것은? (단, 2016년 1월 1일 이후 제작자동차)

㉮ 배출가스 보증기간의 만료는 기간 또는 주행거리 중 먼저 도달하는 것을 기준으로 한다.
㉯ 휘발유와 가스를 병용하는 자동차는 휘발유 사용 자동차의 보증기간을 적용한다.
㉰ 보증기간은 자동차 소유자가 자동차를 구입한 일자를 기준으로 한다.
㉱ 휘발유를 사용하는 이륜자동차의 경우 적용기간은 최고속도 130km/h 미만인 경우 2년 또는 20,000km 이다.

[풀이] ㉯ 휘발유와 가스를 병용하는 자동차는 가스 사용 자동차의 보증기간을 적용한다.

정답　78 ㉰　79 ㉱　80 ㉯

2013년 1회 대기환경산업기사

2013년 3월 10일 시행

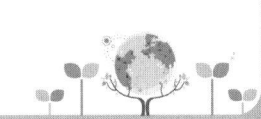

| 제1과목 | 대기오염개론

01 Coh(Coefficient of haze)를 나타낸 식으로 옳은 것은?

㉮ $\log\left(\dfrac{1}{t}\right) \times 0.01$ ㉯ $\log\left(\dfrac{1}{t}\right)/0.01$

㉰ $\log\left(\dfrac{1}{t}\right) \times 0.001$ ㉱ $\log\left(\dfrac{1}{t}\right)/0.001$

[풀이] Coh(Coefficient of haze)는 빛전달율을 측정했을 때 광화학적 밀도가 0.01이 되도록 하는 여과지상의 빛을 분산시키는 고형물의 양을 뜻한다.

02 굴뚝 유효고도가 75m에서 100m로 높아졌다면 굴뚝의 풍하측 중심축상 지상 최대 오염농도는 75m 일 때의 것과 비교하면 몇 % 가 되겠는가? (단, sutton의 확산 관련식을 이용)

㉮ 약 25% ㉯ 약 56%
㉰ 약 75% ㉱ 약 88%

[풀이]

$C_{max} = \dfrac{1}{He^2}$ 이므로

$C_1 : \dfrac{1}{(75m)^2} = C_2 : \dfrac{1}{(100m)^2}$

$\therefore C_2 = 0.5625 C_1$
따라서 C_2는 C_1의 56.25% 이다.

03 굴뚝높이가 50m, 배기가스의 평균온도가 120℃ 일 때, 통풍력은 15.41mmH₂O 이다. 배기가스 온도를 200℃로 증가시키면 통풍력(mmH₂O)은 얼마가 되는가? (단, 외기온도는 20℃이며, 대기 비중량과 가스의 비중량은 표준상태에서 1.3kg/Sm³ 이다.)

㉮ 약 8mmH₂O ㉯ 약 18mmH₂O
㉰ 약 23mmH₂O ㉱ 약 29mmH₂O

[풀이]

$Z = 355 \times H \times \left(\dfrac{1}{273+t_a℃} - \dfrac{1}{273+t_g℃}\right)$

$\begin{bmatrix} Z : 통풍력(mmH_2O) \\ H : 굴뚝의 높이(m) \\ t_a : 외기의 온도(℃) \\ t_g : 가스의 온도(℃) \end{bmatrix}$

따라서 $Z = 355 \times 50m \times \left(\dfrac{1}{273+20} - \dfrac{1}{273+200}\right)$

$= 23.05 mmH_2O$

정답 01 ㉯ 02 ㉯ 03 ㉰

04 굴뚝상층에서 역전이 발생하여 굴뚝에서 배출되는 연기가 아래쪽으로만 확산되는 형태로서 보통 30분 이상 지속되지 않는 것은?

㉮ looping　　㉯ fanning
㉰ fumigation　㉱ lofting

[풀이] 연기의 안정도
㉮ looping : 과단열(매우 불안정)조건
㉯ fanning : 역전(매우 안정)조건
㉰ fumigation : 지표-과단열(매우 불안정), 고공-역전(매우 안정)조건
㉱ lofting : 지표-역전(매우 안정), 고공-과단열(매우 불안정)조건

05 지구 여러 곳에서는 돌발적 대기오염과 관련된 물질의 누출사고로 많은 사상자를 내었다. 다음 중 발생도시와 그 누출오염물질의 연결로 가장 거리가 먼 것은?

㉮ 포자리카(Pozarica) : H_2S
㉯ 세베소(Seveso) : Dioxins
㉰ 체르노빌(Chernobyl) : 방사능
㉱ 보팔(Bhopal) : PCB

[풀이] ㉱ 보팔(Bhopal) : 메틸이소시아네이트(CH_3CNO)

06 지상 10m의 풍속이 5m/s일 때 지상 50m의 풍속은? (단, Deacon식 이용, 풍속지수 p는 0.15로 한다.)

㉮ 3.3m/s　　㉯ 6.4m/s
㉰ 8.5m/s　　㉱ 9.5m/s

[풀이] $U_2 = U_1 \times \left(\dfrac{H_2}{H_1}\right)^P$

U_2 : 고 도H_2에서의 풍속(m/sec)
U_1 : 고도 H_1에서의 풍속(m/sec)
P : 풍속지수

따라서 $U_2 = 5\text{m/sec} \times \left(\dfrac{50\text{m}}{10\text{m}}\right)^{0.15} = 6.37\text{m/sec}$

07 다음 오토엔진과 디젤엔진의 성능비교로 옳지 않은 것은?

	성능	오토엔진	디젤엔진
①	점화방식	스파크점화	자동점화
②	사이클	정적 사이클	정압 사이클
③	연료	휘발유	경유
④	압축온도	506℃	280℃

㉮ ①　　㉯ ②
㉰ ③　　㉱ ④

08 다음 국제적인 환경관련 협약 중 오존층 파괴물질인 염화불화탄소의 생산과 사용을 규제하려는 목적에서 제정된 것은?

㉮ 람사협약　　㉯ 몬트리올의정서
㉰ 바젤협약　　㉱ 런던협약

[풀이] ㉯ 몬트리올의정서는 1987년 오존층 보호를 위한 오존층파괴물질(염화불화탄소)의 생산 및 소비삭감에 관한 내용의 국제협약이다.

정답 04 ㉰　05 ㉱　06 ㉯　07 ㉱　08 ㉯

09 다음 중 SO_2에 가장 강한 식물은?

㉮ 옥수수 ㉯ 양상추
㉰ 콩 ㉱ 사루비아

▶ 풀이 SO_2에 가장 강한 식물로는 양배추, 까치밤나무, 쥐 당나무, 셀러리, 소나무, 옥수수 등이 있다.

10 대류권에서의 광화학반응에 관한 설명으로 옳지 않은 것은?

㉮ SO_2는 파장 450~700nm에서 강한 흡수가 일어나 대류권에서 광분해한다.
㉯ 케톤은 파장 300~700nm에서 약한 흡수를 하여 광분해한다.
㉰ 알데히드(RCHO)는 파장 313nm 이하에서 광분해한다.
㉱ 성층권의 오존층이 대부분의 자외선을 차단한 후 대류권으로 들어오는 태양빛의 파장은 280nm 이상의 파장이다.

▶ 풀이 ㉮ SO_2는 파장 280~290nm에서 강한 흡수가 일어나지만 대류권에서는 광분해반응이 일어나지 않는다.

11 바람에 관한 설명으로 옳지 않은 것은?

㉮ 전향력은 지구의 자전에 의해 운동하는 물체에 작용하는 힘이다.
㉯ 마찰력의 크기는 지표의 조도와 풍속에 비례한다.
㉰ 지균풍은 마찰력, 기압경도력, 전향력에 의해 등압선을 가로지르는 바람이다.
㉱ 해륙풍은 임해지역의 바다와 육지의 비열차 또는 비열용량차에 의해 발달한다.

▶ 풀이 ㉰ 지균풍은 마찰이 작용하지 않는 자유 대기층에서 기압경도력과 전향력만으로 등압선과 평행하게 직선운동을 하며 부는 바람이다.

12 다음 각 대기오염물질과 지표식물과의 연결로 가장 적합한 것은?

㉮ 오존 - 목화
㉯ 아황산가스 - 장미
㉰ 불화수소 - 목화
㉱ 암모니아 - 토마토

▶ 풀이 **지표식물(약한식물)**
㉮ 오존 : 담배(연초), 시금치, 자주개나리(알팔파), 토마토, 백송
㉯ 아황산가스 : 대맥, 담배, 자주개나리(알팔파), 목화, 보리
㉰ 불화수소 : 옥수수, 자두, 메밀, 글라디올러스
㉱ 암모니아 : 토마토, 해바라기, 메밀

정답 09 ㉮ 10 ㉮ 11 ㉰ 12 ㉱

13 대기의 구조에 관한 설명으로 옳지 않은 것은?

㉮ 자외선 복사에너지는 성층권을 통과할수록 서서히 증가하고, 가장 낮은 온도는 성층권 상부에서 나타난다.
㉯ 대류권은 평균 12km(위도 45도의 경우) 정도이며, 극지방으로 갈수록 낮아진다.
㉰ 오존층에서는 오존의 생성과 소멸이 계속적으로 일어나면서 오존의 농도를 유지한다.
㉱ 대류권에서는 고도가 높아짐에 따라 단열팽창에 의해 약 6.5℃/km 씩 낮아지는 기온감률 때문에 공기의 수직혼합이 일어난다.

풀이 ㉮ 자외선 복사에너지는 성층권을 통과할수록 서서히 감소하고, 가장 낮은 온도는 중간권 상부에서 나타난다.

14 다음 중 온위(θ(K) : Potential Temperature)를 표시한 식으로 옳은 것은? (단, R 및 C는 상수, T는 기온(K), Po : 기준이 되는 고도에서의 기압(1000mb), P : 기온측정 고도에서의 기압(mb)를 나타냄.)

㉮ $\theta = T\left(\dfrac{P_o}{P}\right)^{R/C}$ ㉯ $\theta = \dfrac{1}{T}\left(\dfrac{P_o}{P}\right)^{R/C}$

㉰ $\theta = T\left(\dfrac{P}{P_o}\right)^{C/TR}$ ㉱ $\theta = T\left(\dfrac{P_o}{P}\right)^{C/TR}$

15 SO_2의 식물 피해에 관한 설명으로 가장 거리가 먼 것은?

㉮ 낮보다는 밤에 피해가 심하다.
㉯ 식물잎 뒤쪽 표피 밑의 parenchyma가 피해를 입기 시작한다.
㉰ 반점 발생경향은 맥간반점을 띤다.
㉱ SO_2에 강한 식물은 협죽도, 수랍목 등이다.

풀이 ㉮ 밤보다는 낮에 피해가 심하다.

TIP
parenchyma(유조직)은 식물의 기본조직 대부분을 차지하고 있는 유세포로 된 조직이다.

16 대기안정도 또는 혼합층에 관한 설명으로 옳지 않은 것은? (단, Ri : 리차드슨 수)

㉮ 환경체감율이 건조단열체감율보다 적다면 대기는 과단열적(superadiabatic)이라 한다.
㉯ 풍속의 수직분포가 대수적 분포를 보이는 때의 Ri의 범위는 -0.01 < Ri < 0.01 정도이다.
㉰ 최대혼합깊이 자료는 통상 1개월간의 평균치로서 가용한다.
㉱ 최대혼합깊이는 통상 밤에 가장 적고, 낮시간을 통하여 점차 증가한다.

풀이 ㉮ 환경체감율(r)이 건조단열체감율(rd)보다 적다면 대기는 역전이라 한다.

정답 13 ㉮ 14 ㉮ 15 ㉮ 16 ㉮

17 다음 중 대기예측모델과 거리가 먼 것은?

㉮ Gaussian 모델
㉯ Box 모델
㉰ Vollenweider 모델
㉱ Lagrangian 모델

풀이 ㉰ Vollenweider 모델은 호소의 부영양화 예측모델이다.

18 다음 설명에 해당하는 대기오염물질은?

> 비가연성인 폭발성이 있는 무색의 자극성 기체로서 융점은 -75.5℃, 비점은 -10℃ 정도이며, 환원성이 있으며, 표백현상도 나타낸다.

㉮ 아황산가스   ㉯ 이황화탄소
㉰ 황화수소   ㉱ 삼산화황

풀이 ㉮ 아황산가스(SO_2)에 대한 설명이다.

19 다음 중 "석유정제, 석탄건류, 가스공업, 형광물질의 원료 제조" 등과 가장 관련이 깊은 대기배출오염물질은?

㉮ 브롬   ㉯ 폼알데하이드
㉰ 암모니아   ㉱ 황화수소

풀이 ㉮ 브롬 : 염료, 의약품, 농약제조
㉯ 폼알데하이드 : 합성수지, 포르말린 제조공업, 피혁공장
㉰ 암모니아 : 도금공업, 냉동공업

20 질소가스와 오존의 반응으로 형성되거나 미생물 활동에 의해 발생되고, 대류권에서는 온실가스로 성층권에서는 오존층 파괴물질로 알려져 있는 것은?

㉮ NO   ㉯ NO_2
㉰ N_2O ㉱ NH_3

풀이 대류권에서는 온실가스로 성층권에서는 오존층 파괴물질로 알려져 있는 물질은 아산화질소(N_2O)이다.

| 제2과목 | 대기오염공정시험기준

21 굴뚝 배출가스 중의 베릴륨화합물을 측정하는 원자흡수분광광도법에 대한 설명으로 틀린 것은?

㉮ 여과지에 채취한 입자상 베릴륨화합물에 질산을 가하여 가열분해 한다.
㉯ 아산화질소-아세틸렌 불꽃을 사용한다.
㉰ 측정파장은 234.9nm이다.
㉱ 정량범위는 0.10mg/Sm^3~5.00mg/Sm^3이다.

풀이 ㉱ 정량범위는 0.010mg/Sm^3~0.500mg/Sm^3이다.

정답 17 ㉰ 18 ㉮ 19 ㉱ 20 ㉰ 21 ㉱

22 화학분석 일반사항에 관한 설명으로 옳지 않은 것은?

㉮ 10억분율은 pphm로 표시하고 따로 표시가 없는 한 기체일 때는 용량 대 용량(V/V), 액체일 때는 중량 대 중량(W/W)을 표시한 것을 뜻한다.
㉯ 냉수(冷水)는 15℃ 이하, 온수(溫水)는 60~70℃를 말한다.
㉰ 각조의 시험은 따로 규정이 없는 한 상온에서 조작하고 조작직후 그 결과를 관찰한다.
㉱ 황산(1 : 2)라 표시한 것은 황산 1용량에 물 2용량을 혼합한 것이다.

[풀이] ㉮ 10억분율은 ppb로 표시하고 따로 표시가 없는 한 기체일 때는 용량 대 용량(V/V), 액체일 때는 중량 대 중량(W/W)을 표시한 것을 뜻한다.

23 흡광광도 측정에서 최초광의 75%가 흡수되었을 때 흡광도는?

㉮ 0.25   ㉯ 0.3
㉰ 0.6   ㉱ 0.75

[풀이] 흡광도(A) = $\log \dfrac{1}{투과도} = \log \dfrac{1}{0.25} = 0.60$

TIP
투과율 = 100 - 흡수% = 100 - 75% = 25%

24 굴뚝 배출가스 중의 브로민화합물을 싸이오시안산제2수은법으로 분석시 추출용매로 가장 적합한 것은?

㉮ n-Hexane   ㉯ 클로로폼
㉰ Ethylbenzene   ㉱ TCE

[풀이] 브로민화합물을 싸이오시안산제2수은법으로 분석시 추출용매는 클로로폼이다.

25 4-아미노안티피린 용액과 헥사사이아노철(Ⅲ)산 포타슘 용액을 순서대로 가하여 얻어진 적색(赤色)액의 흡광도 측정은 어떤 항목의 분석방법에 해당하는가?

㉮ 페놀화합물   ㉯ 퓨란류
㉰ 불소화합물   ㉱ 벤젠

[풀이] 4-아미노안티피린 용액과 헥사사이아노철(Ⅲ)산 포타슘 용액을 순서대로 가하여 얻어진 적색액을 510nm의 가시부에서 흡광도를 측정하여 페놀화합물의 농도를 산출한다.

정답 22 ㉮ 23 ㉰ 24 ㉯ 25 ㉮

26 배출가스 중 비소화합물의 자외선/가시선 분광법에 관한 설명으로 옳지 않은 것은?

㉮ 정량범위는 0.007ppm~0.035ppm이며, 정밀도는 10% 이하이다.
㉯ pH 5~6에서 메틸 비소화합물에 의해 생성된 메틸수소화비소(methylarsine) 착물은 스티빈을 첨가하여 영향을 줄일 수 있다.
㉰ 일부 금속(크롬, 코발트, 구리, 수은, 몰리브덴, 니켈, 백금, 은, 셀렌 등)이 수소화비소(AsH_3) 생성에 영향을 줄 수 있지만 시료 용액 중의 이들 농도는 간섭을 일으킬 정도로 높지는 않다.
㉱ 황화수소가 영향을 줄 수 있으며 이는 아세트산납으로 제거할 수 있다.

풀이 ㉯ 메틸비소화합물은 pH 1에서 메틸수소화비소를 생성하고 흡수용액과 착물을 형성하고 총 비소측정에 영향을 줄 수 있다.

27 다음은 링겔만 매연농도법에 관한 설명이다. ( )안에 알맞은 것은?

> 보통 가로 14cm 세로 20cm의 백상지에 각각 ( )전폭의 격자형 흑선(格子型 黑線)을 그려 백상지의 흑선부분이 전체의 0%, 20%, 40%, 60%, 80%, 100%를 차지하도록 하여 이 흑선과 굴뚝에서 배출하는 매연의 검은 정도를 비교하여 각각 0에서 5도까지 6종으로 분류한다.

㉮ 0, 2, 4, 6, 8mm
㉯ 0, 1.0, 2.3, 3.7, 5.5mm
㉰ 0, 1.5, 3.2, 6.8, 8.6mm
㉱ 0, 1.8, 3.6, 5.4, 7.2mm

28 굴뚝 배출가스 중 황산화물을 측정하는 자동측정법에 대한 설명으로 틀린 것은?

㉮ 측정범위(적용범위)는 0ppm~2,000ppm이다.
㉯ 적외선흡수법은 5,300nm 적외선 영역에서 광흡수를 이용한다.
㉰ 화학발광법의 간섭물질은 이산화탄소이다.
㉱ 수분에 의한 영향을 최소화하기 위해 시료채취관을 가열하거나, 응축기 및 응축수트랩을 연결하여 사용한다.

풀이 ㉮ 측정범위(적용범위)는 0ppm~1,000ppm이다.

29 굴뚝 배출가스 중 질소산화물을 자외선/가시선분광법 아연환원나프틸에틸렌다이아민법으로 분석할 경우 흡수액으로 알맞은 것은?

㉮ 황산용액 ㉯ 질산용액
㉰ 붕산용액 ㉱ 수산화소듐용액

풀이 질소산화물을 자외선/가시선분광법 아연환원나프틸에틸렌다이아민법으로 분석 시 흡수액은 0.005 mol/L 황산용액이다.

30 기체크로마토그래피의 충전물에서 고정상 액체의 구비조건에 대한 설명으로 옳지 않은 것은?

㉮ 분석대상 성분을 완전히 분리할 수 있는 것이어야 한다.
㉯ 사용온도에서 증기압이 높은 것이어야 한다.
㉰ 화학적으로 안정된 것이어야 한다.

정답 26 ㉯ 27 ㉯ 28 ㉮ 29 ㉮ 30 ㉯

㉣ 화학적 성분이 일정한 것이어야 한다.

풀이 ㉯ 사용온도에서 증기압이 낮은 것이어야 한다.

31 환경대기 중 일산화탄소를 불꽃 이온화 검출기법으로 측정하고자 할 때, 그 원리로 옳은 것은?

㉮ 시료를 수소 불꽃 중에서 연소시켜 수산화포타슘-에탄올 용액이 함유된 정제 칼럼을 통과한 후 그 농도를 측정한다.
㉯ 시료를 산화시켜 탄산가스로하고, 이를 적외선 분석법에 의해 측정한다.
㉰ 시료를 수소 불꽃 중에서 연소시키면 탄화수소가 발생하며, 이를 백금촉매를 첨가한 활성탄칼럼을 통과하여 생성된 일산화탄소를 FID법으로 측정한다.
㉱ 시료를 운반가스인 수소와 함께 니켈촉매가 채워진 분리관을 통과시키면 메탄이 생성되며 이를 FID법으로 측정한다.

32 굴뚝에서의 먼지측정위치 기준에 대한 내용이다. ( )안에 알맞은 것은?

수직굴뚝 (①) 끝단으로부터 (②)를 향하여 그 곳의 굴뚝내경의 (③) 이상이 되고, (④) 끝단으로부터 (⑤)를 향하여 그 곳의 굴뚝내경의 (⑥)이상이 되는 지점에 측정공 위치를 선정함을 원칙으로 한다.

㉮ ①상부, ②아래, ③2배, ④하부, ⑤위, ⑥1배
㉯ ①하부, ②위, ③8배, ④상부, ⑤아래, ⑥2배
㉰ ①하부, ②위, ③2배, ④상부, ⑤아래, ⑥1배
㉱ ①상부, ②아래, ③4배, ④하부, ⑤위, ⑥2배

33 비분산 적외선 분석법에서 사용되는 분석계의 성능기준으로 옳은 것은?

㉮ 동일 측정조건에서 제로가스와 스팬가스를 번갈아 3회 도입하여 각각의 측정값의 평균으로부터 구한 편차는 전체 눈금의 ±5% 이내이어야 한다.
㉯ 측정가스의 유량이 표시한 기준유량에 대하여 ±2% 이내에서 변동하여도 성능에 지장이 있어서는 안된다.
㉰ 감도는 최대눈금범위의 ±2% 이하에 해당하는 농도변화를 검출할 수 있는 것이어야 한다.
㉱ 전원전압이 설정 전압의 ±10% 이내로 변화하였을 때 지시치 변화는 전체눈금의 ±5% 이내여야 하고, 주파수가 설정 주파수의 ±5%에서 변동해도 성능에 지장이 있어서는 안된다.

풀이 ㉮ 동일 측정조건에서 제로가스와 스팬가스를 번갈아 3회 도입하여 각각의 측정값의 평균으로부터 구한 편차는 전체 눈금의 ±2% 이내이어야 한다.
㉰ 감도는 최대눈금범위의 ±1% 이하에 해당하는 농도변화를 검출할 수 있는 것이어야 한다.
㉱ 전원전압이 설정 전압의 ±10% 이내로 변화하였을 때 지시치 변화는 전체눈금의 ±1% 이내여야 하고, 주파수가 설정 주파수의 ±2%에서 변동해도 성능에 지장이 있어서는 안된다.

정답 31 ㉱ 32 ㉯ 33 ㉯

34 다음은 환경대기 중 아황산가스를 산정량 수동법으로 측정하는 방법이다. ( ) 안에 알맞은 것은?

> 시료용액 지시용액 두 방울을 가하고 0.01N 알칼리 용액으로 적정하여 ( )이 될 때를 종말점으로 한다.

㉮ 적색　　　㉯ 황색
㉰ 회색　　　㉱ 녹색

35 비분산 정필터형 적외선 가스분석계의 장치구성에 관한 설명으로 옳지 않은 것은?

㉮ 광원은 원칙적으로 중수소방전관 또는 저압수은등을 사용한다.
㉯ 회전섹타는 시료광속과 비교광속을 일정주기로 단속시켜, 광학적으로 변조시킨 것이다.
㉰ 비교셀은 시료셀과 동일한 모양을 갖고, 아르곤 또는 질소와 같은 불활성 기체를 봉입하여 사용한다.
㉱ 광학필터는 가스필터와 고체필터가 있는데, 이것은 단독 또는 적절히 조합하여 사용한다.

[풀이] ㉮ 광원은 원칙적으로 니크롬선 또는 탄화규소의 저항체에 전류를 흘려 가열한 것을 사용한다.

36 다음 중 환경대기 중의 아황산가스 측정을 위한 시험방법이 아닌 것은?

㉮ 불꽃광도법
㉯ 용액전도율법
㉰ 파라로자닐린법
㉱ 나프틸에틸렌디아민법

[풀이] 환경대기 중의 아황산가스 측정방법 중 수동 및 반자동측정법에는 파라로자닐린법, 산정량수동법, 산정량반자동법이 있고 자동연속측정법에는 용액전도율법, 불꽃광도법, 자외선형광법, 흡광차분광법이 있다.

37 굴뚝 배출가스 중 아황산가스를 연속적으로 분석하기 위한 시험방법에 사용되는 정전위전해분석계의 구성에 관한 설명으로 옳지 않은 것은?

㉮ 가스투과성격막은 전해셀 안에 들어 있는 전해질의 유출이나 증발을 막고 가스투과성 성질을 이용하여 간섭성분의 영향을 저감시킬 목적으로 사용하는 폴리에틸렌 고분자격막이다.
㉯ 작업전극은 전해셀 안에서 산화전극과 한쌍으로 전기회로를 이루며 아황산가스를 정전위전해 하는데 필요한 산화전극을 대전극에 가할 때 기준으로 삼는 전극으로서 백금전극, 니켈 또는 니켈화합물전극, 납 또는 납화합물전극 등이 사용된다.
㉰ 전해액은 가스투과성 격막을 통과한 가스를 흡수하기 위한 용액으로 약 0.5M 황산용액으로 사용한다.
㉱ 정전위전원은 작업전극에 일정한 전위의 전기에너지를 부가하기 위한 직류전원으로 수은전지가 이용된다.

정답　34 ㉰　35 ㉮　36 ㉱　37 ㉯

풀이 ㉯ 작업전극은 전해질안으로 확산 흡수된 아황산가스가 전기에너지에 의해 산화될 때 그 농도에 대응하는 전해전류가 발생하는 전극으로 백금전극, 금전극, 팔라듐전극 또는 인듐전극 등이 있다.

38 굴뚝 배출가스 중 사이안화수소를 자외선/가시선분광법-4-피리딘카복실산-피라졸론법에 의해 분석할 때 다음 중 방해성분에 해당하지 않는 것은?

㉮ 염소 ㉯ 이산화탄소
㉰ 황화수소 ㉱ 이산화황

풀이 방해성분(간섭물질)은 염소 등의 산화성가스와 알데하이드류, 황화수소, 이산화황 등의 환원성가스이다.

39 고용량공기시료채취기를 사용하여 외부로 비산배출되는 먼지농도를 측정하고자 한다. 풍속의 범위가 0.5m/sec미만 또는 10m/sec 이상되는 시간이 전 채취시간의 50% 이상일 때 풍속에 대한 보정계수는?

㉮ 1.0 ㉯ 1.2
㉰ 1.4 ㉱ 1.5

풀이 풍속의 범위가 0.5m/sec 미만 또는 10m/sec 이상되는 시간이 전 채취시간의 50% 이상일때 풍속에 대한 보정계수는 1.2이다.

40 분석대상가스가 암모니아일 때 사용할 수 있는 채취관, 연결관의 재질로 가장 거리가 먼 것은?

㉮ 보통강철 ㉯ 염화비닐수지
㉰ 경질유리 ㉱ 석영

풀이 암모니아의 채취관 및 연결관의 재질로는 경질유리, 석영, 보통강철, 스테인리스강, 세라믹, 플루오로수지가 있다.

| 제3과목 | 대기오염방지기술

41 메탄올 5kg을 완전연소 시키는데 필요한 실제공기량(Sm^3)은? (단, 과잉공기계수 m = 1.3)

㉮ $22.5 Sm^3$ ㉯ $25.0 Sm^3$
㉰ $32.5 Sm^3$ ㉱ $37.5 Sm^3$

풀이 ① $CH_3OH + 1.5O_2 \rightarrow CO_2 + 2H_2O$
32kg : $1.5 \times 22.4 Sm^3$
5kg : O_o(이론산소량)
∴ $O_o = \dfrac{5kg \times 1.5 \times 22.4 Sm^3}{32kg} = 5.25 Sm^3$

② A_o(이론공기량)
$= \dfrac{O_o(이론산소량)}{0.21} = \dfrac{5.25 Sm^3}{0.21} = 25 Sm^3$

③ A(실제공기량) = 공기비(m)×이론공기량(A_o)
$= 1.3 \times 25 Sm^3 = 32.5 Sm^3$

TIP
① 메탄올 = 메틸알콜 = CH_3OH
② CH_3OH의 분자량 = 12+(3×1)+16+1 = 32kg
③ 체적(Sm^3) = 계수×22.4(Sm^3)
④ 질량(kg) = 계수×분자량(kg)

정답 38 ㉰ 39 ㉯ 40 ㉯ 41 ㉰

42 흡착제에 관한 설명으로 가장 거리가 먼 것은?

㉮ 활성탄은 혼합가스 내의 유기성 가스의 흡착에 주로 사용된다.
㉯ 알루미나와 보오크사이트는 주로 탈수에 사용된다.
㉰ 마그네시아는 표면적이 $200m^2/g$ 정도로 휘발유 및 용제정제 등에 사용된다.
㉱ 활성탄은 극성물질을 잘 흡착하며, 실리카겔은 표면적이 $600~1400m^2/g$ 정도로 용액건조에 주로 사용한다.

[풀이] ㉱ 활성탄은 비극성(소수성)물질을 잘 흡착하며, 실리카겔은 극성(친수성)물질을 잘 흡착한다.

43 같은 화학적 조성을 갖는 먼지가 입경이 작아질 때 변하는 입자의 특성에 관한 설명으로 가장 적합한 것은?

㉮ stokes식에 따른 입자의 침강속도는 커진다.
㉯ 입자의 비표면적은 커진다.
㉰ 입자의 원심력은 커진다.
㉱ 중력집진장치에서 집진효율과는 무관하다.

[풀이] ㉮ stokes식에 따른 입자의 침강속도는 작아진다.
㉰ 입자의 원심력은 작아진다.
㉱ 중력집진장치에서 집진효율은 작아진다.

44 전기집진장치에서 먼지의 비저항이 비정상적으로 높은 경우 투입하는 물질과 거리가 먼 것은?

㉮ H_2SO_4 ㉯ NH_3
㉰ NaCl ㉱ Soda lime

[풀이] ㉯ NH_3는 먼지의 비저항이 비정상적으로 낮은 경우 투입하는 물질이다.

45 여과집진장치 중 간헐식에 관한 설명으로 옳지 않은 것은?

㉮ 먼지의 재비산이 적고, 높은 집진율을 얻을 수 있다.
㉯ 역기류형은 그 역기류가 강할 경우에는 초자섬유(glass fiber)와 같은 여과재가 효과적으로 사용된다.
㉰ 연속식에 비해 대량의 가스처리에는 부적합한 편이다.
㉱ 진동형의 경우 여과속도는 1~2cm/sec 정도이다.

[풀이] ㉯ 초자섬유(glass fiber) 여과재는 200℃ 정도의 고온배출가스를 처리하는데 효과적으로 사용된다.

46 유압식과 공기분무식을 합한 것으로 유압은 보통 $7kg/cm^2$ 이상이며, 연소가 양호하고 소형이며, 전자동 연소가 가능한 액체연료의 연소장치는?

㉮ 저압분무식 버너
㉯ 건(gun)타입 버너
㉰ 선회 버너
㉱ 송풍 버너

[풀이] ㉯ 건(gun)타입 버너에 대한 설명이다.

정답 42 ㉱ 43 ㉯ 44 ㉯ 45 ㉯ 46 ㉯

47 A보일러에 사용하고 있는 중유의 고위발열량이 10,500kcal/kg 일 때, 이 연료의 저위발열량은? (단, 연료 중의 수소함량은 12%, 수분함량은 0.3% 이다.)

㉮ 9,850kcal/kg   ㉯ 9,350kcal/kg
㉰ 9,160kcal/kg   ㉱ 9,010kcal/kg

풀이 $Hl = Hh - 600(9H+W)(kcal/kg)$

- Hl : 저위발열량(kcal/kg)
- Hh : 고위발열량(kcal/kg)
- H : 수소의 함량
- W : 수분의 함량

따라서 $Hl = 10,500\text{kcal/kg} - 600 \times (9 \times 0.12 + 0.003)$
$= 9850.2\text{kcal/kg}$

TIP

고위발열량(Hh) 구하는 공식
고위발열량(Hh)
= 저위발열량(Hl)+600(9H+W)(kcal/kg)

48 다음 중 VOCs 처리방법으로 가장 거리가 먼 것은?

㉮ 흡착   ㉯ 마스킹
㉰ 연소   ㉱ 응축

풀이 VOCs(휘발성유기화합물)의 처리방법으로는 활성탄흡착, 직접연소, 응축, 생물여과법 등이 있다.

49 유해물질 처리방법에 관한 설명으로 옳지 않은 것은?

㉮ 이황화탄소를 처리 시 암모니아를 불어 넣는 방법이 이용된다.
㉯ 시안화수소는 물에 거의 녹지 않으므로 촉매연소법으로 처리한다.
㉰ 브롬은 가성소다 수용액에 의한 선정법이 이용된다.
㉱ 수은은 온도차에 따른 공기 중 수은 포화량의 차이를 이용하여 제거한다.

풀이 ㉯ 시안화수소는 물에 잘 녹으므로 세정법으로 처리한다.

50 황분 2.5%의 중유를 4ton/hr로 연소하고 있는 열설비에서 발생하는 SO_2을 탄산칼슘으로 완전히 탈황할 경우 필요한 이론적 탄산칼슘의 양은? (단, 중유 중 황은 모두 SO_2로 된다고 가정한다.)

㉮ 5.2kg/min   ㉯ 3.6kg/min
㉰ 2.4kg/min   ㉱ 1.5kg/min

풀이 $S + O_2 \rightarrow SO_2 + CaCO_3 + 0.5O_2 \rightarrow CaSO_4 + CO_2$
32kg : 100kg
4×10^3kg/hr $\times 0.025 \times$ 1hr/60min : X

$\therefore X = \dfrac{100\text{kg} \times 4 \times 10^3\text{kg/hr} \times 0.025 \times 1\text{hr/60min}}{32\text{kg}}$

$= 5.21\text{kg/min}$

정답 47 ㉮   48 ㉯   49 ㉯   50 ㉮

51 집진장치 설계시 측정해야 될 집진입자 특성으로 거리가 먼 것은?

㉮ 발화온도 ㉯ 입도분포
㉰ 진밀도 ㉱ 농도

[풀이] ㉮ 발화온도는 연소장치 설계시 측정해야 할 연료의 특성이다.

52 A집진장치에서 처음에는 99.5%의 먼지를 제거하였는데 성능이 떨어져 현재 98% 밖에 제거하지 못한다고 하면 현재 먼지의 배출농도는 처음 배출농도의 몇 배로 되겠는가?

㉮ 1.5배 ㉯ 2배
㉰ 3배 ㉱ 4배

[풀이] 배출농도의 변화 = $\dfrac{(1-0.98)}{(1-0.995)}$ = 4배

TIP

배출농도의 변화는 통과율의 변화이다.

53 불화수소 0.5%(V/V)를 포함하는 배출가스 6,660 Sm³/h를 Ca(OH)₂ 현탁액으로 처리할 때 이론적으로 필요한 시간당 Ca(OH)₂의 양은?

㉮ 55kg/hr ㉯ 45kg/hr
㉰ 35kg/hr ㉱ 25kg/hr

[풀이] 2HF + Ca(OH)₂ → CaF₂ + 2H₂O
2×22.4Sm³ : 74kg
6,660Sm³/hr×0.5%×10⁻² : X

∴ X = $\dfrac{74kg \times 6,660 Sm^3/hr \times 0.5\% \times 10^{-2}}{2 \times 22.4 Sm^3}$

= 55.0kg/hr

TIP

① Ca(OH)₂의 분자량 = 40+(2×16)+(2×1) = 74kg
② 체적(Sm³) = 계수×22.4(Sm³)
③ 중량(kg) = 계수×분자량(kg)

54 Propane gas 1Sm³을 공기비 1.21로 완전연소할 때 생성되는 건조 연소가스량은? (단, 표준상태 기준)

㉮ 26.8Sm³ ㉯ 24.2Sm³
㉰ 22.3Sm³ ㉱ 21.8Sm³

[풀이] $C_3H_8 + 5O_2 → 3CO_2 + 4H_2O$
실제건연소가스량(Gd)
= (m-0.21)A₀+CO₂량 = (1.21-0.21)×$\dfrac{5}{0.21}$+3
= 26.81Sm³/Sm³

TIP

이론공기량(A₀ : Sm³/Sm³)
= $\dfrac{\text{이론산소량}(Sm^3/Sm^3)}{0.21}$ = $\dfrac{\text{산소의 개수}(Sm^3/Sm^3)}{0.21}$

55 크기가 1.2m×2.0m×1.5m인 연소실에서 저위발열량이 10,000kcal/kg인 중유를 1.5시간에 100kg씩 연소시키고 있다. 이 연소실의 열발생율은?

㉮ 약 165,246kcal/m³hr
㉯ 약 185,185kcal/m³hr
㉰ 약 277,778kcal/m³hr
㉱ 약 416,667kcal/m³hr

[풀이] 열발생율(kcal/m³·hr)
= $\dfrac{\text{저위발열량(kcal/kg)} \times \text{연료량(kg/hr)}}{\text{연소실 크기}(m^3)}$
= $\dfrac{10,000kcal/kg \times 100kg/1.5hr}{1.2 \times 2.0 \times 1.5m}$
= 185,185.19kcal/m³·hr

정답 51 ㉮ 52 ㉱ 53 ㉮ 54 ㉮ 55 ㉯

56 여과백에 사용되는 다음 여재 중 가장 고온에 견디는 것은?

㉮ 오올론
㉯ 비닐론
㉰ 폴리아미드계 나일론
㉱ 글라스화이버

풀이 여재의 사용온도
㉮ 오올론 : 150℃
㉯ 비닐론 : 100℃
㉰ 폴리아미드계 나일론 : 110℃
㉱ 글라스화이버 : 250℃

57 다음 흡수장치 중 압력손실이 가장 큰 것은?

㉮ 충전탑
㉯ 분무탑
㉰ 벤츄리 스크러버
㉱ 사이클론 스크러버

풀이 압력손실
㉮ 충전탑 : 100~250mmH₂O
㉯ 분무탑 : 2~20mmH₂O
㉰ 벤츄리 스크러버 : 300~800mmH₂O
㉱ 사이클론 스크러버 : 100~200mmH₂O

58 Stokes의 침강속도식에서 침강속도에 관한 설명으로 옳지 않은 것은?

㉮ 중력가속도에 비례한다.
㉯ 입자의 직경의 제곱에 비례한다.
㉰ 공기의 점도에 반비례한다.
㉱ 입자밀도와 공기의 밀도의 차에 반비례한다.

풀이
$$V_g = \frac{d^2(\rho_s - \rho)g}{18\mu}$$

V_g : 침강속도(cm/sec)
d : 직경(cm)
ρ_s : 입자의 밀도(kg/m³)
ρ : 가스의 밀도(kg/m³)
g : 중력가속도(9.8m/sec²)
μ : 점성도(kg/m·sec)

따라서 침강속도(V_g)는
- 입자의직경(d)의 제곱에 비례한다.
- 밀도차($\rho_s - \rho$)에 비례한다.
- 중력가속도(g)에 비례한다.
- 점성도(μ)에 비례한다.

59 LNG와 LPG에 관한 설명으로 가장 거리가 먼 것은?

㉮ LNG는 천연가스를 1기압하에서 -168℃ 정도로 냉각하여 액화시킨 연료이다.
㉯ LPG는 상온에서 적은 압력을 주면 용이하게 액화되는 석유계의 탄화수소를 말한다.
㉰ 발열량은 LPG보다 LNG가 높다.
㉱ LPG의 대부분은 석유정제시 부산물로 얻어진다.

풀이 ㉰ 발열량은 LNG보다 LPG가 높다.

정답 56 ㉱ 57 ㉰ 58 ㉱ 59 ㉰

60 충전탑에 관한 설명으로 옳지 않은 것은?

㉮ 액가스비는 0.05~0.1L/m³ 정도이며, 포종탑류에 비해 압력손실이 크다.
㉯ 흡수액에 고형성분이 함유되면 침전물이 생겨 성능이 저하될 수 있다.
㉰ 급수량이 적절하면 효과가 좋다.
㉱ 처리가스 유량의 변화에도 비교적 적응성이 있다.

▶풀이 ㉮ 액가스비는 2~3L/m³ 정도이고 압력손실은 100~250mmH₂O이다.

|제4과목| 대기환경관계법규

61 대기환경보전법규상 휘발성유기화합물 배출시설의 변경신고는 설치신고를 한 배출시설 규모의 합계 또는 누계보다 얼마이상 증설하는 경우에 하여야 하는가?

㉮ 100분의 10 이상 증설하는 경우
㉯ 100분의 20 이상 증설하는 경우
㉰ 100분의 25 이상 증설하는 경우
㉱ 100분의 50 이상 증설하는 경우

▶풀이 변경신고를 하여야 하는 경우
① 사업장의 명칭 또는 대표자를 변경하는 경우
② 설치신고를 한 배출시설 규모의 합계 또는 누계보다 100분의 50 이상 증설하는 경우
③ 휘발성유기화합물의 배출 억제·방지시설을 변경하는 경우
④ 휘발성유기화합물 배출시설을 폐쇄하는 경우
⑤ 휘발성유기화합물 배출시설 또는 배출 억제·방지시설을 임대하는 경우

62 대기환경보전법규상 특정대기 유해물질에 해당하지 않는 것은?

㉮ 시안화수소
㉯ 염소 및 염화수소
㉰ 셀렌 및 그 화합물
㉱ 베릴륨 및 그 화합물

63 대기환경보전법규상 운행차의 정밀검사 방법·기준 및 검사대상 항목기준(일반기준)에 관한 설명으로 옳지 않은 것은?

㉮ 운행차의 정밀검사는 부하검사방법을 적용하여 검사를 하여야 하지만, 상시 4륜구동 자동차에 해당하는 자동차는 무부하검사방법을 적용할 수 있다.
㉯ 관능 및 기능검사는 배출가스검사를 먼저 한 후 시행하여야 한다.
㉰ 휘발유와 가스를 같이 사용하는 자동차는 연료를 가스로 전환한 상태에서 배출가스검사를 실시하여야 한다.
㉱ 운행차의 정밀검사는 부하검사방법을 적용하여 검사를 하여야 하지만, 2행정 원동기 장착자동차에 해당하는 자동차는 무부하검사방법을 적용할 수 있다.

▶풀이 ㉯ 배출가스검사는 관능 및 기능검사를 먼저 한 후 시행하여야 한다.

정답 60 ㉮ 61 ㉱ 62 ㉰ 63 ㉯

64 대기환경보전법규상 특별시장·광역시장·도지사 또는 특별자치도지사가 설치하는 대기오염 측정망의 종류에 해당하지 않는 것은?

㉮ 도시지역의 대기오염물질 농도를 측정하기 위한 도시대기측정망
㉯ 대기 중의 중금속 농도를 측정하기 위한 대기중금속측정망
㉰ 도로변의 대기오염물질 농도를 측정하기 위한 도로변대기측정망
㉱ 도시지역 또는 산업단지 인근지역의 특정대기유해물질(중금속은 제외한다)의 오염도를 측정하기 위한 유해대기물질측정망

풀이 ㉱번의 설명은 수도권대기환경청장, 국립환경과학원장, 한국환경공단이 설치하는 대기오염 측정망의 종류이다.

65 대기환경보전법령상 초과부과금 부과대상 오염물질에 해당하지 않는 것은?

㉮ 황산화물 ㉯ 일산화탄소
㉰ 암모니아 ㉱ 먼지

풀이 초과부과금 부과대상 오염물질은 황산화물, 암모니아, 황화수소, 이황화탄소, 먼지, 불소화합물, 염화수소, 질소산화물, 시안화수소이다.

66 대기환경보전법령상 청정연료를 사용하여야 하는 대상시설의 범위기준으로 옳지 않은 것은?

㉮ 「건축법 시행령」에 따른 연립주택으로서 동일한 보일러를 이용하여 하나의 단지 또는 여러 개의 단지가 공동으로 열을 이용하는 중앙집중난방방식(지역냉난방방식은 제외한다.)으로 열을 공급받고, 단지 내의 모든세대의 평균 적용면적이 30.0m²를 초과하는 연립주택
㉯ 「집단에너지사업법 시행령」에 따른 지역냉난방사업을 위한 시설
㉰ 전체 보일러의 시간당 총 증발량이 0.2톤 이상인 업무용보일러(영업용 및 공공용보일러를 포함하되, 산업용 보일러는 제외한다.)
㉱ 발전시설. 다만, 산업용 열병합 발전시설은 제외한다.

풀이 ㉮ 「건축법 시행령」에 따른 공동주택으로서 동일한 보일러를 이용하여 하나의 단지 또는 여러 개의 단지가 공동으로 열을 이용하는 중앙집중난방방식(지역냉난방방식을 포함한다)으로 열을 공급받고, 단지 내의 모든 세대의 평균 전용면적이 40.0m²를 초과하는 공동주택

정답 64 ㉱ 65 ㉯ 66 ㉮

67 대기환경보전법령상 굴뚝 자동측정기기의 부착대상 배출시설, 측정 항목, 부착 면제, 부착 시기 및 부착 유예기준에 관한 설명으로 옳지 않은 것은?

㉮ 부착대상 배출시설의 범위 중 증착·식각시설 및 산처리시설의 "연속식"이란 연속적으로 작업이 가능한 구조로서 시설의 가동시간이 1일 8시간 이상인 시설을 말한다.
㉯ 표준산소농도가 적용되는 시설에 대해서는 산소측정기를 부착하지 않아도 된다.
㉰ 증발시설 중 진공증발시설 및 배출가스를 회수하여 응축하는 시설은 부착대상 배출시설에서 제외한다.
㉱ 같은 배출시설에 2개 이상의 배출구를 설치한 경우에는 배출구별로 방지시설의 용량을 합산하며, 이 경우 방지시설의 용량은 표준상태(0℃, 1기압)로 환산한 값을 적용한다.

[풀이] ㉯ 표준산소농도가 적용되는 시설에 대해서는 산소측정기를 부착하여야 한다.

68 대기환경보전법규상 정밀검사대상 자동차 및 정밀검사 유효기간 중 차령 2년 경과된 사업용 승용자동차의 검사 유효기간기준은? (단, 정밀검사대상 자동차 및 승용자동차란 「자동차관리법」에 따른 자동차를 말한다.)

㉮ 1년 ㉯ 2년
㉰ 3년 ㉱ 5년

[풀이] 정밀검사대상 자동차 및 정밀검사 유효기간

차종		정밀검사대상 자동차	검사유효기간
비사업용	승용자동차	차령 4년 경과된 자동차	2년
	기타자동차	차령 3년 경과된 자동차	
사업용	승용자동차	차령 2년 경과된 자동차	1년
	기타자동차	차령 2년 경과된 자동차	

정답 67 ㉯ 68 ㉮ 69 ㉮

69 대기환경보전법규상 석유정제 및 석유화학제품 제조업 제조시설의 휘발성유기화합물 배출 억제·방지시설 설치등에 관한 기준으로 옳지 않은 것은?

㉮ 중간집수조에서 폐수처리장으로 이어지는 하수구(Sewer line)는 검사를 위한 대기중으로 개방되어야 하며, 금·틈새 등이 발견되는 경우에는 30일 이내에 이를 보수하여야 한다.
㉯ 휘발성유기화합물을 배출하는 폐수처리장의 집수조는 대기오염공정시험방법(기준)에서 규정하는 검출불가능 누출농도 이상으로 휘발성유기화합물이 발생하는 경우에는 휘발성유기화합물을 80퍼센트 이상의 효율로 억제·제거할 수 있는 부유지붕이나 상부덮개를 설치·운영하여야 한다.
㉰ 압축기는 휘발성유기화합물의 누출을 방지하기 위한 개스킷 등 봉인장치를 설치하여야 한다.
㉱ 개방식 밸브나 배관에는 뚜껑, 브라인드프렌지, 마개 또는 이중밸브를 설치하여야 한다.

[풀이] ㉮ 중간집수조에서 폐수처리장으로 이어지는 하수구(Sewer line)가 대기 중으로 개방되어서는 아니 되며, 금·틈새 등이 발견되는 경우에는 15일 이내에 이를 보수하여야 한다.

70 대기환경보전법상 국가가 자동차로 인한 대기오염을 줄이기 위하여 기술개발 또는 제작에 필요한 재정적·기술적 지원을 할 수 있는 시설 등에 속하지 않는 것은? (단, 기타 사항은 제외)

㉮ 저공해자동차 및 그 자동차에 연료를 공급하기 위한 시설 중 환경부장관이 정하는 시설
㉯ 배출가스저감장치
㉰ 저공해엔진
㉱ 다목적자동차

[풀이] ㉱ 다목적자동차는 해당되지 않는다.

71 대기환경보전법상 저공해자동차로의 전환명령, 배출가스저감장치의 부착 또는 교체 명령, 저공해엔진으로의 개조 또는 교체 명령을 이행하지 아니한 자에 대한 벌칙기준으로 옳은 것은?

㉮ 3년 이하의 징역 또는 2천만원 이하의 벌금에 처한다.
㉯ 1년 이하의 징역 또는 1천만원 이하의 벌금에 처한다.
㉰ 1년 이하의 징역 또는 5백만원 이하의 벌금에 처한다.
㉱ 300만원 이하의 과태료에 처한다.

[풀이] ㉱ 300만원 이하의 과태료에 해당한다.

정답 70 ㉱ 71 ㉱

72 대기환경보전법규상 위임업무 보고사항 중 "수입자동차 배출가스 인증 및 검사현황"의 보고기일 기준으로 옳은 것은?

㉮ 다음 달 10일까지
㉯ 매분기 종료 후 15일 이내
㉰ 매반기 종료 후 15일 이내
㉱ 다음 해 1월 15일까지

풀이 수입자동차 배출가스 인증 및 검사현황의 보고기일 기준은 매분기 종료 후 15일 이내이다.

73 대기환경보전법규상 대기오염방지시설과 거리가 먼 것은?(단, 그 밖의 경우는 고려하지 않는다.)

㉮ 흡수에 의한 시설
㉯ 응축에 의한 시설
㉰ 미생물을 이용한 처리시설
㉱ 전기투석에 의한 시설

풀이 ㉱ 전기투석에 의한 시설은 해수를 담수화하는 시설이다.

74 대기환경보전법규상 측정기기의 운영·관리기준 중 굴뚝배출가스 온도측정기를 교체하는 경우에는 국가표준기본법에 따라 교정을 받아야 하며, 그 기록을 얼마이상 보관하여야 하는가?

㉮ 6개월 이상   ㉯ 1년 이상
㉰ 2년 이상   ㉱ 3년 이상

풀이 환경부장관, 시·도지사 및 사업자는 굴뚝배출가스 온도측정기를 새로 설치하거나 교체하는 경우에는 국가표준기본법에 따른 교정을 받아야 하며, 그 기록을 3년 이상 보관하여야 한다.

75 대기환경보전법상 이 법에서 사용하는 용어의 뜻으로 옳지 않은 것은?

㉮ "온실가스"란 적외선 복사열을 흡수하거나 다시 방출하여 온실효과를 유발하는 대기중의 가스상태 물질로서 이산화탄소, 메탄, 아산화질소, 수소불화탄소, 과불화탄소, 육불화황을 말한다.
㉯ "저공해엔진"이란 자동차 또는 건설기계에서 배출되는 대기오염물질을 줄이기 위한 엔진(엔진 개조에 사용하는 부품을 포함한다)으로서 환경부령으로 정하는 배출허용기준에 맞는 엔진을 말한다.
㉰ "촉매제"란 배출가스를 줄이는 효과를 높이기 위하여 배출가스저감장치에 사용되는 화학물질로서 환경부령으로 정하는 것을 말한다.
㉱ "검댕"이란 연소할 때에 생기는 유리(遊離) 탄소가 응결하여 입자의 지름이 10미크론 이상이 되는 입자상물질을 말한다.

풀이 ㉱ "검댕"이란 연소할 때에 생기는 유리(遊離) 탄소가 응결하여 입자의 지름이 1미크론 이상이 되는 입자상물질을 말한다.

정답 72 ㉯ 73 ㉱ 74 ㉱ 75 ㉱

76 대기환경보전법령상 연료를 연소하여 황산화물을 배출하는 시설에서 연료의 황함유량이 0.5% 이하인 경우 기본부과금의 농도별 부과계수 기준으로 옳은 것은? (단, 황산화물의 배출량을 줄이기 위하여 방지시설을 설치한 경우와 생산공정상 황산화물의 배출량이 줄어든다고 인정하는 경우는 제외한다.)

㉮ 0.1 ㉯ 0.2
㉰ 0.4 ㉱ 1.0

풀이 기본부과금의 농도별 부과계수

구분	연료의 황함유량(%)		
	0.5% 이하	1.0% 이하	1.0% 초과
농도별 부과계수	0.2	0.4	1.0

77 대기환경법규상 자동차연료 제조기준 중 휘발유의 황함량(ppm) 기준은? (단, 2009년 1월 1일부터 적용)

㉮ 5 이하 ㉯ 10 이하
㉰ 50 이하 ㉱ 60 이하

풀이 자동차연료 제조기준 중 휘발유의 황함량(ppm) 기준은 10ppm 이하이다.

78 대기환경보전법규상 첨가제·촉매제 제조기준에 맞는 제품의 표시크기로 옳은 것은?

㉮ 첨가제 또는 촉매제 용기 앞면의 제품명 위에 제품명 글자크기의 100분의 15 이상에 해당하는 크기로 표시하여야 한다.
㉯ 첨가제 또는 촉매제 용기 앞면의 제품명 위에 제품명 글자크기의 100분의 30 이상에 해당하는 크기로 표시하여야 한다.
㉰ 첨가제 또는 촉매제 용기 앞면의 제품명 밑에 제품명 글자크기의 100분의 15 이상에 해당하는 크기로 표시하여야 한다.
㉱ 첨가제 또는 촉매제 용기 앞면의 제품명 밑에 제품명 글자크기의 100분의 30 이상에 해당하는 크기로 표시하여야 한다.

79 대기환경보전법령상 자동차 제작자에 대한 매출액 산정 및 위반행위 정도에 따른 과징금의 부과기준 중 과징금 산정방법으로 옳은 것은?

㉮ 총매출액×3/100×가중부과계수
㉯ 총매출액×5/100×가중부과계수
㉰ 총매출액×10/100×가중부과계수
㉱ 총매출액×15/100×가중부과계수

풀이 과징금 = 총매출액×5/100×가중부과계수

정답 76 ㉯ 77 ㉯ 78 ㉱ 79 ㉯

80 대기환경보전법규상 행정처분기준 중 방지시설을 거치지 아니하고 대기오염물질을 배출할 수 있는 공기조절장치·가지배출관 등을 설치하는 행위를 한 자에 대한 행정처분기준으로 옳은 것은?

㉮ (1차) 조업정지
　 (2차) 경고
　 (3차) 허가취소
㉯ (1차) 경고
　 (2차) 경고
　 (3차) 허가취소
㉰ (1차) 조업정지 10일
　 (2차) 조업정지 30일
　 (3차) 허가취소 또는 폐쇄
㉱ (1차) 조업정지 10일
　 (2차) 조업정지 20일
　 (3차) 조업정지 30일

정답 80 ㉰

2013년 2회 대기환경산업기사

2013년 6월 2일 시행

| 제1과목 | 대기오염개론

01 다음 중 광부나 석탄연료 배출구 주위에 거주하는 사람들의 폐중 농도가 증대되고, 배설은 주로 신장을 통해 이루어지며, 뼈에 소량 축적될 수 있으며, 만성폭로시 설태가 끼이며, 혈장 콜레스테롤치가 저하될 수 있는 오염물질은?

㉮ 구리
㉯ 카드뮴
㉰ 바나듐
㉱ 비소

풀이 ㉰ 바나듐(V)에 대한 설명이다.

02 대기오염물의 확산모델 중 상자모델(Box Model)의 기본적인 가정에 관한 설명으로 가장 거리가 먼 것은?

㉮ 오염물의 분해는 2차 반응에 의한다.
㉯ 오염원은 방출과 동시에 균등하게 혼합된다.
㉰ 고려되는 공간에서 오염물의 농도는 균일하다.
㉱ 고려되는 공간의 수직단면에 직각방향으로 부는 바람의 속도가 일정하여 환기량이 일정하다.

풀이 ㉮ 오염물의 분해는 1차 반응에 의한다.

03 비스코스 섬유제조시 주로 발생하며, 불쾌한 자극성 냄새를 유발하는 액체이며, 끓는점은 약 46℃정도이고, 햇빛에 파괴될 정도로 불안정하지만 부식성은 비교적 약한 대기오염물질은?

㉮ Hydrogen sulfide
㉯ Carbon disulfide
㉰ Formaldehyde
㉱ Bromine

풀이 ㉯ Carbon disulfide(이황화탄소)에 대한 설명이다.

04 오존(O_3)에 관한 설명으로 옳지 않은 것은?

㉮ 인체에 미치는 영향으로 유전인자에 변화를 일으키며, 염색체 이상이나 적혈구 노화를 초래한다.
㉯ 2차 대기오염물질에 해당하고, 온실가스로 작용한다.
㉰ 대기 중 오존의 배경농도는 0.01~0.02ppb으로 알려져 있다.
㉱ 산화력이 강하여 인체의 눈을 자극하고 폐수종 등을 유발시킨다.

풀이 ㉰ 대기 중 오존의 배경농도는 0.01~0.02ppm으로 알려져 있다.

정답 01 ㉰ 02 ㉮ 03 ㉯ 04 ㉰

05 다음 대기오염물질 중 혈관내 용혈을 일으키며, 3대 증상으로는 복통, 황달, 빈뇨이며, 급성중독일 경우 활성탄과 하제를 투여하고 구토를 유발시켜야 하는 것은?

㉮ 석면   ㉯ 비소
㉰ 벤조(a)파이렌   ㉱ 불소화합물

풀이 ㉯ 비소(As)에 대한 설명이다.

06 다음 중 2차 대기오염물질에만 해당하는 것은?

㉮ $NaCl, NO_2$ ㉯ NH_3, CO
㉰ HC, Pb ㉱ $NOCl, H_2O_2$

풀이 ㉮ 1차성물질-1,2차성 물질
㉯ 1차성 물질-1차성 물질
㉰ 1차성 물질-1차성 물질
㉱ 2차성 물질-2차성 물질

07 다음은 오존의 생성원에 관한 설명이다. ( )안에 알맞은 것은?

> 대류권에서 자연적 오존은 질소산화물과 식물에서 방출된 탄화수소의 광화학 반응으로 생성된다. 식물로부터 배출되는 탄화수소의 한 예로서 ( )는(은) 소나무에서 생기며, 소나무향을 가진다.

㉮ 사이토카닌   ㉯ 에틸렌
㉰ ABA   ㉱ 테르펜

08 대기 중 질소산화물에 관한 설명으로 거리가 먼 것은?

㉮ 대기 중 체류시간은 NO와 NO_2가 2~5일 정도이다.
㉯ N_2O는 대류권에서 태양에너지에 대해 불안정하고, 대류권에서의 체류시간이 짧은 편이다.
㉰ N_2O의 발생원으로서는 특히 토양에 공급되는 과잉비료 사용에 의한 것이 문제가 되고 있다.
㉱ 광화학반응과 관련해서는 도시지역의 경우 교통량이 많은 이른 아침시간대에 NO 농도가 매우 높은 편이다.

풀이 ㉯ N_2O는 대류권에서 태양에너지에 대해 안정하고, 대류권에서의 체류시간이 20~100년 정도로 긴 편이다.

09 오존 파괴와 관련된 특정물질 중 CFC-111의 화학식으로 옳은 것은?

㉮ $CFCl_3$ ㉯ CF_2Cl_2
㉰ C_2FCl_5 ㉱ C_2F_5Cl

풀이 ㉮ $CFCl_3$: CFC-11
㉯ CF_2Cl_2 : CFC-12
㉰ C_2FCl_5 : CFC-111
㉱ C_2F_5Cl : CFC-115

정답 05 ㉯ 06 ㉱ 07 ㉱ 08 ㉯ 09 ㉰

10 이산화탄소에 관한 설명으로 가장 거리가 먼 것은?

㉮ 미생물의 분해 작용과 화석연료의 연소 및 산림파괴에 의하여 발생된다.
㉯ 실외에서는 온실가스로 작용하며, 실내에서는 실내공기질 오염의 지표로 삼고 있다.
㉰ 대기 중의 이산화탄소는 봄~여름에 걸쳐 증가하고, 겨울에 감소하는 주된 경향을 보인다.
㉱ 고층대기에서 광화학적인 분해반응을 일으키는 경우를 제외하고는 대류권 내에서는 화학적으로 극히 안정한 편이다.

[풀이] ㉰ 대기 중의 이산화탄소는 봄~여름에 걸쳐 감소하고, 겨울에 증가하는 주된 경향을 보인다.

11 다음 중 NO_x의 피해에 관한 설명으로 가장 적합한 것은?

㉮ 식물에는 별로 심각한 영향을 주지 않으나, 주 지표식물은 아스파라거스, 명아주 등이다.
㉯ 잎가장자리에 주로 흰색 또는 은백색 반점을 유발하고, 인체독성보다 식물의 고목에 민감한 편이다.
㉰ 저항성이 약한 식물로는 담배, 해바라기 등이 있다.
㉱ 스위트피가 주 지표식물이며, 인체독성보다 식물의 고엽, 성숙한 잎에 민감한 편이며, 0.2ppb 정도에서 큰 영향을 미친다.

12 대류권내 정상공기의 화학적 조성 분류와 그 조성에 관한 설명으로 옳지 않은 것은?

㉮ Ar은 농도가 안정된 물질에 속하며, 그 농도는 0.934% 정도이다.
㉯ 쉽게 농도가 변하지 않는 물질로서 농도 크기순은 Ne > He > Kr > Xe 이다.
㉰ CH_4는 쉽게 농도가 변하지 않는 물질에 해당한다.
㉱ H_2는 쉽게 농도가 변하는 물질에 해당하며, 대류권에서의 농도는 10~50ppm 정도이다.

[풀이] ㉱ 대류권에서 H_2농도는 0.55ppm 정도이다.

13 유해가스상 대기오염물질이 식물에 미치는 영향에 관한 설명으로 가장 거리가 먼 것은?

㉮ 고등식물에 대한 피해를 주는 대기오염물질 중에서 독성성분 순으로 나열하면 Cl_2 > SO_2 > HF > O_3 > NO_2 순이다.
㉯ 아황산가스는 특히 소나무과, 콩과 맥류 등이 피해를 많이 입는다.
㉰ 황화수소에 강한식물로는 복숭아, 딸기, 사과 등이다.
㉱ 일산화탄소는 식물에는 별로 심각한 영향을 주지 않으나 500ppm 정도에서 토마토 잎에 피해를 나타낸다.

[풀이] ㉮ 고등식물에 대한 피해를 주는 대기오염물질 중에서 독성성분 순으로 나열하면 HF > Cl_2 > SO_2 > NO_2 순이다.

정답 10 ㉰ 11 ㉯ 12 ㉱ 13 ㉮

14 체적이 100m³인 복사실의 공간에서 오존(O_3)의 배출량이 분당 0.4mg인 복사기를 연속사용하고 있다. 복사기 사용전의 실내오존(O_3)의 농도가 0.2ppm라고 할 때 3시간 사용 후 오존농도는 몇 ppb인가? (단, 환기가 되지 않음, 0℃, 1기압 기준으로 하며, 기타조건은 고려하지 않음)

㉮ 260 ㉯ 380
㉰ 420 ㉱ 536

풀이 ① 복사기 사용후 오존농도(ppm)
ppm(mL/Sm³)
$= \frac{0.4mg}{min} \times \frac{60min}{1hr} \times \frac{1}{100m^3} \times \frac{22.4mL}{48mg} \times 3hr$
$= 0.336ppm$
② 복사기 사용전 오존농도 = 0.2ppm
③ 총 오존농도 = 0.336ppm + 0.2ppm = 0.536ppm
④ ppb = ppm×10³ = 0.536ppm×10³ = 536ppb

TIP
① ppm = mL/Sm³
② ppb = μL/Sm³
③ ppm $\xrightarrow{\times 10^3}$ ppb
④ 오존(O_3)의 분자량 = 3×16 = 48
⑤ O_3 1mol $\begin{cases} 48mg \\ 22.4mL \end{cases}$

15 가솔린기관의 특성으로 거리가 먼 것은?

㉮ 연료를 공기와 혼합시켜 실린더에 흡입, 압축시킨 후 점화플러그에 의해 강제로 연소폭발시킨다.
㉯ 정지가동시에는 CO농도가, 가속시에는 NO_X가, 감속시에는 HC 농도가 높은 편이다.
㉰ 압축비가 0.5~2 정도로 낮고, 연비가 디젤기관에 비해 높다.
㉱ 연소하는 혼합기는 시간적으로 공간적으로 거의 일정한 공연비를 갖는다.

풀이 ㉰ 압축비가 8~9 정도로 낮고, 연비가 디젤기관에 비해 낮다.

16 다음 중 오존파괴지수(ODP)가 가장 큰 것은?

㉮ CCl_4 ㉯ Halon-1301
㉰ Halon-1211 ㉱ Halon-2402

풀이 오존파괴지수(ODP)
㉮ CCl_4 : 1.1
㉯ Halon-1301 : 10.0
㉰ Halon-1211 : 3.0
㉱ Halon-2402 : 6.0

17 다음 중 강우에 의해 잘 제거되는 오염물질은?

㉮ NO ㉯ NO_2
㉰ NH_3 ㉱ CO

풀이 강우에 의해 잘 제거되는 오염물질은 수용성 물질이므로 암모니아(NH_3)가 된다.

정답 14 ㉱ 15 ㉰ 16 ㉯ 17 ㉰

18 대류권에 관한 설명으로 옳지 않은 것은?

㉮ 대류권에서는 평균기온감률이 -6.5℃/km 정도로 감소하므로 기층이 불안정하여 대류현상이 일어나기 쉽다.
㉯ 구름, 비 등의 기상현상은 대류권에 국한된다.
㉰ 대류권의 자유대기는 행성경계층의 상층으로 지표면의 영향을 직접 받지 않는 층이다.
㉱ 행성경계층은 지표면의 마찰 영향을 거의 받지 않으며, 풍속이 지표에서 멀어질수록 약하게 분다.

> **풀이** ㉱ 행성경계층(대기경계층)은 지표면의 마찰의 영향을 받기 때문에 풍속이 지표에서 멀어질수록 강하게 분다.

19 대기 중 환경감률이 −2.5℃/km인 경우의 대기 상태는?

㉮ 미단열 ㉯ 등온
㉰ 과단열 ㉱ 역전

20 다음 역사적인 대기오염사건 중 methyl iso cyanate가 주된 오염원인 것은?

㉮ Donora 사건
㉯ Meuse valley 사건
㉰ Bhopal 사건
㉱ Poza Rica 사건

> **풀이** 주 원인물질
> ㉮ Donora 사건 : 아황산가스, 황산미스트
> ㉯ Meuse valley 사건 : 아황산가스, 황산미스트, 불소화합물
> ㉰ Bhopal 사건 : 메틸이소시아네이트(CH_3CNO)
> ㉱ Poza Rica 사건 : 황화수소(H_2S)

| 제2과목 | 대기오염공정시험기준

21 비분산적외선분광분석법을 적용하기 위한 분석계에 관한 설명으로 옳지 않은 것은?

㉮ 적외선 가스분석계는 단광속 분석계와 복광속 분석계로 분류한다.
㉯ 광원은 원칙적으로 니크롬선 또는 탄화규소의 저항체에 전류를 흘려 가열한 것을 사용한다.
㉰ 회전섹타는 시료광속과 비교광속을 일정주기로 단속시켜 광학적으로 변조시키는 것이다.
㉱ 광학필터는 액체필터와 복합형 필터가 있는데 이를 적절히 조합하여 사용한다.

> **풀이** ㉱ 광학필터는 가스필터와 고체필터가 있는데, 이것은 단독 또는 적절히 조합하여 사용한다.

정답 18 ㉱ 19 ㉮ 20 ㉰ 21 ㉱

22 배출가스 내의 휘발성유기화합물질(Volatile Organic Compounds : VOC) 시료채취장치 중 흡착관법에 관한 설명으로 옳지 않은 것은?

㉮ 각 장치의 연결부위는 진공용 윤활유를 사용한다.
㉯ 채취관 재질은 유리, 석영, 불소수지 등으로 120℃ 이상까지 가열이 가능한 것이어야 한다.
㉰ 밸브는 불소수지, 유리, 석영재질로 가스의 누출이 없는 구조이어야 한다.
㉱ 응축기 및 응축수 트랩은 유리재질이어야 한다.

[풀이] ㉮ 각 장치의 연결부위는 진공용 윤활유를 사용하지 않고 불소수지 재질의 관을 사용하여 연결한다.

23 금속화합물을 유도결합플라스마 원자발광분광법으로 분석시 간섭현상에 관한 설명으로 옳지 않은 것은?

㉮ 광학적 간섭은 분석하고자 하는 금속과 근접한 파장에서 발광하는 물질이 존재하거나, 측정파장의 스펙트럼이 넓어질 때, 이온과 원자의 재결합으로 연속 발광할 때 또는 분자띠 발광시에 발생할 수 있다.
㉯ 물리적 간섭은 시료의 분무 시 시료의 점도와 표면장력의 변화 등의 매질효과에 의해 발생하며, 이 경우 시료를 희석하거나, 표준물질첨가법을 사용하여 간섭효과를 줄일 수 있다.
㉰ 이온화로 인한 간섭은 분석대상 원소보다 이온화 전압이 더 높은 원소를 첨가하여 간섭효과를 줄이고, 해리하기 어려운 화합물을 생성하는 경우에는 용매첨가법을 사용한다.
㉱ 나트륨, 칼슘, 마그네슘 등과 같은 염의 농도가 높은 시료에서, 절대검정곡선법을 적용할 수 없는 경우에는 표준물질첨가법을 사용한다.

[풀이] ㉰ 이온화로 인한 간섭은 분석대상 원소보다 이온화 전압이 더 낮은 원소를 첨가하여 간섭효과를 줄이고, 해리하기 어려운 화합물을 생성하는 경우에는 용매첨가법을 사용한다.

24 자외선/가시선분광법(Absorptiometric Analysis)에서 램버어트 비트(Lambert-Beer) 법칙에 의한 흡광도 A를 구하는 식으로 옳은 것은? (단, 입사광의 강도를 I_o, 투사광의 강도를 I_t라 한다.)

㉮ $A = \dfrac{I_t}{I_o} \times 100$ ㉯ $A = \dfrac{I_o}{I_t} \times 100$
㉰ $A = \log \dfrac{I_t}{I_o}$ ㉱ $A = \log \dfrac{I_o}{I_t}$

[풀이] (흡광도) $= \log \dfrac{1}{t(\text{투과퍼센트})}$
여기서 $t = \dfrac{I_t}{I_o}$ 이므로 $A = \log \dfrac{1}{\frac{I_t}{I_o}} = \log \dfrac{I_o}{I_t}$

정답 22 ㉮ 23 ㉰ 24 ㉱

25 시험에 사용하는 시약의 농도는 따로 규정이 없는 한 별도 규정된 농도의 것을 사용하는데, 이에 관한 사항으로 옳지 않은 것은?

	명칭	화학식	농도	비중(약)
①	플루오르화수소산	HF	46.0~48.0	1.14
②	브롬화수소산	HBr	47.0~49.0	1.48
③	과염소산	HClO₄	60.0~62.0	1.54
④	아이오드화수소산	HI	42.0~44.0	1.46

㉮ ① ㉯ ②
㉰ ③ ㉱ ④

풀이 ㉱ 아이오드화수소산의 농도는 55.0 ~ 58.0이고 비중은 1.70이다.

26 배출가스 중 황화수소을 분석하는 자외선/가시선분광법-메틸렌블루법에 대한 설명으로 틀린 것은?

㉮ 배출가스 중의 황화수소를 아연아민착염용액에 흡수시킨다.
㉯ 메틸렌블루의 흡광도를 540nm에서 측정한다.
㉰ 시료가스 채취량이 (0.1~20)L인 경우 정량범위는 (1.7~140)ppm이다.
㉱ 시료채취관에서 흡수병까지의 연결관은 가능한 짧게 한다.

풀이 ㉯ 메틸렌블루의 흡광도를 670nm에서 측정한다.

27 특정 발생원에서 일정한 굴뚝을 거치지 않고 외부로 비산배출되는 먼지의 측정방법에 관한 설명으로 가장 거리가 먼 것은?

㉮ 시료채취장소는 원칙적으로 측정하려고 하는 발생원의 부지경계선상에 선정하여 풍향을 고려하여 그 발생원의 비산먼지 농도가 가장 높을 것으로 예상되는 지점 3개소 이상을 선정한다.
㉯ 풍속이 0.5m/초 미만 또는 10m/초 이상 되는 시간이 전 채취시간의 50% 이상일 때는 풍속보정계수는 1.2로 한다.
㉰ 전 시료채취 기간 중 주풍향이 변동 없을 때(45° 미만)는 풍향보정계수는 1.5로 한다.
㉱ 각 측정지점의 채취먼지량과 풍향풍속의 측정결과로부터 비산먼지 농도를 구할 때 대조위치를 선정할 수 없는 경우에는 0.15mg/m³를 대조위치의 먼지농도로 한다.

풀이 ㉰ 전 시료채취 기간 중 주풍향이 변동 없을 때(45° 미만)는 풍향보정계수는 1.0으로 한다.

정답 25 ㉱ 26 ㉯ 27 ㉰

28 "항량이 될 때까지 건조한다"에서 "항량"의 범위를 벗어나지 않는 것은?

㉮ 검체 8g을 1시간 더 건조하여 무게를 달아보니 7.9975g 이었다.
㉯ 검체 4g을 1시간 더 건조하여 무게를 달아보니 3.9989g 이었다.
㉰ 검체 1g을 1시간 더 건조하여 무게를 달아 보니 0.999g 이었다.
㉱ 검체 100mg을 1시간 더 건조하여 무게를 달아보니 99.9mg 이었다.

[풀이] ㉮ 8g : (8-7.9975)g = 1g : x
∴ x = 0.0003125g = 0.3125mg
㉯ 4g : (4-3.9989)g = 1g : x
∴ x = 0.000275g = 0.275mg
㉰ 1g : (1-0.999)g = 1g : x
∴ x = 0.001g = 1mg
㉱ 100mg : (100-99.9)mg = 1g : x
∴ x = 0.001g = 1mg

29 화학분석일반사항에서 규정한 사항으로 옳지 않은 것은?

㉮ "냉후"(식힌 후)라 표시되어 있을 때는 보온 또는 가열후 실온까지 냉각된 상태를 뜻한다.
㉯ 액의 농도를 (1→2), (1→5) 등으로 표시한 것은 그 용질의 성분이 고체일 때는 1g을, 액체일 때는 1mL를 용매에 녹여 전량을 각각 2mL 또는 5mL로 하는 비율을 뜻한다.
㉰ "약"이란 그 무게 또는 부피에 대하여 ±10% 이상의 차가 있어서는 안된다.
㉱ 방울수라 함은 10℃에서 정제수 10방울을 떨어뜨릴 때 그 부피가 약 10mL 되는 것을 뜻한다.

[풀이] ㉱ 방울수라 함은 20℃에서 정제수 20방울을 떨어뜨릴 때 그 부피가 약 1mL 되는 것을 뜻한다.

30 휘발성 유기화합물질(VOC) 누출확인 방법에서 사용하는 용어정의에서 "응답시간"은 VOC가 시료채취장치로 들어가 농도 변화를 일으키기 시작하여 기기 계기판의 최종값이 얼마를 나타내는데 걸리는 시간을 의미하는가? (단, VOC 측정기기 및 관련장비는 사양과 성능기준을 만족한다.)

㉮ 80%   ㉯ 85%
㉰ 90%   ㉱ 95%

[풀이] 응답시간은 VOC가 시료채취장치로 들어가 농도 변화를 일으키기 시작하여 기기계기판의 최종값이 90%를 나타내는데 걸리는 시간이다.

31 굴뚝 배출가스 중 플루오린화합물 측정방법에 관한 설명으로 틀린 것은?

㉮ 시료채취관은 배출가스 중의 무기 플루오린화합물에 의하여 부식을 쉽게 유발하는 재질의 관, 예를들면 플루오로수지관, 구리관 등은 사용을 피한다.
㉯ 시료 중의 무기 플루오린화합물과 수분이 응축하는 것을 막기 위하여 시료채취관 및 시료채취관에서부터 흡수병까지의 사이를 120℃ 이상으로 가열해 준다.
㉰ 자외선/가시선분광법으로 분석할 때 정량범위는 0.05ppm~3.73ppm이다.
㉱ 적정법으로 분석할 때 정량범위는 HF로서 0.60ppm~4,200ppm이다.

정답 28 ㉯ 29 ㉱ 30 ㉰ 31 ㉮

풀이 ㉮ 시료채취관은 배출가스중의 무기 플루오린화 합물에 의하여 부식되지 않는 재질의 관, 예를 들면 플루오로수지관, 스테인리스강관, 구리관 등을 사용한다.

32 자외선 가시선 분광법의 장치에 관한 설명으로 거리가 먼 것은?

㉮ 자외부의 광원으로는 주로 중수소 방전관을 사용하고, 가시부와 근적외부의 광원으로는 주로 텅스텐램프를 사용한다.
㉯ 측광부에는 광전관, 광전자증배관은 주로 자외 내지 가시파장 범위에서 사용된다.
㉰ 단색화장치로는 프리즘, 회절격자 또는 이 두 가지를 조합시킨 것을 사용한다.
㉱ 광전광도계는 파장선택부에 단색화장치를 사용한 장치로 복광속형이 많다.

풀이 ㉱ 광전광도계는 파장선택부에 필터를 사용한 장치로 단광속형이 많고 비교적 구조가 간단하여 작업분석용에 적당하다.

33 굴뚝 배출가스 중 먼지를 수동식 시료채취기를 사용하여 측정 시 시료채취의 등속흡입 정도를 보기 위해 등속흡입계수를 구할 때 다시 시료채취를 하지 않고 인정될 수 있는 등속계수 I(%)값의 범위 기준은? (단, $I(\%) = \dfrac{V_m}{q_m \times t} \times 100$, I : 등속계수, V_m : 흡입가스량(습식가스미터에서 읽은 값)(L), q_m : 가스미터에 있어서의 등속 흡입 유량(L/분), t : 가스 흡입시간(분))

㉮ 90%~105% ㉯ 90%~115%
㉰ 95%~115% ㉱ 90~110%

풀이 등속흡입 정보를 보기위해 공식이나 계산기에 의해서 등속계수를 구하고 그 값이 90~110% 범위에 들지 않는 경우에는 다시 시료채취를 행한다.

34 배출가스 중 납화합물을 분석하는 원자흡수분광광도법에 대한 설명으로 틀린 것은?

㉮ 측정파장은 217.0nm 또는 283.3nm이다.
㉯ 정량범위는 0.050mg/Sm³~6.250mg/Sm³이다.
㉰ 방법검출한계는 0.015mg/Sm³이다.
㉱ 정밀도는 20% 이하이다.

풀이 ㉱ 정밀도는 10% 이하이다.

35 화학반응 등에 따라 굴뚝 등에서 배출되는 가스 중의 염소를 분석하는 방법 중 오르토톨리딘법에 대한 설명으로 옳지 않은 것은?

㉮ 정량범위는 0.02~1ppm이다.
㉯ 시료 채취관의 재질로는 유리관, 석영관, 플루오로수지관 등을 사용한다.
㉰ 시료 채취관은 굴뚝에 직각이고 끝이 중앙부에 오도록 넣는다.
㉱ 오르토톨리딘 염산용액은 갈색병에 보관하며 보관 가능기간은 약 6개월이다.

풀이 ㉮ 정량범위는 (0.2~5.0)ppm이다.

정답 32 ㉱ 33 ㉱ 34 ㉱ 35 ㉮

36 다음은 연료용 유류중의 황함유량을 측정하기 위한 분석방법 중 연소관식 공기법에 관한 설명이다. ( )안에 알맞은 것은?

> 950~1100℃로 가열한 석영재질 연소관 중에 공기를 불어넣어 시료를 연소시킨다. 생성된 황산화물을 ( )에 흡수시켜 황산으로 만든 다음, 수산화소듐표준액으로 중화적정하여 황함유량을 구한다.

㉮ 과산화수소(3%)
㉯ 질산암모늄용액
㉰ 아연아민착염용액
㉱ 크로모트로핀산용액

[풀이] 생성된 황화합물을 과산화수소(3%)에 흡수시켜 황산으로 만든다.

37 HCl 배출허용기준이 30ppm인 소각시설에서의 측정결과가 다음과 같았다. 이 때 표준산소농도로 보정한 HCl의 농도는?

> • HCl의 실측농도 : 20ppm
> • O_2 실측농도 : 9.1%
> • O_2 표준농도 : 4%

㉮ 14ppm
㉯ 21ppm
㉰ 28.6ppm
㉱ 42.9ppm

[풀이]
$$C = C_a \times \frac{21-O_s}{21-O_a}$$

- C : 오염물질 농도(ppm)
- C_a : 실측오염물질 농도(ppm)
- O_s : 표준산소농도(%)
- O_a : 실측산소농도(%)

따라서 $C = 20\text{ppm} \times \frac{21-4\%}{21-9.1\%} = 28.57\text{ppm}$

TIP

배출가스 유량 보정식

$$Q = Q_a \div \frac{21-O_s}{21-O_a}$$

- Q : 배출가스유량(Sm^3/day)
- Q_a : 실측배출가스유량(Sm^3/day)
- O_s : 표준산소농도(%)
- O_a : 실측산소농도(%)

38 이론단수가 1,600인 분리관이 있다. 보유시간이 10분인 봉우리의 좌우 변곡점에서 접선이 자르는 바탕선의 길이는? (단, 기록지 이동속도는 5mm/min, 이론단수는 모든 성분에 대하여 같다.)

㉮ 1mm
㉯ 2mm
㉰ 5mm
㉱ 10mm

[풀이]
$$n = 16 \times \left(\frac{t_R}{w}\right)^2$$

- n : 이론단수
- t_R : 기록지 이동속도(mm/min)
- w : 봉우리 폭(mm)

따라서 $1,600 = 16 \times \left(\frac{5\text{mm/min} \times 10\text{min}}{w}\right)^2$

∴ w = 5mm

TIP

t_R = 기록지이동속도(mm/min)×보유시간(min)

정답 36 ㉮ 37 ㉰ 38 ㉰

39 굴뚝 배출가스 중의 SO_2량이 2286mg/Sm^3일 때, ppm으로 환산한 값은? (단, 표준상태 기준)

㉮ 약 300ppm   ㉯ 약 800ppm
㉰ 약 1200ppm ㉱ 약 6530ppm

풀이
$$ppm(mL/Sm^3) = \frac{2,286mg}{Sm^3} \times \frac{22.4mL}{64mg}$$
$$= 800.1ppm$$

TIP
① $ppm = mL/Sm^3$
② SO_2 $\begin{cases} 1mol \\ 64mg \\ 22.4mL \end{cases}$

40 굴뚝배출가스의 차압을 경사마노미터로 측정하기 위하여 압력을 걸었더니 경사마노미터 액주의 길이가 10cm 늘어났다. 이 경우 압력차는 얼마인가? (단, 사용한 봉입액으로 비중 0.85의 톨루엔을 사용하였고, 액주계의 경사각은 수평과 10°를 이루고 있다.)

㉮ 1.0mmH₂O   ㉯ 1.50mmH₂O
㉰ 14.76mmH₂O ㉱ 17.99mmH₂O

풀이 압력차(동압)
= 액주길이(mm)×톨루엔비중×$Sin\theta$
= 100mm×0.85×Sin 10°
= 14.76mmH₂O

TIP
동압(h) = 액주길이(mm)×톨루엔비중×$\frac{1}{확대율}$

제3과목 | 대기오염방지기술

41 질소산화물(NO_X)의 억제방법으로 가장 거리가 먼 것은?

㉮ 저산소 연소
㉯ 배출가스 재순환
㉰ 화로내 물 또는 수증기 분무
㉱ 고온영역 생성촉진 및 간불꽃연소를 통한 화염온도 증가

풀이 ㉱ 고온영역 생성감소 및 화염온도 감소

42 세정식 집진장치의 특성과 가장 거리가 먼 것은?

㉮ 미립자 제거가 가능하고 가스와 입자를 동시에 제거할 수 있다.
㉯ 한 번 제거된 입자는 다시 처리가스 속으로 거의 재비산 되지 않는다.
㉰ 소수성 먼지의 집진효과가 높다.
㉱ 처리가스의 확산이 어렵다.

풀이 ㉰ 소수성 먼지의 집진효과가 낮다.

정답 39 ㉯ 40 ㉰ 41 ㉱ 42 ㉰

43 탄소 85%, 수소 13%, 황 2%인 중유를 공기비 1.4로 연소시킬 때 건연소 가스 중의 SO_2 부피분율(%)은?

㉮ 약 0.09 ㉯ 약 0.18
㉰ 약 0.25 ㉱ 약 0.32

풀이
① 공기비(m) = 1.4
② 이론공기량(A_o)
 = $8.89C+26.67\left(H-\dfrac{O}{8}\right)+3.33S$ (Sm^3/kg)
 = $8.89×0.85+26.67×0.13+3.33×0.02$
 = $11.0902 Sm^3/kg$
③ 실제건연소가스량(G_d)
 = $mA_o - 5.6H + 0.7O + 0.8N$ (Sm^3/kg)
 = $1.4×11.0902 Sm^3/kg - 5.6×0.13$
 = $14.7983 Sm^3/kg$
④ SO_2%
 = $\dfrac{0.7S(Sm^3/kg)}{G_d(Sm^3/kg)}×100 = \dfrac{0.7×0.02 Sm^3/kg}{14.7983 Sm^3/kg}×100$
 = 0.09%

44 다음은 송풍기의 유형에 관한 설명이다. ( )안에 가장 적합한 것은?

( )는 축류형 중 가장 효율이 높다. 효율과 압력상승효과를 얻기 위해 직선형 고정날개를 사용하나, 날개의 모양과 간격은 변형되기도 한다. 중-고압을 얻을 수 있으며, 일반적으로 직선류 및 아담한 공간이 요구되는 HVAC 설비에 응용되며, 공기의 분포가 양호하여 많은 산업현장에서 응용되고 있다.

㉮ 원통 축류형 송풍기
㉯ 원심장치 내장형 축류형 송풍기
㉰ 고정날개 축류형 송풍기
㉱ 비행기 날개형 송풍기

풀이 ㉰ 고정날개 축류형 송풍기에 대한 설명이다.

45 연료의 성질에 관한 설명 중 옳지 않은 것은?

㉮ 휘발분의 조성은 고탄화도 역청탄에서는 탄화수소가스 및 타르 성분이 많아 발열량이 높다.
㉯ 석탄의 탄화도가 저하하면 탄화수소가 감소하며 수분과 이산화탄소가 증가하여 발열량은 낮아진다.
㉰ 고정탄소는 수분과 이산화탄소의 합을 100에서 제외한 값이다.
㉱ 고정탄소와 휘발분의 비를 연료비라 한다.

풀이 ㉰ 고정탄소는 휘발분, 수분, 회분의 합을 100에서 제외한 값이다.

46 먼지의 입경 분포식 R-R[$R(\%) = 100\exp(-\beta d_p^n)$]에 관한 설명으로 옳지 않은 것은? (단, n : 입경지수, β : 입경계수)

㉮ 위 식을 Rosin Rammler 식이라 한다.
㉯ 위 식에서 R(%)은 체상누적분포(%)를 나타낸다.
㉰ n이 클수록 입경분포 폭은 넓어진다.
㉱ β가 커지면 임의의 누적분포를 갖는 입경 dp는 작아져서 미세한 분진이 많다는 것을 의미한다.

풀이 ㉰ n이 클수록 입경분포 폭은 좁아진다.

정답 43 ㉮ 44 ㉰ 45 ㉰ 46 ㉰

47 평판형 전기집진장치에서 방전극과 집진극과의 거리가 6cm, 배출가스의 유속이 1.5m/sec, 입자가 집진극으로 이동하는 속도(겉보기 이동속도)가 8cm/sec 일 때 이 입자를 100% 제거하기 위한 집진장치의 이론적인 길이는? (단, 층류영역 기준)

㉮ 0.815m ㉯ 0.925m
㉰ 1.125m ㉱ 1.250m

풀이 $L = \dfrac{u \times S}{We}$

- L : 길이(m)
- We : 겉보기이동속도(m/sec)
- u : 유속(m/sec)
- S : 집진극과 방전극간 거리(m)

따라서 $L = \dfrac{1.5\text{m/sec} \times 0.06\text{m}}{0.08\text{m/sec}} = 1.125\text{m}$

48 흡착에 관한 다음 설명 중 옳은 것은?

㉮ 물리적 흡착에서 흡착물질은 임계온도 이상에서 잘 흡착된다.
㉯ 물리적 흡착량은 온도가 상승하면 줄어든다.
㉰ 물리적 흡착은 흡착과정의 발열량이 화학적 흡착보다 많다.
㉱ 물리적 흡착은 가역성이 낮다.

풀이 ㉮ 물리적 흡착에서 흡착물질은 임계온도 이상에서는 흡착이 잘 안된다.
㉰ 물리적 흡착은 흡착과정의 발열량이 화학적 흡착보다 적다.
㉱ 물리적 흡착은 가역성이 높다.

49 굴뚝 배출가스 중 염화수소의 농도는 250ppm이었다. 배출허용기준은 82mg/Sm³ 이하로 하기 위해서는 현재 값의 몇 % 이하로 하여야 하는가? (단, 표준상태 기준)

㉮ 약 10% 이하 ㉯ 약 20% 이하
㉰ 약 40% 이하 ㉱ 약 80% 이하

풀이 ① 배출농도 250ppm을 mg/Sm³으로 전환한다.

$$\text{mg/Sm}^3 = \dfrac{250\text{mL}}{\text{Sm}^3} \times \dfrac{36.5\text{mg}}{22.4\text{mL}} = 407.366\text{mg/Sm}^3$$

② 배출허용기준 = 82mg/Sm³

③ 현재값의 농도 = $\dfrac{\text{배출허용기준}}{\text{배출농도}} \times 100$

$= \dfrac{82\text{mg/Sm}^3}{407.366\text{mg/Sm}^3} \times 100 = 20.13\%$

TIP
① 염화수소 = HCl
② HCl의 분자량 = 1+35.5 = 36.5
③ HCl 1mol $\begin{cases} 36.5\text{mg} \\ 22.4\text{mL} \end{cases}$

50 수소가스 3.33Sm³를 완전연소 시키기 위해 필요한 이론공기량(Sm³)은?

㉮ 약 32 ㉯ 약 24
㉰ 약 12 ㉱ 약 8

풀이 ① $H_2 + 0.5O_2 \rightarrow H_2O$
22.4Sm³ : 0.5×22.4Sm³
3.33Sm³ : O_o(이론산소량)
∴ O_o(이론산소량)
$= \dfrac{3.33\text{Sm}^3 \times 0.5 \times 22.4\text{Sm}^3}{22.4\text{Sm}^3} = 1.665\text{Sm}^3$

② A_o(이론공기량)
$= \dfrac{O_o(\text{이론산소량})}{0.21} = \dfrac{1.665\text{Sm}^3}{0.21} = 7.93\text{Sm}^3$

정답 47 ㉰ 48 ㉯ 49 ㉯ 50 ㉱

51 황 2kg을 공기중에서 이론적으로 완전 연소 시킬 때 발생되는 열량은? (단, 황은 모두 SO_2로 전환된다.)

㉮ 1,250kcal ㉯ 2,500kcal
㉰ 5,000kcal ㉱ 80,000kcal

풀이 황(S) 1kg에 해당하는 발열량은 2,500kcal/kg이다. 따라서 2kg에 해당하는 발열량은 5,000kcal가 된다.

TIP
Dulong식의 고위발열량(Hh) 구하는 공식
$$Hh = 8{,}100C + 34{,}000\left(H - \frac{O}{8}\right) + 2{,}500S \text{ (kcal/kg)}$$

52 여과집진장치의 특성으로 가장 거리가 먼 것은?

㉮ 다양한 여재의 사용으로 인하여 설계 시 융통성이 있다.
㉯ 여과재의 교환으로 유지비가 고가이다.
㉰ 여과속도는 1~10m/sec 정도이다.
㉱ 압력손실은 100~200mmH₂O 정도이다.

풀이 ㉰ 여과속도는 0.3~0.5 m/sec 정도이다.

53 A집진장치에서 처리가스량이 12,000 Sm³/hr, 압력손실이 200mmH₂O일 때 효율이 75%인 송풍기를 사용하고자 한다. 이 송풍기의 축동력은?

㉮ 5.2kW ㉯ 8.7kW
㉰ 10.8kW ㉱ 18.3kW

풀이
$$kW = \frac{P_s \times Q}{102 \times \eta} \times \alpha$$

$\begin{cases} P_s : \text{압력손실(mmH}_2\text{O)} \\ Q : \text{처리가스량(Sm}^3\text{/sec)} \\ \eta : \text{효율} \\ \alpha : \text{여유율} \end{cases}$

따라서
$$kW = \frac{200mmH_2O \times 12{,}000Sm^3/hr \times 1hr/3600sec}{102 \times 0.75}$$
$$= 8.7kW$$

TIP
1Kw = 102kg·m/sec의 단위를 가지므로 처리가스량(Q)의 시간단위는 반드시 "sec"이어야 한다.

54 packed tower에 관한 설명으로 가장 거리가 먼 것은?

㉮ 원통형의 탑 내에 여러 가지 충전재를 넣어 함진가스(가스 유입속도 1m/sec 이하)와 세정액을 접촉시켜 세정하는 장치이다.
㉯ 1~5μm 크기의 입자를 제거할 경우 장치 내 처리가스의 속도는 대략 25cm/sec 이하가 되어야 한다.
㉰ 충전재는 액의 홀드업이 커야 한다.
㉱ 충전재는 내식성이 큰 플라스틱과 같이 가벼운 물질이어야 한다.

풀이 ㉰ 충전재는 액의 홀드업이 작아야 한다.

정답 51 ㉰ 52 ㉰ 53 ㉯ 54 ㉰

55 다음 중 석탄의 탄화도 증가에 따라 감소되는 것은?

㉮ 고정탄소 ㉯ 착화온도
㉰ 휘발분 ㉱ 발열량

풀이 석탄의 탄화도가 증가하면 고정탄소, 착화온도, 발열량은 증가하고, 휘발분은 감소한다.

56 유체가 원형관 속을 흐를 때 발생되는 압력손실에 영향을 미치는 인자에 관한 설명으로 옳지 않은 것은?

㉮ 관의 길이에 비례한다.
㉯ 관의 직경에 반비례한다.
㉰ 유체의 밀도에 비례한다.
㉱ 유체의 속도의 제곱에 반비례한다.

풀이 ㉱ 유체의 속도의 제곱에 비례한다.

57 다음 중 흡수장치에 관한 설명으로 옳지 않은 것은?

㉮ 충전탑은 포말성 흡수액에도 적응성이 좋으나 충전층의 공극이 폐쇄되기 쉬우며, 희석열이 심한 곳에는 부적합하다.
㉯ 분무탑은 가스의 흐름이 균일하지 못하고, 분무액과 가스의 접촉이 균일하지 못하여 효율이 낮은 편이다.
㉰ 벤츄리 스크러버는 압력손실이 높으며, 소형으로 대용량의 가스처리가 가능하고, mist의 발생이 적고, 흡수효율도 낮은 편이다.
㉱ 제트 스크러버는 가스의 저항이 적고, 수량이 많아 동력비가 많이 소요되며, 처리가스량이 많을 때에는 효과가 낮은 편이다.

풀이 ㉰ 벤츄리 스크러버는 압력손실이 높으며, 소형으로 대용량의 가스처리가 가능하고, 흡수효율도 아주 높은 편이다.

58 A집진장치의 입구와 출구에서의 먼지 농도가 각각 11mg/Sm³와 0.2×10⁻³g/Sm³이라면 집진율(%)은?

㉮ 96.2% ㉯ 97.2%
㉰ 98.2% ㉱ 99.4%

풀이
$$집진율(\%) = \left(1 - \frac{출구의\ 먼지농도}{입구의\ 먼지농도}\right) \times 100$$
$$= \left(1 - \frac{0.2\text{mg/Sm}^3}{11\text{mg/Sm}^3}\right) \times 100 = 98.18\%$$

TIP 출구의 먼지농도 = 0.2×10⁻³g/Sm³ = 0.2mg/Sm³

정답 55 ㉰ 56 ㉱ 57 ㉰ 58 ㉰

59 유해물질 처리방법으로 가장 거리가 먼 것은?

㉮ 불소 : 가성소다에 의한 흡수제거
㉯ 아크로레인 : 염산용액에 의한 흡수제거
㉰ 염화인 : 물에 흡수시켜 제거
㉱ 벤젠 : 촉매연소에 의한 제거

풀이 ㉯ 아크로레인 : NaOCl등의 산화제를 혼입한 가성소다용액으로 흡수제거

60 액체연료의 연소방식인 기화 연소방식과 분무화 연소방식에 관한 설명으로 옳지 않은 것은?

㉮ 심지식, 증발식 연소는 기화 연소방식에 해당한다.
㉯ 증발식 연소는 경질유의 연소에 적합하다.
㉰ 충돌 분무화식에서 분무화 입경을 작게 하기 위한 연료 예열온도는 35±5℃ 정도이다.
㉱ 충돌 분무화식에서 분무화 입경은 연료의 점도와 표면장력이 클수록 커진다.

풀이 ㉰ 충돌 분무화식에서 분무화 입경을 작게 하기 위한 연료 예열온도는 85±5℃ 정도이다.

| 제4과목 | 대기환경관계법규

61 대기환경보전법규상 자동차의 종류에 관한 사항으로 옳지 않은 것은?(단, 2009년 1월 1일 이후 적용기준)

㉮ 전기만을 동력으로 사용하는 자동차는 1회 충전 주행거리 160km 미만인 것은 제1종으로 분류한다.
㉯ 화물자동차는 엔진배기량이 1,000cc 이상인 밴(VAN)과 덤프트럭·콘크리트펌프트럭을 포함한다.
㉰ 이륜자동차는 공차 중량이 0.5톤 미만으로 1명 또는 2명 정도의 사람을 운송하기 적합하게 제작된 것이다.
㉱ 경자동차는 엔진배기량이 1,000cc 미만으로 사람이나 화물을 운송하기 적합하게 제작된 것이다.

풀이 ㉮ 전기만을 동력으로 사용하는 자동차는 1회 충전 주행거리 80km 미만인 것은 제1종으로 분류한다.

TIP
전기만을 동력으로 사용하는 자동차는 1회 충전 주행거리가 제1종은 80km 미만, 제2종은 80km 이상 160km 미만, 제3종은 160km 이상이다.

정답 59 ㉯ 60 ㉰ 61 ㉮

62 대기환경보전법규상 기본부과금의 농도별 부과계수 산정시 연료의 황함유량이 1.0% 초과하는 경우 농도별 부과계수는? (단, 연료를 연소하여 황산화물을 배출하는 시설로서 황산화물의 배출량을 줄이기 위하여 방지시설을 설치한 경우와 생산공정상 황산화물의 배출량이 줄어든다고 인정하는 경우는 제외한다.)

㉮ 0.2 ㉯ 0.4
㉰ 0.7 ㉱ 1.0

풀이 기본부과금의 농도별 부과계수

구분	연료의 황함유량(%)		
	0.5% 이하	1.0% 이하	1.0% 초과
농도별 부과계수	0.2	0.4	1.0

63 대기환경보전법규상 환경기술인의 보수교육은 신규교육을 받은 날을 기준으로 몇 년마다 받아야 하는가? (단, 규정에 따른 교육기관으로써 정보통신매체를 이용한 원격교육은 제외)

㉮ 1년 마다 1회 ㉯ 2년 마다 1회
㉰ 3년 마다 1회 ㉱ 5년 마다 1회

풀이 환경기술인의 교육
① 신규교육 : 환경기술인으로 임명된 날로부터 1년 이내에 1회
② 보수교육 : 신규교육을 받은 날을 기준으로 3년 마다 1회

64 대기환경보전법규상 시·도지사가 설치하는 대기오염 측정망의 종류에 해당하지 않는 것은?

㉮ 도시지역의 대기오염물질 농도를 측정하기 위한 도시대기측정망
㉯ 도시지역의 휘발성유기화합물 등의 농도를 측정하기 위한 광화학대기오염물질측정망
㉰ 대기 중의 중금속 농도를 측정하기 위한 대기중금속 측정망
㉱ 도로변의 대기오염물질 농도를 측정하기 위한 도로변대기측정망

풀이 ㉯번은 수도권대기환경청장, 국립환경과학원장, 한국환경공단이 설치하는 대기오염 측정망의 종류이다.

65 대기환경보전법령상 굴뚝 자동측정기기의 부착대상 배출시설, 측정 항목, 부착 면제, 부착 시기 및 부착 유예기준으로 옳지 않은 것은?

㉮ 부착대상시설의 용량은 배출시설 설치허가증 또는 설치신고증명서의 방지시설의 용량을 기준으로 배출구별로 산정하되, 같은 배출시설에 2개 이상의 배출구를 설치한 경우에는 배출구별로 방지시설의 용량을 합산하는데, 이 때 방지시설의 용량은 표준상태(0℃, 1기압)로 환산한 값을 적용한다.
㉯ 같은 사업장에 부착대상 배출구가 2개 이상인 경우에는 환경분야 시험·검사 등에 관한 법률에 따른 환경오염 공정시험기준에 따른 중간자료수집기(FEP)를 부착하여야 한다.

정답 62 ㉱ 63 ㉰ 64 ㉯ 65 ㉱

㉰ 소각시설의 경우에는 배출구의 온도와 최종 연소실 출구의 온도를 각각 측정할 수 있도록 온도측정기를 부착하여야 하지만, 최종 연소실 출구의 온도측정기는 폐기물관리법에 따라 온도측정기를 부착한 경우에는 별도로 부착하지 아니하여도 된다.

㉱ 표준산소농도가 적용되는 시설에 대해서는 산소측정기를 부착하지 아니하여도 된다.

풀이 ㉱ 표준산소농도가 적용되는 시설에 대해서는 산소측정기를 부착하여야 한다.

66 대기환경보전법상 기후·생태계 변화유발물질에 해당하지 않는 것은?

㉮ 수소불화탄소　㉯ 메탄
㉰ 일산화탄소　㉱ 육불화황

풀이 기후·생태계 변화유발물질에는 이산화탄소, 메탄, 아산화질소, 수소불화탄소, 과불화탄소, 육불화황, 염화불화탄소, 수소염화불화탄소가 있다.

67 대기환경보전법령상 초과부과금 산정 시 다음 중 오염물질 1킬로그램당 부과금액이 가장 큰 것은?

㉮ 황화수소　㉯ 황산화물
㉰ 이황화탄소　㉱ 불소화합물

풀이 오염물질 1킬로그램당 부과금액
㉮ 황화수소 : 6000원
㉯ 황산화물 : 500원
㉰ 이황화탄소 : 1600원
㉱ 불소화합물 : 2300원

68 대기환경보전법령상 일일초과배출량 및 일일유량의 산정방법에서 일일유량 산정을 위한 측정유량의 단위는?

㉮ m^3/sec　㉯ m^3/min
㉰ m^3/h　㉱ m^3/day

풀이 측정유량의 단위는 m^3/h 이다.

69 대기환경보전법령상 천재지변으로 사업자의 재산에 중대한 손실이 발생한 경우로서 사업자가 기본부과금 징수유예를 받거나 분할납부를 하고자 할 때, 징수유예기간과 그 기간 중의 분할납부의 횟수기준으로 옳은 것은?

㉮ 유예한 날의 다음 날부터 다음 부과기간의 개시일 전일까지, 4회 이내
㉯ 유예한 날의 다음 날부터 다음 부과기간의 개시일 전일까지, 6회 이내
㉰ 유예한 날의 다음 날부터 1년 이내, 2회 이내
㉱ 유예한 날의 다음 날부터 1년 이내, 6회 이내

풀이 징수유예기간과 그 기간 중의 분할납부의 횟수기준
① 초과부과금 : 유예한 날의 다음날부터 2년 이내, 12회 이내
② 기본부과금 : 유예한 날의 다음날부터 다음 부과기간의 개시일 전일까지, 4회 이내

정답 66 ㉰　67 ㉮　68 ㉰　69 ㉮

70 대기환경보전법령상 3종 사업장 분류 기준으로 옳은 것은?

㉮ 대기오염물질발생량의 합계가 연간 20톤 이상 80톤 미만인 사업장
㉯ 대기오염물질발생량의 합계가 연간 20톤 이상 60톤 미만인 사업장
㉰ 대기오염물질발생량의 합계가 연간 10톤 이상 20톤 미만인 사업장
㉱ 대기오염물질발생량의 합계가 연간 10톤 이상 50톤 미만인 사업장

풀이 3종 사업장 분류기준은 대기오염물질발생량의 합계가 연간 10톤 이상 20톤 미만인 사업장이다.

71 대기환경보전법령상 대기오염 경보단계 중 "중대경보 발령"시 조치사항만으로 옳게 나열한 것은?

㉮ 자동차 사용의 자제 요청, 사업장의 연료사용량 감축 권고
㉯ 주민의 실외활동 및 자동차 사용의 자제 요청
㉰ 자동차 사용의 제한명령 및 사업장의 연료사용량 감축 권고
㉱ 주민의 실외활동 금지 요청, 사업장의 조업시간 단축 명령

풀이 대기오염 경보단계별 조치사항
① 주의보 발령 : 주민의 실외활동 및 자동차 사용의 자제요청
② 경보 발령 : 주민의 실외활동 제한요청, 자동차 사용의 제한, 사업장의 연료사용량 감축권고
③ 중대경보 발령 : 주민의 실외활동 금지요청, 자동차의 통행금지, 사업장의 조업시간 단축명령

72 대기환경보전법령상 황함유기준에 부적합한 유류회수처리명령을 받은 자는 그 명령을 받은 날부터 이행완료보고서를 최대 며칠이내에 시·도지사에게 제출해야 하는가?

㉮ 5일 이내   ㉯ 7일 이내
㉰ 10일 이내 ㉱ 30일 이내

풀이 황함유기준에 부적합한 유류회수처리명령을 받은 자는 그 명령을 받은 날부터 이행완료보고서를 5일 이내에 시도지사에게 제출한다.

73 대기환경보전법규상 위임업무 보고사항 중 "배출시설 및 방지시설의 정상운영여부 확인기기 부착업소와 행정처분 현황"의 보고횟수기준은?

㉮ 수시   ㉯ 연 4회
㉰ 연 2회   ㉱ 연 1회

풀이 법 개정으로 삭제

74 대기환경보전법령상 휘발유 사용 자동차의 제작차 배출허용기준이 설정된 오염물질의 종류에 해당되지 않는 것은?

㉮ 일산화탄소   ㉯ 탄화수소
㉰ 질소산화물   ㉱ 매연

풀이 제작차 배출허용기준 중 오염물질
① 휘발유 자동차 : 일산화탄소, 탄화수소, 질소산화물, 알데히드, 입자상물질, 암모니아
② 경유 자동차 : 일산화탄소, 탄화수소, 질소산화물, 매연, 입자상물질, 암모니아

정답 70 ㉰ 71 ㉱ 72 ㉮ 73 ㉱ 74 ㉱

75 대기환경보전법규상 자동차 운행정지 표지에 관한 사항으로 옳지 않은 것은?

㉮ 바탕색은 노란색으로, 문자는 검정색으로 한다.
㉯ 자동차의 전면유리 좌측상단에 붙인다.
㉰ 운행정지표지에는 자동차등록번호, 점검당시 누적주행거리(km), 운행정지기간, 운행정지기간 중 주차장소 등이 기재된다.
㉱ 운행정지대상 자동차를 운행정지기간 내에 운행하는 경우에는 대기환경보전법상 300만원 이하의 벌금을 물게 된다.

[풀이] ㉯ 자동차의 전면유리 우측상단에 붙인다.

76 대기환경보전법규상 운행차 배출허용기준 적용으로 옳지 않은 것은?

㉮ 건설기계 중 덤프트럭, 콘크리트믹서트럭, 콘크리트펌프트럭에 대한 배출허용기준은 화물자동차기준을 적용한다.
㉯ 희박연소(Lean Burn)방식을 적용하는 자동차는 공기과잉률 기준을 적용하지 아니한다.
㉰ 휘발유와 가스를 같이 사용하는 자동차의 배출가스 측정 및 배출허용기준은 휘발유의 기준을 적용한다.
㉱ 알코올만 사용하는 자동차는 탄화수소 기준을 적용하지 아니한다.

[풀이] ㉰ 휘발유와 가스를 같이 사용하는 자동차의 배출가스 측정 및 배출허용기준은 가스의 기준을 적용한다.

77 대기환경보전법령상 사업자 과실로 확정배출량을 잘못 산정하여 제출 후 부과금 납부명령을 받은 사업자가 부과금 조정을 신청할 경우 조정신청기간은 부과금납부통지서를 받은 날부터 얼마이내에 하여야 하는가?

㉮ 7일 이내에 하여야 한다.
㉯ 15일 이내에 하여야 한다.
㉰ 30일 이내에 하여야 한다.
㉱ 60일 이내에 하여야 한다.

78 대기환경보전법규상 사업자는 자가측정에 관한 기록을 일정기간동안 보존해야 하는데, 측정시 사용한 여과지 및 시료채취 기록지의 보존기간 기준으로 옳은 것은? (단, 환경분야 시험·검사 등에 관한 법률에 의한 환경오염공정시험기준에 따른다.)

㉮ 측정한 날부터 3개월로 한다.
㉯ 측정한 날부터 6개월로 한다.
㉰ 측정한 날부터 1년으로 한다.
㉱ 측정한 날부터 3년으로 한다.

[풀이] 자가측정시 사용한 여과지 및 시료채취기록지의 보존기간은 환경오염공정시험기준에 따라 최종 기재하거나 측정한 날로부터 6개월로 한다.

정답 75 ㉯ 76 ㉰ 77 ㉱ 78 ㉯

79 대기환경보전법규상 환경부장관의 인정없이 방지시설을 거치지 아니하고 대기오염물질을 배출할 수 있는 공기조절장치를 설치할 경우의 1차 행정처분기준으로 옳은 것은?

㉮ 경고
㉯ 조업정지 5일
㉰ 조업정지 10일
㉱ 허가취소 또는 폐쇄

[풀이] 환경부장관의 인정없이 방지시설을 거치지 아니하고 대기오염물질을 배출할 수 있는 공기조절장치를 설치할 경우 행정처분
① 1차 : 조업정지 10일
② 2차 : 조업정지 30일
③ 3차 : 허가취소 또는 폐쇄

80 대기환경보전법규상 자동차 연료 제조기준 중 벤젠함량(부피%) 기준으로 옳은 것은? (단, 휘발유 연료, 2009년 1월 1일부터 적용)

㉮ 0.7 이하
㉯ 1.0 이하
㉰ 1.0 이상 2.3 이하
㉱ 10 이하

[풀이] 자동차 연료 제조기준 중 벤젠함량(부피%) 기준은 0.7% 이하이다.

정답 79 ㉰ 80 ㉮

2013년 4회 대기환경산업기사

2013년 9월 28일 시행

| 제1과목 | 대기오염개론

01 굴뚝 유효높이에 관련된 인자 및 그 영향에 관한 설명으로 옳지 않은 것은?

㉮ 연도 배출가스의 열배출율이 클수록 증가한다.
㉯ 배출가스의 유속이 작을수록 증가한다.
㉰ 외기와의 온도차가 클수록 증가한다.
㉱ 굴뚝의 통풍력이 클수록 증가한다.

▶풀이 ㉯ 배출가스의 유속이 클수록 증가한다.

02 열섬(Heat island) 현상에 관한 설명으로 옳지 않은 것은?

㉮ 통상 비가 많이 오며 안개가 자주 생긴다.
㉯ 도시가 시골에 비해서 공기의 이동은 적으나, 열방출량이 크기 때문에 발생하는 현상이다.
㉰ 이 현상으로 인해 도시의 중심부가 주위보다 고온이 되어 상승기류가 발생하고 도시주위의 시골에서 도시로 바람이 부는 것을 전원풍이라 한다.
㉱ 저기압의 영향으로 흐린 하늘에 바람이 거의 없는 낮에 잘 발생한다.

▶풀이 ㉱ 고기압의 영향으로 맑은 하늘에 바람이 거의 없는 밤에 잘 발생한다.

03 다음 대기 조성물질의 월별 농도변화 양상 중 약간의 불규칙성을 제외하고서는 광화학반응에 의해 대도시에서 뚜렷하게 하고동저(夏高冬低)형의 분포를 나타내는 것은?

㉮ O_3 ㉯ SO_2
㉰ NO_2 ㉱ CO_2

▶풀이 하고동저(夏高冬低)형은 여름에 농도가 높고 겨울에 농도가 낮다는 의미이므로 오존(O_3)이 된다.

04 다음 중 대기내에서 금속의 부식속도가 일반적으로 빠른것부터 순서대로 연결된 것은?

㉮ 철 > 아연 > 구리 > 알루미늄
㉯ 구리 > 아연 > 철 > 알루미늄
㉰ 알루미늄 > 철 > 아연 > 구리
㉱ 철 > 알루미늄 > 아연 > 구리

▶풀이 금속의 부식속도는 철 > 아연 > 구리 > 알루미늄 순서이다.

정답 01 ㉯ 02 ㉱ 03 ㉮ 04 ㉮

05 어느 도시지역이 대기오염으로 인하여 시골지역보다 태양의 복사열량이 10% 감소한다고 한다. 도시지역의 지상온도가 255K일 때 시골지역의 지상온도는 얼마가 되겠는가? (단, 스테판 볼츠만 법칙을 이용한다.)

㉮ 약 288K ㉯ 약 275K
㉰ 약 269K ㉱ 약 262K

풀이 스테판 볼츠만 법칙
$E = \sigma T^4$

- E : 복사에너지
- σ : 상수(5.67×10^{-8}W/m²)
- T : 물체의 표면온도(K)

① 도시지역의 복사에너지
　$= 5.67\times10^{-8}$W/m²$\times(255k)^4$
　$= 239.74\left(\dfrac{W}{m^2}\cdot k^4\right)$

② 시골지역의 복사에너지
　$= 239.74\left(\dfrac{W}{m^2}\cdot k^4\right)\times1.1 = 263.71\left(\dfrac{W}{m^2}\cdot k^4\right)$

③ 시골지역의 지상온도
　$263.71\left(\dfrac{W}{m^2}\cdot k^4\right) = 5.67\times10^{-8}\left(\dfrac{W}{m^2}\right)\times T^4$

　$\therefore T = \left\{\dfrac{263.71\left(\dfrac{W}{m^2}\cdot k^4\right)}{5.67\times10^{-8}\left(\dfrac{W}{m^2}\right)}\right\}^{\frac{1}{4}} = 261.15k$

06 다음은 어떤 물질에 폭로되었을 때에 관한 설명인가?

- 급성폭로 시 다량의 눈물이 나는 등의 증상을 일으키며 폐렴이 생길 수 있다.
- 만성폭로 시 설태가 끼이며, 혈장 콜레스테롤치가 저하된다.
- 폐기능 검사상 폐쇄성 양상을 나타낸다.

㉮ 셀레늄 ㉯ 바나듐
㉰ 수은 ㉱ 비소

풀이 ㉯ 바나듐(V)에 대한 설명이다.

07 다음 중 대기오염물질의 밀도가 큰 순서대로 옳게 나열된 것은? (단, 기타 조건은 동일)

㉮ $SO_2 > NO_2 > CO_2 > CH_4$
㉯ $SO_2 > NO_2 > NH_3 > H_2S$
㉰ $SO_2 > CS_2 > HCHO > H_2S$
㉱ $SO_2 > HCHO > H_2S > CS_2$

풀이 대기오염물질의 밀도 $= \dfrac{\text{기체의 분자량(kg)}}{22.4Sm^3}$ 이므로 밀도가 큰 순서는 분자량이 큰 순서가 된다. 따라서 $SO_2(64) > NO_2(46) > CO_2(44) > CH_4(16)$ 순서이다.

정답 05 ㉱ 06 ㉯ 07 ㉮

08 다음 특정물질의 종류와 그 화학식의 연결로 옳지 않은 것은?

㉮ CFC-214 : $C_3F_4Cl_4$
㉯ Halon-2402 : $C_2F_4Br_2$
㉰ HCFC-133 : CH_3F_3Cl
㉱ HCFC-222 : $C_3HF_2Cl_5$

풀이 ㉰ HCFC-133 : $C_2H_2F_3Cl$

09 다음 대기오염물질을 분류했을 때, 1차 오염물질로만 옳게 짝지어진 것은?

㉮ N_2O_3, O_3
㉯ H_2S, H_2O_2
㉰ HCl, $CH_3COOONO_2$
㉱ SiO_2, CO

풀이 오염물질의 종류
㉮ N_2O_3-O_3 : 1차성물질 - 2차성물질
㉯ H_2S-H_2O_2 : 1차성물질 - 1, 2차성물질
㉰ HCl-$CH_3COOONO_2$: 1차성물질 - 2차성물질
㉱ SiO_2-CO : 1차성물질 - 1차성물질

10 입자크기 측정법 중 현미경을 이용하는 방법으로 투영된 입자의 모양이 원형이 아닐 때 입자의 최장 또는 최단 크기로 정의하거나 여러 방향으로 나누어 크기를 측정하여 산술 평균한 값으로 정의하기도 하는 직경은?

㉮ Optical diameter
㉯ Equivalent diameter
㉰ Stokes diameter
㉱ Aerodynamic diameter

풀이 ㉮ Optical diameter(광학적 직경)에 대한 설명이다.

11 연돌 내의 배출가스 평균온도는 320℃, 배출가스 속도는 7m/s, 대기온도는 25℃이다. 굴뚝의 지름이 600cm, 풍속이 5m/s 일 때, 통풍력을 80mmH₂O로 하기 위한 연돌의 높이는?(단, 공기와 배출가스의 비중량은 1.3kg/Sm³, 연돌내의 압력손실은 무시한다.)

㉮ 약 85m ㉯ 약 95m
㉰ 약 110m ㉱ 약 135m

풀이
$$Z = 355 \times H \times \left(\frac{1}{273+t_a℃} - \frac{1}{273+t_g℃} \right) (mmH_2O)$$

- Z : 통풍력(mmH₂O)
- H : 굴뚝의 높이(m)
- t_a : 외기의 온도(℃)
- t_g : 가스의 온도(℃)

따라서
$$80mmH_2O = 355 \times H \times \left(\frac{1}{273+25} - \frac{1}{273+320} \right)$$
∴ H = 134.99m

12 무차원수로서 근본적으로 대류난류를 기계적인 난류로 전환시키는 율을 측정한 것으로, 지구경계층에서의 기류안정도를 나타내는 척도로 이용하고 있는 것은?

㉮ Reynold's number
㉯ Richardson's number
㉰ Radiation number
㉱ Cunningham number

풀이 ㉯ Richardson's number(리챠든슨수)에 대한 설명이다.

정답 08 ㉰ 09 ㉱ 10 ㉮ 11 ㉱ 12 ㉯

13 온실효과에 관한 설명으로 옳지 않은 것은?

㉮ 가시광선은 통과시키고 적외선을 흡수해서 열을 밖으로 나가지 못하게 함으로써 보온작용을 하는 것을 대기의 온실효과라 한다.
㉯ CO_2의 주요 흡수파장영역은 35~40 μm 정도이다.
㉰ O_3의 주요 흡수파장영역은 9~10μm 정도이다.
㉱ 온실효과에 대한 기여도(%)는 CH_4 > N_2O 이다.

풀이 ㉯ CO_2의 주요 흡수파장영역은 13~17μm 정도이다.

14 대기안정도와 연기형태에 관한 설명으로 옳지 않은 것은?

㉮ Looping형은 대기가 매우 불안정한 경우, 맑은 날 오후에 발생하기 쉽다.
㉯ Lofting형은 굴뚝의 높이보다 낮은 지표에 역전층이 존재한다.
㉰ Fumigation형은 상층은 불안정, 하층은 안정한 경우에 발생하며, 오염물질의 농도가 하루동안 지속적으로 높아진다.
㉱ Coning형은 대기가 중립조건일 때 발생하며, 오염의 단면분포는 가우시안 분포를 갖는다.

풀이 ㉰ Fumigation형은 상층은 안정, 하층은 불안정한 경우에 발생하며, 30분 이상 지속되지 않는다.

15 대기의 상태가 약한 역전일 때 풍속은 3m/s이고, 유효굴뚝 높이는 78m 이다. 이때, 지상의 오염물질이 최대농도가 될 때의 착지거리는 얼마인가? (단, sutton의 최대착지거리의 관계식을 이용하여 계산하고, C_y, C_z는 각각 0.13, 안정도계수(n)는 0.33을 적용할 것)

㉮ 2123.9m ㉯ 2546.8m
㉰ 2793.2m ㉱ 3013.8m

풀이 $X_{max} = \left(\dfrac{He}{C_z}\right)^{\frac{2}{2-n}}$

X_{max} : 최대지상거리(m)
He : 유효굴뚝높이(m)
C_z : 수직확산계수
n : 대기안정도 상수

따라서 $X_{max} = \left(\dfrac{78m}{0.13}\right)^{\frac{2}{2-0.33}} = 2123.87m$

16 다음 대기오염과 관련된 역사적 사건 중 주로 자동차 등에서 배출되는 오염물질로 인한 광화학 반응에 기인한 것은?

㉮ 뮤즈(Meuse) 계곡 사건
㉯ 런던(London) 사건
㉰ 로스엔젤레스(Los Angeles) 사건
㉱ 포자리카(Pozarica) 사건

풀이 주로 자동차 등에서 배출되는 오염물질로 인한 광화학 반응에 기인한 사건은 로스엔젤레스(Los Angeles) 사건이다.

정답 13 ㉯ 14 ㉰ 15 ㉮ 16 ㉰

17 다음 가솔린 자동차 운전조건(Mode) 중 일산화탄소를 가장 적게 배출하는 것은?

㉮ 감속 ㉯ 정속
㉰ 공회전 ㉱ 심한 가속

풀이 일산화탄소(CO)가 가장 적게 배출되는 경우는 정속운행 상태이고, 가장 많이 배출되는 경우는 공회전(아이드링)상태이다.

18 표준상태에서 일산화질소 6.5ppm은 20℃, 1기압하에서 몇 mg/m³인가?

㉮ 7.3 ㉯ 8.1
㉰ 9.6 ㉱ 12.4

풀이
$$mg/m^3 = \frac{6.5mL}{Sm^3} \times \frac{273}{273+20℃} \times \frac{30mg}{22.4mL}$$
$$= 8.11 mg/m^3$$

TIP
① ppm = mL/Sm³
② NO 1mol $\begin{cases} 30mg \\ 22.4mL \end{cases}$

19 산성비와 관련된 토양성질에 관한 설명 중 가장 거리가 먼 것은?

㉮ 토양의 성질 중 결정성의 점토광물은 강산적이고, 결정도가 낮은 점토광물은 약산적이다.
㉯ 토양과 흡착되어 있는 양이온을 교환성 양이온이라 하고, 이 중 양적으로 많은 것은 Ca^{2+}, Mg^{2+}, Na^+, K^+, Al^{3+}, H^+ 등 6종이다.
㉰ Ca^{2+}와 Mg^{2+}이외의 양이온을 교환성 염기라 하며, 토양의 pH는 흡착되어 있는 교환성 음이온에 의해 결정된다.
㉱ 토양입자는 일반적으로 θ 하전으로 대전되어 각종 양이온을 정전기적으로 흡착하고 있다.

풀이 ㉰ Ca^{2+}와 Mg^{2+}이외의 양이온을 교환성 산성이라 하며, 토양의 pH는 흡착되어 있는 교환성 양이온에 의해 결정된다.

20 다음 4종류의 고도에 따른 기온분포도 중 plume의 상하 확산폭이 가장 적어 최대착지거리가 큰 것은?

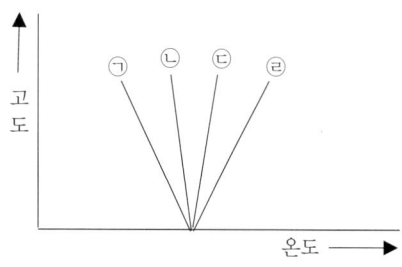

㉮ ㉠ ㉯ ㉡
㉰ ㉢ ㉱ ㉣

풀이 그림에서 확산폭이 가장 큰 것은 ㉠이고, 확산의 폭이 가장 작은 것은 ㉣이다.

정답 17 ㉯ 18 ㉯ 19 ㉰ 20 ㉱

| 제2과목 | 대기오염공정시험기준

21 굴뚝 배출가스 유속 및 유량 측정에 사용되는 장치에 관한 설명으로 옳지 않은 것은?

㉮ 피토우관은 스테인리스와 같은 재질의 금속관으로, 관의 바깥지름의 범위는 4~10mm 정도이어야 한다.
㉯ 차압계로는 경사마노미터, 전자마노미터 등을 사용하여 굴뚝배출가스의 차압을 측정할 수 있도록 하며, 최소 0.5mmHg 눈금을 읽을 수 있는 마노미터를 사용한다.
㉰ 피토우관 계수는 사전에 확인되어야 하며, 고유번호가 부여되고 이 번호는 지워지지 않도록 관 몸체에 새겨야 한다.
㉱ 피토우관의 각 분기관과 오리피스 평면과의 거리는 바깥지름의 1.05~1.50배 사이에 있어야 한다.

풀이 ㉯ 차압계로는 경사마노미터, 전자마노미터 등을 사용하여 굴뚝배출가스의 차압을 측정할 수 있도록 하며, 최소 0.3mmH$_2$O눈금을 읽을 수 있는 마노미터를 사용한다.

22 다음은 고용량공기시료채취기법에 의한 각 측정지점의 채취먼지량과 풍향, 풍속의 측정결과로부터 비산먼지의 농도(C)를 구하는 식이다. 이 식에 관한 설명으로 옳지 않은 것은?

$$C = (C_H - C_B) \times W_D \times W_S$$

㉮ C_H는 채취먼지량이 가장 많은 위치에서의 먼지농도(mg/m^3)를 나타낸다.
㉯ C_B는 대조위치에서의 먼지농도(mg/m^3)로서 대조위치를 선정할 수 없을 때는 보통 0.15 mg/m^{3}로 한다.
㉰ W_D는 풍향 측정결과로부터 구한 보정계수로 전 시료채취기간 중 주풍향이 90°이상 변할 때는 2.0으로 한다.
㉱ W_S는 풍속 측정결과로부터 구한 보정계수로 풍속이 0.5m/s 미만 또는 10m/s 이상 되는 시간이 전 채취시간의 50% 이상일 때 1.2로 한다.

풀이 ㉰ W_D는 풍향 측정결과로부터 구한 보정계수로 전 시료채취기간 중 주풍향이 90° 이상 변할 때는 1.5로 한다.

정답 21 ㉯ 22 ㉰

23 A보일러 굴뚝 배출가스 온도는 240℃, 피토우관에 의한 동압은 7.5mmH₂O 이었다. 이 굴뚝 배출가스 유속은? (단, 대기압 1atm, 피토우관계수는 1.2로 한다.)

㉮ 약 11.5m/s   ㉯ 약 13.5m/s
㉰ 약 15.5m/s   ㉱ 약 17.5m/s

풀이

$$V = C \times \sqrt{\frac{2gh}{r}}$$

- V : 배출가스 유속(m/sec)
- C : 피토우관 계수
- g : 중력가속도(9.8m/sec²)
- h : 동압(mmH₂O)
- r : 밀도(kg/m³)

① $r(kg/m^3) = 1.3kg/Sm^3 \times \dfrac{273}{273+240℃}$
      $= 0.6918 kg/m^3$

② $V = 1.2 \times \sqrt{\dfrac{2 \times 9.8 m/sec^2 \times 7.5 mmH_2O}{0.6918 kg/m^3}}$
      $= 17.49 m/sec$

24 자외선 가시선 분광법(흡광광도법)에서 장치 및 장치보정에 관한 설명으로 옳지 않은 것은?

㉮ 가시부와 근적외부의 광원으로는 주로 텅스텐램프를 사용하고 자외부의 광원으로는 주로 중수소 방전관을 사용한다.
㉯ 일반적으로 흡광도 눈금의 보정은 110℃에서 3시간 이상 건조한 과망간산포타슘(1급 이상)을 N/10 수산화소듐 용액에 녹인 과망간산소듐용액으로 보정한다.
㉰ 광전관, 광전자증배관은 주로 자외 내지 가시파장 범위에서, 광전도셀은 근적외 파장범위에서, 광전지는 주로 가시파장 범위 내에서의 광전측광에 사용된다.
㉱ 광전광도계는 파장 선택부에 필터를 사용한 장치로 단광속형이 많고 비교적 구조가 간단하여 작업분석용에 적당하다.

풀이 ㉯ 일반적으로 흡광도 눈금의 보정은 110℃에서 3시간 이상 건조한 다이크롬산포타슘(1급 이상)을 N/20 수산화포타슘 용액에 녹인 다이크롬산포타슘용액으로 보정한다.

25 배출가스 중 금속화합물을 원자흡수분광광도법에 의해 측정하고자 할 때, 사용되는 용어의 정의로 옳지 않은 것은?

㉮ 감도 : 각 원소 성분에 대해 입사광의 0.5% (0.0022 흡광도)를 흡수할 수 있는 시료의 최대농도를 의미한다.
㉯ 표준원액 : 정확한 농도를 알고 있는 비교적 고농도의 용액으로, 일반적으로 1000mg/kg 농도에서 0.3% 이내의 불확도를 나타내야 한다.
㉰ 매질효과 : 시료 용액의 점도, 표면장력, 휘발성 등과 같은 물리적 특성이나 화학적 조성의 차이에 의해 원자화율이 달라지면서 정량성이 저하되는 효과를 의미한다.
㉱ 원자흡수 : 바닥상태의 원자가 높은 전자에너지 준위를 갖는 들뜬상태로 될 때 소요되는 전자기복사선의 흡수를 의미한다.

풀이 ㉮ 감도 : 각 원소 성분에 대해 입사광의 1% (0.0044 흡광도)를 흡수할 수 있는 시료의 농도를 의미한다.

정답 23 ㉱   24 ㉯   25 ㉮

26 다음은 굴뚝에서 배출되는 먼지측정방법에 관한 설명이다. (   )안에 알맞은 말을 순서대로 옳게 나열한 것은?

> 수동식 채취기를 사용하여 굴뚝에서 배출되는 기체중의 먼지를 측정할 때 흡입가스량은 원칙적으로 (①)여과지 사용 시 채취면적 1cm² 당 (②)mg 정도이고, (③)여과지 사용시 전체 먼지채취량이 (④)mg 이상이 되도록 한다.

㉮ ① 원통형, ② 0.5, ③ 원형, ④ 1
㉯ ① 원통형, ② 1, ③ 원형, ④ 5
㉰ ① 원형, ② 0.5, ③ 원통형, ④ 1
㉱ ① 원형, ② 1, ③ 원통형, ④ 5

27 이온크로마토그래피에서 검출한계는 각 분석방법에서 규정하는 조건에서 출력신호를 기록할 때 잡음신호의 몇 배에 해당하는 목적성분의 농도를 검출한계로 하는가?

㉮ 1/2배 ㉯ 2배
㉰ 10배   ㉱ 100배

풀이 검출한계는 각 분석방법에서 규정하는 조건에서 출력신호를 기록할 때 잡음신호의 2배에 해당하는 목적성분의 농도를 검출한계로 한다.

28 다음 중 원자흡수분광광도법(원자흡광광도법)에서 광원부로 가장 적합한 장치는?

㉮ 텅스텐램프   ㉯ 플라즈마젯
㉰ 중공음극램프 ㉱ 수소방전관

풀이 원자흡수분광광도법의 광원으로는 중공음극램프이다.

29 굴뚝 배출가스 내의 페놀시료 채취방법 중 용액흡수법에 관한 설명으로 가장 거리가 먼 것은?

㉮ 시료가스 채취관은 석영관, 스테인리스강관, 4불화 메틸렌수지관 등을 사용한다.
㉯ 시료 중에 먼지가 혼입되는 것을 방지하기 위하여 채취관의 앞 끝에 알칼리 유리솜 등을 넣는다.
㉰ 채취관과 삼방콕크 등 가열되는 접속부분은 갈아 맞춤 또는 실리콘 고무관을 사용하며, 삼방콕크 등의 갈아 맞춤 부분에는 윤활유를 발라서는 안된다.
㉱ 시료중의 페놀류와 수분이 응축하지 않도록 시료가스 채취관과 흡수병 사이를 가열해야 한다.

풀이 ㉯ 시료 중에 먼지가 혼입되는 것을 방지하기 위하여 채취관의 앞 끝에 무알칼리 유리솜 등을 넣는다.

정답 26 ㉱ 27 ㉯ 28 ㉰ 29 ㉯

30 굴뚝 배출가스 중 일산화탄소 분석을 위한 정전위 전해법에 관한 설명으로 옳지 않은 것은?

㉮ 90% 응답시간은 5분 이내로 한다.
㉯ 정전위 전해법을 이용한 계측기는 소형 경량으로서 이동 측정에 적합하다.
㉰ 프로판 100 ppm의 간섭영향 시험용 가스를 도입하였을 때 그 영향이 1ppm 이하이어야 한다.
㉱ 시료가스 유량 변화에 따른 안정성은 최대 눈금값의 ±2% 이내로 한다.

[풀이] ㉮ 90% 응답시간은 2분 30초이내로 한다.

31 굴뚝 배출가스 중의 먼지시료를 보통형(1형) 흡입노즐을 가진 수동식 채취기를 사용하여 채취하는 경우에 다음의 조건에서의 등속흡입 유량은? (단, 대기압 : 765mmHg, 건식가스미터온도 : 20℃, 가스미터게이지압 : 1mmHg, 배출가스온도 : 125℃, 배출가스유속 : 7.5m/s, 배출가스 중 수증기의 부피백분율 : 10%, 흡입노즐내경 : 6mm, 측정점에서의 정압 : -1.5 mmHg)

㉮ 2.4L/min
㉯ 4.5L/min
㉰ 8.4L/min
㉱ 14.5L/min

[풀이]
$$q_m = \frac{\pi d^2}{4} \times v \times \left(1 - \frac{X_w}{100}\right) \times \frac{273+\theta_m}{273+\theta_s}$$
$$\times \frac{P_a+P_s}{P_a+P_m} \times 60 \times 10^{-3}$$

- q_m : 등속 흡입유량
- d : 노즐의 직경(mm)
- v : 배출가스 유속(m/sec)
- X_w : 수증기의 부피 백분율(%)
- θ_m : 가스미터의 흡입가스온도(℃)
- θ_s : 배출가스 온도(℃)
- P_a : 대기압(mmHg)
- P_s : 측정점에서의 정압(mmHg)
- P_m : 가스미터의 흡입가스 게이지압(mmHg)

따라서
$$q_m = \frac{\pi \times (6mm)^2}{4} \times 7.5m/sec \times (1-0.1) \times \frac{273+20℃}{273+125℃}$$
$$\times \frac{765mmHg-1.5mmHg}{765mmHg+1mmHg} \times 60 \times 10^{-3}$$
$$= 8.40L/min$$

32 환경대기 중의 시료채취방법 중 고용량 공기시료채취기의 채취용 여과지에 관한 설명으로 가장 거리가 먼 것은?

㉮ 흡수성은 작고, 가스상 물질의 흡착도 적은 것이어야 한다.
㉯ 입자상 물질의 채취에 사용하는 여과지는 0.5μm되는 입자를 95% 이상 채취할 수 있어야 한다.
㉰ 분석에 방해되는 물질은 함유되지 않은 것이어야 한다.
㉱ 사용되는 여과지의 재질은 일반적으로 유리섬유, 석영 섬유, 폴리스틸렌, 플루오로수지 등이다.

[풀이] ㉯ 입자상 물질의 채취에 사용하는 여과지는 0.3μm 되는 입자를 99% 이상 채취할 수 있어야 한다.

33 자외선 가시선 분광법(흡광광도법)에서 자동기록식 광전분광광도계의 파장교정에 이용되는 것은?

㉮ 다이크롬산포타슘용액의 흡광도
㉯ 간섭필터의 흡광도
㉰ 커트필터의 미광
㉱ 홀뮴유리의 흡수스펙트럼

[풀이] 자동기록식 광전분광광도계의 파장교정에 이용되는 것은 홀뮴유리의 흡수스펙트럼이다.

정답 30 ㉮ 31 ㉰ 32 ㉯ 33 ㉱

34 자외선 가시선 분광법(흡광광도법)으로 굴뚝 배출가스 중 이황화탄소를 측정할 때 사용하는 흡수액으로 옳은 것은?

㉮ 다이에틸아민구리용액
㉯ 다이에틸다이싸이오카밤산소듐 용액
㉰ 다이에틸아민구리용액
㉱ 다이에틸아민황산염용액

[풀이] 이황화탄소의 흡수액은 다이에틸아민구리용액 이다.

35 다음 중 원자흡수분광광도법(원자흡광법)에서 분석오차를 유발하는 일반적인 요인으로 가장 거리가 먼 것은?

㉮ 표준시료와 분석시료의 조성이나 물리적 화학적 성질의 차이
㉯ 분무기 또는 버너의 열화
㉰ 측광부의 불안정 또는 조절 불량
㉱ 불꽃을 투과하는 광속의 위치의 조정 불량

[풀이] ㉯ 분무기 또는 버너의 오염이나 폐색

36 환경대기 내 질소산화물 농도 측정방법 중 자동연속측정방법이 아닌 것은?

㉮ 화학발광법 (Chemiluminescent method)
㉯ 야콥스호호하이저법 (Jacobs-Hochheiser)
㉰ 살츠만(Saltzman)법
㉱ 흡광차분광법(DOAS)

[풀이] 환경대기 내 질소산화물 농도 측정방법 중 자동연속측정방법에는 화학발광법, 살츠만법, 흡광차분광법이 있다.

37 기체크로마토그래피법에서 장치의 기본구성에 관한 설명으로 옳지 않은 것은?

㉮ 기록계는 스트립 차아트(Strip Chart) 식 자동평형 기록계로 스팬(Span) 전압 1mV, 펜 응답시간(Pen Response Time) 2초 이내, 기록지 이동속도(Chart Speed)는 10mm/분을 포함한 다단변속(多段變速)이 가능한 것이어야 한다.
㉯ 분리관오븐(Column Oven)의 온도조절 정밀도는 ±0.5℃의 범위이내 전원 전압변동 10%에 대하여 온도변화 ±0.5℃의 범위이내(오븐의 온도가 150℃ 부근일 때)이어야 한다.
㉰ 가스를 연소시키는 검출기를 수용하는 검출기 오븐은 검출 효율을 높이기 위하여 오븐 내에 가스가 오래동안 체류되는 구조이어야 한다.
㉱ 방사성 동위원소를 사용하는 검출기에 대하여는 별도로 과열방지기구, 누출방지기구 등을 설치해야 한다.

[풀이] ㉰ 가스를 연소시키는 검출기를 수용하는 검출기 오븐은 그 가스가 오래동안 체류하지 않도록 된 구조이어야 한다.

정답 34 ㉮ 35 ㉯ 36 ㉯ 37 ㉰

38 사업장의 최종배출구인 굴뚝에서 A물질의 실측농도값이 150ppm이었고, 이때 실측산소 농도는 5.5%이었다. 표준산소로 보정한 A물질의 농도(ppm)는?
(단, A물질은 표준산소농도를 적용받는 물질이며, 표준산소농도 : 4% 이다.)

㉮ 130.4 ㉯ 157.5
㉰ 164.5 ㉱ 186.4

풀이 오염물질의 농도보정

$$C = C_a \times \frac{21-O_s}{21-O_a} = 150ppm \times \frac{21-4\%}{21-5.5\%}$$
$$= 164.52ppm$$

39 굴뚝 배출가스 내 폼알데하이드 및 알데하이드류의 분석방법 중 고성능액체크로마토그래피법(HPLC)에 관한 설명으로 옳지 않은 것은?

㉮ 배출가스중의 알데히드류는 흡수액 2,4-DNPH (Dinitrophenylhydrazine)과 반응하여 하이드라존 유도체(Hydrazone derivative)를 생성한다.
㉯ 흡입노즐은 석영제로 만들어진 것으로 흡입노즐의 꼭지점은 45° 이하의 예각이 되도록 하고 매끈한 반구모양으로 한다.
㉰ 하이드라존(Hydrazone)은 UV영역, 특히 350~380nm에서 최대 흡광치를 나타낸다.
㉱ 흡입관은 수분응축 방지를 위해 시료가스 온도를 100℃ 이상으로 유지할 수 있는 가열기를 갖춘 보로실리케이트 또는 석영 유리관을 사용한다.

풀이 ㉯ 흡입노즐은 스테인리스강 또는 유리제로 만들어진 것으로 흡입노즐의 꼭지점은 30° 이하의 예각이 되도록 하고 매끈한 반구모양으로 한다.

40 대기오염공정시험기준상 '시험의 기재 및 용어'에 관한 설명으로 옳지 않은 것은?

㉮ 용액의 액성(液性) 표시는 따로 규정이 없는 한 유리전극법에 의한 pH미터로 측정한 것을 뜻한다.
㉯ 시험조작중 "즉시"란 30초 이내에 표시된 조작을 하는 것을 뜻한다.
㉰ "정량적으로 씻는다(洗滌)" 함은 어떤 조작으로부터 다음 조작으로 넘어갈 때 사용한 비이커, 플라스크 등의 용기 및 여과막 등에 부착한 정량대상 성분을 사용한 용매로 씻어 그 세액(洗液)을 합하고 먼저 사용한 같은 용매를 채워 일정용량으로 하는 것을 뜻한다.
㉱ "항량이 될 때까지 건조한다 또는 강열한다"라 함은 따로 규정이 없는 한 보통의 건조 방법으로 1시간 더 건조 또는 강열할 때 전후 무게의 차가 매 g당 0.5mg 이하일 때를 뜻한다.

풀이 ㉱ "항량이 될 때까지 건조한다 또는 강열한다"라 함은 따로 규정이 없는 한 보통의 건조방법으로 1시간 더 건조 또는 강열할 때 전후 무게의 차가 매 g당 0.3mg 이하일 때를 뜻한다.

정답 38 ㉰ 39 ㉯ 40 ㉱

| 제3과목 | 대기오염방지기술

41 현재 500mg/m³의 먼지가 배출되고 있는 시설에 50% 효율을 가진 전처리 장치를 설치하였다. 이 시설의 먼지 배출 허용기준은 10mg/m³인데, 집진효율이 몇 % 이상인 2차 처리장치를 설치하면 배출허용기준을 맞출 수 있겠는가?

㉮ 89% ㉯ 91%
㉰ 94% ㉱ 96%

풀이 ① 2차 처리장치의 입구농도
 = 500mg/m³×(1-0.5) = 250mg/m³
② 2차 처리장치의 출구농도 = 10mg/m³
③ 2차 처리장치의 처리효율(%)
$= \left(1 - \frac{출구농도}{입구농도}\right) \times 100 = \left(1 - \frac{10\text{mg/m}^3}{250\text{mg/m}^3}\right) \times 100$
= 96%

42 다음 중 석탄의 탄화도가 클수록 증가하지 않는 것은?

㉮ 고정탄소 ㉯ 착화온도
㉰ 휘발분   ㉱ 연료비

풀이 석탄의 탄화도가 클수록 고정탄소, 착화온도, 연료비는 증가하고, 휘발분은 감소한다.

43 다음 중 액화석유가스(LPG)에 관한 설명으로 옳지 않은 것은?

㉮ 천연가스에서 회수되기도 하지만 대부분은 석유정제시 부산물로 얻어진다.
㉯ 보통 LNG보다 발열량이 낮으며, 착화온도는 200~250℃ 이다.
㉰ 비중이 공기보다 무거워 누출될 경우, 인화·폭발성의 위험이 있다.
㉱ 액체에서 기체로 될 때, 증발열이 있으므로 사용하는데 유의할 필요가 있다.

풀이 ㉯ LPG는 LNG보다 발열량이 높다.

44 세정집진장치에서 관성충돌계수를 크게 하는 조건이 아닌 것은?

㉮ 처리가스와 액적의 상대속도가 커야 한다.
㉯ 먼지의 밀도가 커야 한다.
㉰ 액적의 직경이 커야 한다.
㉱ 먼지의 입경이 커야 한다.

풀이 ㉰ 액적의 직경이 작아야 한다.

45 다음 중 흡착제의 흡착능과 가장 관련이 먼 것은?

㉮ 포화(saturation)
㉯ 보전력(retentivity)
㉰ 파괴점(break point)
㉱ 유전력(dielectric force)

풀이 흡착제의 흡착능은 포화(saturation), 보전력(retentivity), 파괴점(break point)과 관련이 있다.

정답 41 ㉱ 42 ㉰ 43 ㉯ 44 ㉰ 45 ㉱

46 탄소 70kg과 수소 20kg을 완전연소 시키는데 필요한 이론적인 산소의 양은?

㉮ 227 kg ㉯ 286 kg
㉰ 320 kg ㉱ 347 kg

풀이 이론산소량 $= \dfrac{32kg}{12kg} \times C + \dfrac{16kg}{2kg} \times H$

$= \dfrac{32kg}{12kg} \times 70kg + \dfrac{16kg}{2kg} \times 20kg = 346.67kg$

47 공기가 과잉인 경우로 열손실이 많아지는 때의 등가비(ϕ) 상태는?

㉮ $\phi = 1$ ㉯ $\phi < 1$
㉰ $\phi > 1$ ㉱ $\phi = 0$

풀이
① $\phi = 1$: 완전연소
② $\phi < 1$: 공기과잉
③ $\phi > 1$: 연료과잉

48 A석유의 원소조성(질량)비가 탄소 78%, 수소 21%, 황 1% 이다. 이 석유 1.5kg을 완전연소 시키는데 필요한 이론공기량은?

㉮ 12.6Sm³ ㉯ 18.9Sm³
㉰ 25.6Sm³ ㉱ 47.3Sm³

풀이 ① 이론공기량(A_o)

$= 8.89C + 26.67 \times \left(H - \dfrac{O}{8}\right) + 3.33S \,(Sm^3/kg)$

$= 8.89 \times 0.78 + 26.67 \times 0.21 + 3.33 \times 0.01$

$= 12.5682 Sm^3/kg$

② $12.5682 Sm^3/kg \times 1.5kg = 18.85 Sm^3$

49 A여과집진장치에서 99%의 집진효율로 먼지를 제거하였는데 성능저하로 인해서 96%의 집진효율을 갖게 되었다면 먼지의 배출농도는 처음보다 몇 배 증가하겠는가?

㉮ 1.5배 ㉯ 2배
㉰ 3배 ㉱ 4배

풀이 배출농도 $= \dfrac{(1-\eta_2)}{(1-\eta_1)} = \dfrac{(1-0.96)}{(1-0.99)} = 4$배

50 처리가스량 36000Sm³/hr, 압력손실이 200mmH₂O, 송풍기 효율 70%, 여유율 1.8일 때 송풍기의 소요동력은?

㉮ 40kW ㉯ 50kW
㉰ 60kW ㉱ 70kW

풀이 $kW = \dfrac{P_s \times Q}{102 \times \eta} \times \alpha$

$\begin{bmatrix} P_s : 압력손실(mmH_2O) \\ Q : 가스량(m^3/sec) \\ \eta : 처리효율 \\ \alpha : 여유율 \end{bmatrix}$

따라서

$kW = \dfrac{200mmH_2O \times 36,000Sm^3/hr \times 1hr/3600sec}{102 \times 0.7} \times 1.8$

$= 50.42kW$

TIP

102의 단위가 kg·m/sec이므로 가스량(Q)의 시간단위는 반드시 "sec"임에 주의한다.

정답 46 ㉱ 47 ㉯ 48 ㉯ 49 ㉱ 50 ㉯

51 유해가스 처리장치에 사용되는 흡수제에 관한 설명으로 옳은 것은?

㉮ 흡수제가 화학적으로 유해가스의 성분과 비슷할 때 일반적으로 용해도가 크다.
㉯ 흡수제 손실을 줄이기 위해서는 휘발성이 커야 한다.
㉰ 흡수율을 높이고 flooding을 줄이기 위해서는 흡수제의 점도가 커야 한다.
㉱ 흡수제의 빙점은 높고, 비점은 낮아야 한다.

풀이 ㉯ 흡수제 손실을 줄이기 위해서는 휘발성이 작아야 한다.
㉰ 흡수율을 높이고 flooding을 줄이기 위해서는 흡수제의 점도가 작아야 한다.
㉱ 흡수제의 빙점은 낮고, 비점은 높아야 한다.

52 프로판과 부탄의 용적비가 1 : 1의 비율로 된 연료가 있다. 이 연료를 완전연소시킨 후 건조연소가스 중의 CO_2는 20%이였다. 이 연료 $1Sm^3$당 건조 연소가스량은?

㉮ $1.75Sm^3$　　㉯ $17.5Sm^3$
㉰ $3.5Sm^3$　　㉱ $35Sm^3$

풀이 $C_3H_8 + 5O_2 \rightarrow 3CO_2 + 4H_2O$: 50%
$C_4H_{10} + 6.5O_2 \rightarrow 4CO_2 + 5H_2O$: 50%

$CO_2\% = \dfrac{CO_2량(Sm^3/Sm^3)}{건조연소가스량(Sm^3/Sm^3)} \times 100$

따라서 $20\% = \dfrac{(3 \times 0.5 + 4 \times 0.5)(Sm^3/Sm^3)}{건조연소가스량(Sm^3/Sm^3)} \times 100$

∴ 건조연소가스량 = $17.5Sm^3/Sm^3$

53 입자의 비표면적(단위 체적당 표면적)에 관한 설명으로 옳은 것은?

㉮ 입자의 비표면적이 작으면 원심력집진장치의 경우 입자가 장치의 벽면에 부착하여 장치벽면을 폐색시킨다.
㉯ 입자의 입경이 작아질수록 비표면적은 커진다.
㉰ 입자의 비표면적이 작으면 전기집진장치에서는 주로 먼지가 집진극에 퇴적되어 역전리 현상이 초래된다.
㉱ 입자의 비표면적이 커지면 응집성과 흡착력이 작아진다.

54 여과집진장치의 탈진에 관한 설명으로 옳지 않은 것은?

㉮ 간헐식 집진 중 진동형 탈진방식은 접착성 먼지의 집진에는 사용할 수 없다.
㉯ 간헐식 집진은 탈진 시 대량의 가스처리에는 부적합하다.
㉰ 연속식 집진 중 충격제트기류 분사형 탈진방식은 집진장치내 운동장치가 많아 탈진주기에 비해 소요되는 시간이 길다.
㉱ 연속식 집진은 탈진 시 먼지의 재비산이 일어나 간헐식에 비해 집진율이 낮고 여과자루의 수명이 짧다.

풀이 ㉰ 연속식 집진 중 충격제트기류 분사형 탈진방식은 집진장치내 운동장치가 없어 탈진주기에 비해 소요되는 시간이 짧다.

정답 51 ㉮　52 ㉯　53 ㉯　54 ㉰

55 다음 중 가스상 오염물질과 그 처리방법의 연결로 적합하지 않은 것은?

㉮ SO_2 - 석회수 세정법
㉯ NO_X - 촉매 환원법
㉰ HCl - $CaCO_3$에 의한 흡수법
㉱ CO - 촉매 연소법

풀이 ㉰ HCl - 수세법

56 다음 중 전기집진장치의 집진실을 독립된 하전설비를 가진 단위 집진실로 전기적 구획을 하는 주된 이유로 가장 적합한 것은?

㉮ 순간 정전을 대비하고, 전기안전 사고를 예방하기 위함이다.
㉯ 집진효율을 높이고, 효율적인 전력사용을 하기 위함이다.
㉰ 처리가스의 유량분포를 균일하게 하고, 먼지입자의 충분한 체류시간을 확보하게 하기 위함이다.
㉱ 집진실 청소를 효과적으로 하기 위함이다.

풀이 전기집진장치의 집진실을 독립된 하전설비를 가진 단위 집진실로 전기적 구획을 하는 주된 이유는 집진효율을 높이고, 효율적인 전력사용을 하기 위함이다.

57 전기집진장치의 전기저항이 높거나 낮을 때 주입하는 물질로 거리가 먼 것은?

㉮ silica gel   ㉯ 트리에틸아민
㉰ NH_3 ㉱ 물

풀이 ㉮ silica gel(실리카겔)은 흡착제이다.

58 저위발열량 $5000kcal/Sm^3$의 기체연료 연소시 이론연소온도는? (단, 이론 연소가스량은 $20Sm^3/Sm^3$, 연소가스의 평균정압비열은 $0.35kcal/Sm^3 \cdot ℃$이며, 기준온도는 실온이며, 공기는 예열되지 않고, 연소가스는 해리되지 않는다.)

㉮ 약 560℃   ㉯ 약 650℃
㉰ 약 730℃   ㉱ 약 890℃

풀이
$$t_2 = \frac{Hl}{G \times C} + t_1$$

$\begin{bmatrix} t_2 : 이론연소온도(℃) \\ Hl : 저위발열량(kcal/Sm^3) \\ G : 가스량(Sm^3/Sm^3) \\ C : 비열(kcal/Sm^3 \cdot ℃) \\ t_1 : 기준온도(℃) \end{bmatrix}$

따라서
$$t_2 = \frac{5000kcal/Sm^3}{20Sm^3/Sm^3 \times 0.35kcal/Sm^3 \cdot ℃} + 10℃$$
$$= 724.30℃$$

TIP 기준온도가 실온이므로 1~35℃의 온도를 기준온도로 사용한다.

59 세정집진장치의 단점으로 거리가 먼 것은?

㉮ 세정수가 다량 필요하며, 한냉기에는 동결방지에 유의해야 한다.
㉯ 소수성 입자나 가스의 집진효과는 낮다.
㉰ 처리가스의 확산이 어렵고, 굴뚝으로 최종배출되기 전에 기액분리기를 사용해 제거해 주어야 한다.
㉱ 다른 고효율 집진장치에 비해 설비비가 비싸고, 전기, 여과집진장치보다 설치면적이 큰 편이다.

풀이 ㉱ 다른 고효율 집진장치에 비해 설비비가 싸고, 전기, 여과집진장치보다 설치면적이 작은 편이다.

정답 55 ㉰ 56 ㉯ 57 ㉮ 58 ㉰ 59 ㉱

60 탄화수소비(C/H)에 관한 설명으로 옳지 않은 것은?

㉮ 중질연료일수록 C/H비는 크다.
㉯ C/H비가 클수록 이론 공연비는 감소된다.
㉰ C/H비는 휘발유 > 등유 > 경유 > 중유 순으로 감소한다.
㉱ C/H비가 클수록 휘도가 높고, 방사율이 크다.

풀이 ㉰ C/H비는 중유 > 경유 > 등유 > 휘발유 순으로 감소한다.

제4과목 대기환경관계법규

61 대기환경보전법상 장거리이동대기오염물질피해방지 종합대책 수립 시 반드시 포함되어야 하는 사항으로 가장 거리가 먼 것은? (단, 그 밖의 사항 등은 제외한다.)

㉮ 종합대책 추진실적 및 그 평가
㉯ 장거리이동대기오염물질 발생 감소를 위한 국제협력
㉰ 장거리이동대기오염물질피해 방지를 위한 국내대책
㉱ 대기오염물질과 온실가스를 연계한 통합 대기환경 관리체계의 구축

풀이 장거리이동대기오염물질피해방지 종합대책에 포함되어야 하는 사항으로는 장거리이동대기오염물질발생현황 및 전망, 종합대책 추진실적 및 그 평가, 장거리이동대기오염물질피해 방지를 위한 국내대책, 장거리이동대기오염물질 발생 감소를 위한 국제협력이 있다.

62 대기환경보전법령상 대기오염물질발생량에 따른 사업장 종별 분류기준에 관한 사항으로 옳지 않은 것은?

㉮ 대기오염물질발생량의 합계가 연간 100톤 발생하는 사업장은 1종사업장에 해당한다.
㉯ 대기오염물질발생량의 합계가 연간 80톤 발생하는 사업장은 1종사업장에 해당한다.
㉰ 대기오염물질 발생량의 합계가 연간 30톤 발생하는 사업장은 3종사업장에 해당한다.
㉱ 대기오염물질 발생량의 합계가 연간 3톤 발생하는 사업장은 4종사업장에 해당한다.

풀이 사업장 분류
① 1종 사업장 : 연간 80톤 이상
② 2종 사업장 : 연간 20톤 이상 80톤 미만
③ 3종 사업장 : 연간 10톤 이상 20톤 미만
④ 4종 사업장 : 연간 2톤 이상 10톤 미만
⑤ 5종 사업장 : 연간 2톤 미만

정답 60 ㉰ 61 ㉱ 62 ㉰

63 대기환경보전법령상 제작차에 대한 인증을 생략할 수 있는 자동차에 해당하는 것은?

㉮ 외국인 또는 외국에서 1년 이상 거주한 내국인이 주거(住居)를 옮기기 위하여 이주물품으로 반입하는 1대의 자동차
㉯ 군용 및 경호업무용 등 국가의 특수한 공용 목적으로 사용하기 위한 자동차와 소방용 자동차
㉰ 박람회나 그 밖에 이에 준하는 행사에 참가하는 자가 전시의 목적으로 일시 반입하는 자동차
㉱ 외국에서 국내의 공공기관 또는 비영리단체에 무상으로 기증한 자동차

[풀이] ㉮, ㉯, ㉰ 번의 내용은 인증의 면제 자동차에 해당한다.

64 다음은 대기환경보전법규상 비산먼지 발생을 억제하기 위한 시설의 설치 및 필요한 조치에 관한 기준이다. ( )안에 알맞은 것은?

> 싣기 및 내리기(분체상 물질을 싣고 내리는 경우만 해당한다) 배출공정의 경우, 싣거나 내리는 장소 주위에 고정식 또는 이동식 물을 뿌리는 시설(살수반경 (①) 이상, 수압 (②) 이상)을 설치·운영하여 작업하는 중 다시 흩날리지 아니하도록 할 것(곡물작업장의 경우는 제외한다)

㉮ ① 3m, ② 1.5kg/cm²
㉯ ① 3m, ② 3kg/cm²
㉰ ① 5m, ② 1.5kg/cm²
㉱ ① 5m, ② 3kg/cm²

65 대기환경보전법령상 기본부과금의 지역별 부과계수 기준 중 Ⅱ지역의 부과계수는? (단, Ⅱ지역 : 국토의 계획 및 이용에 관한 법률에 따른 공업지역, 개발진흥지구(관광·휴양개발진흥지구는 제외한다.), 수산자원보호구역, 국가산업단지 및 지방산업단지, 전원개발사업구역 및 예정구역)

㉮ 0.5   ㉯ 1.0
㉰ 1.5   ㉱ 2.0

[풀이] 기본부과금의 지역별 부과계수
• Ⅰ지역(주거지역, 상업지역) : 1.5
• Ⅱ지역(공업지역) : 0.5
• Ⅲ지역(녹지, 자연환경보전지역) : 1.0 이다.

66 대기환경보전법령상 선박의 디젤기관에서 배출되는 대기오염물질 중 대통령령으로 정하는 대기오염물질에 해당하는 것은?

㉮ 황산화물   ㉯ 일산화탄소
㉰ 염화수소   ㉱ 질소산화물

[풀이] 선박의 디젤기관에서 배출되는 대기오염물질 중 대통령령으로 정하는 대기오염물질은 질소산화물이다.

정답 63 ㉱ 64 ㉱ 65 ㉮ 66 ㉱

67 대기환경보전법령상 초과부과금 산정 시 적용되는 오염물질 1킬로그램당 부과금액이 다음 중 가장 적은 것은?

㉮ 먼지　　　㉯ 황산화물
㉰ 암모니아　㉱ 이황화탄소

[풀이] 오염물질 1킬로그램당 부과금액
㉮ 먼지 : 770원
㉯ 황산화물 : 500원
㉰ 암모니아 : 1400원
㉱ 이황화탄소 : 1600원

68 대기환경보전법규상 배출시설 및 방지시설 등의 가동개시 신고시 환경부령으로 정하는 시운전 기간기준으로 옳은 것은?

㉮ 가동개시일부터 15일까지의 기간을 말한다.
㉯ 가동개시일부터 30일까지의 기간을 말한다.
㉰ 가동개시일부터 60일까지의 기간을 말한다.
㉱ 가동개시일부터 90일까지의 기간을 말한다.

[풀이] 시운전기간 중 환경부령으로 정하는 기간이란 신고한 배출시설 및 방지시설의 가동개시일부터 30일까지의 기간을 말한다.

69 대기환경보전법규상 배출시설을 설치·운영하는 사업자에 대하여 조업정지를 명하여야 하는 경우로서 그 조업정지가 주민의 생활 등, 그 밖에 공익에 현저한 지장을 줄 우려가 있다고 인정되는 경우 조업정지처분에 갈음하여 과징금을 부과할 수 있다. 이 때 과징금의 부과기준에 적용되지 않는 것은?

㉮ 오염물질별 부과금액
㉯ 조업정지일수
㉰ 1일당 부과금액
㉱ 사업장 규모별 부과계수

[풀이] 과징금 = 조업정지일수×1일당 부과금액×사업장 규모별 부과계수

70 대기환경보전법규상 2009년 1월 1일부터 적용되는 자동차 연료 제조기준으로 틀린 것은? (단, 경유)

㉮ 10% 잔류 탄소량(%) : 0.15 이하
㉯ 밀도 @15℃(kg/m³) : 815 이상 835 이하
㉰ 다환방향족(무게%) : 5 이하
㉱ 윤활성(μm) : 560 이하

[풀이] ㉱ 윤활성(μm) : 400 이하

정답　67 ㉯　68 ㉯　69 ㉮　70 ㉱

71 대기환경보전법규상 특정대기유해물질이 아닌 것은?

㉮ 아닐린
㉯ 벤지딘
㉰ 질소산화물
㉱ 프로필렌 옥사이드

풀이 ㉰ 질소산화물은 특정대기 유해물질이 아니다.

72 대기환경보전법규상 휘발유를 연료로 사용하는 대형승용차의 배출가스 보증기간 적용기간 기준으로 옳은 것은? (단, 2016년 1월 1일 이후 제작자동차)

㉮ 3년 또는 10,000km
㉯ 6년 또는 100,000km
㉰ 2년 또는 160,000km
㉱ 10년 또는 192,000km

풀이 휘발유를 연료로 사용하는 대형승용차의 배출가스 보증기간 적용기간은 2년 또는 160,000km이다.

73 대기환경보전법상 대기환경 규제지역을 관할하는 시·도지사는 그 지역이 대기환경 규제지역으로 지정·고시된 후 몇 년 이내에 그 지역의 환경기준을 달성·유지하기 위한 계획을 수립해야 하는가?

㉮ 1년 이내 ㉯ 2년 이내
㉰ 3년 이내 ㉱ 5년 이내

풀이 대기환경 규제지역을 관할하는 시·도지사는 그 지역이 대기환경 규제지역으로 지정·고시된 후 2년 이내에 그 지역의 환경기준을 달성·유지하기 위한 계획을 수립해야 한다.

74 대기환경보전법령상 굴뚝 자동측정기기 부착대상 배출시설의 범위기준 중 증착·식각시설 및 산처리 시설의 "연속식"이란 연속적으로 작업이 가능한 구조로서 시설의 가동시간이 얼마 이상인 시설을 말하는가?

㉮ 1일 1시간 이상 ㉯ 1일 4시간 이상
㉰ 1일 8시간 이상 ㉱ 1일 16시간 이상

풀이 부착대상 배출시설의 범위
① 증착·식각시설 및 산처리시설의 "연속식"이란 연속적으로 작업이 가능한 구조로서 시설의 가동시간이 1일 8시간 이상인 시설을 말한다.
② 주물사처리시설·탈사시설·탈청시설의 "연속식"이란 연속적으로 작업이 가능한 구조로서 시설의 가동시간이 1일 8시간 이상인 시설을 말한다.
③ 폐가스소각시설 중 청정연료를 연속하여 사용하는 소각시설 및 처리대상 가스를 연소원으로 사용하는 시설은 부착대상 배출시설에서 제외한다.
④ 증발시설 중 진공증발시설 및 배출가스를 회수하여 응축하는 시설은 부착대상 배출 시설에서 제외한다.

75 대기환경보전법령상 배출허용기준 초과와 관련한 "초과부과금" 부과대상 오염물질에 해당하지 않는 것은?

㉮ 폼알데하이드 ㉯ 먼지
㉰ 염화수소   ㉱ 암모니아

풀이 초과부과금 부과대상 오염물질에는 황산화물, 암모니아, 황화수소, 이황화탄소, 먼지, 불소화합물, 염화수소, 질소산화물, 시안화수소가 있다.

정답 71 ㉰ 72 ㉰ 73 ㉯ 74 ㉰ 75 ㉮

76 다음은 대기환경보전법령상 배출가스가 제작차배출허용기준에 맞게 유지될 수 있다는 인증을 받지 아니하고 자동차를 제작하여 판매한 경우 자동차 제작자에게 그 매출액과 위반행위에 따른 과징금 부과기준을 나타낸 것이다. ( )안에 알맞은 것은?

총매출액 × ( ) × 가중부과계수

㉮ 1/1000　㉯ 3/1000
㉰ 1/100　㉱ 5/100

77 대기환경보전법에서 사용되는 용어의 뜻으로 옳지 않은 것은?

㉮ "온실가스"란 적외선 복사열을 흡수하거나 다시 방출하여 온실효과를 유발하는 대기 중의 가스상태 물질로서 이산화탄소, 메탄, 아산화질소, 수소불화탄소, 과불화탄소, 육불화황을 말한다.
㉯ "기후·생태계 변화유발물질"이란 지구 온난화 등으로 생태계의 변화를 가져올 수 있는 기체상물질로서 온실가스와 환경부령으로 정하는 것을 말한다.
㉰ "먼지"란 연소할 때에 생기는 유리탄소가 응결하여 입자의 지름이 1미크론 이상이 되는 입자상물질을 말한다.
㉱ "휘발성유기화합물"이란 탄화수소류 중 석유화학제품, 유기용제, 그 밖의 물질로서 환경부장관이 관계 중앙행정기관의 장과 협의하여 고시하는 것을 말한다.

[풀이] ㉰ "먼지"란 대기중에 떠다니거나 흩날려 내려오는 입자상 물질을 말한다.

78 대기환경보전법규상 위임업무 보고사항 중 "환경오염 사고 발생 및 조치사항"의 보고횟수 기준은?

㉮ 연 1회　㉯ 연 2회
㉰ 연 4회　㉱ 수시

[풀이] 위임업무 보고사항 중 "환경오염 사고 발생 및 조치사항"의 보고횟수 기준은 수시이며, 보고기일은 사고발생 시이며, 보고자는 시·도지사, 유역환경청장 또는 지방환경청장이다.

79 대기환경보전법상 환경기술인을 고용한 자는 환경부령으로 정하는 바에 따라 환경부장관 등이 실시하는 교육을 받게 하여야 한다. 다음 중 환경기술인 등의 교육을 받게하지 아니한 자에 대한 과태료 부과기준으로 옳은 것은?

㉮ 300만원 이하의 과태료를 부과한다.
㉯ 200만원 이하의 과태료를 부과한다.
㉰ 100만원 이하의 과태료를 부과한다.
㉱ 50만원 이하의 과태료를 부과한다.

[풀이] 환경기술인 등의 교육을 받게하지 아니한 자에 대한 과태료 부과기준은 100만원 이하의 과태료를 부과한다.

정답 76 ㉱ 77 ㉰ 78 ㉱ 79 ㉰

80 대기환경보전법규상 법에 따른 가동개시 신고를 하고 가동중인 배출시설에서 배출되는 대기오염물질의 정도가 배출시설 또는 방지시설의 결함·고장 또는 운전미숙 등으로 인하여 법에 따른 배출허용기준을 초과한 경우로서 환경정책기본법에 따른 특별대책지역 안에 있는 사업장인 경우 1차 행정처분기준으로 옳은 것은?

㉮ 조업정지 30일 ㉯ 폐쇄
㉰ 허가취소   ㉱ 개선명령

풀이 행정처분기준
1차 : 개선명령, 2차 : 개선명령, 3차 : 조업정지
4차 : 허가취소 또는 폐쇄

TIP
환경정책기본법에 따른 특별대책지역 외에 있는 사업장인 경우의 행정처분
- 1차 : 개선명령
- 2차 : 개선명령
- 3차 : 개선명령
- 4차 : 조업정지

정답 80 ㉱

2014년 1회 대기환경산업기사

2014년 3월 2일 시행

| 제1과목 | 대기오염개론

01 확산계수 $K_y = K_z = 0.11$, 풍속 $U = 15m/sec$, 굴뚝의 유효고는 100m, 오염물질의 배출율 $Q = 30,000 Sm^3/h$이고, 가스 중 황산화물 농도가 1500ppm이라고 할 때, 지상에 나타나는 황산화물의 최대 지표농도(ppm)는 얼마인가? (단, Sutton의 확산식 이용.)

㉮ 약 0.01 ㉯ 약 0.02
㉰ 약 0.03 ㉱ 약 0.04

[풀이]
$$C_{max} = \frac{2Q}{\pi \cdot e \cdot u \cdot He^2}\left(\frac{k_z}{k_y}\right)$$
$$= \frac{2 \times 30,000 Sm^3/hr \times 1hr/3600sec \times 1500ppm}{\pi \times 2.72 \times 15m/sec \times (100m)^2}\left(\frac{0.11}{0.11}\right)$$
$$= 0.02 ppm$$

02 황화합물에 관한 설명으로 틀린 것은 어느 것인가?

㉮ 황화합물은 산화상태가 클수록 증기압은 커지고, 용해성은 감소한다.
㉯ 해양을 통해 자연적 발생원 중 아주 많은 양의 황화합물이 DMS[$(CH_3)_2S$]의 형태로 배출된다.
㉰ 대기 중 유입된 SO_2는 입자상 물질의 표면이나 물방울에 흡착된 후 비균질 반응에 의해 대부분 황산염(SO_4^{2-})으로 산화되어 제거된다.
㉱ 카르보닐황(OCS)은 대류권에서 매우 안정하기 때문에 거의 화학적인 반응을 하지 않는다.

[풀이] ㉮ 황화합물은 산화상태가 클수록 증기압은 낮아지고, 용해성은 증가한다.

03 다음 대기분산모델 중 벨기에에서 개발되었으며, 통계모델로서 도시지역의 오존농도를 계산하는데 이용했던 것은 어느 것인가?

㉮ ADMS(atmospheric dispersion ozone model system)
㉯ OCD(offshore and coastal ozone dispersion model)
㉰ SMOGSTOP(statistical models of groundlevel short term ozone pollution)
㉱ RAMS(regional atmospheric ozone model system)

[풀이] ㉮ ADMS : 영국에서 개발된 가우시안 모델이며, 도시지역 오염물질의 이동을 계산하는데 이용된다.
㉯ OCD : 미국에서 개발된 가우시안 모델이며, 해안지역 오염물질의 이동을 계산하는데 이용된다.
㉱ RAMS : 미국에서 개발된 3차원 바람장 모델이며, 바람장과 오염물질의 분산을 동시에 계산한다.

정답 01 ㉯ 02 ㉮ 03 ㉰

04 냄새물질의 특성에 대한 내용으로 틀린 것은 어느 것인가?

㉮ 화학물질이 냄새물질로 되기 위한 조건으로 친유성기와 친수성기의 양기를 가져야 한다.
㉯ 냄새물질이 비교적 저분자인 것은 휘발성이 높은 것을 의미한다.
㉰ 냄새물질의 골격이 되는 탄소수는 고분자일수록 관능기 특유의 냄새가 강하고 자극적이며 20~25에서 가장 향기가 강하다.
㉱ 분자내 수산기의 수는 1개 일 때 가장 강하고 그 수가 증가하면 약해져서 무취에 이른다.

[풀이] ㉰ 냄새물질의 골격이 되는 탄소수는 저분자일수록 관능기 특유의 냄새가 강하고 자극적이며 8~13에서 가장 향기가 강하다.

05 오염원 영향평가 방법 중 분산모델에 대한 내용으로 틀린 것은 어느 것인가?

㉮ 점, 선, 면 오염원의 영향을 평가할 수 있다.
㉯ 2차 오염원의 확인이 가능하다.
㉰ 새로운 오염원이 지역 내에 신설될 때 매번 재평가하여야 한다.
㉱ 지형 및 오염원의 조업조건에 영향을 받지 않는다.

[풀이] ㉱ 지형 및 오염원의 조업조건에 영향을 받는다.

06 각 오염물질이 식물에 미치는 영향에 관한 내용으로 틀린 것은 어느 것인가?

㉮ 불화수소는 어린 잎에 현저하며 지표식물로는 글라디올러스, 메밀 등이 있다.
㉯ 일산화탄소의 중독증상으로 엽록체를 파괴시키고, 잎 전체를 갈변시키며, 토마토, 해바라기, 메밀 등은 25ppm 정도에서 1시간 접촉시 현저한 피해증상을 보인다.
㉰ 에틸렌은 이상낙엽, 새 나무 가지의 성장저해 및 생장억제를 일으킨다.
㉱ 황화수소는 일반적으로 독성은 약하나 어린 잎과 새싹에 피해가 많은 편이며, 지표식물로는 코스모스, 크로바 등이 있다.

[풀이] ㉯ 일산화탄소는 식물에 미치는 피해가 약하다.

07 최대혼합고(MMD)에 관한 내용으로 틀린 것은 어느 것인가?

㉮ 오후 2시를 전후로 해서 일중 최대치를 나타낸다.
㉯ 실제 최대혼합고는 지표위 수 km까지의 실제 공기의 온도종단도를 작성함으로써 결정된다.
㉰ 과단열감률이 생기면 반드시 대류현상이 있게 되고, 이때 대류가 이루어지는 최대고도를 최대혼합고라 한다.
㉱ 최대혼합고가 높으면 높을수록 오염물질이 넓게 퍼져서 더 많은 피해를 입힌다.

[풀이] ㉱ 최대혼합고가 높으면 높을수록 대기오염이 약하여 피해가 작다.

정답 04 ㉰ 05 ㉱ 06 ㉯ 07 ㉱

08 코리올리힘(C, 전향력)의 크기를 나타낸 식으로 알맞은 것은 어느 것인가? (단, Ω : 지구자전 각속도, θ : 위도, U : 물체의 속도)

㉮ $2\Omega\cos\theta U$ ㉯ $2\Omega\sin\theta U$
㉰ $2\Omega\tan\theta U$ ㉱ $2\Omega\cotan\theta U$

09 다음에서 설명하는 오염물질은 무엇인가?

> 이 오염물의 만성 폭로의 가장 흔한 증상은 단백뇨이다. 신피질에서 이 물질이 임계농도에 이르면 처음에는 저분자량의 단백질의 배설이 증가하는데, 계속적으로 폭로되면 아미노산뇨, 당뇨, 고칼슘뇨증, 인산뇨 등의 증상을 가지는 Fanconi 씨 증후군으로 진행된다.

㉮ As ㉯ Hg
㉰ Cr ㉱ Cd

■풀이■ ㉱ 카드뮴(Cd)에 대한 설명이다.

10 파장 5,320 Å인 빛 속에서 밀도가 0.95 g/cm³, 직경 0.42μm인 기름방울의 분산면적비가 4.5일 때 먼지 농도가 0.4 mg/m³이라면, 가시거리(km)는 얼마인가? (단, 가시거리(V) = [(5.2×ρ×r)/(KC)]식 적용)

㉮ 0.33 km ㉯ 0.38 km
㉰ 0.58 km ㉱ 0.82 km

■풀이■
$$V = \frac{5.2 \times \rho \times r}{K \times C} = \frac{5.2 \times 0.95 \text{g/cm}^3 \times \left(\frac{0.42\mu m}{2}\right)}{4.5 \times 0.4 \times 10^{-3} \text{g/m}^3}$$
$= 576.33m = 0.58km$

11 다음 광화학 스모그(photochemical smog)에 대한 내용으로 알맞은 것은 어느 것인가?

㉮ 태양광선 중 주로 적외선에 의해 강한 광화학 반응을 일으켜 광화학 스모그를 생성한다.
㉯ 대기 중의 PBN(peroxybutyl nitrate)의 농도는 PAN과 비슷하며, PPN (peroxy propionyl nitrate)은 PAN의 약 2배 정도이다.
㉰ 과산화기가 산소와 반응하여 오존이 생성될 수도 있다.
㉱ PAN은 안정한 화합물이므로 광화학 반응에 의해 분해되지 않는다.

■풀이■ ㉮ 태양광선 중 주로 자외선에 의해 강한 광화학 반응을 일으켜 광화학 스모그를 생성한다.
㉯ PPN은 PAN보다 눈에 자극성이 100배정도 크다.
㉱ PAN은 불안정한 화합물이므로 광화학반응에 의해 분해된다.

12 A공장에서 배출되는 아황산가스의 농도가 500ppm이고, 시간당 배출가스량이 80m³이라면 하루에 총 배출되는 아황산가스량(kg/day)은 얼마인가? (단, 표준상태 기준이며 24시간 연속가동 기준이다.)

㉮ 1.26kg/day ㉯ 2.74kg/day
㉰ 3.77kg/day ㉱ 4.52kg/day

■풀이■
$$SO_2(kg/day) = \frac{500mL}{Sm^3} \times \frac{64mg}{22.4mL} \times \frac{1kg}{10^6 mg} \times \frac{80m^3}{hr} \times \frac{24hr}{1day}$$
$= 2.74mg/day$

정답 08 ㉯ 09 ㉱ 10 ㉰ 11 ㉰ 12 ㉯

TIP
① ppm = mL/Sm³
② SO₂ 1mol $\begin{cases} 64mg \\ 22.4mL \end{cases}$

13 대기압력이 870mb인 높이에서의 온도가 17℃이었다. 온위(potential temperature, K)는 얼마가 되는가?

㉮ 267.54 ㉯ 280.15
㉰ 301.87 ㉱ 311.62

 온위(θ) = T × $\left(\dfrac{1000}{P}\right)^{0.288}$

= (273+17) × $\left(\dfrac{1000}{870mbar}\right)^{0.288}$

= 301.87K

14 다음 물질 중 보통 자동차 운행 때와 비교하여 감속할 경우 특징적으로 가장 크게 증가하는 물질은 어느 것인가?

㉮ NO$_X$ ㉯ CO$_2$
㉰ H$_2$O ㉱ HC

 휘발유 자동차 기준으로 NO$_X$은 가속시, CO는 공회전시(아이드링시), HC는 감속시에 많이 배출된다.

15 굴뚝의 현재 유효고가 55m 일 때, 최대 지표농도를 절반으로 감소시키기 위해서는 유효고도(m)를 얼마만큼 더 증가시켜야 하는가? (단, Sutton식을 적용하고, 기타 조건은 동일함)

㉮ 77.8m ㉯ 32.0m
㉰ 22.8m ㉱ 11.4m

① $C_{max} = \dfrac{2Q}{\pi \cdot e \cdot u \cdot He^2}\left(\dfrac{C_z}{C_y}\right)$에서

$C_{max} = \dfrac{1}{He^2}$ 이므로

$1C_1 : \dfrac{1}{(55m)^2} = \dfrac{1}{2}C_1 : \dfrac{1}{He^2}$

∴ He = $\sqrt{(55m)^2 \times 2}$ = 77.78m

② △H = 77.78m - 55m = 22.78m

16 다음 대기분산모델 중 미국에서 개발되었으며, 바람장모델로 주로 바람장을 계산, 기상예측에 사용되는 모델은 어느 것인가?

㉮ ADMS ㉯ AUSPLUME
㉰ MM5   ㉱ SMOGSTOP

㉰ MM5에 대한 설명이다.

17 다음 중 광화학 반응에 의해 생성된 2차 오염물질로만 바르게 된 것은 어느 것인가?

㉮ SO$_3$-NH$_3$ ㉯ H$_2$O$_2$-O$_3$
㉰ NO$_2$-HCl   ㉱ NaCl-SO$_3$

정답 13 ㉰ 14 ㉱ 15 ㉰ 16 ㉰ 17 ㉯

18 SO_2의 착지농도를 감소시키기 위한 방법으로 틀린 것은 어느 것인가?

㉮ 배출가스 온도를 가능한 한 낮춘다.
㉯ 굴뚝 배출가스의 배출속도를 높인다.
㉰ 저유황유를 사용한다.
㉱ 굴뚝 높이를 높게 한다.

풀이 ㉮ 배출가스 온도를 가능한 한 높인다.

19 연기형태에 관한 내용으로 틀린 것은 어느 것인가?

㉮ Lofting형은 주로 고기압 지역에서 하늘이 맑고 바람이 약한 경우에 초저녁으로부터 아침에 걸쳐 발생하기 쉽다.
㉯ Coning형은 대기가 중립조건 일 때 발생하며, 이 연기내에서는 오염의 단면 분포가 전형적인 가우시안 분포를 이루고 있다.
㉰ Fumigation형은 보통 고기압 지역에서 상공이 침강역전층이 있고, 지표 부근에 복사역전이 있는 경우 영역 전층 사이에서 오염물질이 배출될 때 발생한다.
㉱ Looping형은 맑은 날 오후에 발생하기 쉽고, 풍속이 매우 강하여 상하층간에 혼합이 크게 일어날 때 발생하게 된다.

풀이 ㉰ Fumigation형은 고공 역전, 지표 과단열 조건이다.

20 대기의 연직구조에 대한 내용으로 틀린 것은 어느 것인가?

㉮ 대류권은 보통 저위도 지방이 고위도 지방에 비하여 높다.
㉯ 대류권은 지표에서부터 약 11km까지의 높이로서 구름이 끼고 비가 오는 등의 기상현상은 대류권에 국한되어 나타난다.
㉰ 기상요소의 수평분포는 위도, 해륙분포 등에 의하며 지역에 따라 다르게 나타나지만 연직방향에 따른 변화가 더욱 크다.
㉱ 성층권의 고도는 약 11km에서 50km까지이고, 이 권역에서는 고도에 따라 온도가 증가하고, 하층부의 밀도가 작아서 불안정한 상태를 나타낸다.

풀이 ㉱ 성층권의 고도는 약 11km에서 50km까지이고, 이 권역에서는 고도에 따라 온도가 증가하고, 하층부의 밀도가 커서 안정한 상태를 나타낸다.

정답 18 ㉮ 19 ㉰ 20 ㉱

| 제2과목 | 대기오염공정시험기준

21 휘발성 유기화합물질(VOC) 누출확인 방법에 사용되는 측정기기의 규격, 성능 기준 요구사항으로 틀린 것은 어느 것인가?

㉮ 기기의 응답시간은 30초보다 작거나 같아야 한다.
㉯ 교정정밀도는 교정용 가스값의 10%보다 작거나 같아야 한다.
㉰ 기기의 계기눈금은 최소한 표시된 누출농도의 ±10%를 읽을 수 있어야 한다.
㉱ 기기는 펌프를 내장하고 있어야 하고 일반적으로 시료 유량은 0.5~3L/min 이다.

[풀이] ㉰ 기기의 계기눈금은 최소한 표시된 누출농도의 ±5%를 읽을 수 있어야 한다.

22 공사장에서 발생되는 비산먼지를 고용량공기시료채취기를 이용하여 측정하고자 한다. 이 때 측정을 위한 대조지점이 1개소 일 때 원칙적으로 농도가 가장 높을 것으로 예상되는 측정지점 몇 개소 이상을 선정하여야 하는가?

㉮ 1개소 이상   ㉯ 2개소 이상
㉰ 3개소 이상   ㉱ 5개소 이상

23 굴뚝 배출가스 내의 염화비닐을 채취한 흡착관에 흡착된 염화비닐을 추출한 후 이 추출액 중 일정량을 기체크로마토그래피에 주입하여 분석할 경우 사용하는 용매는 어느 것인가?

㉮ 벤젠(C_6H_6)
㉯ 이황화탄소(CS_2)
㉰ 톨루엔($C_6H_5CH_3$)
㉱ 클로로폼($CHCl_3$)

24 다음은 환경대기 중 시료 채취방법에 관한 설명이다. 알맞은 방법은 어느 것인가?

- 측정대상 가스를 선택적으로 채취할 수 있다.
- 그 구성은 채취관 - 여과재 - 채취부 - 흡입펌프 - 유량계(가스미터) 이다.
- 채취부는 주로 흡수병(흡수관)과 세척병(공병)으로 구성된다.

㉮ 용기채취법   ㉯ 여지채취법
㉰ 고체채취법   ㉱ 용매채취법

[풀이] ㉱ 용매채취법에 대한 설명이다.

정답   21 ㉰   22 ㉰   23 ㉯   24 ㉱

25 굴뚝 배출가스 내의 질소산화물을 아연환원나프틸에틸렌디아민법으로 분석할 때 사용하는 시료가스의 흡수액은 어느 것인가?

㉮ 암모니아수
㉯ 수산화소듐 용액
㉰ 황산용액
㉱ 황산+과산화수소수

풀이 질소산화물을 자외선/가시선분광법 아연환원나프틸에틸렌다이아민법으로 분석시 흡수액은 0.005 mol/L 황산용액이다.

26 굴뚝 배출가스 중 페놀화합물을 분석하는 4-아미노안티피린 자외선/가시선분광법에 대한 설명으로 틀린 것은?

㉮ 배출가스를 수산화소듐용액(4g/L)에 흡수 시킨다.
㉯ 인산을 가해 pH를 4이하로 조절한다.
㉰ 적색액을 510nm의 파장에서 흡광도를 측정한다.
㉱ 염소, 브로민 등의 산화성기체 및 황화수소, 이산화황 등의 환원성기체가 공존하면 음의 오차를 나타낸다.

풀이 ㉯ pH를 10±0.2로 조절한다.

27 굴뚝 배출가스 중의 산소를 자동으로 측정하는 방법으로 원리면에서 자기식과 전기화학식으로 분류할 수 있다. 다음 중 전기화학식 방식으로 틀린 것은 어느 것인가?

㉮ 정전위전해형   ㉯ 담벨형
㉰ 폴라로그래프형 ㉱ 갈바니전지형

풀이 ㉯ 담벨형은 자기식에 해당한다.

28 환경대기 중의 아황산가스농도를 측정하기 위한 시험방법으로서 주시험방법으로 알맞은 것은?

㉮ 파라로자닐린법   ㉯ 흡광차분광법
㉰ 자외선형광법   ㉱ 불꽃광도법

풀이 환경대기 중의 아황산가스의 주시험방법은 자외선형광법이다.

29 원형 굴뚝 단면의 반경이 2.2m인 경우 측정점수는 얼마인가?

㉮ 8   ㉯ 12
㉰ 16   ㉱ 20

풀이 반경이 2.2m이므로 직경은 4.4m, 반경구분수는 4, 측정점수는 16이다.

TIP

측정점수

굴뚝직경(m)	반경구분수	측정점수
1 이하	1	4
1 초과 2 이하	2	8
2 초과 4 이하	3	12
4 초과 4.5 이하	4	16
4.5 초과	5	20

정답 25 ㉰ 26 ㉯ 27 ㉯ 28 ㉰ 29 ㉰

30 환경대기 중의 탄화수소 농도를 자동연속(불꽃 이온화검출기법)으로 측정하는 방법으로 틀린 것은 어느 것인가?

㉮ 총탄화수소 측정법
㉯ 비메탄 탄화수소 측정법
㉰ 광산란 탄화수소 측정법
㉱ 활성 탄화수소 측정법

[풀이] 탄화수소의 측정방법은 총탄화수소 측정법, 비메탄 탄화수소 측정법, 활성 탄화수소 측정법이 있다.

31 아황산가스(SO_2) 25.6g을 포함하는 2L 용액의 몰농도(M)는 얼마인가?

㉮ 0.01M ㉯ 0.02M
㉰ 0.1M   ㉱ 0.2M

[풀이] $mol/L = \dfrac{질량(g)}{체적(L)} \times \dfrac{1mol}{분자량(g)}$

$= \dfrac{25.6g}{2L} \times \dfrac{1mol}{64g} = 0.2 mol/L$

TIP
① M농도 = mol/L
② SO_2 1mol $\begin{cases} 64g \\ 22.4L\& \end{cases}$

32 환경대기 중의 시료채취를 위한 고용량 공기시료채취기법의 장치구성에 관한 설명으로 맞는 것은 어느 것인가?

㉮ 유량측정부 : 공기흡입부에 붙어있고, 장착 및 탈착이 쉬운 부자식 유량계를 사용
㉯ 공기흡입부 : 무부하일 때 흡입유량이 약 0.2m³/분이고, 48시간 이상 연속측정 가능
㉰ 여과지홀더 : 구성요소 중 팩킹은 연성플라스틱으로 만들어진 것으로 크기는 프레임보다 커야함
㉱ 채취용 여과지 : 0.1μm되는 입자를 99% 이상 채취할 수 있으며 압력손실이 적고 흡수성이 좋아야 하며, 네오프렌 수지가 사용됨

[풀이] ㉯ 공기흡입부 : 무부하일 때 흡입유량이 약 2m³/분이고, 24시간 이상 연속측정 가능하다.
㉰ 여과지홀더 : 구성요소 중 팩킹은 독립기포로 발포시킨 합성고무로 만들어진 것으로 그 크기는 프레임에 합치시킨다.
㉱ 채취용 여과지 : 0.3μm되는 입자를 99% 이상 채취할 수 있으며 압력손실과 흡수성이 적고, 불소수지가 사용된다.

33 굴뚝 배출가스 중 금속화합물을 원자흡수분광광도법으로 분석할 때 측정파장이 가장 큰 것은?

㉮ 구리 ㉯ 철
㉰ 니켈 ㉱ 아연

[풀이] 측정파장(nm)
㉮ 구리 : 324.8
㉯ 철 : 248.3
㉰ 니켈 : 232.0
㉱ 아연 : 213.8

정답 30 ㉰ 31 ㉱ 32 ㉮ 33 ㉮

34 굴뚝 내를 흐르는 배출가스 평균유속을 피토우관으로 동압을 측정하여 계산한 결과 12.8m/s였다. 이때 측정된 동압은 얼마인가? (단, 피토우관 계수는 1.0이며, 굴뚝 내의 습한 배출가스의 밀도는 1.2kg/m³이다.)

㉮ 8mmH₂O   ㉯ 10mmH₂O
㉰ 12mmH₂O   ㉱ 14mmH₂O

풀이
$$V = C \times \sqrt{\frac{2gh}{r}} \text{ (m/sec)}$$

$$12.8\text{m/sec} = 1.0 \times \sqrt{\frac{2 \times 9.8\text{m/sec}^2 \times h}{1.2\text{kg/m}^3}}$$

$$(12.8\text{m/sec})^2 = \frac{2 \times 9.8\text{m/sec}^2 \times h}{1.2\text{kg/m}^3}$$

$$\therefore h = \frac{(12.8\text{m/sec})^2 \times 1.2\text{kg/m}^3}{2 \times 9.8\text{m/sec}^2} = 10.03\text{mmH}_2\text{O}$$

35 굴뚝 배출가스 중 벤젠을 분석하는 방법으로 알맞은 것은?

㉮ 원자흡수분광광도법
㉯ 자외선/가시선분광법
㉰ 이온크로마토그래피
㉱ 기체크로마토그래피

풀이 벤젠을 기체크로마토그래피로 분석할 때 흡착관을 이용하는 방법과 시료채취 주머니를 이용하는 방법이 있다.

36 굴뚝 배출가스 중 알데히드 및 케톤화합물(카르보닐화합물)의 분석방법의 설명으로 틀린 것은 어느 것인가?

㉮ 고성능액체크로마토그래피법으로 분석시 하이드라존은 특히 650~680nm에서 최대 흡광치를 나타낸다.
㉯ 고성능액체크로마토그래피법에서 배출가스 중의 알데히드류는 흡수액 2,4-DNPH (Dinitrophenylhydrazine)과 반응하여 하이드라존 유도체를 생성하고 이를 분석한다.
㉰ 아세틸아세톤법은 황색 발색액의 흡광도를 측정한다.
㉱ 아세틸아세톤법은 아황산가스 공존 시 영향을 받으므로 흡수발색액에 염화제이수은과 염화소듐을 넣는다.

풀이 ㉮ 고성능액체크로마토그래피법으로 분석시 하이드라존은 특히 350~380nm에서 최대 흡광치를 나타낸다.

37 원자흡광광도법에서 사용되는 가연성 가스와 조연성 가스의 조합으로 틀린 것은 어느 것인가?

㉮ 수소 - 공기
㉯ 아세틸렌 - 공기
㉰ 아세틸렌 - 아산화질소
㉱ 헬륨 - 산소

풀이 ㉱ 헬륨(비활성 가스) - 산소(조연성 가스)이므로 가연성 가스와 조연성 가스의 조합이 아니다.

정답 34 ㉯ 35 ㉱ 36 ㉮ 37 ㉱

38 자외선/가시선분광법에 이용되는 램버어트 비어(Lambert-Beer)의 법칙을 바르게 나타낸 식은 어느 것인가? (단, I_o : 입사광 강도, I_t : 투사광 강도, c : 농도, ℓ : 빛의 투사거리, ϵ : 흡광계수)

㉮ $I_o = I_t \cdot 10^{-\epsilon c \ell}$ ㉯ $I_o = I_t \cdot 100^{-\epsilon c \ell}$
㉰ $I_t = I_o \cdot 10^{-\epsilon c \ell}$ ㉱ $I_t = I_o \cdot 100^{-\epsilon c \ell}$

39 분석대상가스가 이황화탄소(CS_2)인 경우 다음 보기에서 사용되는 채취관, 연결관의 재질로 알맞은 것은 어느 것인가?

㉮ 보통강철   ㉯ 석영
㉰ 염화비닐수지   ㉱ 네오프렌

풀이 이황화탄소의 채취관, 연결관의 재질은 경질유리, 석영, 플루오로수지를 사용한다.

40 배출가스 중 금속화합물을 유도결합플라스마 원자발광분광법(Inductively Coupled Plasma-AtomicEmission Spectrometry)으로 분석하기 위한 시료 성상에 따른 전처리 방법으로 가장 거리가 먼 것은?

	시료 성상	처리방법
①	타르 기타 소량의 유기물을 함유하는 시료	마이크로파 산분해법
②	셀룰로스 섬유제 여과지를 사용한 시료	저온 회화법
③	유기물을 함유하지 않는 시료	질산 - 염산법
④	다량의 유기물 유리탄소를 함유하는 시료	저온 회화법

㉮ ①   ㉯ ②
㉰ ③   ㉱ ④

풀이 유기물을 함유하지 않는 시료는 질산법, 마이크로파 산분해법으로 전처리 한다.

제3과목 | 대기오염방지기술

41 아래 표는 전기로에 부설된 Bag filter의 유입구 및 유출구의 가스량과 먼지농도를 측정한 것이다. 먼지 통과율(%)은 얼마인가?

	유입구	유출구
가스량(Sm^3/h)	11.4	16.2
먼지농도(g/Sm^3)	13.25	1.24

㉮ 3.32%   ㉯ 6.65%
㉰ 10.3%   ㉱ 13.3%

풀이 통과율$(P) = \dfrac{C_o \times Q_o}{C_i \times Q_i} \times 100$

$= \dfrac{1.24 g/Sm^3 \times 16.2 Sm^3/hr}{13.25 g/Sm^3 \times 11.4 Sm^3/hr} \times 100$

$= 13.30\%$

정답 38 ㉰ 39 ㉯ 40 ㉰ 41 ㉱

42 탄소, 수소의 중량조성이 각각 90%, 10%인 액체연료가 매시 20kg 연소되고, 공기비는 1.2라면 매시 필요한 공기량(Sm^3/hr)은 얼마인가?

㉮ 약 $215Sm^3/hr$ ㉯ 약 $256Sm^3/hr$
㉰ 약 $278Sm^3/hr$ ㉱ 약 $292Sm^3/hr$

풀이
① 공기비(m) = 1.2
② 이론공기량(A_o)
 = $8.89C+26.67 \times \left(H-\dfrac{O}{8}\right)+3.33S(Sm^3/kg)$
 = $8.89 \times 0.90+26.67 \times 0.10 = 10.668 Sm^3/kg$
③ 공급공기량(Sm^3/hr)
 = $A_o(Sm^3/kg) \times$ 연료량(kg/hr)
 = $1.2 \times 10.668 Sm^3/kg \times 20kg/hr$
 = $256.03 Sm^3/hr$

43 송풍기의 유효정압(Ps)을 나타내는 식으로 알맞은 것은 어느 것인가? (단, Psi : 입구정압, Pso : 출구정압, Pvi : 동압)

㉮ Ps = Psi + Pso - Pvi
㉯ Ps = Psi - Pso - Pvi
㉰ Ps = Psi - Pso + Pvi
㉱ Ps = Psi + Pso + Pvi

44 다음 유해가스 처리법 중 염화수소 제거에 알맞은 방법은 어느 것인가?

㉮ 흡착법   ㉯ 수세흡수법
㉰ 연소법   ㉱ 촉매연소법

풀이 염화수소의 처리는 수세흡수법을 이용한다.

45 원형 덕트에서 길이 L, 마찰계수 f, 직경 D, 유속 v 일 때 압력손실(H_f)의 비례관계 표현으로 알맞은 것은 어느 것인가? (단, g : 중력가속도)

㉮ $H_f \propto f\dfrac{DLv^2}{g}$ ㉯ $H_f \propto f\dfrac{gLv^2}{D}$
㉰ $H_f \propto f\dfrac{Lv^2}{gD}$ ㉱ $H_f \propto f\dfrac{Dv^2}{gL}$

풀이 압력손실(H_f) = $f \times \dfrac{L}{D} \times \dfrac{rv^2}{2g}$ (mmH_2O)

46 액체연료의 버너 중 그 유량의 조절 범위가 가장 큰 것은 어느 것인가?

㉮ 유압식 버너   ㉯ 회전식 버너
㉰ 로터리식 버너 ㉱ 고압공기식 버너

풀이 고압공기식 버너의 유량조절범위는 1:10 정도로 가장 크다.

47 전형적인 자동차 배기가스를 구성하는 다음 물질 중 가장 많은 양(부피%)을 차지하고 있는 것은? (단, 공전상태 기준)

㉮ HC   ㉯ CO
㉰ NO_X ㉱ SO_X

풀이 전형적인 자동차(휘발유 자동차)의 경우 NO_X는 가속시, CO는 공회전시(아이드링시), HC는 감속시에 가장 많이 배출된다.

정답 42 ㉯ 43 ㉮ 44 ㉯ 45 ㉰ 46 ㉱ 47 ㉯

48 송풍관(duct)에서 흄(fume) 및 매우 가벼운 건조 먼지(예 : 나무 등의 미세한 먼지와 산화아연, 산화알루미늄 등의 흄)의 반응속도로 알맞은 것은 어느 것인가?

㉮ 2m/s
㉯ 10m/s
㉰ 25m/s
㉱ 50m/s

49 연료 중 탄수소비(C/H비)에 관한 설명으로 틀린 것은 어느 것인가?

㉮ 액체연료의 경우 중유 > 경유 > 등유 > 휘발유 순이다.
㉯ C/H비가 작을수록 비점이 높은 연료는 매연이 발생되기 쉽다.
㉰ C/H비는 공기량, 발열량 등에 큰 영향을 미친다.
㉱ C/H비가 클수록 휘도는 높다.

[풀이] ㉯ C/H비가 클수록 비점이 높은 연료는 매연이 발생되기 쉽다.

50 원추하부 지름이 20cm인 Cyclone에서 가스접선 속도가 5m/sec이면 분리계수는 얼마인가?

㉮ 25.5
㉯ 18.5
㉰ 12.8
㉱ 9.7

[풀이] 분리계수(S) = $\dfrac{v^2}{Rg}$ = $\dfrac{(5m/sec)^2}{0.1m \times 9.8m/sec^2}$ = 25.51

TIP
반경(R) = $\dfrac{직경(D)}{2}$ = $\dfrac{0.2m}{2}$ = 0.1m

51 황성분이 1.6%인 벙커C유를 매시 1000kg이 완전연소할 때 이론적으로 생성되는 SO_2의 량은 얼마인가? (단, 벙커C유의 황성분은 전부 SO_2로 전환된다.)

㉮ 45.0Sm³/hr
㉯ 32.4Sm³/hr
㉰ 22.4Sm³/hr
㉱ 11.2Sm³/hr

[풀이] $S + O_2 \rightarrow SO_2$
32kg : 22.4Sm³
1000kg/hr×0.016 : X
∴ X = $\dfrac{1000kg/hr \times 0.016 \times 22.4Sm^3}{32kg}$ = 11.2Sm³/hr

52 다음 유압식 Burner의 특징으로 알맞은 것은 어느 것인가?

㉮ 분무각도는 40~90° 정도이다.
㉯ 유량조절범위는 1 : 10 정도이다.
㉰ 소형가열로의 열처리용으로 주로 쓰이며, 유압은 1~2kg/cm² 정도이다.
㉱ 연소용량은 2~5L/h 정도이다.

[풀이]
㉯ 유량조절범위는(환류식 1:3, 비환류식 1:2) 좁다.
㉰ 유압은 5kg/cm² 이하이다.
㉱ 연소용량(연료분사범위)은 15~2000L/h 정도이다.

53 니트로글리세린과 같은 물질의 연소형태로써 공기 중의 산소 공급없이 연소하는 연소형태는 어느 것인가?

㉮ 자기연소
㉯ 분해연소
㉰ 증발연소
㉱ 표면연소

[풀이] ㉮ 자기연소에 대한 설명이다.

정답 48 ㉯ 49 ㉯ 50 ㉮ 51 ㉱ 52 ㉮ 53 ㉮

54 다음 중 전기집진장치에서 입자에 작용하는 전기력의 종류에 해당하지 않는 것은 어느 것인가?

㉮ 대전입자의 하전에 의한 쿨롱력
㉯ 전계강도에 의한 힘
㉰ 브라운 운동에 의한 확산력
㉱ 전기풍에 의한 힘

▶풀이◀ 입자에 작용하는 전기력의 종류에는 대전입자의 하전에 의한 쿨롱력, 전계강도에 의한 힘, 입자간의 흡입력, 전기풍에 의한 힘이 있다.

55 A집진장치의 입구농도 6000mg/m³, 입구 유입가스량 10m³이며, 출구농도 0.3g/m³, 출구 배출가스량이 11m³일 때 이 집진장치의 효율(%)은 얼마인가?

㉮ 94.5%   ㉯ 93.7%
㉰ 92.4%   ㉱ 91.7%

▶풀이◀
$$효율(\eta) = \left(1 - \frac{C_o \times Q_o}{C_i \times Q_i}\right) \times 100$$
$$= \left(1 - \frac{0.3g/m^3 \times 11m^3}{6g/m^3 \times 10m^3}\right) \times 100 = 94.5\%$$

56 다음 중 석탄의 탄화도 증가에 따라 증가하지 않는 것은 어느 것인가?

㉮ 고정탄소   ㉯ 비열
㉰ 발열량   ㉱ 착화온도

▶풀이◀ 탄화도
① 탄화도가 증가하면 고정탄소, 발열량, 착화온도, 연료비는 증가한다.
② 탄화도가 증가하면 매연 발생량, 비열, 휘발분, 수분, 산소의 양, 연소속도가 작아진다.

57 다음은 중질유의 탈황방법이다. ( ) 안에 알맞은 것은 어느 것인가?

( )은 상압잔유를 감압증류에 의하여 증류하고 얻어진 감압경유를 수소화 탈황에 의해 탈황화하며, 이 탈황된 경유와 감압잔유를 혼합하여 황이 적은 제품을 생산하는 방법이다.

㉮ 직접탈황법   ㉯ 간접탈황법
㉰ 중간탈황법   ㉱ 다단탈황법

▶풀이◀ ㉯ 간접탈황법에 대한 설명이다.

58 필요한 총 여과면적이 371m²일 때 직경 10cm, 길이 5m인 여과백을 사용할 때 필요한 여과백의 개수는 몇 개인가?

㉮ 26   ㉯ 48
㉰ 237   ㉱ 474

▶풀이◀
① 여과백 1개의 면적
$= \pi \cdot D \cdot L = \pi \times 0.1m \times 5m = 1.57m^2$
② 여과백의 개수 $= \frac{371m^2}{1.57m^2} = 237$개

59 다음 흡수장치 중 가스분산형 흡수장치에 해당하는 것은 어느 것인가?

㉮ 벤츄리 스크러버   ㉯ 기포탑
㉰ 젖은 벽탑   ㉱ 분무탑

▶풀이◀ 흡수장치
① 가스분산형 흡수장치 : 다공판탑, 종탑, 기포탑
② 액분산형 흡수장치 : 충전탑, 분무탑, 벤츄리스크러버

정답 54 ㉰ 55 ㉮ 56 ㉯ 57 ㉯ 58 ㉰ 59 ㉯

60 배기가스 탈질기술 중 습식법에 관한 설명으로 틀린 것은 어느 것인가?

㉮ 배가스 중에 있는 먼지의 영향이 적고 SO_2와 동시에 제거할 수 있다.
㉯ 질산염 등의 부산물 생성이 적어 2차 처리가 불필요하다.
㉰ 고가의 산화제 및 환원제가 다량 소모된다.
㉱ 흡수산화법은 NO_X제거에 $KMnO_4$, H_2O_2나 $NaClO_2$ 등과 같은 산화제를 포함하는 흡수액에 흡수시켜 산화제거한다.

[풀이] ㉯ 질산염 등의 부산물 생성이 많아 2차 처리가 필요하다.

| 제4과목 | 대기환경관계법규

61 대기환경보전법령상 청정연료를 사용하여야 하는 대상시설의 범위기준으로 틀린 것은 어느 것인가?

㉮ 「건축법 시행령」에 따른 공동주택으로서 동일한 보일러를 이용하여 하나의 단지 또는 여러개의 단지가 공동으로 열을 이용하는 중앙집중난방방식(지역냉난방방식을 포함한다)으로 열을 공급받고, 단지 내의 모든 세대의 평균 전용면적이 40.0m²를 초과하는 공동주택
㉯ 「집단에너지사업법 시행령」에 따른 지역냉난방사업을 위한 시설
㉰ 전체 보일러의 시간당 총 증발량이 0.1톤 이상인 업무용 보일러(영업용 및 산업용보일러를 포함하되, 공공용보일러는 제외한다)
㉱ 발전시설. 다만, 산업용 열병합 발전시설은 제외한다.

[풀이] ㉰ 전체 보일러의 시간당 총 증발량이 0.2톤 이상인 업무용 보일러(영업용 및 공공용보일러를 포함하되, 산업용보일러는 제외한다)

62 대기환경보전법상 배출허용기준 준수 확인여부 등을 위한 관계공무원의 출입·검사를 거부·방해 또는 기피한 자에 대한 벌칙기준은 얼마인가?

㉮ 3년 이하의 징역이나 천만원 이하의 벌금에 처한다.
㉯ 1년 이하의 징역이나 1천만원 이하의 벌금에 처한다.
㉰ 6개월 이하의 징역이나 300만원 이하의 벌금에 처한다.
㉱ 300만원 이하의 벌금에 처한다.

63 대기환경보전법령상 대기오염물질발생량의 합계에 따른 사업장 종별 구분 시 다음 중 "3종 사업장" 기준은 어느 것인가?

㉮ 대기오염물질발생량의 합계가 연간 20톤 이상 80톤 미만인 사업장
㉯ 대기오염물질발생량의 합계가 연간 20톤 이상 50톤 미만인 사업장
㉰ 대기오염물질발생량의 합계가 연간 10톤 이상 20톤 미만인 사업장
㉱ 대기오염물질발생량의 합계가 연간 2톤 이상 10톤 미만인 사업장

정답 60 ㉯ 61 ㉰ 62 ㉯ 63 ㉰

64 대기환경보전법상 환경부장관은 대기오염물질과 온실가스를 줄여 대기환경을 개선하기 위하여 대기환경개선 종합계획을 수립하여야 한다. 이 종합계획에 포함되어야 할 내용으로 틀린 것은 어느 것인가? (단, 그 밖의 사항 등은 고려하지 않는다.)

㉮ 온실가스 배출량 명세서
㉯ 대기오염물질의 배출현황 및 전망
㉰ 기후변화로 인한 영향평가와 적응대책에 관한 사항
㉱ 기후변화 관련 국제적 조화와 협력에 관한 사항

풀이 종합계획에 포함되어야 하는 사항
① 대기오염물질의 배출현황 및 전망
② 대기 중 온실가스의 농도 변화 현황 및 전망
③ 대기오염물질을 줄이기 위한 목표 설정과 이의 달성을 위한 분야별·단계별 대책
④ 대기오염이 국민건강에 미치는 위해정도와 이를 개선하기 위한 분야별·단계별 대책
⑤ 유해성 대기감시물질의 측정 및 감시·관찰에 관한 사항
⑥ 특정대기유해물질을 줄이기 위한 목표설정 및 달성을 위한 분야별·단계별 대책
⑦ 환경분야 온실가스 배출을 줄이기 위한 목표 설정과 이의 달성을 위한 분야별·단계별 대책
⑧ 기후변화로 인한 영향평가와 적응대책에 관한 사항
⑨ 대기오염물질과 온실가스를 연계한 통합대기환경 관리체계의 구축
⑩ 기후변화 관련 국제적 조화와 협력에 관한 사항
⑪ 그 밖에 대기환경을 개선하기 위하여 필요한 사항
⑫ 특정대기유해물질을 줄이기 위한 목표 설정 및 달성을 위한 분야별·단계별 대책
⑬ 장거리이동대기오염물질의 발생 현황 및 전망
⑭ 장거리이동대기오염물질의 피해방지를 위한 국내대책과 발생 감소를 위한 국제협력
⑮ 장거리이동대기오염물질 발생저감을 위한 민관 협력방안

65 대기환경보전법규상 점검기관에서 배출허용기준 준수여부를 확인하기 위하여 대기오염도 검사를 검사기관에 지시한다. 다음 중 대기오염도 검사기관으로 볼 수 없는 것은?

㉮ 한국환경공단
㉯ 한국환경보전원
㉰ 경상북도 보건환경연구원
㉱ 수도권 대기환경청

풀이 ㉯ 한국환경보전원은 교육기관이다.

66 대기환경보전법령상 일일초과배출량 및 일일유량의 산정방법으로 알맞은 것은 어느 것인가?

㉮ 일일조업시간은 배출량을 측정하기 전 최근 조업한 30일 동안의 배출시설 조업시간 평균치를 시간으로 표시한다.
㉯ 먼지의 배출농도의 단위는 세제곱미터당 마이크로그램으로 표시한다.
㉰ 특정대기유해물질의 배출허용기준초과 일일오염물질 배출량은 소수점 이하 첫째자리까지 계산한다.
㉱ 먼지의 배출허용기준초과 일일오염물질배출량은 일일유량×배출허용기준초과농도×10^{-3}으로 산정한다.

풀이 ㉯ 먼지의 배출농도의 단위는 세제곱미터당 밀리그램으로 표시한다.
㉰ 특정대기유해물질의 배출허용기준초과 일일오염물질 배출량은 소수점 이하 넷째자리까지 계산한다.
㉱ 먼지의 배출허용기준초과 일일오염물질배출량은 일일유량×배출허용기준초과농도×10^{-6}으로 산정한다.

정답 64 ㉮ 65 ㉯ 66 ㉮

67 대기환경보전법규상 대기환경규제지역의 지정대상지역 기준으로 알맞은 것은 어느 것인가? (단, 대기오염도는 대기환경보전법에 따른 상시측정을 하지 아니하는 지역 중 법에 따라 조사된 대기오염물질 배출량을 기초로 산정한 대기오염도를 기준으로 함)

㉮ 대기오염도가 환경기준의 80퍼센트 이상인 지역
㉯ 대기오염도가 환경기준의 70퍼센트 이상인 지역
㉰ 대기오염도가 환경기준의 60퍼센트 이상인 지역
㉱ 대기오염도가 환경기준의 50퍼센트 이상인 지역

68 대기환경보전법규상 조업정지처분을 갈음하여 과징금을 부과할 때, 조업정지일수에 1일당 부과금액과 사업장 규모별 부과계수를 곱하여 산정한다. 다음 중 4종 사업장의 부과계수는 얼마인가?

㉮ 0.7   ㉯ 0.5
㉰ 0.3   ㉱ 0.1

[풀이] 사업장별 부과계수
① 1종 사업장 : 2.0
② 2종 사업장 : 1.5
③ 3종 사업장 : 1.0
④ 4종 사업장 : 0.7
⑤ 5종 사업장 : 0.4

69 대기환경보전법규상 수도권대기환경청장, 국립환경과학원장 또는 한국환경공단이 설치하는 대기오염 측정망의 종류로 틀린 것은 어느 것인가?

㉮ 기후·생태계변화 유발물질의 농도를 측정하기 위한 지구대기측정망
㉯ 도시지역의 휘발성유기화합물 등의 농도를 측정하기 위한 광화학대기오염물질측정망
㉰ 대기 중의 중금속 농도를 측정하기 위한 대기중금속 측정망
㉱ 대기오염물질의 지역배경농도를 측정하기 위한 교외 대기측정망

[풀이] ㉰번은 시·도지사가 설치하는 대기오염 측정망의 종류이다.

70 대기환경보전법규상 운행차배출허용기준 중 일반기준에 관한 내용으로 틀린 것은 어느 것인가?

㉮ 1993년 이후에 제작된 자동차 중 과급기(Turbo changer)나 중간냉각기(Intercooler)를 부착한 경유사용 자동차의 배출허용기준은 무부하급가속 검사방법의 매연 항목에 대한 배출허용기준에 5%를 더한 농도를 적용한다.
㉯ 휘발유사용 자동차는 휘발유 및 가스(천연가스는 제외한다)를 섞어서 사용하는 자동차를 포함하며, 경유사용 자동차는 경유와 알코올(천연가스는 제외한다)을 섞어서 사용하거나 같이 사용하는 자동차를 포함한다.

정답 67 ㉮   68 ㉮   69 ㉰   70 ㉯

㉢ 희박연소(Lean burn) 방식을 적용하는 자동차는 공기 과잉률 기준을 적용하지 아니한다.
㉣ 알코올만 사용하는 자동차는 탄화수소 기준을 적용하지 아니한다.

[풀이] ㉯ 휘발유사용 자동차는 휘발유·알코올 및 가스(천연가스는 포함한다)를 섞어서 사용하는 자동차를 포함하며, 경유사용 자동차는 경유와 가스를 섞어서 사용하거나 같이 사용하는 자동차를 포함한다.

71 대기환경보전법령상 인증을 면제할 수 있는 자동차로 틀린 것은 어느 것인가?

㉮ 군용 및 경호업무용 등 국가의 특수한 공용 목적으로 사용하기 위한 자동차와 소방용 자동차
㉯ 주한 외국군대의 구성원이 공용 목적으로 사용하기 위한 자동차
㉰ 수출용 자동차와 박람회나 그 밖에 이에 준하는 행사에 참가하는 자가 전시의 목적으로 일시 반입하는 자동차
㉱ 국가대표 선수용 자동차 또는 훈련용 자동차로서 문화체육관광부장관의 확인을 받은 자동차

[풀이] ㉱번은 인증의 생략 자동차이다.

72 다음은 대기환경보전법령상 환경기술인의 임명신고 사항에 관한 사항이다. ( )안에 알맞은 것은 어느 것인가?

> 사업자가 환경기술인을 임명하려는 경우에는 다음 각호의 구분에 따른 기간에 임명신고를 하여야 한다.
> 1. 최초로 배출시설을 설치한 경우에는 (①)
> 2. 환경기술인을 바꾸어 임명하는 경우에는 그 사유가 발생한 날부터 (②). 다만, 환경기사 1급(기사) 또는 2급(산업기사) 이상의 자격이 있는 자를 임명하여야 하는 사업장으로서 (②)에 채용할 수 없는 부득이한 사정이 있는 경우에는 (③)에서 4종·5종사업장의 기준에 준하여 환경기술인을 임명할 수 있다.

㉮ ① 가동개시 신고를 할 때
② 5일 이내, ③ 30일의 범위
㉯ ① 가동개시 신고를 할 때
② 10일 이내, ③ 30일의 범위
㉰ ① 가동개시 신고 후 5일 이내
② 10일 이내, ③ 60일의 범위
㉱ ① 가동개시 신고 후 5일 이내
② 15일 이내, ③ 60일의 범위

정답 71 ㉱ 72 ㉮

73 대기환경보전법규상 환경부장관은 대기오염상태가 환경기준을 초과하여 주민의 건강 등에 심각한 위해를 끼칠 우려가 있다고 인정되는 구역의 경우 당해 구역의 사업장에 대하여 배출되는 오염물질을 총량으로 규제할 수 있는데 이러한 총량규제를 하고자 할 때 고시하여야 하는 사항으로 틀린 것은 어느 것인가? (단, 그 밖의 사항 등은 고려하지 않는다.)

㉮ 총량규제구역
㉯ 총량규제 대기오염물질
㉰ 총량규제기간 및 총량규제방법
㉱ 대기오염물질의 저감계획

[풀이] 총량으로 규제하는 경우 고시사항으로는 총량규제구역, 총량규제 대기오염물질, 대기오염물질의 저감계획이 있다.

74 대기환경보전법규상 자동차연료 중 "천연가스" 각 항목의 제조기준으로 틀린 것은 어느 것인가?

㉮ 메탄(부피 %) : 88.0 이상
㉯ 에탄(부피 %) : 7.0 이하
㉰ 황분(ppm) : 50 이하
㉱ 불활성가스(CO_2, N_2 등)(부피 %) : 4.5 이하

[풀이] ㉰ 황분(ppm) : 40 이하

75 대기환경보전법규상 한국환경공단이 환경부장관에게 보고해야 할 위탁업무 보고사항 중 "자동차 배출가스 인증생략 현황"의 ① 보고횟수 및 ② 보고기일 기준은 얼마인가?

㉮ ① 연 1회, ② 다음 해 1월 15일까지
㉯ ① 연 2회, ② 매 반기 종료 후 15일 이내
㉰ ① 연 4회, ② 매 분기 종료 후 15일 이내
㉱ ① 수시, ② 해당사항 발생 후 15일 이내

76 대기환경보전법규상 자동차연료 제조기준 중 휘발유의 황함량 제조기준(ppm)은 얼마인가?

㉮ 2.3 이하
㉯ 10 이하
㉰ 50 이하
㉱ 60 이하

77 대기환경보전법규상 가스를 연료로 사용하는 경자동차의 배출가스 보증기간 적용기준으로 알맞은 것은 어느 것인가? (단, 2016년 1월 1일 이후 제작자동차)

㉮ 2년 또는 10,000km
㉯ 2년 또는 160,000km
㉰ 6년 또는 100,000km
㉱ 10년 또는 192,000km

정답 73 ㉱ 74 ㉰ 75 ㉯ 76 ㉯ 77 ㉰

78 대기환경보전법규상 자동차운행정지를 받은 자동차를 운행정지기간 중에 운행하는 경우 물게 되는 벌금기준은 얼마인가?

㉮ 100만원 이하의 벌금
㉯ 200만원 이하의 벌금
㉰ 300만원 이하의 벌금
㉱ 500만원 이하의 벌금

79 대기환경보전법령상 특별대책지역 또는 대기환경규제지역안에서 "휘발성유기화합물"을 배출하는 시설로서 대통령령이 정하는 시설로 틀린 것은 어느 것인가? (단, 그 밖의 시설 등을 고려하지 않음.)

㉮ 석유정제를 위한 제조시설
㉯ 저유소의 저장시설 및 출하시설
㉰ 세탁시설
㉱ 발효시설

풀이 휘발성유기화합물 규제에서 대통령령으로 정하는 시설
① 석유정제를 위한 제조시설, 저장시설 및 출하시설과 석유화학제품 제조업의 제조시설, 저장시설 및 출하시설
② 저유소의 저장시설 및 출하시설
③ 주유소의 저장시설 및 주유시설
④ 세탁시설

80 대기환경보전법규상 배출시설과 방지시설의 정상적인 운영·관리를 위해 환경기술인 업무사항을 준수사항 및 관리사항으로 구분할 때, 다음 중 준수사항에 해당하지 않는 것은 어느 것인가?

㉮ 자가측정은 정확히 할 것
㉯ 배출시설 및 방지시설의 운영기록을 사실에 기초하여 작성할 것
㉰ 배출시설 및 방지시설의 관리 및 개선에 관한 계획을 수립할 것
㉱ 자가측정시에 사용한 여과지는 환경분야 시험·검사 등에 관한 법률에 따른 환경오염공정시험기준에 따라 기록한 시료채취기록지와 함께 날짜별로 보관·관리할 것

풀이 환경기술인의 준수사항
① 배출시설 및 방지시설을 정상가동하여 대기오염물질 등의 배출이 배출허용기준에 맞도록 할 것
② 배출시설 및 방지시설의 운영에 관한 업무일지를 사실에 기초하여 작성할 것
③ 자가측정은 정확히 할 것
④ 자가측정한 결과를 사실대로 기록할 것
⑤ 자가측정시에 사용한 여과지는 환경오염공정시험기준에 따라 기록한 시료채취기록지와 함께 날짜별로 보관·관리할 것
⑥ 환경기술인은 사업장에 상근할 것. 다만, 기업활동 규제완화에 관한 특별조치법에 따라 환경기술인을 공동으로 임명한 경우 그 환경기술인은 해당 사업장에 번갈아 근무하여야 한다.

정답 78 ㉰ 79 ㉱ 80 ㉰

2014년 5월 25일 시행

2014년 2회 대기환경산업기사

| 제1과목 | 대기오염개론

01 A지역에서 빗물의 pH를 측정한 결과 5.1 이었다. 빗물의 산성우 판정기준이 pH 5.6 이라고 할 때 A지역에서 측정한 빗물의 수소이온농도의 비는 산성우 판정기준의 경우에 비해 어떻게 되겠는가?

㉮ 약 2.3배 높다. ㉯ 약 2.3배 낮다.
㉰ 약 3.2배 높다. ㉱ 약 3.2배 낮다.

풀이 $pH = -\log[H^+] \Rightarrow [H^+] = 10^{-pH} mol/L$
$pH\ 5.1 \Rightarrow [H^+] = 10^{-5.1} mol/L$
$pH\ 5.6 \Rightarrow [H^+] = 10^{-5.6} mol/L$
따라서 $\dfrac{10^{-5.1} mol/L}{10^{-5.6} mol/L} = 3.16$배

02 다음 중 오존층 보호를 위한 국제협약은 어느 것인가?

㉮ 바젤 협약   ㉯ 비엔나 협약
㉰ 람사 협약   ㉱ 오슬로 협약

풀이 오존층 보호를 위한 국제협약은 비엔나협약, 몬트리올의정서, 런던회의가 있다.

03 파장이 5240 Å 인 빛 속에서 밀도가 0.85g/cm³이고, 지름이 0.8μm인 기름 방울의 분산면적비 K가 4.1이라면 가시도가 2,414m 되기 위해서는 분진의 농도는 약 얼마가 되어야 하는가?

㉮ $1.23 \times 10^{-4} g/m^3$ ㉯ $1.44 \times 10^{-4} g/m^3$
㉰ $1.62 \times 10^{-4} g/m^3$ ㉱ $1.79 \times 10^{-4} g/m^3$

풀이 $V = \dfrac{5.2 \times \rho \times r}{K \times C}$

$2,414m = \dfrac{5.2 \times 0.85 g/cm^3 \times 0.4 \mu m}{4.1 \times C}$

$\therefore C = \dfrac{5.2 \times 0.85 g/cm^3 \times 0.4 \mu m}{4.1 \times 2,414m} = 1.79 \times 10^{-4} g/m^3$

04 코리올리 힘에 대한 설명으로 틀린 것은 어느 것인가?

㉮ 지구의 자전운동에 의하여 생긴다.
㉯ 운동의 방향만 변화시키고 속도에는 영향을 미치지 않는다.
㉰ 지구의 극지방에서 최소가 된다.
㉱ 힘의 방향은 경도력과 반대이다.

풀이 ㉰ 지구의 극지방에서 최대가 된다.

정답 01 ㉰ 02 ㉯ 03 ㉱ 04 ㉰

05 대기 구조에 대한 설명으로 틀린 것은 어느 것인가?

㉮ 행성경계층(planetary boundary layer)에서는 지표면의 마찰의 영향을 받기 때문에 풍속이 지표에서 멀어질수록 강하게 분다.
㉯ 고도 80km 이상을 열권이라고 하며, 이 권역에서는 분자들이 전리상태에 있기 때문에 전리층이라고도 한다.
㉰ 성층권은 고도 증가에 따라 온도가 상승하는 구간이며, 고도 약 50km 부근에서 오존의 밀도가 최대로 된다.
㉱ 중간권은 기층은 불안하지만 기상현상은 생기지 않는다.

[풀이] ㉰ 성층권은 고도 증가에 따라 온도가 상승하는 구간이며, 고도 약 20~30km 부근에서 오존의 밀도가 최대로 된다.

06 다음 중 "내연기관, 폭약, 비료, 필름제조, 금속의 부식, 아크 등"이 주된 배출 관련 업종인 오염물질은 어느 것인가?

㉮ NO_X ㉯ Zn
㉰ HCHO ㉱ CS_2

[풀이] ㉮ NO_X(질소산화물)에 대한 설명이다.

07 다음 중 가장 낮은 농도의 불화수소(HF)에 쉽게 피해를 받는 지표식물은 어느 것인가?

㉮ 장미 ㉯ 라일락
㉰ 글라디올러스 ㉱ 양배추

[풀이] 불화수소(HF)의 지표식물로는 옥수수, 자두, 메밀, 글라디올러스가 있다.

08 입자상 오염물질 측정방법을 중량농도법과 개수농도법으로 분류할 때, 다음 중 개수농도법에 해당하는 것은 어느 것인가?

㉮ 정전식 분급법
㉯ β-ray 흡수법
㉰ 다단식 충돌판 측정법
㉱ Piezobalance

[풀이] ㉮ 정전식 분급법에 대한 설명이다.

09 포스겐에 대한 설명으로 알맞은 것은 어느 것인가?

㉮ 분자량 98.9 정도, 비등점은 8.2℃ 정도이며, 수분 존재시 금속을 부식시킨다.
㉯ 물에 쉽게 용해되는 기체이며, 인체에 대한 유독성은 약한 편이다.
㉰ 시안색의 수용성 기체이며, 인체에 대한 급성 중독으로는 과혈당과 소화기관 및 중추신경계의 이상 등이 있다.
㉱ 비점은 120℃, 융점은 -58℃ 정도로서 공기중에서 쉽게 가수분해 되는 성질을 가진다.

[풀이] ㉯ 물에 쉽게 용해되지 않는 기체이며, 인체에 대한 유독성은 강한 편이다.
㉰ 최루, 흡입에 의한 재채기, 호흡 곤란 등의 급성 증상을 나타내며, 몇 시간 후에 폐수종을 일으켜 사망한다.
㉱ 비점은 8℃, 융점은 -128℃ 정도로서 공기중에서 수분 존재시 쉽게 가수분해 되는 성질을 가진다.

정답 05 ㉰ 06 ㉮ 07 ㉰ 08 ㉮ 09 ㉮

10 이황화탄소에 대한 설명으로 틀린 것은 어느 것인가?

㉮ 상온에서 무색, 투명하며 일반적으로 불쾌한 자극성 냄새를 내는 물질이다.
㉯ 이황화탄소는 보통 목탄 또는 메탄과 증기상태의 황을 750~1000℃에서 반응시켜 제조 한다.
㉰ 상온에서도 빛에 의해 서서히 분해되며, 인화되기 쉽다.
㉱ 전도성 및 부식성이 큰 편이다.

풀이 ㉱ 전도성 및 부식성이 약한 편이다.

11 지상 10m에서의 풍속이 5m/sec라고 한다면 지상 50m에서의 풍속(m/sec)은 얼마인가? (단, Deacon의 power law 적용, 풍속지수는 0.14 이다.)

㉮ 5.24m/sec ㉯ 6.26m/sec
㉰ 7.23m/sec ㉱ 8.45m/sec

풀이 $u_2 = u_1 \times \left(\dfrac{H_2}{H_1}\right)^n = 5\text{m/sec} \times \left(\dfrac{50\text{m}}{10\text{m}}\right)^{0.14}$
$= 6.26\text{m/sec}$

12 층류의 항력을 구할 때 입경(dp)에 따른 커닝험 계수(C_f)의 적용으로 알맞은 것은 어느 것인가?

㉮ dp < 3μm인 경우 C_f = 1
㉯ dp ≫ 3μm인 경우 C_f = 1
㉰ 1μm < dp < 3μm인 경우 C_f = 1
㉱ dp = 1μm인 경우 C_f = 1

13 대기오염의 역사적 사건에 대한 설명으로 틀린 것은 어느 것인가?

㉮ 뮤즈계곡사건 - 벨기에 뮤즈계곡에서 발생한 사건으로 금속, 유리, 아연, 제철, 황산공장 및 비료공장 등에서 배출되는 SO_2, H_2SO_4 등이 계곡에서 무풍상태에서 기온역전 조건에서 발생했다.
㉯ 포자리카 사건 - 멕시코 공업지역에서 발생한 오염사건으로 H_2S가 대량으로 인근 마을로 누출되어 기온역전으로 피해를 일으켰다.
㉰ 보팔시 사건 - 인도에서 일어난 사건으로 비료공장 저장탱크에서 MIC 가스가 유출되어 발생한 사건이다.
㉱ 크라카타우 사건 - 인도네시아에서 발생한 산화티타늄 공장에서 발생한 질산미스트 및 황산미스트에 의한 사건으로 이 지역에 주둔하던 미군과 가족들에게 큰 피해를 준 사건이다.

풀이 ㉱ 크라카타우 사건 - 인도네시아 크라카타우섬에서 화산폭발에 의한 화산재, 유황, 유해가스에 의해 발생되었다.

14 과거의 역사적으로 발생한 대기오염사건 중 London형 smog의 기상 및 안정도 조건으로 틀린 것은 어느 것인가?

㉮ 무풍상태 ㉯ 습도는 85% 이상
㉰ 침강성 역전 ㉱ 접지 역전

풀이 ㉰ 복사성 역전

정답 10 ㉱ 11 ㉯ 12 ㉯ 13 ㉱ 14 ㉰

15 "수용모델"에 대한 설명으로 틀린 것은 어느 것인가?

㉮ 새로운 오염원, 불확실한 오염원과 불법 배출 오염원을 정량적으로 확인 평가할 수 있다.
㉯ 지형, 기상학적 정보 없이도 사용 가능하다.
㉰ 측정자료를 입력자료로 사용하므로 시나리오 작성이 용이하다.
㉱ 현재나 과거에 일어났던 일을 추정하여 미래를 위한 계획을 세울 수 있으나 미래 예측은 어렵다.

풀이 ㉰ 측정자료를 입력자료로 사용하므로 시나리오 작성이 곤란하다.

16 굴뚝연기의 분산형태 중 환상형(Looping)의 설명으로 알맞은 것은 어느 것인가?

㉮ 바람이 약하고 대기가 안정할 때 생긴다.
㉯ 복사역전이 발달하는 초저녁부터 이른 아침사이에 많이 발생한다.
㉰ 풍속이 매우 강하여 상하층 혼합이 크게 일어날 때 발생한다.
㉱ 상층에는 침강역전, 하층에는 복사역전이 형성되었을 때 발생한다.

풀이 ㉮ 부채형에 대한 설명
㉯ 상승형에 대한 설명
㉱ 구속형에 대한 설명

17 DME(Dimethyl Ether) 연료에 대한 설명으로 틀린 것은 어느 것인가?

㉮ 산소함유율이 34.8% 정도로 높아 연소 시 매연이 적은 편이다.
㉯ 점도가 경유에 비해 높으며, 금속의 부식성이 문제가 된다.
㉰ 고무류와 반응하므로 재질에 주의해야 하며, 세탄가가 55 이상으로 높아 경유를 대체할 수 있다.
㉱ 물성이 LPG와 유사한 특성이 있으며, 발열량은 경유에 비해 낮은 편이다.

풀이 ㉯ 점도가 경유에 비해 낮다.

18 프로판가스 120kg을 액화시켜 만든 LPG가 기화될 때 표준상태에서의 용적(Sm^3)은 얼마인가?

㉮ $46Sm^3$　　㉯ $61Sm^3$
㉰ $86Sm^3$　　㉱ $102Sm^3$

풀이 프로판(C_3H_8) 1kmol $\begin{cases} 44kg \\ 22.4Sm^3 \end{cases}$

따라서 $120kg \times \dfrac{22.4Sm^3}{44kg} = 61.09Sm^3$

정답 15 ㉰　16 ㉱　17 ㉯　18 ㉯

19 휘발유를 사용하는 가솔린 기관에서 배출되는 오염물질에 대한 설명으로 틀린 것은 어느 것인가? (단, 휘발유의 대표적인 화학식은 옥탄(Octene)으로 가정하고, AFR은 중량비 기준이다.)

㉮ AFR을 10에서 14로 증가시키면 CO 농도는 감소한다.
㉯ AFR이 16까지는 HC 농도가 증가하나, 16이 지나면 HC 농도는 감소한다.
㉰ CO와 HC는 불완전연소시에 배출비율이 높고, NO_X는 이론 AFR 부근에서 농도가 높다.
㉱ AFR이 18 이상 정도의 높은 영역은 일반 연소기관에 적용하기는 곤란하다.

[풀이] ㉯ AFR이 16까지는 NO_X 농도가 증가하나, 16이 지나면 NO_X 농도는 감소한다.

20 휘발성유기화합물질(VOCs)은 다양한 배출원에서 배출되는데 우리나라의 경우 최근 가장 큰 부분(총배출량)을 차지하는 배출원은 어느 것인가?

㉮ 유기용제 사용
㉯ 자동차 등 도로이동 오염원
㉰ 폐기물처리
㉱ 에너지 수송 및 저장

[풀이] 우리나라에서 휘발성유기화합물질(VOCs) 경우 최근 가장 큰 부분(총배출량)을 차지하는 배출원은 유기용제 사용이다.

| 제2과목 | 대기오염공정시험기준

21 다음 계산식은 브롬화합물을 적정법(차아염소산법)으로 분석하여 나타낸 것이다. 이 농도값(C)을 알맞게 표현한 것은 어느 것인가?

$$C = \frac{0.133 \times (a-b)}{V_s} \times 0.140 \times 1,000$$

- a : 적정에 소비된 N/100 티오황산나트륨 용액량(mL)
- b : 바탕시험에 소비된 N/100 티오황산나트륨용액량(mL)
- Vs : 건조시료 가스량(L)

㉮ 분석시료 중의 총브롬(Br_2로 환산)의 농도(mg/m^3)
㉯ 분석시료 중의 총브롬(Br_2로 환산)의 농도(V/V ppm)
㉰ 분석시료 중의 총브롬(HBr로 환산)의 농도(mg/m^3)
㉱ 분석시료 중의 총브롬(HBr로 환산)의 농도(V/V ppm)

22 환경대기 내의 아황산가스 농도의 자동연속 측정방법 중 주 시험방법으로 알맞은 것은 어느 것인가?

㉮ 용액전도율법   ㉯ 불꽃광도법
㉰ 자외선형광법   ㉱ 화학발광법

[풀이] 아황산가스의 주시험방법은 자외선형광법이다.

정답 19 ㉯   20 ㉮   21 ㉯   22 ㉰

23 황성분 1.6% 이하 함유한 액체연료를 사용하는 연소시설에서 배출되는 황산화물(표준산소농도를 적용받는 항목)의 실측농도측정 결과 710ppm이었다. 배출가스 중의 실측산소 농도는 7%, 표준산소농도는 4% 이다. 황산화물의 농도(ppm)는 약 얼마인가?

㉮ 584ppm ㉯ 635ppm
㉰ 862ppm ㉱ 926ppm

풀이
$C = C_a \times \dfrac{21-O_s}{21-O_a} = 741\text{ppm} \times \dfrac{21-4\%}{21-7\%}$
$= 862.14\text{ppm}$

24 원형굴뚝단면의 반경이 0.5m인 경우 측정점수는 얼마인가?

㉮ 1   ㉯ 4
㉰ 8   ㉱ 12

풀이 원형단면의 측정점수

굴뚝직경(m)	반경구분수	측정점수
1 이하	1	4
1 초과 2 이하	2	8
2 초과 4 이하	3	12
4 초과 4.5 이하	4	16
4.5 초과	5	20

25 환경대기 중 휘발성유기화합물을 고체흡착 열탈착방법으로 분석하고자 할 때, 다음 중 열탈착 장치에 대한 설명으로 틀린 것은 어느 것인가?

㉮ 각 흡착관은 분석하기 전에 누출시험을 실시하며, 시료가 흐르는 모든 유로는 분석하기 전 흡착관에 열이나 가스가 공급된 상태에서 누출시험을 실시한다.
㉯ 퍼지용가스는 제로가스와 동등이상의 순도를 지닌 질소나 헬륨가스를 사용한다.
㉰ 일반적으로 흡착관을 저온으로 유지하기 위해서 액체질소, 액체아르곤, 드라이아이스와 같은 냉매를 사용하거나 전기적으로 온도를 강하시킨다.
㉱ 고농도(10ppb 이상)시료에서 수분의 간섭으로 인한 분리관과 검출기 피해를 최소화하기 위해 보통 10 : 1 이상으로 시료분할(splitting)을 실시한다.

풀이 ㉮ 각 흡착관은 분석하기 전에 누출시험을 실시하며, 시료가 흐르는 모든 유로는 분석하기 전 흡착관에 열이나 가스가 공급되지 않은 상태에서 누출시험을 실시한다.

정답 23 ㉰   24 ㉯   25 ㉮

26 다음은 굴뚝 배출가스 중 다이옥신류 분석을 위한 원통형여지의 사용 전 조치사항이다. ( )안에 알맞은 것은?

> 원통형여지는 사용에 앞서 (①)℃에서 2시간 작열시킨 후, (②)으로 각각 30분간 초음파 세정을 한 다음 진공건조시킨다.

㉮ ① 600, ② 에탄올 및 노말헥산
㉯ ① 850, ② 에탄올 및 노말헥산
㉰ ① 600, ② 아세톤 및 톨루엔
㉱ ① 850, ② 아세톤 및 톨루엔

27 다음은 환경대기 중 알데하이드류–고성능액체크로마토그래피법에서 적용되는 내부정도 관리방법 중 방법검출한계에 관한 설명이다. ( )안에 알맞은 것은?

> 방법검출한계(MDL, method detection limit)는 알데하이드류 표준용액을 측정하며 i-발레르알데하이드로서 1 ppb 이하이어야 한다. 방법검출한계를 결정하기 위해서는 검출한계에 다다를 것으로 생각되는 농도의 표준시료를 (①) 반복 측정한 후 이 농도 값을 바탕으로 하여 얻은 표준편차에 (②)를 곱한다.

㉮ ① 5번, ② 3   ㉯ ① 5번, ② 3.14
㉰ ① 7번, ② 3   ㉱ ① 7번, ② 3.14

28 원자흡수분광광도법으로 Zn을 분석할 때의 측정파장으로 알맞은 것은 어느 것인가?

㉮ 213.8nm   ㉯ 248.3nm
㉰ 324.8nm   ㉱ 357.9nm

[풀이] ㉮ Zn, ㉯ Fe, ㉰ Cu, ㉱ Cr

29 분석대상가스가 이황화탄소인 경우 사용할 수 있는 채취관 및 연결관의 재질로 부적당한 것은 어느 것인가?

㉮ 경질유리   ㉯ 석영
㉰ 플루오로수지   ㉱ 스테인리스강

[풀이] 이황화탄소인 경우 사용할 수 있는 채취관 및 연결관의 재질로는 경질유리, 석영, 플루오로수지가 있다.

30 자동기록식 광전분광 광도계의 파장교정에 사용되는 흡수 스펙트럼은 어느 것인가?

㉮ 홀뮴유리   ㉯ 석영유리
㉰ 플라스틱   ㉱ 방전유리

31 굴뚝 배출가스 중 사이안화수소를 자외선/가시선분광법–4–피리딘카복실산–피라졸론법으로 분석하는 방법에 대한 설명으로 틀린 것은?

㉮ 정량범위는 0.05ppm~8.61ppm이다.
㉯ 638nm 부근의 흡광도를 측정한다.
㉰ 배출가스 중 염소 등의 산화성가스가 공존하면 영향을 받는다.
㉱ 흡수액은 황산용액(20g/L)이다.

[풀이] ㉱ 흡수액은 수산화소듐용액(20g/L)이다.

정답 26 ㉱ 27 ㉱ 28 ㉮ 29 ㉱ 30 ㉮ 31 ㉱

32 굴뚝, 덕트 등을 통하여 대기중으로 배출되는 가스상 물질을 분석하기 위한 시료채취방법에 대한 설명으로 틀린 것은 어느 것인가?

㉮ 채취관은 흡입가스의 유량, 채취관의 기계적 강도, 청소의 용이성 등을 고려하여 안지름 6~25mm 정도의 것을 쓴다.
㉯ 연결관은 가능한 한 수직으로 연결해야 하고, 부득이 구부러진 관을 쓸 경우에는 응축수가 흘러나오기 쉽도록 경사지게(5° 이상) 한다.
㉰ 연결관의 안지름은 연결관의 길이, 흡입가스의 유량, 응축수에 의한 막힘, 또는 흡입펌프의 능력 등을 고려하여 4~25mm로 한다.
㉱ 채취부의 수은마노미터는 대기와 압력차가 150mmHg 이하인 것을 쓴다.

[풀이] ㉱ 채취부의 수은마노미터는 대기와 압력차가 100mmHg 이상인 것을 쓴다.

33 기체크로마토그래피법의 정량법 중 정량하려는 성분으로 된 순물질을 단계적으로 취하여 크로마토그램을 기록하고 봉우리의 넓이 또는 높이를 구하는 방법으로써 성분량을 횡축에, 봉우리 넓이 또는 봉우리 높이를 종축으로 하는 것은 어느 것인가?

㉮ 보정넓이백분율법
㉯ 절대검정곡선법
㉰ 넓이백분율법
㉱ 상대검정곡선법

[풀이] ㉯ 절대검정곡선법에 대한 설명이다.

34 굴뚝 배출가스 중 페놀화합물을 자외선/가시선분광법으로 측정할 때 시료액에 4-아미노 안티피린용액과 헥사사이아노철(Ⅲ)산 포타슘용액을 가한 경우 발색된 색은 어느 것인가?

㉮ 황색   ㉯ 황록색
㉰ 적색   ㉱ 청색

35 환경대기 중 일산화탄소를 비분산 적외선 분석법(자동연속측정)으로 분석할 경우 측정기의 성능기준으로 틀린 것은 어느 것인가?

㉮ 스팬가스를 흘러 보냈을 때 정상적인 지시 변동의 범위는 최대눈금치의 ±2% 이내여야 한다.
㉯ 제로교정 및 스팬교정을 한 후 중간눈금부근의 교정용 가스를 주입시켰을 때 이에 대응하는 일산화탄소 농도에 대한 지시오차는 최대눈금치의 ±5% 이내여야 한다.
㉰ 시료대기의 유량이 표시된 설정유량에 대하여 ±5% 이내로 변동해도 지시변화는 최대눈금치의 ±2% 이어야 한다.
㉱ 대기압변화에 대한 안정성은 대기압의 1% 변화에 대하여 동일시료농도의 측정치의 차가 5% 이내여야 한다.

[풀이] ㉱ 대기압변화에 대한 안정성은 대기압의 1% 변화에 대하여 동일시료농도의 측정치의 차가 1% 이내여야 한다.

정답 32 ㉱   33 ㉯   34 ㉰   35 ㉱

36 대기오염공정시험기준에서 따로 규정이 없는 한 시약의 조건으로 틀린 것은 어느 것인가?

㉮ HCl : 농도 35.0~37.0%, 비중 1.18
㉯ H_2SO_4 : 농도 85.0%, 비중 1.80
㉰ HNO_3 : 농도 60.0~62.0%, 비중 1.38
㉱ H_3PO_4 : 농도 85.0% 이상, 비중 1.69

[풀이] ㉯ H_2SO_4 : 농도 95%, 비중 1.84

37 환경대기 중 가스상 물질의 시료채취 방법으로 틀린 것은 어느 것인가?

㉮ 용매채취법   ㉯ 용기채취법
㉰ 고체흡착법   ㉱ 고온흡수법

[풀이] 환경대기 중 가스상 물질의 시료채취방법으로는 직접채취법, 용기채취법, 용매채취법, 고체흡착법, 저온농축법, 채취용 여과지에 의한 방법이 있다.

38 배출가스 중의 총탄화수소(THC)의 분석을 위한 장치구성에 대한 설명으로 틀린 것은 어느 것인가?

㉮ 시료연결관은 스테인리스강 또는 테플론 재질로 시료의 응축방지를 위해 가열할 수 있어야 한다.
㉯ 시료채취관은 스테인리스강 또는 이와 동등한 재질의 것으로 하고 굴뚝중심 부분의 30% 범위 내에 위치할 정도의 길이의 것을 사용한다.
㉰ 기록계를 사용하는 경우에는 최소 4회/분이 되는 기록계를 사용한다.
㉱ 영점 및 교정가스를 주입하기 위해서는 삼방밸브나 순간연결장치를 사용한다.

[풀이] ㉯ 시료채취관은 스테인리스강 또는 이와 동등한 재질의 것으로 하고 굴뚝중심 부분의 10% 범위내에 위치할 정도의 길이의 것을 사용한다.

39 흡광광도계에서 빛의 강도가 I_o의 단색광이 어떤 시료용액을 통과할 때 그 빛의 90%가 흡수될 경우 흡광도는 얼마인가?

㉮ 0.05   ㉯ 0.2
㉰ 0.5   ㉱ 1.0

[풀이] 흡광도(A) = $\log \dfrac{1}{투과도} = \log \dfrac{1}{0.1} = 1.0$

TIP
① 투과율(%) = 100 - 흡수율(%)
② 투과율(%) = 투과퍼센트

40 연료용 유류 중의 황함유량을 측정하기 위한 분석방법으로 알맞은 것은 어느 것인가?

㉮ 전기화학식 분석법
㉯ 광산란법
㉰ 연소관식 공기법
㉱ 광투과율법

[풀이] 연료용 유류 중의 황함유량을 측정하기 위한 분석방법으로는 연소관식 공기법, 방사선식 여기법이 있다.

정답 36 ㉯ 37 ㉱ 38 ㉯ 39 ㉱ 40 ㉰

| 제3과목 | 대기오염방지기술

41 입자가 미세할수록 표면에너지는 커지게 되어 다른 입자간에 부착하거나 혹은 동종 입자간에 응집이 이루어지는데 이러한 현상이 생기게 하는 결합력 중 거리가 먼 것은 어느 것인가?

㉮ 분자간의 인력
㉯ 정전기적 인력
㉰ 브라운 운동에 의한 확산력
㉱ 입자에 작용하는 항력

42 760mmHg, 20℃이고, 공기 동점성계수 $1.5 \times 10^{-5} m^2/sec$일 때 관지름을 50 mm로 하면 그 관로의 풍속(m/sec)은 얼마인가? (단, 레이놀즈수는 21,667)

㉮ 1.2m/sec   ㉯ 4.5m/sec
㉰ 6.5m/sec   ㉱ 9.0m/sec

[풀이]
$$Re = \frac{DV}{\nu}$$
$$21,667 = \frac{50 \times 10^{-3} m \times V}{1.5 \times 10^{-5} m^2/sec}$$
$$\therefore V = \frac{21,667 \times 1.5 \times 10^{-5} m^2/sec}{50 \times 10^{-3} m} = 6.5 m/sec$$

43 중력 집진장치를 사용하여 배출가스 중의 입자를 제거하려고 한다. 침전실의 길이 L, 침전실의 높이 H, 가스의 평균유속 V, 스톡스 법칙에 의한 입자의 침강속도를 Vg라 할 때 성립하는 관계식으로 알맞은 것은 어느 것인가?

㉮ $Vg = (V \times H)/L$ ㉯ $H = (V \times Vg)/L$
㉰ $V = (L \times H)/Vg$ ㉱ $L = (Vg \times H)/V$

[풀이] $L = \frac{u \times H}{Vg}$ 에서 $Vg = \frac{u \times H}{L}$

44 여과집진장치에 대한 설명으로 틀린 것은 어느 것인가?

㉮ 유지비용이 많이 드는 단점이 있으며, 수분과 여과 속도에 대한 적응성이 낮은 편이다.
㉯ 폭발 및 점착성의 먼지제거가 힘들다.
㉰ 간헐식은 하나의 방에서 처리가스를 차단하는 방법으로 연속식에 비해 효율은 높으나, 재비산의 우려가 크다.
㉱ 진동형, 역기류형, 역기류 진동형 등은 간헐식에 해당한다.

[풀이] ㉰ 간헐식은 여러개의 방으로 구분하여 방 하나씩 처리가스의 흐름을 차단하여 순차적으로 탈진하는 방식으로 연속식에 비해 효율은 높고, 재비산의 우려도 적다.

정답 41 ㉱ 42 ㉰ 43 ㉮ 44 ㉰

45 다음 중 후드의 형식에 해당되지 않는 것은 어느 것인가?

㉮ diffusion type   ㉯ enclosure type
㉰ booth type   ㉱ receiving type

풀이 후드의 형식에는 캐노피형(Canopy Type), 슬롯형(Slot Type), 포위식(Enclosure Type), 부스형(Booth Type), 리시버식(Receiving Type)이 있다.

46 20℃, 1기압에서 충전탑으로 혼합가스 중의 암모니아를 제거하려고 한다. stripping factor가 0.8 이고, 평형선의 기울기가 0.8일 경우 흡수액의 양(kg-mol/h)은 얼마인가? (단, 흡수액은 암모니아를 포함하지 않고, 재순환되지 않으며, 등온상태라 가정, 혼합가스량은 20℃, 1기압에서 40kg-mol/h 이다.)

㉮ 약 28kg-mol/h   ㉯ 약 40kg-mol/h
㉰ 약 57kg-mol/h   ㉱ 약 89kg-mol/h

풀이 흡수액의 양(kg-mol/hr)
= 혼합가스량(kg-mol/hr) × $\dfrac{\text{평형선의 기울기}}{\text{Stripping factor}}$
= 40kg-mol/hr × $\dfrac{0.8}{0.8}$ = 40kg-mol/hr

47 다음 석탄의 특성에 대한 설명으로 알맞은 것은 어느 것인가?

㉮ 고정탄소의 함량이 큰 연료는 발열량이 높다.
㉯ 회분이 많은 연료는 발열량이 높다.
㉰ 탄화도가 높을수록 착화온도는 낮아진다.
㉱ 휘발분 함량이 큰 연료는 매연을 적게 발생시킨다.

풀이 ㉯ 회분이 많은 연료는 발열량이 낮다.
㉰ 탄화도가 높을수록 착화온도는 높아진다.
㉱ 휘발분 함량이 큰 연료는 매연을 많이 발생시킨다.

48 상온상압의 함진공기 100m³/min을 지름 26cm, 유효길이가 3m 되는 원통형 Bag filter로 처리하고자 한다. 가스처리 속도를 1.5m/min 할 때 소요되는 Bag의 수는 얼마인가?

㉮ 21개   ㉯ 28개
㉰ 33개   ㉱ 41개

풀이 $n = \dfrac{Q}{\pi \times D \times L \times Vf} = \dfrac{100\text{m}^3/\text{min}}{\pi \times 0.26\text{m} \times 3\text{m} \times 1.5\text{m/min}}$
= 28개

49 배출가스 중의 HF를 충전탑에서 수산화소듐 수용액과 향류로 접촉시켜 흡수시킬 때 효율이 90%였다. 동일조건에서 95%의 효율을 얻기 위해서는 이론적으로 충전층의 높이를 원래의 몇 배로 하면 되겠는가? (단, 기타 조건은 변동사항 없다.)

㉮ 1.1배   ㉯ 1.3배
㉰ 2.3배   ㉱ 3배

풀이 H = NOG × HOG
H ∝ NOG 이므로
$NOG = \ln\left(\dfrac{1}{1-\eta}\right)$

$\dfrac{NOG_2}{NOG_1} = \dfrac{\ln\left(\dfrac{1}{1-0.95}\right)}{\ln\left(\dfrac{1}{1-0.90}\right)} = 1.30\text{배}$

정답 45 ㉮ 46 ㉯ 47 ㉮ 48 ㉯ 49 ㉯

50 후드의 유입계수가 0.79, 속도압이 20 mmH₂O일 때 후드의 압력손실(mmH₂O)은 얼마인가?

㉮ 8.5mmH₂O ㉯ 12mmH₂O
㉰ 15.8mmH₂O ㉱ 18mmH₂O

풀이

$$\triangle P = \frac{1-Ce^2}{Ce^2} \times Vp$$

- $\triangle P$: 압력손실(mmH₂O)
- Ce : 유입계수
- Vp : 속도압(mmH₂O)

따라서

$$\triangle P = \frac{1-0.79^2}{0.79^2} \times 20 mmH_2O = 12.05 mmH_2O$$

51 다음 질소화합물 중 일반적으로 공기중에서의 최소감지농도(ppm)가 가장 낮은 것은 어느 것인가?

㉮ 삼메틸아민 ㉯ 피리딘
㉰ 아닐린 ㉱ 암모니아

52 스토크(Stokes)의 법칙을 만족하는 입자의 침강속도에 관한 설명으로 틀린 것은 어느 것인가?

㉮ 입자와 유체의 밀도차에 비례한다.
㉯ 입자 직경의 제곱에 비례한다.
㉰ 가스의 점도에 비례한다.
㉱ 중력가속도에 비례한다.

풀이 ㉰ 가스의 점도에 반비례한다.

53 휘발성유기화합물(VOCs) 제어 기술로 틀린 것은 어느 것인가?

㉮ 활성탄 흡착(Activated carbon adsorption)
㉯ 응축(Condensation)
㉰ 수은환원(Mercury reduction)
㉱ 흡수(Absorption)

풀이 휘발성유기화합물(VOCs) 제어 기술로는 흡착법, 연소법, 응축법, 흡수법이 있다.

54 다음 중 원심형 송풍기에 해당하지 않는 것은 어느 것인가?

㉮ 터보형 ㉯ 평판형
㉰ 다익형 ㉱ 프로펠라형

풀이 ㉱ 프로펠라형은 축류형 송풍기이다.

55 악취에 대한 설명으로 틀린 것은 어느 것인가?

㉮ 악취의 공기중에서의 최소감지농도(ppm)는 아세톤이 염소보다 더 높다.
㉯ 악취처리방법 중 응축법은 유기용매 증기를 고농도(200g/Sm³ 이상)로 함유하고 있는 배출가스에 주로 적용한다.
㉰ 악취처리방법 중 불꽃소각법의 경우 보조연료가 필요없으며, 연소온도는 보통 850~1100℃ 정도이다.
㉱ 악취처리방법 중 화학적산화법은 주로 알데히드, 케톤, 페놀, 스티렌 등의 유기물 제거에 이용된다.

풀이 ㉰ 악취처리방법 중 불꽃소각법의 경우 보조연료가 필요하며, 연소온도는 보통 700~800℃ 정도이다.

정답 50 ㉯ 51 ㉮ 52 ㉰ 53 ㉰ 54 ㉱ 55 ㉰

56 유해물질의 처리방법으로 틀린 것은 어느 것인가?

㉮ 아크로레인은 NaClO등의 산화제를 혼입한 가성소다 용액으로 흡수시켜 제거한다.
㉯ 이황화탄소는 암모니아를 불어넣는 방법이 이용된다.
㉰ 이산화셀렌은 코트렐집진기로 채취하는 방법이 이용된다.
㉱ 일산화탄소는 증기회수법으로 회수 후 산소주입하여 오존형태로 제거한다.

[풀이] ㉱ 일산화탄소는 백금계 촉매를 사용하여 무해한 이산화탄소로 산화시켜 제거한다.

57 화학적 흡착에 대한 설명으로 틀린 것은 어느 것인가?

㉮ 흡착제는 대부분이 고체이다.
㉯ 여러층의 흡착층이 가능하다.
㉰ 흡착제의 재생성이 낮다.
㉱ 흡착열이 물리적 흡착에 비하여 높다.

[풀이] ㉯ 여러층의 흡착층이 불가능하다.

58 CH_4 95%, CO_2 2%, O_2 1%, N_2 2%인 연료가스 1Sm³에 대하여 10.8Sm³의 공기를 사용하여 연소하였다. 이때의 공기비는 얼마인가?

㉮ 1.6 ㉯ 1.4
㉰ 1.2 ㉱ 1.0

[풀이]
공기비(m) = $\dfrac{\text{실제공기량}(A)}{\text{이론공기량}(A_o)}$

① 이론공기량(A_o)을 계산한다.
$CH_4 + 2O_2 \rightarrow CO_2 + 2H_2O$: 95%
O_2 : 1%

$A_o = \dfrac{\text{가연성분 연소시 필요한 산소량 - 연료 중 산소량}}{0.21}$

$= \dfrac{2 \times 0.95 - 0.01}{0.21} = 9.0 Sm^3/Sm^3$

② 실제공기량(A) = 10.8Sm³/Sm³

③ m = $\dfrac{10.8 Sm^3/Sm^3}{9.0 Sm^3/Sm^3}$ = 1.2

59 50m³/min의 공기를 직경 28cm의 원형 관을 사용하여 수송하고자 할 때 관내의 속도압(mmH₂O)은 얼마인가? (단, 공기의 비중은 1.2 기준이다.)

㉮ 8.6mmH₂O   ㉯ 9.6mmH₂O
㉰ 11.2mmH₂O ㉱ 15.6mmH₂O

[풀이]
속도압(Vp) = $\left(\dfrac{V}{242.2}\right)^2$ (mmH₂O)

① V(m/min) = $\dfrac{Q(mm^3/min)}{A(m^2)} = \dfrac{Q(m^3/min)}{\dfrac{\pi D^2}{4}(m^2)}$

$= \dfrac{50 m^3/min}{\dfrac{\pi}{4} \times (0.28)m^2}$ = 812.015m/min

② 속도압(Vp) = $\left(\dfrac{812.015 m/min}{242.2}\right)^2$
$= 11.24 mmH_2O$

정답 56 ㉱ 57 ㉯ 58 ㉰ 59 ㉰

60 유량 210,000m³/day의 공기를 흡수탑을 거쳐 정화하려고 한다. 흡수탑 접근 유속을 0.8m/sec로 유지하기 위해 소요되는 흡수탑의 직경(m)은 얼마인가?

㉮ 3.21m ㉯ 2.75m
㉰ 2.18m ㉱ 1.97m

풀이 유량(Q) = 단면적(A)×유속(v)

여기서 단면적(A) = $\frac{\pi D^2}{4}$(m²)

따라서 Q = $\frac{\pi D^2}{4}$×V

210,000m³/day×1day/24hr×1hr/3600sec
= $\frac{\pi D^2}{4}$(m²)×0.8m/sec

∴ D = $\sqrt{\frac{4 \times 210,000 m^3/day \times 1day/24hr \times 1hr/3,600sec}{\pi \times 0.8 m/sec}}$
= 1.97m

| 제4과목 | 대기환경관계법규

61 대기환경보전법규상 정밀검사대상 자동차 및 정밀검사 유효기간 중 차령 2년 경과된 사업용 기타자동차의 검사유효기간 기준으로 알맞은 것은 어느 것인가? (단, "정밀검사대상 자동차"란 「자동차관리법」에 따라 등록된 자동차를 말하며, "기타자동차"란 승용자동차를 제외한 승합·화물·특수자동차를 말한다.)

㉮ 1년 ㉯ 2년
㉰ 3년 ㉱ 5년

62 대기환경보전법령상 기본부과금의 지역별 부과계수 기준 중 "전원개발사업구역 및 예정구역"의 지역별 부과계수는 얼마인가? (단, 지역구분은 국토의 계획 및 이용에 관한 법률을 적용한다.)

㉮ 0.5 ㉯ 1.0
㉰ 1.5 ㉱ 2.0

풀이 전원개발사업구역 및 예정구역은 Ⅱ 지역에 해당하며, 지역별 부과계수는 0.5이다.

63 대기환경보전법규상 특정대기유해물질로 틀린 것은 어느 것인가?

㉮ 염소 및 염화수소
㉯ 클로로폼
㉰ 탄화수소
㉱ 불소화물

64 대기환경보전법규상 비산먼지 발생을 억제하기 위한 시설의 설치 및 필요한 조치에 관한 기준 중 야외 녹 제거 배출공정인 경우의 기준으로 틀린 것은 어느 것인가?

㉮ 야외 작업 시 이동식 집진시설을 설치할 것. 다만, 이동식 집진시설의 설치가 불가능할 경우 진공식 청소차량 등으로 작업현장에 대한 청소작업을 지속적으로 할 것
㉯ 풍속이 평균초속 8m 이상(강선건조업과 합성수지선건조업인 경우에는 10m 이상)인 경우에는 작업을 중지할 것

정답 60 ㉱ 61 ㉮ 62 ㉮ 63 ㉰ 64 ㉱

㉰ 야외 작업시에는 간이칸막이 등을 설치하여 먼지가 흩날리지 아니하도록 할 것
㉱ 구조물의 길이가 30m 미만인 경우에는 옥내작업을 할 것

[풀이] ㉱ 구조물의 길이가 15m 미만인 경우에는 옥내작업을 할 것

65 대기환경보전법규상 휘발유를 연료로 사용하는 경자동차의 배출가스 보증적용기간(기준)으로 알맞은 것은 어느 것인가? (단, 2016년 1월 1일 이후 제작자동차 기준)

㉮ 2년 또는 160,000km
㉯ 6년 또는 100,000km
㉰ 8년 또는 160,000km
㉱ 15년 또는 240,000km

66 대기환경보전법상 휘발성유기화합물 함유기준을 초과하는 도료를 공급하거나 판매한 자에 대한 벌칙기준으로 알맞은 것은 어느 것인가?

㉮ 7년 이하의 징역 또는 1억원 이하의 벌금에 처한다.
㉯ 5년 이하의 징역 또는 3천만원 이하의 벌금에 처한다.
㉰ 1년 이하의 징역 또는 1천만원 이하의 벌금에 처한다.
㉱ 500만원 이하의 벌금에 처한다.

[풀이] ㉰ 1년 이하의 징역 또는 1천만원 이하의 벌금에 해당한다.

67 대기환경보전법규상 대기오염물질 배출시설기준으로 틀린 것은 어느 것인가? (단, 1차 금속제조시설 중 금속의 용융·용해 또는 열처리시설)

㉮ 풍구(노복)면의 횡단면적이 0.2제곱미터 이상인 제선로
㉯ 용적이 1세제곱미터 이상인 정련로
㉰ 1회 주입 연료 및 원료량의 합계가 0.5톤 이상인 용선로
㉱ 노상면적이 3.5제곱미터 이상인 반사로

[풀이] ㉱ 노상면적이 4.5제곱미터 이상인 반사로

68 대기환경보전법상 대기환경규제지역을 관찰하는 시, 도지사 등은 당해 지역이 대기환경규제지역으로 지정, 고시된 후 얼마기간 이내에 당해 지역의 환경기준을 달성, 유지하기 위한 계획을 수립하여야 하는가?

㉮ 6월 이내   ㉯ 1년 이내
㉰ 2년 이내   ㉱ 3년 이내

69 대기환경보전법규상 자동차연료 제조기준 중 경유의 세탄지수(또는 세탄가) 제조기준으로 알맞은 것은 어느 것인가?

㉮ 18 이상   ㉯ 26 이상
㉰ 36 이상   ㉱ 52 이상

정답 65 ㉱ 66 ㉰ 67 ㉱ 68 ㉰ 69 ㉱

70 대기환경보전법규상 "기타 고체연료 사용시설"의 설치기준으로 틀린 것은 어느 것인가?

㉮ 배출시설의 굴뚝높이는 100m 이상이어야 한다.
㉯ 연료와 그 연소재의 수송은 덮개가 있는 차량을 이용하여야 한다.
㉰ 연료는 옥내에 저장하여야 한다.
㉱ 굴뚝에서 배출되는 매연을 측정할 수 있어야 한다.

풀이 ㉮ 배출시설의 굴뚝높이는 20m 이상이어야 한다.

71 대기환경보전법규상 사업자가 배출시설 및 방지시설 운영기록부에 기록하여야 하는 사항으로 틀린 것은 어느 것인가?

㉮ 시설의 가동시간
㉯ 대기오염물질 배출량
㉰ 시설관리 및 운영자
㉱ 배출시설 및 방지시설의 형식

풀이 ㉱ 자가측정에 관한 사항

72 대기환경보전법령상 부과금 납부자가 천재지변으로 사업자의 재산에 중대한 손실이 발생하여 부과금을 납부할 수 없다고 인정될 때 ① 초과부과금의 징수유예의 기간과 ② 그 기간 중의 분할납부 횟수기준으로 알맞은 것은 어느 것인가?

㉮ ① 유예한 날의 다음날부터 2년 이내, ② 6회 이내
㉯ ① 유예한 날의 다음날부터 2년 이내, ② 12회 이내
㉰ ① 유예한 날의 다음날부터 1년 이내, ② 6회 이내
㉱ ① 유예한 날의 다음날부터 1년 이내, ② 12회 이내

73 대기환경보전법상 용어의 뜻으로 틀린 것은 어느 것인가?

㉮ "특정대기유해물질"이란 유해성대기감시물질 중 규정에 따른 심사·평가 결과 저농도에서도 장기적인 섭취나 노출에 의하여 사람의 건강이나 동식물의 생육에 직접 또는 간접으로 위해를 끼칠 수 있어 대기 배출에 대한 관리가 필요하다고 인정된 물질로서 환경부령으로 정하는 것을 말한다.
㉯ "공회전제한장치"란 자동차에서 배출되는 대기오염물질을 줄이고 연료를 절약하기 위하여 자동차에 부착하는 장치로서 환경부령으로 정하는 기준에 적합한 장치를 말한다.
㉰ "저공해엔진"이란 자동차 또는 건설기계에서 배출되는 대기오염물질을 줄이기 위한 엔진(엔진 개조에 사용하는 부품은 제외한다)을 말한다.
㉱ "검댕"이란 연소할 때에 생기는 유리(遊離) 탄소가 응결하여 입자의 지름이 1미크론 이상이 되는 입자상물질을 말한다.

풀이 ㉰ "저공해엔진"이란 자동차에서 배출되는 대기오염물질을 줄이기 위한 엔진(엔진 개조에 사용하는 부품을 포함한다)을 말한다.

정답 70 ㉮ 71 ㉱ 72 ㉯ 73 ㉰

74 다음은 대기환경보전법령상 배출시설로부터 나오는 특정대기유해물질의 환경기준 유지가 곤란하다고 인정되어 시·도지사가 배출시설의 설치를 제한할 수 있는 경우이다. (   )안에 알맞은 것은?

> 배출시설 설치 지점으로부터 반경 1킬로미터 안의 상주 인구가 (①)명 이상인 지역으로서 특정대기유해물질 중 한 가지 종류의 물질을 연간 10톤 이상 배출하거나 두 가지 이상의 물질을 연간 (②)톤 이상 배출하는 시설을 설치하는 경우

㉮ ① 1만, ② 20 ㉯ ① 1만, ② 25
㉰ ① 2만, ② 20 ㉱ ① 2만, ② 25

75 대기환경보전법규상 자동차연료 검사기관은 검사대상 연료의 종류에 따라 구분하고 있는데, 다음 중 그 구분으로 틀린 것은 어느 것인가?

㉮ 휘발유·경유 검사기관
㉯ 세일가스 검사기관
㉰ 엘피지(LPG) 검사기관
㉱ 바이오디젤(BD 100) 검사기관

76 대기환경보전법령상 자동차제작자에 대한 매출액 산정 및 위반행위 정도에 따른 과징금의 부과기준 중 인증받은 내용과 다르게 자동차를 제작 판매한 경우 가중부과계수는 어느 것인가?

㉮ 0.3   ㉯ 1.0
㉰ 1.5   ㉱ 2.0

77 다음은 대기환경보전법령상 국가 기후변화 적응센터의 평가에 관한 사항이다. (   )안에 알맞은 것은?

> 환경부장관은 다음 각 호의 구분에 따라 국가기후변화 적응센터를 평가하여야 한다.
> 1. 정기평가 : 매년 국가 기후변화 적응센터의 전년도 사업실적 등을 평가
> 2. 종합평가 : (   ) 국가 기후변화 적응센터의 운영 전반을 평가

㉮ 1년마다   ㉯ 3년마다
㉰ 5년마다   ㉱ 10년마다

78 대기환경보전법규상 환경기술인의 준수사항 및 관리사항을 이행하지 아니한 경우 각 위반차수별 행정처분기준(1차~4차)으로 알맞은 것은 어느 것인가?

㉮ 선임명령 - 경고 - 경고 - 조업정지 5일
㉯ 선임명령 - 경고 - 조업정지 5일 - 조업정지 30일
㉰ 변경명령 - 경고 - 조업정지 5일 - 조업정지 30일
㉱ 경고 - 경고 - 경고 - 조업정지 5일

정답 74 ㉱ 75 ㉯ 76 ㉮ 77 ㉯ 78 ㉱

79 대기환경보전법령상 초과부과금 산정 기준에서 다음 오염물질 중 오염물질 1킬로그램 당 부과금액이 가장 큰 것은 어느 것인가?

㉮ 불소화합물 ㉯ 암모니아
㉰ 시안화수소 ㉱ 황화수소

풀이 오염물질 1킬로그램당 부과금액
㉮ 불소화합물 : 2,300원
㉯ 암모니아 : 1,400원
㉰ 시안화수소 : 7,300원
㉱ 황화수소 : 6,000원

80 대기환경보전법규상 대기오염방지시설로 틀린 것은 어느 것인가? (단, 기타 환경부장관이 인정하는 시설 등은 제외)

㉮ 미생물을 이용한 처리시설
㉯ 응축에 의한 시설
㉰ 흡광광도에 의한 시설
㉱ 흡착에 의한 시설

풀이 ㉰ 흡광광도계는 오염물질을 분석하는 장비이다.

정답 79 ㉰ 80 ㉰

2014년 9월 20일 시행

2014년 4회 대기환경산업기사

| 제1과목 | 대기오염개론

01 다음 중 인체내에서 콜레스테롤, 인지질 및 지방분의 합성을 저해하거나 기타 다른 영양 물질의 대사장애를 일으키며, 만성폭로시 설태가 끼는 대기오염물질은 어느 것인가?

㉮ Se ㉯ Ti
㉰ V   ㉱ Al

[풀이] ㉰ V(바나듐)에 대한 설명이다.

02 실제굴뚝높이가 70m, 굴뚝내경 6m, 굴뚝가스 배출속도 15m/s, 굴뚝주위의 풍속이 5m/s 이라면 유효굴뚝높이(m)는 얼마인가? (단, $\triangle H = (1.5 V_s \times D)/U$를 이용하시오.)

㉮ 27m ㉯ 97m
㉰ 127m ㉱ 147m

[풀이] ① $\triangle H = \dfrac{(1.5 \times V_s) \times D}{U}$

- $\triangle H$: 연기의 상승고(m)
- V_s : 배출가스속도(m/sec)
- U : 풍속(m/sec)
- D : 내경(m)

따라서 $\triangle H = \dfrac{1.5 \times 15 \text{m/sec} \times 6 \text{m}}{5 \text{m/sec}} = 27\text{m}$

② $He = H + \triangle H$

- He : 유효굴뚝높이(m)
- H : 실제굴뚝높이(m)
- $\triangle H$: 연기의 상승고(m)

따라서 $He = 70\text{m} + 27\text{m} = 97\text{m}$

03 대기안정도와 관련된 연기모양에 대한 내용으로 틀린 것은 어느 것인가?

㉮ Looping형은 과단열감률 상태의 대기일 때 발생하기 쉽다.
㉯ Coning형은 오염의 단면분포가 전형적인 가우시안 분포를 이룬다.
㉰ Fumigation형은 오염물질 배출구 바로 주위에서 오염정도가 심하며, 이 때 지표의 오염농도는 가장 높다.
㉱ Trapping형은 보통 고기압지역에서 상공에 복사역전층이 있고, 지표 부근에 침강역전 층이 있는 경우 발생한다.

[풀이] ㉱ Trapping형은 보통 고기압지역에서 자주 발생하며, 지표에 복사역전층이 있고, 상공 부근에 침강역전층이 있는 경우 발생한다.

 01 ㉰ 02 ㉯ 03 ㉱

04 다음 중 염화수소 배출관련 업종으로 틀린 것은 어느 것인가?

㉮ 염산제조 ㉯ 활성탄제조
㉰ 소오다공업 ㉱ 유리공업

풀이 ㉱ 유리공업에서는 불화수소(HF)가 발생된다.

05 라돈에 대한 내용으로 틀린 것은 어느 것인가?

㉮ 지구상에서 발견된 약 70여 가지의 자연방사능 물질중의 하나이다.
㉯ 사람이 매우 흡입하기 쉬운 가스성 물질이다.
㉰ 반감기는 3.8일이며, 라듐의 핵분열 때 생성되는 물질이다.
㉱ 액화되면 푸른색을 띠며, 공기보다 1.2배 무거워 지표에 가깝게 존재하며, 화학적으로 반응을 나타낸다.

풀이 ㉱ 액화되어도 색을 띠지 않으며, 공기보다 9배 무거워 지표에 가깝게 존재하며, 화학적으로 반응을 하지 않는 안정한 물질이다.

06 다음 특정물질 중 오존 파괴지수가 가장 큰 물질은 어느 것인가?

㉮ CF_3Br ㉯ CCl_4
㉰ CF_2BrCl ㉱ CH_2FBr

풀이 오존 파괴지수
㉮ CF_3Br : 10.0
㉯ CCl_4 : 1.1
㉰ CF_2BrCl : 3.0
㉱ CH_2FBr : 0.73

07 다음 온실가스 중 동일한 부피에서 가장 무거운 물질은 어느 것인가?

㉮ CO_2 ㉯ CH_4
㉰ N_2O ㉱ O_3

풀이 기체에서는 분자량이 가장 큰 물질이 가장 무거운 물질이다.
㉮ CO_2(44) ㉯ CH_4(16) ㉰ N_2O(44) ㉱ O_3(48)
따라서 오존(O_3)이 정답이 된다.

08 자동차에서 배출되는 배기가스에 대한 내용으로 틀린 것은 어느 것인가?

㉮ 일반적으로 자동차의 주요 배출 유해가스는 CO, NO_X, HC 등이다.
㉯ 휘발유 자동차의 경우, CO는 가속시, HC는 정속시, NO_X는 감속시에 상대적으로 많이 발생한다.
㉰ CO는 연료량에 비하여 공기량이 부족할 경우에 발생하고, NO_X는 높은 연소 온도에서 많이 발생하며, 매연은 연료가 미연소하여 발생한다.
㉱ 디젤 자동차의 경우, CO 및 HC가 휘발유 자동차에 비해서 상대적으로 적게 배출된다.

풀이 ㉯ 휘발유 자동차의 경우, CO는 공전(공회전)시, HC는 감속시, NO_X는 가속시에 상대적으로 많이 발생한다.

정답 04 ㉱ 05 ㉱ 06 ㉮ 07 ㉱ 08 ㉯

09 다음 식물 중 오존에 대해 가장 예민하고 피해가 커서 지표식물로 이용되는 것은 어느 것인가?

㉮ 목화 ㉯ 상추
㉰ 담배 ㉱ 블루그래스

[풀이] 오존의 지표식물(기준식물)은 담배(연초)이다.

10 입자에 의한 빛산란에 대한 내용이다. ( )안에 알맞은 말은 어느 것인가?

(①)의 결과는 모든 입경에 대하여 적용되나, (②)의 결과는 입사 빛의 파장에 대하여 입자가 대단히 작은 경우에만 적용된다.

㉮ ① Maxwell, ② tyndall
㉯ ① tyndall, ② Maxwell
㉰ ① Mie, ② Rayleigh
㉱ ① Rayleigh, ② Mie

11 다음 국제적인 환경오염사건 중 MIC(메틸이소시아네이트)가스의 유출로 발생한 사건은 어느 것인가?

㉮ 도노라(Donora) 사건
㉯ 보팔(Bhopal) 사건
㉰ 크라카타우(Krakatau)섬 사건
㉱ 도쿄-요코하마(Tokyo-Yokohama) 사건

[풀이] ㉯ 보팔시 사건에 대한 설명이다.

12 아래의 설명 중 ( )안에 들어갈 말을 순서대로 바르게 나열한 것은 어느 것인가?

풍향별로 관측된 바람의 발생빈도와 ( )을/를 동심원상에 그린 것을 ( )(이)라고 한다. 이때 풍향에서 가장 빈도수가 많은 것을 ( )(이)라고 한다.

㉮ 풍속 - 바람장미 - 주풍
㉯ 풍향 - 바람분포도 - 지균풍
㉰ 난류도 - 연기형태 - 경도풍
㉱ 기온역전도 - 환경감율 - 확산풍

13 대기압력이 950mb인 높이에서의 온도가 11.6℃ 이었다. 온위(K)는 얼마인가?
(단, $\theta = T\left(\dfrac{1000}{P}\right)^{0.288}$)

㉮ 288.8K ㉯ 297.4K
㉰ 309.5K ㉱ 320.3K

[풀이]
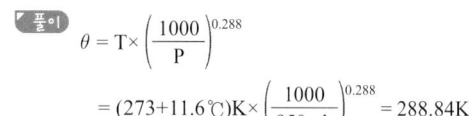
$= (273+11.6℃)K \times \left(\dfrac{1000}{950mb}\right)^{0.288} = 288.84K$

정답 09 ㉰ 10 ㉰ 11 ㉯ 12 ㉮ 13 ㉮

14 각 오염물질의 특성 및 영향에 대한 내용으로 틀린 것은 어느 것인가?

㉮ 염소는 암모니아에 비해 훨씬 수용성이 강하고, 호흡기 전체에 영향을 미치기 보다는 후두에 부종을 주로 유발한다.
㉯ 포스겐 자체는 자극성이 경미하지만 수중에서 재빨리 염산으로 분해되어 거의 급성 전구증상이 없이 치사량을 흡입할 수 있기 때문에 매우 위험하다.
㉰ 브롬화합물은 부식성이 강하며 주로 상기도에 대하여 급성 흡입효과를 지니고, 고농도에서 일정기간이 지나면 폐부종을 유발하기도 한다.
㉱ 질소산화물은 유기물의 분해 시 생성되기도 하며, 마초 저장고에 일하는 농부들에 silo fillers disease를 일으키기도 한다.

[풀이] ㉮ 염소는 암모니아에 비해 훨씬 수용성이 약하므로 후두에 부종만을 일으키기 보다는 호흡기계 전체에 영향을 미친다.

15 굴뚝의 유효고도가 40m 이다. 일반적인 조건이 같을 때 최대지표농도를 절반으로 감소시키기 위해서는 유효고도를 얼마만큼 더 증가시켜야 하는가?

㉮ 약 11m   ㉯ 약 17m
㉰ 약 20m   ㉱ 약 24m

[풀이] ① $C_{max} = \dfrac{1}{He^2}$

$1C_1 : \dfrac{1}{(40m)^2} = \dfrac{1}{2} C_1 : \dfrac{1}{He^2}$

$\therefore He = \sqrt{(40m)^2 \times 2} = 56.57m$

② $\triangle H = 56.57m - 40m = 16.57m$

16 다음 중 일반적으로 건조대기 내 체류시간이 가장 긴 물질은 어느 것인가?

㉮ N_2 ㉯ O_2
㉰ CH_4 ㉱ CO_2

[풀이] 건조대기 내 체류시간
㉮ N_2 : 4×10^8년
㉯ O_2 : 6000년
㉰ CH_4 : 3~8년
㉱ CO_2 : 2~4년

17 최대에너지가 복사될 때 이용되는 파장(λ_m : μm)과 흑체의 표면온도(T : 절대온도 단위)와의 관계를 나타내는 복사이론에 대한 법칙은 어느 것인가?

$\lambda_m = a/T$
(단, 비례상수 a = 0.2898cmK)

㉮ 스테판-볼츠만의 법칙
㉯ 비인의 변위법칙
㉰ 플랑크의 법칙
㉱ 알베도의 법칙

[풀이] ㉯ 비인의 변위법칙을 나타낸 식이다.

18 다음 중 폼알데하이드가 주된 배출관련 업종인 것은 어느 것인가?

㉮ 금속제련, 쓰레기소각로, 냉동공장
㉯ 석탄화력발전소, 펄프제조
㉰ 염색공업, 나일론 및 암모니아 제조공장
㉱ 피혁공장, 합성수지공장, 포르말린 제조업

정답 14 ㉮ 15 ㉯ 16 ㉮ 17 ㉯ 18 ㉱

19 경도모델(또는 K-이론모델)을 적용하기 위한 가정으로 틀린 것은 어느 것인가?

㉮ 연기의 축에 직각인 단면에서 오염의 농도분포는 가우시안 분포(정규분포)이다.
㉯ 오염물질은 지표를 침투하지 못하고 반사한다.
㉰ 배출원에서 오염물질의 농도는 무한하다.
㉱ 배출원에서 배출된 오염물질은 그 후 소멸하고, 확산계수는 시간에 따라 변한다.

풀이 ㉱ 확산계수는 시간에 따라 변하지 않는다.

20 다음 대기오염물질의 분류 중 2차 오염물질로 틀린 것은 어느 것인가?

㉮ NOCl   ㉯ H_2O_2
㉰ NO_2 ㉱ CO_2

풀이 ㉱ 이산화탄소(CO_2)는 1차성 오염물질이다.

| 제2과목 | 대기오염공정시험기준

21 굴뚝반경이 2.2m인 원형 굴뚝에서 먼지를 채취하고자 할 때의 측정점수는 얼마인가?

㉮ 8   ㉯ 12
㉰ 16   ㉱ 20

풀이 원형단면의 측정점

굴뚝직경(m)	반경구분수	측정점수
1 이하	1	4
1 초과 2 이하	2	8
2 초과 4 이하	3	12
4 초과 4.5 이하	4	16
4.5 초과	5	20

22 기체-액체 크로마토그래피법에서 분배형 충전물질로 사용되는 내화벽돌에 대한 내용으로 알맞은 것은 어느 것인가?

㉮ 일반적인 내화점토를 사용한 것이 아니고, 흑토를 주성분으로 한 내화온도 1100℃ 정도의 단열벽돌을 뜻한다.
㉯ 일반적인 내화점토를 사용한 것이 아니고, 규조토를 주성분으로 한 내화온도 1100℃ 정도의 단열벽돌을 뜻한다.
㉰ 일반적인 내화점토를 사용한 내화온도 1100℃ 정도의 단열벽돌을 뜻한다.
㉱ 일반적인 내화점토를 사용한 내화온도 1800℃ 정도의 단열벽돌을 뜻한다.

정답 19 ㉱ 20 ㉱ 21 ㉰ 22 ㉯

23 대기오염공정시험기준상 굴뚝 배출가스 중의 일산화탄소 분석방법으로 틀린 것은 어느 것인가?

㉮ 비분산적외선분광분석법
㉯ 정전위 전해법
㉰ 음이온 전극법
㉱ 기체크로마토그래피법

> 풀이 일산화탄소 분석방법으로는 비분산적외선분광분석법, 정전위전해법, 기체크로마토그래피법이 있다.

24 시료 중 중금속을 원자흡수분광광도법(원자흡광광도법)으로 분석하기 위하여 회화법으로 전처리 할 경우 사용하는 용융제로 알맞은 것은 어느 것인가?

㉮ $HCl + H_2SO_4$
㉯ $Na_2CO_3 + NaNO_3$
㉰ $(NH_4)_2SO_4 + HBr$
㉱ $HBr + NH_4OH$

25 흡광도 눈금 보정을 위한 용액 제조방법으로 알맞은 것은 어느 것인가?

㉮ 100℃에서 2시간 이상 건조한 과망간산 포타슘(1급 이상)을 N/10 수산화소듐 용액에 녹여 과망간산 포타슘용액을 만들어 그 농도는 $KMnO_4$으로서 0.0125 g/L가 되도록 한다.
㉯ 110℃에서 3시간 이상 건조한 과망간산 포타슘(1급 이상)을 N/20 수산화칼륨 용액에 녹여 과망간산 포타슘용액을 만들어 그 농도는 $KMnO_4$으로서 0.0155/L가 되도록 한다.
㉰ 100℃에서 2시간 이상 건조한 다이크롬산 포타슘(1급 이상)을 N/10 수산화소듐 용액에 녹여 다이크롬산 포타슘용액을 만들어 그 농도는 $K_2Cr_2O_7$으로서 0.0153 g/L가 되도록 한다.
㉱ 110℃에서 3시간 이상 건조한 다이크롬산 포타슘(1급 이상)을 N/20 수산화포타슘 용액에 녹여 다이크롬산 포타슘용액을 만들어 그 농도는 $K_2Cr_2O_7$으로서 0.0303 g/L가 되도록 한다

26 물질의 파쇄, 선별, 퇴적, 이적, 기타 기계적 처리 또는 연소, 합성분해시 굴뚝에서 배출되는 먼지를 측정하는 방법에 대한 설명으로 틀린 것은 어느 것인가?

㉮ 반자동식 채취기에 의한 방법으로써 먼지가 채취된 여과지를 110±5℃(배출가스 온도가 110±5℃)이상일 경우 배출가스 온도와 동일하게 건조)에서 충분히(1~3시간) 건조시켜 부착수분을 제거한 후 먼지의 중량농도를 계산한다.
㉯ 반자동식 채취기에 의한 방법으로써 배연탈황시설과 황산미스트에 의해서 먼지농도가 영향을 받은 경우에는 여과지를 135℃ 이상에서 3시간 이상 건조시킨 후 먼지농도를 계산한다.
㉰ 측정공은 측정위치로 선정된 굴뚝 벽면에 내경 100~150mm 정도로 설치하고 측정시 이외에는 마개를 막아 밀폐하고 측정시에도 흡입관 삽입 이외의 공간은 공기가 새지 않도록 밀폐되어야 한다.

정답 23 ㉰ 24 ㉯ 25 ㉱ 26 ㉯

㉣ 굴뚝 단면적이 0.25m²이하로 소규모인 원형굴뚝인 경우에는 그 굴뚝 단면의 중심을 대표점으로 하여 1점만 측정한다.

[풀이] ㉯ 반자동식 채취기에 의한 방법으로써 배연탈황시설과 황산미스트에 의해서 먼지농도가 영향을 받은 경우에는 여과지를 160℃ 이상에서 4시간 이상 건조시킨후 먼지농도를 계산한다.

27 굴뚝 배출가스 중 사이안화수소를 자외선/가시선분광법-4-피리딘카복실산-피라졸론법으로 분석하는 방법에 대한 설명으로 틀린 것은?

㉮ 정량범위는 0.05ppm~8.61ppm이다.
㉯ 538nm 부근의 흡광도를 측정한다.
㉰ 배출가스 중 염소 등의 산화성가스가 공존하면 영향을 받는다.
㉱ 흡수액은 수산화소듐용액(20g/L)이다.

[풀이] ㉯ 638nm 부근의 흡광도를 측정한다.

28 환경대기 중의 아황산가스 농도를 측정함에 있어 파라로자닐린법을 사용할 경우 알려진 주요 방해물질로 틀린 것은 어느 것인가?

㉮ Cr   ㉯ O_3
㉰ NO_X ㉱ NH_3

[풀이] 주요 방해물질은 질소산화물(NO_X), 오존(O_3), 망간(Mn), 철(Fe), 크롬(Cr)이다.

29 환경대기 내의 옥시단트(오존으로서) 측정방법 중 중성아이오딘화 포타슘법(수동)에 대한 내용으로 틀린 것은 어느 것인가?

㉮ 시료를 채취한 후 1시간이내에 분석할 수 있을 때 사용할 수 있으며 1시간이내에 측정 할 수 없을 때는 알칼리성 아이오드화 포타슘법을 사용하여야 한다.
㉯ 대기중에 존재하는 오존과 다른 옥시단트가 pH 6.8의 아이오드화 포타슘 용액에 흡수되면 옥시단트 농도에 해당하는 아이오딘이 유리되며 이 유리된 아이오딘를 파장 217nm에서 흡광도를 측정하여 정량한다.
㉰ 산화성 가스로는 아황산가스 및 황화수소가 있으며 이들은 부(-)의 영향을 미친다.
㉱ PAN은 오존의 당량, 몰, 농도의 약 50%의 영향을 미친다.

[풀이] ㉯ 대기중에 존재하는 오존과 다른 옥시단트가 pH 6.8의 아이오드화 포타슘 용액에 흡수되면 옥시단트 농도에 해당하는 아이오딘이 유리되며 이 유리된 아이오딘를 파장 352nm에서 흡광도를 측정하여 정량한다.

정답 27 ㉯   28 ㉱   29 ㉯

30 굴뚝 배출가스 중 벤젠을 측정하는 기체 크로마토그래피에 대한 설명으로 틀린 것은?

㉮ 시료채취방법에는 흡착관을 이용하는 방법과 시료주머니를 이용하는 방법이 있다.
㉯ 정량범위는 0.10ppm ~ 2,500ppm이다.
㉰ 운반기체로는 99.999% 이상의 수소 혹은 헬륨을 사용한다.
㉱ 검출기는 불꽃이온화검출기를 사용한다.

풀이 ㉰ 운반기체로는 99.999% 이상의 질소 혹은 헬륨을 사용한다.

31 원자흡광광도법(원자흡수분광광도법)에서 사용되는 용어에 대한 내용으로 틀린 것은 어느 것인가?

㉮ 슬롯버너 : 가스의 분출구가 세극상으로 된 버너
㉯ 선프로파일 : 불꽃중에서의 광로를 길게 하고 흡수를 증대시키기 위하여 반사를 이용하여 불꽃중에 빛을 여러번 투과시키는 것
㉰ 공명선 : 원자가 외부로부터 빛을 흡수했다가 다시 먼저 상태로 돌아갈 때 방사하는 스펙트럼선
㉱ 역화 : 불꽃의 연소속도가 크고 혼합기체의 분출속도가 작을 때 연소현상이 내부로 옮겨지는 것

풀이 ㉯ 선프로파일 : 파장에 대한 스펙트럼선의 강도를 나타내는 곡선

32 500mmH₂O는 몇 mmHg 인가?

㉮ 19 mmHg   ㉯ 28 mmHg
㉰ 37 mmHg   ㉱ 45 mmHg

풀이 수은주 비중
$= \dfrac{10332\text{mmH}_2\text{O}}{760\text{mmHg}} = 13.6(\text{mmH}_2\text{O/mmHg})$

$\begin{cases} \text{mmH}_2\text{O} \div 13.6 = \text{mmHg} \\ \text{mmHg} \times 13.6 = \text{mmH}_2\text{O} \end{cases}$

따라서 500mmH₂O ÷ 13.6 = 36.77mmHg

33 폐기물 소각로 등에서 배출되는 다이옥신류의 측정 및 분석에 사용되는 증류수를 세정할 때 사용하는 시약은 어느 것인가?

㉮ 노말헥산   ㉯ 디클로로메탄
㉰ 톨루엔   ㉱ 아세톤

34 실험의 기재 및 용어에 대한 내용으로 틀린 것은 어느 것인가?

㉮ "감압 또는 진공"이라 함은 따로 규정이 없는 한 15mmHg 이하를 뜻한다.
㉯ 용액의 액성표시는 따로 규정이 없는 한 유리전극법에 의한 pH미터로 측정한 것을 뜻한다.
㉰ 시료의 시험, 바탕시험 및 표준액에 대한 시험을 일련의 동일시험으로 행할 때 사용하는 시약 또는 시액은 동일롯트로 조제된 것을 사용한다.
㉱ "항량이 될 때까지 건조한다 또는 강열한다"라 함은 따로 규정이 없는 한 보통의 건조 방법으로 1시간 더 건조 또는 강열할 때 전후 무게의 차가 매 g당 0.5mg 이하일 때를 뜻한다.

정답 30 ㉰   31 ㉯   32 ㉰   33 ㉮   34 ㉱

[풀이] ㉣ "항량이 될 때까지 건조한다 또는 강열한다"라 함은 따로 규정이 없는 한 보통의 건조방법으로 1시간 더 건조 또는 강열할 때 전후 무게의 차가 매 g당 0.3mg 이하일 때를 뜻한다.

35 굴뚝 배출가스 중 이황화탄소 분석방법으로 틀린 것은 어느 것인가?

㉮ 자외선/가시선분광법은 다이에틸아민구리 용액에서 시료가스를 흡수시켜 생성된 다이에틸다이싸이오카밤산구리의 흡광도를 535nm의 파장에서 측정하여 이황화탄소를 정량한다.

㉯ 기체크로마토그래피법은 불꽃광도검출기(Flame Photometric Detector)를 구비한 기체크로마토그래피를 사용하여 정량하며, 이 방법은 이황화탄소정량범위는 0.5ppm 이상이다.

㉰ 배출가스 중에 포함된 황화합물의 대부분이 이황화탄소이어서 전황화합물로 측정해도 지장이 없는 경우에는 기체크로마토그래피법에서 분리관을 생략한 불꽃광도검출방식 연속분석계를 사용해도 좋다.

㉱ 채취관, 연결관 등에는 경질유리, 플루오로수지관 등을 사용한다.

[풀이] ㉮ 자외선/가시선분광법은 다이에틸아민구리 용액에서 시료가스를 흡수시켜 생성된 다이에틸다이싸이오카밤산구리의 흡광도를 435nm의 파장에서 측정하여 이황화탄소를 정량한다.

36 굴뚝 배출가스 중 플루오린화합물 측정 방법에 관한 설명으로 틀린 것은?

㉮ 적정법으로 분석할 때 정량범위는 HF로서 0.60ppm~4,200ppm이다.

㉯ 시료 중의 무기 플루오린화합물과 수분이 응축하는 것을 막기 위하여 시료채취관 및 시료채취관에서부터 흡수병까지의 사이를 120℃ 이상으로 가열해 준다.

㉰ 자외선/가시선분광법으로 분석할 때 정량범위는 0.05ppm~3.73ppm이다.

㉱ 시료채취관은 배출가스중의 무기 플루오린화합물에 의하여 부식을 쉽게 유발하는 재질의 관, 예를들면 플루오로수지관, 구리관 등은 사용을 피한다.

[풀이] ㉱ 시료채취관은 배출가스중의 무기 플루오린화합물에 의하여 부식되지 않는 재질의 관, 예를 들면 플루오로수지관, 스테인리스강관, 구리관 등을 사용한다.

37 다음은 용기에 대한 내용이다. ( )안에 알맞은 말은 어느 것인가?

( )라 함은 물질을 취급 또는 보관하는 동안에 기체 또는 미생물이 침입하지 않도록 내용물을 보호하는 용기를 뜻한다.

㉮ 밀봉용기 ㉯ 밀폐용기
㉰ 기밀용기 ㉱ 차광용기

[풀이] 용기
㉮ 밀봉용기 : 미생물
㉯ 밀폐용기 : 이물질
㉰ 기밀용기 : 공기
㉱ 차광용기 : 광선

정답 35 ㉮ 36 ㉱ 37 ㉮

38 굴뚝내의 배출가스 유속을 피토우관으로 측정한 결과 그 동압이 2.2mmHg 이었다면 굴뚝내의 배출가스의 평균유속(m/sec)은 얼마인가? (단, 배출가스 온도 250℃, 공기의 비중량 1.3kg/Sm³, 피토우관계수 1.2 이다.)

㉮ 8.6m/sec ㉯ 16.9m/sec
㉰ 25.5m/sec ㉱ 35.5m/sec

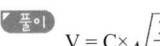 ㉱

$$V = C \times \sqrt{\frac{2gh}{r}}$$

$$\begin{cases} V : 유속(m/sec) \\ C : 피토우관 계수 \\ g : 중력가속도(9.8m/sec^2) \\ h : 동압(mmH_2O) \\ r : 밀도(kg/m^3) \end{cases}$$

① 동압(h) = 2.2mmHg × 13.6 = 29.92mmH₂O

② r(kg/m³) = 1.3kg/Sm³ × $\frac{273}{273+250}$
= 0.6786kg/m³

③ V = 1.2 × $\sqrt{\frac{2 \times 9.8m/sec^2 \times 29.92mmH_2O}{0.6786kg/m^3}}$
= 35.28m/sec

39 이온크로마토그래피법에 사용되는 장치에 대한 내용으로 틀린 것은 어느 것인가?

㉮ 용리액조는 일반적으로 폴리에틸렌이나 경질 유리제를 사용한다.
㉯ 분리관의 경우 일부는 스테인레스관이 사용되지만 금속이온 분리용으로는 좋지 않다.
㉰ 써프렛서란 전해질을 고전도도의 용매로 바꿔줌으로써 전기전도도 셀에서 목적이온 성분과 전기전도도만을 고감도로 검출할 수 있게 해주는 것으로써, 관형은 음이온에는 스티롤계 강산형(H⁺)의 수지가 충진된 것을 사용한다.
㉱ 검출기는 분리관 용리액 중의 시료성분의 유무와 양을 검출하는 부분으로 일반적으로 전도도 검출기를 많이 사용하고, 그외 자외선, 가시선 흡수검출기(UV, VIS 검출기), 전기화학적 검출기 등이 사용된다.

풀이 ㉰ 써프렛서란 전해질을 저전도도의 용매로 바꿔줌으로써 전기전도도셀에서 목적이온 성분과 전기전도도만을 고감도로 검출할 수 있게 해주는 것으로써, 관형은 음이온에는 스티롤계 강산형(H⁺)의 수지가 충진된 것을 사용한다.

40 기체크로마토그래피법에 사용되는 장치에 대한 내용으로 틀린 것은 어느 것인가?

㉮ 불꽃 이온화 검출기는 수소연소노즐, 이온수집기와 함께 대극 및 배기구로 구성되는 본체와 이 전극 사이에 직류전압을 주어 흐르는 이온전류를 측정하기 위한 직류전압 변환회로, 감도조절부, 신호감쇄부 등으로 구성된다.
㉯ 방사성 동위원소를 사용하는 검출기에 대하여는 별도로 과열방지기구, 누출방지기구 등을 설치해야 한다.
㉰ 온도조절 정밀도는 ±0.5℃의 범위이내 전원 전압변동 10%에 대하여 온도변화 ±0.5℃ 범위이내(오븐의 온도가 150℃ 부근일 때)이어야 한다.
㉱ 기록계는 스트립 차아트식 자동평형 기록계로 스팬전압 10mV, 펜 응답시간 5초 이내, 기록지 이동속도는 1mm/분을 포함한 다단변속이 가능한 것이어야 한다.

정답 38 ㉱ 39 ㉰ 40 ㉱

풀이 ㉣ 기록계는 스트립 차아트식 자동평형 기록계로 스팬전압 1mV, 펜 응답시간 2초 이내, 기록지 이동속도는 10mm/분을 포함한 다단변속이 가능한 것이어야 한다.

| 제3과목 | 대기오염방지기술

41 먼지 농도가 $10g/Sm^3$인 매연을 집진율 80%인 집진장치로 1차 처리하고 다시 2차 집진장치로 처리한 결과 배출가스 중 먼지 농도가 $0.2g/Sm^3$이 되었다. 이때 2차 집진장치의 집진율(%)은 얼마인가? (단, 직렬 기준)

㉮ 70% ㉯ 80%
㉰ 85% ㉱ 90%

풀이 $\eta_T = 1-(1-\eta_1)\times(1-\eta_2)$

$\begin{bmatrix} \eta_T : 총집진율 \\ \eta_1 : 1차 집진장치의 효율 \\ \eta_2 : 2차 집진장치의 효율 \end{bmatrix}$

① $\eta_T = \left\{1-\dfrac{출구농도(C_o)}{입구농도(C_i)}\right\}\times100$

$= \left\{1-\dfrac{0.2g/Sm^3}{10g/Sm^3}\right\}\times100 = 98\%$

② $\eta_T = 1-(1-\eta_1)\times(1-\eta_2)$
$0.98 = 1-(1-0.80)\times(1-\eta_2)$
∴ $\eta_2 = 0.90$ 따라서 90%

42 CH_4 $0.5Sm^3$, C_2H_6 $0.5Sm^3$를 m = 1.3으로 완전 연소시킬 경우 습연소가스량 (Sm^3/Sm^3)은 얼마인가?

㉮ 약 $18Sm^3/Sm^3$ ㉯ 약 $22Sm^3/Sm^3$
㉰ 약 $25Sm^3/Sm^3$ ㉱ 약 $28Sm^3/Sm^3$

풀이 $CH_4 + 2O_2 \rightarrow CO_2 + 2H_2O : 0.5Sm^3$
$C_2H_6 + 3.5O_2 \rightarrow 2CO_2 + 3H_2O : 0.5Sm^3$
실제습연소가스량(Gw)
$= (m-0.21)A_o + CO_2량 + H_2O량(Sm^3/Sm^3)$
$= (1.3-0.21)\times\dfrac{2\times0.5Sm^3+3.5\times0.5Sm^3}{0.21}$
$+1\times0.5Sm^3+2\times0.5Sm^3+2\times0.5Sm^3+3\times0.5Sm^3$
$= 18.27Sm^3/Sm$

43 입경측정방법 중 Cascade impactor법에 대한 내용으로 틀린 것은 어느 것인가?

㉮ 액상 침강법과 함께 직접 측정법에 해당한다.
㉯ 널리 이용되는 방법으로 관성충돌을 이용하여 입경을 측정하는 방법이다.
㉰ 측정된 입경은 stokes경을 의미하며, 입자의 밀도를 보정하면 공기동력학 경으로 나타낼 수 있다.
㉱ Cascade impactor의 단수는 임의로 설계, 제작할 수 있으나 보통 9단이 많이 사용된다.

풀이 ㉮ 액상 침강법과 함께 간접 측정법에 해당한다.

정답 41 ㉱ 42 ㉮ 43 ㉮

44 어떤 2차 반응에서 반응물질의 농도를 같게 했을 때 그 10%가 반응하는데 300초가 걸렸다면 88%가 반응하는데는 얼마가 걸리겠는가?

㉮ 17,000초 ㉯ 18,500초
㉰ 19,800초 ㉱ 24,500초

풀이 2차반응식 : $\dfrac{1}{C_o} - \dfrac{1}{C_t} = -k \times t$

- C_o : 초기농도(100%)
- C_t : t시간 후 농도
- k : 상수
- t : 시간

① $\dfrac{1}{1} - \dfrac{1}{0.90} = -k \times 300\text{sec}$

∴ $k = 3.7 \times 10^{-4}/\text{sec}$

② $\dfrac{1}{1} - \dfrac{1}{0.12} = -3.7 \times 10^{-4}/\text{sec} \times t$

∴ $t = 19,819.82\text{sec}$

TIP
① 2차반응식 사용에 주의하세요.
② 10%가 반응하면 $C_t = 100-10\% = 90\% = 0.90$
③ 88%가 반응하면 $C_t = 100-88\% = 12\% = 0.12$

45 반지름 200mm, 유효높이 12m인 원통형 filter bag을 사용하여 농도 6g/m³인 배출가스를 20m³/sec로 처리하고자 한다. 겉보기 여과속도를 1.2cm/sec로 할 때 필요한 filter bag의 수는 얼마인가?

㉮ 111개 ㉯ 115개
㉰ 121개 ㉱ 125개

풀이 $Q = \pi \cdot D \cdot L \cdot V_f \cdot n$

∴ $n = \dfrac{Q}{\pi \cdot D \cdot L \cdot V_f} = \dfrac{20\text{m}^3/\text{sec}}{\pi \times 0.4\text{m} \times 12\text{m} \times 0.012\text{m/sec}}$

= 110.52 = 111개

TIP
① D는 직경이므로 D = 200mm×2 = 400mm = 0.4m
② L = 유효높이 = 길이(m)
③ V_f = 1.2cm/sec = 0.012m/sec

46 100Sm³/hr의 배출가스를 방출하는 연소로를 건식석회석법으로 SO₂를 처리하고자 한다. 이 때 배출가스의 SO₂ 농도가 2,500ppm 일 때 SO₂를 100% 제거하기 위한 필요한 CaCO₃의 양(kg/hr)은 얼마인가?

㉮ 0.84kg/hr ㉯ 1.12kg/hr
㉰ 1.58kg/hr ㉱ 2.17kg/hr

풀이 $S + O_2 \rightarrow SO_2 + CaCO_3 + 0.5O_2 \rightarrow CaSO_4 + CO_2$

22.4Sm³ : 100kg
100Sm³/hr × 2500ppm × 10⁻⁶ : X

∴ $X = \dfrac{100\text{Sm}^3/\text{hr} \times 2500\text{ppm} \times 10^{-6} \times 100\text{kg}}{22.4\text{Sm}^3}$

= 1.12kg/hr

TIP
SO₂의 농도와 가스량이 주어져 있으므로 SO₂와 CaCO₃를 비로 놓고 문제를 풀이해야 함에 주의하세요.

47 여과집진장치에서 여과포가 마멸되어 집진율이 99.9%에서 99.5%로 낮아졌을 때 출구에서 배출되는 먼지 농도는 어떻게 변화 되겠는가? (단, 기타 조건은 변경이 없다고 가정한다.)

㉮ 원래의 1/2 ㉯ 원래의 4배
㉰ 원래의 5배 ㉱ 원래의 10배

풀이 통과율의 변화 = $\dfrac{(100-99.5\%)}{(100-99.9\%)} = \dfrac{0.5\%}{0.1\%} = 5$배

정답 44 ㉰ 45 ㉮ 46 ㉯ 47 ㉰

48 다음 중 각종 발생원에서 배출되는 먼지 입자의 진비중(S)과 겉보기 비중(S_B)의 비(S/S_B)가 가장 큰 것은 어느 것인가?

㉮ 시멘트킬른 발생먼지
㉯ 카본블랙 먼지
㉰ 골재건조기 먼지
㉱ 미분탄보일러 발생먼지

[풀이] 진비중(S)과 겉보기 비중(S_B)의 비(S/S_B)

㉮ 시멘트킬른 발생먼지 : $\dfrac{S}{S_B} = \dfrac{3.0}{0.6} = 5.0$

㉯ 카본블랙 먼지 : $\dfrac{S}{S_B} = \dfrac{1.9}{0.025} = 76.0$

㉰ 골재건조기 먼지 : $\dfrac{S}{S_B} = \dfrac{2.9}{1.06} = 2.73$

㉱ 미분탄보일러 발생먼지 : $\dfrac{S}{S_B} = \dfrac{2.1}{0.55} = 4.04$

49 여과집진장치의 먼지부하가 $360g/m^2$에 달할 때 먼지를 탈락시키고자 한다. 이 때 탈락 시간 간격(min)은 얼마인가? (단, 여과집진장치에 유입되는 함진농도는 $10g/m^3$, 여과속도는 7,200cm/hr 이고, 집진효율은 100%로 본다.)

㉮ 25min   ㉯ 30min
㉰ 35min   ㉱ 40min

[풀이] $L_d = C_i \times V_f \times t$

- L_d : 먼지부하(g/m^2)
- C_i : 유입농도(g/m^3)
- V_f : 여과속도(m/min)
- t : 탈락시간(min)

① $V_f(m/min) = \dfrac{7,200cm}{hr} \times \dfrac{1m}{10^2 cm} \times \dfrac{1hr}{60min}$
    $= 1.2 m/min$

② $360 g/m^2 = 10 g/m^3 \times 1.2 m/min \times t$

∴ $t = \dfrac{360 g/m^2}{10 g/m^3 \times 1.2 m/min} = 30 min$

50 다음 연료 중 검댕의 발생이 가장 적은 연료는 어느 것인가?

㉮ 저휘발분 역청탄
㉯ 코오크스
㉰ 중유
㉱ 고휘발분 역청탄

[풀이] ㉯ 코오크스는 휘발분이 거의 함유되어 있지 않아 연소시에 매연(검댕)이 발생하지 않는다.

51 충전탑에 사용되는 충진물의 구비조건으로 틀린 것은 어느 것인가?

㉮ 압력손실이 작고 충진밀도가 클 것
㉯ 공극률이 작을 것
㉰ 단위용적에 대한 표면적이 클 것
㉱ 액가스 분포를 균일하게 유지할 수 있을 것

[풀이] ㉯ 공극률이 클 것

52 연료에 있어 매연 발생에 대한 내용으로 틀린 것은 어느 것인가?

㉮ 연료중의 C/H비가 클수록 발생하기 쉽다.
㉯ 탄소결합을 절단하는 것보다 탈수소가 쉬운 쪽이 매연이 생기기 쉽다.
㉰ 탈수소, 중합 및 고리화합물 등과 같이 반응이 일어나기 쉬운 탄화수소 일수록 잘 생긴다.
㉱ 분해나 산화되기 쉬운 탄화수소 일수록 발생량은 많다.

[풀이] ㉱ 분해나 산화되기 쉬운 탄화수소 일수록 발생량은 적다.

정답 48 ㉯ 49 ㉯ 50 ㉯ 51 ㉯ 52 ㉱

53 다음 연료 중 황(S)성분의 함량 순서로 알맞은 것은 어느 것인가?

㉮ 중유 > 경유 > 등유 > 휘발유 > LPG
㉯ 중유 > 등유 > 경유 > 휘발유 > LPG
㉰ 중유 > 석탄 > 등유 > 경유 > 휘발유
㉱ 석탄 > 중유 > 등유 > 경유 > 휘발유

54 세정식 집진장치에 대한 내용으로 틀린 것은 어느 것인가?

㉮ 제트스크러버는 분사장치를 이용하여 세정액을 고압분무시켜 발생하는 승압효과에 의해 10~20m/sec 속도로 흡입되는 함진가스 중의 먼지를 액적에 채취한다.
㉯ 제트스크러버의 액가스비는 10~50L/m^3 정도로 다른 가압수식 세정집진장치에 비해 10배 이상이다.
㉰ 충전탑에서 1~5μm정도 크기의 입자를 제거할 경우 장치내 처리가스의 속도는 대략 25cm/sec 이하 정도이어야 한다.
㉱ 분무탑 또는 살수탑은 장치 내에 살수 노즐을 통하여 분무한 세정액과 배출가스(유입속도 10~15m/sec)를 향류 접촉시키며, 액가스비는 0.1~0.5L/m^3 정도이다.

[풀이] ㉱ 분무탑 또는 살수탑의 가스 겉보기 속도는 0.2~1m/sec, 액가스비는 0.5~1.5L/m^3 정도이다.

55 다음 중 공기비가 작을 경우 연소실내에서 발생될 수 있는 경우로 알맞은 것은 어느 것인가?

㉮ 가스의 폭발위험과 매연발생이 크다.
㉯ 배기가스 중 NO_2 량이 증가한다.
㉰ 부식이 촉진된다.
㉱ 연소온도가 낮아진다.

[풀이] ㉯, ㉰, ㉱는 공기비가 큰 경우이다.

56 유입계수가 0.78, 속도압이 22.5mmH₂O일 때 후드의 압력손실(mmH₂O)은 얼마인가?

㉮ 9.5mmH₂O   ㉯ 10.5mmH₂O
㉰ 14.5mmH₂O   ㉱ 18.5mmH₂O

[풀이]
$$\triangle P = \frac{1-Ce^2}{Ce^2} \times Vp(mmH_2O)$$

$\triangle P$: 압력손실(mmH₂O)
Ce : 유입계수
Vp : 속도압(mmH₂O)

따라서
$$\triangle P = \frac{1-(0.78)^2}{(0.78)^2} \times 22.5mmH_2O = 14.48mmH_2O$$

57 순수한 Propane 500kg을 액화시켜 만든 LPG가 기화될 때 이 기체의 용적(Sm^3)은 얼마인가? (단, 표준상태 기준이다.)

㉮ 약 329Sm^3 ㉯ 약 255Sm^3
㉰ 약 205Sm^3 ㉱ 약 191Sm^3

[풀이] C_3H_8(프로판) 1kmol $\begin{cases} 44kg \\ 22.4Sm^3 \end{cases}$

용적(Sm^3) = 500kg × $\frac{22.4Sm^3}{44kg}$ = 254.55Sm^3

정답 53 ㉮   54 ㉱   55 ㉮   56 ㉰   57 ㉯

58 전기집진장치의 분리속도(이동속도)는 커닝햄 보정계수(stokes Cunningham) Km에 비례한다. 다음 조건 중 Km이 커지는 조건으로 알맞은 것은 어느 것인가? (단, km ≥ 1)

㉮ 먼지의 입자가 작을수록, 가스압력이 낮을수록
㉯ 먼지의 입자가 작을수록, 가스압력이 높을수록
㉰ 먼지의 입자가 클수록, 가스압력이 낮을수록
㉱ 먼지의 입자가 클수록, 가스압력이 높을수록

59 석탄을 공업분석하여 다음과 같은 연료분석치를 얻었다. 이 석탄의 연료비는 얼마인가?

> 수분 : 1.8%, 회분 : 17.2%
> 휘발분 : 40%

㉮ 0.8   ㉯ 1.0
㉰ 1.3   ㉱ 1.5

 연료비 = $\dfrac{\text{고정탄소(\%)}}{\text{휘발분(\%)}}$

① 고정탄소(%)
  = 100%-(휘발분+수분+회분)(%)
  = 100%-(40%+1.8%+17.2%) = 41%
② 연료비 = $\dfrac{41\%}{40\%}$ = 1.03

60 전기집진장치에서 2차 전류가 많이 흐를 때의 원인으로 틀린 것은 어느 것인가?

㉮ 방전극이 너무 굵을 때
㉯ 먼지의 농도가 너무 낮을 때
㉰ 이온이동도가 큰 가스를 처리할 때
㉱ 공기 부하시험을 행할 때

 ㉮ 방전극이 너무 가늘 때

| 제4과목 | 대기환경관계법규

61 대기환경보전법규상 자동차연료 제조기준 중 휘발유의 90% 유출온도(℃) 기준은 어느 것인가?

㉮ 200 이하   ㉯ 190 이하
㉰ 185 이하   ㉱ 170 이하

62 대기환경보전법상 부품의 결함을 시정하여야 하는 자동차제작자가 정당한 사유없이 결함시정명령을 위반한 경우 벌칙기준으로 알맞은 것은 어느 것인가?

㉮ 7년 이하의 징역이나 1억원 이하의 벌금
㉯ 5년 이하의 징역이나 3천만원 이하의 벌금
㉰ 1년 이하의 징역이나 1천만원 이하의 벌금
㉱ 1년 이하의 징역이나 500만원 이하의 벌금

 ㉯ 5년 이하의 징역이나 3천만원 이하의 벌금에 해당한다.

 58 ㉮ 59 ㉯ 60 ㉮ 61 ㉱ 62 ㉯

63 대기환경보전법규상 정밀검사대상 자동차 및 정밀검사 유효기간기준 중 "차령 2년 경과된 사업용 기타 자동차"의 검사유효기간은 얼마인가? (단, "기타자동차"란 자동차관리법규상 승용자동차를 제외한 승합·화물·특수자동차를 말한다.)

㉮ 1년 ㉯ 2년
㉰ 3년 ㉱ 5년

64 대기환경보전법규상 장치에 따라 배출가스 관련부품을 분류할 때, 다음 중 연료공급장치(Fuel Metering System)로 틀린 것은 어느 것인가?

㉮ 가스분석밸브(Gas Analysis Valve)
㉯ 대기압센서(Manifold Absolute Pressure Sensor)
㉰ 스로틀포지션센서(Throttle Position Sensor)
㉱ 연료압력조절기(Fuel Pressure Regulator)

65 대기환경보전법규상 배출시설을 설치·운영하는 사업자에 대하여 조업정지를 명하여야 하는 경우로서 그 조업정지가 주민의 생활 등, 그 밖에 공익에 현저한 지장을 줄 우려가 있다고 인정되는 경우 조업정지처분에 갈음하여 과징금을 부과할 수 있다. 이 때 과징금의 부과기준에 적용되지 않는 것은 어느 것인가?

㉮ 오염물질별 부과금액
㉯ 조업정지일수
㉰ 1일당 부과금액
㉱ 사업장 규모별 부과계수

[풀이] 과징금 = 조업정지일수×1일당 부과금액×사업장 규모별 부과계수

66 대기환경보전법령상 녹지지역의 기본 부과금의 지역별 부과계수는 얼마인가? (단, 국토의 계획 및 이용에 관한 법률상 녹지지역은 Ⅲ지역에 해당한다.)

㉮ 0.5 ㉯ 1.0
㉰ 1.5 ㉱ 2.0

67 다음은 대기환경보전법령상 변경신고에 따른 가동개시 신고의 대상규모기준에 관한 사항이다. ( )안에 알맞은 말은 어느 것인가?

배출시설에서 "대통령령으로 정하는 규모 이상의 변경"이란 설치허가를 받거나 신고를 한 배출구별 배출시설 규모의 합계보다 ( ) 증설(대기배출시설 증설에 따른 변경신고의 경우에는 증설의 누계를 말한다)하는 배출시설의 변경을 말한다.

㉮ 100분의 10 이상 ㉯ 100분의 20 이상
㉰ 100분의 25 이상 ㉱ 100분의 30 이상

정답 63 ㉮ 64 ㉮ 65 ㉮ 66 ㉯ 67 ㉯

68 대기환경보전법규상 첨가제 검사기관의 기술능력 및 검사장비 기준으로 틀린 것은 어느 것인가?

㉮ 검사원의 자격은 「국가기술자격법 시행규칙」상 기계(자동차분야), 화공 및 세라믹, 환경 직무분야의 기사자격 이상을 취득한 사람이어야 한다.
㉯ 검사원의 수는 4명 이상이어야 한다.
㉰ 검사원 중 2명 이상은 배출가스검사 업무에 3년 이상 종사한 경험이 있는 사람이어야 한다.
㉱ 휘발유용·경유용 첨가제 검사기관과 LPG·CNG용 첨가제 검사기관의 기술능력 기준은 같으며, 두 첨가제 검사 대행 업무를 함께 하려는 경우에는 기술능력을 중복하여 갖추지 아니할 수 있다.

▶풀이 ㉰ 검사원 중 2명 이상은 배출가스검사 업무에 5년 이상 종사한 경험이 있는 사람이어야 한다.

69 대기환경보전법령상 청정연료를 사용하여야 하는 대상시설의 범위로 옳지 않은 것은?

㉮ 산업용 열병합 발전시설
㉯ 건축법 시행령에 따른 공동주택으로서 동일한 보일러를 이용하여 하나의 단지 또는 여러개의 단지가 공동으로 열을 이용하는 중앙집중난방방식으로 열을 공급받고, 단지 내의 모든 세대의 평균 전용면적이 $40.0m^2$를 초과하는 공동주택
㉰ 전체 보일러의 시간당 총 증발량이 0.2톤 이상인 업무용보일러(영업용 및 공공용보일러를 포함하되, 산업용보일러는 제외한다.)
㉱ 집단에너지사업법 시행령에 따른 지역냉난방사업을 위한 시설

▶풀이 ㉮ 발전시설. 다만 산업용 열병합 발전시설은 제외한다.

70 대기환경보전법규상 운행차의 정밀검사 방법·기준 및 검사대상 항목의 일반 기준으로 틀린 것은 어느 것인가?

㉮ 운행차의 정밀검사방법 및 기준 외의 사항에 대해서는 국토교통부장관이 정하여 고시한다.
㉯ 휘발유와 가스를 같이 사용하는 자동차는 연료를 가스로 전환한 상태에서 배출가스검사를 실시하여야 한다.
㉰ 특수 용도로 사용하기 위하여 특수장치 또는 엔진성능 제어장치 등을 부착하여 엔진최고회전수 등을 제한하는 자동차인 경우에는 해당 자동차의 측정 엔진최고회전수를 엔진정격회전수로 수정·적용하여 배출가스검사를 시행할 수 있다.
㉱ 차대동력계상에서 자동차의 운전은 검사기술인력이 직접 수행하여야 한다.

▶풀이 ㉮ 운행차의 정밀검사방법 및 기준 외의 사항에 대해서는 환경부장관이 정하여 고시한다.

71 대기환경보전법령상 기본부과금의 부과대상이 되는 오염물질은 어느 것인가?

㉮ 암모니아 ㉯ 황화수소
㉰ 황산화물 ㉱ 불소화합물

▶풀이 기본부과금의 부과대상이 되는 오염물질은 황산화물과 먼지, 질소산화물이다.

정답 68 ㉰ 69 ㉮ 70 ㉮ 71 ㉰

72 대기환경보전법규상 대기오염물질의 배출허용기준과 관련하여 굴뚝 원격감시체계 관제센터로 측정결과를 자동 전송하는 배출시설에 관한 기준이다. ( ) 안에 알맞은 말은 어느 것인가?

> 굴뚝 자동측정기기를 부착하여 규정에 따른 굴뚝 원격감시체계 관제센터로 측정결과를 자동 전송하는 사업장의 배출시설에 대한 배출허용기준 초과 여부의 판단은 ( )를 기준으로 한다.

㉮ 매 5분 평균치 ㉯ 매 10분 평균치
㉰ 매 30분 평균치 ㉱ 매 1시간 평균치

73 대기환경보전법상에서 사용하는 용어의 뜻으로 틀린 것은 어느 것인가?

㉮ "먼지"란 연소할 때에 생기는 유리탄소가 주가 되는 미세한 입자상물질
㉯ "휘발성유기화합물"이란 탄화수소류 중 석유화학제품, 유기용제, 그 밖의 물질로서 환경부장관이 관계 중앙행정기관의 장과 협의하여 고시하는 것
㉰ "저공해엔진"이란 자동차 또는 건설기계에서 배출되는 대기오염물질을 줄이기 위한 엔진(엔진 개조에 사용하는 부품을 포함한다)으로서 환경부령으로 정하는 배출허용기준에 맞는 엔진
㉱ "검댕"이란 연소할 때에 생기는 유리탄소가 응결하여 입자의 지름이 1미크론 이상이 되는 입자상물질

▶풀이 ㉮ "먼지"란 대기 중에 떠다니거나 흩날려 내려오는 입자상물질을 말한다.

74 대기환경보전법규상 대기오염 방지시설로 틀린 것은 어느 것인가?

㉮ 중화에 의한 시설
㉯ 음파집진시설
㉰ 응축에 의한 시설
㉱ 직접연소에 의한 시설

75 대기환경보전법상 사업자는 배출시설과 방지시설의 정상적인 운영·관리를 위하여 환경기술인을 임명하여야 하나, 이를 위반하여 환경기술인을 임명하지 아니한 경우의 과태료 부과기준으로 알맞은 것은 어느 것인가?

㉮ 1천만원 이하의 과태료
㉯ 500만원 이하의 과태료
㉰ 300만원 이하의 과태료
㉱ 100만원 이하의 과태료

▶풀이 ㉰ 300만원이하의 과태료에 해당한다.

76 대기환경보전법령상 부과금 납부명령을 받은 사업자가 과실로 확정배출량을 잘못 산정하여 제출한 경우로서 배출부과금의 조정을 신청하고자 한다. 이 때 조정신청은 부과금 납부통지서를 받은 날부터 최대 얼마 이내에 하여야 하는가?

㉮ 10일 이내에 ㉯ 15일 이내에
㉰ 30일 이내에 ㉱ 60일 이내에

정답 72 ㉰ 73 ㉮ 74 ㉮ 75 ㉰ 76 ㉱

77 대기환경보전법규상 과태료의 부과기준으로 틀린 것은 어느 것인가?

㉮ 일반기준으로 위반행위자가 위반행위를 바로 정정하거나 시정하여 해소한 경우에는 과태료 금액의 2분의 1범위에서 그 금액을 줄일 수 있다.
㉯ 위반행위의 횟수에 따른 부과기준은 해당 위반행위가 있은 날 이전 최근 2년간 같은 위반행위로 부과처분을 받은 경우에 적용한다.
㉰ 위반행위의 횟수에 따른 부과기준은 규정에 따른 기간에 같은 위반행위로 부과처분을 받은 경우에 적용하는데, 이 경우 위반행위에 대하여 과태료를 부과처분한 날과 그 처분후에 다시 같은 위반행위를 하여 적발된 날을 각각 기준으로 하여 위반횟수를 계산한다.
㉱ 배출허용기준 확인여부를 위해 설치한 측정기기를 조작하여 측정결과를 빠뜨리거나 거짓으로 측정결과를 작성하는 행위 등을 한 자가 1차 위반 시 과태료 금액은 200만원 이다.

[풀이] ㉯ 위반행위의 횟수에 따른 부과기준은 해당 위반행위가 있은 날 이전 최근 1년간 같은 위반행위로 부과처분을 받은 경우에 적용한다.

78 대기환경보전법령상 인증을 면제할 수 있는 자동차로 틀린 것은 어느 것인가?

㉮ 경호업무용 등 국가의 특수한 공용 목적으로 사용하기 위한 자동차
㉯ 자동차 관련 연구기관 등이 자동차의 개발 또는 전시 등 주행 외의 목적으로 사용하기 위하여 수입하는 자동차
㉰ 박람회나 그 밖에 이에 준하는 행사에 참가하는 자가 전시의 목적으로 일시 반입하는 자동차
㉱ 항공기 지상 조업용 자동차

[풀이] ㉱번은 인증의 생략 자동차에 해당한다.

79 대기환경보전법령상 4종 사업장 분류 기준으로 알맞은 것은 어느 것인가?

㉮ 대기오염물질발생량의 합계가 연간 10톤 이상 20톤 미만인 사업장
㉯ 대기오염물질발생량의 합계가 연간 5톤 이상 20톤 미만인 사업장
㉰ 대기오염물질발생량의 합계가 연간 5톤 이상 10톤 미만인 사업장
㉱ 대기오염물질발생량의 합계가 연간 2톤 이상 10톤 미만인 사업장

80 다음은 대기환경보전법규상 고체연료 사용시설 설치기준이다. ( )안에 알맞은 말은 어느 것인가?

> 석탄사용시설의 경우 배출시설의 굴뚝 높이는 (①)으로 하되, 굴뚝상부 안지름, 배출가스 온도 및 속도등을 고려한 유효굴뚝높이(굴뚝의 실제 높이에 배출가스의 상승고도를 합산한 높이)가 440m 이상인 경우에는 굴뚝높이를 60m 이상 100m 미만으로 할 수 있다. 기타 고체연료 사용시설의 경우에는 배출시설의 굴뚝높이는 (②)이어야 한다.

㉮ ① 50m 이상, ② 20m 이상
㉯ ① 50m 이상, ② 10m 이상
㉰ ① 100m 이상, ② 20m 이상
㉱ ① 100m 이상, ② 10m 이상

정답 77 ㉯ 78 ㉱ 79 ㉱ 80 ㉰

2015년 1회 대기환경산업기사

2015년 3월 8일 시행

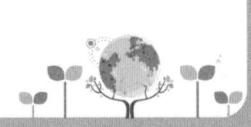

| 제1과목 | 대기오염개론

01 대류권에서 광화학 대기오염에 영향을 미치는 중요한 태양빛 흡수기체의 흡수성에 대한 내용으로 틀린 것은 어느 것인가?

㉮ 오존은 200~320nm의 파장에서 강한 흡수가, 450~700nm에서는 약한 흡수가 있다.
㉯ 이산화황은 파장 340nm 이하와 470~550nm에 강한 흡수를 보이며, 대류권에서 쉽게 광분해된다.
㉰ 알데히드는 313nm 이하에서 광분해한다.
㉱ 케톤은 300~700nm에서 약한 흡수를 하여 광분해한다.

풀이 ㉯ 이산화황은 파장 280~290nm에 강한 흡수를 보이며, 대류권에서는 광분해반응이 일어나지 않는다.

02 다음이 설명하는 굴뚝 연기 형태는 어느 것인가?

> 굴뚝의 높이보다도 더 낮게 지표 가까이에 역전층이 이루어져 있고, 그 상공에는 대기가 비교적 불안정 상태일 때 발생한다. 따라서 이러한 조건은 주로 고기압 지역에서 하늘이 맑고 바람이 약한 경우에 발생하기 쉽다.

㉮ Looping   ㉯ Lofting
㉰ Fumigation   ㉱ Coning

03 경도모델(또는 K-이론모델)의 가정으로 틀린 것은 어느 것인가?

㉮ 오염물질은 지표를 침투하며 반사되지 않는다.
㉯ 배출원에서 오염물질의 농도는 무한하다.
㉰ 풍하 측으로 지표면은 평평하고 균등하다.
㉱ 풍하쪽으로 가면서 대기의 안정도는 일정하고 확산계수는 변하지 않는다.

풀이 ㉮ 오염물질은 지표를 침투하지 못하고 반사한다.

정답 01 ㉯ 02 ㉯ 03 ㉮

04 1985년 채택된 오존층 보호를 위한 국제협약은 어느 것인가?
- ㉮ 제네바 협약
- ㉯ 비엔나 협약
- ㉰ 기후변화 협약
- ㉱ 리우 협약

풀이 ㉯ 비엔나 협약에 대한 설명이다.

05 다음 특정물질 중 오존파괴지수가 가장 낮은 것은 어느 것인가?
- ㉮ CFC-115
- ㉯ 사염화탄소
- ㉰ Halon-2402
- ㉱ Halon-1301

풀이 오존층 파괴지수
- ㉮ CFC-115 : 0.6
- ㉯ 사염화탄소 : 1.1
- ㉰ Halon-2402 : 6.0
- ㉱ Halon-1301 : 10.0

06 B-C유 보일러 배출가스 중 SO_2 농도가 표준상태에서 560ppm으로 측정되었다면 같은 조건에서는 몇 mg/Sm^3인가?
- ㉮ 392
- ㉯ 1,600
- ㉰ 3,200
- ㉱ 3,870

풀이 $mg/Sm^3 = \dfrac{560mL}{Sm^3} \times \dfrac{64mg}{22.4mL} = 1,600 mg/Sm^3$

TIP
① $ppm = mL/Sm^3$
② SO_2 1mol $\begin{cases} 64mg \\ 22.4mL \end{cases}$
③ 표준상태의 체적 : $Sm^3 = Nm^3$

07 다음 역사적 대기오염사건 중 주로 자동차 배출가스의 광화학반응으로 생긴 사건은 어느 것인가?
- ㉮ 런던사건
- ㉯ 도노라사건
- ㉰ 보팔사건
- ㉱ 로스앤젤레스사건

08 다음 중 분산모델의 특징으로 틀린 것은 어느 것인가?
- ㉮ 지형 및 오염원의 조업조건에 영향을 받는다.
- ㉯ 2차 오염원의 확인이 가능하다.
- ㉰ 점, 선, 면 오염원의 영향을 평가할 수 있다.
- ㉱ 지형, 기상학적 정보 없이도 사용 가능하다.

풀이 ㉱번에 대한 설명은 수용모델의 설명이다.

09 다음 중 방사역전(radiation inversion)이 가장 잘 발생하는 계절과 시기로 알맞은 것은 어느 것인가?
- ㉮ 여름철 맑은 날 정오
- ㉯ 여름철 흐린 날 오후
- ㉰ 겨울철 맑은 날 이른아침
- ㉱ 겨울철 흐린 날 오후

정답 04 ㉯ 05 ㉮ 06 ㉯ 07 ㉱ 08 ㉱ 09 ㉰

10 Aerodynamic diameter의 정의로 알맞은 것은 어느 것인가?

㉮ 본래의 먼지보다 침강속도가 작은 구형입자의 직경
㉯ 본래의 먼지와 침강속도가 동일하며, 밀도 $1g/cm^3$인 구형입자의 직경
㉰ 본래의 먼지와 밀도 및 침강속도가 동일한 구형입자의 직경
㉱ 본래의 먼지보다 침강속도가 큰 구형입자의 직경

풀이 Aerodynamic diameter는 공기역학적직경을 의미한다.

11 지구상에 분포하는 오존에 대한 내용으로 틀린 것은 어느 것인가?

㉮ 오존량은 돕슨(Dobson) 단위로 나타내는데, 1Dobson은 지구 대기 중 오존의 총량을 0℃, 1기압의 표준상태에서 두께로 환산하였을 때 0.01cm에 상당하는 양이다.
㉯ 몬트리올 의정서는 오존층 파괴물질의 규제와 관련한 국제협약이다.
㉰ 오존의 생성 및 분해반응에 의해 자연상태의 성층권 영역에는 일정 수준의 오존량이 평형을 이루게 되고, 다른 대기권역에 비해 오존의 농도가 높은 오존층이 생긴다.
㉱ 지구 전체의 평균오존전량은 약 300 Dobson이지만, 지리적 또는 계절적으로 그 평균값의 ±50% 정도까지 변화하고 있다.

풀이 ㉮ 오존량은 돕슨(Dobson) 단위로 나타내는데, 1Dobson은 지구 대기 중 오존의 총량을 0℃, 1기압의 표준상태에서 두께로 환산하였을 때 0.001cm에 상당하는 양이다.

12 1984년 인도의 보팔시에서 발생한 대기오염사건의 주원인물질은 어느 것인가?

㉮ H_2S ㉯ SO_X
㉰ CH_3CNO ㉱ CH_3SH

풀이 보팔시 사건의 주원인물질은 메틸이소시아네이트(CH_3CNO)이다.

13 실제 굴뚝높이가 100m이고, 안지름이 1.2m인 굴뚝에서 아황산가스를 포함하는 연기가 12m/s의 속도로 배출되고 있다. 배출가스 중 아황산가스의 농도가 3,000ppm일 때, 유효굴뚝높이(m)는 얼마인가? (단, 풍속은 2m/s, 수직 및 수평 확산계수는 모두 0.1, $\triangle H = D\left(\dfrac{Vs}{U}\right)^{1.4}$를 이용하며, 연기와 대기의 온도차는 무시한다.)

㉮ 약 15m ㉯ 약 55m
㉰ 약 115m ㉱ 약 155m

풀이 ① $\triangle H = D \times \left(\dfrac{Vs}{u}\right)^{1.4}$

따라서 $\triangle H = 1.2m \times \left(\dfrac{12m/sec}{2m/sec}\right)^{1.4} = 14.74m$

② 유효굴뚝높이(He)
= 실제굴뚝높이(H)+연기의 상승고($\triangle H$)
= 100m+14.74m = 114.74m

정답 10 ㉯ 11 ㉮ 12 ㉰ 13 ㉰

14 A공장에서 배출되는 이산화질소의 농도가 770ppm이다. 이 공장에서 시간당 배출가스량이 108.2Sm³이라면 하루에 발생되는 이산화질소의 양(kg)은 얼마인가? (단, 표준상태 기준, 공장은 연속 가동된다.)

㉮ 1.89kg ㉯ 2.58kg
㉰ 4.11kg ㉱ 4.56kg

풀이 NO_2(kg/day)
$= \frac{770mL}{Sm^3} \times \frac{46mg}{22.4mL} \times \frac{1kg}{10^6 mg} \times \frac{108.2Sm^3}{hr} \times \frac{24hr}{1day}$
$= 4.11$kg/day

TIP
NO_2 1mol $\begin{cases} 46mg \\ 22.4mL \end{cases}$

15 체적이 100m³인 지하 복사실의 공간에서 오존의 배출량이 0.2mg/min인 복사기를 연속으로 작동하고 있다. 복사기를 사용하기 전의 실내 오존의 농도가 0.05ppm이라고 할 때 6시간 사용 후 오존농도(ppb)는 얼마인가? (단, 표준상태 기준이다.)

㉮ 283ppb ㉯ 386ppb
㉰ 430ppb ㉱ 520ppb

풀이 ① 복사기 사용 후 오존농도(ppm)
ppm(mL/Sm³)
$= \frac{0.2mg}{min} \times \frac{60min}{1hr} \times 100m^3 \times \frac{22.4mL}{48mg} \times 6hr$
$= 0.336$ppm
② 오존농도
= 복사기 사용 전 농도 + 복사기 사용 후 농도
= 0.05ppm + 0.336ppm = 0.386ppm
③ ppb = ppm $\times 10^3$ = 0.386ppm $\times 10^3$ = 386ppb

16 역전현상에 대한 내용으로 틀린 것은 어느 것인가?

㉮ 기온역전은 접지역전과 공중역전으로 나눌 수 있다.
㉯ 침강성 역전과 전선형 역전은 공중역전에 속한다.
㉰ 복사역전은 주로 밤부터 이른 아침 사이에 일어난다.
㉱ 굴뚝의 높이 상하에서 각각 침강역전과 복사역전이 동시에 발생하는 경우 플룸(plume)의 형태는 훈증형(fumigation)으로 된다.

풀이 ㉱ 굴뚝의 높이 상하에서 각각 침강역전과 복사역전이 동시에 발생하는 경우 플룸(plume)의 형태는 구속형(Trapping)이 된다.

17 다음 그림에서 "가"쪽으로 부는 바람은 어느 것인가?

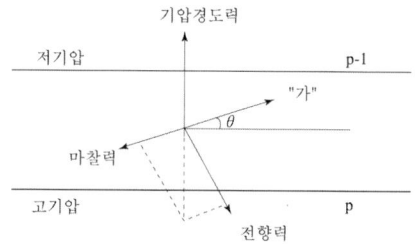

㉮ geostropic wind ㉯ Fohn wind
㉰ surface wind   ㉱ gradient wind

풀이 ㉰ 지상풍(surface wind)이다.

정답 14 ㉰ 15 ㉯ 16 ㉱ 17 ㉰

18 원형굴뚝의 반경이 1.5m, 배출속도가 7m/sec, 평균풍속은 3.5m/sec일 때, 다음 식을 이용하여 △h(유효상승고)를 구하시오.

$$\triangle h = 1.5 \times \left(\frac{V_s}{u}\right) \times D$$

㉮ 18.0m ㉯ 9.0m
㉰ 6.0m   ㉱ 4.5m

풀이

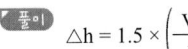

- △h : 연기의 상승고(m)
- Vs : 배출가스 속도(m/sec)
- u : 풍속(m/sec)
- D : 직경(m)

따라서 $\triangle h = 1.5 \times \left(\frac{7m/sec}{3.5m/sec}\right) \times 3m = 9.0m$

TIP
직경(D) = 반경(R)×2 = 1.5m×2 = 3m

19 다음 배출오염물질 중 '석유정제, 포르말린 제조, 도장공업'이 주된 배출관련 업종인 것은 어느 것인가?

㉮ NO$_X$ ㉯ Pb
㉰ C$_6$H$_6$ ㉱ NH$_3$

풀이 ㉰ 벤젠(C$_6$H$_6$)에 대한 내용이다.

20 다음은 라돈에 대한 내용이다. ( ) 안에 알맞은 말은 어느 것인가?

> 라돈은 (①)의 기체이며, 그 반감기는 (②)으로 라듐의 핵분열 시 생성되는 물질이다.

㉮ ① 무색, 무취   ② 2.5일간
㉯ ① 무색, 무취   ② 3.8일간
㉰ ① 적갈색, 자극성 ② 2.5일간
㉱ ① 적갈색, 자극성 ② 3.8일간

| 제2과목 | 대기오염공정시험기준

21 굴뚝 배출가스 중 먼지를 반자동식 채취기에 의한 방법으로 측정하고자 할 경우 채취장치 구성에 대한 내용으로 틀린 것은 어느 것인가?

㉮ 흡입노즐은 스테인리스강, 경질유리, 또는 석영 유리제로 만들어진 것으로써 흡입노즐의 안과 밖의 가스흐름이 흐트러지지 않도록 흡입노즐 내경(d)은 4mm 이상으로 한다.

㉯ 여과지 홀더장치는 플라스틱제로써 여과지 탈착이 되지 않아야 한다.

㉰ 여과부 가열장치로는 시료채취 시 여과지 홀더 주위를 120±14℃의 온도를 유지할 수 있고 주위온도를 3℃ 이내까지 측정할 수 있는 온도계를 모니터 할 수 있도록 설치하여야 한다.

㈣ 피토우관은 피토우관 계수가 정해진 L형 피토우관(C : 1.0 전후) 또는 S형(웨스턴형 C : 0.85 전후) 피토우관으로서 배출가스 유속의 계속적인 측정을 위해 흡입관에 부착하여 사용한다.

풀이 ㈐ 여과지 홀더장치는 유리제 또는 스테인리스강 등으로 만들어진 것으로 내식성이 강하고 여과지 탈착이 쉬워야 한다.

22 다음은 환경대기 내의 석면 시험방법 중 시료채취 및 시간기준이다. ( ) 안에 알맞은 말은 어느 것인가?

> 주간시간대에(오전8시~오후7시)
> (①)L/min으로 (②)시간 측정

㈎ ① 10, ② 1   ㈏ ① 10, ② 2
㈐ ① 0.1, ② 1 ㈑ ① 0.1, ② 2

23 농도 0.02mol/L의 H_2SO_4 25mL를 중화하는데 필요한 N/10 NaOH의 부피(mL)는 얼마인가?

㈎ 1mL   ㈏ 5mL
㈐ 10mL ㈑ 25mL

풀이 중화적정공식 : $N_1V_1 = N_2V_2$
따라서 0.04N×25mL = 0.1N×V_2
∴ $V_2 = \dfrac{0.04N \times 25mL}{0.1N} = 10mL$

TIP
① M농도×가수 = N농도
② H_2SO_4 0.02M은 (0.02M×2)N = 0.04N

24 원형 굴뚝의 반경이 1.8m인 경우 먼지 측정을 위한 측정점수는 얼마인가?

㈎ 8   ㈏ 12
㈐ 16   ㈑ 20

풀이 반경이 1.8m, 직경이 3.6m이므로 반경구분수 3, 측정점수 12이다.

TIP

굴뚝직경(m)	반경구분수	측정점수
1 이하	1	4
1 초과 2 이하	2	8
2 초과 4 이하	3	12
4 초과 4.5 이하	4	16
4.5 초과	5	20

25 배출가스 중 금속화합물을 자외선/가시선 분광법으로 분석할 경우 해당 이온성분을 디티존에 반응시켜 클로로폼에 추출한 후 그 흡광도를 측정하여 정량하는 것으로 옳게 짝지어진 것은 어느 것인가?

㈎ 납, 카드뮴   ㈏ 비소, 크롬
㈐ 구리, 니켈   ㈑ 구리, 수은

정답 22 ㈎ 23 ㈐ 24 ㈏ 25 ㈎

26 기체크로마토그래피법의 정량분석방법 중 도입한 시료의 모든 성분이 용출하며 또한 모든 용출 성분의 상대감도를 구하여 역수를 취한 후 각 성분의 봉우리 넓이에 곱하여 각 성분의 정확한 함유율을 알 수 있는 정량법으로 알맞은 것은 어느 것인가?

㉮ 표준물첨가법
㉯ 상대검정곡선법
㉰ 내부넓이 백분율법
㉱ 보정넓이 백분율법

27 다음 중 약한 암모니아 액성에서 다이메틸글리옥심과 반응시켜 파장 450nm 부근에서 흡광도를 측정하는 화합물은 어느 것인가?

㉮ 니켈화합물   ㉯ 비소화합물
㉰ 카드뮴화합물   ㉱ 염소화합물

28 비분산 적외선 분석계의 성능기준으로 틀린 것은 어느 것인가?

㉮ 재현성은 동일 측정조건에서 제로가스와 스팬가스를 번갈아 3회 도입하여 각각의 측정값의 평균으로부터 편차를 구하고, 이 편차는 전체 눈금의 ±2% 이내이어야 한다.
㉯ 응답시간(response time)은 제로 조정용 가스를 도입하여 안정된 후 유로를 스팬가스로 바꾸어 기준유량으로 분석계에 도입하여 그 농도를 눈금 범위 내의 어느 일정한 값으로부터 다른 일정한 값으로 갑자기 변화시켰을 때 스텝(step) 응답에 대한 소비시간이 1초 이내이어야 한다.
㉰ 제로드리프트(zero drift)는 동일 조건에서 제로가스를 연속적으로 도입하여 고정형은 8시간, 이동형은 4시간 연속 측정하는 동안에 전체 눈금의 ±1% 이상의 지시변화가 없어야 한다.
㉱ 감도는 전체 눈금의 ±1% 이하에 해당하는 농도변화를 검출할 수 있는 것이어야 한다.

풀이 ㉰ 제로드리프트(zero drift)는 동일 조건에서 제로가스를 연속적으로 도입하여 고정형은 24시간, 이동형은 4시간 연속 측정하는 동안에 전체 눈금의 ±2% 이상의 지시변화가 없어야 한다.

정답 26 ㉱ 27 ㉮ 28 ㉰

29 단면모양이 정사각형인 어떤 굴뚝을 동일한 면적으로 n개의 등분할 면적으로 각각 구분하여 각 측정점마다 유속과 먼지의 농도를 측정하였더니 다음과 같은 값을 얻었다. 이 전체 먼지의 평균농도(g/Sm^3)는 얼마인가?

	유속(m/s)	농도(g/Sm^3)
1	4.3	0.54
2	4.7	0.50
3	5.0	0.48
4	5.2	0.45
5	4.5	0.40
6	4.6	0.42
7	5.0	0.39

㉮ $0.48 g/Sm^3$ ㉯ $0.45 g/Sm^3$
㉰ $0.42 g/Sm^3$ ㉱ $0.40 g/Sm^3$

풀이 먼지의 평균농도(g/Sm^3)

$= \dfrac{합(유속 \times 분진농도)}{합(유속)}$

$= \dfrac{4.3 \times 0.54 + 4.7 \times 0.50 + 5.0 \times 0.48 + 5.2 \times 0.45 + 4.5 \times 0.40 + 4.6 \times 0.42 + 5.0 \times 0.39}{4.3 + 4.7 + 5.0 + 5.2 + 4.5 + 4.6 + 5.0}$

$= 0.45 g/Sm^3$

30 다음 중 굴뚝배출가스 내 베릴륨 시험방법에 해당하는 것은 어느 것인가?

㉮ 디티존 법
㉯ 고체흡착 용매추출법
㉰ 원자흡수분광광도법
㉱ 하이포아염소산염법

풀이 굴뚝 배출가스 중 베릴륨화합물을 분석하는 방법은 원자흡수분광광도법이다.

31 굴뚝 배출가스 내 휘발성유기화합물질(VOC)의 시료채취방법 중 흡착관법에 쓰이는 흡착제의 종류로 틀린 것은 어느 것인가?

㉮ Charcoal ㉯ XAD-2
㉰ Tedlar ㉱ Tenax

풀이 휘발성유기화합물질(VOC)의 시료채취방법 중 흡착관법에 쓰이는 흡착제의 종류로는 Charcoal, XAD-2, Tenax가 있다.

32 굴뚝 배출가스 중 이황화탄소를 기체크로마토그래피법으로 분석할 때 장치구성에 대한 내용으로 틀린 것은 어느 것인가?

㉮ 운반가스는 순도 99.8% 이상의 질소 또는 순도 99.9% 이상의 네온을 사용한다.
㉯ 불꽃광도검출기(Flame Photometric Detector)를 구비한 기체크로마토그래피를 사용하여 정량한다.
㉰ 연료가스는 수소(1급 또는 2급)를 사용한다.
㉱ 분리관은 유리관(사용 전에 산으로 세척함) 또는 불소수지관(가스누출이 없도록 한 것)을 사용한다.

풀이 ㉮ 운반가스는 순도 99.999% 이상의 질소 또는 순도 99.999% 이상의 헬륨을 사용한다.

정답 29 ㉯ 30 ㉰ 31 ㉰ 32 ㉮

33 A공장 굴뚝 배출가스 중 페놀화합물을 기체크로마토그래피법(내표준법)으로 분석하였더니 아래 표와 같은 결과와 식이 제시되었을 때, 시료 중 페놀화합물의 농도(V/V ppm)는 얼마인가?

- 건조시료가스량 : 10L
- 정량에 사용된 분석용 시료용액의 양 : 10μL
- 분석용 시료용액의 제조량 : 5mL
- 검량선으로부터 구한 정량에 사용된 분석용 시료용액 중 페놀류의 양 : 6μg
- 페놀류의 농도 산출식 :
  $C = \dfrac{0.238 \times a \times V_1}{S_L \times V_S} \times 1,000$ 을 이용할 것

㉮ 약 71V/V ppm   ㉯ 약 89V/V ppm
㉰ 약 159V/V ppm ㉱ 약 229V/V ppm

풀이 $C = \dfrac{0.238 \times a \times V_1}{S_L \times V_S} \times 1,000$

$= \dfrac{0.238 \times 6\mu g \times 5mL}{10\mu L \times 10L} \times 1,000 = 71.4 ppm$

34 공정시험기준의 일반화학분석에 대한 사항으로 틀린 것은 어느 것인가?

㉮ 각조의 시험은 따로 규정이 없는 한 상온에서 조작하고 조작 직후 그 결과를 관찰한다.
㉯ 시약, 시액, 표준물질의 경우 사용하는 "약"이란 그 무게 또는 부피에 대하여 ±10% 이상의 차가 있어서는 안된다.
㉰ 백만분율은 ppm의 기호를 사용하며, 1억분율은 ppb기호로 표시한다.
㉱ 찬곳은 따로 규정이 없는 한 0~15℃의 곳을 뜻한다.

풀이 ㉰ 백만분율은 ppm의 기호를 사용하며, 1억분율은 pphm기호로 표시한다.

35 굴뚝 배출 가스상물질 시료채취장치에 대한 내용으로 틀린 것은 어느 것인가?

㉮ 연결관은 가능한 한 수직으로 연결해야 한다.
㉯ 채취관은 안지름 6~25mm 정도의 것을 쓴다.
㉰ 연결관의 안지름은 4~25mm로 한다.
㉱ 연결관의 길이는 되도록 길게 하되, 10m를 넘지 않도록 한다.

풀이 ㉱ 연결관의 길이는 되도록 짧게 하고, 76m를 넘지 않도록 한다.

36 환경대기 중의 질소산화물 농도 측정방법 중 자동연속측정방법으로 틀린 것은 어느 것인가?

㉮ 화학발광법
㉯ 흡광차분광법
㉰ 살츠만법
㉱ 야콥스호흐하이저법

풀이 ㉱ 야콥스호흐하이저법은 수동법에 해당한다.

정답 33 ㉮ 34 ㉰ 35 ㉱ 36 ㉱

37 굴뚝 배출가스 내 휘발성유기화합물질(VOC) 시료채취방법 중 흡착관법에 의한 시료채취장치에 대한 내용으로 틀린 것은 어느 것인가?

㉮ 채취관 재질은 유리, 석영, 플루오로수지 등으로 120℃ 이상까지 가열이 가능한 것이어야 한다.
㉯ 시료채취관에서 응축기 및 기타부분의 연결관은 가능한한 짧게 하고, 불소수지 재질의 것을 사용한다.
㉰ 밸브는 스테인레스 재질로 밀봉윤활유를 사용하여 가스의 누출이 없는 구조이어야 한다.
㉱ 응축기 및 응축수 트랩은 유리재질이어야 하며, 응축기는 가스가 앞쪽 흡착관을 통과하기 전 가스를 20℃ 이하로 낮출 수 있는 용량이어야 한다.

[풀이] ㉰ 밸브는 플루오로수지, 유리 및 석영재질로 밀봉윤활유를 사용하지 않고 가스의 누출이 없는 구조이어야 한다.

38 다음은 굴뚝 배출가스 중 비소화합물의 자외선/가시선 분광법(흡광광도법)에 관한 설명이다. ( ) 안에 알맞은 말은 어느 것인가?

> 시료용액 중의 비소를 수소화비소로 하여 발생시키고 이를 다이에틸다이싸이오카밤산은의 클로로폼용액에 흡수시킨 다음 생성되는 (①) 용액의 흡광도를 (②)에서 측정하여 비소를 정량한다.

㉮ ① 등황색, ② 510nm
㉯ ① 등황색, ② 400nm
㉰ ① 적자색, ② 510nm
㉱ ① 적자색, ② 400nm

39 이온크로마토그래피에 대한 내용으로 틀린 것은 어느 것인가?

㉮ 써프렛서에서 관형은 음이온인 경우 스티롤계 강산형(H^+) 수지가 충진된 것을 사용한다.
㉯ 가시선흡수검출기(VIS 검출기)는 고성능 액체크로마토그래피 분야 및 분석화학 분야에 가장 널리 사용되는 검출기이다.
㉰ 송액펌프는 맥동이 적은 것을 사용한다.
㉱ 용리액조는 이온성분이 용출되지 않는 재질로써 일반적으로 폴리에틸렌이나 경질 유리제를 사용한다.

[풀이] ㉯ 자외선흡수검출기(UV 검출기)는 고성능 액체크로마토그래피 분야에서 가장 널리 사용되는 검출기이다.

40 환경대기 중 다환방향족탄화수소류(PAH_s)의 기체크로마토그래피/질량분석법에서 사용되는 용어 정의 중 "추출과 분석 전에 각 시료, 공 시료, 매체시료에 더해지는 화학적으로 반응성이 없는 환경 시료 중에 없는 물질"을 의미하는 것은 어느 것인가?

㉮ 내부표준물질   ㉯ 대체표준물질
㉰ 외부표준물질   ㉱ 냉매

[풀이] ㉯ 대체표준물질에 대한 설명이다.

정답 37 ㉰ 38 ㉰ 39 ㉯ 40 ㉯

| 제3과목 | 대기오염방지기술

41 직경 400mm, 유효높이 12m인 원통형 백필터를 사용하여 먼지농도 6g/m³인 배출가스를 20m³/sec으로 처리하고자 한다. 겉보기 여과속도를 1.2cm/sec로 할 때 필요한 백필터의 수는 얼마인가?

㉮ 105개 ㉯ 111개
㉰ 116개 ㉱ 121개

풀이 $Q = \pi \cdot D \cdot L \cdot V_f \cdot n$

$\therefore n = \dfrac{Q}{\pi \cdot D \cdot L \cdot V_f}$

$= \dfrac{20 m^3/sec}{\pi \times 0.4m \times 12m \times 0.012 m/sec}$

$= 111$개

42 다음 중 유해가스 처리에 사용되는 세정액 선택 시 고려할 사항으로 그 정도가 높을수록 좋은 것은 어느 것인가?

㉮ 점도 ㉯ 휘발성
㉰ 용해도 ㉱ 압력손실

43 흡수에 대한 내용으로 틀린 것은 어느 것인가?

㉮ O_2, NO, NO_2 등은 물에 대한 용해도가 적은 가스에 해당한다.
㉯ 용해도가 적은 기체의 경우에는 헨리의 법칙이 성립한다.
㉰ 물에 대한 헨리정수값(atm·m³/kmol)은 30℃ 기준으로 CH_4 > HCHO이다.
㉱ 세정흡수효율은 세정수량이 클수록, 또 가스의 용해도가 적을수록 또 헨리정수가 클수록 커진다.

풀이 ㉱ 세정흡수효율은 세정수량이 적을수록, 또 가스의 용해도가 클수록 또 헨리정수가 작을수록 커진다.

44 집진장치의 압력손실 240mmH₂O, 처리가스량이 36,500m³/h이면 송풍기 소요동력(kW)은 얼마인가? (단, 송풍기 효율 70%, 여유율 1.2이다.)

㉮ 30.6kW ㉯ 35.2kW
㉰ 40.9kW ㉱ 44.5kW

풀이 $kW = \dfrac{Ps \times Q}{102 \times \eta} \times \alpha$

- Ps : 압력손실(mmH₂O)
- Q : 처리가스량(m³/sec)
- η : 처리효율
- α : 여유율

따라서

$kW = \dfrac{240mmH_2O \times 36,500 m^3/hr \times 1hr/3,600sec}{102 \times 0.7} \times 1.2$

$= 40.90 kW$

정답 41 ㉯ 42 ㉰ 43 ㉱ 44 ㉰

45 전기집진장치의 방전극과 집진극과의 거리가 0.06m, 공기의 유속이 3.5m/s, 입자의 집진극으로 이동속도가 5cm/s일 때, 이 입자를 100% 제거하기 위한 집진극의 길이(m)는 얼마인가?

㉮ 0.042m ㉯ 0.42m
㉰ 4.2m   ㉱ 42m

풀이 $L = \dfrac{u \times S}{We}$

- L : 집진기 길이(m)
- u : 유속(m/sec)
- S : 집진극과 방전극 간 거리(m)
- We : 이동속도(m/sec)

따라서 $L = \dfrac{3.5\text{m/sec} \times 0.06\text{m}}{0.05\text{m/sec}} = 4.2\text{m}$

46 다음 중 탄화도가 가장 큰 것은 어느 것인가?

㉮ 이탄   ㉯ 갈탄
㉰ 역청탄 ㉱ 무연탄

47 다음 연료 중 일반적으로 착화온도가 가장 높은 것은 어느 것인가?

㉮ 목탄   ㉯ 무연탄
㉰ 갈탄(건조) ㉱ 역청탄

풀이 연료별 착화온도
㉮ 목탄 : 320~370℃
㉯ 무연탄 : 440~500℃
㉰ 갈탄(건조) : 250~400℃
㉱ 역청탄 : 320~400℃

48 배출가스량 3,000m³/min인 함진가스를 여과속도 4cm/sec로 여과하는 백필터의 소요 여과면적(m²)은 얼마인가?

㉮ 1,000m² ㉯ 1,250m²
㉰ 1,500m² ㉱ 2,000m²

풀이 배출가스량(Q) = 여과면적(A)×여과속도(V)
∴ $A = \dfrac{Q}{V} = \dfrac{3,000\text{m}^3/\text{min} \times 1\text{min}/60\text{sec}}{0.04\text{m/sec}} = 1,250\text{m}^2$

49 촉매를 사용하여 공기 중의 오염물질을 산화 제거하는 촉매연소법에 대한 내용으로 틀린 것은 어느 것인가?

㉮ 악취성분을 촉매에 의해 약 500~650℃ 정도의 저온에 의해 산화분해하고, 메탄과 물로 변화시켜 무취화하는 방법이다.
㉯ 적용 가능한 성분으로는 가연악취성분, 황화수소, 암모니아 등이 있다.
㉰ 직접연소법에 비해 질소산화물 발생량이 적고, 낮은 농도로 배출된다.
㉱ 할로겐 원소, 납, 아연, 비소 등은 촉매에 바람직하지 않은 성분이다.

풀이 ㉮ 촉매연소법은 약 300~400℃ 정도의 저온에 산화분해시키는 방법이다.

50 Venturi Scrubber의 액가스비 범위로 알맞은 것은 어느 것인가?

㉮ 0.3~1.5L/m³   ㉯ 3.0~4.5L/m³
㉰ 5.0~10.0L/m³ ㉱ 10.0~20.0L/m³

 45 ㉰ 46 ㉱ 47 ㉯ 48 ㉯ 49 ㉮ 50 ㉮

51 배연탈황을 하지 않는 시설에서 중유 중의 황성분이 중량비로 S(%), 중유사용량이 매시 W(L)이다. 하루 8시간씩 가동한다고 할 때 황산화물의 배출량(Sm³/day)은 얼마인가? (단, 중유의 비중은 0.9, 표준상태를 기준으로 하며, 황산화물은 전량 SO_2로 계산한다.)

㉮ 0.0063×S×W ㉯ 0.0504×S×W
㉰ 0.12×S×W ㉱ 0.224×S×W

풀이
$S + O_2 \rightarrow SO_2$
32kg : 22.4Sm³
W(L/hr)×0.90kg/L×8hr/day×$\frac{S(\%)}{100}$: X

$\therefore X = \frac{W(L/hr) \times 0.90kg/L \times 8hr/day \times \frac{S(\%)}{100} \times 22.4Sm^3}{32kg}$

= 0.0504×W×S(Sm³/day)

TIP
비중의 단위
g/mL = g/cm³ = kg/L = ton/m³

52 통풍방식 중 압입통풍에 대한 내용으로 잘못된 것은 어느 것인가?

㉮ 연소용 공기를 예열할 수 있다.
㉯ 송풍기의 고장이 적고 점검 및 보수가 용이하다.
㉰ 흡입통풍식보다 송풍기의 동력소모가 적다.
㉱ 노내압이 부(-)압으로 역화의 우려가 없다.

풀이 ㉱ 노내압이 정(+)압으로 역화의 우려가 있다.

53 연소조절에 의한 질소산화물(NO_X) 저감대책으로 틀린 것은 어느 것인가?

㉮ 과잉공기량을 크게 한다.
㉯ 배출가스를 재순환시킨다.
㉰ 연소용 공기의 예열온도를 낮춘다.
㉱ 2단연소법을 사용한다.

풀이 ㉮ 과잉공기량을 작게 한다.

54 Methane과 Propane이 용적비 1 : 1의 비율로 조성된 혼합가스 1Sm³를 완전연소 시키는데 20Sm³의 실제공기가 사용되었다면 이 경우 공기비는 얼마인가?

㉮ 1.05 ㉯ 1.20
㉰ 1.34 ㉱ 1.46

풀이 $CH_4 + 2O_2 \rightarrow CO_2 + 2H_2O$: 50%
$C_3H_8 + 5O_2 \rightarrow 3CO_2 + 4H_2O$: 50%

① 이론공기량(A_o)
= $\frac{2 \times 0.50 + 5 \times 0.50}{0.21}$ = 16.67Sm³/Sm³

② 공기비(m) = $\frac{실제공기량(A)}{이론공기량(A_o)}$

= $\frac{20Sm^3/Sm^3}{16.67Sm^3/Sm^3}$ = 1.20

정답 51 ㉯ 52 ㉱ 53 ㉮ 54 ㉯

55 사이클론 원추하부의 반경이 25cm, 배출가스의 접선속도가 6m/sec일 때 분리계수는 얼마인가?

㉮ 14.7 ㉯ 16.9
㉰ 21.3 ㉱ 24.0

풀이 $S = \dfrac{V^2}{R \times g}$

$\begin{bmatrix} S : 분리계수 \\ V : 유속(m/sec) \\ R : 반지름(m) \\ g : 중력가속도(9.8m/sec^2) \end{bmatrix}$

따라서 $S = \dfrac{(6m/sec)^2}{0.25m \times 9.8m/sec^2} = 14.69$

56 흡착에 의한 유해가스의 처리에 있어 돌파현상이 일어날 때 발생하는 현상에 대한 내용으로 알맞은 것은 어느 것인가?

㉮ 배출가스의 양이 갑자기 감소한다.
㉯ 배출가스의 양이 갑자기 증가한다.
㉰ 배출가스 중 오염물질 농도가 갑자기 감소한다.
㉱ 배출가스 중 오염물질 농도가 갑자기 증가한다.

57 다음 악취 중 공기 중에서의 최소감지농도(ppm)가 가장 높은 것은 어느 것인가?

㉮ 페놀 ㉯ 아세톤
㉰ 아세트산 ㉱ 염소

58 다음 연료의 상부 주입식(over feed type) 소각로에서 용적 구성비(%) 중 CO에 해당하는 곡선은 어느 것인가?

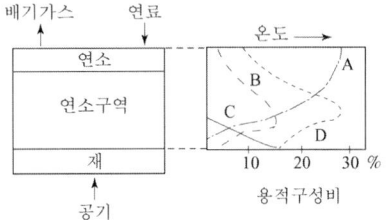

㉮ A ㉯ B
㉰ C ㉱ D

풀이 ㉮ A : CO
㉯ B : CO_2
㉰ C : O_2
㉱ D : NO_X

59 C, H, S의 중량분율이 각각 85%, 12%, 3%인 중유를 공기비 1.2로 완전연소시킬 때 습윤연소가스 중의 SO_2의 부피(%)는 얼마인가?

㉮ 0.10% ㉯ 0.15%
㉰ 0.25% ㉱ 0.30%

풀이 ① 이론공기량(A_o)
$= 8.89C + 26.67 \times \left(H - \dfrac{O}{8}\right) + 3.33S\,(Sm^3/kg)$
$= 8.89 \times 0.85 + 26.67 \times 0.12 + 3.33 \times 0.03$
$= 10.8568\,Sm^3/kg$

② 실제습윤연소가스량(G_w)
$= mA_o + 5.6H + 0.7O + 0.8N + 1.244W\,(Sm^3/kg)$
$= 1.2 \times 10.8568\,Sm^3/kg + 5.6 \times 0.12$
$= 13.70\,Sm^3/kg$

③ SO_2의 부피(%) $= \dfrac{0.7S}{G_w} \times 100$

$= \dfrac{0.7 \times 0.03\,Sm^3/kg}{13.70\,Sm^3/kg} \times 100 = 0.15\%$

정답 55 ㉮ 56 ㉱ 57 ㉯ 58 ㉮ 59 ㉯

60 전기집진장치에서 처음에는 99.6%의 먼지를 제거하였는데 성능이 떨어져 98% 밖에 제거하지 못한다면 먼지의 배출농도는 처음의 몇 배가 되는가?

㉮ 1.6배   ㉯ 3.2배
㉰ 5배   ㉱ 162배

[풀이] 배출농도 $= \dfrac{(100-98)}{(100-99.6)} = 5$배

| 제4과목 | 대기환경관계법규

61 대기환경보전법령상 황함유기준을 초과하여 해당 유류의 회수처리명령을 받은 자가 시·도지사에게 이행완료보고서를 제출할 때 구체적으로 밝혀야 하는 사항으로 틀린 것은 어느 것인가?

㉮ 유류 제조회사가 실험한 황함유량 검사 성적서
㉯ 해당 유류의 회수처리량, 회수처리방법 및 회수처리기간
㉰ 해당 유류의 공급기간 또는 사용기간과 공급량 또는 사용량
㉱ 저황유의 공급 또는 사용을 증명할 수 있는 자료 등에 관한 사항

62 대기환경보전법규상 전기만을 동력으로 사용하는 자동차의 1회 충전 주행거리가 "80km 이상 160km 미만"인 경우 해당종별 구분기준으로 알맞은 것은 어느 것인가?

㉮ 제1종   ㉯ 제2종
㉰ 제3종   ㉱ 제4종

[풀이] ① 1종 : 80km 미만
② 2종 : 80km 이상 160km 미만
③ 3종 : 160km 이상

63 대기환경보전법령상 연료의 황함유량이 1.0% 이하인 경우 기본부과금의 농도별 부과계수로 알맞은 것은 어느 것인가? (단, 연료를 연소하여 황산화물을 배출하는 시설임(황산화물의 배출량을 줄이기 위하여 방지시설을 설치한 경우와 생산공정상 황산화물의 배출량이 줄어든다고 인정하는 경우는 제외한다.)

㉮ 0.4   ㉯ 0.6
㉰ 1.0   ㉱ 1.4

[풀이] ① 황 함유량이 0.5% 이하 : 0.2
② 황 함유량이 1.0% 이하 : 0.4
③ 황 함유량이 1.0% 초과 : 1.0

정답 60 ㉰   61 ㉮   62 ㉯   63 ㉮

64 대기환경보전법상 배출시설 설치·운영 사업자에게 조업정지를 명하여야 하는 경우지만 공익에 현저한 지장을 줄 우려가 있어 조업정지처분을 갈음하여 과징금처분을 하고자 할 경우, 부과할 수 있는 과징금은 매출액에 얼마를 곱한 금액을 초과하지 않는 범위에서 정하는가?

㉮ 100분의 1   ㉯ 100분의 5
㉰ 100분의 10 ㉱ 100분의 15

65 대기환경보전법규상 자동차연료 검사기관의 기술능력 및 검사장비 기준에 있어 LPG·CNG·바이오가스 검사장비로 틀린 것은 어느 것인가?

㉮ 황함량분석기(Sulfur Analyzer)
㉯ 밀도시험기(Density Meter)
㉰ 동판부식시험기(Copper Strip Corrosion Apparatus)
㉱ 증류시험기(Distillation Apparatus)

66 대기환경보전법규상 대기배출시설 개선명령 등의 이행보고와 관련된 대기오염도 검사기관으로 틀린 것은 어느 것인가?

㉮ 국립환경과학원
㉯ 시·도의 보건환경연구원
㉰ 수도권대기환경청
㉱ 한국환경산업기술원

[풀이] 개선명령 등의 이행보고와 관련하여 환경부령으로 정하는 대기오염도 검사기관으로는 국립환경과학원, 보건환경연구원, 유역환경청, 지방환경청, 수도권대기환경청, 한국환경공단이 있다.

67 대기환경보전법규상 자동차연료·첨가제 또는 촉매제의 검사를 받으려는 자가 국립환경과학원장 등에게 검사신청시 제출해야 하는 항목으로 틀린 것은 어느 것인가?

㉮ 검사용 시료
㉯ 검사 시료의 화학물질 조성 비율을 확인할 수 있는 성분분석서
㉰ 제품의 공정도(촉매제만 해당함)
㉱ 제품의 판매계획

68 대기환경보전법규상 환경기술인의 보수교육은 신규교육을 받은 날을 기준으로 몇 년마다 1회 받는가? (단, 교육기관은 한국환경보전원 등이 교육을 실시할 능력이 있다고 인정하는 기관으로서 원격교육 등은 제외한다.)

㉮ 1년마다 1회   ㉯ 2년마다 1회
㉰ 3년마다 1회   ㉱ 5년마다 1회

정답 64 ㉯ 65 ㉱ 66 ㉱ 67 ㉱ 68 ㉰

69 대기환경보전법규상 시·도지사 등이 설치하는 대기오염측정망에 해당하는 것은 어느 것인가?

㉮ 대기오염물질의 지역배경농도를 측정하기 위한 교외대기측정망
㉯ 기후·생태계 변화유발물질의 농도를 측정하기 위한 지구대기측정망
㉰ 산성 대기오염물질의 건성 및 습성 침착량을 측정하기 위한 산성강하물측정망
㉱ 대기 중의 중금속 농도를 측정하기 위한 대기중금속측정망

[풀이] ㉮·㉯·㉰는 수도권대기환경청장, 국립환경과학원장, 한국환경공단이 설치하는 대기오염 측정망의 종류이다.

70 대기환경보전법규상 비산먼지 발생을 억제하기 위한 시설의 설치 및 필요한 조치에 관한 기준 중 "야적(분체상 물질을 야적하는 경우에만 해당한다.)"에 관한 기준으로 틀린 것은 어느 것인가?

㉮ 야적물질을 1일 이상 보관하는 경우 방진덮개로 덮을 것
㉯ 야적물질로 인한 비산먼지 발생억제를 위하여 물을 뿌리는 시설을 설치할 것(단, 고철 야적장과 수용성물질 등의 경우는 제외한다.)
㉰ 공장 내에서 시멘트 제조를 위한 원료 및 연료는 최대한 3면이 막히고, 지붕이 있는 구조물 내에서 보관할 것
㉱ 야적물질의 최고저장높이의 1/4 이상의 방진벽을 설치하고, 최고저장높이의 1.2배 이상의 방진망(막)을 설치할 것

[풀이] ㉱ 야적물질의 최고저장높이의 1/3 이상의 방진벽을 설치하고, 최고저장높이의 1.25배 이상의 방진망(막)을 설치할 것

71 대기환경보전법규상 자동차연료 제조기준 중 현행 황함량 기준으로 알맞은 것은 어느 것인가? (단, 휘발유 기준)

㉮ 10ppm 이하   ㉯ 50ppm 이하
㉰ 70ppm 이하   ㉱ 90ppm 이하

72 대기환경보전법규상 가스를 연료로 사용하는 경자동차의 배출가스 보증기간 적용기준으로 알맞은 것은 어느 것인가? (단, 2013년 1월 1일 이후 제작자동차)

㉮ 10년 또는 192,000km
㉯ 2년 또는 160,000km
㉰ 2년 또는 10,000km
㉱ 6년 또는 100,000km

73 대기환경보전법령상 오염물질발생량 구분에 따라 사업장을 분류할 때 3종사업장의 분류 기준으로 알맞은 것은 어느 것인가?

㉮ 대기오염물질발생량의 합계가 연간 50톤 이상 80톤 미만인 사업장
㉯ 대기오염물질발생량의 합계가 연간 20톤 이상 80톤 미만인 사업장
㉰ 대기오염물질발생량의 합계가 연간 20톤 이상 50톤 미만인 사업장
㉱ 대기오염물질발생량의 합계가 연간 10톤 이상 20톤 미만인 사업장

정답 69 ㉱ 70 ㉱ 71 ㉮ 72 ㉱ 73 ㉱

74 대기환경보전법규상 한국환경공단이 환경부장관에게 하는 위탁업무 보고사항 중 "자동차 배출가스 인증생략 현황"의 보고횟수 기준으로 알맞은 것은 어느 것인가?

㉮ 연 4회
㉯ 연 2회
㉰ 연 1회
㉱ 수시

75 대기환경보전법령상 대기오염물질 배출허용기준 초과와 관련한 일일초과배출량 및 일일 유량의 산정방법 중 일반 오염물질의 배출허용기준초과 일일오염물질배출량은 소수점 이하 몇 째자리까지 계산하여야 하는가?

㉮ 소수점 이하 첫째 자리까지
㉯ 소수점 이하 둘째 자리까지
㉰ 소수점 이하 셋째 자리까지
㉱ 소수점 이하 넷째 자리까지

[풀이] 특정대기유해물질은 소수점 이하 넷째 자리까지 계산하고, 일반오염물질은 소수점 이하 첫째 자리까지 계산한다.

76 다음 중 대기환경보전법령상 기본부과금의 부과대상물질로 바르게 연결된 것은 어느 것인가?

㉮ 황산화물, 질소산화물
㉯ 암모니아, 황산화물
㉰ 황산화물, 먼지
㉱ 질소산화물, 먼지

[풀이] 기본부과금의 부과대상물질은 황산화물과 먼지, 질소산화물이다.

77 대기환경보전법상 자동차 배출가스로 인하여 인체 및 환경에 발생하는 위해를 줄이기 위해 설립한 협회로 알맞은 것은 어느 것인가?

㉮ 자동차배출가스기술협회
㉯ 자동차그린기술인협회
㉰ 한국자동차환경협회
㉱ 한국환경보전원

78 대기환경보전법규상 대기오염경보단계별 대기오염물질의 농도기준 중 오존의 중대경보 발령기준으로 알맞은 것은 어느 것인가?

㉮ 기상조건 등을 고려하여 해당 지역의 대기자동측정소 오존농도가 0.3피피엠 이상일 때
㉯ 기상조건 등을 고려하여 해당 지역의 대기자동측정소 오존농도가 0.5피피엠 이상일 때
㉰ 기상조건 등을 고려하여 해당 지역의 대기자동측정소 오존농도가 0.7피피엠 이상일 때
㉱ 기상조건 등을 고려하여 해당 지역의 대기자동측정소 오존농도가 1.0피피엠 이상일 때

정답 74 ㉯ 75 ㉮ 76 ㉰ 77 ㉰ 78 ㉯

79 대기환경보전법상 이륜자동차 소유자는 배출가스가 운행차배출허용기준에 맞는지 검사하는 이륜자동차 배출가스 정기검사를 받아야 한다. 이를 받지 아니한 경우 과태료 부과기준으로 알맞은 것은 어느 것인가?

㉮ 100만원 이하의 과태료
㉯ 50만원 이하의 과태료
㉰ 30만원 이하의 과태료
㉱ 10만원 이하의 과태료

80 대기환경보전법규상 특정대기유해물질로 틀린 것은 어느 것인가?

㉮ 프로필렌 옥사이드
㉯ 브롬 및 그 화합물
㉰ 염화비닐
㉱ 아닐린

정답 79 ㉯ 80 ㉯

2015년 5월 31일 시행

2015년 2회 대기환경산업기사

| 제1과목 | 대기오염개론

01 일산화탄소에 대한 내용으로 틀린 것은 어느 것인가?

㉮ 난용성이므로 강우에 의한 영향을 거의 받지 않는다.
㉯ 대기 중에서 일산화탄소의 평균 체류시간은 발생량과 대기 중 평균농도로부터 5~10년 정도로 추정된다.
㉰ 위도별로 보면 북위 50도 부근에서 최대치를 보이는 경향이 있다.
㉱ 토양박테리아의 활동에 의해 이산화탄소로 산화됨으로써 대기 중에서 제거된다.

풀이 ㉯ 대기 중에서 일산화탄소의 평균 체류시간은 발생량과 대기 중 평균농도로부터 1~3개월 정도로 추정된다.

02 대기오염물질의 확산과 관련된 스모그 현상과 기온역전에 대한 내용으로 틀린 것은 어느 것인가?

㉮ 로스앤젤레스 스모그사건은 광화학스모그에 의한 침강성역전이다.
㉯ 런던스모그 사건은 산화반응에 의한 것으로 습도는 70% 이하 조건에서 발생하였다.
㉰ 침강성역전은 고기압권 내에서 공기가 하강하여 생기며, 주·야 구분없이 발생할 수 있다.
㉱ 방사성역전은 밤과 아침 사이에 지표면이 냉각되어 공기온도가 낮아지기 때문에 발생한다.

풀이 ㉯ 런던스모그 사건은 환원반응에 의한 것으로 습도는 90% 이상에서 발생하였다.

정답 01 ㉯ 02 ㉯

03 열섬효과(heat island effect)에 대한 내용으로 틀린 것은 어느 것인가?

㉮ 도시 외곽지역에서는 도시중심지역에 비하여 고온의 공기층을 형성하게 되는데 이를 열섬(heat island)현상이라 한다.
㉯ 도시지역과 교외지역은 풍속이나 대기안정도의 특성이 서로 다르고, 열섬의 규모와 현상은 시공간적으로 다양하게 나타난다.
㉰ 열섬현상의 원인으로서는 인공열 발생 증가, 건물 등 구조물에 의한 거칠기 변화, 지표면에서의 증발잠열 차이 등이다.
㉱ 도시지역에서의 풍속은 교외지역에 비하여 평균적으로 25~30% 감소하며, 대기오염물질이 응결핵으로 작용하여 운량과 강우량의 증가현상이 나타날 수 있다.

풀이 ㉮ 도시 외곽지역에 비해 도시중심지역에서 고온의 공기층을 형성하게 되는데 이를 열섬(heat island)현상이라 한다.

04 다음 대기오염물질 중 2차 오염물질은 어느 것인가?

㉮ SiO_2
㉯ H_2O_2
㉰ 방향족 탄화수소
㉱ CO_2

풀이 ㉮·㉰·㉱는 1차 오염물질에 해당한다.

05 다음 중 기후·생태계 변화유발물질로 틀린 것은 어느 것인가?

㉮ 육불화황
㉯ 메탄
㉰ 수소염화불화탄소
㉱ 염화나트륨

풀이 기후·생태계 변화유발물질로는 이산화탄소, 메탄, 아산화질소, 수소불화탄소, 과불화탄소, 육불화황이 있다.

06 바람에 대한 내용으로 틀린 것은 어느 것인가?

㉮ 북반구의 경도풍은 저기압에서는 시계바늘 진행방향으로 회전하면서 아래로 침강하면서 분다.
㉯ 낮에 바다에서 육지로 부는 해풍은 밤에 육지에서 바다로 부는 육풍보다 보통 강하다.
㉰ 산풍은 보통 곡풍보다 더 강하다.
㉱ 휀풍은 산맥의 정상을 기준으로 풍상쪽 경사면을 따라 공기가 상승하면서 건조단열변화를 하기 때문에 평지에서보다 기온이 약 1℃/100m의 율로 하강한다.

풀이 ㉮ 북반구의 경도풍은 저기압에서는 시계바늘 반대방향으로 회전하면서 위쪽으로 상승하면서 분다.

정답 03 ㉮ 04 ㉯ 05 ㉱ 06 ㉮

07 파장 5210Å인 빛 속에서 밀도가 1.25 g/cm³이고, 직경 0.3μm인 기름 방울의 분산면적비가 4일 때 먼지농도가 0.4 mg/m³이라면 가시거리(m)는 얼마인가?

(단, 가시거리(V) = $\dfrac{5.2\rho r}{KC}$ 를 이용)

㉮ 609m ㉯ 805m
㉰ 1,000m ㉱ 1,230m

풀이
$V = \dfrac{5.2 \times \rho \times r}{K \times C}$

- V : 가시거리(m)
- ρ : 밀도(g/cm³)
- r : 반경(μm)
- K : 분산면적비
- C : 농도(g/m³)

따라서 $V = \dfrac{5.2 \times 1.25 \text{g/cm}^3 \times 0.15 \mu m}{4 \times 0.4 \times 10^{-3} \text{g/m}^3} = 609.38 \text{m}$

08 흑체에서 복사되는 에너지 중 파장 λ와 λ+△λ 사이에 들어있는 에너지양(E_λ)을 아래식으로 표현한 법칙은 어느 것인가?

$$E_\lambda = C_1 \lambda^{-5}[\exp(C_2/\lambda T)-1]^{-1}$$
(단, T는 흑체의 온도, C_1, C_2는 상수)

㉮ 스테판볼츠만의 법칙
㉯ 비인의 변위법칙
㉰ 플랑크의 법칙
㉱ 웨버훼이너의 법칙

풀이 ㉰ 플랑크의 법칙에 대한 설명이다.

09 염소를 배출하는 공장이 있다. 이 공장에서 배출하는 염소농도가 0℃, 1기압에서 0.75ppm일 때 μg/m³ 농도로 환산하면 얼마인가?

㉮ 2,254μg/m³ ㉯ 2,377μg/m³
㉰ 2,438μg/m³ ㉱ 2,536μg/m³

풀이 Cl_2 1mol $\begin{cases} 71\text{mg} \\ 22.4\text{mL} \end{cases}$

$\mu g/Sm^3 = \dfrac{0.75\text{mL}}{Sm^3} \times \dfrac{71\text{mg}}{22.4\text{mL}} \times \dfrac{10^3 \mu g}{1\text{mg}}$
$= 2,377.23 \mu g/Sm^3$

10 굴뚝의 유효고도가 40m이다. 일반적인 조건이 같을 때 최대 지표농도를 절반으로 감소시키려면 유효고도를 얼마만큼 증가시켜야 하는가?

㉮ 약 10m ㉯ 약 17m
㉰ 약 22m ㉱ 약 28m

풀이
① $C_{max} = \dfrac{2Q}{\pi \cdot e \cdot u \cdot He^2}\left(\dfrac{C_z}{C_y}\right)$에서

$C_{max} = \dfrac{1}{He^2}$ 이므로

$1C_1 : \dfrac{1}{(40m)^2} = \dfrac{1}{2}C_1 : \dfrac{1}{He^2}$

∴ $He = \sqrt{(40m)^2 \times 2} = 56.57m$

② $\triangle H = 56.57m - 40m = 16.57m$

11 A사업장 굴뚝에서의 암모니아 배출가스가 30mg/m³로 일정하게 배출되고 있는데, 향후 이 지역 암모니아 배출허용기준이 20ppm으로 강화될 예정이다. 방지시설을 설치하여 강화된 배출허용기준치의 70%로 유지하고자 할 때, 이 굴뚝에서 방지시설을 설치하여 저감해야 할 암모니아의 농도(ppm)는 얼마인가? (단, 모든 농도조건은 표준상태 기준)

㉮ 11.5ppm ㉯ 16.8ppm
㉰ 20.8ppm ㉱ 25.5ppm

풀이 ① 배출농도(ppm = mL/Sm³)
$= \dfrac{30mg}{Sm^3} \Big| \dfrac{22.4mL}{17mg} = 39.53ppm$
② 강화된 배출허용 기준치
$= 20ppm \times 0.70 = 14ppm$
③ 저감해야 할 농도
$= 39.53ppm - 14ppm = 25.53ppm$

TIP
NH_3 1mol $\begin{cases} 17mg \\ 22.4mL \end{cases}$

12 다음의 내용은 오염물질에 대한 피해이다. 알맞은 물질은 어느 것인가?

- 섬유의 인장강도를 아주 크게 떨어뜨리는 물질로 알려져 있다.
- 이 물질의 미세한 액적이 나일론 섬유에 침적하여 섬유의 강도를 약화시킨다.
- 셀룰로우즈 섬유, 면(cotton), 레이온 등에 피해를 입힌다.

㉮ 라돈   ㉯ 오존
㉰ 황산화물 ㉱ 이산화질소

풀이 ㉰ 황산화물에 대한 설명이다.

13 다음 가스상 대기오염물질 중 식물에 영향이 가장 크며, 잎의 끝 또는 가장자리가 타거나 발육부진 등 특히 식물의 어린잎에 피해가 큰 물질은 어느 것인가?

㉮ 오존   ㉯ 아황산가스
㉰ 질소산화물 ㉱ 플루오르화수소

풀이 ㉱ 플루오르화수소(HF)에 대한 설명이다.

14 대체연료 자동차에 대한 내용으로 틀린 것은 어느 것인가?

㉮ 전기자동차는 1회 충전당 주행거리가 휘발유 자동차의 10배 정도이다.
㉯ 메탄올자동차는 발열량이 휘발유의 절반 정도이므로 연료탱크의 크기를 2배로 하면 1회 충전당 얻을 수 있는 항속거리를 휘발유자동차와 유사하게 할 수 있다.
㉰ 메탄올자동차는 메탄올의 윤활기능이 휘발유에 비해 매우 약하므로 금속이나 플라스틱 재료 모두를 침식시킨다.
㉱ 수소자동차는 다른 에너지원에 비해 밀도가 낮으므로 생산된 단위에너지당 연료 무게가 작고, 연소에 의해 배출되는 가스상 오염물질의 양이 매우 적은 장점을 가지고 있다.

풀이 ㉮ 전기자동차는 1회 충전당 주행거리가 휘발유 자동차의 $\dfrac{1}{10}$배 정도이다.

정답 11 ㉱ 12 ㉰ 13 ㉱ 14 ㉮

15 다이옥신의 특징 중 ( ) 안에 알맞은 것은 어느 것인가?

- 수용성은 (①)
- 증기압은 (②)
- 완전분해 후 연소가스 배출 시 (③)℃ 정도의 범위에서 재생성이 활발

㉮ ① 높다 ② 낮다 ③ 1200~1300
㉯ ① 높다 ② 높다 ③ 300~400
㉰ ① 낮다 ② 낮다 ③ 300~400
㉱ ① 낮다 ② 높다 ③ 1200~1300

16 경도풍은 다음의 3가지 힘이 평형을 이루면서 부는 바람을 말한다. 이에 해당하지 않는 것은 어느 것인가?

㉮ 마찰력　　㉯ 기압경도력
㉰ 원심력　　㉱ 전향력

풀이 경도풍은 기압경도력, 원심력, 전향력의 3가지 힘이 평형을 이루면서 부는 바람을 말한다.

17 대기오염물질의 확산에 대한 내용으로 알맞은 것은 어느 것인가?

㉮ 굴뚝에서 연기가 나올 때 굴뚝연기 배출속도가 바람의 속도보다 크면 다운드래프트 현상을 일으킨다.
㉯ 굴뚝높이를 주변의 건물보다 1.5배 높게 하여 다운드래프트 현상을 방지한다.
㉰ 유효굴뚝 높이는 굴뚝높이에 연기의 수직상승 높이를 뺀 것이다.
㉱ 다운와시 현상을 없애려면 굴뚝에서의 수직배출속도를 굴뚝 높이 풍속의 2배 이상이 되도록 토출속도를 높인다.

풀이
㉮ 굴뚝에서 연기가 나올 때 굴뚝연기 배출속도가 바람의 속도보다 작으면 다운와쉬 현상을 일으킨다.
㉯ 굴뚝높이를 주변의 건물보다 2.5배 높게 하여 다운드래프트 현상을 방지한다.
㉰ 유효굴뚝 높이는 굴뚝높이에 연기의 수직상승 높이를 더한 것이다.

18 대류권 내 공기의 구성물질을 「농도가 가장 안정된 물질, 쉽게 농도가 변하지 않는 물질, 쉽게 농도가 변하는 물질」의 3가지로 분류할 때, 다음 중 "쉽게 농도가 변하는 물질"에 해당하는 것은 어느 것인가?

㉮ Ne　　㉯ NO_2
㉰ Ar　　㉱ CO_2

풀이
① 쉽게 농도가 변하는 물질은 반응성이 큰 물질이므로 ㉯ NO_2이다.
② 농도가 가장 안정된 물질은 비활성물질인 ㉮ Ne, ㉰ Ar이다.
③ 쉽게 농도가 변하지 않는 물질은 ㉱ CO_2이다.

19 CFC-12의 화학식으로 알맞은 것은 어느 것인가?

㉮ $CHFCl_2$　　㉯ CF_3Br
㉰ CF_3Cl　　㉱ CF_2Cl_2

풀이
㉮ $CHFCl_2$: HCFC-21
㉯ CF_3Br : Halon-1301
㉰ CF_3Cl : CFC-13

정답 15 ㉰　16 ㉮　17 ㉱　18 ㉯　19 ㉱

20 다음 오염물질 중 사지 감각이상, 구음장애, 청력장애, 구심성 시야협착, 소뇌성 운동질환 등의 주요증상이 특징적이고, Hunter-Russel 증후군으로도 일컬어지고 있는 오염물질은 어느 것인가?

㉮ 메틸수은 ㉯ 납
㉰ 크롬 ㉱ 카드뮴

풀이 ㉮ 메틸수은에 대한 설명이다.

제2과목 | 대기오염공정시험기준

21 자외선/가시선 분광법에 의해 배출가스 중 비소분석에 대한 내용으로 틀린 것은 어느 것인가?

㉮ 정량범위는 0.007ppm~0.035ppm이며, 정밀도는 10% 이하이다.
㉯ 채취시료를 전처리하는 동안 비소의 손실 가능성이 있으므로 전처리 방법으로 마이크로파 산분해법이 권장된다.
㉰ 황화수소의 영향은 아세트산납으로 제거 가능하다.
㉱ 메틸비소화합물은 pH 10에서 메틸염화비소(methylarsine)를 생성하여 흡수용액과 착물을 형성하고 이의 영향은 아세트산납으로 제거 가능하다.

풀이 ㉱ 메틸비소화합물은 pH 1에서 메틸수소화비소를 생성하여 흡수용액과 착물을 형성하고 총비소 측정에 영향을 줄 수 있다.

22 배출가스 중 금속화합물 분석을 위한 시료가 "셀룰로스 섬유제 여과지를 사용한 것"일 때의 처리방법으로 알맞은 것은 어느 것인가?

㉮ 저온회화법
㉯ 마이크로파 산분해법
㉰ 질산-과산화수소수법
㉱ 질산법

풀이 다량의 유기물 유리탄소를 함유하는 것, 셀룰로스 섬유제 여과지를 사용한 것의 처리 방법은 저온회화법이다.

23 굴뚝 배출가스상 물질 시료채취를 위한 연결관에 대한 내용으로 틀린 것은 어느 것인가?

㉮ 연결관은 가능한 한 수평으로 연결해야 하고, 하나의 연결관으로 여러 개의 측정기를 사용할 경우 각 측정기 앞에서 연결관을 직렬로 연결하여 사용한다.
㉯ 연결관의 안지름은 연결관의 길이, 흡입가스의 유량, 응축수에 의한 막힘 또는 흡입펌프의 능력 등을 고려해서 4~25mm로 한다.
㉰ 연결관의 길이는 되도록 짧게 하고, 부득이 길게 해서 쓰는 경우에는 이음매가 없는 배관을 써서 접속 부분을 적게 한다.
㉱ 연결관으로 부득이 구부러진 관을 쓸 경우에는 응축수가 흘러나오기 쉽도록 경사지게(5° 이상)하고 시료가스는 아래로 향하게 한다.

풀이 ㉮ 연결관은 가능한 한 수직으로 연결해야 하고, 하나의 연결관으로 여러 개의 측정기를 사용할 경우 각 측정기 앞에서 연결관을 병렬로 연결하여 사용한다.

정답 20 ㉮ 21 ㉱ 22 ㉮ 23 ㉮

24 굴뚝 배출가스 중 폼알데하이드를 측정하기 위해 적용되는 분석방법은 어느 것인가?

㉮ 페놀디슬폰산법
㉯ 중화법
㉰ 오르토톨리딘법
㉱ 크로모트로핀산법

> **풀이** 폼알데하이드의 분석방법으로는 고성능 액체크로마토그래피법, 크로모트로핀산법, 아세틸아세톤법이 있다.

25 환경대기 중의 질소산화물 농도를 측정하기 위한 야콥스호흐하이저법에 대한 내용으로 틀린 것은 어느 것인가?

㉮ 채취시료는 적어도 6주간은 안전하다.
㉯ 방해물질인 아황산가스는 분석전에 과산화수소를 첨가하여 황산으로 변화시키는데 따라 제거된다.
㉰ 수산화포타슘용액에 시료대기를 흡수시키면 대기 중의 이산화질소가 아질산포타슘용액으로 변화될 때 생성된 아질산이온을 발색시켜 740nm에서 측정된다.
㉱ $0.04\mu gNO_2^-/mL$의 농도는 1cm셀을 사용했을 때 0.02의 흡광도에 해당된다.

> **풀이** ㉰ 수산화소듐용액에 시료대기를 흡수시키면 대기 중의 이산화질소가 아질산소듐 용액으로 변화될 때 생성된 아질산이온을 발색시켜 540nm에서 측정된다.

26 다음 중 굴뚝 배출가스 내 비소화합물의 분석방법으로 알맞은 것은 어느 것인가?

㉮ 기체크로마토그래피법
㉯ 원자흡수분광광도법
㉰ 비분산 적외선 분석법
㉱ 이온전극법

> **풀이** 비소화합물의 분석방법으로는 수소화물발생 원자흡수분광광도법, 자외선/가시선 분광법, 흑연로 원자흡수분광광도법이 있다.

27 일정한 굴뚝을 거치지 않고 외부로 비산 배출되는 먼지 측정을 위한 고용량공기시료채취기법에 대한 내용으로 틀린 것은 어느 것인가?

㉮ 풍속이 0.5m/초 미만 또는 10m/초 이상 되는 시간이 전 채취시간의 50% 미만일 때 풍속보정계수는 1.0을 적용한다.
㉯ 전 시료채취 기간 중 주 풍향이 45°~90° 변할 때 풍향보정계수는 1.2를 적용한다.
㉰ 따로 시료채취를 하는 동안에 따로 그 지역을 대표할 수 있는 지점에 풍향풍속계를 설치하여 전 채취시간 동안의 풍향풍속을 기록하지만, 연속기록 장치가 없을 경우에는 적어도 1시간 간격으로 같은 지점에서의 3회 이상 풍향풍속을 측정하여 기록한다.
㉱ 시료채취장소는 원칙적으로 측정하려고 하는 발생원의 부지경계선상에 선정하며 풍향을 고려하여 그 발생원의 비산먼지 농도가 가장 높을 것으로 예상되는 지점 3개소 이상을 선정한다.

> **풀이** ㉰ 따로 시료채취를 하는 동안에 따로 그 지역을 대표할 수 있는 지점에 풍향풍속계를 설치하여 전 채취시간 동안의 풍향풍속을 기록하지만, 연속

정답 24 ㉱ 25 ㉰ 26 ㉯ 27 ㉰

28 환경대기 중 휘발성유기화합물(VOC$_S$)의 시험방법 중 흡착관의 안정화(Conditioning)방법으로 알맞은 것은 어느 것인가?

㉮ 흡착관을 사용하기 전에 열탈착기에 의해서 보통 350℃에서 질소가스 50mL/min으로 적어도 2hr 동안 안정화시킨 후 사용한다.

㉯ 흡착관을 사용하기 전에 열탈착기에 의해서 보통 350℃에서 헬륨가스 50mL/min으로 적어도 2hr 동안 안정화시킨 후 사용한다.

㉰ 흡착관을 사용하기 전에 열탈착기에 의해서 보통 850℃에서 헬륨가스 5mL/min으로 적어도 1hr 동안 안정화시킨 후 사용한다.

㉱ 흡착관을 사용하기 전에 열탈착기에 의해서 보통 850℃에서 질소가스 5mL/min으로 적어도 1hr 동안 안정화시킨 후 사용한다.

기록 장치가 없을 경우에는 적어도 10분 간격으로 같은 지점에서의 3회 이상 풍향풍속을 측정하여 기록한다.

29 다음은 지하공간 및 환경대기 중의 벤조(a)피렌 농도 측정을 위한 형광분광광도법이다. ( ) 안에 알맞은 것은 어느 것인가?

> 표준물질과 시료의 진한 황산용액을 무형광셀에 넣고 여기광파장을 (①)nm에 설정하여 (②)nm의 형광강도를 구한다.

㉮ ① 340, ② 450
㉯ ① 470, ② 540
㉰ ① 560, ② 620
㉱ ① 650, ② 710

30 0.02M의 황산 30mL를 중화시키는데 필요한 0.1N 수산화소듐 용액의 양(mL)은 얼마인가?

㉮ 3mL   ㉯ 6mL
㉰ 12mL   ㉱ 20mL

풀이
$N_1V_1 = N_2V_2$
$0.04N \times 30mL = 0.1N \times V_2$
$\therefore V_2 = \dfrac{0.04N \times 30mL}{0.1N} = 12mL$

TIP
① M 농도×가수 = N 농도
② 황산(H_2SO_4)은 2가이므로 0.02M×2 = 0.04N

정답 28 ㉯ 29 ㉯ 30 ㉰

31 굴뚝배출가스 중 납화합물을 분석하기 위한 원자흡수분광광도법에 대한 설명으로 틀린 것은?

㉮ 측정파장은 217.0nm 또는 283.3nm를 이용한다.
㉯ 정량범위는 0.050mg/Sm³ ~ 6.250mg/Sm³ 이다.
㉰ 방법검출한계는 0.15mg/Sm³이다.
㉱ 시료내 납의 양이 미량으로 존재하거나 방해물질이 존재할 경우, 용매추출법을 적용하여 정량할 수 있다.

[풀이] ㉰ 방법검출한계는 0.015mg/Sm³이다.

32 다음은 이온크로마토그래피법 중 써프렛서에 대한 내용이다. ( ) 안에 알맞은 것은?

> 써프렛서는 (①)과 이온교환막형이 있으며, (①)은 음이온에는 스티롤계 (②) 수지가, 양이온에는 스티롤계 강염기형의 수지가 충진된 것을 사용한다.

㉮ ① 덤벨형, ② 강산형
㉯ ① 덤벨형, ② 약산형
㉰ ① 관형, ② 강산형
㉱ ① 관형, ② 약산형

33 배출가스상 물질시료채취 방법 중 채취부에 대한 내용으로 틀린 것은 어느 것인가?

㉮ 수은마노미터는 대기와 압력차가 50 mmHg 이상인 것을 쓴다.
㉯ 유리로 만든 가스건조탑을 쓰며, 건조제로는 입자상태의 실리카겔, 염화칼슘 등을 쓴다.
㉰ 펌프는 배기능력 0.5~5L/분인 밀폐형인 것을 쓴다.
㉱ 가스미터는 일회전 1L의 습식 또는 건식 가스미터로 온도계와 압력계가 붙어 있는 것을 쓴다.

[풀이] ㉮ 수은마노미터는 대기와 압력차가 100mmHg 이상인 것을 쓴다.

34 다음 중 4-아미노 안티피린 용액과 헥사사이아노철(Ⅲ)산포타슘용액을 가하여 얻어진 적색액의 흡광도를 측정하여 정량하는 오염물질은 어느 것인가?

㉮ 폼알데하이드   ㉯ 페놀화합물
㉰ 클로로폼   ㉱ 벤젠

[풀이] ㉯ 페놀화합물에 대한 설명이다.

정답 31 ㉰ 32 ㉰ 33 ㉮ 34 ㉯

35 철강공장의 아크로와 연결된 개방형 여과집진시설에서 배출되는 먼지채취방법에 대한 규정으로 틀린 것은 어느 것인가?

㉮ 등속흡입할 필요가 없으며 채취관은 대구경 흡입노즐(보통 10mm 정도)이 연결된 흡입관을 사용한다.
㉯ 흡입관을 측정점까지 밀어넣고 출강에서 다음 출강 개시 전까지를 먼지 배출상태를 고려하여 적당한 시간간격으로 나누어 시료를 채취하여 구한 먼지농도를 출강에서 다음 출강 개시 전까지의 평균먼지농도로 간주한다.
㉰ 시료채취 시 측정공을 헝겊 등으로 밀폐할 필요는 없으며 건옥백하우스의 경우는 장입 및 출강 시 20±5L/min의 유속으로 배출가스를 흡입한다.
㉱ 한 개의 원통형 여과지에 채취된 1회 먼지채취량은 20mg 이상 50mg 이하로 함을 원칙으로 한다.

[풀이] ㉱ 한 개의 원통형 여과지에 채취된 1회 먼지채취량은 2mg 이상 20mg 이하로 함을 원칙으로 한다.

36 상온 상압의 공기유속을 피토우관으로 측정한 결과, 그 동압이 6mmH$_2$O이었다. 공기유속(m/sec)은 얼마인가? (단, 피토우관계수는 1.5, 중력가속도는 9.8m/sec^2, 습배기가스 단위 체적당 무게는 1.3kg/m^{3}이다.)

㉮ 13.2m/sec   ㉯ 14.3m/sec
㉰ 15.2m/sec   ㉱ 16.5m/sec

[풀이]
$$V = C \times \sqrt{\frac{2gh}{r}}$$

- V : 공기의 유속(m/sec)
- C : 피토우관 계수
- g : 중력가속도(9.8m/sec^2)
- h : 동압(mmH$_2$O)
- r : 밀도(kg/m^3)

따라서 $V = 1.5 \times \sqrt{\frac{2 \times 9.8 \text{m/sec}^2 \times 6 \text{mmH}_2\text{O}}{1.3 \text{kg/m}^3}}$
= 14.27m/sec

37 굴뚝 배출가스 중 총탄화수소의 측정방법에 관한 설명으로 틀린 것은 어느 것인가?

㉮ 교정가스는 농도를 알고 있는 희석가스를 사용한다.
㉯ 반응시간은 오염물질 농도의 단계변화에 따라 최종값의 90%에 도달하는 시간으로 한다.
㉰ 스팬값으로 측정기기의 측정범위는 보통 배출허용기준의 0.5~1.2배를 적용한다.
㉱ 스팬값으로 측정범위가 없는 경우에는 예상농도의 1.2~3배의 값을 사용한다.

[풀이] ㉰ 측정기기의 측정범위는 배출허용기준 이상으로 하며, 보통 기준의 1.2~3배를 적용한다.

정답 35 ㉱ 36 ㉯ 37 ㉰

38 연도 배출가스 중 오염물질의 연속 측정에 사용하는 비분산 정필터형 적외선 가스분석계의 구성에 대한 내용으로 틀린 것은 어느 것인가?

㉮ 광원은 원칙적으로 니크롬선 또는 탄화규소의 저항체에 전류를 흘려 가열한 것을 사용한다.
㉯ 회전섹터는 시료가스 중에 포함되어 있는 간섭성분가스의 흡수파장역의 적외선을 흡수 제거하기 위하여 사용한다.
㉰ 광학필터에는 가스필터와 고체필터가 있으며, 단독 또는 적절히 조합하여 사용한다.
㉱ 비교셀을 아르곤과 같은 불활성 기체를 봉입하여 사용한다.

[풀이] ㉯ 회전섹터는 시료광속과 비교광속을 일정주기로 단속시켜, 광학적으로 변조시키는 것으로 측정광신호의 증폭에 유효하고, 잡신호 영향을 줄일 수 있다.

39 기체크로마토그래피법에서 분리관 내경이 4mm일 경우 사용되는 흡착제 및 담체의 입경 범위로 알맞은 것은 어느 것인가? (단, 기체-고체 크로마토그래피법 기준)

㉮ 110~125μm
㉯ 149~177μm
㉰ 177~250μm
㉱ 280~350μm

[풀이]

분리관내경(mm)	흡착제 및 담체의 입경범위(μm)
3	149~177(100~80mesh)
4	177~250(80~60mesh)
5~6	250~590(60~28mesh)

40 굴뚝 반경 1.3m인 원형굴뚝에서 먼지를 채취하고자 할 때 측정점수는 얼마인가?

㉮ 4   ㉯ 8
㉰ 12   ㉱ 16

[풀이]

굴뚝직경(m)	반경구분수	측정점수
1 이하	1	4
1 초과 2 이하	2	8
2 초과 4 이하	3	12
4 초과 5 이하	4	16
4.5 초과	5	20

| 제3과목 | 대기오염방지기술

41 다음 중 석회석 주입에 의한 황산화물 제거방법으로 틀린 것은 어느 것인가?

㉮ 대형보일러에 주로 사용되며, 배기가스의 온도가 떨어지는 단점이 있다.
㉯ 연소로 내에서 아주 짧은 접촉시간과 아황산가스가 석회분말의 표면 안으로 침투되기 어려우므로 아황산가스 제거효율이 낮은 편이다.
㉰ 석회석 값이 저렴하므로 재생하여 쓸 필요가 없고 석회석의 분쇄와 주입에 필요한 장비 외에 별도의 부대시설이 크게 필요없다.
㉱ 배기가스 중 재와 석회석이 반응하여 연소로 내에 달라붙어 압력손실을 증가시키고, 열전달을 낮춘다.

[풀이] ㉮ 소형보일러에 주로 사용되며, 배기가스의 온도는 떨어지지 않는다.

정답 38 ㉯ 39 ㉰ 40 ㉰ 41 ㉮

42 배출가스 중의 HCl을 충전탑에서 수산화칼슘 수용액과 향류로 접촉시켜 흡수 제거시킨다. 충전탑의 높이가 2.5m일 때 90%의 흡수효율을 얻었다면 높이를 4m로 높이면 흡수효율(%)은 얼마인가?
(단, 이동단위수 $NOG = \ln\left(\frac{1}{1-E/100}\right)$로 계산되고, E는 효율이며, HOG는 일정하다.)

㉮ 92.5% ㉯ 94.5%
㉰ 95.3% ㉱ 97.5%

풀이 $H = NOG \times HOG$

$\begin{bmatrix} H : 충전탑의 높이(m) \\ HOG : 총괄이동단위높이(m) \\ NOG : 총괄이동단위수 \left[NOG = \ln\left(\frac{1}{1-E/100}\right)\right] \end{bmatrix}$

① $2.5m = HOG \times \ln\left(\frac{1}{1-0.90}\right)$

∴ $HOG = 1.0857m$

② $4m = 1.0857m \times \ln\left(\frac{1}{1-E}\right)$

∴ $E = 97.48\%$

43 세정식 집진장치에서 회전원판에 의해 분무액이 미립화 될 경우 원심력과 표면장력에 의해 물방울 직경을 측정할 수 있다. 회전원판의 반경 4cm, 회전수 3,600rpm일 때 물방울 직경(μm)은 얼마인가?

㉮ 약 123μm ㉯ 약 186μm
㉰ 약 278μm ㉱ 약 396μm

풀이 $dw = \frac{200}{N \times \sqrt{R}} \times 10^4$

$\begin{bmatrix} dw : 물방울 직경(\mu m) \\ N : 회전수(rpm = 회/min) \\ R : 반경(cm) \end{bmatrix}$

따라서 $dw = \frac{200}{3,600rpm \times \sqrt{4cm}} \times 10^4 = 277.78\mu m$

44 흡착에 관한 내용으로 알맞은 것은 어느 것인가?

㉮ 화학적 흡착은 흡착과정이 가역적이므로 흡착제의 재생이나 오염가스의 회수에 매우 편리하다.
㉯ 물리적 흡착은 흡착과정에서의 발열량이 화학적 흡착보다 많다.
㉰ 일반적으로 물리적 흡착에서 흡착되는 양은 온도가 낮을수록 많다.
㉱ 물리적 흡착은 분자 간의 결합이 화학적 흡착에서보다 더 강하다.

풀이 ㉮ 화학적 흡착은 흡착과정이 비가역적이므로 흡착제의 재생이나 오염가스의 회수에 용이하지 못하다.
㉯ 물리적 흡착은 흡착과정에서의 발열량이 화학적 흡착보다 적다.
㉱ 물리적 흡착은 분자 간의 결합이 화학적 흡착에서보다 더 약하다.

45 배출가스 중 황산화물을 처리하기 위해 물을 사용하는 충전탑으로 처리한 결과 순환수의 황산함량은 0.049g/L이었다. 이 순환수의 pH는 얼마인가?

㉮ 1 ㉯ 2
㉰ 2.7 ㉱ 3

풀이 ① 황산(H_2SO_4)mol/L

$= \frac{0.049g}{L} \times \frac{1mol}{98g} = 5.0 \times 10^{-4} mol/L$

② $H_2SO_4 \rightarrow 2H^+ + SO_4^{2-}$
  XM   2XM   XM

$pH = -\log[H^+] = -\log[2 \times 5.0 \times 10^{-4} mol/L] = 3.0$

정답 42 ㉱ 43 ㉰ 44 ㉰ 45 ㉱

46 배출가스 0.4m³/s를 폭 5m, 높이 0.2m, 길이 10m의 중력식 침강집진장치로 집진 제거한다면 처리가스 내의 입경 10μm 먼지의 집진효율(%)은 얼마인가? (단, 먼지밀도 1.10g/cm³, 배출가스밀도 1.2 kg/m³, 처리가스점도 1.8×10^{-4}g/cm·s, 단수 1, 집진효율 $\eta_f = \dfrac{g(\rho_p - \rho_s)nWLd_p^2}{18\mu Q}$)

㉮ 약 22% ㉯ 약 42%
㉰ 약 63% ㉱ 약 81%

풀이 $\eta_f = \dfrac{g(\rho_p - \rho_s)nWLd_p^2}{18\mu Q}$

$= \dfrac{9.8m/sec^2 \times (1{,}100-1.2)kg/m^3 \times 1 \times 5m \times 10m \times (10 \times 10^{-6}m)^2}{18 \times 1.8 \times 10^{-5} kg/m \cdot sec \times 0.4 m^3/sec}$

$= 0.4154$

따라서 집진효율은 41.54% 이다.

47 액체연료 1kg을 완전연소 하는데 필요한 이론공기량 A_o(Sm³/kg)의 계산식으로 알맞은 것은 어느 것인가? (단, C, H, O, S는 연료 1kg 중 각 성분원소의 중량분율임.)

㉮ $A_o = \dfrac{1}{0.21}\left(\dfrac{22.4}{12}C + \dfrac{11.2}{2}\left(H - \dfrac{O}{8}\right) + \dfrac{22.4}{32}S\right)$

㉯ $A_o = 0.21\left(\dfrac{22.4}{12}C + \dfrac{22.4}{2}\left(H - \dfrac{O}{8}\right) + \dfrac{22.4}{32}S\right)$

㉰ $A_o = \dfrac{1}{0.21}\left(\dfrac{22.4}{12}C + \dfrac{22.4}{2}\left(H - \dfrac{O}{8}\right) + \dfrac{22.4}{32}S\right)$

㉱ $A_o = 0.21\left(\dfrac{22.4}{12}C + \dfrac{11.2}{2}\left(H - \dfrac{O}{8}\right) + \dfrac{22.4}{32}S\right)$

48 다음은 배가스 탈황, 탈질공정에 대한 내용이다. ( ) 안에 알맞은 것은?

( )은 덴마크의 Haldor Topsoe사가 개발한 것으로, 305MW 규모의 발전소에 시험되었으며, 탈황과 탈질이 별도의 반응기에서 독립적으로 일어난다. 먼저 배가스에 있는 분진을 완전히 제거한 다음 배가스에 암모니아를 주입시킨 후 SCR 촉매반응기를 통과시키며, 이 공정은 SO_2와 NO_X를 95% 이상 제거할 수 있으며, 부산물로 판매 가능한 황산을 얻을 수 있고, 폐기물이 배출되지 않는 장점이 있다.

㉮ 전자빔공정
㉯ 산화구리공정
㉰ DESONOX 공정
㉱ WSA-SNOX 공정

풀이 ㉱ WSA-SNOX 공정에 대한 설명이다.

49 세정식 집진장치에서 입자가 채취되는 원리로 틀린 것은 어느 것인가?

㉮ 가스의 증습에 의하여 입자가 서로 응집하는 원리
㉯ 가스의 선회운동으로 입자를 분리채취하는 원리
㉰ 액적 등에 입자가 관성 충돌하여 부착하는 원리
㉱ 미립자의 확산에 의하여 액적과의 접촉을 양호하게 하는 원리

풀이 ㉯번은 원심력 집진장치의 원리이다.

정답 46 ㉯ 47 ㉮ 48 ㉱ 49 ㉯

50 다음 설명하는 연소장치로 알맞은 것은 어느 것인가?

> 기체연료의 연소장치로서 천연가스와 같은 고발열량 연료를 연소시키는데 사용되는 버너

㉮ 선회 버너
㉯ 방사형 버너
㉰ 유압분무식 버너
㉱ 건식 버너

풀이 ㉯ 방사형 버너에 대한 설명이다.

51 입경측정방법 중 간접측정방법으로 틀린 것은 어느 것인가?

㉮ 표준체측정법 ㉯ 관성충돌법
㉰ 액상침강법   ㉱ 광산란법

풀이 간접측정방법에는 관성충돌법, 액상침강법, 공기투과법, 광산란법이 있다.

52 유해가스를 처리하기 위한 흡수액의 구비요건으로 틀린 것은 어느 것인가?

㉮ 용해도가 높아야 한다.
㉯ 휘발성이 커야 한다.
㉰ 점성이 비교적 작아야 한다.
㉱ 용매의 화학적 성질과 비슷해야 한다.

풀이 ㉯ 휘발성이 작아야 한다.

53 A공장의 전기집진장치에서 원통형 집진극의 반경이 8cm이고, 길이가 1.5m이다. 처리가스의 유속을 1.5m/sec로 하고 먼지입자가 집진극을 향하여 이동하는 이동분리 속도가 10cm/sec라면 먼지제거 효율(%)은 얼마인가?

㉮ 약 92%   ㉯ 약 94%
㉰ 약 96%   ㉱ 약 98%

풀이 $\eta = \left\{1-\exp\left(\frac{-2 \cdot We \cdot L}{R \cdot U}\right)\right\} \times 100$

$= \left\{1-\exp\left(\frac{-2 \times 0.1 m/sec \times 1.5m}{0.08m \times 1.5m/sec}\right)\right\} \times 100 = 91.79\%$

54 탄소 87%, 수소 13%의 연료를 완전연소 시 배기가스를 분석한 결과 O_2는 5%이었다. 이 때 과잉공기량(Sm^3/kg)은 얼마인가?

㉮ 1.3Sm^3/kg   ㉯ 3.5Sm^3/kg
㉰ 4.6Sm^3/kg   ㉱ 6.9Sm^3/kg

풀이 ① O_2% 존재 시
공기비(m) = $\frac{21}{21-O_2\%} = \frac{21}{21-5} = 1.3125$
② 이론공기량(A_o)
$= 8.89C + 26.67 \times \left(H - \frac{O}{8}\right) + 3.33S (Sm^3/kg)$
$= 8.89 \times 0.87 + 26.67 \times 0.13 = 11.2014 Sm^3/kg$
③ 실제공기량 = $m \times A_o = A$
$= 1.3125 \times 11.2014 Sm^3/kg = 14.70 Sm^3/kg$
④ 과잉공기량 = $A - A_o$
$= 14.70 Sm^3/kg - 11.2014 Sm^3/kg$
$= 3.50 Sm^3/kg$

정답 50 ㉯ 51 ㉮ 52 ㉯ 53 ㉮ 54 ㉯

55 다음 각종 먼지 중 진비중/겉보기 비중이 가장 큰 것은 어느 것인가?

㉮ 카본블랙 ㉯ 미분탄보일러
㉰ 시멘트 원료분 ㉱ 골재 드라이어

[풀이] 진비중/겉보기비중
㉮ 카본블랙 : 76
㉯ 미분탄보일러 : 4.04
㉰ 시멘트 원료분 : 5.0
㉱ 골재 드라이어 : 2.73

56 흡수장치의 총괄이동단위높이(HOG)가 1.0m이고 제거율이 95%라면, 이 흡수장치의 높이(m)는 얼마인가?

㉮ 1.2m ㉯ 3.0m
㉰ 3.5m ㉱ 4.2m

[풀이] H = NOG×HOG

$\begin{bmatrix} H : 충전탑의 높이(m) \\ HOG : 총괄이동단위높이(m) \\ NOG : 총괄이동단위수 \left[NOG = \ln\left(\frac{1}{1-\eta}\right) \right] \end{bmatrix}$

따라서 H = $1.0m \times \ln\left(\frac{1}{1-0.95}\right)$ = 3.0m

57 탄소 1kg 연소 시 이론적으로 30,000 kcal의 열이 발생하고, 수소 1kg 연소 시 이론적으로 34,100kcal의 열이 발생된다면, 에탄 2kg 연소 시 이론적으로 발생되는 열량(kcal)은 얼마인가?

㉮ 30,820kcal ㉯ 55,600kcal
㉰ 61,640kcal ㉱ 74,100kcal

[풀이] 에탄(C_2H_6)은 분자량 = 30, C = $\frac{24}{30}$, H = $\frac{6}{30}$

이므로 열량(kcal)
= $\left(\frac{24}{30} \times 30,000 kcal/kg + \frac{6}{30} \times 34,100 kcal/kg\right) \times 2kg$
= 61,640kcal

58 염소농도가 0.68%인 배기가스 2,500 Sm^3/hr을 $Ca(OH)_2$의 현탁액으로 세정처리하여 염소를 제거하려 한다. 이론적으로 필요한 $Ca(OH)_2$ 양(kg/hr)은 얼마인가?

㉮ 약 56kg/hr ㉯ 약 66kg/hr
㉰ 약 76kg/hr ㉱ 약 86kg/hr

[풀이] $2Cl_2 + 2Ca(OH)_2 \rightarrow CaCl_2 + Ca(OCl)_2 + 2H_2O$
$2 \times 22.4 Sm^3$: $2 \times 74 kg$
$2,500 Sm^3/hr \times 0.68\% \times 10^{-2}$: X

∴ X = $\frac{2,500 Sm^3/hr \times 0.68\% \times 10^{-2} \times 2 \times 74 kg}{2 \times 22.4 Sm^3}$

= 56.16kg/hr

TIP
$Ca(OH)_2$의 분자량 = $40+2\times16+2\times1$ = 74kg
Cl_2의 분자량 = 2×35.5 = 71kg

정답 55 ㉮ 56 ㉯ 57 ㉰ 58 ㉮

59 액화프로판 440kg을 기화시켜 8Sm³/hr로 연소시킨다면 약 몇 시간 사용할 수 있는가? (단, 표준상태 기준)

㉮ 10시간 ㉯ 18시간
㉰ 24시간 ㉱ 28시간

풀이 ① 프로판(C_3H_8) 1kmol $\begin{cases} 44kg \\ 22.4Sm^3 \end{cases}$

따라서 $Sm^3 = 440kg \times \dfrac{22.4Sm^3}{44kg} = 224Sm^3$

② 시간(hr) $= \dfrac{224Sm^3}{8Sm^3/hr} = 28hr$

60 다음 중 C/H의 크기순으로 알맞게 나타낸 것은 어느 것인가?

㉮ 올레핀계 > 나프텐계 > 아세틸렌 > 프로필렌 > 프로판
㉯ 나프텐계 > 올레핀계 > 아세틸렌 > 프로판 > 프로필렌
㉰ 올레핀계 > 나프텐계 > 프로필렌 > 프로판 > 아세틸렌
㉱ 나프텐계 > 아세틸렌 > 올레핀계 > 프로판 > 프로필렌

| 제4과목 | 대기환경관계법규

61 환경정책기본법령상 우리나라 대기환경 기준으로 설정된 항목으로 틀린 것은 어느 것인가?

㉮ 납 ㉯ 일산화탄소
㉰ 이산화탄소 ㉱ 벤젠

풀이 우리나라 대기환경 기준으로 설정된 항목은 아황산가스(SO_2), 일산화탄소(CO), 이산화질소(NO_2), 미세먼지(PM-10), 초미세먼지(PM-2.5), 오존(O_3), 납(Pb), 벤젠이다.

62 대기환경보전법상 정관에 따른 한국자동차환경협회의 업무로 틀린 것은 어느 것인가? (단, 그 밖의 사항 등은 고려하지 않는다.)

㉮ 운행차 저공해화 기술개발 및 배출가스저감장치의 보급
㉯ 자동차 배출가스 저감사업의 지원과 사후관리에 관한 사항
㉰ 운행차 배출가스 검사와 정비기술의 연구·개발사업
㉱ 삼원촉매장치의 판매 및 보급

정답 59 ㉱ 60 ㉮ 61 ㉰ 62 ㉱

63 다음은 대기환경보전법규상 비산먼지의 발생을 억제하기 위한 시설의 설치 및 필요한 조치기준에 관한 사항이다. ( ) 안에 알맞은 것은? (단, 배출공정이 야적(분체상물질을 야적하는 경우에만 해당)이다.)

> 야적물질의 최고저장높이의 (①) 이상의 방진벽을 설치하고, 최고저장높이의 (②)배 이상의 방진망(막)을 설치할 것

㉮ ① 1/4, ② 1.25　㉯ ① 1/3, ② 1.25
㉰ ① 1/2, ② 1.2　㉱ ① 1/4, ② 1.2

64 대기환경보전법령상 대기오염물질 발생량의 합계가 연간 10톤 이상 20톤 미만인 사업장의 해당종별 분류기준으로 알맞은 것은 어느 것인가?

㉮ 1종사업장　㉯ 2종사업장
㉰ 3종사업장　㉱ 4종사업장

[풀이] 대기오염물질 발생량의 합계가 연간 10톤 이상 20톤 미만인 사업장은 3종사업장이다.

65 대기환경보전법규상 개선명령 이행 등과 관련한 환경부령으로 정하는 대기오염도 검사기관으로 틀린 것은 어느 것인가?

㉮ 한국화학연구소
㉯ 한국환경공단
㉰ 특별자치도의 보건환경연구원
㉱ 지방환경청

[풀이] 대기오염도 검사기관
① 국립환경과학원
② 특별시·광역시·도·특별자치도의 보건환경연구원
③ 유역환경청, 지방환경청 또는 수도권대기환경청
④ 한국환경공단

66 대기환경보전법규상 비산먼지 발생을 억제하기 위한 시설의 설치 및 필요한 조치에 관한 기준 중 수송 공정의 측면 살수시설설치 규격기준으로 알맞은 것은 어느 것인가?

㉮ 살수길이는 수송차량 전체길이의 1.5배 이상, 살수압은 $1.5kg/cm^2$ 이상
㉯ 살수길이는 수송차량 전체길이의 1.5배 이상, 살수압은 $3kg/cm^2$ 이상
㉰ 살수길이는 수송차량 전체길이의 3배 이상, 살수압은 $1.5kg/cm^2$ 이상
㉱ 살수길이는 수송차량 전체길이의 3배 이상, 살수압은 $3kg/cm^2$ 이상

67 대기환경보전법규상 수도권대기환경청장, 국립환경과학원장 또는 한국환경공단이 설치하는 대기오염 측정망의 종류로 틀린 것은 어느 것인가?

㉮ 도시지역 또는 산업단지 인근지역의 특정대기 유해물질(중금속을 제외한다)의 오염도를 측정하기 위한 유해대기물질측정망
㉯ 산성 대기오염물질의 건성 및 습성 침착량을 측정하기 위한 산성강하물측정망

정답 63 ㉯　64 ㉰　65 ㉮　66 ㉯　67 ㉰

㉰ 도로변의 대기오염물질 농도를 측정하기 위한 도로변대기측정망
㉱ 장거리이동대기오염물질 등 장거리이동 대기오염물질의 성분을 집중 측정하기 위한 대기오염집중측정망

[풀이] ㉱번은 시·도지사가 설치하는 대기오염 측정망의 종류이다.

68 대기환경보전법규상 운행차의 정밀검사 방법·기준 및 검사대상 항목 중 일반기준으로 틀린 것은 어느 것인가?

㉮ 배출가스검사는 관능 및 기능검사를 먼저 한 후 시행한다.
㉯ 휘발유와 가스를 같이 사용하는 자동차의 배출가스 측정은 휘발유로 전환한 상태에서 배출가스 검사를 실시하고 배출허용기준은 휘발유 기준을 적용한다.
㉰ 차대동력계상에서 자동차의 운전은 검사기술인력이 직접 수행하여야 한다.
㉱ 특수 용도로 사용하기 위하여 특수장치 등을 부착하여 엔진최고회전수 등을 제한하는 자동차인 경우에는 해당 자동차의 측정엔진최고회전수를 엔진정격회전수로 수정·적용하여 배출가스검사를 시행할 수 있다.

[풀이] ㉯ 휘발유와 가스를 같이 사용하는 자동차의 배출가스 측정은 가스로 전환한 상태에서 배출가스 검사를 실시하고 배출허용기준은 가스 기준을 적용한다.

69 대기환경보전법규상 대기오염물질 배출시설의 설치가 불가능한 지역에서 배출시설 설치 허가 또는 신고를 하지 아니하고 배출시설을 설치한 경우의 1차 행정처분기준으로 알맞은 것은 어느 것인가?

㉮ 조업정지   ㉯ 개선명령
㉰ 폐쇄명령   ㉱ 경고

70 대기환경보전법규상 자동차연료 제조기준 중 경유의 10% 잔류탄소량(%) 기준은 얼마인가?

㉮ 0.10 이하   ㉯ 0.15 이하
㉰ 0.20 이하   ㉱ 0.50 이하

[풀이] 경유의 10% 잔류탄소량 기준은 0.15% 이하이다.

71 대기환경보전법령상 대기오염 경보단계별 조치사항으로 틀린 것은 어느 것인가?

㉮ 주의보 : 자동차 사용제한 명령
㉯ 경보 : 사업장의 연료사용량 감축권고
㉰ 중대경보 : 주민의 실외활동 금지요청
㉱ 중대경보 : 사업장의 조업시간 단축명령

[풀이] ㉮ 주의보 : 주민의 실외활동 자제요청, 자동차 사용의 자제 요청

정답 68 ㉯ 69 ㉰ 70 ㉯ 71 ㉮

72 환경정책기본법령상 오존(O_3)의 대기환경기준으로 알맞은 것은 어느 것인가? (단, 8시간 평균치 기준)

㉮ 0.10ppm 이하   ㉯ 0.06ppm 이하
㉰ 0.05ppm 이하   ㉱ 0.02ppm 이하

풀이 오존(O_3)의 대기환경기준
① 8시간 평균치 : 0.06ppm 이하
② 1시간 평균치 : 0.1ppm 이하

73 대기환경보전법령상 자동차제작자에게 부과하는 매출액 산정 및 위반행위 정도에 따른 과징금의 부과기준에 따른 과징금 산정방법 관계식으로 알맞은 것은 어느 것인가?

㉮ 총매출액×2/100×가중부과계수
㉯ 총매출액×3/100×가중부과계수
㉰ 총매출액×5/100×가중부과계수
㉱ 총매출액×10/100×가중부과계수

74 대기환경보전법규상 특정대기유해물질로 틀린 것은 어느 것인가?

㉮ 카드뮴 및 그 화합물
㉯ 브롬 및 그 화합물
㉰ 니켈 및 그 화합물
㉱ 다환 방향족 탄화수소류

75 대기환경보전법령상 초과부과금 산정기준에서 다음 대기오염물질 중 1킬로그램당 부과 금액이 가장 낮은 물질은 어느 것인가?

㉮ 불소화합물   ㉯ 황화수소
㉰ 암모니아   ㉱ 염화수소

풀이 오염물질 1킬로그램당 부과금액
㉮ 불소화합물 : 2,300원
㉯ 황화수소 : 6,000원
㉰ 암모니아 : 1,400원
㉱ 염화수소 : 7,400원

76 대기환경보전법규상 환경부령으로 정하는 바에 따라 자가방지시설을 설계·시공하고자 하는 사업자가 시·도지사에게 제출해야 하는 서류로 틀린 것은 어느 것인가?

㉮ 기술능력 현황을 적은 서류
㉯ 공사비내역서
㉰ 공정도
㉱ 방지시설의 설치명세서와 그 도면

풀이 시·도지사에게 제출해야 하는 서류
① 배출시설의 설치명세서
② 공정도
③ 방지시설의 설치명세서와 그 도면
④ 기술능력 현황을 적은 서류
⑤ 원료(연료 포함) 사용량, 제품 생산량 및 대기오염물질 등의 배출량을 예측한 내역서

정답 72 ㉯ 73 ㉰ 74 ㉯ 75 ㉰ 76 ㉯

77 다중이용시설 등의 실내공기질 관리법규상 노인요양시설의 총부유세균(CFU/m³)의 실내공기질 유지기준은 얼마인가?

㉮ 100 이하 ㉯ 200 이하
㉰ 800 이하 ㉱ 1000 이하

78 다음은 다중이용시설 등의 실내공기질 관리법규상 신축 공동주택의 실내공기질 측정에 대한 내용이다. ( ) 안에 공통으로 들어갈 말은?

> 신축 공동주택의 시공자가 규정에 의하여 실내공기질을 측정하는 경우에는 환경분야 시험·검사 등에 관한 법률 규정에 따른 환경오염공정시험기준에 따라 100세대의 경우 ( )개의 측정장소를, 100세대를 초과하는 경우 ( )개의 측정장소에 초과하는 100세대마다 1개의 측정장소를 추가하여 실내공기질 측정을 실시하여야 한다.

㉮ 2 ㉯ 3
㉰ 5 ㉱ 10

79 악취방지법규상 배출허용기준 및 엄격한 배출허용기준의 설정범위에 대한 내용으로 틀린 것은 어느 것인가?

㉮ 배출허용기준의 측정은 복합악취를 측정하는 것을 원칙으로 하지만 사업자의 악취물질 배출 여부를 확인할 필요가 있는 경우에는 지정악취물질을 측정할 수 있다.
㉯ 복합악취의 시료채취는 사업장 안에 높이 5m 이상의 일정한 악취배출구와 다른 악취 발생원이 섞여 있는 경우에는 부지경계선 및 배출구에서 각각 채취한다.
㉰ "배출구"라 함은 악취를 송풍기 등 기계장치 등을 통하여 강제로 배출하는 통로(자연 환기가 되는 창문·통기관 등을 제외한다)를 말한다.
㉱ 부지경계선에서 복합악취의 공업지역에서의 배출허용기준(희석배수)은 1000 이하이다.

풀이 ㉱ 부지경계선에서 복합악취의 공업지역에서의 배출허용기준(희석배수)은 20 이하이다.

80 대기환경보전법규상 차령 2년 경과된 사업용 승용자동차의 정밀검사유효기간(기준)은 얼마인가? (단, 차종은 자동차관리법에 따른다.)

㉮ 1년 ㉯ 2년
㉰ 3년 ㉱ 5년

정답 77 ㉰ 78 ㉯ 79 ㉱ 80 ㉮

2015년 4회 대기환경산업기사

2015년 9월 19일 시행

| 제1과목 | 대기오염개론

01 대기오염물질인 Mn, Zn 및 그 화합물이 인체에 미치는 영향으로 가장 알맞은 것은 어느 것인가?

㉮ 기형 ㉯ 비중격천공
㉰ 발열 ㉱ 간암

풀이 Mn, Zn 및 그 화합물은 발열물질이다.

02 입자상물질에 대한 내용으로 틀린 것은 어느 것인가?

㉮ 미스트(mist)는 미립자 등의 핵 주위에 증기가 응축하여 생기는 경우와 큰 물체로부터 분산하여 생기기도 하는 입자로서 통상적인 입경범위는 0.01~10 μm 정도이다.
㉯ 헤이즈(haze)는 박무라고도 하며, 아주 작은 다수의 건조입자(습도 70% 이하)가 대기 중에 떠 있는 현상으로 시정을 나쁘게 하며, 색깔로써 안개와 구별한다.
㉰ 훈연(fume)은 일반적으로 직경이 10 μm 이하의 것으로, 그 크기가 비균질성을 가지며, 활발한 브라운운동에 의해 상호 충돌하여 응집하기도 하고, 응집 후 재분리가 용이한 편이다.
㉱ 안개(fog)는 분산질이 액체인 눈에 보이는 입자상물질을 주로 뜻하며, 통상 응축에 의해 생긴다.

풀이 ㉰ 훈연(fume)은 일반적으로 직경이 1μm 이하의 고체상 입자로 활발한 브라운운동을 한다.

03 자동차 배출가스가 발생되는 가솔린 기관의 작동 원리 중 4행정사이클의 기본동작에 해당되지 않는 것은 어느 것인가?

㉮ 흡입행정 ㉯ 압축행정
㉰ 폭발행정 ㉱ 누출행정

풀이 ㉱ 배기행정

04 다음의 대기오염물질 중 2차 오염물질이 아닌 것은 어느 것인가?

㉮ N_2O_3 ㉯ PAN
㉰ O_3 ㉱ NOCl

풀이 ㉮ N_2O_3는 1차성 오염물질이다.

05 고온의 연소과정 시 화염 속에서 주로 생성되는 질소산화물은 어느 것인가?

㉮ NO ㉯ NO_2
㉰ NO_3 ㉱ N_2O_5

정답 01 ㉰ 02 ㉰ 03 ㉱ 04 ㉮ 05 ㉮

06 유효 굴뚝높이가 50m이다. 동일한 기상조건에서 최대지표농도를 1/4로 감소시키기 위해서는 유효굴뚝높이를 얼마만큼 더 증가시켜야 하는가? (단, 중심축 기준)

㉮ 25m ㉯ 50m
㉰ 75m ㉱ 100m

[풀이]
① $C_{max} = \dfrac{2Q}{\pi \cdot e \cdot u \cdot He^2}\left(\dfrac{C_z}{C_y}\right)$ 에서

$C_{max} = \dfrac{1}{He^2}$ 이므로

$1C_1 : \dfrac{1}{(50m)^2} = \dfrac{1}{4}C_1 : \dfrac{1}{He^2}$

∴ $He = \sqrt{(50m)^2 \times 4} = 100m$

② $\triangle H = 100m - 50m = 50m$

07 다음 ( ) 안에 알맞은 현상은 어느 것인가?

> ( )이란 적도무역풍이 평년보다 강해지며, 서태평양의 해수면과 수온이 평년보다 상승하게 되고, 찬 해수의 용승현상 때문에 적도 동태평양에서 저수온 현상이 강화되어 나타나는 현상으로, 해수면의 온도가 6개월 이상 0.5℃ 이상 낮은 현상이 지속되는 것을 말한다.

㉮ 엘니뇨 현상 ㉯ 사헬 현상
㉰ 라니냐 현상 ㉱ 헤들리셀 현상

[풀이] ㉰ 라니냐에 대한 설명이다.

08 다음 그림은 탄화수소가 존재하지 않는 경우 NO_2의 광화학사이클(photolytic cycle)이다. 그림의 A가 O_2일 때 B에 해당되는 물질은 어느 것인가?

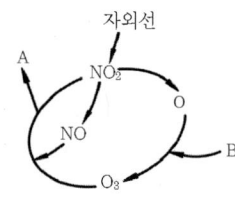

㉮ NO ㉯ CO_2
㉰ NO_2 ㉱ O_2

09 다음 중 지구온난화의 주 원인물질로 가장 적합하게 짝지어진 것은 어느 것인가?

㉮ CH_4-CO_2 ㉯ SO_2-NH_3
㉰ CO_2-HF ㉱ NH_3-HF

10 대류권에 대한 내용으로 틀린 것은 어느 것인가?

㉮ 대기의 4개층 중 가장 얇지만, 질량의 80% 정도가 이 곳에 존재한다.
㉯ 대류권의 두께는 2~5km 범위로 변화하며, 열대지역은 극지역보다 그 두께가 얇다.
㉰ 대류권의 상부에서 다른 층으로 전이되는 영역을 대류권계면이라 부르며, 이 지역에서는 고도에 따른 온도감소가 나타나지 않는다.
㉱ 대류권에서 고도에 따라 온도가 감소함에도 불구하고 때로는 온도가 고도에 따라 증가하는 역전층이 나타나는 경우도 있다.

정답 06 ㉯ 07 ㉰ 08 ㉱ 09 ㉮ 10 ㉯

11 광화학적 스모그(smog)의 3대 주요 원인 요소로 틀린 것은 어느 것인가?

㉮ 아황산가스
㉯ 자외선
㉰ 올레핀계 탄화수소
㉱ 질소산화물

[풀이] 광화학적 스모그(smog)의 3대 주요 원인요소로는 질소산화물(NO_x), 올레핀계 탄화수소, 자외선이다.

12 대기오염원의 영향평가시 분산모델을 이용하기 위해 일반적으로 요구되는 입력자료로서 가장 거리가 먼 것은 어느 것인가?

㉮ 오염물질의 배출속도
㉯ 굴뚝의 직경 및 높이
㉰ 오염원의 가동시간 및 방지시설의 효율
㉱ 오염물질 배출측정망 설치시기

13 소용돌이 확산모델(Eddy diffusion model)의 기본방정식으로 적합한 것은 어느 것인가?

㉮ Hook의 방정식
㉯ Fick의 방정식
㉰ Plank의 방정식
㉱ Kelvin의 방정식

14 다음 중 실내 건축재료에서 배출되고 있는 실내공간오염물질로 틀린 것은 어느 것인가?

㉮ 석면
㉯ 안티몬
㉰ 폼알데하이드
㉱ 휘발성유기화합물

[풀이] 실내 건축재료에서 배출되고 있는 실내공간오염물질로는 석면, 라돈, 포름알데하이드, 휘발성유기화합물이 있다.

15 오존(O_3)에 대한 내용으로 틀린 것은 어느 것인가?

㉮ 폐수종과 폐충혈 등을 유발시키며, 섬모운동의 기능장애를 일으킨다.
㉯ 식물의 경우 주로 어린잎에 피해를 일으키며, 오존에 강한 식물로는 시금치, 파 등이 있다.
㉰ 오존에 약한 식물로는 담배, 자주개나리 등이 있다.
㉱ 인체의 DNA와 RNA에 작용하여 유전인자에 변화를 일으킬 수 있다.

[풀이] ㉯ 식물의 경우 주로 성장한 잎에 피해를 일으키며, 시금치는 오존에 약한 식물이다.

정답 11 ㉮ 12 ㉱ 13 ㉯ 14 ㉯ 15 ㉯

16 다음의 기온역전 중 공중역전에 해당하지 않는 것은 어느 것인가?

㉮ 침강역전 ㉯ 전선역전
㉰ 해풍역전 ㉱ 이류성역전

풀이 역전의 종류
① 접지(지표)역전 : 복사성(방사성)역전, 이류성역전
② 공중역전 : 침강성역전, 전선성역전, 해풍역전, 난류성역전

17 시골지역의 먼지에 의한 빛 흡수율을 조사하기 위하여 직경 120mm인 여과지에 500L/분의 속도로 10시간 동안 채취하여 빛전달률을 측정하니 60%이었다. 1,000m당 Coh는 얼마인가?

㉮ 0.84 ㉯ 1.42
㉰ 2.43 ㉱ 3.68

풀이 ① 여과속도(m/min) = $\dfrac{가스량(m^3/min)}{단면적(m^2)}$

$= \dfrac{Q(m^3/min)}{\frac{\pi}{4}\times(Dm)^2} = \dfrac{500\times 10^{-3}m^3/min}{\frac{\pi}{4}\times(0.12m)^2}$

$= 44.21 m/min$

② Coh를 계산한다.

$Coh = \dfrac{\log\frac{1}{빛전달률}\times 100}{여과속도(m/min)\times채취시간(hr)\times 60}\times 1,000m$

$= \dfrac{\log\frac{1}{0.60}\times 100}{44.21m/min\times 10hr\times 60}\times 1,000m$

$= 0.84$

TIP
① 여과속도(m/min)×채취시간(hr)×60min/hr
② 여과속도(m/sec)×채취시간(hr)×3600sec/hr

18 어떤 공장의 배출가스 중 아황산가스(SO_2) 농도는 400ppm이다. 이 공장의 시간당 배출가스량이 80m³라면 하루에 배출되는 SO_2의 양(kg)은 얼마인가? (단, 표준상태 기준)

㉮ 1.1kg ㉯ 2.2kg
㉰ 3.5kg ㉱ 4.2kg

풀이 SO_2(kg/day)

$= \dfrac{80m^3}{hr}\times\dfrac{400mL}{Sm^3}\times\dfrac{64mg}{22.4mL}\times\dfrac{1kg}{10^6 mg}$

$\times\dfrac{24hr}{1day}$

$= 2.19 kg/day$

TIP
① SO_2 1mol $\begin{cases} 64mg \\ 22.4mL \end{cases}$
② ppm = mL/Sm³
③ 400ppm = 400mL/Sm³

19 다음에서 설명하는 연기의 형태는 어느 것인가?

굴뚝의 높이보다 더 낮게 지표 가까이에 역전층이 이루어져 있고, 그 상공에는 대기가 불안정한 상태일 때 주로 발생하며, 고기압 지역에서 하늘이 맑고 바람이 약한 늦은 오후나 이른 밤에 주로 발생하기 쉽다.

㉮ Looping ㉯ Lofting
㉰ Fanning ㉱ Coning

풀이 ㉯ Lofting(상승형, 지붕형)에 대한 설명이다.

정답 16 ㉱ 17 ㉮ 18 ㉯ 19 ㉯

20 직경이 25cm인 관에서 유체의 점도가 1.75×10^{-5} kg/m·sec이고, 유체의 흐름속도가 2.5m/sec라고 할 때 이 유체의 레이놀드수(N_{Re})와 흐름특성은 어느 것인가? (단, 유체밀도는 $1.15 kg/m^3$이다.)

㉮ 2,245, 층류 ㉯ 2,350, 층류
㉰ 41,071, 난류 ㉱ 114,703, 난류

풀이 ① 레이놀드수(N_{Re})를 계산한다.

$$N_{Re} = \frac{D \times V \times \rho}{\mu}$$

$\begin{bmatrix} D : 관경(m) \\ V : 속도(m/sec) \\ \rho : 유체의 밀도(kg/m^3) \\ \mu : 유체의 점도(kg/m \cdot sec) \end{bmatrix}$

따라서

$$N_{Re} = \frac{0.25m \times 2.5m/sec \times 1.15kg/m^3}{1.75 \times 10^{-5} kg/m \cdot sec} = 41,071.43$$

② 흐름특성은 난류이다.

TIP
판정기준
(층류) $N_{Re} < 2,100$
(난류) $N_{Re} > 4,000$
(천이구역) $2,100 < N_{Re} < 4,000$

| 제2과목 | 대기오염공정시험기준

21 어느 굴뚝 배출가스 중의 황산화물을 침전적정법(아르세나조 Ⅲ법)으로 측정하여 다음과 같은 결과를 얻었다. 이 때 황산화물의 농도(ppm)는 얼마인가?

- 건조시료가스 채취량 : 30L(25℃)
- 분석용 시료용액 전량 : 250mL
- 분석용 시료용액 분취량 : 10mL
- 적정에 소요된 N/100 아세트산바륨 양 : 5.2mL(f = 1.00)
- 공시험에 소요된 N/100 아세트산바륨 양 : 0.1mL
- N/100 아세트산바륨 1mL는 황산화물 0.112 mL에 상당한다. (표준상태)

㉮ 621.5ppm ㉯ 601.3ppm
㉰ 554.3ppm ㉱ 519.6ppm

풀이
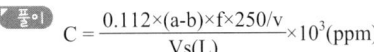

$\begin{bmatrix} C : 황산화물의 농도(ppm) \\ a : 적정에 소요된 \frac{1}{100}N 아세트산바륨용액의 양(mL) \\ b : 공시험에 소요된 \frac{1}{100}N 아세트산바륨용액의 양(mL) \\ f : 역가 \\ V : 분석용 시료용액의 분취량(mL) \\ V_S : 표준상태에서 건조시료 가스량(L) \end{bmatrix}$

따라서 $C = \dfrac{0.112 \times (5.2-0.1) \times 1.00 \times 250/10}{30L \times \dfrac{273}{273+25}} \times 10^3$

= 519.59ppm

정답 20 ㉰ 21 ㉱

22 특정 발생원에서 일정한 굴뚝을 거치지 않고 외부로 비산 배출되는 먼지를 고용량공기시료채취기법으로 분석하여 농도계산을 하고자 할 때, "전 시료채취 기간 중 주 풍향이 90° 이상 변할 때" 풍향 보정계수는 얼마인가?

㉮ 1.0
㉯ 1.2
㉰ 1.5
㉱ 2.0

23 연료용 유류 중의 황함유량을 측정하기 위한 분석방법 중 연소관식 공기법에 대한 내용으로 틀린 것은 어느 것인가?

㉮ 연소되어 산을 발생시키는 원소(P, N, Cl 등)가 들어있는 시료에는 사용할 수 없다.
㉯ 생성된 황산화물을 과산화수소(3%)에 흡수시켜 황산으로 만든 다음, 수산화소듐표준액으로 중화적정한다.
㉰ 950~1,100℃로 가열한 석영재질 연소관 중에 공기를 불어넣어 시료를 연소시킨다.
㉱ 불용성 황산염을 만드는 금속(Ba, Ca 등) 등의 분석에 유효하다.

▶풀이◀ ㉱ 불용성 황산염을 만드는 금속(Ba, Ca 등) 등의 분석에는 적용할 수 없다.

24 휘발성 유기화합물질(VOC) 누출 확인을 위한 휴대용 측정기기의 규격 및 성능기준으로 틀린 것은 어느 것인가?

㉮ 기기의 계기눈금은 최소한 표시된 누출농도의 ±5%를 읽을 수 있어야 한다.
㉯ 기기의 응답시간은 30초보다 작거나 같아야 한다.
㉰ VOC 측정기기의 검출기는 시료와 반응하지 않아야 한다.
㉱ 교정 정밀도는 교정용 가스값의 10%보다 작거나 같아야 한다.

▶풀이◀ ㉰ VOC 측정기기의 검출기는 시료와 반응하여야 한다.

25 다음 괄호에 들어갈 내용으로 알맞게 짝지어진 것은 어느 것인가?

> 굴뚝 배출가스 중 사이안화수소를 피리딘 피라졸론법으로 분석할 때에는 (   ), (   ) 등의 영향을 무시할 수 있는 경우에 적용한다.

㉮ 철, 동
㉯ 염소, 황화수소
㉰ 알루미늄, 철
㉱ 인산염, 황산염

▶풀이◀ 배출가스 중의 염소 등의 산화성가스 또는 알데하이드류, 황화수소, 이산화황 등의 환원성가스가 공존하면 영향을 받는다.

정답 22 ㉰ 23 ㉱ 24 ㉰ 25 ㉯

26 분석대상가스가 플루오린화합물인 경우, 시료채취를 위한 채취관 및 연결관의 재질 (㉠)과 여과재의 재질(㉡)로 알맞은 것은 어느 것인가?

㉮ ㉠ 경질유리, ㉡ 소결유리
㉯ ㉠ 석영, ㉡ 실리카솜
㉰ ㉠ 스테인리스강, ㉡ 카보런덤
㉱ ㉠ 플루오린수지,
  ㉡ 알칼리 성분이 없는 유리솜

27 굴뚝 배출가스 중의 무기 플루오린화합물 분석하는 방법에 대한 내용으로 틀린 것은?

㉮ 자외선/가시선분광법은 시료 흡수액을 일정량으로 묽게 한 다음 완충액을 가하여 pH를 조절하고 란타넘과 알리자린 콤플렉손을 가한 후 흡광도를 측정하는 방법이다.
㉯ 적정법은 플루오린화 이온을 방해이온과 분리한 다음 완충액을 가하여 pH를 조절하고 네오트린을 가한 다음 질산은 용액으로 적정한다.
㉰ 시료 중에 먼지가 혼입되는 것을 막기 위하여 시료 채취관의 적당한 곳에 넣는 여과재는 폴리테트라플루오르에틸렌제 등으로 플루오린화합물과 반응하지 않는 재질이어야 한다.
㉱ 시료 중의 무기 플루오린화합물과 수분이 응축하는 것을 막기 위하여 시료채취관 및 시료채취관에서부터 흡수병까지의 사이를 120℃ 이상으로 가열해 준다.

풀이 ㉯ 적정법은 플루오린화 이온을 방해이온과 분리한 다음 완충액을 가하여 pH를 조절하고 네오트린을 가한 다음 질산토륨 용액으로 적정한다.

28 다음은 기체크로마토그래피법에서 정량분석에 사용되는 용어에 대한 내용이다. ( ) 안에 알맞은 말은 어느 것인가?

> 검출한계는 각 분석방법에서 규정하는 조건에서 출력신호를 기록할 때, ( )를 검출한계로 한다.

㉮ 잡음신호(Noise)의 2배의 신호
㉯ 잡음신호(Noise)의 3배의 신호
㉰ 잡음신호(Noise)의 5배의 신호
㉱ 잡음신호(Noise)의 10배의 신호

29 기체크로마토그래피법과 관계가 있는 것만으로 옳게 나열된 것은 어느 것인가?

㉮ 보유시간, 분리관오븐, 불꽃 이온화검출기
㉯ 보유용량, 열전도도검출기, 단색화장치
㉰ 운반가스, 중공음극램프, 검출기오븐
㉱ 시료도입부, 회전섹터, 감도조정부

정답 26 ㉰ 27 ㉯ 28 ㉮ 29 ㉮

30 굴뚝 배출가스 중 먼지 채취 시 배출구 (굴뚝)의 직경이 2.2m의 원형 단면일 때, 필요한 측정점의 반경구분수와 측정점수로 알맞은 것은 어느 것인가?

㉮ 반경구분수 1, 측정점수 4
㉯ 반경구분수 2, 측정점수 8
㉰ 반경구분수 3, 측정점수 12
㉱ 반경구분수 4, 측정점수 16

풀이 원형단면의 측정점

굴뚝직경(m)	반경구분수	측정점수
1 이하	1	4
1 초과 2 이하	2	8
2 초과 4 이하	3	12
4 초과 5 이하	4	16
4.5 초과	5	20

31 일정한 굴뚝을 거치지 않고 외부로 비산되는 먼지를 고용량공기시료채취기법으로 측정할 때의 시료채취기준에 관한 설명으로 틀린 것은 어느 것인가?

㉮ 발생원의 비산먼지 농도가 가장 높을 것으로 예상되는 지점 3개소 이상을 측정점으로 선정한다.
㉯ 시료채취 위치는 부근에 장애물이 없고 바람에 의하여 지상의 흙모래가 날리지 않아야 한다.
㉰ 풍속이 0.5m/초 미만으로 바람이 거의 없을 때는 원칙적으로 시료채취를 하지 않는다.
㉱ 시료채취는 1회 2시간 이상 연속 채취하며, 풍하방향에 대상 발생원의 영향이 없을 것으로 추측되는 곳에 대조위치를 선정한다.

풀이 ㉱ 시료채취는 1회 1시간 이상 연속 채취하며, 풍상방향에 대상 발생원의 영향이 없을 것으로 추측되는 곳에 대조위치를 선정한다.

32 환경대기 내의 탄화수소 농도측정방법 중 총탄화수소 측정법에서의 성능기준으로 틀린 것은 어느 것인가?

㉮ 응답시간 : 스팬가스를 도입시켜 측정치가 일정한 값으로 급격히 변화되어 스팬가스 농도의 90% 변화할 때까지의 시간은 2분 이하여야 한다.
㉯ 지시의 변동 : 제로가스 및 스팬가스를 흘려보냈을 때 정상적인 측정치의 변동은 각 측정단계(Range)마다 최대 눈금치의 ±1%의 범위 내에 있어야 한다.
㉰ 예열시간 : 전원을 넣고 나서 정상으로 작동할 때까지의 시간은 6시간 이하라야 한다.
㉱ 재현성 : 동일조건에서 제로가스와 스팬가스를 번갈아 3회 도입해서 각각의 측정치의 평균치로부터 구한 편차는 각 측정단계(Range)마다 최대 눈금치의 ±1%의 범위 내에 있어야 한다.

풀이 ㉰ 예열시간 : 전원을 넣고 나서 정상으로 작동할 때까지의 시간은 4시간 이하라야 한다.

정답 30 ㉰ 31 ㉱ 32 ㉰

33 A굴뚝에서 배출되는 매연을 링겔만 매연농도표를 사용하여 측정한 결과가 다음과 같았다. 이 때 매연의 농도(%)는 얼마인가?

> 5도 : 8회, 4도 : 12회, 3도 : 35회,
> 2도 : 45회, 1도 : 66회, 0도 : 154회

㉮ 1.1% ㉯ 10.9%
㉰ 21.8% ㉱ 42.0%

풀이 매연의 농도(%) = $\dfrac{\text{합(도수×회수)}}{\text{총 횟수}} \times 20(\%)$

$= \dfrac{5\times8+4\times12+3\times35+2\times45+1\times66+0\times154}{8+12+35+45+66+154} \times 20$

$= 21.81\%$

34 굴뚝 배출가스 내의 휘발성유기화합물질(VOC) 시료채취방법 중 흡착관법에 관한 장치 구성 설명으로 틀린 것은 어느 것인가?

㉮ 채취관 재질은 유리, 석영, 플루오린수지 등으로, 120℃ 이상까지 가열이 가능한 것이어야 한다.
㉯ 응축기는 가스가 앞쪽 흡착관을 통과하기 전 가스를 50℃ 이하로 낮출 수 있는 용량이어야 하고 상단 연결부는 밀봉윤활유(sealing lubricating oil) 등을 사용하여 누출이 없도록 연결해야 한다.
㉰ 밸브는 플루오린수지, 유리 및 석영재질로 밀봉그리스(sealing grease)를 사용하지 않고 가스의 누출이 없는 구조이어야 한다.
㉱ 흡착관은 사용 전 반드시 안정화시켜서 사용해야 하고, 안정화온도는 흡착제마다 다르며, Carbotrap은 350℃,

100mL/min의 유량으로 한다.

풀이 ㉯ 응축기는 가스가 앞쪽 흡착관을 통과하기 전 가스를 20℃ 이하로 낮출 수 있는 용량이어야 하고 상단 연결부는 밀봉윤활유(sealing lubricating oil) 등을 사용하지 않고도 누출이 없도록 연결해야 한다.

35 굴뚝 배출가스 중 황화수소를 자외선/가시선분광법-메틸렌블루법으로 분석할 때 흡수액으로 알맞은 것은?

㉮ 붕산용액
㉯ 아연아민착염용액
㉰ 수산화소듐용액
㉱ 황산용액

풀이 황화수소의 흡수액은 아연아민착염용액이다.

36 비분산 적외선 분석법(Nondispersive Infrared Analysis)에 대한 내용으로 틀린 것은 어느 것인가?

㉮ 비분산 검출기(Nondispersive Detector)를 이용하여 적외선의 분산 변화량을 측정하여 시료 중 목적 성분을 구하는 방법이다.
㉯ 회전섹타는 시료광속과 비교광속을 일정 주기로 단속시켜, 광학적으로 변조시키는 것이다.
㉰ 광학필터에는 가스필터와 고체필터가 있다.
㉱ 광원은 원칙적으로 니크롬선 또는 탄화규소의 저항체에 전류를 흘려 가열한 것을 사용한다.

풀이 ㉮ 비분산 검출기(Nondispersive Detector)를 이용하여 적외선의 흡수량 변화를 측정하여 시료 중 목적 성분을 구하는 방법이다.

정답 33 ㉰ 34 ㉯ 35 ㉯ 36 ㉮

37 굴뚝 배출가스 내의 페놀류의 분석방법 중 기체크로마토그래피법의 충전제로 아피에존L을 사용할 때의 조건으로 틀린 것은 어느 것인가?

㉮ 분리관 재질은 유리 또는 스테인리스강을 사용한다.
㉯ 분리관 규격은 내경 10mm, 길이 5~7m이다.
㉰ 검출기는 불꽃 이온화검출기를 사용한다.
㉱ 운반가스유량은 40~60mL/분이다.

[풀이] ㉯ 분리관 규격은 내경 3mm, 길이 2~4m이다.

38 멤브레인필터에 채취한 대기부유먼지 중의 석면섬유를 위상차현미경을 사용하여 계수하고자 하는 분석방법에서 "시료채취 및 시간" 기준으로 알맞은 것은 어느 것인가?

㉮ 주간시간대에(오전 8시~오후 7시) 1L/min으로 2시간 측정
㉯ 주간시간대에(오전 8시~오후 7시) 10L/min으로 2시간 측정
㉰ 주간시간대에(오전 8시~오후 7시) 1L/min으로 1시간 측정
㉱ 주간시간대에(오전 8시~오후 7시) 10L/min으로 1시간 측정

39 다음 각 장치 중 이온크로마토그래피법의 주요장치 구성요소로 틀린 것은 어느 것인가?

㉮ 용리액조 ㉯ 송액펌프
㉰ 써프렛서 ㉱ 회전섹터

[풀이] 이온크로마토그래피법의 주요장치 구성순서는 용리액조-송액펌프-시료주입장치-분리관-써프렛서-검출기-기록계 순이다.

40 환경대기 중의 벤조(a)피렌 측정을 위한 주 시험방법은 어느 것인가?

㉮ 기체크로마토그래피법
㉯ 이온전극법
㉰ 형광분광광도법
㉱ 열탈착분광법

[풀이] 환경대기 중 벤조(a)피렌 분석방법에는 기체크로마토그래피법(주시험방법), 형광광도법이 있다.

정답 37 ㉯ 38 ㉱ 39 ㉱ 40 ㉮

제3과목 | 대기오염방지기술

41 A배출시설의 배출가스량은 200,000 Sm^3/h이고, 이 배출가스에 함유된 질소산화물(NO)은 280ppm이었다. 이 질소산화물을 암모니아에 의한 선택적 촉매환원법(산소 공존 없이)으로 처리할 경우 암모니아의 이론소요량(kg/h)은 얼마인가? (단, 배출가스 중 질소산화물은 모두 NO로 계산하고, 표준상태를 기준으로 한다.)

㉮ 약 28kg/h ㉯ 약 38kg/h
㉰ 약 43kg/h ㉱ 약 48kg/h

풀이 $6NO + 4NH_3 \rightarrow 5N_2 + 6H_2O$
$6 \times 22.4 Sm^3 : 4 \times 17 kg$
$200,000 Sm^3/hr \times 280 ppm \times 10^{-6} : X$

$\therefore X = \dfrac{200,000 Sm^3/hr \times 280 ppm \times 10^{-6} \times 4 \times 17 kg}{6 \times 22.4 Sm^3}$

$= 28.33 kg/hr$

42 다음 중 전기집진장치의 방전극의 재질로 틀린 것은 어느 것인가?

㉮ 폴로늄 ㉯ 티타늄 합금
㉰ 고탄소강 ㉱ 스테인리스

풀이 전기집진장치의 방전극의 재질로는 티타늄 합금, 고탄소강, 스테인리스가 있다.

43 다음 중 LPG의 주성분으로 알맞게 나열된 것은 어느 것인가?

㉮ C_3H_8, C_4H_{10} ㉯ C_2H_6, C_3H_6
㉰ CH_4, C_3H_6 ㉱ CH_4, C_2H_6

풀이 LPG의 주성분으로는 프로판(C_3H_8), 부탄(C_4H_{10})이 있다.

44 국소환기에 있어서 후드를 설계할 때 고려사항으로 틀린 것은 어느 것인가?

㉮ 후드는 난기류의 영향을 고려하여 외부식으로 한다.
㉯ 후드는 가급적 발생원에 가까이 설치한다.
㉰ 충분한 제어속도를 유지한다.
㉱ 후드의 개구면적을 가능한 작게 한다.

45 표준상태에서 염화수소 함량이 0.1%인 배출가스 1,000m^3/hr를 수산화칼슘($Ca(OH)_2$) 액으로 처리하고자 한다. 염화수소가 100% 제거된다고 할 때, 1시간당 필요한 수산화칼슘의 이론적인 양(kg)은 얼마인가?

㉮ 0.42kg ㉯ 0.83kg
㉰ 1.24kg ㉱ 1.65kg

풀이 $2HCl + Ca(OH)_2 \rightarrow CaCl_2 + 2H_2O$
$2 \times 22.4 Sm^3 : 74 kg$
$1,000 m^3/hr \times 0.1\% \times 10^{-2} : X$

$\therefore X = \dfrac{1,000 m^3/hr \times 0.1\% \times 10^{-2} \times 74 kg}{2 \times 22.4 Sm^3}$

$= 1.65 kg/hr$

정답 41 ㉮ 42 ㉮ 43 ㉮ 44 ㉮ 45 ㉱

46 다음 중 충전탑의 액가스비의 범위로 알맞은 것은 어느 것인가?

㉮ 0.5~1.5L/m³　㉯ 2~3L/m³
㉰ 10~20L/m³　㉱ 20~30L/m³

47 다음은 원심력송풍기의 유형 중 어떤 유형에 대한 내용인가?

> 축차의 날개는 작고 회전축차의 회전방향쪽으로 굽어있다. 이 송풍기는 비교적 느린 속도로 가동되며, 이 축차는 때로 '다람쥐축차'라고도 불린다. 주로 가정용 화로, 중앙난방장치 및 에어컨과 같이 저압 난방 및 환기 등에 이용된다.

㉮ 방사 날개형　㉯ 전향 날개형
㉰ 방사 경사형　㉱ 프로펠러형

▣ 풀이 ㉯ 전향 날개형에 대한 설명이다.

48 A액체연료를 완전연소한 결과 습배출 연소가스량이 15Sm³/kg이었다. 이 연료의 이론공기량이 12Sm³/kg일 때 이론 습배출가스량이 13Sm³/kg이었다면 공기비(m)는?

㉮ 약 1.01　㉯ 약 1.17
㉰ 약 1.29　㉱ 약 1.57

▣ 풀이 $G_w = G_{ow} + (m-1)A_o$
15Sm³/kg = 13Sm³/kg + (m-1)×12Sm³/kg
∴ m = 1.17

49 다음에서 설명하는 흡수장치는 어느 것인가?

> 고압의 노즐로부터 분무되는 세정액과 오염가스를 접촉시키는 방식으로, 송풍기가 불필요하고 효율은 좋으나 소요액량이 10~100L/m³로 많다. 세정액의 분무에 필요한 동력소비가 많아 가스량이 많을 때는 사용하기가 곤란하다.

㉮ 분무탑　㉯ 벤츄리스크러버
㉰ 제트스크러버　㉱ 포종탑

▣ 풀이 ㉰ 제트스크러버에 대한 설명이다.

50 악취물질을 직접불꽃소각 방식에 의해 제거할 경우 다음 중 가장 적합한 연소 온도 범위는 어느 것인가?

㉮ 100~200℃　㉯ 200~300℃
㉰ 300~450℃　㉱ 600~800℃

51 유체 내를 입자가 자유낙하할 때 입자의 종말침강속도(terminal settling velocity) 계산 시 관계되는 힘과 가장 거리가 먼 것은 어느 것인가?

㉮ 항력　㉯ 관성력
㉰ 부력　㉱ 중력

▣ 풀이 입자의 종말침강속도 계산 시 관계되는 힘은 항력, 부력, 중력이다.

정답 46 ㉰ 47 ㉯ 48 ㉯ 49 ㉰ 50 ㉱ 51 ㉯

52 부피비로 CH_4 80%, O_2 10%, N_2 10%인 연료가스 $1.5Sm^3$를 완전연소시키기 위해 필요한 이론공기량(Sm^3)은 얼마인가?

㉮ 약 $7.1Sm^3$ ㉯ 약 $9.0Sm^3$
㉰ 약 $10.7Sm^3$ ㉱ 약 $14.2Sm^3$

풀이 $CH_4 + 2O_2 \rightarrow CO_2 + 2H_2O$: 80%
O_2 : 10%
이론공기량(A_o)
$= \dfrac{\text{가연성분 연소시 필요한 산소량} - \text{연료의 산소량}}{0.21}$ (Sm^3/Sm^3)
$\times$ 연료량(Sm^3/Sm^3)
$= \dfrac{2 \times 0.80 - 0.10}{0.21}$ (Sm^3/Sm^3) $\times 1.5Sm^3 = 10.71Sm^3$

53 다음 중 석탄의 탄화도가 증가할수록 가지는 성질로 틀린 것은 어느 것인가?

㉮ 수분 및 휘발분이 감소한다.
㉯ 고정탄소 및 산소의 양이 증가한다.
㉰ 발열량이 증가하고, 착화온도가 높아진다.
㉱ 연료비가 증가한다.

풀이 ㉯ 고정탄소는 증가하고, 산소의 양은 감소한다.

54 다음에서 설명하는 실내오염물질은 어느 것인가?

> VOC의 한 종류이며 가장 일반적인 오염물질 중 하나이고, 건물 내부에서 발견되는 오염물질 중 가장 심각한 오염물질이다. 각종 광택제와 풀, 발포성 단열재, 카펫, 합판틀, 파티클보드 선반 및 가구 등의 새 자재에서 주로 방출된다.

㉮ HCHO
㉯ Carbon Tetrachloride
㉰ Trimethylbenzene
㉱ Styrene

풀이 ㉮ 포름알데하이드(HCHO)에 대한 설명이다.

55 프로판과 부탄이 부피비 2:1로 혼합된 가스 $1Sm^3$을 이론적으로 완전연소시킬 때 발생되는 예상 CO_2의 양(Sm^3)은 얼마인가?

㉮ 약 $2.0Sm^3$ ㉯ 약 $3.3Sm^3$
㉰ 약 $4.4Sm^3$ ㉱ 약 $5.6Sm^3$

풀이 $C_3H_8 + 5O_2 \rightarrow 3CO_2 + 4H_2O : \dfrac{2}{3}$

$C_4H_{10} + 6.5O_2 \rightarrow 4CO_2 + 5H_2O : \dfrac{1}{3}$

CO_2량 $= 3 \times \dfrac{2}{3} + 4 \times \dfrac{1}{3} = 3.33Sm^3/Sm^3$

정답 52 ㉰ 53 ㉯ 54 ㉮ 55 ㉯

56 석회석을 사용하는 배연탈황법의 특성으로 틀린 것은 어느 것인가?

㉮ 석회석을 가루로 만들어 연소로에 직접 주입하는 방법으로 초기 투자비가 적다.
㉯ 아주 짧은 시간에 아황산가스와 반응해야하므로 흡수효율은 낮으며, 연소로 내에서 scale을 생성한다.
㉰ 이 반응은 pH의 영향을 많이 받으므로 흡수액의 pH는 9로 지정하고, SO_3의 산화는 pH 10 이상에서 진행한다.
㉱ 소규모 보일러나 노후된 보일러에 추가로 설치할 때 사용된다.

57 흡착에 의한 탈취방법에서 활성탄을 흡착제로 사용할 경우 효과가 거의 없는 물질은 어느 것인가?

㉮ 페놀류   ㉯ 유기염소화합물
㉰ 메탄   ㉱ 에스테르류

풀이 ㉰ 메탄은 무색, 무취이므로 효과가 거의 없다.

58 다음 먼지의 입경측정방법 중 간접 측정법에 해당하지 않는 것은 어느 것인가?

㉮ 관성충돌법   ㉯ 액상침강법
㉰ 표준체측정법 ㉱ 공기투과법

풀이 간접측정법에는 관성충돌법, 액상침강법, 공기투과법, 광산란법이 있다.

59 메탄의 고위발열량이 9,340kcal/Sm^3일 때, 저위발열량(kcal/Sm^3)은 얼마인가?

㉮ 8,140kcal/Sm^3 ㉯ 8,380kcal/Sm^3
㉰ 8,670kcal/Sm^3 ㉱ 8,810kcal/Sm^3

풀이 $CH_4 + 2O_2 \rightarrow CO_2 + 2H_2O$
Hl = Hh $-480 \times H_2O$량(kcal/Sm^3)
   = 9,340kcal/$Sm^3 - 480 \times 2$
   = 8,380kcal/Sm^3

60 여과집진장치에서 배출가스 중 먼지의 유입농도는 8g/m^3이고 유출농도는 0.5g/m^3이며, 백필터의 여과속도를 1.0cm/sec로 운전하고 있다. 먼지부하가 160g/m^2에 도달할 때 먼지를 탈락시킨다면 먼지층을 몇 분마다 털어야 하는가?

㉮ 21.2분   ㉯ 26.5분
㉰ 30.4분   ㉱ 35.6분

풀이 $Ld = (C_i - C_o) \times Vf \times t$

Ld : 먼지부하(g/m^2)
C_i : 먼지의 유입농도(g/m^3)
C_o : 먼지의 유출농도(g/m^3)
Vf : 여과속도(m/sec)
t : 탈락시간(sec)

① 160g/m^2 = (8−0.5)g/$m^3 \times 0.01$m/sec$\times t$
∴ $t = \dfrac{160\text{g/m}^2}{(8-0.5)\text{g/m}^3 \times 0.01\text{m/sec}} = 2,133.33$sec

② t(min) = 2,133.33sec $\times \dfrac{1\text{min}}{60\text{sec}} = 35.56$min

정답 56 ㉰ 57 ㉰ 58 ㉰ 59 ㉯ 60 ㉱

| 제4과목 | 대기환경관계법규

61 대기환경보전법규상 대기오염도 검사기관으로 틀린 것은 어느 것인가?

㉮ 한국환경보전원
㉯ 수도권 대기환경청
㉰ 한국환경공단
㉱ 대구광역시 보건환경연구원

[풀이] 대기오염도 검사기관으로는 ① 국립환경과학원 ② 특별시·광역시·시·도·특별자치도의 보건환경연구원 ③ 유역환경청, 지방환경청 또는 수도권 대기환경청 ④ 한국환경공단이 있다.

62 대기환경보전법상 대기오염 배출시설 및 방지시설의 운영과 관련된 금지행위가 아닌 것은 어느 것인가? (단, 예외사항은 제외한다.)

㉮ 배출시설로부터 나오는 오염물질의 공동처리를 위한 공동방지시설을 설치하는 행위
㉯ 오염도를 낮추기 위하여 배출시설에서 나오는 오염물질에 공기를 섞어 배출하는 행위
㉰ 방지시설을 거치지 아니하고 오염물질을 배출할 수 있는 공기 조절장치를 설치하는 행위
㉱ 배출시설을 가동할 때에 방지시설을 가동하지 아니하는 행위

63 대기환경보전법규상 특별시장·광역시장 등이 설치하는 대기오염 측정망의 종류에 해당하는 것은 어느 것인가?

㉮ 도시지역 또는 산업단지 인근지역의 특정대기유해물질(중금속을 제외한다)의 오염도를 측정하기 위한 유해대기물질측정망
㉯ 도시지역의 휘발성유기화합물 등의 농도를 측정하기 위한 광화학대기오염물질측정망
㉰ 도시지역의 대기오염물질 농도를 측정하기 위한 도시대기측정망
㉱ 대기오염물질의 지역배경농도를 측정하기 위한 교외대기측정망

[풀이] 특별시장·광역시장·도지사 또는 특별자치도지사가 설치하는 대기오염 측정망의 종류에는 도시대기측정망, 도로변대기측정망, 대기중금속측정망이 있다.

64 대기환경보전법규상 기본부과금 산정을 위해 확정배출량 명세서에 포함되어 시·도지사에게 제출해야 할 서류 목록으로 틀린 것은 어느 것인가?

㉮ 황 함유분석표 사본
㉯ 연료사용량 또는 생산일지
㉰ 조업일지
㉱ 방지시설개선실적표

정답 61 ㉮ 62 ㉮ 63 ㉰ 64 ㉱

65 대기환경보전법령상 시·도지사가 배출시설 설치를 제한할 수 있는 기준이다. ( ) 안에 들어갈 말은 어느 것인가?

> 대기오염물질(먼지·황산화물 및 질소산화물만 해당한다)의 발생량 합계가 연간 ( )인 배출시설을 특별대책지역에 설치하는 경우

㉮ 5톤 이상　　㉯ 10톤 이상
㉰ 25톤 이상　　㉱ 50톤 이상

66 대기환경보전법령상 사업장의 분류기준 중 4종사업장 기준은 어느 것인가?

㉮ 대기오염물질발생량의 합계가 연간 20톤 이상 50톤 미만인 사업장
㉯ 대기오염물질발생량의 합계가 연간 10톤 이상 20톤 미만인 사업장
㉰ 대기오염물질발생량의 합계가 연간 2톤 이상 10톤 미만인 사업장
㉱ 대기오염물질발생량의 합계가 연간 1톤 이상 10톤 미만인 사업장

67 대기환경보전법규상 환경기술인이 받아야 하는 보수교육기간 기준으로 알맞은 것은 어느 것인가? (단, 원격교육은 제외하며, 교육을 실시할 능력이 인정된 교육기관)

㉮ 신규교육을 받은 날을 기준으로 1년마다 1회
㉯ 신규교육을 받은 날을 기준으로 2년마다 1회
㉰ 신규교육을 받은 날을 기준으로 3년마다 1회
㉱ 신규교육을 받은 날을 기준으로 5년마다 1회

68 대기환경보전법상 거짓으로 배출시설의 설치허가를 받은 후에 배출시설의 폐쇄명령까지 위반한 사업자에 대한 벌칙 기준으로 알맞은 것은 어느 것인가?

㉮ 7년 이하의 징역이나 1억원 이하의 벌금
㉯ 5년 이하의 징역이나 3천만원 이하의 벌금
㉰ 1년 이하의 징역이나 500만원 이하의 벌금
㉱ 300만원 이하의 벌금

풀이 ㉮ 7년 이하의 징역이나 1억원 이하의 벌금에 해당한다.

정답 65 ㉯　66 ㉰　67 ㉰　68 ㉮

69 대기환경보전법상 황함유기준이 정하여진 연료는 대통령령이 정하는 바에 따라 그 공급 지역에 연료를 공급할 수 있는데, 다음 중 그 지역에 황함유기준을 초과하는 연료를 공급한 자에 대한 과태료 부과기준으로 알맞은 것은 어느 것인가?

㉮ 3년 이하의 징역이나 3천만원 이하의 벌금
㉯ 500만원 이하의 과태료
㉰ 200만원 이하의 과태료
㉱ 100만원 이하의 과태료

풀이 ㉮ 3년 이하의 징역이나 3천만원 이하의 벌금에 해당한다.

70 대기환경보전법령상 초과부과금 산정기준에서 다음 오염물질 중 오염물질 1킬로그램당 부과금액이 가장 적은 오염물질은 어느 것인가?

㉮ 먼지 ㉯ 황산화물
㉰ 불소화합물 ㉱ 암모니아

풀이 오염물질 1킬로그램당 부과금액
㉮ 먼지 : 770원
㉯ 황산화물 : 500원
㉰ 불소화합물 : 2300원
㉱ 암모니아 : 1400원

71 대기환경보전법규상 정밀검사대상 자동차 및 정밀검사 유효기간기준으로 틀린 것은 어느 것인가?

㉮ 비사업용 승용자동차로서 차령 4년 경과된 자동차의 검사유효기간은 2년이다.
㉯ 비사업용 기타자동차로서 차령 3년 경과된 자동차의 검사유효기간은 1년이다.
㉰ 사업용 승용자동차로서 차령 2년 경과된 자동차의 검사유효기간은 2년이다.
㉱ 사업용 기타자동차로서 차령 2년 경과된 자동차의 검사유효기간은 1년이다.

풀이 ㉰ 사업용 승용자동차로서 차령 2년 경과된 자동차의 검사유효기간은 1년이다.

72 대기환경보전법규상 금속의 용융·제련 또는 열처리시설 중 대기오염물질 배출시설기준으로 틀린 것은 어느 것인가?

㉮ 1회 주입연료 및 원료량의 합계가 0.5톤 이상인 제선로
㉯ 1회 주입 원료량이 0.2톤 이상이거나 연료사용량이 시간당 20킬로그램 이상인 도가니로
㉰ 풍구(노복)면의 횡단면적이 0.2제곱미터 이상인 제선로
㉱ 노상면적이 4.5제곱미터 이상인 반사로

풀이 ㉯ 1회 주입 원료량이 0.5톤 이상이거나 연료사용량이 시간당 30킬로그램 이상인 도가니로

정답 69 ㉮ 70 ㉯ 71 ㉰ 72 ㉯

73 환경정책기본법령상 이산화질소의 대기환경기준으로 알맞은 것은 어느 것인가? (단, 1시간 평균치 기준)

㉮ 0.15ppm 이하 ㉯ 0.10ppm 이하
㉰ 0.06ppm 이하 ㉱ 0.05ppm 이하

풀이 이산화질소(NO₂)의 연간 평균치는 0.03ppm 이하, 24시간 평균치는 0.06ppm 이하, 1시간 평균치는 0.10ppm 이하이다.

74 대기환경보전법령상 대통령령으로 정하는 중요한 사항의 배출시설변경허가를 받아야 하는 시설기준으로 알맞은 것은 어느 것인가? (단, 일반오염물질 배출시설 설치사업장이며, 배출시설 규모의 합계나 누계는 배출구별로 산정한다.)

㉮ 설치허가(변경허가 포함)를 받은 배출시설의 규모의 합계나 누계의 100분의 20 이상 증설하는 경우
㉯ 설치허가(변경허가 포함)를 받은 배출시설의 규모의 합계나 누계의 100분의 30 이상 증설하는 경우
㉰ 설치허가(변경허가 포함)를 받은 배출시설의 규모의 합계나 누계의 100분의 50 이상 증설하는 경우
㉱ 설치허가(변경허가 포함)를 받은 배출시설의 규모의 합계나 누계의 100분의 70 이상 증설하는 경우

풀이 배출시설변경허가를 받아야 하는 시설기준
① 일반오염물질 배출시설 : 100분의 50 이상 증설하는 경우
② 특정대기유해물질 : 100분의 30 이상 증설하는 경우

75 대기환경보전법규상 대기오염물질을 총량으로 규제하려는 경우 고시하여야 할 사항으로 틀린 것은 어느 것인가? (단, 그 밖의 사항 등은 제외한다.)

㉮ 총량규제구역
㉯ 총량규제 대기오염물질
㉰ 대기오염방지시설 예산서
㉱ 대기오염물질 저감계획

풀이 대기오염물질을 총량으로 규제하려는 경우 고시하여야 할 사항으로는 총량규제구역, 총량규제 대기오염물질, 대기오염물질 저감계획이다.

76 대기환경보전법령상 배출부과금 납부명령을 받은 사업자는 부과금의 조정신청을 며칠 이내에 하여야 하는가?

㉮ 부과금납부통지서를 받은 날부터 10일 이내
㉯ 부과금납부통지서를 받은 날부터 15일 이내
㉰ 부과금납부통지서를 받은 날부터 30일 이내
㉱ 부과금납부통지서를 받은 날부터 60일 이내

정답 73 ㉯ 74 ㉰ 75 ㉰ 76 ㉱

77 대기환경보전법령상 휘발유, 알콜 또는 가스를 사용하는 자동차에서 대통령령으로 정하는 제작차 배출허용기준 적용 오염물질로 틀린 것은 어느 것인가?

㉮ 매연
㉯ 일산화탄소
㉰ 질소산화물
㉱ 알데히드

풀이 휘발유, 알콜 또는 가스를 사용하는 자동차에서 대통령령으로 정하는 제작차 배출 허용기준 적용 오염물질로는 일산화탄소, 탄화수소, 질소산화물, 알데히드, 입자상물질, 암모니아가 있다.

78 악취방지법규상 위임업무 보고사항 중 악취검사기관의 지정, 지정사항 변경보고, 접수실적의 보고 횟수 기준으로 알맞은 것은 어느 것인가?

㉮ 수시
㉯ 연 1회
㉰ 연 2회
㉱ 연 4회

79 다중이용시설 등의 실내공기질관리법규상 규정하고 있는 실내공간 오염물질로 틀린 것은 어느 것인가?

㉮ 브롬화수소(HBr)
㉯ 미세먼지(PM-10)
㉰ 폼알데하이드(HCHO)
㉱ 총부유세균(TAB)

풀이 실내공간 오염물질로는 미세먼지(PM-10), 이산화탄소, 폼알데하이드, 총부유세균, 일산화탄소, 이산화질소, 라돈, 휘발성유기화합물, 석면, 오존, 초미세먼지(PM-2.5), 곰팡이, 벤젠, 톨루엔, 에틸벤젠, 자일렌, 스티렌이 있다.

80 대기환경보전법규상 배출시설 및 방지시설 등과 관련된 행정처분기준 중 배출시설 운영 사업자가 "자가측정을 하지 아니하거나 자가측정 횟수가 적정하지 아니한 경우"의 위반 횟수별 행정처분기준(1차~4차)으로 알맞은 것은 어느 것인가?

㉮ 경고 - 조업정지 30일 - 조업정지 60일 - 허가 취소 또는 폐쇄
㉯ 경고 - 조업정지 15일 - 조업정지 30일 - 허가 취소 또는 폐쇄
㉰ 경고 - 조업정지 10일 - 조업정지 20일 - 허가 취소
㉱ 경고 - 경고 - 경고 - 조업정지 10일

정답 77 ㉮ 78 ㉯ 79 ㉮ 80 ㉱

2016년 1회 대기환경산업기사

2016년 3월 6일 시행

| 제1과목 | 대기오염개론 |

01 대기 중 광화학반응에 대한 내용으로 틀린 것은 어느 것인가?

㉮ NO광산화율이란 탄화수소에 의하여 NO가 NO_2로 산화되는 율을 뜻한다.
㉯ 일반적으로 대기에서의 오존농도는 NO_2로 산화된 NO의 양에 비례하여 증가한다.
㉰ 과산화기가 산소와 반응하여 오존이 생성될 수도 있다.
㉱ 광화학반응에 영향을 미치는 빛은 파장이 짧은 적외선이다.

[풀이] ㉱ 광화학반응에 영향을 미치는 빛은 주로 자외선이다.

02 지상 44m에서 풍속이 7.5m/s일 때, 지상 11m 높이에서의 풍속(m/sec)은 얼마인가? (단, Deacon식 적용, 풍속지수 p는 0.25)

㉮ 5.3m/s   ㉯ 5.7m/s
㉰ 6.2m/s   ㉱ 6.9m/s

[풀이] $u_2 = u_1 \times \left(\dfrac{H_2}{H_1}\right)^P$

$7.5\text{m/sec} = u_1 \times \left(\dfrac{44\text{m}}{11\text{m}}\right)^{0.25}$

∴ $u_1 = 5.30\text{m/sec}$

03 대기 중 환경감률이 −2.5℃/km인 경우의 대기상태로 알맞은 것은 어느 것인가?

㉮ 미단열   ㉯ 등온
㉰ 과단열   ㉱ 역전

04 레일리(Rayleigh)산란에 대한 내용으로 ( )에 알맞은 말은 어느 것인가?

> 레일리산란은 입사되는 파장이 산란되는 입자의 크기보다 (①) 경우에 일어나며, (②)에 효과적이다.

㉮ ① 큰, ② 자외선
㉯ ① 큰, ② 가시광선
㉰ ① 작은, ② 자외선
㉱ ① 작은, ② 가시광선

05 오존층 보호를 위한 파괴물질의 생산 및 소비감축에 관한 내용의 국제협약으로 알맞은 것은 어느 것인가?

㉮ 바젤협약   ㉯ 리우선언
㉰ 기후변화협약   ㉱ 몬트리올의정서

[풀이] 오존층 보호를 위한 국제협약은 비엔나 협약, 몬트리올 의정서, 런던회의가 있다.

정답 01 ㉱ 02 ㉮ 03 ㉮ 04 ㉯ 05 ㉱

06 대기오염물질에 대한 지표식물로 틀린 것은 어느 것인가?

㉮ SO₂ - 자주개나리
㉯ H₂S - 사과
㉰ 오존 - 담배
㉱ 불소화합물 - 글라디올러스

풀이 ㉯ 황화수소(H₂S)의 지표식물은 코스모스, 오이, 토마토, 담배가 있다.

07 대기 중 오존에 대한 내용으로 틀린 것은 어느 것인가?

㉮ 대류권의 오존은 국지적인 광화학스모그로 생성된 옥시단트의 지표물질이다.
㉯ 대류권의 오존은 온실가스로 작용한다.
㉰ 청정지역 대기 중의 오존농도는 0.2~0.3ppm으로 거의 일정하다.
㉱ 오염된 대기 중의 오존은 로스엔젤레스 스모그 사건에서 처음 확인되었다.

풀이 ㉰ 청정지역 대기중의 오존농도는 0.01~0.02ppm으로 거의 일정하다.

08 냄새물질의 특성에 대한 내용으로 틀린 것은 어느 것인가?

㉮ 냄새물질은 비교적 휘발성이 낮다.
㉯ 냄새물질은 화학반응성이 강한 편이다.
㉰ 냄새물질은 불쾌감과 작업능률 저하를 가져온다.
㉱ 냄새물질은 대부분 흡수, 흡착에 의해 제거가 가능하다.

풀이 ㉮ 냄새물질은 비교적 휘발성이 높다.

09 굴뚝에서 배출되는 연기 형태 중 환상형(looping)에 대한 내용으로 틀린 것은 어느 것인가?

㉮ 과단열감률 상태에서 발생한다.
㉯ 상·하층 공기의 혼합이 활발하여 오염물질이 잘 확산된다.
㉰ 굴뚝 가까운 곳에 지표농도가 높게 나타날 수 있다.
㉱ 바람이 다소 강하고, 구름이 많이 낀 날에 주로 관찰된다.

풀이 ㉱번에 대한 설명은 원추형에 해당한다.

10 가솔린 자동차 운전조건 중 일산화탄소를 가장 많이 배출하는 조건으로 알맞은 것은 어느 것인가?

㉮ 감속   ㉯ 정속
㉰ 공회전   ㉱ 급가속

풀이 일산화탄소를 가장 많이 배출하는 조건은 공회전(아이드링) 상태이다.

정답 06 ㉯ 07 ㉰ 08 ㉮ 09 ㉱ 10 ㉰

11 Sutton의 확산 방정식에서 최대 지표농도는 $C_{max} = \dfrac{2Q}{\pi e u He^2}$ 이다. 현재 He가 40m일 때 최대 지표농도를 1/4로 낮추려면 He(m)는 얼마인가? (단, 다른 모든 조건은 같다.)

㉮ 80m   ㉯ 100m
㉰ 120m   ㉱ 160m

[풀이] $C_{max} = \dfrac{1}{He^2}$ 의 관계식에서

$1C_1 : \dfrac{1}{(40m)^2} = \dfrac{1}{4} C_1 : \dfrac{1}{He^2}$

∴ $He = \sqrt{(40m)^2 \times 4} = 80m$

12 입자크기 측정법 중 현미경을 이용하는 방법으로 투영된 입자의 모양이 원형이 아닐 때, 입자의 최장 또는 최단 크기로 정의하거나 여러 방향으로 나누어 측정한 크기를 산술평균한 값으로 정의하는 직경은 어느 것인가?

㉮ 등가직경   ㉯ 광학직경
㉰ Stokes직경   ㉱ 공기역학직경

[풀이] ㉯ 광학직경에 해당한다.

13 상온에서 녹황색이고, 강한 자극성 냄새를 내는 기체로서 비중이 2.49(공기 = 1)인 오염 물질은 어느 것인가?

㉮ 염소   ㉯ 이산화황
㉰ 황화수소   ㉱ 폼알데히드

[풀이] 기체의 비중 = $\dfrac{\text{기체의 분자량(kg)}}{\text{공기의 분자량(29kg)}}$

따라서 $2.49 = \dfrac{\text{기체의 분자량(kg)}}{29kg}$

∴ 기체의 분자량 = $2.49 \times 29kg = 72.21$
보기중에서 분자량이 비슷한 값이 정답이므로 $Cl_2(71)$가 정답이다.

14 혼합기체의 부피조성이 질소(N_2) 80%와 이산화탄소(CO_2) 20%로 이루어졌을 때 평균 분자량은 얼마인가?

㉮ 31.2   ㉯ 38.9
㉰ 44.0   ㉱ 49.3

[풀이] 평균분자량 = $28kg \times 0.8 + 44kg \times 0.2 = 31.2kg$

정답 11 ㉮   12 ㉯   13 ㉮   14 ㉮

15 열섬현상에 관한 설명으로 틀린 것은 어느 것인가?

㉮ 도시에서 대기오염의 확산을 조사할 경우에는 도시열섬효과를 고려하여야 한다.
㉯ 열섬현상의 원인으로는 인구집중에 따른 인공열 발생 증가, 지표면에서의 증발잠열 차이 등이 있다.
㉰ 인구, 건물, 산업시설이 많을수록 열섬 현상이 일어날 확률이 높다.
㉱ 열섬현상이 일어나면 도심에서는 하강기류가 나타나 주변 지역과의 대류가 활발해진다.

[풀이] ㉱ 열섬현상이 일어나면 도심에서는 상승기류가 나타나 주변 지역과의 대류가 불활발해진다.

16 실내공기오염의 일반적인 지표가 되는 오염물질로서 다중이용시설에서 실내공기질 유지 기준이 1,000ppm 이하인 물질은 어느 것인가?

㉮ N_2 ㉯ CO_2
㉰ CO ㉱ H_2S

[풀이] ㉯ 이산화탄소(CO_2)에 대한 설명이다.

17 대기오염물질과 주요 배출원의 연결이 틀린 것은 어느 것인가?

㉮ 일산화탄소 - 자동차
㉯ 이산화황 - 용광로
㉰ 질소산화물 - 보일러
㉱ 벤젠 - 펄프제조

[풀이] ㉱ 벤젠 - 석유정제, 피혁제조, 도장공업, 살충제, 수지공업, 포르말린 제조

18 다음 설명에 해당하는 대기오염물질은 어느 것인가?

> 비가연성이며 폭발성이 있는 무색의 자극성 기체로서 산성비의 원인이 되기도 하고, 환원성이 있으며, 표백현상도 나타낸다.

㉮ 이황화탄소   ㉯ 황화수소
㉰ 이산화황   ㉱ 일산화탄소

[풀이] ㉰ 이산화황(SO_2)에 대한 설명이다.

정답 15 ㉱   16 ㉯   17 ㉱   18 ㉰

19 대기의 특성과 관련된 설명으로 틀린 것은 어느 것인가?

㉮ 공기는 약 0~50℃의 온도범위 내에서 보통 이상기체의 법칙을 따른다.
㉯ 공기의 절대습도란 이론적으로 함유된 수증기 또는 물의 함량을 말하며 단위는 %이다.
㉰ 행성경계층(PBL)보다 높은 고도에서 기압경도력과 전향력의 평형에 의하여 이루어지는 바람을 지균풍이라고 한다.
㉱ 대기안정도와 난류는 대기경계층(ABL) 내에서 오염물질의 확산정도를 결정하는 중요한 인자이다.

풀이 ㉯ 공기의 절대습도란 실제 함유된 수증기 또는 물의 함량을 말하며 단위는 g/m^3이다.

20 아황산가스의 재산상 피해를 설명한 것으로 알맞은 것은 어느 것인가?

㉮ 고무제품을 균열, 노화시킨다.
㉯ Al_2O_3를 형성하여 부식을 가속시킨다.
㉰ 금속구조물에서 SO_2가 일정습도 이상일 때 피해가 크다.
㉱ 비용해성인 황산염에서 용해도가 높은 탄산염으로 바뀌면서 빗물에 씻겨 건축재료를 약화시킨다.

| 제2과목 | 대기오염공정시험기준

21 원자흡수광광도법으로 대기오염물질의 농도를 정량할 때, 3종류 이상의 농도의 표준시료용액에 대하여 흡광도를 측정하여 표준물질의 농도를 가로대에, 흡광도를 세로대에 취하여 그래프를 그린 후 시료용액의 흡광도 결과를 대입하여 시료의 농도를 구하는 방법은 어느 것인가?

㉮ 검정곡선법 ㉯ 표준첨가법
㉰ 내부표준물질법 ㉱ 외부표준법

풀이 ㉮ 검정곡선법에 대한 설명이다.

22 분석대상가스가 페놀인 경우 채취관 및 연결관의 재질로 틀린 것은 어느 것인가?

㉮ 석영 ㉯ 실리콘수지
㉰ 플루오린수지 ㉱ 스테인리스강

풀이 페놀의 채취관 및 연결관의 재질은 경질유리, 석영, 스테인리스강, 플루오린수지이다.

정답 19 ㉯ 20 ㉰ 21 ㉮ 22 ㉯

23 표준산소농도 적용을 받은 A성분의 실측농도가 200mg/Sm³이고, 실측산소농도가 3.5%이다. 표준산소농도로 보정한 A성분의 농도(mg/Sm³)는 얼마인가? (단, 표준산소농도는 3.05%이다.)

㉮ 195mg/Sm³   ㉯ 205mg/Sm³
㉰ 212mg/Sm³   ㉱ 221mg/Sm³

풀이
$C = C_a \times \dfrac{21-O_s}{21-O_a} = 200\,mg/Sm^3 \times \dfrac{21-3.05\%}{21-3.5\%}$
$= 205.14\,mg/Sm^3$

TIP
배출가스유량 보정식
$Q = Q_a \div \dfrac{21-O_s}{21-O_a}$

24 환경대기 중의 탄화수소 농도를 측정하기 위한 시험방법 중 주 시험법으로 알맞은 것은 어느 것인가?

㉮ 총탄화수소 측정법
㉯ 활성 탄화수소 측정법
㉰ 비메탄 탄화수소 측정법
㉱ 이온성 탄화수소 측정법

풀이 주시험법은 ㉰ 비메탄 탄화수소 측정법이다.

25 배출가스상 물질 시료채취 시 흡수병을 사용할 경우 채취관은 배출가스의 흐르는 방향에 대하여 어떻게 설치하여야 하는가?

㉮ 45°로 연결한다.
㉯ 60°로 연결한다.
㉰ 90°로 연결한다.
㉱ 120°로 연결한다.

26 굴뚝단면적이 원형이고 굴뚝반경이 1.1m일 때 먼지를 측정하기 위한 측정점수로 적합한 것은 어느 것인가?

㉮ 4   ㉯ 8
㉰ 12   ㉱ 16

풀이 원형단면의 측정점

굴뚝직경(m)	반경구분수	측정점수
1 이하	1	4
1 초과 2 이하	2	8
2 초과 4 이하	3	12
4 초과 5 이하	4	16
4.5 초과	5	20

27 환경대기 중 일산화탄소를 불꽃 이온화 검출기법으로 측정하고자 할 때, 그 원리로 알맞은 것은 어느 것인가?

㉮ 시료를 산화시켜 탄산가스로 하고, 이를 적외선 분석법에 의해 측정한다.
㉯ 시료를 수소불꽃 중에서 연소시켜 수산화포타슘-에탄올 용액이 함유된 정제 칼럼을 통과한 후 그 농도를 측정한다.
㉰ 시료를 수소불꽃 중에서 연소시키면 탄화수소가 발생하며, 이를 백금촉매를 첨가한 활성탄 칼럼을 통과하여 생성된 일산화탄소를 FID법으로 측정한다.
㉱ 시료를 운반가스인 수소와 함께 니켈촉매가 채워진 분리관을 통과시키면 메탄이 생성되며 이를 FID법으로 측정한다.

정답 23 ㉯ 24 ㉰ 25 ㉰ 26 ㉰ 27 ㉱

28 굴뚝의 150℃인 배출가스를 피토우관으로 측정한 결과 동압이 20mmH₂O였을 때 유속(m/sec)은 얼마인가? (단, 습한 배출가스 밀도는 1.3kg/Sm³, 피토우관 계수는 0.8790 이다.)

㉮ 1.48m/sec ㉯ 17.4m/sec
㉰ 19.0m/sec ㉱ 21.6m/sec

[풀이]
$$V = C \times \sqrt{\frac{2gh}{r}}$$
$$= 0.8790 \times \sqrt{\frac{2 \times 9.8 \text{m/sec}^2 \times 20 \text{mmH}_2\text{O}}{1.3 \text{kg/Sm}^3 \times \frac{273}{273+150°\text{C}}}}$$
$$= 19.0 \text{m/sec}$$

29 흡광광도 분석장치 중 광원부에서 자외부의 광원으로 주로 사용되는 것은 무엇인가?

㉮ 중공음극램프 ㉯ 텅스텐램프
㉰ 광전자증배관 ㉱ 중수소방전관

[풀이] ① 가시부와 근적외부의 광원 : 텅스텐램프
② 자외부의 광원 : 중수소방전관

30 배출가스 중의 중금속류를 분석할 때 시료 채취 시 사용한 여과지의 전처리로서 저온회화법을 이용한다. 저온회화법의 회화온도 기준으로 알맞은 것은 어느 것인가?

㉮ 100℃ 이하 ㉯ 150℃ 이하
㉰ 200℃ 이하 ㉱ 250℃ 이하

[풀이] ① 저온회화법의 회화온도 기준 : 200℃ 이하
② 회화법의 회화온도 기준 : 500℃ 이상

31 굴뚝 배출가스 중 황화수소를 자외선/가시선분광법-메틸렌블루법으로 분석할 때 흡수액으로 알맞은 것은?

㉮ 아연아민착염용액
㉯ 붕산용액
㉰ 수산화소듐용액
㉱ 황산용액

[풀이] 황화수소의 흡수액은 아연아민착염용액이다.

32 비분산 적외선 분석계의 장치구성에 대한 내용으로 틀린 것은 어느 것인가?

㉮ 광원은 원칙적으로 니크롬선 또는 탄화규소의 저항체에 전류를 흘려 가열한 것을 사용한다.
㉯ 비교셀은 시료셀과 동일한 모양을 갖으며 수소 또는 헬륨 기체를 봉입하여 사용한다.
㉰ 검출기는 광속을 받아들여 시료가스 중 측정성분 농도에 대응하는 신호를 발생시키는 선택적 검출기 혹은 광학필터와 비선택적 검출기를 조합하여 사용한다.
㉱ 광학필터는 시료가스 중에 포함되어 있는 간섭성분가스의 흡수파장역의 적외선을 흡수 제거하기 위하여 사용한다.

[풀이] ㉯ 비교셀은 시료셀과 동일한 모양을 갖으며 아르곤 또는 질소와 같은 불활성기체를 봉입하여 사용한다.

정답 28 ㉰ 29 ㉱ 30 ㉰ 31 ㉮ 32 ㉯

33 시험의 기재 및 용어에 관한 내용으로 틀린 것은 어느 것인가?

㉮ 시험조작 중 "즉시"란 10초 이내 표시된 조작을 하는 것을 뜻한다.
㉯ "감압 또는 진공"이라 함은 따로 규정이 없는 한 15mmHg 이하를 뜻한다.
㉰ 액체성분의 양을 "정확히 취한다"함은 홀피펫, 눈금플라스크 또는 이와 동등 이상의 정확도를 갖는 용량계를 사용하여 조작하는 것을 뜻한다.
㉱ "정확히 단다"라 함은 규정한 양의 검체를 취하여 분석용 저울로 0.1mg까지 다는 것을 뜻한다.

[풀이] ㉮ 시험조작 중 "즉시"란 30초 이내 표시된 조작을 하는 것을 뜻한다.

34 환경대기 중의 시료채취방법 중 고용량 공기시료채취기법의 채취용 여과지에 대한 내용으로 틀린 것은 어느 것인가?

㉮ 흡수성이 적고, 가스상 물질의 흡착도 적은 것이어야 한다.
㉯ 입자상 물질의 채취에 사용하는 여과지는 0.5μm되는 입자를 95% 이상 채취할 수 있어야 한다.
㉰ 분석에 방해되는 물질을 함유하지 않은 것이어야 한다.
㉱ 사용되는 여과지의 재질은 일반적으로 유리섬유, 석영섬유, 폴리스틸렌, 플루오린수지 등이다.

[풀이] ㉯ 입자상 물질의 채취에 사용하는 여과지는 0.3μm되는 입자를 99% 이상 채취할 수 있어야 한다.

35 이온크로마토그래피법에서 장치구성에 대한 내용으로 틀린 것은 어느 것인가?

㉮ 송액펌프는 맥동(脈動)이 적은 것, 필요한 압력을 얻을 수 있는 것, 유량조절이 가능한 것, 용리액 교환이 가능한 것을 사용한다.
㉯ 용리액조는 이온성분이 용출되지 않는 재질로써 용리액을 직접공기와 접촉시키지 않는 밀폐된 것을 선택하며, 일반적으로 폴리에틸렌이나 경질 유리제를 사용한다.
㉰ 써프렛서는 관형과 이온교환막형이 있으며, 관형은 음이온에는 스티롤계 강산형(H^+) 수지가, 양이온에는 스티롤계 강염기형(OH^-)의 수지가 충진된 것을 사용한다.
㉱ 자외선흡수검출기(UV 검출기)는 전이금속 성분의 발색반응을 이용하는 경우에 주로 사용되며, 염전도도 검출기와 병행하여 사용하기도 한다.

[풀이] ㉱ 가시선흡수검출기(VIS 검출기)는 전이금속 성분의 발색반응을 이용하는 경우에 주로 사용되며, 전기 전도도 검출기와 병행하여 사용하기도 한다.

36 굴뚝 배출가스 중 질소산화물을 자외선/가시선분광법 아연환원나프틸에틸렌다이아민법으로 분석할 경우 흡수액으로 알맞은 것은?

㉮ 황산용액
㉯ 질산용액
㉰ 붕산용액
㉱ 수산화소듐용액

[풀이] 질소산화물을 자외선/가시선분광법 아연환원나프틸에틸렌다이아민법으로 분석 시 흡수액은 0.005 mol/L 황산용액이다.

정답 33 ㉮ 34 ㉯ 35 ㉱ 36 ㉮

37 연료용 유류 중의 황함유량을 측정하기 위한 분석방법 중 연소관식 공기법에 대한 내용으로 ( )에 알맞은 말은 어느 것인가?

> 950~1,100℃로 가열한 석영재질 연소관 중에 공기를 불어넣어 시료를 연소시킨다. 생성된 황산화물을 ( )에 흡수시켜 황산으로 만든 다음, 수산화소듐표준액으로 중화적정하여 황함유량을 구한다.

㉮ 과산화수소(3%)
㉯ 질산암모늄용액
㉰ 아연아민착염용액
㉱ 크로모트로핀산용액

38 배출원에서 등속으로 흡입된 입자상 및 가스상 수은을 냉증기-원자흡수분광광도법으로 분석 시 측정파장은?

㉮ 553.7nm   ㉯ 453.7n
㉰ 353.7nm   ㉱ 253.7nm

▶풀이 수은을 냉증기-원자흡수분광광도법으로 분석 시 측정파장은 253.7nm이다.

39 배출가스 중의 먼지 측정에 사용되는 흡입노즐에 대한 내용으로 틀린 것은 어느 것인가?

㉮ 흡입노즐 내경은 3mm 이상이어야 한다.
㉯ 흡입노즐은 경질유리제 재질로도 측정할 수 있다.
㉰ 흡입노즐의 꼭지점은 30° 이하의 예각으로 매끈한 반구 모양으로 한다.
㉱ 흡입노즐의 선택은 오리피스 압차(△H)를 결정하나 등속흡입과는 무관하다.

▶풀이 ㉱ 흡입노즐 내외면은 매끄럽게 되어야 하며 흡입노즐에서 먼지 채취부까지의 흡입관은 내부면이 매끄럽고 급격한 단면의 변화와 굴곡이 없어야 한다.

40 굴뚝 배출가스 중의 유량, 유속 측정방법에 사용되는 피토우관에 대한 내용으로 틀린 것은 어느 것인가?

㉮ 스텐인리스와 같은 재질의 금속관이 사용된다.
㉯ 피토우관의 각 분기관 사이의 거리는 같아야 한다.
㉰ 관의 바깥지름의 범위는 50~100mm 정도이어야 한다.
㉱ 각 분기관과 오리피스 평면과의 거리는 바깥지름의 1.05~1.50배 사이에 있어야 한다.

▶풀이 ㉰ 관의 바깥지름의 범위는 4~10mm 정도이어야 한다.

정답 37 ㉮   38 ㉱   39 ㉱   40 ㉰

제3과목 | 대기오염방지기술

41 보일러의 배출가스 조성이 CO_2 = 12%, O_2 = 8%, N_2 = 80%일 때 공기비는 얼마인가?

㉮ 1.6 ㉯ 1.8
㉰ 2.0 ㉱ 3.4

풀이 공기비(m) = $\dfrac{N_2\%}{N_2\% - 3.76 \times O_2\%}$ = $\dfrac{80\%}{80\% - 3.76 \times 8\%}$ = 1.60

42 여과포(bag filter)의 기능에 관한 내용으로 틀린 것은 어느 것인가?

㉮ 겉보기 여과속도가 작을수록 미세입자의 채취가 가능하다.
㉯ 간헐식 털어내기 방식은 비교적 낮은 집진율을 얻는 경우에 적합하다.
㉰ 연속식 털어내기 방식은 고농도의 함진가스 처리에 적합하다.
㉱ 필요에 따라 유리섬유의 실리콘처리, 합성섬유의 열처리 등을 한다.

풀이 ㉯ 간헐식 털어내기 방식은 비교적 높은 집진율을 얻는 경우에 적합하다.

43 기상농도와 액상농도의 평형관계를 나타내는 헨리법칙이 적용되지 않는 기체는 어느 것인가?

㉮ O_2 ㉯ N_2
㉰ CO_2 ㉱ NH_3

풀이 헨리법칙에 적용되는 기체는 난용성기체이고, 비적용 기체는 수용성기체이므로 정답은 물에 잘 녹는 암모니아(NH_3)이다.

44 천연가스에 관한 내용으로 틀린 것은 어느 것인가?

㉮ 주성분은 프로판이다.
㉯ 도시가스용으로 많이 사용한다.
㉰ 냉각하여 액화시킨 것을 LNG라 한다.
㉱ 압축하여 자동차의 연료로도 사용한다.

풀이 ㉮ 주성분은 메탄(CH_4)이다.

45 석탄 연소 후 배출가스 성분분석 결과 CO_2 = 15%, O_2 = 5%, N_2 = 80%일 때 CO_{2max}(%)는 얼마인가?

㉮ 약 15% ㉯ 약 20%
㉰ 약 25% ㉱ 약 30%

풀이 $CO_{2max}(\%) = \dfrac{21 \times CO_2\%}{21 - O_2\%} = \dfrac{21 \times 15\%}{21 - 5\%} = 19.69\%$

정답 41 ㉮ 42 ㉯ 43 ㉱ 44 ㉮ 45 ㉯

46 다이옥신 처리대책으로 틀린 것은 어느 것인가?

㉮ 촉매분해법
㉯ 오존산화법
㉰ 생물학적 분해법
㉱ 선택적 접촉환원법

[풀이] ㉱ 선택적 접촉환원법은 질소산화물(NO_X) 처리법이다.

47 충전탑에 대한 내용으로 틀린 것은 어느 것인가?

㉮ 액가스비는 0.05~0.1L/m³ 정도이며, 포종탑류에 비해 압력손실이 크다.
㉯ 흡수액에 고형성분이 함유되면 침전물이 생겨 성능이 저하될 수 있다.
㉰ 급수량이 적절하면 효과가 좋다.
㉱ 처리가스 유량의 변화에도 비교적 적응성이 있다.

[풀이] ㉮ 액가스비는 2~3L/m³ 정도이다.

48 물리적 흡착과 화학적 흡착의 일반적인 특성을 상대 비교한 내용으로 틀린 것은 어느 것인가?

구분		물리적 흡착	화학적 흡착
①	흡착과정	가역성이 높음	가역성이 낮음
②	오염가스의 회수	용이	어려움
③	온도범위	대체로 높은 온도	낮은 온도
④	흡착열	낮음	높음

㉮ ① ㉯ ②
㉰ ③ ㉱ ④

[풀이] 온도범위
① 물리적 흡착 : 낮은 온도
② 화학적 흡착 : 대체로 높은 온도

49 프라우드 수(Froude number)에 해당하는 식은 어느 것인가? (단, g는 중력가속도, v는 속도, L은 길이)

㉮ $\dfrac{v^2}{\sqrt{gL}}$ ㉯ $\dfrac{\sqrt{gL}}{v^2}$

㉰ $\dfrac{v}{\sqrt{gL}}$ ㉱ $\dfrac{\sqrt{gL}}{v}$

정답   46 ㉱   47 ㉮   48 ㉰   49 ㉰

50 황화수소(H_2S) 1.0Sm³를 완전 연소할 때 소요되는 이론연소공기량(Sm³)은 얼마인가?

㉮ 약 2.4Sm³ ㉯ 약 7.1Sm³
㉰ 약 9.6Sm³ ㉱ 약 12.3Sm³

[풀이] $H_2S + 1.5O_2 \rightarrow SO_2 + H_2O$

이론연소공기량(A_o) = $\dfrac{산소량}{0.21}$ = $\dfrac{1.5}{0.21}$
= 7.14Sm³/Sm³

51 충전탑에서 충전물의 구비조건에 대한 내용으로 틀린 것은 어느 것인가?

㉮ 단위용적에 대한 표면적이 커야 한다.
㉯ 내열성과 내식성이 커야 한다.
㉰ 압력손실과 충전밀도가 적어야 한다.
㉱ 액가스 분포를 균일하게 유지할 수 있어야 한다.

[풀이] ㉰ 압력손실과 충전밀도가 커야 한다.

52 여과포(bag filter)에 사용되는 여재 중 고온에 가장 잘 견디는 것은 어느 것인가?

㉮ 오올론
㉯ 비닐론
㉰ 글라스화이버
㉱ 폴리아미드계 나일론

[풀이] 여재의 사용온도
㉮ 오올론 : 150℃
㉯ 비닐론 : 100℃
㉰ 글라스화이버 : 250℃
㉱ 폴리아미드계 나일론 : 110℃

53 벤츄리스크러버의 액가스비 범위로 가장 알맞은 것은 어느 것인가?

㉮ 0.05~0.1L/m³   ㉯ 0.3~1.5L/m³
㉰ 3~10L/m³   ㉱ 10~50L/m³

[풀이] 벤츄리스크러버의 액가스비는 0.3~1.5L/m³이며, 압력손실은 300~800mmH₂O이다.

54 황 2kg을 공기 중에서 이론적으로 완전 연소시킬 때 발생되는 열량(kcal)은 얼마인가? (단, 황은 모두 SO_2로 전환되며, 열량은 80,000kcal/mol)

㉮ 1,250kcal   ㉯ 2,500kcal
㉰ 5,000kcal   ㉱ 80,000kcal

[풀이] $S + O_2 \rightarrow SO_2$
32kg : 80,000kcal
2kg : X

$\therefore X = \dfrac{2kg \times 80,000kcal}{32kg} = 5,000kcal$

55 세정집진장치의 입자 채취원리에 대한 내용으로 틀린 것은 어느 것인가?

㉮ 액적에 입자가 충돌하여 부착한다.
㉯ 배기 증습에 의해 입자가 서로 응집한다.
㉰ 미립자의 확산에 의하여 액적과의 접촉을 쉽게 한다.
㉱ 입자를 핵으로 한 증기의 응결에 따라 응집성을 감소시킨다.

[풀이] ㉱ 입자를 핵으로 한 증기의 응결에 따라 응집성을 증가시킨다.

정답 50 ㉯ 51 ㉰ 52 ㉰ 53 ㉯ 54 ㉰ 55 ㉱

56 직경 0.3m인 덕트로 공기가 1m/s로 흐를 때 이 공기의 레이놀즈 수(N_{Re})는 얼마인가? (단, 공기밀도는 1.3kg/m³, 점도는 1.8×10^{-4}kg/m·s이다.)

㉮ 약 1,083 ㉯ 약 2,167
㉰ 약 3,251 ㉱ 약 4,334

풀이
$$Re = \frac{D \times V \times \rho}{\mu}$$

- Re : 레이놀즈 수
- D : 직경(m)
- V : 속도(m/sec)
- ρ : 밀도(kg/m³)
- μ : 점성도(kg/m·sec)

따라서 $Re = \dfrac{0.3\text{m} \times 1\text{m/sec} \times 1.3\text{kg/m}^3}{1.8 \times 10^{-4}\text{kg/m·sec}} = 2,166.67$

TIP
① 층류 : Re < 2,100
② 난류 : Re > 4,000

57 다음 악취 중 공기 중에서 최소감지농도가 가장 큰 물질은 어느 것인가?

㉮ 아세톤 ㉯ 식초
㉰ 폼알데하이드 ㉱ 페놀

58 기체연료에 대한 내용으로 틀린 것은 어느 것인가?

㉮ 고로가스는 용광로에서 선철을 제조할 때 발생한다.
㉯ 오일가스는 석탄의 건류 및 가스화에 의하여 발생된 가스로서 주요 가연성분은 메탄 및 프로판이다.
㉰ 발생로가스는 가열된 석탄 또는 코크스에 공기와 수증기를 연속적으로 공급하여 부분적으로 산화반응시킴으로써 얻어진다.
㉱ 전로가스는 선철을 제강과정에서 강철로 만드는 과정에서 발생하는 가스로서 주성분은 일산화탄소이다.

59 하부의 더스트 박스(dust box)에서 처리가스량의 5~10%를 처리하여 사이클론 내 난류현상을 억제시켜 먼지의 재비산을 막아주고 장치 내벽에 먼지가 부착되는 것을 방지하는 효과를 무엇이라 하는가?

㉮ 에디(eddy)
㉯ 브라인딩(blinding)
㉰ 분진 폐색(dust plugging)
㉱ 블로우 다운(blow down)

풀이 ㉱ 블로우 다운에 대한 설명이다.

56 ㉯ 57 ㉮ 58 ㉯ 59 ㉱

60 지름 40μm 입자의 최종 침전속도가 15cm/s라고 할 때 중력침전실의 높이가 1.25m이면 입자를 완전히 제거하기 위해 소요되는 이론적인 중력침전실의 길이(m)는 얼마인가? (단, 가스의 유속은 1.8m/s이다.)

㉮ 12m ㉯ 15m
㉰ 18m ㉱ 20m

▶풀이 $L(m) = \dfrac{u \times H}{V_g} = \dfrac{1.8\text{m/sec} \times 1.25\text{m}}{0.15\text{m/sec}} = 15\text{m}$

| 제4과목 | 대기환경관계법규

61 미세먼지(PM-10)의 24시간 평균치 기준(환경기준)으로 알맞은 것은 어느 것인가?

㉮ 50μg/m³ 이하 ㉯ 75μg/m³ 이하
㉰ 100μg/m³ 이하 ㉱ 150μg/m³ 이하

▶풀이 ① 미세먼지(PM-10)의 24시간 평균치 기준은 100μg/m³ 이하
② 미세먼지(PM-10)의 연간 평균치 기준은 50μg/m³ 이하

62 대기환경보전법규상 측정기기의 부착·운영 등과 관련된 행정처분기준 중 교정가스 또는 교정액의 표준값을 거짓으로 입력하거나 부적절한 교정가스 또는 교정액을 사용하는 경우의 각 위반차수(1차 – 4차)별 행정처분기준으로 알맞은 것은 어느 것인가?

㉮ 개선명령 - 경고 - 조업정지 5일 - 조업정지 10일
㉯ 경고 - 경고 - 조업정지 5일 - 조업정지 10일
㉰ 경고 - 조업정지 10일 - 조업정지 30일 - 허가취소
㉱ 조업정지 5일 - 조업정지 10일 - 경고 - 허가취소

63 대기환경보전법 시행규칙에 규정된 자동차 연료용 첨가제로 틀린 것은 어느 것인가?

㉮ 매연억제제 ㉯ 청정분산제
㉰ 유동성 향상제 ㉱ 윤활성 세척제

▶풀이 자동차 연료용 첨가제로는 세척제, 청정분산제, 매연억제제, 다목적첨가제, 옥탄가 향상제, 세탄가 향상제, 유동성 향상제, 윤활성 향상제가 있다.

정답 60 ㉯ 61 ㉰ 62 ㉯ 63 ㉱

64 대기환경보전법규상 대기환경규제지역으로 지정된 경우, 당해 지역의 시·도지사가 당해 지역의 환경기준을 달성·유지하기 위한 실천계획 수립 시 포함하여야 할 사항으로 틀린 것은 어느 것인가?

㉮ 일반 환경 현황
㉯ 대기오염 저감효과를 측정하기 위한 연도별 측정망 확충계획
㉰ 배출량 조사결과 및 대기오염예측모형을 이용하여 예측한 대기오염도
㉱ 대기보전을 위한 투자계획과 대기오염물질 저감효과를 고려한 경제성 평가

▶풀이 ㉮, ㉰, ㉱ 외에 대기오염원별 대기오염물질 저감계획 및 계획의 시행을 위한 수단, 계획달성연도, 대기질 예측결과가 있다.

65 대기환경보전법규상 위임업무 보고사항 중 "환경오염사고 발생 및 조치사항"의 보고횟수 기준으로 알맞은 것은 어느 것인가?

㉮ 연 1회   ㉯ 연 2회
㉰ 연 4회   ㉱ 수시

▶풀이 환경오염사고 발생 및 조치사항의 보고횟수 기준은 수시이다.

66 사업자가 환경기술인의 임명신고를 할 때 신고기간으로 알맞은 것은 어느 것인가?

㉮ 최초로 배출시설을 설치한 경우에는 설치신고를 할 때
㉯ 최초로 배출시설을 설치한 경우에는 가동개시신고를 할 때
㉰ 환경기술인을 바꾸어 임명할 경우에는 그 사유가 발생한 날부터 7일 이내
㉱ 환경기술인을 바꾸어 임명할 경우에는 그 사유가 발생한 날부터 15일 이내

▶풀이 환경기술인의 임명신고를 할 때 신고기간
① 최초로 배출시설을 설치한 경우에는 가동개시신고를 할 때
② 환경기술인을 바꾸어 임명할 경우에는 그 사유가 발생한 날부터 5일 이내

67 대기환경보전법규상 환경기술인의 보수교육은 신규교육을 받은 날을 기준으로 몇 년마다 받아야 하는가? (단, 정보통신매체를 이용하여 원격교육을 하는 경우 제외)

㉮ 1년마다 1회   ㉯ 2년마다 1회
㉰ 3년마다 1회   ㉱ 5년마다 1회

▶풀이 ① 신규교육 : 환경기술인으로 임명된 날로부터 1년 이내에 1회
② 보수교육 : 신규교육을 받은 날을 기준으로 3년마다 1회

정답 64 ㉯ 65 ㉱ 66 ㉯ 67 ㉰

68 다음 중 인증을 생략할 수 있는 자동차로 알맞은 것은 어느 것인가?

㉮ 군용 및 경호업무용 등 국가의 특수한 공용의 목적으로 사용하기 위한 자동차와 소방용 자동차
㉯ 외교관 또는 주한 외국군인의 가족이 사용하기 위하여 반입하는 자동차
㉰ 여행자 등이 다시 반출할 것을 조건으로 일시 반입하는 자동차
㉱ 주한 외국군대의 구성원이 공용의 목적으로 사용하기 위한 자동차

풀이 ㉮, ㉰, ㉱ 항목은 인증의 면제 자동차에 해당한다.

69 대기오염물질 배출시설의 변경신고 사항으로 알맞은 것은 어느 것인가?

㉮ 배출시설 또는 방지시설을 임대하는 경우
㉯ 신규로 특정대기유해 물질이 발생되는 배출시설
㉰ 설치·허가를 받은 배출시설 규모의 합계 또는 누계보다 100분의 60 이상 증설하는 경우
㉱ 설치허가를 받은 특정대기 유해물질 배출시설 규모의 합계 또는 누계보다 100분의 40 이상 증설하는 경우

70 대기환경보전법규상 자가측정대상 배출구별 규모에 따른 측정횟수 기준으로 알맞은 것은 어느 것인가? (단, 관제센터로 측정결과를 자동전송하지 않는 사업장의 배출구 기준)

㉮ 먼지·황산화물 및 질소산화물의 연간 발생량 합계가 20톤 이상 80톤 미만인 시설 - 월 1회 이상
㉯ 먼지·황산화물 및 질소산화물의 연간 발생량 합계가 20톤 이상 80톤 미만인 시설 - 월 2회 이상
㉰ 먼지·황산화물 및 질소산화물의 연간 발생량 합계가 10톤 이상 20톤 미만인 시설 - 월 1회 이상
㉱ 먼지·황산화물 및 질소산화물의 연간 발생량 합계가 10톤 이상 20톤 미만인 시설 - 월 2회 이상

풀이 ① 연간 발생량 합계가 20톤 이상 80톤 미만인 시설 - 월 2회 이상
② 연간 발생량 합계가 10톤 이상 20톤 미만인 시설 - 2개월마다 1회 이상

정답 68 ㉯ 69 ㉮ 70 ㉯

71 대기오염경보에 대한 설명으로 틀린 것은 어느 것인가?

㉮ 자동차의 운행제한이나 사업장의 조업단축 등을 명령받은 자는 정당한 사유가 없으면 따라야 한다.
㉯ 대기오염경보의 발령 사유가 없어진 경우 시·도지사는 경보를 즉시 해제하여야 한다.
㉰ 환경부장관은 경보발령지역의 대기오염을 긴급히 줄이기 위해 자동차 운행제한, 사업장 조업단축을 명할 수 있다.
㉱ 대기오염경보의 대상지역, 대상오염물질, 발령기준, 경보단계 및 경보 단계별 조치에 필요한 사항은 대통령령으로 정한다.

[풀이] ㉰ 시도지사는 경보발령지역의 대기오염을 긴급히 줄이기 위해 자동차 운행제한, 사업장 조업단축을 명할 수 있다.

72 대기환경보전법규상 자동차 운행정지 표지에 대한 사항으로 틀린 것은 어느 것인가?

㉮ 자동차의 전면유리 좌측상단에 붙인다.
㉯ 바탕색은 노란색으로, 문자는 검정색으로 한다.
㉰ 운행정지표지에는 자동차등록번호, 점검당시 누적주행거리(km), 운행정지기간, 운행정지기간 중 주차장소 등이 기재된다.
㉱ 운행정지대상 자동차를 운행정지기간 내에 운행하는 경우에는 대기환경보전법상 300만원 이하의 벌금을 물게 된다.

73 특정대기유해물질로 틀린 것은 어느 것인가?

㉮ 에틸벤젠   ㉯ 벤젠
㉰ 아세트알데히드   ㉱ 아크롤레인

[풀이] ㉱ 아크롤레인은 특정대기유해물질이 아니다.

74 대기오염 경보의 대상지역은 누가 필요하다고 인정하여 지정하는가?

㉮ 대통령
㉯ 환경부장관
㉰ 군수, 구청장
㉱ 특별시장, 광역시장, 도지사

[풀이] 대기오염 경보의 대상지역은 특별시장, 광역시장, 도지사가 필요하다고 인정하여 지정한다.

75 시·도지사는 사업장에서 발생되는 악취가 규정에 의한 배출허용기준 초과 시 사업자에게 개선명령을 할 때, 악취의 제거 또는 억제 등의 조치에 걸리는 기간을 고려하여 얼마의 범위 안에서 조치기간을 정할 수 있는가? (단, 연장기간 제외)

㉮ 6개월   ㉯ 1년
㉰ 1년 6개월 ㉱ 2년

정답 71 ㉰ 72 ㉮ 73 ㉱ 74 ㉱ 75 ㉯

76 대기의 오염도검사를 할 수 있는 기관으로 틀린 것은 어느 것인가?

㉮ 유역환경청
㉯ 한국환경보전원
㉰ 한국환경공단
㉱ 특별시·광역시·도의 보건환경연구원

풀이 ㉯ 한국환경보전원은 교육기관이다.

77 오염물질의 초과부과금 산정 시 오염물질 1킬로그램 당 부과금액이 가장 큰 물질은 어느 것인가?

㉮ 염화수소 ㉯ 황화수소
㉰ 시안화수소 ㉱ 불소화합물

풀이 오염물질 1킬로그램당 부과금액
㉮ 염화수소 : 7,400원
㉯ 황화수소 : 6,000원
㉰ 시안화수소 : 7,300원
㉱ 불소화합물 : 2,300원

78 대기환경보전법규상 배출시설을 설치·운영하는 사업자에 대하여 조업정지를 명하여야 하는 경우로서 그 조업정지가 주민의 생활 등 그 밖에 공익에 현저한 지장을 줄 우려가 있다고 인정되는 경우 조업정지처분에 갈음하여 과징금을 부과할 수 있다. 이 때 과징금의 부과기준에 적용되지 않는 것은?

㉮ 조업정지일수
㉯ 1일당 부과금액
㉰ 오염물질별 부과금액
㉱ 사업장 규모별 부과계수

풀이 과징금 = 조업정지일수 × 1일당 부과금액
× 사업장 규모별 부과계수

79 대기환경보전법상 용어의 정의로 틀린 것은 어느 것인가?

㉮ "온실가스"란 적외선 복사열을 흡수하거나 다시 방출하여 온실효과를 유발하는 대기 중의 가스상태 물질로서 이산화탄소, 메탄, 아산화질소, 수소불화탄소, 과불화탄소, 육불화황을 말한다.
㉯ "저공해엔진"이란 자동차 또는 건설기계에서 배출되는 대기오염물질을 줄이기 위한 엔진(엔진개조에 사용하는 부품을 포함한다)으로서 환경부령으로 정하는 배출허용기준에 맞는 엔진을 말한다.
㉰ "촉매제"란 배출가스를 줄이는 효과를 높이기 위하여 배출가스저감장치에 사용되는 화학물질로서 환경부령으로 정하는 것을 말한다.
㉱ "검댕"이란 연소할 때에 생기는 유리(遊離)탄소가 응결하여 입자의 지름이 10미크론 이상이 되는 입자상물질을 말한다.

풀이 ㉱ "검댕"이란 연소할 때에 생기는 유리(遊離)탄소가 응결하여 입자의 지름이 1미크론 이상이 되는 입자상물질을 말한다.

정답 76 ㉯ 77 ㉮ 78 ㉰ 79 ㉱

80 대기환경보전법규상 사업자는 자가측정에 관한 기록을 일정기간 동안 보존해야 하는데, 측정 시 사용한 여과지 및 시료채취 기록지의 보존기간 기준으로 알맞은 것은 어느 것인가? (단, 환경분야 시험·검사 등에 관한 법률에 의한 환경오염 공정시험기준에 따른다.)

㉮ 측정한 날부터 3개월로 한다.
㉯ 측정한 날부터 6개월로 한다.
㉰ 측정한 날부터 1년으로 한다.
㉱ 측정한 날부터 3년으로 한다.

풀이 측정시 사용한 여과지 및 시료채취 기록지의 보존기간은 측정한 날부터 6개월로 한다.

정답 80 ㉯

2016년 2회 대기환경산업기사

2016년 5월 8일 시행

| 제1과목 | 대기오염개론

01 도시지역의 열섬효과의 원인으로 틀린 것은 어느 것인가?

㉮ 도로 포장률이 높기 때문에
㉯ 단위 면적당 연료 소모가 많기 때문에
㉰ 바람에 의한 오염물질의 확산 때문에
㉱ 건물이 많아서 태양열의 흡수가 많기 때문에

풀이 ㉰ 바람이 약해서 오염물질의 확산이 잘 안 되기 때문에

02 대기오염물질 중 2차 오염물질로만 나열된 것은 어느 것인가?

㉮ NO, SO_2, HCl
㉯ PAN, NOCl, O_3
㉰ PAN, NO, HCl
㉱ O_3, H_2S, 금속염

03 어느 도시지역은 대기오염으로 인하여 주변 시골지역에 비해 태양의 복사열량이 10% 감소한다고 한다. 이 때, 도시지역의 지상온도가 255K이라면 시골지역의 지상온도(K)는 얼마인가? (단, 스테판-볼츠만의 법칙을 이용한다.)

㉮ 약 288K
㉯ 약 275K
㉰ 약 269K
㉱ 약 261K

풀이 스테판-볼츠만 법칙
$E = \sigma T^4$

- E : 복사에너지
- σ : 상수($5.67 \times 10^{-8} W/m^2$)
- T : 물체의 표면온도(k)

① 도시지역의 복사에너지
$= 5.67 \times 10^{-8} W/m^2 \times (255k)^4$
$= 239.74 \left(\dfrac{W}{m^2} \cdot k^4\right)$

② 시골지역의 복사에너지
$= 239.74 \left(\dfrac{W}{m^2} \cdot k^4\right) \times 1.1$
$= 263.71 \left(\dfrac{W}{m^2} \cdot k^4\right)$

③ 시골지역의 지상온도
$263.71 \left(\dfrac{W}{m^2} \cdot k^4\right) = 5.67 \times 10^{-8} \left(\dfrac{W}{m^2}\right) \times T^4$

$\therefore T = \left\{\dfrac{263.71 \left(\dfrac{W}{m^2} \cdot k^4\right)}{5.67 \times 10^{-8} \left(\dfrac{W}{m^2}\right)}\right\}^{\frac{1}{4}} = 261.15k$

정답 01 ㉰ 02 ㉯ 03 ㉱

04 대기오염과 연관된 내용으로 틀린 것은 어느 것인가?

㉮ 환경대기 중 미세먼지는 황산화물과 공존하면 더 큰 피해를 준다.
㉯ 도노라 사건은 포자리카 사건 이후에 발생하였으며 1차 오염물질에 의한 사건이다.
㉰ 카보닐황은 대류권에서 매우 안정하기 때문에 거의 화학반응을 하지 않고 성층권으로 유입된다.
㉱ 멕시코의 포자리카 사건은 황화수소의 누출에 의해 발생한 것이다.

풀이 ㉯ 포자리카 사건은 도노라 사건 이후에 발생하였으며 1차 오염물질에 의한 사건이다.

05 CFCs 중 오존 파괴지수가 가장 높은 물질은 어느 것인가?

㉮ $C_2H_2F_3Cl$ ㉯ $C_2H_2FCl_3$
㉰ CH_2FBr ㉱ $CHFBr_2$

풀이 오존층 파괴지수
㉮ $C_2H_2F_3Cl$: 0.2~0.6
㉯ $C_2H_2FCl_3$: 0.007~0.05
㉰ CH_2FBr : 0.73
㉱ $CHFBr_2$: 1.0

06 아연 광석의 채광이나 제련 과정에서 부산물로 생성되고, 만성중독증상으로 단백뇨와 골연화증을 수반하는 오염물질은 어느 것인가?

㉮ 카드뮴   ㉯ 납
㉰ 수은   ㉱ 석면

풀이 ㉮ 카드뮴(Cd)에 대한 설명이다.

07 대기오염물질 중 비중이 가장 큰 물질은 어느 것인가?

㉮ CS_2 ㉯ CO
㉰ SO_2 ㉱ NO_2

풀이 비중이 가장 큰 물질은 분자량이 가장 큰 물질이다. 따라서 이황화탄소(CS_2)가 분자량이 76으로 가장 큰 물질이다.

08 지구온난화를 일으키는 온실가스로 틀린 것은 어느 것인가?

㉮ CO ㉯ CO_2
㉰ CH_4 ㉱ N_2O

풀이 온실가스로는 이산화탄소(CO_2), 메탄(CH_4), 아산화질소(N_2O), 수소불화탄소(HFCs), 과불화탄소, 육불화황이 있다.

09 고속도로상의 교통밀도가 20,000대/hr이고, 차량의 평균속도가 100km/hr이다. 차량 한 대의 탄화수소의 배출량이 0.05g/s·대일 때, 고속도로에서 방출되는 탄화수소의 총량 (g/s·m)은 얼마인가?

㉮ 10^{-1} ㉯ 10^{-2}
㉰ 10^{-3} ㉱ 10^{-4}

풀이 탄화수소의 총량(g/sec·m)
$$= \frac{0.05g}{sec \cdot 대} \times \frac{20,000대}{hr} \times \frac{1hr}{100km} \times \frac{1km}{10^3 m}$$
$$= 0.01 g/sec \cdot m = 10^{-2} g/sec \cdot m$$

정답 04 ㉯ 05 ㉱ 06 ㉮ 07 ㉮ 08 ㉮ 09 ㉯

10 공업지역의 먼지 농도 측정을 위해 여과지를 이용하여 0.45m/s 속도로 3시간 채취한 결과, 깨끗한 여과지에 비해 채취한 여과지의 빛전달률이 66%였다면 1,000m당 COH는 얼마인가?

㉮ 3.0   ㉯ 3.2
㉰ 3.7   ㉱ 3.9

풀이
$$Coh = \frac{\log\left(\frac{1}{빛전달률}\right) \times 100}{속도(m/sec) \times 여과시간(hr) \times 3,600} \times 1,000m$$
$$= \frac{\log\frac{1}{0.66} \times 100}{0.45m/sec \times 3hr \times 3,600} \times 1,000m = 3.71$$

11 대기 중 이산화탄소에 관한 내용으로 틀린 것은 어느 것인가?

㉮ 고층 대기에서 광화학적인 분해반응을 일으키는 경우를 제외하면 대류권 내에서는 화학적으로 극히 안정한 편이다.
㉯ 수증기와 함께 지구온난화에 영향을 미치는 기체이다.
㉰ 전지구적인 배출량은 자연적인 배출량보다 화석연료 연소 등에 의한 인위적인 배출량이 훨씬 많다.
㉱ 미국 하와이 마우나로아에서 측정한 이산화탄소의 계절별 농도는 1년을 주기로 봄·여름에는 감소하는 경향을 나타낸다.

풀이 ㉰ 전지구적인 배출량은 자연적인 배출량이 화석연료 연소 등에 의한 인위적인 배출량보다 훨씬 많다.

12 바람에 대한 내용으로 틀린 것은 어느 것인가?

㉮ 전향력은 지구의 자전에 의해 운동하는 물체에 작용하는 힘이다.
㉯ 마찰력의 크기는 지표의 거칠기와 풍속에 비례한다.
㉰ 지균풍은 마찰력, 기압경도력, 전향력에 의해 등압선을 가로지르는 바람이다.
㉱ 해륙풍은 해안지역에서 바다와 육지의 비열차 또는 비열용량차에 의해 발생한다.

풀이 ㉰ 지균풍은 마찰이 작용하지 않는 자유 대기층에서 기압경도력과 전향력만으로 등압선과 평행하게 직선운동을 하며 부는 바람이다.

13 풍하방향에 가까이 있는 건물 높이가 60m라고 할 때, 다운드래프트 현상을 방지하기 위한 굴뚝의 최소 높이(m)는 얼마인가?

㉮ 60   ㉯ 90
㉰ 120   ㉱ 150

풀이 다운드래프트현상의 방지책은 주위 건물 높이에 비해 굴뚝의 높이를 2.5배 이상 유지를 해야하므로 60m×2.5 = 150m가 된다.

정답 10 ㉰   11 ㉰   12 ㉰   13 ㉱

14 런던형 스모그에 대한 내용으로 틀린 것은 어느 것인가?

㉮ 주 오염물질은 먼지, SO_2이다.
㉯ 역전의 종류는 침강성 역전(하강형)이다.
㉰ 시정거리는 100m 이하이며 주된 화학 반응은 환원반응이다.
㉱ 호흡기 자극, 폐렴 등에 의한 심각한 사망률을 나타내었다.

[풀이] ㉯ 역전의 종류는 복사성 역전(복사형)이다.

15 환경감률이 −0.1 ~ −0.5℃/100m 범위의 값을 가질 때 대기의 상태는 어느 것인가?

㉮ 약한 불안정   ㉯ 불안정
㉰ 중립   ㉱ 안정

[풀이] 건조단열감률이 환경감률보다 클 때 대기상태는 안정이다.

16 [보기]의 피해현상을 일으키는 대기오염물질은 어느 것인가?

[보기]
• 잎맥 사이의 표백현상이 나타난다.
• 성숙한 잎에서 가장 민감하다.
• 식물의 피해한계는 290μg/m³(2hr 노출) 정도이다.

㉮ 오존   ㉯ 염소
㉰ 아황산가스   ㉱ 이산화질소

[풀이] ㉯ 염소에 대한 설명이다.

17 가솔린 자동차의 엔진작동상태에 따라 주로 배출되는 배기가스가 알맞게 연결된 것은 어느 것인가?

㉮ 공전 - NO_X ㉯ 정속 - HC
㉰ 가속 - NO_X ㉱ 감속 - NO_X

[풀이] 많이 발생하는 조건
① 일산화탄소(CO) - 공전
② 탄화수소(HC) - 감속
③ 질소산화물(NO_X) - 가속

18 탄화수소가 관여하지 않을 때, 이산화질소의 광화학 반응을 나타낸 것이다. ①과 ②에 들어갈 물질로 알맞게 연결된 것은 어느 것인가?

$$NO_2 + h\nu \rightarrow ① + O^*$$
$$O^* + O_2 + M \rightarrow ② + M$$
$$① + ② \rightarrow NO_2 + O_2$$

㉮ ① NO_3 ② NO   ㉯ ① NO ② NO_3
㉰ ① O_3 ② NO   ㉱ ① NO ② O_3

정답 14 ㉯ 15 ㉱ 16 ㉯ 17 ㉰ 18 ㉱

19 대기의 구조에 대한 내용으로 틀린 것은 어느 것인가?

㉮ 자외선은 성층권을 통과할수록 서서히 증가하고, 가장 낮은 온도는 성층권 상부에서 나타난다.
㉯ 대류권의 높이는 위도 45도의 경우 평균 12km 정도이며, 극지방으로 갈수록 낮아진다.
㉰ 오존층에서는 오존의 생성과 소멸이 계속적으로 일어나면서 오존의 농도를 유지한다.
㉱ 대류권에서는 고도가 높아짐에 따라 단열팽창에 의해 약 6.5℃/km씩 낮아지는 기온감률 때문에 공기의 수직혼합이 일어난다.

[풀이] ㉮ 자외선은 성층권을 통과할수록 서서히 감소하고, 가장 낮은 온도는 중간권에서 나타난다.

20 수직 온도 경사가 과단열적이고 난류가 심할 때 일어나며 날씨가 맑아서 태양복사열이 강한 경우 주로 발생하는 연기의 분산 형태인 연기의 모양은 어느 것인가?

㉮ looping   ㉯ conning
㉰ fanning   ㉱ trapping

[풀이] ㉮ 파상형(looping)에 대한 설명이다.

제2과목 | 대기오염공정시험기준

21 굴뚝 배출가스 중의 아황산가스를 연속적으로 자동측정하는 방법으로 틀린 것은 어느 것인가?

㉮ 용액전도율법   ㉯ 적외선흡수법
㉰ 불꽃광도법   ㉱ 광투과법

[풀이] 연속적으로 자동측정하는 방법으로는 용액전도율법, 적외선흡수법, 자외선흡수법, 불꽃광도법, 전기화학식(정전위전해법)이 있다.

22 굴뚝 단면이 상·하 동일 단면적인 직사각형 굴뚝의 직경 산출방법으로 알맞은 것은 어느 것인가? (단, 가로 : 굴뚝 내부 단면 가로치수, 세로 : 굴뚝 내부 단면 세로치수)

㉮ 환산직경 = {(가로×세로)/(가로+세로)}
㉯ 환산직경 = 2×{(가로×세로)/(가로+세로)}
㉰ 환산직경 = 4×{(가로×세로)/(가로+세로)}
㉱ 환산직경 = 8×{(가로×세로)/(가로+세로)}

정답 19 ㉮ 20 ㉮ 21 ㉱ 22 ㉯

23 이온크로마토그래피의 장치구성 순서 중 써프렛서가 위치할 곳으로 알맞은 것은 어느 것인가?

㉮ 분리관과 검출기 사이
㉯ 시료주입장치와 분리관 사이
㉰ 송액펌프와 시료주입장치 사이
㉱ 검출기와 기록계 사이

풀이 이온크로마토그래피의 장치구성 순서는 용리액조-송액펌프-시료주입장치-분리관-써프렛서-검출기-기록계로 되어 있다.

24 굴뚝 배출가스의 유속을 피토우관으로 측정하였을 때 측정조건이 다음과 같았다. 이 배출가스의 평균유속(m/s)은 얼마인가? (단, 동압 : 1.5mmH₂O, 피토우관 계수 : 0.8584, 굴뚝내의 습한 배출가스 밀도 : 0.9kg/Sm³, 기타 조건은 동일하다.)

㉮ 약 2.9m/s   ㉯ 약 3.2m/s
㉰ 약 4.5m/s   ㉱ 약 4.9m/s

풀이
$$V = C \times \sqrt{\frac{2gh}{r}}$$
$$= 0.8584 \times \sqrt{\frac{2 \times 9.8 \text{m/sec}^2 \times 1.5 \text{mmH}_2\text{O}}{0.9 \text{kg/Sm}^3}}$$
$$= 4.91 \text{m/sec}$$

25 배출가스 중 비소화합물 측정방법 중 자외선/가시선 분광법에 대한 내용으로 틀린 것은 어느 것인가?

㉮ 정량범위는 0.007mg/Sm³~0.035mg/Sm³ (건조시료가스량 1Sm³인 경우)이고 정밀도는 10% 이하이다.
㉯ 황화수소가 영향을 줄 수 있으며 이는 아세트산납으로 제거할 수 있다.
㉰ pH 5~6에서 메틸 비소화합물에 의해 생성된 메틸수소화비소(methylarsine) 착물은 스티빈을 첨가하여 영향을 줄일 수 있다.
㉱ 일부 금속(크롬, 코발트, 구리, 수은, 몰리브데넘, 니켈, 백금, 은, 셀렌 등)이 수소화비소(AsH₃) 생성에 영향을 줄 수 있지만 시료 용액 중의 이들 농도는 간섭을 일으킬 정도로 높지는 않다.

풀이 ㉰ 메틸비소화합물은 pH 1에서 메틸수소화비소를 생성하여 흡수용액과 착물을 형성하고 총 비소 측정에 영향을 줄 수 있다.

26 다음 내용 중 ( )에 알맞은 말은 어느 것인가? (단, 고용량 공기시료채취기법 사용)

환경대기 중 입자상 물질의 채취에 사용하는 여과지는 (①)되는 입자를 (②)% 이상 채취할 수 있으며 압력손실과 흡수성이 적은 것이어야 한다.

㉮ ① 0.5μm ② 99   ㉯ ① 0.5μm ② 95
㉰ ① 0.3μm ② 99   ㉱ ① 0.3μm ② 95

정답 23 ㉮ 24 ㉱ 25 ㉰ 26 ㉰

27 염산(1+2)라고 되어 있을 때 실제 조제할 경우 어떻게 하는가?

㉮ 염산 1mL에 물 1mL를 혼합한다.
㉯ 물 1g에 염산 2g을 혼합한다.
㉰ 염산 1mL에 물 2mL를 혼합한다.
㉱ 물 1mL에 염산 2mL를 혼합한다.

28 굴뚝 배출가스 중 황산화물의 침전적정법인 아르세나조Ⅲ법에 관한 설명으로 틀린 것은?

㉮ 시료를 수산화소듐용액에 흡수시켜 황산화물을 황산으로 만든다.
㉯ 이소프로필 알콜과 아세트산을 가하고 아르세나조Ⅲ을 지시약으로 한다.
㉰ 아세트산바륨용액으로 적정한다.
㉱ 시료 20L를 흡수액에 통과시키고 이 액을 250mL로 묽게 하여 분석용 시료용액으로할 때 전 황산화물의 농도가 (140~700)ppm의 시료에 적용된다.

[풀이] ㉮ 시료를 과산화수소수에 흡수시켜 황산화물을 황산으로 만든다.

29 굴뚝배출가스 중 암모니아의 자외선/가시선분광법인 인도페놀법에 대한 설명으로 틀린 것은?

㉮ 시료채취량 20L인 경우 시료중의 암모니아 농도가 (1.2~12.5)ppm인 것의 분석에 적합하다.
㉯ 분석용 시료용액 10mL를 취하여 여기에 페놀 - 나이트로프루시드소듐 용액 10mL를 가한 후 하이포아염소산암모늄용액 5mL를 가한 다음 마개를 하고 조용히 섞는다.
㉰ 액온을 25℃ ~ 30℃에서 1시간 방치한 다음 10mm셀에 옮겨 광전분광광도계 또는 광전광도계를 분석한다.
㉱ 분석을 위한 광전광도계의 측정파장은 640nm 부근이다.

[풀이] ㉯ 분석용 시료용액 10mL를 취하여 여기에 페놀-나이트로프루시드소듐 용액 5mL를 가한 후 하이포아염소산소듐용액 5mL를 가한 다음 마개를 하고 조용히 섞는다.

30 배출가스 중 폼알데하이드 및 알데하이드류를 측정하기 위해 적용되는 분석방법으로 틀린 것은 어느 것인가?

㉮ 피리딘피라졸론법
㉯ 고성능액체크로마토그래피법
㉰ 크로모트로핀산 자외선/가시선 분광법
㉱ 아세틸아세톤 자외선/가시선 분광법

[풀이] 분석방법으로는 고성능액체크로마토그래피법, 크로모트로핀산 자외선/가시선 분광법, 아세틸아세톤 자외선/가시선 분광법이 있다.

정답 27 ㉰ 28 ㉮ 29 ㉯ 30 ㉮

31 배출가스 중 굴뚝 배출 시료 채취 시 안전을 위하여 필요한 조치사항으로 틀린 것은 어느 것인가?

㉮ 채취에 종사하는 사람은 보통 2인 이상을 1조로 한다.
㉯ 굴뚝 배출가스의 조성, 온도 및 압력과 작업환경 등을 잘 알아둔다.
㉰ 옥외에서 작업하는 경우에는 바람의 방향을 확인하여 바람이 부는 반대쪽에서 작업하는 것이 좋다.
㉱ 작업환경이 고온인 경우에는 드라이아이스 자켓 등을 입는다.

[풀이] ㉰ 옥외에서 작업하는 경우에는 바람의 방향을 확인하여 바람이 부는 쪽에서 작업하는 것이 좋다.

32 굴뚝 배출가스 중 염화수소를 분석하기 위해 사용되는 시료채취관의 재질과 흡수액이 알맞게 연결된 것은 어느 것인가?

㉮ 경질유리 - 붕산 용액
㉯ 석영 - 수산화소듐 용액
㉰ 보통강철 - 과산화수소수 용액
㉱ 스테인리스강 - 다이에틸아민구리 용액

TIP
수산화소듐용액 = 수산화소듐용액

33 자외선/가시선 분광법에서 램버어트 비어(Lambert-Beer) 법칙에 의한 흡광도 A를 구하는 식으로 알맞은 것은 어느 것인가? (단, 입사광의 강도는 I_o, 투사광의 강도는 I_t)

㉮ $A = \dfrac{I_t}{I_o} \times 100$ ㉯ $A = \dfrac{I_o}{I_t} \times 100$

㉰ $A = \log \dfrac{I_t}{I_o}$ ㉱ $A = \log \dfrac{I_o}{I_t}$

[풀이] 흡광도(A) = $\log \dfrac{1}{t} = \log \dfrac{I_o}{I_t}$

34 대기오염공정시험기준상 화학분석 일반사항에서 규정한 시험의 기재 및 용어의 의미로 틀린 것은 어느 것인가?

㉮ "정확히 단다"라 함은 규정한 량의 검체를 취하여 분석용 저울로 0.1mg까지 다는 것을 뜻한다.
㉯ "항량이 될 때까지 건조한다 또는 강열한다"라 함은 따로 규정이 없는 한 보통의 건조 방법으로 1시간 더 건조 또는 강열할 때 전후 무게의 차가 매 g당 0.3mg 이하일 때를 뜻한다.
㉰ 시험조작 중 "즉시"란 10초 이내에 표시된 조작을 하는 것을 뜻한다.
㉱ 시료의 시험, 바탕시험 및 표준액에 대한 시험을 일련의 동일시험으로 행할 때 사용하는 시약 또는 시액은 동일 롯트(Lot)로 조제된 것을 사용한다.

[풀이] ㉰ 시험조작 중 "즉시"란 30초 이내에 표시된 조작을 하는 것을 뜻한다.

정답 31 ㉰ 32 ㉯ 33 ㉱ 34 ㉰

35 환경대기 시료채취방법에서 시료 채취 지점수 및 채취 장소의 결정 방법으로 틀린 것은 어느 것인가?

㉮ 인구비례에 의한 방법
㉯ TM 좌표에 의한 방법(Grid System)
㉰ 중심점에 의한 동심원을 이용하는 방법
㉱ 대상지역 채취점 배열표에서 구하는 방법

[풀이] ㉱ 대상지역의 오염 정도에 따라 공식을 이용하는 방법

36 다음은 링겔만 매연농도법에 대한 내용이다. (　) 안에 알맞은 말은 어느 것인가?

> 보통 가로 14cm, 세로 20cm의 백상지에 각각 (　)전폭의 격자형 흑선을 그려 백상지의 흑선부분이 전체의 0%, 20%, 40%, 60%, 80%, 100%를 차지하도록 하여 이 흑선과 굴뚝에서 배출하는 매연의 검은 정도를 비교하여 각각 0에서 5도까지 6종으로 분류한다.

㉮ 0, 2.4, 6, 8mm
㉯ 0, 1.0, 2.3, 3.7, 5.5mm
㉰ 0, 1.5, 3.2, 6.8, 8.6mm
㉱ 0, 1.8, 3.6, 5.4, 7.2mm

37 기체크로마토그래피법에 사용되는 검출기 중 탄화수소를 분석하는데 알맞은 검출기는 어느 것인가?

㉮ 불꽃이온검출기(FID)
㉯ 불꽃광도검출기(FPD)
㉰ 열전도도검출기(TCD)
㉱ 전자포획형검출기(ECD)

[풀이] ㉮ 불꽃이온검출기(FID)에 대한 설명이다.

38 굴뚝 배출가스 중 질소산화물을 자외선/가시선분광법 아연환원나프틸에틸렌다이아민법으로 분석할 경우 흡수액으로 알맞은 것은?

㉮ 황산용액
㉯ 질산용액
㉰ 붕산용액
㉱ 수산화소듐용액

[풀이] 질소산화물을 자외선/가시선분광법 아연환원나프틸에틸렌다이아민법으로 분석 시 흡수액은 0.005 mol/L 황산용액이다.

39 굴뚝 배출가스 중의 먼지 측정 시 수동식 채취기에 의한 방법에서 흡입가스 유량의 측정을 위하여 원칙적으로 사용하는 유량계는 어느 것인가?

㉮ 적산유량계
㉯ 벤츄리 유량계
㉰ L자형 피토우관
㉱ 오리피스 유량계

[풀이] ㉮ 적산 유량계에 대한 설명이다.

정답　35 ㉱　36 ㉯　37 ㉮　38 ㉮　39 ㉮

40 굴뚝 배출가스 중 수은화합물의 주 시험방법은 어느 것인가?

㉮ 자외선/가시선분광법
㉯ 이온전극법
㉰ 기체크로마토그래피법
㉱ 냉증기-원자흡수분광광도법

| 제3과목 | 대기오염방지기술

41 전기집진장치에서 2차 전류가 주기적으로 변하거나 불규칙적으로 흐르는 장애현상이 발생할 때의 대책으로 가장 거리가 먼 것은?

㉮ 조습용 스프레이의 수량을 늘린다.
㉯ 분진을 충분하게 탈리시킨다.
㉰ 방전극과 집진극을 점검한다.
㉱ 1차 전압을 스파크와 전류의 흐름이 안정될 때까지 낮추어 준다.

[풀이] ㉮번에 대한 설명은 2차 전류가 현저하게 떨어질 때 대책이다.

42 검댕의 발생에 관한 내용으로 틀린 것은 어느 것인가?

㉮ 연료중 C/H비가 클수록 검댕의 발생이 많다.
㉯ 중유를 연소시킬 때 연소실 열 발생률 이상으로 중유를 주입하면 검댕이 발생한다.
㉰ 공기비를 크게 하여 완전 연소시키면 검댕이 많이 발생한다.
㉱ 석탄 중에 휘발분이 많고 점성이 클수록 검댕이 많이 발생한다.

[풀이] ㉰ 공기비를 크게 하여 완전 연소시키면 검댕이 적게 발생한다.

43 연료의 착화온도에 대한 내용으로 틀린 것은 어느 것인가?

㉮ 분자구조가 복잡할수록 낮아진다.
㉯ 활성화에너지가 클수록 낮아진다.
㉰ 발열량이 높을수록 낮아진다.
㉱ 화학결합의 활성도가 클수록 낮아진다.

[풀이] ㉯ 활성화에너지가 작을수록 낮아진다.

정답 40 ㉱ 41 ㉮ 42 ㉰ 43 ㉯

44 프로판 2Sm³를 공기비 1.1로 완전연소 시켰을 때, 건조 연소가스량(Sm³)은 얼마인가?

㉮ 약 42Sm³ ㉯ 약 48Sm³
㉰ 약 54Sm³ ㉱ 약 60Sm³

풀이 ① $C_3H_8 + 5O_2 \rightarrow 3CO_2 + 4H_2O$
실제건연소가스량(Gd)
$= (m - 0.21)A_o + CO_2량$
$= (1.1 - 0.21) \times \dfrac{5}{0.21} + 3$
$= 24.1905 Sm^3/Sm^3$
② $Gd = 24.1905 Sm^3/Sm^3 \times 2Sm^3 = 48.38 Sm^3$

45 원소구성비(무게)가 C = 75%, O = 9%, H = 13%, S = 3%인 석탄 1kg을 완전연소 시킬 때 필요한 이론산소량(kg)은 얼마인가?

㉮ 1.94kg ㉯ 2.09kg
㉰ 2.66kg ㉱ 2.98kg

풀이 이론산소량(kg/kg)
$= \dfrac{32kg}{12kg}C + \dfrac{16kg}{2kg}\left(H - \dfrac{O}{8}\right) + \dfrac{32kg}{32kg}S$
$= \dfrac{32kg}{12kg} \times 0.75 + \dfrac{16kg}{2kg}\left(0.13 - \dfrac{0.09}{8}\right) + \dfrac{32kg}{32kg} \times 0.03$
$= 2.98 kg/kg$

46 연소 시 질소산화물(NO_x)의 발생을 감소시키는 방법으로 틀린 것은 어느 것인가?

㉮ 2단 연소
㉯ 연소부분 냉각
㉰ 배기가스 재순환
㉱ 높은 과잉공기사용

풀이 ㉱ 저 과잉공기량 사용

47 먼지에 대한 내용으로 틀린 것은 어느 것인가?

㉮ 입경이 작을수록 비표면적이 작다.
㉯ 진밀도가 작을수록 침강속도가 느리다.
㉰ 입경이 클수록 동종입자 간에 부착력이 작아진다.
㉱ 입경 10μm 이하의 부유입자는 대기 중에 비교적 장시간 체류한다.

풀이 ㉮ 입경이 작을수록 비표면적이 커진다.

48 과잉공기가 클 때 나타나는 현상으로 틀린 것은 어느 것인가?

㉮ 연소실 내 온도 저하
㉯ 배출가스 중 NO_x량 증가
㉰ 배출가스에 의한 열손실의 증가
㉱ 배출가스의 온도가 높아지고 매연이 증가

풀이 ㉱ 매연 감소

49 사이클론의 특징으로 틀린 것은 어느 것인가?

㉮ 먼지량이 많아도 처리가 가능하다.
㉯ 미세입자에 대한 집진효율이 낮다.
㉰ 설치비와 유지비가 많이 요구되지 않는 편이다.
㉱ 압력손실(10~30mmH₂O)이 낮아 동력소비량이 적은 편이다.

풀이 ㉱ 압력손실이 100mmH₂O 전후이다.

정답 44 ㉯ 45 ㉱ 46 ㉱ 47 ㉮ 48 ㉱ 49 ㉱

50 여과집진장치에서 여재(filter)를 선정할 때 고려할 사항으로 틀린 것은 어느 것인가?

㉮ 가격   ㉯ 전기저항
㉰ 기계적 강도   ㉱ 처리가스 온도

51 기체 분산형 흡수장치는 어느 것인가?

㉮ 단탑(plate tower)
㉯ 충전탑(packed tower)
㉰ 분무탑(spray tower)
㉱ 벤츄리 스크러버(venturi scrubber)

[풀이] 기체 분산형 흡수장치에 해당하는 것은 단탑이다.

52 관성력 집진장치에서 집진율을 높이는 방법으로 틀린 것은 어느 것인가?

㉮ 충돌식의 경우 장치 출구의 가스속도가 클수록 집진율이 높아진다.
㉯ 충돌식의 경우 충돌 직전의 각속도가 클수록 집진율이 높아진다.
㉰ 반전식의 경우 방향전환을 하는 곡률반경이 작을수록 집진율이 높아진다.
㉱ 함진가스의 방향 전환횟수는 많을수록 압력손실은 커지고, 집진율은 높아진다.

[풀이] ㉮ 충돌식의 경우 장치 출구의 가스속도가 느릴수록 집진율이 높아진다.

53 메탄올 5kg을 완전연소하려고 할 때 필요한 실제공기량(Sm^3)은 얼마인가? (단, 과잉공기계수 m = 1.3)

㉮ 22.5Sm^3 ㉯ 25.0Sm^3
㉰ 32.5Sm^3 ㉱ 37.5Sm^3

[풀이] ① 이론산소량(Sm^3) 계산
$CH_3OH + 1.5O_2 \rightarrow CO_2 + 2H_2O$
32kg : 1.5×22.4Sm^3
5kg : 산소량

∴ 산소량 = $\dfrac{5kg \times 1.5 \times 22.4Sm^3}{32kg}$ = 5.25Sm^3

② 이론공기량(Sm^3) 계산
이론공기량(Sm^3) = 이론산소량(Sm^3) × $\dfrac{1}{0.21}$
= 25Sm^3

③ 실제공기량 = 과잉공기계수 × 이론공기량
= 1.3 × 25Sm^3 = 32.5Sm^3

54 다음은 액체연료의 연소방식에 관한 설명이다. ( )에 알맞은 말은 어느 것인가?

( )는 기름을 접시모양의 용기에 넣어 점화하면 연소열로 인해 액면이 가열되어 발생되는 증기가 외부에서 공급되는 공기와 혼합 연소하는 방식으로 휘발성이 좋은 경질유의 연소에 효과적이다.

㉮ 포트식 연소
㉯ 증기 분무식 연소
㉰ 부분 예혼합 연소
㉱ 이류체 분무화식 연소

[풀이] ㉮ 포트식 연소에 대한 설명이다.

정답 50 ㉯ 51 ㉮ 52 ㉮ 53 ㉰ 54 ㉮

55 분진입자와 유해가스를 동시에 제거할 수 있는 집진장치는 어느 것인가?

㉮ 여과집진장치 ㉯ 중력집진장치
㉰ 전기집진장치 ㉱ 세정집진장치

[풀이] ㉱ 세정집진장치에 대한 설명이다.

56 원형 덕트에서 길이 L, 마찰계수 f, 직경 D, 유속 v일 때 압력손실(H_f)의 비례관계 표현으로 옳은 것은? (단, g : 중력가속도)

㉮ $H_f \propto f \dfrac{DLv^2}{g}$ ㉯ $H_f \propto f \dfrac{gLv^2}{D}$
㉰ $H_f \propto f \dfrac{Lv^2}{gD}$ ㉱ $H_f \propto f \dfrac{Dv^2}{gL}$

57 입경이 50μm인 입자의 비표면적(표면적/부피)은 얼마인가? (단, 구형입자 기준)

㉮ $1200 cm^{-1}$ ㉯ $900 cm^{-1}$
㉰ $600 cm^{-1}$ ㉱ $300 cm^{-1}$

[풀이] 비표면적(S_v) = $\dfrac{6}{d}$ = $\dfrac{6}{50 \times 10^{-4} cm}$ = $1,200 cm^{-1}$

58 집진기 입구와 출구의 기체 분진농도가 각각 $10 g/Sm^3$, $0.5 g/Sm^3$일 때, 집진기의 효율(%)은 얼마인가?

㉮ 85% ㉯ 90%
㉰ 95% ㉱ 99%

[풀이] 집진기 효율(%)
= $\left(1 - \dfrac{C_o}{C_i}\right) \times 100$ = $\left(1 - \dfrac{0.5 g/Sm^3}{10 g/Sm^3}\right) \times 100$ = 95%

59 전기집진장치에서 먼지의 비저항이 비정상적으로 높은 경우 투입하는 물질로 틀린 것은 어느 것인가?

㉮ NaCl ㉯ NH_3
㉰ H_2SO_4 ㉱ Soda lime

[풀이] ㉯ 암모니아(NH_3)는 먼지의 비저항이 비정상적으로 낮은 경우 투입하는 물질이다.

60 다음 중 연료비(고정탄소/휘발분)가 가장 높은 석탄은 어느 것인가?

㉮ 무연탄 ㉯ 갈색갈탄
㉰ 흑색갈탄 ㉱ 고도역청탄

정답 55 ㉱ 56 ㉰ 57 ㉮ 58 ㉰ 59 ㉯ 60 ㉮

| 제4과목 | 대기환경관계법규

61 대기환경보전법규상 환경기술인의 교육기준으로 옳지 않은 것은?

㉮ 보수교육은 신규교육을 받은 날을 기준으로 3년마다 1회 받는다.
㉯ 정보통신매체를 이용하여 원격교육을 하는 경우를 제외한 환경기술인의 교육기간은 5일 이내로 한다.
㉰ 교육 대상자가 그 교육을 받아야 하는 기한의 마지막 날 이전 2년 이내에 동일한 교육을 받았을 경우에는 해당 교육을 받은 것으로 본다.
㉱ 환경기술인은 한국환경보전원, 환경부장관 또는 시·도지사가 교육을 실시할 능력이 있다고 인정하여 위탁하는 기관에서 실시하는 교육을 정기적으로 받아야 한다.

풀이 ㉯ 정보통신매체를 이용하여 원격교육을 하는 경우를 제외한 환경기술인의 교육기간은 4일 이내로 한다.

62 환경정책기본법령상 오존(O_3)의 대기환경기준으로 알맞은 것은 어느 것인가? (단, 1시간 평균치 기준이다.)

㉮ 0.03ppm 이하   ㉯ 0.05ppm 이하
㉰ 0.1ppm 이하   ㉱ 0.15ppm 이하

풀이 오존(O_3)의 대기환경기준으로는 8시간 평균치 0.06ppm 이하, 1시간 평균치 0.1ppm 이하이다.

63 다중이용시설 등의 실내공기질관리법에 있어 신축 공동주택의 실내공기질 측정항목으로 틀린 것은 어느 것인가?

㉮ 벤젠   ㉯ 자일렌
㉰ 메틸벤젠   ㉱ 폼알데하이드

풀이 신축 공동주택의 실내공기질 측정항목으로는 폼알데하이드, 벤젠, 톨루엔, 에틸벤젠, 자일렌, 스티렌, 라돈이 있다.

64 수도권대기환경청장, 국립환경과학원장 또는 한국환경공단이 설치하는 대기오염 측정망의 종류로 틀린 것은 어느 것인가?

㉮ 국가배경농도 측정망
㉯ 유해대기물질 측정망
㉰ 산성강하물 측정망
㉱ 대기중금속 측정망

풀이 ㉱번은 시·도지사가 설치하는 대기오염측정망의 종류이다.

65 대기환경보전법령상 사업자 과실로 확정배출량을 잘못 산정하여 제출 후 부과금 납부명령을 받은 사업자가 부과금 조정을 신청할 경우 부과금납부통지서를 받은 날부터 얼마 이내에 조정신청 하여야 하는가?

㉮ 7일 이내에 하여야 한다.
㉯ 15일 이내에 하여야 한다.
㉰ 30일 이내에 하여야 한다.
㉱ 60일 이내에 하여야 한다.

정답 61 ㉯ 62 ㉰ 63 ㉰ 64 ㉱ 65 ㉱

66 대기환경보전법상 용어의 정의로 틀린 것은 어느 것인가?

㉮ "매연"이란 연소할 때에 생기는 유리 탄소가 주가 되는 미세한 입자상물질을 말한다.
㉯ "휘발성유기화합물"이란 탄화수소류 중 석유화학제품, 유기용제, 그 밖의 물질로서 환경부장관이 관계 중앙행정기관의 장과 협의하여 고시하는 것을 말한다.
㉰ "첨가제"란 자동차의 성능을 향상시키거나 배출가스를 줄이기 위하여 자동차의 연료에 첨가하는 탄소와 수소만으로 구성된 화학물질을 말한다.
㉱ "저공해엔진"이란 자동차 또는 건설기계에서 배출되는 대기오염물질을 줄이기 위한 엔진(엔진 개조에 사용하는 부품을 포함한다)으로서 환경부령으로 정하는 배출허용기준에 맞는 엔진을 말한다.

[풀이] ㉰ "첨가제"란 자동차의 성능을 향상시키거나 배출가스를 줄이기 위하여 자동차의 연료에 첨가하는 탄소와 수소만으로 구성된 물질을 제외한 화학물질을 말한다.

67 국가 및 지방자치단체가 환경에 관계되는 법령을 제정 또는 개정하거나 행정계획의 수립 또는 사업의 집행을 할 때에 환경기준이 적절히 유지되기 위해서 고려해야 할 사항으로 틀린 것은 어느 것인가?

㉮ 환경 악화의 예방
㉯ 환경오염지역의 원상회복
㉰ 환경기술인의 양성 및 배치 계획
㉱ 새로운 과학기술의 사용으로 인한 환경훼손 예방

68 대기환경보전법규상 첨가제·촉매제 제조기준에 맞는 제품의 표시크기에 대한 설명으로 알맞은 것은 어느 것인가?

㉮ 첨가제 또는 촉매제 용기 앞면의 제품명 위에 제품명 글자크기의 100분의 15 이상에 해당하는 크기로 표시하여야 한다.
㉯ 첨가제 또는 촉매제 용기 앞면의 제품명 위에 제품명 글자크기의 100분의 30 이상에 해당하는 크기로 표시하여야 한다.
㉰ 첨가제 또는 촉매제 용기 앞면의 제품명 밑에 제품명 글자크기의 100분의 15 이상에 해당하는 크기로 표시하여야 한다.
㉱ 첨가제 또는 촉매제 용기 앞면의 제품명 밑에 제품명 글자크기의 100분의 30 이상에 해당하는 크기로 표시하여야 한다.

69 대기오염경보단계 중 경보가 발령되었을 때의 조치사항으로 틀린 것은 어느 것인가?

㉮ 자동차 사용의 제한
㉯ 주민의 실외활동 제한요청
㉰ 사업장의 조업시간 단축명령
㉱ 사업장의 연료사용량 감축권고

[풀이] 경보가 발령되었을 때의 조치사항으로는 자동차 사용의 제한, 주민의 실외활동 제한 요청, 사업장의 연료사용량 감축권고가 있다.

정답 66 ㉰ 67 ㉰ 68 ㉱ 69 ㉰

70 대기환경보전법규상 개선명령의 이행보고 등과 관련된 대기오염도 검사기관으로 틀린 것은 어느 것인가?

㉮ 한국환경보전원
㉯ 국립환경과학원
㉰ 특별시·광역시·도·특별자치도의 보건환경연구원
㉱ 유역환경청·지방환경청 또는 수도권대기환경청

풀이 ㉮ 한국환경보전원은 교육기관이다.

71 대기환경보전법상 자가측정 항목으로 틀린 것은 어느 것인가?

㉮ 먼지   ㉯ 비산먼지
㉰ 황산화물   ㉱ 질소산화물

풀이 자가측정 항목으로는 배출허용기준이 적용되는 대기오염물질이며 비산먼지는 제외한다.

72 대기환경보전법상 장거리이동대기오염물질피해방지 종합대책 수립 시 반드시 포함되어야 하는 사항으로 틀린 것은 어느 것인가? (단, 그 밖의 사항 등은 제외한다.)

㉮ 종합대책 추진실적 및 그 평가
㉯ 장거리이동대기오염물질 발생 감소를 위한 국제협력
㉰ 장거리이동대기오염물질피해 방지를 위한 국내대책
㉱ 대기오염물질과 온실가스를 연계한 통합 대기환경 관리체계의 구축

풀이 ㉱ 장거리이동대기오염물질 발생 현황 및 전망

73 대기환경관계법규상 특정대기유해물질이 아닌 것은 어느 것인가?

㉮ 벤지딘
㉯ 에틸벤젠
㉰ 폼알데하이드
㉱ 트리클로로에틸렌

풀이 ㉯ 에틸벤젠

74 대기환경보전법령상 배출허용기준 초과와 관련한 "초과부과금" 부과대상 오염물질에 해당하지 않는 것은 어느 것인가?

㉮ 먼지   ㉯ 염화수소
㉰ 암모니아   ㉱ 폼알데하이드

풀이 초과부과금 부과대상 오염물질에는 황산화물, 암모니아, 황화수소, 이황화탄소, 먼지, 불소화합물, 염화수소, 질소산화물, 시안화수소이다.

75 대기환경관계법상 저공해자동차로의 전환 또는 개조 명령, 배출가스저감장치의 부착·교체 명령 또는 배출가스 관련 부품의 교체명령, 저공해 엔진으로의 개조 또는 교체명령을 이행하지 아니한 자에 대한 벌칙기준은 어느 것인가?

㉮ 200만원 이하의 과태료
㉯ 300만원 이하의 과태료
㉰ 1년 이하의 징역이나 500만원 이하의 벌금
㉱ 1년 이하의 징역이나 1천만원 이하의 벌금

풀이 ㉯ 300만원 이하의 과태료에 해당한다.

정답 70 ㉮ 71 ㉯ 72 ㉱ 73 ㉯ 74 ㉱ 75 ㉯

76 비산먼지 발생사업 신고 후 변경신고를 하여야 하는 경우로 틀린 것은 어느 것인가?

㉮ 사업장의 명칭 또는 대표자를 변경하는 경우
㉯ 비산먼지 배출공정을 변경하는 경우
㉰ 건설공사의 공사기간을 연장하는 경우
㉱ 공사중지를 한 경우

[풀이] 변경신고를 하여야 하는 경우로는 ㉮, ㉯, ㉰ 외에 사업의 규모를 늘리거나 그 종류를 추가하는 경우, 비산먼지 발생억제시설 또는 조치사항을 변경하는 경우이다.

77 대기환경보전법규상 위임업무 보고사항 중 자동차연료 제조기준 적합여부 검사현황의 보고 횟수 기준으로 알맞은 것은 어느 것인가?

㉮ 수시   ㉯ 연 1회
㉰ 연 2회   ㉱ 연 4회

[풀이] 자동차연료 제조기준 적합여부 검사현황의 보고 횟수 기준은 연 4회이다.

78 대기환경보전법령상 대기오염물질발생량의 합계가 연간 35톤인 경우 사업장 분류기준으로 몇 종 사업장에 해당하는가?

㉮ 1종 사업장   ㉯ 2종 사업장
㉰ 3종 사업장   ㉱ 4종 사업장

79 자동차 연료형 첨가제의 종류가 아닌 것은 어느 것인가?

㉮ 세척제   ㉯ 매연 분산제
㉰ 유동성 향상제 ㉱ 세탄가 향상제

[풀이] 자동차 연료형 첨가제의 종류로는 세척제, 청정분산제, 매연억제제, 다목적첨가제, 옥탄가 향상제, 세탄가 향상제, 유동성 향상제, 윤활성 향상제가 있다.

80 환경부장관이 총량규제를 하고자 할 때 고시할 사항으로 틀린 것은 어느 것인가?

㉮ 총량규제구역
㉯ 총량규제 대기오염물질
㉰ 대기오염물질 저감계획
㉱ 총량규제 대기오염물질의 배출원

[풀이] 총량규제를 하고자 할 때 고시할 사항으로는 총량규제구역, 총량규제 대기오염물질, 대기오염물질 저감계획이 있다.

정답 76 ㉱ 77 ㉱ 78 ㉯ 79 ㉯ 80 ㉱

2016년 4회 대기환경산업기사

2016년 10월 1일 시행

| 제1과목 | 대기오염개론 |

01 휘발유를 사용하는 가솔린 기관에서 배출되는 오염물질에 대한 내용으로 틀린 것은 어느 것인가? (단, 휘발유의 대표적인 화학식은 octene으로 가정하고, AFR은 중량비 기준)

㉮ AFR을 10에서 14로 증가시키면 CO 농도는 감소한다.
㉯ AFR이 16까지는 HC 농도가 증가하나, 16이 지나면 HC 농도는 감소한다.
㉰ CO와 HC는 불완전연소 시에 배출비율이 높고, NO_x는 이론 AFR 부근에서 농도가 높다.
㉱ AFR이 18 이상 정도의 높은 영역은 일반연소기관에 적용하기가 곤란하다.

풀이 ㉯ AFR이 16까지는 NO_x 농도가 증가하나, 16이 지나면 NO_x 농도는 감소한다.

02 대기오염물의 확산모델 중 상자모델(Box Model)의 기본적인 가정에 대한 내용으로 틀린 것은 어느 것인가?

㉮ 오염물의 분해는 2차 반응에 의한다.
㉯ 오염원은 방출과 동시에 균등하게 혼합된다.
㉰ 고려되는 공간에서 오염물의 농도는 균일하다.
㉱ 고려되는 공간의 수직단면에 직각방향으로 부는 바람의 속도가 일정하여 환기량이 일정하다.

풀이 ㉮ 오염물의 분해는 1차 반응에 의한다.

03 다음 대기오염물질을 분류했을 때, 1차 오염물질로만 알맞게 짝지어진 것은?

㉮ N_2O_3, O_3
㉯ H_2S, H_2O_2
㉰ HCl, $CH_3COOONO_2$
㉱ SiO_2, CO

풀이 O_3, $CH_3COOONO_2$는 2차성 오염물질이고 H_2O_2는 1, 2차성 오염물질이다.

정답 01 ㉯ 02 ㉮ 03 ㉱

04 코리올리힘에 대한 내용으로 틀린 것은 어느 것인가?

㉮ 지구의 자전운동에 의하여 생긴다.
㉯ 운동의 방향만 변화시키고 속도에는 영향을 미치지 않는다.
㉰ 지구의 극지방에서 최소가 된다.
㉱ 힘의 방향은 경도력과 반대이다.

[풀이] ㉰ 지구의 극지방에서 최대가 된다.

05 다음 중 1, 2차 대기오염물질 모두에 해당하는 것은?

㉮ O_3
㉯ PAN
㉰ CO
㉱ Aldehydes

[풀이] ㉮ O_3 : 2차성 오염물
㉯ PAN : 2차성 오염물
㉰ CO : 1차성 오염물

06 황화합물에 대한 내용으로 틀린 것은 어느 것인가?

㉮ 황화합물은 산화상태가 클수록 증기압은 커지고, 용해성은 감소한다.
㉯ 해양을 통해 자연적 발생원 중 아주 많은 양의 황화합물이 DMS[$(CH_3)_2S$] 형태로 배출된다.
㉰ 대기 중 유입된 SO_2는 입자상 물질의 표면이나 물방울에 흡착된 후 비균질 반응에 의해 대부분 황산염(SO_4^{2-})으로 산화되어 제거된다.
㉱ 카르보닐황(OCS)은 대류권에서 매우 안정하기 때문에 거의 화학적인 반응을 하지 않는다.

[풀이] ㉮ 황화합물은 산화상태가 작을수록 증기압은 커지고, 용해성은 감소한다.

07 다음에서 설명하는 대기오염물질로 알맞은 것은 어느 것인가?

> 상온에서는 무색 투명하며, 일반적으로 자극성 냄새를 내는 액체이다. 햇빛에 파괴될 정도로 불안정하지만, 부식성은 비교적 약하다. 끓는점은 46℃(760mmHg), 인화점은 -30℃이다.

㉮ CS_2
㉯ $COCl_2$
㉰ Br_2
㉱ HCN

[풀이] ㉮ 이황화탄소(CS_2)에 대한 설명이다.

08 광화학반응에 의해 생성되는 오존(O_3)에 대한 내용으로 알맞은 것은 어느 것인가?

㉮ 오전 7~8시경에 하루 중 최고 농도를 나타낸다.
㉯ 대기 중에 NO가 공존하면 O_3은 NO_2와 O_2로 되돌아가므로 O_3은 축적되지 않고 대기 중 O_3은 증가하지 않는다.
㉰ 상대습도가 높고, 풍속이 큰 지역(10m/s 이상)이 광화학반응에 의한 고농도 O_3 생성에 유리하다.
㉱ 지표대기 중 O_3의 배경농도는 0.1~0.2ppm 정도이다.

[풀이] ㉮ 오전 7~8시경에 하루 중 최저 농도를 나타낸다.
㉰ 상대습도가 높고, 풍속이 큰 지역(10m/s 이상)이 광화학반응에 의한 고농도 O_3 생성에 불리하다.
㉱ 지표대기 중 O_3의 배경농도는 0.01~0.02ppm 정도이다.

정답 04 ㉰ 05 ㉱ 06 ㉮ 07 ㉮ 08 ㉯

09 비스코스 섬유제조 시 주로 발생하는 무색의 유독한 휘발성 액체이며, 그 불순물은 불쾌한 냄새를 나타내는 대기오염 물질은 어느 것인가?

㉮ 폼알데하이드(HCHO)
㉯ 이황화탄소(CS_2)
㉰ 암모니아(NH_3)
㉱ 일산화탄소(CO)

[풀이] ㉯ 이황화탄소(CS_2)에 대한 설명이다.

10 바람에 대한 내용으로 틀린 것은 어느 것인가?

㉮ 해륙풍 중 육풍은 육지에서 바다로 향해 5~6km까지 바람이 불며 겨울철에 빈발한다.
㉯ 산곡풍 중 산풍은 밤에 경사면이 빨리 냉각되어 경사면 위의 공기 온도가 같은 고도의 경사면에서 떨어져 있는 공기의 온도보다 차가워져 경사면 위의 공기 전체가 아래로 침강하게 되어 부는 바람이다.
㉰ 전원풍은 열섬효과 때문에 도시의 중심부에서 하강기류가 발생하여 부는 바람이다.
㉱ 휀풍은 산맥의 정상을 기준으로 풍상쪽 경사면을 따라 공기가 상승하면서 건조단열 변화를 하기 때문에 평지에서보다 기온이 약 1℃/100m의 율로 하강하게 된다.

[풀이] ㉰ 전원풍은 교외지역에서 대도시의 중심부로 부는 바람이다.

11 A지역에서 빗물의 pH를 측정한 결과 5.1이었다. 빗물의 산성우 판정기준이 pH 5.6이라고 할 때 A지역에서 측정한 빗물의 수소이온농도의 비는 산성우 판정기준의 경우에 비해 어떻게 되겠는가?

㉮ 약 2.3배 높다. ㉯ 약 2.3배 낮다.
㉰ 약 3.2배 높다. ㉱ 약 3.2배 낮다.

[풀이] pH = -log[H^+] ⇒ [H^+] = 10^{-pH} mol/L
pH 5.1 ⇒ [H^+] = $10^{-5.1}$ mol/L
pH 5.6 ⇒ [H^+] = $10^{-5.6}$ mol/L
따라서 $\dfrac{10^{-5.1} \text{mol/L}}{10^{-5.6} \text{mol/L}}$ = 3.16배

12 복사역전에 대한 내용으로 틀린 것은 어느 것인가?

㉮ 구름과 바람이 없는 경우에 주로 발생함
㉯ 지역적으로 상층공기층이 단열적으로 하강하여 발생함
㉰ 대기오염물이 강우에 의하여 감소될 가능성이 적음
㉱ 대기오염물이 바람에 의하여 분산될 가능성이 적음

[풀이] ㉮ 복사성역전은 복사열에 의한 지표면 냉각에 의해 발생된다.

정답 09 ㉯ 10 ㉰ 11 ㉰ 12 ㉯

13 다음은 대기의 동적 안정도를 나타내는 리차드슨수에 관한 설명이다. ( ) 안에 알맞은 말은 어느 것인가?

> 리차드슨수(Ri)를 구하기 위해서는 두 층(보통 지표에서 수 m와 10m 내외의 고도)에서 (①)과 (②)을 동시에 측정하여야 하고, 이 값은 (③)에 반비례한다.

㉮ ① 기압, ② 기온, ③ 기온차의 제곱
㉯ ① 기온, ② 풍속, ③ 풍속차의 제곱
㉰ ① 기압, ② 기온, ③ 풍속차의 제곱
㉱ ① 기온, ② 풍속, ③ 기온차의 제곱

14 굴뚝높이가 50m, 배기가스의 평균온도가 120℃일 때, 통풍력은 15.41mmH$_2$O이다. 배기가스 온도를 200℃로 증가시키면 통풍력(mmH$_2$O)은 얼마가 되는가? (단, 외기온도는 20℃이며, 대기 비중량과 가스의 비중량은 표준상태에서 1.3kg/Sm^{3}이다.)

㉮ 약 8mmH$_2$O ㉯ 약 18mmH$_2$O
㉰ 약 23mmH$_2$O ㉱ 약 29mmH$_2$O

[풀이] $Z = 355 \times H \times \left(\dfrac{1}{273+t_a℃} - \dfrac{1}{273+t_g℃} \right)$

- Z : 통풍력(mmH$_2$O)
- H : 굴뚝의 높이(m)
- t_a : 대기의 온도(℃)
- t_g : 가스의 온도(℃)

따라서 $Z = 355 \times 50m \times \left(\dfrac{1}{273+20} - \dfrac{1}{273+200} \right)$
= 23.05mmH$_2$O

15 다음 대기오염물질 중 대기 내의 평균 체류시간이 1~4일 정도로 짧고, 지구규모보다는 산성비와 같은 국지적인 환경오염에의 기여가 큰 물질은 어느 것인가?

㉮ SO$_2$ ㉯ O$_3$
㉰ CO$_2$ ㉱ N$_2$O

[풀이] ㉮ 아황산가스(SO$_2$)에 대한 설명이다.

16 다음 중 2차 오염물질로 볼 수 없는 것은 어느 것인가?

㉮ 이산화황이 대기 중에서 산화하여 생성된 삼산화황
㉯ 이산화질소의 광화학반응에 의하여 생성된 일산화질소
㉰ 질소산화물의 광화학반응에 의한 원자상 산소와 대기 중의 산소가 결합하여 생성된 오존
㉱ 석유정제 시 수소첨가에 의하여 생성된 황화수소

[풀이] ㉱번은 1차 오염물질이다.

17 광화학적 스모그(smog)의 3대 생성요소로 틀린 것은 어느 것인가?

㉮ 질소산화물(NO$_X$)
㉯ 올레핀(Olefin)계 탄화수소
㉰ 아황산가스(SO$_2$)
㉱ 자외선

[풀이] 광화학적 스모그의 3대 생성요소는 질소산화물(NO$_X$), 올레핀계 탄화수소, 자외선이다.

정답 13 ㉯ 14 ㉰ 15 ㉮ 16 ㉱ 17 ㉰

18 유효굴뚝높이 60m에서 유량 980,000 m³/day, SO₂ 1,200ppm으로 배출되고 있다. 이 때 최대 지표농도(ppb)는 얼마인가? (단, sutton의 확산식을 사용하고, 풍속은 6m/s, 이 조건에서 확산계수 k_y = 0.15, k_z = 0.18이다.)

㉮ 485ppb ㉯ 361ppb
㉰ 177ppb ㉱ 96ppb

[풀이]
$$C_{max} = \frac{2Q}{\pi \cdot e \cdot u \cdot He^2}\left(\frac{k_z}{k_y}\right)$$

$\begin{bmatrix} C_{max} : 최대지표농도(ppb) \\ e : 자연대수(2.72) \\ u : 풍속(m/sec) \\ He : 유효굴뚝높이(m) \\ k_z : 수직확산계수 \\ k_y : 수평확산계수 \end{bmatrix}$

① $C_{max} = \dfrac{2 \times 980,000 m^3/day \times 1day/24hr \times 1hr/3,600sec \times 1,200ppm}{\pi \times 2.72 \times 6m/sec \times (60m)^2}$

$\left(\dfrac{0.18}{0.15}\right)$ = 0.17698ppm

② C_{max}(ppb) = 0.17698ppm $\times \dfrac{10^3 ppb}{1ppm}$ = 176.98ppb

19 악취(냄새)의 물리적·화학적 특성에 대한 내용으로 틀린 것은 어느 것인가?

㉮ 예외는 있으나 일반적으로 증기압이 높을수록 냄새는 더 강하다.
㉯ 악취유발물질들은 paraffin과 CS₂를 제외하고는 일반적으로 적외선을 강하게 흡수한다.
㉰ 악취유발가스는 통상 활성탄과 같은 표면흡착제에 잘 흡수된다.
㉱ 악취는 물리적 차이보다는 화학적 구성에 의해서 결정된다는 주장이 더 지배적이다.

[풀이] ㉱ 악취는 화학적 구성보다는 구성 그룹배열에 의해 나타나는 물리적 차이에 의해 결정된다.

20 다음 역사적인 대기오염사건 중 methyl iso cyanate가 주된 오염원인 사건은 어느 것인가?

㉮ Donora 사건
㉯ Meuse valley 사건
㉰ Bhopal시 사건
㉱ Poza Rica 사건

[풀이] ㉰ Bhopal시 사건에 대한 설명이다.

제2과목 대기오염공정시험기준

21 연료용 유류 중의 황함유량을 측정하기 위한 분석방법으로 알맞은 것은 어느 것인가?

㉮ 전기화학식 분석법
㉯ 광산란법
㉰ 연소관식 공기법
㉱ 광투과율법

[풀이] 연료용 유류 중의 황함유량을 측정하기 위한 분석방법으로는 연소관식 공기법과 방사선식 여기법이 있다.

정답 18 ㉰ 19 ㉱ 20 ㉰ 21 ㉰

22 황분 1.6% 이하를 함유한 액체연료를 사용하는 연소시설에서 배출되는 황산화물(표준산소 농도를 적용받는 항목)을 측정한 결과 710ppm이었다. 배출가스 중 산소농도는 7%, 표준 산소농도는 4%이다. 시험성적서에 명시해야 할 황산화물의 농도(ppm)는 얼마인가?

㉮ 584ppm ㉯ 635ppm
㉰ 862ppm ㉱ 926ppm

풀이
$C = C_a \times \dfrac{21-O_s}{21-O_a} = 710\text{ppm} \times \dfrac{21-4\%}{21-7\%}$
$= 862.14\text{ppm}$

TIP
유량(Q) 보정식
$Q = Q_a \div \dfrac{21-O_s}{21-O_a}$

23 환경대기 시료채취기준으로 옳지 않은 것은?

㉮ 시료채취 위치는 주위에 건물이나 수목 등이 없는 곳을 원칙적으로 한다.
㉯ 장애물이 있을 경우에는 채취위치로부터 장애물까지의 거리가 그 장애물 높이의 2배 이상 되는 곳을 선정한다.
㉰ 주위에 건물 등이 밀집되어 있을 때는 건물 바깥벽으로부터 적어도 1m 이상 떨어진 곳을 채취점으로 선정한다.
㉱ 시료채취의 높이는 그 부근의 평균오염도를 나타낼 수 있는 곳으로서 가능한 한 1.5~10m 범위로 한다.

풀이 ㉰ 주위에 건물 등이 밀집되어 있을 때는 건물 바깥벽으로부터 적어도 1.5m 이상 떨어진 곳을 채취점으로 선정한다.

24 굴뚝 배출가스 중의 플루오린화합물 측정방법에 대한 내용으로 틀린 것은 어느 것인가?

㉮ 적용 가능한 시험방법으로 자외선/가시선분광법, 적정법, 이온선택전극법이 있다.
㉯ 자외선/가시선분광법을 사용할 때 정량범위는 플루오린화합물로서 0.05ppm ~3.73ppm이다.
㉰ 자외선/가시선 분광법을 사용할 때 시료가스 중에 알루미늄(Ⅲ), 철(Ⅱ), 구리(Ⅱ), 아연(Ⅱ) 등의 중금속 이온이나 인산 이온이 존재하면 방해 효과를 나타낸다.
㉱ 자외선/가시선분광법은 흡수파장 450nm에서 측정한다.

풀이 ㉱ 자외선/가시선분광법은 흡수파장 620nm에서 측정한다.

25 배출가스 중 납화합물을 분석하기 위한 원자흡수분광광도법에 대한 설명으로 틀린 것은?

㉮ 측정파장은 217.0nm 또는 283.3nm를 이용한다.
㉯ 정량범위는 0.050mg/Sm³~6.250mg/Sm³이다.
㉰ 시료내 납의 양이 미량으로 존재하거나 방해물질이 존재할 경우, 용매추출법을 적용하여 정량할 수 있다.
㉱ 방법검출한계는 0.15mg/Sm³이다.

풀이 ㉱ 방법검출한계는 0.015mg/Sm³이다.

정답 22 ㉰ 23 ㉰ 24 ㉱ 25 ㉱

26 고용량공기시료채취기법으로 비산먼지 측정 시 시료채취 장소 및 위치선정으로 알맞은 것은 어느 것인가?

㉮ 별도로 발생원의 아래인 바람의 방향을 따라 대상 발생원의 영향이 없을 것으로 추측되는 곳에 대조위치를 3개소 이상 선정한다.
㉯ 발생원의 비산먼지 농도가 가장 낮을 것으로 예상되는 지점 2개소 이상을 선정한다.
㉰ 시료채취장소는 원칙적으로 측정하려고 하는 발생원의 부지경계선상에 선정한다.
㉱ 풍향은 고려하지 않아도 된다.

풀이 ㉮ 풍상방향에 대상 발생원의 영향이 없는 것으로 추측되는 곳에 대조위치를 선정한다.
㉯ 발생원의 비산먼지 농도가 가장 높을 것으로 예상되는 지점 3개소 이상 선정한다.
㉱ 풍향을 고려한다.

27 원형 굴뚝 단면의 반경이 2.2m인 경우 측정점수는 얼마인가?

㉮ 8   ㉯ 12
㉰ 16   ㉱ 20

풀이 반경이 2.2m이면 직경은 4.4m이므로 반경구분수 4, 측정점수 16

TIP
원형 단면의 측정점

굴뚝직경(m)	반경구분수	측정점수
1 이하	1	4
1 초과 2 이하	2	8
2 초과 4 이하	3	12
4 초과 4.5 이하	4	16
4.5 초과	5	20

28 시료의 흡수액을 일정량으로 묽게 한 다음 완충액을 가하여 pH를 조절하고 란탄과 알리자린 콤플렉손을 가하여 흡광도를 측정, 분석하는 화합물은 어느 것인가?

㉮ 황화수소   ㉯ 플루오린화합물
㉰ 납   ㉱ 폼알데하이드

풀이 ㉯ 플루오린화합물에 대한 설명이다.

29 굴뚝 배출가스 중 일산화탄소 분석을 위한 정전위 전해법에 대한 내용으로 틀린 것은 어느 것인가?

㉮ 90% 응답시간은 5분 이내로 한다.
㉯ 정전위 전해법을 이용한 계측기는 소형 경량으로서 이동 측정에 적합하다.
㉰ 프로페인 100ppm의 간섭영향 시험용가스를 도입하였을 때 그 영향이 1ppm 이하이어야 한다.
㉱ 시료가스 유량 변화에 따른 안정성은 최대 눈금값의 ±2% 이내로 한다.

풀이 ㉮ 90% 응답시간은 2분 30초 이내로 한다.

30 대기오염공정시험기준에 사용되는 용어 중 물질을 취급 또는 보관하는 동안에 기체 또는 미생물이 침입하지 않도록 내용물을 보호하는 용기는 어느 것인가?

㉮ 밀폐용기   ㉯ 기밀용기
㉰ 밀봉용기   ㉱ 차광용기

풀이 ㉰ 밀봉용기에 대한 설명이다.

정답 26 ㉰ 27 ㉰ 28 ㉯ 29 ㉮ 30 ㉰

31 다음은 굴뚝 배출가스 내의 먼지측정방법 중 반자동식 채취기에 의한 사항이다. ( ) 안에 알맞은 것은 어느 것인가?

> 배연탈황시설과 황산미스트에 의해서 먼지농도가 영향을 받은 경우에는 여과지를 ( ) 먼지농도를 계산한다.

㉮ 110±5℃에서 2시간 이상 건조시킨 후
㉯ 160℃ 이상에서 2시간 이상 건조시킨 후
㉰ 110±5℃에서 4시간 이상 건조시킨 후
㉱ 160℃ 이상에서 4시간 이상 건조시킨 후

32 굴뚝, 덕트 등을 통하여 대기 중으로 배출되는 가스상 물질을 분석하기 위한 시료채취방법에 대한 내용으로 틀린 것은 어느 것인가?

㉮ 채취관은 흡입가스의 유량, 채취관의 기계적 강도, 청소의 용이성 등을 고려하여 안지름 6~25mm 정도의 것을 쓴다.
㉯ 연결관은 가능한 한 수직으로 연결해야 하고, 부득이 구부러진 관을 쓸 경우에는 응축수가 흘러나오기 쉽도록 경사지게(5° 이상) 한다.
㉰ 연결관의 안지름은 연결관의 길이, 흡입가스의 유량, 응축수에 의한 막힘, 또는 흡입펌프의 능력 등을 고려하여 4~25mm로 한다.
㉱ 채취부의 수은마노미터는 대기와 압력차가 150mmHg 이하인 것을 쓴다.

[풀이] ㉱ 채취부의 수은마노미터는 대기와 압력차가 100mmHg 이하인 것을 쓴다.

33 철강공장의 아크로와 연결된 개방형 여과집진시설에서 배출되는 먼지농도 측정방법에 대한 내용으로 틀린 것은 어느 것인가?

㉮ 건옥백하우스의 경우는 장입 및 출강 시는 20±5L/min, 용해정련기는 10±3L/min로 배출가스를 흡입한다.
㉯ 직인백하우스의 경우는 장입 및 출강 시는 10±3L/min, 용해정련기는 20±5L/min로 배출가스를 흡입한다.
㉰ 먼지측정은 규정에 따라 등속흡입 해야 하며, 시료 채취 시 측정공은 반드시 헝겊 등으로 밀폐하여야 한다.
㉱ 한 개의 원통형 여과지에 채취된 1회 먼지채취량은 2mg 이상 20mg 이하로 함을 원칙으로 한다.

[풀이] ㉰ 먼지측정은 규정에 따라 등속흡입할 필요가 없으며, 시료 채취 시 측정공을 헝겊 등으로 밀폐할 필요가 없다.

34 굴뚝에서 배출되는 가스 중 베릴륨화합물을 분석하는 방법은?

㉮ 유도결합플라스마-질량분석법
㉯ 자외선/가시선분광법
㉰ 원자흡수분광광도법
㉱ 유도결합플라스마발광광도법

[풀이] 베릴륨화합물의 분석방법은 원자흡수분광광도법이다.

정답 31 ㉱ 32 ㉱ 33 ㉰ 34 ㉰

35 기체크로마토그래피에서 A, B 성분의 보유시간이 각각 2분, 3분이었으며, 봉우리폭은 32초, 38초이었다면 이 때 분리도는?

㉮ 1.2 ㉯ 1.5
㉰ 1.7 ㉱ 1.9

풀이 분리도(R) = $\dfrac{2\times(tR_2 - tR_1)}{(W_1 + W_2)} = \dfrac{2\times(180sec - 120sec)}{(32+38)sec}$
= 1.71

36 굴뚝 배출가스 중 가스상 물질 시료채취 방법 중 연결관에 관한 설명으로 틀린 것은 어느 것인가?

㉮ 연결관은 가능한 한 수직으로 연결해야 한다.
㉯ 가열 연결관은 시료연결관, 퍼지라인(purge line), 교정가스관, 열원(선), 열전대 등으로 구성되어야 한다.
㉰ 하나의 연결관으로 여러 개의 측정기를 사용할 경우 각 측정기 앞에서 연결관을 병렬로 연결하여 사용한다.
㉱ 연결관의 길이는 되도록 짧게 하고, 부득이 길게 해서 쓰는 경우에는 이음매가 없는 배관을 써서 접속 부분을 적게 하고 받침없이 쉽게 이동토록 사용해야 하며, 15m를 넘지 않도록 한다.

풀이 ㉱ 연결관의 길이는 되도록 짧게 하고, 부득이 길게 해서 쓰는 경우에는 이음매가 없는 배관을 써서 접속 부분을 적게 하고 받침 기구로 고정해서 사용해야 하며, 76m를 넘지 않도록 한다.

37 환경대기 중 가스상 물질의 시료채취 방법으로 틀린 것은 어느 것인가?

㉮ 용매채취법   ㉯ 용기채취법
㉰ 고체흡착법   ㉱ 고온흡수법

풀이 가스상 물질의 시료채취방법으로는 직접채취법, 용기채취법, 용매채취법, 고체흡착법, 저온농축법, 채취용 여과지에 의한 방법이 있다.

38 환경대기 중의 옥시단트 측정방법에서 사용되는 용어의 설명으로 알맞은 것은 어느 것인가?

㉮ 옥시단트 농도는 산소농도를 기준으로 나타내며, 산성아이오드화포타슘법을 주시험방법으로 한다.
㉯ 옥시단트란 전옥시단트, 광화학옥시단트, 오존 등의 산화성물질의 총칭이다.
㉰ 전옥시단트란 광화학옥시단트에서 이산화질소를 제외한 물질의 총칭이다.
㉱ 광화학옥시단트란 중성아이오드화포타슘용액에 의해 아이오딘을 유리시키는 물질을 말한다.

풀이 ㉮ 옥시단트 농도는 오존농도를 기준으로 나타내며, 자외선광도법(자동)을 주시험방법으로 한다.
㉰ 전옥시단트란 중성아이오드화포타슘용액에 의해 아이오딘을 유리시키는 물질의 총칭이다.
㉱ 광화학옥시단트란 전옥시단트에서 이산화질소를 제외한 물질이다.

정답 35 ㉰ 36 ㉱ 37 ㉱ 38 ㉯

39 다음 중 분석 대상가스가 폼알데하이드일 경우 분석방법으로 알맞은 것은 어느 것인가?

㉮ 침전적정법
㉯ 질산은법
㉰ 기체크로마토그래피법
㉱ 크로모트로핀산법

풀이 폼알데하이드일 경우 분석방법으로는 고성능액체크로마토그래피법, 크로모트로핀산법, 아세틸아세톤법이 있다.

40 배출가스별 흡수액의 연결로 틀린 것은?

㉮ 암모니아 - 황산용액
㉯ 황산화물 - 과산화수소
㉰ 황화수소 - 아연아민착염용액
㉱ 페놀화합물 - 수산화소듐용액

풀이 ㉮ 암모니아 - 붕산용액

| 제3과목 | 대기오염방지기술

41 다음 중 흡수장치에 대한 내용으로 틀린 것은 어느 것인가?

㉮ 충전탑은 포말성 흡수액에도 적응성이 좋으나 충전층의 공극이 폐쇄되기 쉬우며, 희석열이 심한 곳에서 부적합하다.
㉯ 분무탑은 가스의 흐름이 균일하지 못하고 분무액과 가스의 접촉이 균일하지 못하여, 효율이 낮은 편이다.
㉰ 벤츄리 스크러버는 압력손실이 높으며, 소형으로 대용량의 가스처리가 가능하고, mist의 발생이 적고 흡수효율도 낮은 편이다.
㉱ 제트 스크러버는 가스의 저항이 적고, 수량이 많아 동력비가 많이 소요되며, 처리가스량이 많을 때에는 효과가 낮은 편이다.

풀이 ㉰ 벤츄리 스크러버는 압력손실이 높으며, 소형으로 대용량의 가스처리가 가능하고, 흡수효율이 높은 편이다.

42 연료 중 탄수소비(C/H비)에 대한 내용으로 틀린 것은 어느 것인가?

㉮ 액체연료의 경우 중유 > 경유 > 등유 > 휘발유 순이다.
㉯ C/H비가 작을수록 비점이 높은 연료는 매연이 발생되기 쉽다.
㉰ C/H비는 공기량, 발열량 등에 큰 영향을 미친다.
㉱ C/H비가 클수록 휘도는 높다.

풀이 ㉯ C/H비가 크면 비점이 높은 연료는 매연 발생이 쉽다.

정답 39 ㉱ 40 ㉮ 41 ㉰ 42 ㉯

43 두 종류의 집진장치를 직렬로 연결하였다. 1차 집진장치의 입구먼지농도는 13g/m³, 2차 집진장치의 출구먼지농도는 0.4g/m³이다. 2차 집진장치의 처리효율을 90%라 할 때, 1차 집진장치의 집진효율(%)은 얼마인가? (단, 기타 조건은 같다.)

㉮ 약 56% ㉯ 약 69%
㉰ 약 74% ㉱ 약 76%

풀이 ① $\eta_t = \left(1 - \dfrac{C_o}{C_i}\right) \times 100 = \left(1 - \dfrac{0.4g/m^3}{13g/m^3}\right) \times 100$
= 96.92%
② $\eta_T = 1 - (1-\eta_1) \times (1-\eta_2)$
0.9692 = 1 - (1-η_1) × (1-0.90)
∴ η_1 = 0.692 따라서 69.2%

44 다음 중 다공성 흡착제인 활성탄으로 제거하기에 가장 효과가 낮은 유해가스는 어느 것인가?

㉮ 알콜류 ㉯ 일산화탄소
㉰ 담배연기 ㉱ 벤젠

풀이 활성탄은 알콜류 등의 비극성류의 유기용제 흡착에 용이하므로 일산화탄소 처리가 어렵다.

45 다음 중 전기집진장치의 특징으로 틀린 것은 어느 것인가?

㉮ 고온가스 처리가 가능하다.
㉯ 부식성 가스가 함유된 먼지도 처리가 가능하다.
㉰ 압력손실이 높다.
㉱ 전력소비가 적다.

풀이 ㉰ 압력손실이 작다.

46 packed tower에 대한 내용으로 틀린 것은 어느 것인가?

㉮ 원통형의 탑 내에 여러 가지 충전재를 넣어 함진가스(가스 유입속도 1m/sec 이하)와 세정액을 접촉시켜 세정하는 장치이다.
㉯ 1~5μm 크기의 입자를 제거할 경우 장치 내 처리가스의 속도는 대략 25cm/sec 이하가 되어야 한다.
㉰ 충전재는 액의 홀드업이 커야 한다.
㉱ 충전재는 내식성이 큰 플라스틱과 같이 가벼운 물질이어야 한다.

풀이 ㉰ 충전재는 액의 홀드업이 작아야 한다.

47 액체염소 1.5kg을 완전 기화시키면 약 몇 Sm³가 되는가? (단, 표준상태 기준)

㉮ 약 0.23Sm³ ㉯ 약 0.47Sm³
㉰ 약 0.63Sm³ ㉱ 약 0.87

풀이 염소(Cl_2) 1kmol $\begin{cases} 71kg \\ 22.4Sm^3 \end{cases}$

체적(Sm³) = 1.5kg × $\dfrac{22.4Sm^3}{71kg}$ = 0.47Sm³

48 다음 중 석탄의 탄화도 증가에 따라 증가하지 않는 것은 어느 것인가?

㉮ 고정탄소 ㉯ 비열
㉰ 발열량 ㉱ 착화온도

풀이 석탄의 탄화도가 증가하면 비열은 감소한다.

정답 43 ㉯ 44 ㉯ 45 ㉰ 46 ㉰ 47 ㉯ 48 ㉯

49 길이 4.0m, 폭 1.2m, 높이 1.5m 되는 연소실에서 저발열량이 5,000kcal/kg의 중유를 1시간에 200kg씩 연소하고 있는 연소실의 열발생률은 얼마인가?

㉮ 약 $11 \times 10^4 \text{kcal/m}^3\text{h}$
㉯ 약 $14 \times 10^4 \text{kcal/m}^3\text{h}$
㉰ 약 $18 \times 10^4 \text{kcal/m}^3\text{h}$
㉱ 약 $22 \times 10^4 \text{kcal/m}^3\text{h}$

풀이 연소실의 열발생률(kcal/m³·hr)

$= \dfrac{\text{저위발열량(kcal/kg)} \times \text{연료량(kg/hr)}}{\text{길이} \times \text{폭} \times \text{높이(m}^3)}$

$= \dfrac{5,000\text{kcal/kg} \times 200\text{kg/hr}}{(4.0 \times 1.2 \times 1.5)\text{m}^3}$

$= 13.89 \times 10^4 \text{kcal/m}^3 \cdot \text{hr}$

50 유량 500,000m³/day의 공기를 흡수탑을 거쳐 정화하려고 한다. 흡수탑의 접근 유속을 2.0m/sec로 유지하려면 소요되는 흡수탑의 지름(m)은 얼마인가?

㉮ 1.2m   ㉯ 1.7m
㉰ 1.9m   ㉱ 2.5m

 유량(Q) = 단면적(A)×유속(v) = $\dfrac{\pi D^2}{4} \times V$

따라서 500,000m³/day×1day/24hr×1hr/3,600sec

$= \dfrac{\pi D^2}{4}(\text{m}^2) \times 2.0\text{m/sec}$

$\therefore D = \sqrt{\dfrac{4 \times 500,000\text{m}^3/\text{day} \times 1\text{day}/24\text{hr} \times 1\text{hr}/3,600\text{sec}}{\pi \times 2.0\text{m/sec}}}$

$= 1.92\text{m}$

51 다음 흡수장치 중 기체분산형은 어느 것인가?

㉮ plate tower   ㉯ spray tower
㉰ spray chamber   ㉱ venturi scrubber

풀이 기체분산형은 plate tower(판탑)이다.

52 반경 4.5cm, 길이 1.2m인 원통형 전기집진장치에서 가스 유속이 2.2m/sec이고, 먼지입자의 분리속도가 22m/sec일 때 집진율(%)은 얼마인가?

㉮ 98.%   ㉯ 99.1%
㉰ 99.5%   ㉱ 99.9%

풀이 $\eta = \left\{ 1 - \exp\dfrac{-2 \times We \times L}{R \times u} \right\} \times 100$

$\begin{bmatrix} \eta : \text{집진율(\%)} \\ We : \text{먼지 분리속도(m/sec)} \\ L : \text{길이(m)} \\ R : \text{반경(m)} \\ u : \text{가스의 유속(m/sec)} \end{bmatrix}$

따라서 $\eta = \left\{ 1 - e^{\frac{-2 \times 0.22\text{m/sec} \times 1.2\text{m}}{0.045\text{m} \times 2.2\text{m/sec}}} \right\} \times 100 = 99.52\%$

정답 49 ㉯   50 ㉰   51 ㉮   52 ㉰

53 아래 표는 전기로에 부설된 Bag filter의 유입구 및 유출구의 가스량과 먼지농도를 측정한 것이다. 먼지 통과율(%)은 얼마인가?

구분	유입구	유출구
가스량(Sm^3/h)	11.4	16.2
먼지농도(g/Sm^3)	13.25	1.24

㉮ 3.32%　　㉯ 6.65%
㉰ 10.3%　　㉱ 13.3%

풀이 통과율(P) = $\left\{\dfrac{C_o \times Q_o}{C_i \times Q_i}\right\} \times 100$

= $\left\{\dfrac{1.24 g/Sm^3 \times 16.2 Sm^3/hr}{13.25 g/Sm^3 \times 11.4 Sm^3/hr}\right\} \times 100$

= 13.30%

54 유해가스 처리를 위한 가열소각법에 대한 내용으로 틀린 것은 어느 것인가?

㉮ After burner법이라고도 하며, hydrocarbons, H_2, NH_3, HCN 등의 제거에 유용하다.
㉯ 오염기체의 농도가 낮을 경우 보조연료가 필요하며, 보통 경제적으로 오염가스의 농도가 연소하한치(LEL)의 50% 이상일 때 적합하다.
㉰ 보통 연소실 내의 온도는 1,200~1,500℃, 체류시간은 5~10초 정도로 설계하고 있다.
㉱ 그을음은 연료 중의 C/H비가 3 이상일 때 주로 발생되므로 수증기 주입으로 C/H비를 낮추면 해결 가능하다.

풀이 ㉰ 보통 연소실 내의 온도는 500~800℃, 체류시간은 0.2~0.8초 정도로 설계하고 있다.

55 프로판 $1Sm^3$을 공기비 1.1로 완전연소시켰을 때의 건연소가스량(Sm^3)은 얼마인가?

㉮ $18Sm^3$　　㉯ $21Sm^3$
㉰ $24Sm^3$　　㉱ $27Sm^3$

풀이 $C_3H_8 + 5O_2 \rightarrow 3CO_2 + 4H_2O$

G_d = (m-0.21)A_o+CO_2량 = (1.1-0.21) × $\dfrac{5}{0.21}$ + 3

= $24.19 Sm^3/Sm^3$

TIP 공기비(m)가 주어졌으므로 실제건연소가스량(G_d)이 된다.

56 다음 중 후드의 형식에 해당되지 않는 것은 어느 것인가?

㉮ diffusion type　　㉯ enclosure type
㉰ booth type　　㉱ receiving type

57 후드의 형식 및 설치 위치의 결정에 대한 내용으로 틀린 것은 어느 것인가?

㉮ 후드 개구의 바깥주변에 플랜지를 부착하면 후드 뒤쪽의 공기흡입을 유도할 수 있고, 그 결과 포착속도를 높일 수 있다.
㉯ 가능한 한 발생원을 모두 포위할 수 있는 포위식 또는 부스식을 선택한다.
㉰ 작업 또는 공정상 발생원을 포위할 수 없는 경우 외부식을 선택한다.
㉱ 오염물질의 발생상태를 조사한 결과 오염기류가 공정 또는 작업자체에 의해 일정방향으로 발생하고 있을 경우 레시버식을 선택한다.

정답 53 ㉱　54 ㉰　55 ㉰　56 ㉮　57 ㉮

풀이 ㉮ 후드 개구의 바깥주변에 플랜지를 부착하면 후드 뒤쪽의 공기흡입을 방지할 수 있고, 그 결과 포착속도를 높일 수 있다.

58 질소산화물(NO_x)의 억제방법으로 틀린 것은 어느 것인가?

㉮ 저산소 연소
㉯ 배출가스 재순환
㉰ 화로 내 물 또는 수증기 분무
㉱ 고온영역 생성촉진 및 긴불꽃연소를 통한 화염온도 증가

풀이 ㉱ 고온영역 감소 및 화염온도 감소

59 A 연료가스가 부피로 H_2 9%, CO 24%, CH_4 2%, CO_2 6%, O_2 3%, N_2 56%의 구성비를 갖는다. 이 기체 연료를 1기압 하에서 20%의 과잉공기로 연소시킬 경우 연료 $1Sm^3$당 요구되는 실제공기량(Sm^3)은 얼마인가?

㉮ $0.83Sm^3$ ㉯ $1Sm^3$
㉰ $1.68Sm^3$ ㉱ $1.98Sm^3$

풀이 $H_2 + 0.5O_2 \rightarrow H_2O$: 9%
$CO + 0.5O_2 \rightarrow CO_2$: 24%
$CH_4 + 2O_2 \rightarrow CO_2 + 2H_2O$: 2%
O_2 : 3%
실제공기량(A) = 공기비(m)×이론공기량(A_o)
$= 1.2 \times \dfrac{0.5 \times 0.09 + 0.5 \times 0.24 + 2 \times 0.02 - 0.03}{0.21}$
$= 1.0 Sm^3/Sm^3$

TIP
이론공기량(A_o)
$= \dfrac{\text{연소성분 연소시 필요한 산소량} - \text{연료의 산소량}}{0.21}$

60 자동차 배기가스 후처리기술 중 CO, HC, NO_x를 동시에 저감시키는 삼원촉매시스템에 대한 내용으로 틀린 것은 어느 것인가?

㉮ 실제 이론공연비를 중심으로 삼원촉매의 전환효율이 유지되는 공연비폭(window)이 있으며, 이 폭은 과잉공기율(λ)로는 1.5(λ = 1.0±0.25) 정도이며, A/F비로는 약 1.0(14.05~15.05) 범위이다.
㉯ 3성분을 동시에 저감시키기 위해서는 엔진이 공급되는 공기연료비가 이론공연비로 공급되어야 한다.
㉰ 촉매는 주로 백금과 로듐의 비가 5 : 1 정도로 사용된다.
㉱ Rh은 NO반응을, Pt은 주로 CO와 HC를 저감시키는 산화반응을 촉진시킨다.

| 제4과목 | 대기환경관계법규

61 대기환경보전법규상 환경부장관의 인정없이 방지시설을 거치지 아니하고 대기오염물질을 배출할 수 있는 공기조절장치를 설치할 경우 1차 행정처분기준으로 알맞은 것은 어느 것인가?

㉮ 경고
㉯ 조업정지 5일
㉰ 조업정지 10일
㉱ 허가취소 또는 폐쇄

풀이 ㉰ 조업정지 10일에 해당한다.

정답 58 ㉱ 59 ㉯ 60 ㉮ 61 ㉰

62 대기환경보전법규상 특정대기유해물질이 아닌 것은 어느 것인가?

㉮ 프로필렌 옥사이드
㉯ 염화비닐
㉰ 석면
㉱ 오존

풀이 ㉱ 오존은 특정대기유해물질이 아니다.

63 대기환경보전법규상 2016년 1월 1일 이후 제작자동차 중 휘발유를 사용하는 최고속도 130km/h 미만 이륜자동차의 배출가스 보증기간 적용기준으로 알맞은 것은 어느 것인가?

㉮ 2년 또는 20,000km
㉯ 5년 또는 50,000km
㉰ 6년 또는 100,000km
㉱ 10년 또는 192,000km

풀이 이륜자동차의 배출가스 보증기간 적용기준
① 최고속도 130km/h 미만인 경우 2년 또는 20,000km
② 최고속도 130km/h 이상인 경우 2년 또는 35,000km

64 대기환경보전법상 기후·생태계 변화 유발물질로 틀린 것은 어느 것인가?

㉮ 수소염화불화탄소
㉯ 육불화황
㉰ 일산화탄소
㉱ 염화불화탄소

풀이 기후·생태계 변화 유발물질은 이산화탄소, 메탄, 아산화질소, 수소불화탄소, 과불화탄소, 육불화황, 염화불화탄소, 수소염화불화탄소이다.

65 대기환경보전법규상 자동차 연료·첨가제 또는 촉매제의 검사를 받으려는 자는 자동차의 연료·첨가제 또는 촉매제 검사신청서에 시료 및 서류를 첨부하여 국립환경과학원장 등에게 제출해야 하는데, 다음 중 제출해야 할 시료 또는 서류로 틀린 것은 어느 것인가?

㉮ 검사용 시료
㉯ 검사시료의 화학물질 조성비율을 확인할 수 있는 성분분석서
㉰ 제품의 공정도(촉매제만 해당한다.)
㉱ 최소첨가비율을 확인할 수 있는 자료(촉매제만 해당한다.)

66 대기환경보전법규상 오존물질의 대기오염 경보단계별 발령기준 중 주의보의 발령기준으로 알맞은 것은 어느 것인가?

㉮ 기상조건 등을 고려하여 해당지역의 대기자동측정소 오존농도가 0.12ppm 이상인 때
㉯ 기상조건 등을 고려하여 해당지역의 대기자동측정소 오존농도가 0.5ppm 이상인 때
㉰ 기상조건 등을 고려하여 해당지역의 대기자동측정소 오존농도가 1.2ppm 이상인 때
㉱ 기상조건 등을 고려하여 해당지역의 대기자동측정소 오존농도가 1.5ppm 이상인 때

풀이 발령기준
① 주의보 : 0.12피피엠 이상
② 경보 : 0.3피피엠 이상
③ 중대경보 : 0.5피피엠 이상

정답 62 ㉱ 63 ㉮ 64 ㉰ 65 ㉱ 66 ㉮

67 대기환경보전법규상 시·도지사가 설치하는 대기오염 측정망의 종류로 틀린 것은 어느 것인가?

㉮ 도시지역의 대기오염물질 농도를 측정하기 위한 도시대기측정망
㉯ 도시지역의 휘발성유기화합물 등의 농도를 측정하기 위한 광화학대기오염물질측정망
㉰ 대기 중의 중금속 농도를 측정하기 위한 대기중금속측정망
㉱ 도로변의 대기오염물질 농도를 측정하기 위한 도로변대기측정망

[풀이] ㉯번은 수도권대기환경청장, 국립환경과학원장, 한국환경공단이 설치하는 대기오염 측정망이다.

68 대기환경보전법규상 위임업무의 보고사항 중 '수입자동차 배출가스 인증 및 검사현황'의 보고횟수 기준으로 알맞은 것은 어느 것인가?

㉮ 연 1회   ㉯ 연 2회
㉰ 연 4회   ㉱ 연 12회

[풀이] ㉰ 연 4회에 해당한다.

69 대기환경보전법규상 석유정제 및 석유화학제품 제조업 제조시설의 휘발성유기화합물 배출 억제·방지시설 설치 등에 관한 기준으로 틀린 것은 어느 것인가?

㉮ 중간집수조에서 폐수처리장으로 이어지는 하수구(Sewer line)는 검사를 위해 대기 중으로 개방되어야 하며, 금·틈새 등이 발견되는 경우에는 30일 이내에 이를 보수하여야 한다.
㉯ 휘발성유기화합물을 배출하는 폐수처리장의 집수조는 대기오염공정시험방법(기준)에서 규정하는 검출불가능 누출농도 이상으로 휘발성유기화합물이 발생하는 경우에는 휘발성유기화합물을 80퍼센트 이상의 효율로 억제·제거할 수 있는 부유지붕이나 상부덮개를 설치·운영하여야 한다.
㉰ 압축기는 휘발성유기화합물의 누출을 방지하기 위한 개스킷 등 봉인장치를 설치하여야 한다.
㉱ 개방식 밸브나 배관에는 뚜껑, 브라인드프렌지, 마개 또는 이중밸브를 설치하여야 한다.

[풀이] ㉮ 중간집수조에서 폐수처리장으로 이어지는 하수구(Sewer line)는 검사를 위해 대기 중으로 개방되어서는 아니되며, 금·틈새 등이 발견되는 경우에는 15일 이내에 이를 보수하여야 한다.

정답 67 ㉯   68 ㉰   69 ㉮

70 대기환경보전법규상 자동차연료 제조 기준 중 휘발유에서 규정하고 있는 제조 기준항목으로 틀린 것은 어느 것인가?

㉮ 방향족화합물 함량(부피%)
㉯ 황함량(ppm)
㉰ 윤활성(μm)
㉱ 증기압(kPa, 37.8℃)

[풀이] ㉰ 윤활성(μm)은 경유에 해당한다.

71 다중이용시설 등의 실내공기질 관리법 규상 '도서관·박물관 및 미술관'의 총 휘발성유기 화합물(μg/m³)의 실내공기질 권고기준으로 알맞은 것은 어느 것인가? (단, 총휘발성유기화합물의 정의는 「환경분야 시험·검사 등에 관한 법률」에 따른 환경오염공정시험 기준에서 정한다.)

㉮ 100 이하   ㉯ 400 이하
㉰ 500 이하   ㉱ 1,000 이하

72 대기환경보전법규상 전기만을 동력으로 사용하는 자동차의 1회 충전주행거리가 160km 이상인 자동차는 제 몇 종 자동차에 해당하는가?

㉮ 제1종   ㉯ 제2종
㉰ 제3종   ㉱ 제4종

[풀이] 충전거리에 따라 구분
① 1종 : 80km 미만
② 2종 : 80km 이상 160km 미만
③ 3종 : 160km 이상

73 악취방지법규상 2006년 1월 1일부터 적용되고 있는 악취배출시설의 규모기준에 해당하지 않는 것은?

㉮ 시간당 10톤 이상의 아스팔트제품을 제조 또는 재생하는 시설
㉯ 도축시설이나 고기 가공·저장처리 시설의 면적이 200m² 이상인 시설
㉰ 폐수발생량 5m³/일 이상인 동·식물성 유지 제조시설
㉱ 용적 합계 2m³ 이상의 세모·부잠 공정을 포함하는 제사 및 방적시설

74 대기환경보전법규상 자동차연료 제조기준 중 경유의 황함량 기준으로 알맞은 것은 어느 것인가? (단, 기타의 경우는 고려하지 않음)

㉮ 10ppm 이하   ㉯ 20ppm 이하
㉰ 30ppm 이하   ㉱ 50ppm 이하

[풀이] 경유의 황함량 기준은 10ppm 이하이다.

75 다중이용시설 등의 실내공기질 관리법규상 실내공간 오염물질로 틀린 것은 어느 것인가?

㉮ 아황산가스(SO_2)
㉯ 일산화탄소(CO)
㉰ 폼알데하이드(HCHO)
㉱ 이산화탄소(CO_2)

[풀이] 실내공간오염물질로는 미세먼지(PM-10), 이산화탄소, 폼알데하이드, 총부유세균, 일산화탄소, 이산화질소, 라돈, 휘발성유기화합물, 석면, 오존, 초미세먼지(PM-2.5), 곰팡이, 벤젠, 톨루엔, 에틸벤젠, 톨루엔, 스티렌이다.

정답 70 ㉰ 71 ㉰ 72 ㉰ 73 ㉮ 74 ㉮ 75 ㉮

76 대기환경보전법규상 경유를 연료로 하는 자동차연료 제조기준으로 틀린 것은 어느 것인가?

㉮ 10% 잔류 탄소량(%) : 0.15 이하
㉯ 밀도 @15℃(kg/m³) : 815 이상 835 이하
㉰ 다환 방향족(무게%) : 5 이하
㉱ 윤활성(μm) : 560 이하

[풀이] ㉱ 윤활성(μm) : 400 이하

77 대기환경보전법령상 배출허용기준초과와 관련하여 개선명령을 받은 사업자는 시·도지사에게 그 명령을 받은 날부터 며칠 이내에 개선계획서를 제출하여야 하는가?

㉮ 7일 이내   ㉯ 10일 이내
㉰ 15일 이내   ㉱ 30일 이내

78 대기환경보전법령상 초과부과금 산정 시 적용되는 오염물질 1킬로그램당 부과금액이 다음 중 가장 적은 물질은 어느 것인가?

㉮ 먼지   ㉯ 황산화물
㉰ 암모니아   ㉱ 이황화탄소

[풀이] 오염물질 1킬로그램당 부과금액
㉮ 먼지 : 770원
㉯ 황산화물 : 500원
㉰ 암모니아 : 1,400원
㉱ 이황화탄소 : 1,600원

79 대기환경보전법규상 한국환경공단이 환경부장관에게 보고해야 할 위탁업무 보고사항 중 '자동차배출가스 인증생략 현황'의 ① 보고횟수 및 ② 보고기일 기준으로 알맞은 것은 어느 것인가?

㉮ ① 연 1회, ② 다음 해 1월 15일까지
㉯ ① 연 2회, ② 매 반기 종료 후 15일 이내
㉰ ① 연 4회, ② 매 분기 종료 후 15일 이내
㉱ ① 수시, ② 해당사항 발생 후 15일 이내

80 대기환경보전법령상 대기오염물질발생량의 합계가 연간 13톤인 사업장은 사업장 분류 기준 중 몇 종 사업장에 해당하는가?

㉮ 2종사업장   ㉯ 3종사업장
㉰ 4종사업장   ㉱ 5종사업장

[풀이] ㉯ 3종 사업장에 해당한다.

정답 76 ㉱ 77 ㉰ 78 ㉯ 79 ㉯ 80 ㉯

2017년 1회 대기환경산업기사

2017년 3월 5일 시행

| 제1과목 | 대기오염개론

01 다음 중 2차 대기오염물질로 틀린 것은 어느 것인가?

㉮ NaCl ㉯ H_2O_2
㉰ PAN ㉱ SO_3

[풀이] ㉮ NaCl(염화나트륨)은 1차 대기오염물질이다.

02 지상 10m에서의 풍속이 5m/s라면 지상 50m에서의 풍속(m/s)은 얼마인가?
(단, Deacon식 적용, 대기는 심한 역전상태이며, P = 0.4이다.)

㉮ 8.5 ㉯ 9.5
㉰ 10.5 ㉱ 11.5

[풀이]
$$u_2 \text{ m/sec} = u_1 \text{ m/sec} \times \left(\frac{H_2}{H_1}\right)^P$$
$$= 5\text{m/sec} \times \left(\frac{50\text{m}}{10\text{m}}\right)^{0.4}$$
$$= 9.52\text{m/sec}$$

03 최근 문제시 되고 있는 석면에 대한 내용으로 틀린 것은 어느 것인가?

㉮ 석면은 자연계에서 산출되는 길고, 가늘고, 강한 섬유상 물질이다.
㉯ 석면에 폭로되어 중피종이 발생되기까지의 기간은 일반적으로 폐암보다는 긴 편이나 20년 이하에서 발생하는 예도 있다.
㉰ 석면은 절연성의 성질을 가지고, 화학적 불활성이 요구되는 곳에 사용될 수 있다.
㉱ 석면의 유해성은 백석면이 청석면보다 강하다.

[풀이] ㉱ 석면의 유해성은 청석면이 백석면보다 강하다.

정답 01 ㉮ 02 ㉯ 03 ㉱

04 다음 역전현상에 관한 내용으로 틀린 것은 어느 것인가?

㉮ 대류권 내에서 온도는 높이에 따라 감소하는 것이 보통이나 경우에 따라 역으로 높이에 따라 온도가 높아지는 층을 역전층이라고 한다.
㉯ 침강역전은 저기압의 중심부분에서 기층이 서서히 침강하면서 발생하는 현상으로 좁은 범위에 걸쳐서 단기간 지속된다.
㉰ 복사역전은 일출직전에 하늘이 맑고 바람이 적을 때 가장 강하게 형성된다.
㉱ LA스모그는 침강역전, 런던스모그는 복사역전과 관계가 있다.

풀이 ㉯ 침강역전은 고기압의 중심부분에서 기층이 서서히 침강하면서 발생하는 현상으로 넓은 범위에 걸쳐서 장기간 지속된다.

05 염화수소의 주요 배출관련 업종으로 틀린 것은 어느 것인가?

㉮ 냉동공장   ㉯ 금속제련
㉰ 쓰레기소각장   ㉱ 플라스틱 공장

풀이 ㉮ 냉동공장에서는 암모니아(NH_3)가 발생한다.

06 다음 국제협약 중 질소산화물 배출량 또는 국가간 이동량의 최저 30% 삭감에 관한 국가간 장거리 이동 대기오염조약의 의정서(협약)에 해당하는 것은 어느 것인가?

㉮ 몬트리올의정서   ㉯ 런던협약
㉰ 오슬로협약   ㉱ 소피아의정서

풀이 ㉱ 소피아의정서에 대한 설명이다.

07 지상으로부터 500m까지의 평균 기온감률은 −1.3℃/100m이다. 100m 고도의 기온이 20℃라 하면 고도 300m에서의 기온(℃)은 얼마인가?

㉮ 14.7℃   ㉯ 15.8℃
㉰ 16.2℃   ㉱ 17.4℃

풀이 기온(℃) = 20℃ − $\left\{\dfrac{1.3℃}{100m} \times (300m-100m)\right\}$
= 17.4℃

08 다음 (   )안에 알맞은 것은 어느 것인가?

(   )이란 적도무역풍이 평년보다 강해지며, 서태평양의 해수면과 수온이 평년보다 상승하게 되고, 찬해수의 용승현상 때문에 적도 동태평양에서 저수온 현상이 강화되어 나타나는 현상으로, 해수면의 온도가 6개월 이상 0.5℃ 이상 낮은 현상이 지속되는 것을 말한다.

㉮ 엘니뇨 현상   ㉯ 사헬 현상
㉰ 라니냐 현상   ㉱ 헤들리셀 현상

풀이 ㉰ 라니냐 현상에 대한 설명이다.

정답 04 ㉯ 05 ㉮ 06 ㉱ 07 ㉱ 08 ㉰

09 다음 설명과 관련된 복사법칙으로 알맞은 것은 어느 것인가?

> 흑체표면의 단위면적으로부터 단위시간에 방출되는 전파장의 복사에너지의 양(흑체의 전복사도) E는 흑체의 절대온도 4승에 비례한다.

㉮ 플랑크의 법칙
㉯ 비인의 법칙
㉰ 스테판 - 볼쯔만의 법칙
㉱ 알베도의 법칙

풀이 ㉰ 스테판 - 볼쯔만의 법칙에 대한 설명이다.

10 가시도(Visibility)에 대한 내용으로 틀린 것은 어느 것인가?

㉮ 빛의 흡수와 분산으로 가시도가 감소한다.
㉯ 가시거리는 습도에 의하여 크게 영향을 받는다.
㉰ COH(coefficient of haze)는 깨끗한 여과지에 먼지를 모아 빛전달율의 감소를 측정함으로써 결정된다.
㉱ 강도가 I인 빛으로 X거리에서 조명하여 dx 거리를 통과하는 동안 흡수와 분산으로 빛의 강도가 dI만큼 감소할 때 $dI = \sigma(I)^2/(dx)^2$ 이다.(σ : 소광계수)

11 특정물질의 종류와 그 화학식의 연결로 옳지 않은 것은?

㉮ CFC-214 : $C_3F_4Cl_4$
㉯ Halon-2402 : $C_2F_4Cl_4$
㉰ HCFC-133 : CH_3F_3Cl
㉱ HCFC-222 : $C_3HF_2Cl_5$

풀이 ㉰ HCFC-133 : $C_2H_2F_3Cl$

12 도시대기에서 하루 중 최고 농도가 가장 빠른 시간에 나타나는 물질은 어느 것인가?

㉮ NO   ㉯ NO_2
㉰ O_3 ㉱ HNO_3

풀이 도시대기에서 하루 중 최고 농도가 가장 빠른 시간에 나타나는 물질은 1차성 물질인 일산화질소(NO)이다.

13 바람장미(wind rose)에 기록되는 내용으로 틀린 것은 어느 것인가?

㉮ 풍향   ㉯ 풍속
㉰ 풍압   ㉱ 무풍률

풀이 바람장미(풍배도)에 기록되는 내용으로는 풍향, 풍속, 무풍률, 지속도 등이다.

정답 09 ㉰ 10 ㉱ 11 ㉰ 12 ㉮ 13 ㉰

14 연소과정에서 방출되는 NO_x 배출가스 중 $NO : NO_2$의 개략적인 비는 얼마 정도인가?

㉮ 5 : 95   ㉯ 20 : 80
㉰ 50 : 50   ㉱ 90 : 10

풀이 $NO : NO_2$의 개략적인 비는 90 : 10 정도이다.

15 다음 중 인체의 폐포 침착율이 가장 큰 입경 범위는 어느 것인가?

㉮ 0.001~0.01μm   ㉯ 0.01~0.1μm
㉰ 0.1~1.0μm   ㉱ 10~50μm

풀이 인체의 폐포 침착율이 가장 큰 입경 범위는 0.1~1.0μm이다.

16 굴뚝 유효고도가 75m에서 100m로 높아졌다면 굴뚝의 풍하측 중심축상 지상최대오염농도는 75m일 때의 것과 비교하면 몇 %가 되겠는가? (단, sutton의 확산 관련식을 이용하시오.)

㉮ 약 25%   ㉯ 약 56%
㉰ 약 75%   ㉱ 약 88%

풀이 지상최대오염농도$(C_{max}) = \dfrac{1}{He^2}$

따라서, 지상최대오염농도(%) = $\dfrac{\dfrac{1}{(100m)^2}}{\dfrac{1}{(75m)^2}} \times 100$

= 56.25%

17 다음 특정물질 중 오존 파괴지수가 가장 큰 물질은 어느 것인가?

㉮ $CHFCl_2$ ㉯ CF_2BrCl
㉰ $CHFClCF_3$ ㉱ CHF_2Br

풀이 오존 파괴지수(ODP)
㉮ $CHFCl_2$: 0.04
㉯ CF_2BrCl : 3.0
㉰ $CHFClCF_3$: 0.022

18 공기역학직경(aerodynamic diameter)의 정의로 알맞은 것은 어느 것인가?

㉮ 원래의 먼지와 침강속도가 동일하며, 밀도가 1g/cm³인 구형입자의 직경
㉯ 원래의 먼지와 밀도 및 침강속도가 동일한 구형입자의 직경
㉰ 먼지의 한쪽 끝 가장자리와 다른 쪽 끝 가장자리 사이의 거리
㉱ 먼지의 면적과 동일한 면적을 갖는 원의 직경

풀이 공기역학직경은 원래의 먼지와 침강속도가 동일하며, 밀도가 1g/cm³인 구형입자의 직경이다.

19 대기오염 물질과 지표식물의 연결로 틀린 것은 어느 것인가?

㉮ SO_2 - 알팔파
㉯ HF - 글라디올러스
㉰ O_3 - 담배
㉱ CO - 강낭콩

풀이 ㉱ CO는 지표식물은 존재하지 않고, 지표동물로 카나리아가 있다.

정답 14 ㉱ 15 ㉰ 16 ㉯ 17 ㉯ 18 ㉮ 19 ㉱

20 인위적인 원인에 의한 시정장애와 관련된 현상과 물질에 관한 내용으로 틀린 것은 어느 것인가?

㉮ 시정장애현상의 직접적인 원인은 주로 미세먼지 때문이다.
㉯ 시정장애는 특히 0.01~0.1μm 크기의 미세먼지들에 의한 빛의 산란 및 흡수현상이다.
㉰ 대부분 대기 중에서 1차 오염물질들이 서로 반응, 응축, 응집하여 생성, 성장하기 때문에 2차 오염물질이라고 불린다.
㉱ 이들 2차 오염물질의 입경분포, 화학성분, 수분함량 등의 여러 인자들이 시정장애 현상에 영향을 미친다.

풀이 ㉯ 시정장애는 특히 0.1~1.0μm 크기의 미세먼지들에 의한 빛의 산란 및 흡수현상이다.

| 제2과목 | 대기오염공정시험기준

---

21 이론단수가 1,600인 분리관이 있다. 보유시간이 10분인 봉우리의 좌우 변곡점에서 접선이 자르는 바탕선의 길이(mm)는 얼마인가? (단, 기록지 이동속도는 5mm/min, 이론단수는 모든 성분에 대하여 같다.)

㉮ 1mm   ㉯ 2mm
㉰ 5mm   ㉱ 10mm

풀이
$$n = 16 \times \left(\frac{tR}{w}\right)^2$$

┌ n : 이론단수
├ tR : 기록지의 이동속도(mm/min)
└ w : 봉우리의 폭(mm)

따라서 $1600 = 16 \times \left(\frac{5mm/min \times 10min}{w}\right)^2$

∴ W = 5mm

TIP
tR = 기록지 이동속도(mm/min)×보유시간(min)

---

22 대기오염공정시험기준상 환경대기 중의 먼지 측정에 적용 가능한 시험방법으로 틀린 것은 어느 것인가?

㉮ 고용량 공기시료채취기법
㉯ 저용량 공기시료채취기법
㉰ 오존전구물질-자동측정법
㉱ 베타선법

풀이 환경대기 중의 먼지 측정에 적용 가능한 시험방법으로는 고용량 공기시료채취기법, 저용량 공기시료채취기법, 베타선법이 있다.

---

23 반자동식 측정법으로 굴뚝 배출가스 중 먼지측정 시 굴뚝의 지름이 2.5m의 원형굴뚝의 측정점수는 얼마인가?

㉮ 4   ㉯ 8
㉰ 12   ㉱ 16

풀이 직경이 2.5m이면 반경구분수는 3이고 측정점수는 12이다.

TIP

굴뚝직경(m)	반경구분수	측정점수
1 이하	1	4
1 초과 2 이하	2	8
2 초과 4 이하	3	12
4 초과 4.5 이하	4	16
4.5 초과	5	20

정답 20 ㉯ 21 ㉰ 22 ㉰ 23 ㉰

24 A 굴뚝내 배출가스의 유속을 피토관으로 측정한 결과 동압이 25mmH$_2$O였고, 온도가 211℃였다면 이 때 굴뚝내 배출가스의 유속(m/sec)은 얼마인가? (단, 표준상태에서 배출가스의 밀도 : 1.3kg/Sm^3, 피토관 계수 : 0.98, 기타 조건은 같다고 가정함.)

㉮ 18.6m/s ㉯ 20.4m/s
㉰ 22.8m/s ㉱ 25.3m/s

풀이
$$V = C \times \sqrt{\frac{2gh}{r}}$$

$\begin{bmatrix} V : 유속(m/sec) \\ C : 피토관계수 \\ g : 중력가속도(9.8m/sec^2) \\ h : 동압(mmH_2O) \\ r : 밀도(kg/m^3) \end{bmatrix}$

따라서 $V = 0.98 \times \sqrt{\dfrac{2 \times 9.8 m/sec^2 \times 25 mmH_2O}{1.3 kg/Sm^3 \times \dfrac{273}{273+211℃}}}$

= 25.33m/sec

25 대기오염공정시험기준상 따로 규정이 없을 경우 사용하는 시약의 규격으로 틀린 것은 어느 것인가?

	명칭	농도(%)	비중(약)
①	아세트산	99.0% 이상	1.05
②	과산화수소	30.0~35.0	1.11
③	아이오드화수소산	28.0~30.0	0.90
④	과염소산	60.0~62.0	1.54

㉮ ① ㉯ ②
㉰ ③ ㉱ ④

풀이 ㉰ ③ 아이오드화수소산 - 농도 : 55.0~58.0
- 비중 : 1.70

26 굴뚝 배출가스 중 사이안화수소를 자외선/가시선분광법-4-피리딘카복실산-피라졸론법으로 분석하는 방법에 대한 설명으로 틀린 것은?

㉮ 정량범위는 0.05ppm~8.61ppm이다.
㉯ 538nm 부근의 흡광도를 측정한다.
㉰ 배출가스 중 염소 등의 산화성가스가 공존하면 영향을 받는다.
㉱ 흡수액은 수산화소듐용액(20g/L)이다.

풀이 ㉯ 638nm 부근의 흡광도를 측정한다.

27 기체크로마토그래피에서 1, 2 시료의 분석치가 다음과 같을 때 분리계수는 얼마인가?

- 봉우리 1의 보유시간 : 3분
- 봉우리 2의 보유시간 : 5분
- 봉우리 1의 폭 : 35초
- 봉우리 2의 폭 : 44초

㉮ 1.7 ㉯ 2.5
㉰ 3.0 ㉱ 4.4

풀이 $d = \dfrac{tR_2}{tR_1}$

$\begin{bmatrix} d : 분리계수 \\ tR_1 : 봉우리 1의 보유시간 \\ tR_2 : 봉우리 2의 보유시간 \end{bmatrix}$

따라서 $d = \dfrac{5분}{3분} = 1.67$

정답 24 ㉱ 25 ㉰ 26 ㉯ 27 ㉮

28 다음 중 냉증기-원자흡수분광광도법을 사용하여 분석하는 오염물질은 어느 것인가?

㉮ 카드뮴화합물 ㉯ 불소화합물
㉰ 수은화합물 ㉱ 페놀화합물

풀이 냉증기-원자흡수분광광도법을 사용하여 분석하는 오염물질은 수은화합물이다.

29 굴뚝 배출가스 중 산소를 자기식(자기력)으로 측정하는 방법에 대한 설명으로 틀린 것은?

㉮ 체적자화율이 큰 가스(일산화질소, NO)의 영향을 무시할 수 있는 경우에 적용한다.
㉯ 상자성체인 산소분자가 자계 내에서 자기화 될 때 생기는 흡인력을 이용한다.
㉰ 측정범위는 1% ~ 15.0% 이하로 한다.
㉱ 덤벨형 방식과 압력검출형 방식이 있다.

풀이 측정범위는 0% ~ 10.0% 이하로 한다.

30 굴뚝 배출가스 내의 산소측정방법 중 덤벨형(Dumb-Bell)자기력 분석계의 구성장치에 대한 내용으로 틀린 것은 어느 것인가?

㉮ 측정셀은 시료 유통실로서 자극사이에 배치하여 덤벨 및 불균형 자계발생 자극편을 내장한 것이다.
㉯ 덤벨은 자기화율이 큰 석영 등으로 만들어진 중공의 구체를 막대 양 끝에 부착한 것으로 알곤을 봉입한 것이다.
㉰ 자극편은 외부로부터 영구자석에 의하여 자기화되어 불균등 자장을 발생

하는 것이다.
㉱ 피드백코일은 편위량을 없애기 위하여 전류에 의하여 자기를 발생시키는 것으로 일반적으로 백금선이 이용된다.

풀이 ㉯ 덤벨은 자기화율이 적은 석영 등으로 만들어진 중공의 구체를 막대 양 끝에 부착한 것으로 질소 또는 공기를 봉입한 것이다.

31 아래의 시료가스 채취장치에서 B와 C의 명칭으로 가장 알맞은 것은 어느 것인가?

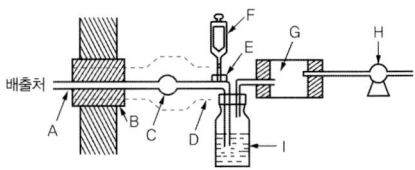

㉮ B : 보온재, C : 건조재
㉯ B : 보온재, C : 여과지
㉰ B : 여과지, C : 보온재
㉱ B : 여과지, C : 건조재

32 굴뚝 배출가스 내의 브로민화합물 분석방법 중 자외선가시선분광법에서 사용되는 흡수액으로 알맞은 것은 어느 것인가?

㉮ 수산화소듐용액(4g/L)
㉯ 과망간산포타슘(질량분율 0.4%)용액
㉰ 염산(1+1)용액
㉱ 과산화수소수(3%)용액

풀이 브로민화합물의 흡수액은 수산화소듐용액(4g/L)이다.

TIP 수산화소듐 = 수산화나트륨 = NaOH

정답 28 ㉰ 29 ㉰ 30 ㉯ 31 ㉯ 32 ㉮

33 굴뚝 배출가스 중의 SO_2 량이 2,286 mg/Sm^3 일 때, ppm으로 환산한 값은 얼마인가? (단, 표준상태 기준)

㉮ 약 300ppm ㉯ 약 800ppm
㉰ 약 1,200ppm ㉱ 약 6,530ppm

▎풀이

$$SO_2 ppm = \frac{2,286mg}{Sm^3} \times \frac{22.4mL}{64mg} = 800.1 ppm$$

TIP
① ppm = mL/Sm^3
② SO_2 1mol $\begin{cases} 64mg \\ 22.4mL \end{cases}$

34 굴뚝 배출가스 중 벤젠을 측정하는 기체크로마토그래피에 대한 설명으로 틀린 것은?

㉮ 시료채취방법에는 흡착관을 이용하는 방법과 시료주머니를 이용하는 방법이 있다.
㉯ 정량범위는 0.10ppm~2,500ppm이다.
㉰ 운반기체로는 99.999% 이상의 수소 혹은 헬륨을 사용한다.
㉱ 검출기는 불꽃이온화검출기를 사용한다.

▎풀이 ㉰ 운반기체로는 99.999% 이상의 질소 혹은 헬륨을 사용한다.

35 배출가스 중 불꽃이온화기를 이용한 총탄화수소 분석에 사용되는 용어 및 설명으로 틀린 것은 어느 것인가?

㉮ 배출 가스 중 이산화탄소(CO_2), 수분이 존재한다면 양의 오차를 가져올 수 있다. 단, 이산화탄소(CO_2), 수분의 퍼센트(%) 농도의 곱이 100을 초과하지 않는다면 간섭은 없는 것으로 간주한다.
㉯ 총탄화수소 분석부는 총탄화수소 농도를 감지하고, 농도에 비례하는 출력을 발생하는 부분을 말한다.
㉰ 반응시간은 오염물질 농도의 단계변화에 따라 최종값의 100%에 도달하는 시간으로 한다.
㉱ 수분트랩 안에 유기성 입자상 물질이 존재한다면 양의 오차를 가져올 수 있다.

▎풀이 ㉰ 반응시간은 오염물질 농도의 단계변화에 따라 최종값의 90%에 도달하는 시간으로 한다.

36 기체-액체 크로마토그래피에서 고정상 액체의 구비조건으로 알맞은 것은 어느 것인가?

㉮ 사용온도에서 증기압이 낮고, 점성이 작은 것이어야 한다.
㉯ 사용온도에서 증기압이 낮고, 점성이 큰 것이어야 한다.
㉰ 사용온도에서 증기압이 높고, 점성이 작은 것이어야 한다.
㉱ 사용온도에서 증기압이 높고, 점성이 큰 것이어야 한다.

정답 33 ㉯ 34 ㉰ 35 ㉰ 36 ㉮

37 휘발성 유기화합물(VOCs) 누출확인방법에 사용 되는 측정기기의 규격, 성능기준 요구 사항으로 틀린 것은 어느 것인가?

㉮ 기기의 응답시간은 30초보다 작거나 같아야 한다.
㉯ 교정정밀도는 교정용 가스값의 10% 보다 작거나 같아야 한다.
㉰ 기기의 계기눈금은 최소한 표시된 누출농도의 ±10%를 읽을 수 있어야 한다.
㉱ 기기는 펌프를 내장하고 있어야 하고 일반적으로 시료유량은 0.5~3L/min 이다.

[풀이] ㉰ 기기의 계기눈금은 최소한 표시된 누출농도의 ±5%를 읽을 수 있어야 한다.

38 물질의 파쇄, 선별, 퇴적, 이적, 기타 기계적 처리 또는 연소, 합성분해 시 굴뚝에서 배출되는 먼지를 측정하는 방법에 관한 설명으로 틀린 것은 어느 것인가?

㉮ 반자동식 채취기에 의한 방법으로써 먼지가 채취된 여과지를 110±5℃에서 충분히(1-3시간) 건조시켜 부착수분을 제거한 후 먼지의 질량농도를 계산한다.
㉯ 반자동식 채취기에 의한 방법으로써 배연탈황시설과 황산미스트에 의해서 먼지농도가 영향을 받은 경우에는 여과지를 135℃ 이상에서 3시간 이상 건조시킨 후 먼지농도를 계산한다.
㉰ 측정공은 측정위치로 선정된 굴뚝 벽면에 내경 100~150mm 정도로 설치하고 측정시 이외에는 마개를 막아 밀폐하고 측정시에도 흡입관 삽입 이외의 공간은 공기가 새지 않도록 밀폐되어야 한다.
㉱ 굴뚝 단면적이 0.25m² 이하로 소규모 원형 굴뚝인 경우에는 그 굴뚝 단면의 중심을 대표점으로 하여 1점만 측정한다.

[풀이] ㉯ 반자동식 채취기에 의한 방법으로써 배연탈황시설과 황산미스트에 의해서 먼지농도가 영향을 받은 경우에는 여과지를 160℃ 이상에서 4시간 이상 건조시킨 후 먼지농도를 계산한다.

39 굴뚝 배출가스 중 폼알데하이드 및 알데하이드류의 분석방법으로 틀린 것은 어느 것인가?

㉮ Methyl Ethyl Ketone법
㉯ 고성능액체크로마토크래피법
㉰ 크로모트로핀산 자외선/가시선분광법
㉱ 아세틸아세톤 자외선/가시선분광법

[풀이] 폼알데하이드 및 알데하이드류의 분석방법으로는 고성능액체크로마토크래피법, 크로모트로핀산 자외선/가시선분광법, 아세틸아세톤 자외선/가시선분광법이 있다.

40 다음 오염물질과 그 측정방법의 연결이 틀린 것은?

㉮ 플루오로 : 이온선택전극법
㉯ 질소산화물 : 아연환원나프틸에틸렌다이아민법
㉰ 브로민화합물 : 질산토륨-네오트린법
㉱ 벤젠 : 기체크로마토그래피

[풀이] 브로민화합물의 분석방법으로는 자외선/가시선분광법과 적정법이 있다.

정답 37 ㉰ 38 ㉯ 39 ㉮ 40 ㉰

| 제3과목 | 대기오염방지기술

41 아래 그림은 다음 중 어떤 집진장치에 해당하는가?

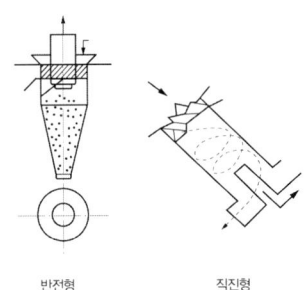

반전형   직진형

㉮ 중력집진장치
㉯ 관성력집진장치
㉰ 원심력집진장치
㉱ 전기집진장치

[풀이] ㉰ 원심력집진장치의 그림이다.

42 중량조성이 탄소 85%, 수소 15%인 액체연료를 매시 100kg 연소한 후 배출가스를 분석하였더니 분석치가 CO_2 12.5%, CO 3%, O_2 3.5%, N_2 81% 이었다. 이 때 매시간당 필요한 공기량(Sm^3/hr)은 얼마인가?

㉮ 약 13   ㉯ 약 157
㉰ 약 657   ㉱ 약 1,271

[풀이] ① 공기비(m)

$$= \frac{N_2(\%)}{N_2(\%) - 3.76 \times (O_2(\%) - 0.5 \times CO(\%))}$$

$$= \frac{81\%}{81\% - 3.76 \times (3.5\% - 0.5 \times 3\%)} = 1.1023$$

② 이론공기량(A_o)

$$= 8.89C + 26.67(H - \frac{O}{8}) + 3.33S (Sm^3/kg)$$

$$= 8.89 \times 0.85 + 26.67 \times 0.15$$

$$= 11.557 Sm^3/kg$$

③ 필요한 공기량(Sm^3/hr)
= 공기비(m)×이론공기량(A_o)×연료량(kg/hr)
= 1.1023×11.557Sm^3/kg×100kg/hr
= 1273.93Sm^3/hr

43 연료의 성질에 대한 내용 중 틀린 것은 어느 것인가?

㉮ 휘발분의 조성은 고탄화도 역청탄에서는 탄화수소가스 및 타르 성분이 많아 발열량이 높다.
㉯ 석탄의 탄화도가 저하하면 탄화수소가 감소하며 수분과 이산화탄소가 증가하여 발열량은 낮아진다.
㉰ 고정탄소는 수분과 이산화탄소의 합을 100에서 제외한 값이다.
㉱ 고정탄소와 휘발분의 비를 연료비라 한다.

[풀이] ㉰ 고정탄소는 수분과 회분과 휘발분의 합을 100에서 제외한 값이다.

44 총집진효율 90%를 요구하는 A 공장에서 50% 효율을 가진 1차 집진장치를 이미 설치하였다. 이 때 2차 집진장치는 몇 % 효율을 가진 것이어야 하는가? (단, 장치 연결은 직렬 조합 기준)

㉮ 70%   ㉯ 75%
㉰ 80%   ㉱ 85%

[풀이] $\eta_T = 1 - (1-\eta_1) \times (1-\eta_2)$
$0.90 = 1 - (1-0.50) \times (1-\eta_2)$
∴ $\eta_2 = 0.80$ 따라서 80%

정답 41 ㉰ 42 ㉱ 43 ㉰ 44 ㉰

45 집진장치에서 후드(Hood)의 일반적인 흡입요령으로 틀린 것은 어느 것인가?

㉮ 후드를 발생원에 근접시킨다.
㉯ 국부적인 흡입 방식을 택한다.
㉰ 충분한 포착속도를 유지한다.
㉱ 후드의 개구면적을 크게 한다.

풀이 ㉱ 후드의 개구면적을 작게 한다.

46 공기비가 작을 경우 연소실 내에서 발생될 수 있는 상황으로 알맞은 것은 어느 것인가?

㉮ 가스의 폭발위험과 매연발생이 크다.
㉯ 배기가스 중 NO_2 양이 증가한다.
㉰ 부식이 촉진된다.
㉱ 연소온도가 낮아진다.

풀이 ㉯·㉰·㉱번은 공기비가 큰 경우에 해당한다.

47 다음 연료 중 황(S)성분의 함량 순서로 알맞은 것은 어느 것인가?

㉮ 중유 > 경유 > 등유 > 휘발유 > LPG
㉯ 중유 > 등유 > 경유 > 휘발유 > LPG
㉰ 중유 > 석탄 > 등유 > 경유 > 휘발유
㉱ 석탄 > 중유 > 등유 > 경유 > 휘발유

풀이 황(S)성분의 함량 순서는 중유 > 경유 > 등유 > 휘발유 > LPG 이다.

48 다음 악취물질 중 "자극적이며, 새콤하고 타는 듯한 냄새"를 가지는 물질은 어느 것인가?

㉮ CH_3SH
㉯ $(CH_3)_2CH_2CHO$
㉰ CH_3SSCH_3
㉱ $(CH_3)_2S$

풀이 ㉯ $(CH_3)_2CH_2CHO$에 대한 설명이다.

49 다음 중 액화석유가스(LPG)에 대한 내용으로 틀린 것은 어느 것인가?

㉮ 천연가스에서 회수되기도 하지만 대부분은 석유정제시 부산물로 얻어진다.
㉯ 보통 LNG보다 발열량이 낮으며, 착화온도는 200~250℃ 이다.
㉰ 비중이 공기보다 무거워 누출될 경우, 인화·폭발성의 위험이 있다.
㉱ 액체에서 기체로 될 때, 증발열이 있으므로 사용하는데 유의할 필요가 있다.

풀이 ㉯ LNG(액화천연가스)의 발열량은 10,000kcal/Sm^3이고, LPG(액화석유가스)의 발열량은 26,000kcal/Sm^3이다.

정답 45 ㉱ 46 ㉮ 47 ㉮ 48 ㉯ 49 ㉯

50 연소배출가스가 4,000Sm³/h인 굴뚝에서 정압을 측정하였더니 20mmH₂O였다. 여유율 20%인 송풍기를 사용할 경우 필요한 소요동력(kW)은 얼마인가? (단, 송풍기 정압효율은 80%, 전동기 효율은 70%이다.)

㉮ 0.38 ㉯ 0.47
㉰ 0.58 ㉱ 0.66

풀이

$$kW = \frac{Ps \times Q}{102 \times \eta_1 \times \eta_2} \times \alpha$$

- Ps : 정압(mmH₂O)
- Q : 배출가스량(m³/sec)
- η_1 : 송풍기 정압효율
- η_2 : 전동기 효율
- α : 여유율

따라서

$$kW = \frac{20mmH_2O \times 4,000Sm^3/hr \times 1hr/3600sec}{102 \times 0.80 \times 0.70} \times 1.2$$

$= 0.47kW$

51 휘발성유기화합물(VOCs) 제어 기술로 틀린 것은 어느 것인가?

㉮ 활성탄 흡착(Activated carbon adsorption)
㉯ 응축(Condensation)
㉰ 수은환원(Mercury reduction)
㉱ 흡수(Absorption)

풀이 휘발성유기화합물(VOCs) 제어 기술로는 활성탄 흡착, 응축, 흡수, 직접소각, 생물여과법이 있다.

52 흡수법에 대한 내용으로 틀린 것은 어느 것인가?

㉮ 흡수제는 휘발성이 커야한다.
㉯ 충전탑은 액분산형 흡수장치에 해당한다.
㉰ 재생가치가 있는 물질이나 흡수제의 재사용은 탈착이나 stripping을 통해 회수 또는 재생한다.
㉱ 흡수제의 빙점은 낮고, 비점은 높아야 한다.

풀이 ㉮ 흡수제는 휘발성이 작아야 한다.

53 중력침강실 내의 함진가스의 유속이 2m/sec 인 경우, 바닥면으로부터 1m 높이(H)로 유입된 먼지는 수평으로 몇 m 떨어진 지점에 착지하겠는가? (단, 층류기준, 먼지의 침강속도는 0.4m/sec)

㉮ 2.5 ㉯ 3.5
㉰ 4.5 ㉱ 5.0

풀이

$$L = \frac{u \times H}{Vg}$$

- L : 길이(m)
- u : 유속(m/sec)
- H : 높이(m)
- Vg : 침강속도(m/sec)

따라서 $L = \dfrac{2m/sec \times 1m}{0.4m/sec} = 5.0m$

정답 50 ㉯ 51 ㉰ 52 ㉮ 53 ㉱

54 유체가 흐르는 관의 직경을 2배로 하면 나중 속도는 처음 속도 대비 어떻게 변화되는가? (단, 유량변화 등 다른 조건은 변화 없다고 가정한다.)

㉮ 처음의 1/8로 된다.
㉯ 처음의 1/4로 된다.
㉰ 처음의 1/2로 된다.
㉱ 처음과 같다.

풀이 유량(Q) = 단면적(A)×유속(V) = $\frac{\pi D^2}{4} \times V$

따라서 $V = \frac{Q}{\frac{\pi D^2}{4}}$ 이므로 $V \propto \frac{1}{D^2}$ 이다.

$\therefore V = \frac{1}{2^2} = \frac{1}{4}$ 배

55 송풍관에 송풍량 40m³/min을 통과시켰을 때 20mmH₂O의 압력손실이 생겼다. 송풍량이 60m³/min로 증가된다면 압력손실(mmH₂O)은 얼마인가?

㉮ 20mmH₂O   ㉯ 30mmH₂O
㉰ 35mmH₂O   ㉱ 45mmH₂O

풀이 정압(Ps) = PsmmH₂O × $\left(\frac{Q_2}{Q_1}\right)^2$

= 20mmH₂O × $\left(\frac{60m^3/min}{40m^3/min}\right)^2$

= 45mmH₂O

56 원추하부반경이 30cm인 사이클론에서 배출가스의 접선속도가 600m/min 일 때 분리계수는 얼마인가?

㉮ 3.0   ㉯ 3.4
㉰ 30   ㉱ 34

풀이 분리계수(S) = $\frac{V^2}{Rg}$ = $\frac{(600m/min \times 1min/60sec)^2}{0.3m \times 9.8m/sec^2}$

= 34.01

57 다음 중 SO_x와 NO_x를 동시에 제어하는 기술로 틀린 것은 어느 것인가?

㉮ Filter cage 공정   ㉯ 활성탄 공정
㉰ NOXSO 공정   ㉱ CuO 공정

풀이 SO_x와 NO_x를 동시에 제어하는 기술로는 활성탄 공정, NOXSO 공정, CuO 공정이 있다.

58 세정집진장치에서 입자와 액적 간의 충돌 횟수가 많을수록 집진효율은 증가되는데 관성충돌계수(효과)를 크게 하기 위한 조건으로 틀린 것은 어느 것인가?

㉮ 분진의 입경이 커야 한다.
㉯ 분진의 밀도가 커야 한다.
㉰ 액적의 직경이 커야 한다.
㉱ 처리가스의 점도가 낮아야 한다.

풀이 ㉰ 액적의 직경이 작아야 한다.

정답 54 ㉯   55 ㉱   56 ㉱   57 ㉮   58 ㉰

59 50m³/min의 공기를 직경 28cm의 원형관을 사용하여 수송하고자 할 때 관내의 속도압(mmH₂O)은 얼마인가? (단, 공기의 비중은 1.2기준임.)

㉮ 8.6mmH₂O ㉯ 9.6mmH₂O
㉰ 11.2mmH₂O ㉱ 15.6mmH₂O

[풀이]
① $V(m/min) = \dfrac{Q}{\dfrac{\pi D^2}{4}} = \dfrac{50 m^3/min}{\dfrac{\pi}{4} \times (0.28m)^2}$
　　　　　$= 812.0131 m/min$
② 속도압$(V_p) = \left(\dfrac{V}{242.2}\right)^2 = \left(\dfrac{812.0131 m/min}{242.2}\right)^2$
　　　　　$= 11.24 mmH_2O$

60 다음 중 다이옥신의 광분해에 가장 효과적인 파장범위는 얼마인가?

㉮ 150~220nm ㉯ 250~340nm
㉰ 360~540nm ㉱ 600~850nm

[풀이] 다이옥신의 광분해에 가장 효과적인 파장범위는 250~340nm이다.

| 제4과목 | 대기환경관계법규

61 대기환경보전법규상 한국환경공단이 환경부장관에게 보고해야 할 위탁업무 보고사항 중 자동차배출가스 인증생략 현황의 보고횟수 기준은 어느 것인가?

㉮ 수시 ㉯ 연 1회
㉰ 연 2회 ㉱ 연 4회

[풀이] 자동차배출가스 인증생략 현황의 보고횟수 기준은 연 2회이다.

62 다음은 악취방지법규상 2006년 1월 1일부터 적용되는 폐기물 보관·처리시설의 악취배출 시설규모 기준이다. ( ) 안에 알맞은 것은 어느 것인가?

> 「폐기물관리법」에 따른 폐기물처리시설 및 폐기물보관시설. 다만, 폐지·고철·폐석고·폐석회·폐내화물·폐유리 등 ( ) 재활용자의 폐기물처리시설 및 폐기물보관시설과 폐기물 배출자의 폐기물보관시설은 제외한다.

㉮ 무기성폐기물(수분을 제외한 무기물 함량이 15% 이상이어야 한다)
㉯ 무기성폐기물(수분을 제외한 무기물 함량이 30% 이상이어야 한다)
㉰ 무기성폐기물(수분을 제외한 무기물 함량이 45% 이상이어야 한다)
㉱ 무기성폐기물(수분을 제외한 무기물 함량이 60% 이상이어야 한다)

정답 59 ㉰ 60 ㉯ 61 ㉰ 62 ㉱

63 대기환경보전법령상 과태료의 부과기준으로 틀린 것은 어느 것인가?

㉮ 일반기준으로서 위반행위의 횟수에 따른 부과기준은 최근 1년간 같은 위반행위로 과태료 부과처분을 받은 경우에 적용한다.
㉯ 일반기준으로서 부과권자는 위반행위의 동기와 그 결과 등을 고려하여 과태료 부과금액의 80퍼센트 범위에서 이를 감경한다.
㉰ 개별기준으로서 제작차배출허용기준에 맞지 않아 결함시정명령을 받은 자동차제작자가 결함시정 결과보고를 아니한 경우 1차위반시 과태료 부과금액은 100만원이다.
㉱ 개별기준으로서 제작차배출허용기준에 맞지 않아 결함시정명령을 받은 자동차제작자가 결함시정 결과보고를 아니한 경우 3차위반시 과태료 부과금액은 200만원이다.

풀이 ㉯ 일반기준으로 위반행위자가 위반행위를 바로 정정하거나 시정하여 해소한 경우에는 과태료 금액의 2분의 1 범위에서 그 금액을 줄일수 있다.

64 대기환경보전법규상 자동차운행정지를 받은 자동차를 운행정지기간 중에 운행하는 경우 물게 되는 벌금기준은 어느 것인가?

㉮ 100만원 이하의 벌금
㉯ 200만원 이하의 벌금
㉰ 300만원 이하의 벌금
㉱ 500만원 이하의 벌금

풀이 ㉰ 300만원 이하의 벌금에 해당한다.

65 대기환경보전법령상 오염물질발생량에 따른 사업장 분류기준 중 4종 사업장 분류기준은 어느 것인가?

㉮ 대기오염물질발생량의 합계가 연간 10톤 이상 20톤 미만인 사업장
㉯ 대기오염물질발생량의 합계가 연간 5톤 이상 20톤 미만인 사업장
㉰ 대기오염물질발생량의 합계가 연간 5톤 이상 10톤 미만인 사업장
㉱ 대기오염물질발생량의 합계가 연간 2톤 이상 10톤 미만인 사업장

풀이 4종 사업장의 분류기준은 ㉱번이 해당한다.

66 다음은 대기환경보전법규상 고체연료 사용시설 설치기준이다. ( )안에 알맞은 것은 어느 것인가?

> 석탄사용시설의 경우 배출시설의 굴뚝 높이는 (①)으로 하되, 굴뚝상부 안지름, 배출가스 온도 및 속도 등을 고려한 유효굴뚝높이(굴뚝의 실제 높이에 배출가스의 상승고도를 합산한 높이)가 440m 이상인 경우에는 굴뚝높이를 60m 이상 100m 미만으로 할 수 있다. 기타 고체연료 사용시설의 경우에는 배출시설의 굴뚝 높이는 (②)이어야 한다.

㉮ ① 50m 이상, ② 20m 이상
㉯ ① 50m 이상, ② 10m 이상
㉰ ① 100m 이상, ② 20m 이상
㉱ ① 100m 이상, ② 10m 이상

정답 63 ㉯ 64 ㉰ 65 ㉱ 66 ㉰

67 대기환경보전법규상 환경정책기본법에 의한 한국환경보전원에서 받는 환경기술인의 교육기간 기준으로 알맞은 것은 어느 것인가? (단, 신규교육 기준, 정보통신매체 원격교육이 아님)

㉮ 2일 이내 ㉯ 3일 이내
㉰ 4일 이내 ㉱ 10일 이내

[풀이] 환경기술인의 교육기간은 4일 이내이다.

68 대기환경보전법규상 대기오염물질의 배출허용 기준과 관련하여 굴뚝 원격감시체계 관제 센터로 측정결과를 자동 전송하는 배출시설에 대한 특례기준이다. ( )안에 알맞은 것은 어느 것인가?

굴뚝 자동측정기기를 부착하여 규정에 따른 굴뚝 원격감시체계 관제센터로 측정결과를 자동 전송하는 사업장의 배출시설에 대한 배출허용기준 초과 여부의 판단은 ( )를 기준으로 한다.

㉮ 매 5분 평균치
㉯ 매 10분 평균치
㉰ 매 30분 평균치
㉱ 매 1시간 평균치

69 다음은 악취방지법상 용어의 뜻이다. ( )안에 알맞은 것은 어느 것인가?

(①)이란 악취의 원인이 되는 물질로서 환경부령으로 정하는 것을 말한다.
(②)란 두 가지 이상의 악취물질이 함께 작용하여 사람의 후각을 자극하여 불쾌감과 혐오감을 주는 냄새를 말한다.

㉮ ① 유해악취물질, ② 다중악취
㉯ ① 유해악취물질, ② 복합악취
㉰ ① 지정악취물질, ② 다중악취
㉱ ① 지정악취물질, ② 복합악취

[풀이] ① 지정악취물질이란 악취의 원인이 되는 물질로서 환경부령으로 정하는 것을 말한다.
② 복합악취란 두 가지 이상의 악취물질이 함께 작용하여 사람의 후각을 자극하여 불쾌감과 혐오감을 주는 냄새를 말한다.

70 대기환경보전법령상 일일초과배출량 및 일일유량의 산정방법기준으로 틀린 것은 어느 것인가?

㉮ 일반오염물질의 배출허용기준초과 일일오염 물질배출량은 소수점이하 첫째자리까지 계산한다.
㉯ 먼지의 배출농도의 단위는 세제곱미터당 밀리그램으로 한다.
㉰ 일일유량 산정시 적용되는 측정유량의 단위는 일일당 세제곱미터로 한다.
㉱ 일일유량 산정시 적용되는 일일조업시간은 배출량을 측정하기전 최근 조업한 30일 동안의 배출시설 조업시간 평균치를 시간으로 표시한다.

[풀이] ㉰ 일일유량 산정시 적용되는 측정유량의 단위는 시간당 세제곱미터로 한다.

정답 67 ㉰ 68 ㉰ 69 ㉱ 70 ㉰

71 대기환경보전법령상 청정연료를 사용하여야 하는 대상시설의 범위로 틀린 것은 어느 것인가?

㉮ 산업용 열병합 발전시설
㉯ 건축법 시행령에 따른 공동주택으로서 동일한 보일러를 이용하여 하나의 단지 또는 여러개의 단지가 공동으로 열을 이용하는 중앙 집중난방방식으로 열을 공급받고, 단지 내의 모든 세대의 평균 전용면적이 40.0m²를 초과하는 공동주택
㉰ 전체 보일러의 시간당 총 증발량이 0.2톤 이상인 업무용보일러(영업용 및 공공용보일러를 포함하되, 산업용보일러는 제외한다.)
㉱ 집단에너지사업법 시행령에 따른 지역냉난방 사업을 위한 시설(단, 지역냉난방사업을 위한 시설 중 발전폐열을 지역냉난방용으로 공급하는 산업용 열병합 발전시설로서 환경부장관이 승인한 시설은 제외)

[풀이] ㉮ 발전시설. 다만, 산업용 열병합 발전시설은 제외한다.

72 대기환경보전법규상 운행차 배출허용기준 적용으로 틀린 것은 어느 것인가?

㉮ 건설기계 중 덤프트럭, 콘크리트믹서트럭, 콘크리트펌프트럭에 대한 배출허용기준은 화물자동차기준을 적용한다.
㉯ 희박연소(Lean Burn)방식을 적용하는 자동차는 공기과잉률 기준을 적용하지 아니한다.
㉰ 휘발유와 가스를 같이 사용하는 자동차의 배출가스 측정 및 배출허용기준은 휘발유의 기준을 적용한다.
㉱ 알코올만 사용하는 자동차는 탄화수소 기준을 적용하지 아니한다.

[풀이] ㉰ 휘발유와 가스를 같이 사용하는 자동차의 배출가스 측정 및 배출허용기준은 가스의 기준을 적용한다.

73 대기환경보전법령상 대통령령으로 정하는 제작차 배출허용기준이 설정된 오염물질의 종류로 틀린 것은 어느 것인가? (단, 휘발유자동차 기준임.)

㉮ 일산화탄소 ㉯ 탄화수소
㉰ 질소산화물 ㉱ 매연

[풀이] ① 휘발유 자동차 : 일산화탄소, 탄화수소, 질소산화물, 알데히드, 입자상물질, 암모니아
② 경유 자동차 : 일산화탄소, 탄화수소, 질소산화물, 매연, 입자상물질, 암모니아

정답 71 ㉮ 72 ㉰ 73 ㉱

74 대기환경보전법규상 배출시설과 방지시설의 정상적인 운영·관리를 위해 환경기술인 업무사항을 준수사항 및 관리사항으로 구분할 때, 다음 중 준수사항으로 틀린 것은 어느 것인가?

㉮ 자가측정은 정확히 할 것
㉯ 배출시설 및 방지시설의 운영기록을 사실에 기초하여 작성할 것
㉰ 배출시설 및 방지시설의 관리 및 개선에 관한 계획을 수립할 것
㉱ 자가측정 시에 사용한 여과지는 환경분야 시험·검사 등에 관한 법률에 따른 환경오염 공정시험기준에 따라 기록한 시료채취기록지와 함께 날짜별로 보관·관리할 것

풀이 ㉰번은 환경기술인의 관리사항에 해당한다.

75 실내공기질관리법상 이 법의 적용대상이 되는 다중이용시설(대통령령으로 정하는 규모의 것)로 틀린 것은 어느 것인가?

㉮ 지하역사(출입통로·대합실·승강장 및 환승통로와 이에 딸린 시설을 포함한다.)
㉯ 실외공공주차장
㉰ 「도서관법」에 따른 도서관
㉱ 「게임산업진흥에 관한 법률」에 따른 인터넷컴퓨터게임시설제공업의 영업시설

76 대기환경보전법규상 대기오염방지시설로 틀린 것은 어느 것인가? (단, 환경부장관이 인정하는 시설 등은 제외)

㉮ 촉매반응을 이용하는 시설
㉯ 음파집진시설
㉰ 미생물을 이용한 처리시설
㉱ 환기반응을 이용하는 시설

풀이 대기오염 방지시설로는 중력집진시설, 관성력집진시설, 원심력집진시설, 세정집진시설, 여과집진시설, 전기집진시설, 음파집진시설, 흡수에 의한 시설, 흡착에 의한 시설, 직접연소에 의한 시설, 촉매반응을 이용하는 시설, 응축에 의한 시설, 산화·환원에 의한 시설, 미생물을 이용한 처리시설, 연소조절에 의한 시설이 있다.

77 환경정책기본법령상 각 오염물질의 대기환경 기준 및 측정방법의 연결로 틀린 것은 어느 것인가?

㉮ SO_2의 1시간 평균치 0.15ppm 이하 - 자외선형광법(Pulse U.V. Fluorescence Method)
㉯ NO_2의 연간평균치 0.03ppm 이하 - 화학발광법(Chemiluminescent Method)
㉰ O_3의 8시간평균치 0.1ppm 이하 - 자외선광도법(U.V Photometric Method)
㉱ PM-10의 24시간 평균치 $100\mu g/m^3$ 이하 - 베타선 흡수법(β-Ray Absorption Method)

풀이 ㉰ O_3의 8시간평균치 0.06ppm 이하 - 자외선광도법(U.V Photometric Method)

정답 74 ㉰ 75 ㉯ 76 ㉱ 77 ㉰

78 대기환경보전법규상 공동방지시설 운영기구 대표자가 공동방지시설을 설치하고자 할 때 제출하여야 하는 공동 방지시설의 위치도로 알맞은 것은 어느 것인가?

㉮ 축척 5천분의 1의 지형도
㉯ 축척 1만분의 1의 지형도
㉰ 축척 1만 5천분의 1의 지형도
㉱ 축척 2만 5천분의 1의 지형도

[풀이] ㉱ 공동 방지시설의 위치도는 축척 2만 5천분의 1의 지형도를 말한다.

79 대기환경보전법상 용어의 뜻으로 틀린 것은 어느 것인가?

㉮ "특정대기유해물질"이란 유해성대기감시물질 중 규정에 따른 심사·평가 결과 저농도에서도 장기적인 섭취나 노출에 의하여 사람의 건강이나 동식물의 생육에 직접 또는 간접으로 위해를 끼칠 수 있어 대기 배출에 대한 관리가 필요하다고 인정된 물질로서 환경부령으로 정하는 것을 말한다.
㉯ "공회전제한장치"란 자동차에서 배출되는 대기오염물질을 줄이고 연료를 절약하기 위하여 자동차에 부착하는 장치로서 환경부령으로 정하는 기준에 적합한 장치를 말한다.
㉰ "저공해엔진"이란 자동차 또는 건설기계에서 배출되는 대기오염물질을 줄이기 위한 엔진(엔진 개조에 사용하는 부품은 제외한다)을 말한다.
㉱ "검댕"이란 연소할 때에 생기는 유리(遊離)탄소가 응결하여 입자의 지름이 1미크론 이상이 되는 입자상물질을 말한다.

[풀이] ㉰ "저공해엔진"이란 자동차에서 배출되는 대기오염물질을 줄이기 위한 엔진(엔진 개조에 사용하는 부품은 포함한다)으로서 환경부령으로 정하는 배출허용기준에 맞는 엔진을 말한다.

80 대기환경보전법상 시·도지사는 자동차의 원동기를 가동한 상태로 주차하거나 정차하는 행위 등을 제한할 수 있는데, 이 자동차의 원동기 가동제한을 위반한 자동차 운전자에 대한 과태료 부과금액 기준으로 알맞은 것은 어느 것인가?

㉮ 50만원 이하의 과태료
㉯ 100만원 이하의 과태료
㉰ 200만원 이하의 과태료
㉱ 500만원 이하의 과태료

[풀이] ㉯ 100만원 이하의 과태료에 해당한다.

정답 78 ㉱ 79 ㉰ 80 ㉯

2017년 2회 대기환경산업기사

2017년 5월 7일 시행

| 제1과목 | 대기오염개론

01 다음 중 불화수소에 대한 저항성이 가장 큰 것은 어느 것인가?

㉮ 옥수수 ㉯ 글라디올러스
㉰ 메밀   ㉱ 목화

풀이 불화수소에 강한식물로는 담배, 목화, 고추 등이 있다.

02 분자량이 M인 대기오염 물질의 농도가 표준상태(0°C, 1기압)에서 448ppm으로 측정되었다. 표준상태에서 mg/m³로 환산하면 얼마인가?

㉮ $\dfrac{1}{20M}$ ㉯ $\dfrac{M}{20}$
㉰ $20M$ ㉱ $\dfrac{20}{M}$

풀이 $mg/Sm^3 = \dfrac{448mL}{Sm^3} \times \dfrac{Mmg}{22.4mL} = 20Mmg/Sm^3$

03 London형 스모그 사건과 비교한 Los Angeles형 스모그 사건에 대한 내용으로 알맞은 것은 어느 것인가?

㉮ 주오염물질은 SO_2, smoke, H_2SO_4, 미스트 등이다.
㉯ 주오염원은 공장, 가정난방이다.
㉰ 침강성 역전이다.
㉱ 주로 아침, 저녁에 발생하고, 환원반응이다.

풀이 ㉮·㉯·㉱는 런던스모그사건에 대한 설명이다.

04 다음 중 지표부근 건조대기의 일반적인 부피농도를 크기순으로 알맞게 배열한 것은?

㉮ $Ne > CO_2 > CO$
㉯ $CO_2 > CO > Ne$
㉰ $Ne > CO > CO_2$
㉱ $CO_2 > Ne > CO$

정답 01 ㉱ 02 ㉰ 03 ㉰ 04 ㉱

05 지구대기 중의 오존총량을 표준상태 (0℃, 1기압)에서 두께로 환산했을 때, 100Dobson으로 정하는 수치로 옳은 것은?

㉮ 1cm ㉯ 0.1cm
㉰ 0.01mm ㉱ 0.001mm

[풀이] 100Dobson이 1mm이므로 0.1cm가 된다.

06 상대습도가 70%일 때 분진의 농도가 0.04mg/m³인 지역이 있다. 이 지역의 가시거리(km)는 얼마인가? (단, 상수 A = 1.2이다.)

㉮ 4km ㉯ 16km
㉰ 30km ㉱ 42km

[풀이] $V = \dfrac{10^3 \times A}{G} = \dfrac{10^3 \times 1.2}{0.04 \times 10^3 \mu g/m^3} = 30km$

07 다음 중 대기내에서 금속의 부식속도가 일반적으로 빠른 것부터 순서대로 연결된 것은 어느 것인가?

㉮ 철 > 아연 > 구리 > 알루미늄
㉯ 구리 > 아연 > 철 > 알루미늄
㉰ 알루미늄 > 철 > 아연 > 구리
㉱ 철 > 알루미늄 > 아연 > 구리

[풀이] 부식속도 순서는 철 > 아연 > 구리 > 알루미늄 순이다.

08 최대에너지가 복사될 때 이용되는 파장 (λm : μm)과 흑체의 표면온도(T : 절대 온도 단위)와의 관계를 나타내는 복사이론에 관한 법칙은 어느 것인가?

$$\lambda_m = a/T$$
(단, 비례상수 a = 0.2898cm · K)

㉮ 스테판 - 볼츠만의 법칙
㉯ 비인의 변위법칙
㉰ 플랑크의 법칙
㉱ 알베도의 법칙

[풀이] ㉯ 비인의 변위법칙에 대한 설명이다.

09 대기권의 구조에 대한 내용으로 틀린 것은 어느 것인가?

㉮ 대기의 수직온도 분포에 따라 대류권, 성층권, 중간권, 열권으로 구분할 수 있다.
㉯ 대류권 기상요소의 수평분포는 위도, 해륙분포 등에 의해 다르지만 연직방향에 따른 변화는 더욱 크다.
㉰ 대류권의 높이는 통상적으로 여름철에 낮고 겨울철에 높으며, 고위도 지방이 저위도 지방에 비해 높다.
㉱ 대류권의 하부 1~2km까지를 대기경계층이라고 하며, 지표면의 영향을 직접 받아서 기상요소의 일변화가 일어나는 층이다.

[풀이] ㉰ 대류권의 높이는 통상적으로 여름철에 높고 겨울철에 낮으며, 저위도 지방이 고위도 지방에 비해 높다.

정답 05 ㉯ 06 ㉰ 07 ㉮ 08 ㉯ 09 ㉰

10 Chloro Fluoro Carbon-11(CFC-11)의 화학식으로 알맞은 것은 어느 것인가?

㉮ CCl_3F
㉯ CCl_2F_2
㉰ CCl_2FCClF_2
㉱ CH_3CCl_3

[풀이] CFC-11의 화학식은 CCl_3F이다.

11 보통 가을로부터 봄에 걸쳐 날씨가 좋고, 바람이 약하며, 습도가 적을 때 자정 이후 아침까지 잘 발생하고, 낮이 되면 일사로 인해 지면이 가열되면 곧 소멸되는 역전의 형태는 어느 것인가?

㉮ Radiative inversion
㉯ Subsidence inversion
㉰ Lofting inversion
㉱ Coning inversion

[풀이] ㉮ 복사성역전(Radiative inversion)에 대한 설명이다.

12 대기가 매우 불안정할 때 주로 나타나며, 맑은 날 오후에 주로 발생하기 쉽고, 또한 풍속이 매우 강하여 혼합이 크게 일어날 때 발생하게 되며, 굴뚝이 낮은 경우에는 풍하쪽 지상에 강한 오염이 생기며, 저·고기압에 상관없이 발생하는 연기의 형태는 어느 것인가?

㉮ 원추형
㉯ 환상형
㉰ 부채형
㉱ 구속형

[풀이] ㉯ 환상형(Looping)에 대한 설명이다.

13 분산모델에 대한 내용으로 틀린 것은 어느 것인가?

㉮ 미래의 대기질을 예측할 수 있다.
㉯ 2차 오염원의 확인이 가능하다.
㉰ 지형 및 오염원의 조업조건에 영향을 받지 않는다.
㉱ 새로운 오염원이 지역내에 생길 때, 매번 재평가를 해야 한다.

[풀이] ㉰ 지형 및 오염원의 조업조건에 영향을 받는다.

14 다음 중 주로 O_3에 의한 피해로 알맞은 것은 어느 것인가?

㉮ 고무의 노화
㉯ 석회석의 손상
㉰ 금속의 부식
㉱ 유리 제조품의 부식

[풀이] 오존(O_3)에 의한 피해는 고무의 노화현상이다.

15 다음은 오존층 파괴물질에 대한 설명으로 틀린 것은 어느 것인가?

- 용도 : 냉각, 거품크림 안정제
- ODP(오존파괴지수) : 0.6
- 대류권 잔류기간 : 약 500년

㉮ CFC-115
㉯ Halon-1301
㉰ Halon-1211
㉱ CCl_4

[풀이] ㉮ CFC-115에 대한 설명이다.

정답 10 ㉮   11 ㉮   12 ㉯   13 ㉰   14 ㉮   15 ㉮

16 대기압력이 950mb인 높이에서의 온도가 11.6°C이었다. 온위는 얼마인가?

(단, $\theta = T\left(\dfrac{1,000}{P}\right)^{0.288}$)

㉮ 288.8K ㉯ 297.4K
㉰ 309.5K ㉱ 320.3K

풀이
$\theta = T \times \left(\dfrac{1,000}{P}\right)^{0.288}$
$= (273+11.6°C) \times \left(\dfrac{1,000}{950\text{mbar}}\right)^{0.288} = 288.84K$

17 다음 특정물질의 오존파괴지수를 크기 순으로 알맞은 것은 어느 것인가?

㉮ $C_2F_3Cl_3 < CF_2BrCl < C_2HF_4Cl < CCl_4$
㉯ $CCl_4 < CF_2BrCl < C_2HF_4Cl < C_2F_3Cl_3$
㉰ $C_2HF_4Cl < C_2F_3Cl_3 < CCl_4 < CF_2BrCl$
㉱ $C_2F_3Cl_3 < CCl_4 < CF_2BrCl < C_2HF_4Cl$

풀이 오존층 파괴지수 크기는 $C_2HF_4Cl(0.02\sim0.04) < C_2F_3Cl_3(0.8) < CCl_4(1.1) < CF_2BrCl(3.0)$이다.

18 다음 중 PPN(Peroxy propionyl nitrate)의 화학식으로 알맞은 것은 어느 것인가?

㉮ $C_6H_5COOONO_2$
㉯ $C_2H_5COOONO_2$
㉰ $CH_3COOONO_2$
㉱ $C_4H_9COOONO_2$

풀이 PPN(Peroxy propionyl nitrate)의 화학식은 $C_2H_5COOONO_2$다.

19 도시지역에서 입자상 물질을 여과지에 0.5m/sec의 속도로 6시간 동안 여과시킨 후의 여과지의 빛전달율이 초기상태에 비하여 40%이었다. 1,000m당 Coh 값은 얼마인가?

㉮ 2.4 ㉯ 2.8
㉰ 3.2 ㉱ 3.7

풀이
$Coh = \dfrac{\log \dfrac{1}{\text{빛전달율}} \times 100}{\text{속도(m/sec)} \times \text{여과시간(hr)} \times 3600} \times 1000m$

$= \dfrac{\log \dfrac{1}{0.40} \times 100}{0.5\text{m/sec} \times 6\text{hr} \times 3600} \times 1000m = 3.68$

20 다음 대기오염물질의 분류 중 2차 오염물질에 해당하지 않는 것은 어느 것인가?

㉮ NOCl ㉯ H_2O_2
㉰ NO_2 ㉱ CO_2

풀이 ㉱ 이산화탄소(CO_2)는 1차성물질이다.

| 제2과목 | 대기오염공정시험기준

21 4-아미노안티피린 용액과 헥사사이아노철(Ⅲ)산포타슘 용액을 순서대로 가하여 얻어진 적색(赤色)액의 흡광도 측정은 어떤 항목의 분석방법에 해당하는가?

㉮ 페놀화합물 ㉯ 퓨란류
㉰ 플루오린화합물 ㉱ 벤젠

풀이 ㉮ 페놀화합물에 대한 설명이다.

정답 16 ㉮ 17 ㉰ 18 ㉯ 19 ㉱ 20 ㉱ 21 ㉮

22 흡광도 눈금 보정을 위한 용액 제조방법으로 알맞은 것은 어느 것인가?

㉮ 100℃에서 2시간 이상 건조한 과망간산포타슘(1급이상)을 N/10 수산화소듐 용액에 녹여 과망간산포타슘용액을 만들어 그 농도는 $KMnO_4$으로서 0.0125g/L가 되도록 한다.
㉯ 110℃에서 3시간 이상 건조한 과망간산포타슘(1급이상)을 N/20 수산화포타슘 용액에 녹여 과망간산포타슘용액을 만들어 그 농도는 $KMnO_4$으로서 0.0155g/L가 되도록 한다.
㉰ 100℃에서 2시간 이상 건조한 다이크롬산포타슘(1급이상)을 N/10 수산화소듐 용액에 녹여 다이크롬산포타슘($K_2Cr_2O_7$)용액을 만들어 그 농도는 $K_2Cr_2O_7$으로서 0.0153g/L가 되도록 한다.
㉱ 110℃에서 3시간 이상 건조한 다이크롬산포타슘(1급이상)을 N/20 수산화포타슘(KOH) 용액에 녹여 다이크롬산포타슘($K_2Cr_2O_7$)용액을 만들어 그 농도는 $K_2Cr_2O_7$으로서 0.0303g/L가 되도록 한다.

23 굴뚝 배출가스 내의 산소농도 측정을 위한 자기식 산소측정기인 덤벨형(Dumb-Bell) 자기력 분석계의 구성 중 "덤벨"에 관한 설명으로 알맞은 것은 어느 것인가?

㉮ 편위량을 없애기 위하여 전류에 의하여 자기를 발생시키는 것
㉯ 자기화율이 적은 재질로 만들어진 시료가스의 유통실로 그 일부를 자극 사이에 배치한 것
㉰ 자기화율이 적은 석영 등으로 봉의 양 끝에 부착한 것
㉱ 전기저항이 크고 가는 금속선으로 일정전류에 의하여 시료를 가열하여 시료기류의 빠른 속도를 검출하는 것

24 반자동식 측정법으로 반경 1.8m인 원형 굴뚝에서 먼지를 채취하고자 할 때 측정점수로 옳은 것은?

㉮ 4   ㉯ 8
㉰ 12   ㉱ 16

풀이 반경이 1.8m이므로 직경은 3.6m 따라서 측정점수는 12이다.

TIP

굴뚝직경(m)	반경구분수	측정점수
1 이하	1	4
1 초과 2 이하	2	8
2 초과 4 이하	3	12
4 초과 4.5 이하	4	16
4.5 초과	5	20

정답 22 ㉱ 23 ㉰ 24 ㉰

25 자외선/가시선분광법에서 자동기록식 광전분광광도계의 파장교정에 사용하는 것은 어느 것인가?

㉮ 다이크롬산포타슘용액의 흡광도
㉯ 간섭필터의 흡광도
㉰ 커트필터의 미광
㉱ 홀뮴유리의 흡수스펙트럼

[풀이] 파장교정에 사용하는 것은 홀뮴유리의 흡수스펙트럼이다.

26 흡광광도계에서 빛의 흡수율이 85%일 때 흡광도는 얼마인가?

㉮ 약 0.07
㉯ 약 0.18
㉰ 약 0.46
㉱ 약 0.82

[풀이] 흡광도(A) = $\log \dfrac{1}{투과도} = \log \dfrac{1}{0.15} = 0.82$

27 이온크로마토그래피에 사용되는 장치에 대한 내용으로 틀린 것은 어느 것인가?

㉮ 용리액조는 일반적으로 폴리에틸렌이나 경질유리제를 사용한다.
㉯ 분리관의 경우 일부는 스테인리스관이 사용되지만 금속이온 분리용으로는 좋지 않다.
㉰ 써프렛서란 전해질을 고전도도의 용매로 바꿔줌으로써 전기전도도셀에서 목적이온 성분과 전기전도도만을 고감도로 감출할 수 있게 해주는 것으로서, 관형은 음이온에는 스티롤계 강염기형(OH^-)의 수지가 충진된 것을 사용한다.
㉱ 검출기는 분리관 용리액 중의 시료성분의 유무와 양을 검출하는 부분으로 일반적으로 전도도검출기를 많이 사용하고, 그 외 자외선, 가시선 흡수검출기(UV, VIS 검출기), 전기화학적 검출기 등이 사용된다.)

[풀이] ㉰ 써프렛서란 전해질을 저전도도의 용매로 바꿔줌으로써 전기전도도셀에서 목적이 온 성분과 전기전도도만을 고감도로 검출할 수 있게 해주는 것으로서, 관형은 음 이온에는 스티롤계 강산형(H^+)의 수지가 충진된 것을 사용한다.

28 굴뚝 배출가스 중의 플루오린화합물을 자외선가시선분광법에 의해 흡광도를 측정할 때 어떤 용액을 가하는가?

㉮ 설파닐아마이드 및 나프틸에틸렌다이아민
㉯ 산화흡수제와 페놀디설폰산
㉰ 란탄과 알리자린콤플렉손
㉱ 황산제이철암모늄 용액 및 싸이오시안산제이수은 용액

정답 25 ㉱ 26 ㉱ 27 ㉰ 28 ㉰

29 굴뚝내를 흐르는 배출가스 평균유속을 피토관으로 동압을 측정하여 계산한 결과 12.8m/s였다. 이 때 측정된 동압(mmH₂O)은 얼마인가? (단, 피토관 계수는 1.0이며, 굴뚝 내의 습한 배출가스의 밀도는 1.2kg/m³)

㉮ 8mmH₂O ㉯ 10mmH₂O
㉰ 12mmH₂O ㉱ 14mmH₂O

 풀이

$V = C \times \sqrt{\dfrac{2gh}{r}}$ (m/sec)

∴ $12.8\text{m/sec} = 1.0 \times \sqrt{\dfrac{2 \times 9.8\text{m/sec}^2 \times h}{1.2\text{kg/m}^3}}$

$(12.8\text{m/sec})^2 = \dfrac{2 \times 9.8\text{m/sec}^2 \times h}{1.2\text{kg/m}^3}$

∴ $h = \dfrac{(12.8\text{m/sec})^2 \times 1.2\text{kg/m}^3}{2 \times 9.8\text{m/sec}^2} = 10.03\text{mmH}_2\text{O}$

30 환경대기 중의 아황산가스 농도 측정시 주 시험방법은 어느 것인가?

㉮ 흡광차분광법 ㉯ 산정량반자동법
㉰ 용액전도율법 ㉱ 자외선형광법

풀이 환경대기 중의 아황산가스 농도 측정시 주 시험방법은 자외선형광법이다.

31 이온크로마토그래피에서 검출한계는 각 분석방법에서 규정하는 조건에서 출력신호를 기록할 때 잡음신호의 얼마에 해당하는 목적성분의 농도를 검출한계로 하는가?

㉮ 1/2 ㉯ 2배
㉰ 10배 ㉱ 100배

32 굴뚝 배출가스 분석대상 성분과 그 분석방법 및 흡수액의 연결로 틀린 것은?

㉮ 질소산화물 - 아연환원나프틸에틸렌다이아민법 - 수산화소듐용액
㉯ 브로민화합물 - 자외선/가시선분광법 - 수산화소듐용액
㉰ 페놀화합물 - 4-아미노안티피린법 - 수산화소듐용액
㉱ 플루오린화합물 - 자외선/가시선분광법 - 수산화소듐용액

풀이 ㉮ 질소산화물 - 아연환원나프틸에틸렌다이아민법 - 황산용액

33 굴뚝 배출가스 중 사이안화수소를 자외선/가시선분광법으로 분석할 때, 사용되는 시약으로 알맞은 것은 어느 것인가?

㉮ 아르세나조Ⅲ
㉯ 나프틸에틸렌디아민
㉰ 아세틸아세톤
㉱ 피리딘피라졸론

풀이 ㉱번의 피리딘피라졸론 시약은 사이안화수소의 분석방법 중 자외선/가시선분광법-4-피리딘카복실산-피라졸론법에서 사용하는 시약이다.

정답 29 ㉯ 30 ㉱ 31 ㉯ 32 ㉮ 33 ㉱

34 가스상물질 시료채취방법에 대한 내용으로 틀린 것은 어느 것인가?

㉮ 연결관의 길이는 되도록 길게 하고, 접속부분의 면적을 되도록 크게 하도록 한다.
㉯ 일반적으로 사용되는 플루오로수지 연결관(녹는점 260℃)은 250℃ 이상에서는 사용할 수 없다.
㉰ 하나의 연결관으로 여러개의 측정기를 사용할 경우 각 측정기 앞에서 연결관을 병렬로 연결하여 사용한다.
㉱ 보온재료는 암면, 유리섬유제 등을 쓰고 가열은 전기가열, 수증기 가열 등의 방법을 쓴다.

풀이 ㉮ 연결관의 길이는 되도록 짧게 하고, 접속부분의 면적을 되도록 작게 하도록 한다.

35 흡광차분광법에서 사용하는 발광부의 광원으로 알맞은 것은 어느 것인가?

㉮ 중공음극램프
㉯ 텅스텐램프
㉰ 자외선램프
㉱ 제논램프

풀이 흡광차분광법에서 사용하는 발광부의 광원은 제논램프이다.

36 굴뚝 배출가스 중 총탄화수소 측정장치 시스템과 교정 및 연소시에 사용되는 가스에 관한 설명으로 틀린 것은 어느 것인가?

㉮ 기록계를 사용하는 경우에는 최소 2회/분이 되는 기록계를 사용한다.
㉯ 시료채취관은 굴뚝중심 부분의 10% 범위내에 위치할 정도의 길이의 것을 사용한다.
㉰ 불꽃이온화분석기를 사용하는 경우에 연소가스는 수소(40%)/헬륨(60%) 또는 수소(40%)/질소(60%) 가스를 사용한다.
㉱ 영점가스는 총탄화수소농도(프로판 또는 탄소등가 농도)가 $0.1mL/m^3$ 이하 또는 스팬값의 0.1% 이하인 고순도 공기를 사용한다.

풀이 ㉮ 기록계를 사용하는 경우에는 최소 4회/분이 되는 기록계를 사용한다.

37 굴뚝 배출가스 중 일산화탄소(CO) 분석방법으로 틀린 것은 어느 것인가?

㉮ 비분산적외선분광분석법
㉯ 이온전극법
㉰ 정전위전해법
㉱ 기체크로마토그래피

풀이 굴뚝 배출가스 중 일산화탄소(CO) 분석방법은 비분산적외선분광분석법, 전기화학식(정전위전해법), 기체크로마토그래피이다.

정답 34 ㉮ 35 ㉱ 36 ㉮ 37 ㉯

38 저용량공기시료채취기법으로 환경대기 중에 부유하고 있는 입자상 물질을 채취하기 위한 장치의 기본구성 중 흡입펌프 조건으로 틀린 것은 어느 것인가?

㉮ 운반이 용이할 것
㉯ 유량이 큰 것
㉰ 진공도가 높을 것
㉱ 맥동이 있고 고르게 작동될 것

풀이 ㉱ 맥동이 없고 고르게 작동될 것

39 특정 발생원에서 일정한 굴뚝을 거치지 않고 외부로 비산배출되는 먼지를 고용량공기시료채취기법으로 측정하고자 할 때, 측정방법에 관한 설명으로 틀린 것은 어느 것인가?

㉮ 시료채취장소는 원칙적으로 측정하려고 하는 발생원의 부지경계선상에 선정하며 풍향을 고려하여 그 발생원의 비산먼지 농도가 가장 높을 것으로 예상되는 지점 3개소 이상을 선정한다.
㉯ 풍속이 0.5m/초 미만 또는 10m/초 이상 되는 시간이 전 채취시간의 50% 이상일 때는 풍속보정계수는 1.2로 한다.
㉰ 전 시료채취 기간 중 주풍향이 변동 없을 때(45° 미만)는 풍향보정계수는 1.5로 한다.
㉱ 각 측정지점의 채취먼지량과 풍향풍속의 측정결과로부터 비산먼지농도를 구할 때 대조위치를 선정할 수 없는 경우에는 0.15mg/m³를 대조위치의 먼지농도로 한다.

풀이 ㉰ 전 시료채취 기간 중 주풍향이 변동 없을 때(45° 미만)는 풍향보정계수는 1.0으로 한다.

40 자외선가시선분광법에서 램버어트비어(Lambert-Beer)의 법칙에 따른 흡광도 식으로 알맞은 것은 어느 것인가? (단, I_o : 입사광의 강도, I_t : 투사광의 강도, $t = \dfrac{I_t}{I_o}$ 이다.)

㉮ 10^t
㉯ $t \times 100$
㉰ $\log \dfrac{1}{t}$
㉱ $\log t$

| 제3과목 | 대기오염방지기술

41 여과집진장치에서 처리가스 중 SO_2, HCl 등을 함유한 200℃ 정도의 고온 배출가스를 처리하는데 알맞은 여재는 어느 것인가?

㉮ 목면(cotton)
㉯ 유리섬유(glass fiber)
㉰ 나일론(nylon)
㉱ 양모(wool)

풀이 ㉯ 유리섬유(glass fiber)에 대한 설명이다.

42 연소계산에서 연소 후 배출가스 중 산소농도가 6.2%라면 완전연소 시 공기비는 얼마인가?

㉮ 1.15
㉯ 1.23
㉰ 1.31
㉱ 1.42

풀이 공기비(m) = $\dfrac{21}{21-O_2\%} = \dfrac{21}{21-6.2\%} = 1.42$

정답 38 ㉱ 39 ㉰ 40 ㉰ 41 ㉯ 42 ㉱

43 전기집진기의 집진율 향상에 대한 내용으로 틀린 것은 어느 것인가?

㉮ 분진의 겉보기 고유저항이 낮을 경우는 NH_3 가스를 주입한다.
㉯ 분진의 비저항이 $10^5 \sim 10^{10} \Omega \cdot cm$ 정도의 범위이면 입자의 대전과 집진된 분진의 탈진이 정상적으로 진행된다.
㉰ 처리가스내 수분은 그 함유량이 증가하면 비저항이 감소하므로, 고비저항의 분진은 수증기를 분사하거나 물을 뿌려 비저항을 낮출 수 있다.
㉱ 온도조절시 장치의 부식을 방지하기 위해서는 노점온도 이하로 유지해야 한다.

▶풀이 ㉱ 온도조절시 장치의 부식을 방지하기 위해서는 노점온도 이상으로 유지해야 한다.

44 다음은 기체연료에 대한 내용이다. ( )안에 들어갈 알맞은 말은?

( )는 가열된 석탄 또는 코크스에 공기와 수증기를 연속적으로 주입하여 부분적으로 산화반응시킴으로써 얻어지는 기체연료로서 가연성분은 CO(25~30%), 수소(10~15%) 및 약간의 메탄이다. 또한 이 가스는 제조상 공기공급에 의해 다량의 질소를 함유하고 있다.

㉮ 발생로가스
㉯ 수성가스
㉰ 도시가스
㉱ 합성천연가스(SNG)

▶풀이 ㉮ 발생로가스에 대한 설명이다.

45 저위발열량 11,000kcal/kg의 중유를 연소시키는데 필요한 공기량(Sm^3/kg)은 얼마인가? (단, Rosin식 적용)

㉮ 약 8.5 ㉯ 약 11.4
㉰ 약 13.5 ㉱ 약 19.6

▶풀이
$A_o = 0.85 \times \dfrac{Hl}{1,000} + 2.0$
$= 0.85 \times \dfrac{11,000kcal/kg}{1,000} + 2.0$
$= 11.35 Sm^3/kg$

46 유해가스 성분을 제거하기 위한 흡수제의 구비조건으로 틀린 것은 어느 것인가?

㉮ 흡수제는 화학적으로 안정해야 하며, 빙점은 높고, 비점은 낮아야 한다.
㉯ 흡수제의 손실을 줄이기 위하여 휘발성이 적어야 한다.
㉰ 적은 양의 흡수제로 많은 오염물을 제거하기 위해서는 유해가스의 용해도가 큰 흡수제를 선정한다.
㉱ 흡수율을 높이고 범람(flooding)을 줄이기 위해서는 흡수제의 점도가 낮아야 한다.

▶풀이 ㉮ 흡수제는 화학적으로 안정해야 하며, 빙점은 낮고, 비점은 높아야 한다.

정답 43 ㉱ 44 ㉮ 45 ㉯ 46 ㉮

47 CO를 백금계 촉매를 사용하여 CO_2로 완전산화시켜 처리할 때 촉매의 수명을 단축시키는 물질로 틀린 것은 어느 것인가?

㉮ Zn ㉯ Pb
㉰ S   ㉱ NO_X

[풀이] 질소산화물(NO_X)은 촉매의 수명을 단축시키는 물질이 아니다.

48 비중 0.9, 황성분 1.6%인 중유를 1,400 L/h로 연소시키는 보일러에서 황산화물의 시간당 발생량은 얼마인가? (단, 표준상태 기준, 황성분은 전량 SO_2으로 전환된다.)

㉮ $14Sm^3/h$ ㉯ $21Sm^3/h$
㉰ $27Sm^3/h$ ㉱ $32Sm^3/h$

[풀이] $S + O_2 \rightarrow SO_2$
$32kg : 22.4Sm^3$
$1,400L/hr \times 0.90kg/L \times 0.016 : X$

$\therefore X = \dfrac{1,400L/hr \times 0.90kg/L \times 0.016 \times 22.4Sm^3}{32kg}$

$= 14.11Sm^3/hr$

TIP

비중의 단위
$g/mL = g/cm^3 = kg/L = ton/m^3$

49 벤츄리스크러버에 대한 내용으로 틀린 것은 어느 것인가?

㉮ 가압수식 중에서 집진율이 매우 높아 광범위하게 사용된다.
㉯ 액가스비는 일반적으로 먼지의 입경이 작고, 친수성이 아닐수록 작아진다.
㉰ 먼지와 가스의 동시제거가 가능하고, 점착성 먼지제거가 용이하나 압력손실이 크다.
㉱ 먼지부하 및 가스유동에 민감하고 대량의 세정액이 요구된다.

[풀이] ㉯ 액가스비는 일반적으로 먼지의 입경이 크고, 친수성일수록 작아진다.

50 유해물질 처리방법에 대한 내용으로 틀린 것은 어느 것인가?

㉮ 이황화탄소를 처리 시 암모니아를 불어 넣는 방법이 이용된다.
㉯ 시안화수소는 물에 거의 녹지 않으므로 촉매연소법으로 처리한다.
㉰ 브롬은 가성소다 수용액과 반응시켜 처리한다.
㉱ 수은은 온도차에 따른 공기 중 수은 포화량의 차이를 이용하여 제거한다.

[풀이] ㉯ 시안화수소는 물에 잘 녹으므로 세정법을 이용한다.

정답 47 ㉱ 48 ㉮ 49 ㉯ 50 ㉯

51 유입계수 0.75, 속도압 25mmH$_2$O일 때, 후드의 압력손실(mmH$_2$O)은 얼마인가?

㉮ 16.5 ㉯ 17.6
㉰ 18.8 ㉱ 19.4

풀이
$$\triangle p = \frac{1-Ce^2}{Ce^2} \times V_p (mmH_2O)$$

$\triangle p$: 압력손실(mmH$_2$O)
Ce : 유입계수
Vp : 속도압(mmH$_2$O)

따라서
$$\triangle p = \frac{1-(0.75)^2}{(0.75)^2} \times 25mmH_2O = 19.44mmH_2O$$

52 평판형 전기집진장치에서 입자의 이동속도가 5cm/sec, 방전극과 집진극 사이의 거리가 4.5cm, 배출가스의 유속이 3m/sec인 경우 층류영역에서 집진율이 100%가 되는 집진극의 길이는 얼마인가?

㉮ 1.9m ㉯ 2.7m
㉰ 3.3m ㉱ 5.4m

풀이
$$L = \frac{u \times S}{We}$$

L : 집진기 길이(m)
u : 유속(m/sec)
S : 집진극과 방전극간 거리(m)
We : 이동속도(m/sec)

따라서 $L = \frac{3m/sec \times 0.045m}{0.05m/sec} = 2.7m$

53 연료에 있어 매연의 발생에 관한 내용으로 틀린 것은 어느 것인가?

㉮ 연료중의 C/H비가 클수록 발생하기 쉽다.
㉯ 탄소결합을 절단하는 것보다 탈수소가 쉬운 쪽이 매연이 생기기 쉽다.
㉰ 탈수소, 중합 및 고리화합물 등과 같이 반응이 일어나기 쉬운 탄화수소 일수록 잘 생긴다.
㉱ 분해나 산화되기 쉬운 탄화수소 일수록 발생량은 많다.

풀이 ㉱ 분해나 산화되기 쉬운 탄화수소 일수록 발생량은 적게 발생한다.

54 A석유의 원소조성(질량)비가 탄소 78%, 수소 21%, 황 1% 이다. 이 석유 1.5kg을 완전 연소 시키는데 필요한 이론공기량은 얼마인가?

㉮ 12.6Sm^3 ㉯ 18.9Sm^3
㉰ 25.6Sm^3 ㉱ 47.3Sm^3

풀이 ① 이론공기량(A$_o$)
$$= 8.89C + 26.67\left(H - \frac{O}{8}\right) + 3.33S (Sm^3/kg)$$
$= 8.89 \times 0.78 + 26.67 \times 0.21 + 3.33 \times 0.01$
$= 12.5682 Sm^3/kg$
② 따라서 12.5682Sm^3/kg × 1.5kg = 18.85Sm^3

정답 51 ㉱ 52 ㉯ 53 ㉱ 54 ㉯

55 후드 개구의 바깥주변에 플랜지(flange) 부착시 발생하는 현상으로 틀린 것은 어느 것인가?

㉮ 포착속도가 커진다.
㉯ 동일한 오염물질 제거에 있어 압력손실은 감소한다.
㉰ 후드 뒤쪽의 공기 흡입을 방지할 수 있다.
㉱ 동일한 오염물질 제거에 있어 송풍량은 증가한다.

56 다음 중 탄화도가 가장 작은 것은 어느 것인가?

㉮ 역청탄 ㉯ 이탄
㉰ 갈탄   ㉱ 무연탄

57 다음 질소화합물 중 일반적으로 공기중에서의 최소감지농도(ppm)가 가장 낮은 물질은 어느 것인가?

㉮ 삼메틸아민 ㉯ 피리딘
㉰ 아닐린   ㉱ 암모니아

풀이) 문제가 동일하게 출제되므로 답만 잘 기억하시면 됩니다.

58 다음 기체 중 물에 대한 헨리상수(atm·m^3/kmol) 값이 가장 큰 물질은 어느 것인가? (단, 온도는 30℃, 기타 조건은 동일하다고 본다.)

㉮ HF   ㉯ HCl
㉰ H_2S ㉱ SO_2

풀이) 헨리상수가 크면 용해율이 낮으므로 보기에서 황화수소(H_2S)가 정답이 된다.

59 760mmHg, 20℃이고, 공기 동점성계수 $1.5 \times 10^{-5} m^2$/sec일 때 관지름을 50mm로 하면 그 관로의 풍속(m/sec)은 얼마인가? (단, 레이놀즈수는 21,667)

㉮ 1.2m/sec   ㉯ 4.5m/sec
㉰ 6.5m/sec   ㉱ 9.0m/sec

풀이) $Re = \dfrac{D \times V}{\nu}$

$21,667 = \dfrac{50 \times 10^{-3} m \times V}{1.5 \times 10^{-5} m^2/sec}$

$\therefore V = \dfrac{21,667 \times 1.5 \times 10^{-5} m^2/sec}{50 \times 10^{-3} m} = 6.5 m/sec$

60 어떤 0차반응에서 반응을 시작하고 반응물의 1/2이 반응하는데 40분이 걸렸다. 반응물의 90%가 반응하는데 걸리는 시간은?

㉮ 66분   ㉯ 72분
㉰ 133분   ㉱ 185분

풀이) ① 0차 반응식 : $C_t - C_o = -k \times t$
0.5 - 1 = -k × 40min
∴ k = 0.0125/min
② 0.1 - 1 = -0.0125/min × t
∴ t = 72min

정답 55 ㉱ 56 ㉯ 57 ㉮ 58 ㉰ 59 ㉰ 60 ㉯

| 제4과목 | 대기환경관계법규

61 대기환경보전법규상 수도권대기환경청장, 국립환경과학원장 또는 한국환경공단이 설치하는 대기오염 측정망의 종류로 틀린 것은 어느 것인가?

㉮ 도시지역 또는 산업단지 인근지역의 특정대기유해물질(중금속을 제외한다)의 오염도를 측정하기 위한 유해대기물질측정망
㉯ 산성 대기오염물질의 건성 및 습성 침착량을 측정하기 위한 산성강하물측정망
㉰ 기후·생태계변화 유발물질의 농도를 측정하기 위한 지구대기측정망
㉱ 도시지역의 대기오염물질 농도를 측정하기 위한 도시대기측정망

[풀이] ㉱번은 시·도지사가 설치하는 측정망이다.

62 대기환경보전법령상 오존의 대기오염 경보단계별 조치사항 중 "중대경보발령" 단계에 해당하지 않는 것은?

㉮ 주민의 실외활동 금지요청
㉯ 자동차의 통행금지
㉰ 사업장의 연료사용량 감축권고
㉱ 사업장의 조업시간 단축명령

[풀이] ㉰ 경보발령에 해당한다.

63 대기환경보전법규상 운행차배출허용기준 중 일반기준에 대한 내용으로 틀린 것은 어느 것인가?

㉮ 1993년 이후에 제작된 자동차 중 과급기(Turbo charger)나 중간냉각기(Inter cooler)를 부착한 경유사용 자동차의 배출허용기준은 무부하급가속 검사방법의 매연항목에 대한 배출허용기준에 5%를 더한 농도를 적용한다.
㉯ 휘발유사용 자동차는 휘발유 및 가스(천연가스는 제외한다)를 섞어서 사용하는 자동차를 포함하며, 경유사용 자동차는 경유와 알코올(천연가스는 제외한다)을 섞어서 사용하거나 같이 사용하는 자동차를 포함한다.
㉰ 희박연소(Lean burn) 방식을 적용하는 자동차는 공기과잉률 기준을 적용하지 아니한다.
㉱ 알코올만 사용하는 자동차는 탄화수소 기준을 적용하지 아니한다.

[풀이] ㉯ 휘발유사용 자동차는 휘발유 및 가스(천연가스는 포함한다)를 섞어서 사용하는 자동차를 포함하며, 경유사용 자동차는 경유와 가스를 섞어서 사용하거나 같이 사용하는 자동차를 포함한다.

64 대기환경보전법령상 선박의 디젤기관에서 배출되는 대기오염물질 중 대통령령으로 정하는 대기오염물질에 해당하는 것은 어느 것인가?

㉮ 황산화물   ㉯ 일산화탄소
㉰ 염화수소   ㉱ 질소산화물

[풀이] ㉱ 질소산화물에 대한 설명이다.

정답 61 ㉱ 62 ㉰ 63 ㉯ 64 ㉱

65 대기환경보전법상 대기오염물질로 인한 피해방지 등을 위해 대기오염물질 배출사업자에게 배출부과금을 부과할 때 고려사항으로 틀린 것은 어느 것인가? (단, 그 밖에 환경부령으로 정하는 사항 등은 제외)

㉮ 배출오염물질을 자가측정 하였는지 여부
㉯ 배출오염물질의 유해여부
㉰ 대기오염물질의 배출량
㉱ 배출허용기준 초과여부

풀이 배출부과금 부과 시 고려사항으로 ㉮·㉰·㉱외에 배출되는 대기오염물질의 종류, 대기 오염물질의 배출기간이 있다.

66 대기환경보전법규상 대기오염방지시설로 틀린 것은 어느 것인가? (단, 기타사항은 제외)

㉮ 미생물을 이용한 처리시설
㉯ 응축에 의한 시설
㉰ 흡착에 의한 시설
㉱ 전기투석에 의한 시설

풀이 대기오염방지시설에는 중력, 관성력, 원심력, 세정, 여과, 전기, 음파, 흡수, 흡착, 직접 연소, 촉매반응, 응축, 산화·환원, 미생물, 연소조절에 의한 시설이 있다.

67 대기환경보전법규상 점검기관에서 배출허용기준 준수여부를 확인하기 위하여 대기오염도 검사를 검사기관에 지시한다. 다음 중 대기오염도 검사기관으로 틀린 것은 어느 것인가?

㉮ 한국환경공단
㉯ 한국환경보전원
㉰ 경상북도 보건환경연구원
㉱ 수도권 대기환경청

풀이 ㉯ 한국환경보전원은 교육기관이다.

68 대기환경보전법규상 환경기술인의 보수교육은 신규교육을 받은 날을 기준으로 몇 년마다 받아야 하는가? (단, 규정에 따른 교육기관으로써 정보통신매체를 이용한 원격교육은 제외)

㉮ 1년마다 1회   ㉯ 2년마다 1회
㉰ 3년마다 1회   ㉱ 5년마다 1회

풀이 환경기술인의 보수교육은 3년마다 1회이다.

69 대기환경보전법규상 행정처분기준 중 방지시설을 거치지 아니하고 대기오염물질을 배출할 수 있는 공기조절장치·가지배출관 등을 설치하는 행위를 한 자에 대한 행정처분 기준으로 알맞은 것은 어느 것인가?

㉮ (1차) 조업정지, (2차) 경고, (3차) 허가취소
㉯ (1차) 경고, (2차) 경고, (3차) 허가취소
㉰ (1차) 조업정지10일, (2차) 조업정지30일, (3차) 허가취소 또는 폐쇄
㉱ (1차) 조업정지10일, (2차) 조업정지20일, (3차) 조업정지30일

정답 65 ㉯ 66 ㉱ 67 ㉯ 68 ㉰ 69 ㉰

70 대기환경보전법규상 기후·생태계변화 유발물질로 틀린 것은 어느 것인가?

㉮ 수소염화불화탄소
㉯ 수소불화탄소
㉰ 사불화수소
㉱ 육불화황

풀이 기후·생태계변화 유발물질로는 이산화탄소, 메탄, 아산화질소, 수소불화탄소, 과불화 탄소, 육불화황, 염화불화탄소, 수소염화불화탄소가 있다.

71 실내공기질 관리법규상 신축 공동주택의 실내공기질 권고기준 중 "자일렌($\mu g/m^3$)" 기준으로 옳은 것은?

㉮ 700 이하
㉯ 360 이하
㉰ 300 이하
㉱ 210 이하

풀이 자일렌의 기준은 700$\mu g/m^3$ 이하이다.

72 대기환경보전법상 용어정의로 틀린 것은 어느 것인가?

㉮ "검댕"이란 연소할 때에 생기는 유리 탄소가 응결하여 입자의 지름이 1미크론 이상이 되는 입자상물질을 말한다.
㉯ "온실가스"란 자외선 복사열을 흡수하거나 다시 방출하여 온실효과를 유발하는 대기 중의 가스상태 물질로서 이산화탄소, 메탄, 이산화질소, 수소불화탄소, 과불화탄소, 육불화황을 말한다.
㉰ "휘발성유기화합물"이란 탄화수소류 중 석유화학제품, 유기용제, 그 밖의 물질로서 환경부장관이 관계 중앙행정기관의 장과 협의하여 고시하는 것을 말한다.
㉱ "저공해엔진"이란 자동차 또는 건설기계에서 배출되는 대기오염물질을 줄이기 위한 엔진(엔진개조에 사용하는 부품을 포함한다)으로서 환경부령으로 정하는 배출허용기준에 맞는 엔진을 말한다.

풀이 ㉯ "온실가스"란 적외선 복사열을 흡수하거나 다시 방출하여 온실효과를 유발하는 대기중의 가스 상태 물질로서 이산화탄소, 메탄, 이산화질소, 수소불화탄소, 과불 화탄소, 육불화황을 말한다.

73 대기환경보전법령상 초과부과금 부과대상 오염물질로 틀린 것은 어느 것인가?

㉮ 불소화합물
㉯ 일산화탄소
㉰ 암모니아
㉱ 먼지

풀이 초과부과금 부과대상 오염물질로는 황산화물, 암모니아, 황화수소, 이황화탄소, 먼지, 불소화합물, 염화수소, 질소산화물, 시안화수소가 있다.

74 대기환경보전법규상 오존의 대기오염 경보단계별 농도기준이다. ( )에 들어갈 알맞은 말은?

> 대기오염 경보단계 중 "경보"단계는 기상조건 등을 고려하여 해당 지역의 대기 자동측정소 오존농도가 ( )이상인 때 발령한다.

㉮ 0.12ppm
㉯ 0.15ppm
㉰ 0.3ppm
㉱ 0.5ppm

정답 70 ㉰ 71 ㉮ 72 ㉯ 73 ㉯ 74 ㉰

75 환경정책기본법령상 미세먼지(PM-10)의 대기환경기준으로 알맞은 것은 어느 것인가? (단, 연간평균치 기준)

㉮ 50μg/m³ 이하
㉯ 75μg/m³ 이하
㉰ 100μg/m³ 이하
㉱ 150μg/m³ 이하

풀이 미세먼지(PM-10)의 대기환경기준은 50μg/m³ 이하이다.

76 대기환경보전법규상 자동차연료 제조기준 중 휘발유의 납함량(g/L) 제조기준으로 알맞은 것은 어느 것인가?

㉮ 0.5 이하   ㉯ 2.0 이하
㉰ 0.013 이하   ㉱ 0.030 이하

풀이 휘발유의 납함량 제조기준은 0.013g/L 이하이다.

77 대기환경보전법규상 위임업무 보고사항 중 첨가제의 제조기준 적합여부 검사현황의 보고횟수 기준으로 알맞은 것은 어느 것인가?

㉮ 연 4회   ㉯ 연 2회
㉰ 연 1회   ㉱ 수시

풀이 첨가제의 제조기준 적합여부 검사현황의 보고횟수 기준은 연 2회이다.

78 대기환경보전법규상 위임업무 보고사항 중 "수입자동차 배출가스 인증 및 검사현황"의 보고기일 기준으로 옳은 것은?

㉮ 다음 달 10일까지
㉯ 매분기 종료 후 15일 이내
㉰ 매반기 종료 후 15일 이내
㉱ 다음 해 1월 15일까지

풀이 수입자동차 배출가스 인증 및 검사현황의 보고기일 기준은 매분기 종료 후 15일 이내이다.

79 대기환경보전법령상 대기오염물질발생량의 합계가 연간 20톤 이상 80톤 미만인 사업장의 종별 분류로 알맞은 것은 어느 것인가?

㉮ 1종 사업장   ㉯ 2종 사업장
㉰ 3종 사업장   ㉱ 4종 사업장

풀이 ㉯ 2종 사업장에 대한 설명이다.

80 환경정책기본법령상 이산화질소(NO_2)의 1시간 평균치 대기환경기준으로 알맞은 것은 어느 것인가?

㉮ 0.06ppm 이하   ㉯ 0.10ppm 이하
㉰ 0.15ppm 이하   ㉱ 0.25ppm 이하

풀이 이산화질소(NO_2)의 1시간 평균치 대기환경기준은 0.10ppm 이하이다.

정답 75 ㉮ 76 ㉰ 77 ㉯ 78 ㉯ 79 ㉯ 80 ㉯

2017년 4회 대기환경산업기사

2017년 9월 23일 시행

| 제1과목 | 대기오염개론

01 대기 중 오존(O_3)에 대한 내용으로 틀린 것은 어느 것인가?

㉮ 인체에 미치는 영향으로 유전인자에 변화를 일으키며, 염색체 이상이나 적혈구 노화를 초래한다.
㉯ 2차 대기오염물질에 해당하고, 온실가스로 작용한다.
㉰ 대기 중 오존의 배경농도는 0.01~0.02 ppb 정도로 알려져 있다.
㉱ 산화력이 강하여 인체의 눈을 자극하고 폐수종 등을 유발시킨다.

[풀이] ㉰ 대기 중 오존의 배경농도는 0.01~0.02ppm 정도로 알려져 있다.

02 다음 중 대기오염물질의 밀도가 큰 순서부터 차례대로 알맞게 나열된 것은 어느 것인가? (단, 기타 조건은 동일)

㉮ $SO_2 > NO_2 > CO_2 > CH_4$
㉯ $SO_2 > NO_2 > NH_3 > H_2S$
㉰ $SO_2 > CS_2 > HCHO > H_2S$
㉱ $SO_2 > HCHO > H_2S > CS_2$

[풀이] 밀도가 큰 물질은 분자량이 큰 물질이므로 $SO_2(64) > NO_2(46) > CO_2(44) > CH_4(16)$ 순이다.

03 London smog 사건의 기온역전층의 종류는 어느 것인가?

㉮ 복사성 역전   ㉯ 침강성 역전
㉰ 난류성 역전   ㉱ 전선성 역전

[풀이] London smog 사건의 기온역전층의 종류는 복사성(방사성)역전이다.

04 Daecon법칙을 이용하여 지표높이 10m에서의 풍속이 4m/s일 때, 상공의 풍속이 12m/s인 경우의 높이는 얼마인가? (단, P = 0.4)

㉮ 약 156m   ㉯ 약 217m
㉰ 약 258m   ㉱ 약 324m

[풀이]
$$u_2 = u_1 \times \left(\frac{H_2}{H_1}\right)^P$$
$$12\text{m/sec} = 4\text{m/sec} \times \left(\frac{H_2}{10\text{m}}\right)^{0.4}$$
$$\therefore H_2 = 10\text{m} \times \left(\frac{12\text{m/sec}}{4\text{m/sec}}\right)^{\frac{1}{0.4}} = 155.89\text{m}$$

05 코리올리힘(C, 전향력)의 크기를 알맞게 나타낸 것은 어느 것인가? (단, Ω : 지구자전 각속도, θ : 위도, ν : 물체의 속도)

㉮ $2\Omega \cos\theta\nu$ ㉯ $2\Omega \sin\theta\nu$
㉰ $2\Omega \tan\theta\nu$ ㉱ $2\Omega \cot\theta\nu$

정답 01 ㉰ 02 ㉮ 03 ㉮ 04 ㉮ 05 ㉯

[풀이] 전향력 = 전향인자×속도 = $2\Omega \sin\theta \nu$가 된다.

06 다음 중 O_3에 대한 반응이 가장 예민하고, 그 피해가 쉽게 나타나는 식물은 어느 것인가?

㉮ 목화 ㉯ 아카시아
㉰ 시금치 ㉱ 사과

[풀이] 오존(O_3)의 지표식물은 담배(연초), 시금치, 자주개나리(알팔파), 토마토, 백송 등이 있다.

07 대기오염의 역사적 사건에 대한 내용으로 틀린 것은 어느 것인가?

㉮ 뮤즈계곡사건 - 벨기에 뮤즈계곡에서 발생한 사건으로 금속, 유리, 아연, 제철, 황산공장 및 비료공장 등에서 배출되는 SO_2, H_2SO_4 등이 계곡에서 무풍 상태의 기온역전 조건에서 발생했다.
㉯ 포자리카 사건 - 멕시코 공업지역에서 발생한 오염사건으로 H_2S가 대량으로 인근 마을로 누출되어 기온역전으로 피해를 일으켰다.
㉰ 보팔시 사건 - 인도에서 일어난 사건으로 비료공장 저장탱크에서 MIC 가스가 유출되어 발생한 사건이다.
㉱ 크라카타우 사건 - 인도네시아에서 발생한 산화티타늄공장에서 발생한 질산미스트 및 황산미스트에 의한 사건으로 이 지역에 주둔하던 미군과 가족들에게 큰 피해를 준 사건이다.

[풀이] ㉱ 크라카타우섬사건은 1883년 인도네시아 크라카타우섬에서 발생한 화산폭발에 의해 발생한 사건이다.

08 Propane gas 100kg을 액화시켜 만든 연료가 완전 기화될 때 그 용적은 얼마인가? (단, 표준상태 기준)

㉮ 25.4Sm³ ㉯ 50.9Sm³
㉰ 75.2Sm³ ㉱ 102.1Sm³

[풀이] 프로판(C_3H_8)1kmol $\begin{cases} 44kg \\ 22.4Sm^3 \end{cases}$

따라서 용적(Sm³) = $100kg \times \dfrac{22.4Sm^3}{44kg}$
= 50.91Sm³

09 다음 그림은 고도에 따른 기온구배를 나타낸 것이다. 이 중 굴뚝에서 배출되는 연기의 확산폭이 가장 큰 기온구배는 어느 것인가?

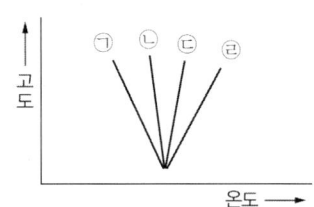

㉮ ㉠ ㉯ ㉡
㉰ ㉢ ㉱ ㉣

[풀이] 연기의 확산폭이 가장 큰 기온 구배는 ㉠이고 가장 작은 것은 ㉣이다.

10 환기량 산정을 위한 실내공기 오염의 지표가 되는 물질은 어느 것인가?

㉮ SO_2 ㉯ NOx
㉰ CO_2 ㉱ CO

[풀이] 실내 공기오염의 지표물질은 이산화탄소(CO_2)이다.

정답 06 ㉰ 07 ㉱ 08 ㉯ 09 ㉮ 10 ㉰

11 상대습도가 70%일 때 가시거리 계산식으로 알맞은 것은 어느 것인가? (단, L : 가시거리(km), G : 입자상물질의 농도(μg/m³), A : 상수)

㉮ $L = \dfrac{\frac{70}{100} \times A}{G}$ ㉯ $L = \dfrac{1000 \times A}{G}$

㉰ $L = \dfrac{1000 \times G}{A}$ ㉱ $L = \dfrac{G}{\frac{70}{100} \times A}$

12 대기 중 질소산화물이 광화학반응을 하여 광화학 스모그를 형성할 때 일반적으로 어떤 종류의 탄화수소가 가장 유리한가?

㉮ Methane계 HC   ㉯ Trans계 HC
㉰ Olefin계 HC   ㉱ Saturated계 HC

[풀이] ㉰ Olefin계 HC에 대한 설명이다.

13 다음 중 질소산화물의 광화학반응에서 가장 늦게 생성되는 물질은 어느 것인가?

㉮ 오존   ㉯ 알데히드
㉰ 아질산   ㉱ PAN

[풀이] 질소산화물의 광화학반응에서 가장 늦게 생성되는 물질은 PAN이다.

14 상온 25℃에서 가스의 체적이 400m³이었다. 이때 기온이 35℃로 상승되었다면 가스의 체적은 얼마로 되는가?

㉮ 408.2m³   ㉯ 410.1m³
㉰ 413.4m³   ㉱ 424.8m³

[풀이]
$\dfrac{V_1}{T_1} = \dfrac{V_2}{T_2}$

$\dfrac{400m^3}{273+25} = \dfrac{V_2}{273+35}$

∴ $V_2 = 413.43 m^3$

15 대기오염원의 영향평가 방법 중 분산모델에 대한 내용으로 틀린 것은 어느 것인가?

㉮ 점, 선, 면 오염원의 영향을 평가할 수 있다.
㉯ 2차 오염원의 확인이 가능하다.
㉰ 새로운 오염원이 지역 내에 신설될 때 매번 평가하여야 한다.
㉱ 지형 및 오염원의 조업조건에 영향을 받지 않는다.

[풀이] ㉱ 지형 및 오염원의 조업조건에 영향을 받는다.

정답 11 ㉯ 12 ㉰ 13 ㉱ 14 ㉰ 15 ㉱

16 할로겐화 탄화수소류에 대한 내용으로 틀린 것은 어느 것인가?

㉮ 할로겐화 탄화수소는 탄화수소 화합물 중 수소원자가 할로겐원소로 치환된 것으로 가연성과 폭발성이 강하고, 비점이 200℃ 이상으로 높아 상온에서는 안정하다.
㉯ 대부분의 할로겐화 탄화수소 화합물은 중추신경계 억제작용과 점막에 대한 중등도의 자극효과를 가진다.
㉰ 사염화탄소는 가열하면 포스겐이나 염소로 분해되며, 신장장애를 유발하며, 간에 대한 독작용이 심하다.
㉱ 할로겐화 탄화수소의 독성은 화합물에 따라 차이는 있으나, 다발성이며 중독성이다.

[풀이] ㉮ 할로겐화 탄화수소는 탄화수소 화합물 중 수소원자가 할로겐원소로 치환된 것으로 불연성과 폭발성이 약하고, 상온에서는 안정하다.

17 실내공기 오염에 대한 내용으로 틀린 것은 어느 것인가?

㉮ 일산화질소는 일산화탄소에 비해 헤모글로빈과의 결합력이 수백 배 높기 때문에 산소의 체내 유입을 저해하고 경련과 마비를 일으킬 수 있다.
㉯ 실내공기오염의 지표라는 관점에서 볼 때 세균의 위해성은 그 자체의 병원성보다 오히려 세균의 수가 문제시 되는 경우가 많다.
㉰ 혈중 CO-Hb(%)가 10% 정도까지는 인체에 대한 특이사항은 거의 없다고 볼 수 있다.

㉱ 건물이 낡은 경우나 해체공사 시에는 석면먼지가 공기 중에 부유하므로 노동재해의 중요한 요인으로 간주되기도 한다.

[풀이] ㉰ 혈중 CO-Hb(%)가 10% 정도에서도 인체에 대한 특이사항이 나타난다.

18 어느 사업장내 굴뚝 TMS에서의 이산화질소 배출량을 계산하려고 한다. 굴뚝에서의 이산화질소 배출농도가 표준상태에서 224ppm이고, 배출유량이 10,000 Sm^3/hr일 때 단위시간당 배출량(kg/hr)으로 환산하면 얼마인가? (단, 표준상태)

㉮ 3.2kg/hr   ㉯ 3.8kg/hr
㉰ 4.6kg/hr   ㉱ 5.2kg/hr

[풀이] NO_2 배출량(kg/hr)
= 배출유량(Sm^3/hr)×배출농도(kg/m^3)
= 10,000Sm^3/hr×224mL/Sm^3×$\frac{46mg}{22.4mL}$×10^{-6}kg/mg
= 4.6kg/hr

TIP

① NO_2 1mol $\begin{cases} 46mg \\ 22.4mL \end{cases}$

② ppm = mL/Sm^3

정답   16 ㉮   17 ㉰   18 ㉰

19 대기압력이 870mb인 높이에서의 온도가 17℃이었다. 온위(potantial temperature, K)는 얼마인가?

㉮ 약 268   ㉯ 약 280
㉰ 약 302   ㉱ 약 312

풀이
$$\theta = T \times \left(\frac{1,000}{P}\right)^{0.288} = (273+17℃) \times \left(\frac{1,000}{870mb}\right)^{0.288}$$
$$= 301.86K$$

20 지구 지표면의 열수지를 표현하기 위해 복사수지식을 적용하는데 다음 중 대기과학에서 사용하는 용어로서 지표의 반사율을 나타내는 지표는 무엇인가? (단, 입사에너지에 비하여 반사되는 에너지의 비)

㉮ 유효율   ㉯ 알베도
㉰ 복사도   ㉱ 일사도

풀이 ㉯ 알베도에 대한 설명이다.

제2과목 | 대기오염공정시험기준

21 먼지측정을 위해 굴뚝배출가스 중 수분량을 측정하였다. 측정결과가 다음과 같을 때 배출가스 중 수분량은 얼마인가?
(단, 16℃의 포화 수증기압은 14.1mmHg)

[측정결과]
- 대기압 : 758mmHg
- 흡입가스 온도 : 16℃
- 흡입 습배기가스량 : 10L
- 흡습 전 흡습관 중량 : 71.607g
- 흡습 후 흡습관 중량 : 72.327g
- 습식가스미터 게이지압력 : 0mmHg

㉮ 약 6%   ㉯ 약 9%
㉰ 약 13%   ㉱ 약 22%

풀이 $X_w(\%)$
$$= \frac{1.244 \times ma(g)}{V(L) \times \frac{273}{273+tg℃} \times \frac{(Pa-Pv)mmHg}{760mmHg} + 1.244 \times mg(g)} \times 100(\%)$$

- V : 현재의 건조가스량(L)
- tg : 가스미터의 흡입가스온도(℃)
- Pa : 대기압(mmHg)
- Pm : 게이지압(mmHg)
- ma : 수분의 질량(g)

따라서 $X_w(\%)$
$$= \frac{1.244 \times 0.72g}{10L \times \frac{273}{273+16℃} \times \frac{(758-14.1)mmHg}{760mmHg} + 1.244 \times 0.72g} \times 100$$
$$= 8.83\%$$

정답 19 ㉰   20 ㉯   21 ㉯

22 굴뚝 배출가스 중 먼지측정을 위해 시료 채취를 실시할 경우 등속흡입 정도를 보기 위한 등속흡입계수의 범위로 알맞은 것은 어느 것인가?

㉮ 85~105% ㉯ 90~110%
㉰ 95~110% ㉱ 95~115%

23 암모니아 시료 채취 시 채취관의 재질로 알맞은 것은 어느 것인가?

㉮ 보통강철 ㉯ 네오프렌
㉰ 실리콘수지 ㉱ 염화비닐수지

풀이 암모니아 시료 채취 시 채취관의 재질로 알맞은 것은 보통강철이다.

24 화학분석 시 온도의 표시에 대한 내용으로 틀린 것은 어느 것인가?

㉮ 냉수는 15℃ 이하이다.
㉯ 온수는 60~70℃, 열수는 약 100℃를 말한다.
㉰ 찬 곳은 따로 규정이 없는 한 4℃ 이하를 뜻한다.
㉱ 냉후(식힌 후)라 표시되어 있을 때는 보온 또는 가열 후 실온까지 냉각된 상태를 뜻한다.

풀이 ㉰ 찬 곳은 따로 규정이 없는 한 0~15℃ 이하를 뜻한다.

25 고용량공기시료채취기법으로 외부로 비산배출되는 먼지농도를 측정하고자 한다. 풍속의 범위가 0.5m/sec 미만 또는 10m/sec 이상 되는 시간이 전 채취시간의 50% 이상일 때 풍속에 대한 보정계수는 얼마인가?

㉮ 1.0 ㉯ 1.2
㉰ 1.4 ㉱ 1.5

26 액의 농도를 (1 → 5)로 표시한 것으로 알맞은 것은 어느 것인가?

㉮ 고체 1mg을 용매 5mL에 녹인 정도
㉯ 액체 1g을 용매 5mL에 녹인 정도
㉰ 액체 1용량에 물 5용량을 혼합한 것
㉱ 고체 1g을 용매에 녹여 전량을 5mL로 하는 비율

27 기체크로마토그래피를 이용하여 분석실험을 할 때, 분리관의 이론단수가 1600이고, 보유 시간이 10분인 봉우리의 좌우 변곡점에서 접선이 자르는 바탕선의 길이(mm)는 얼마인가? (단, 기록지 속도는 10mm/분이고, 이론단수는 모든 성분에 대하여 같다.)

㉮ 6 ㉯ 10
㉰ 18 ㉱ 24

풀이 이론단수(n)
$$= 16 \times \left\{ \frac{\text{기록지의 이동속도(mm/min)} \times \text{보유시간(min)}}{\text{봉우리 폭(mm)}} \right\}^2$$

따라서 $1600 = 16 \times \left\{ \dfrac{10\text{mm/min} \times 10\text{min}}{W} \right\}^2$

∴ W = 10mm

정답 22 ㉯ 23 ㉮ 24 ㉰ 25 ㉯ 26 ㉱ 27 ㉯

28 다음 중 약한 암모니아 액성에서 다이메틸글리옥심과 반응시켜 파장 450nm 부근에서 흡광도를 측정하는 화합물은 어느 것인가?

㉮ 니켈화합물　㉯ 비소화합물
㉰ 카드뮴화합물　㉱ 염소화합물

[풀이] ㉮ 니켈화합물에 대한 설명이다.

29 다음 중 환경대기 중의 탄화수소 농도를 측정하기 위한 시험방법으로 틀린 것은 어느 것인가?

㉮ 용융 탄화수소 측정법
㉯ 활성 탄화수소 측정법
㉰ 비메탄 탄화수소 측정법
㉱ 총탄화수소 측정법

[풀이] 환경대기 중의 탄화수소 농도를 측정하기 위한 시험방법으로는 활성 탄화수소 측정법, 비메탄 탄화수소 측정법, 총탄화수소 측정법이 있다.

30 환경대기 중 유해휘발성 유기화합물(VOCs)의 고체흡착법에 사용되는 용어의 정의에서 (　)안에 들어갈 알맞은 말은?

> 시료채취 안전부피(SSV, safe sampling volume)는 파과부피의 2/3배를 취하거나 (직접적인 방법) 머무름 부피의 (　) 정도를 취한다(간접적인 방법)

㉮ 1/2배　㉯ 2배
㉰ 5배　㉱ 10배

31 굴뚝 배출가스 중 사이안화수소를 자외선/가시선분광법-4-피리딘카복실산-피라졸론법으로 분석하는 방법에 대한 설명으로 틀린 것은?

㉮ 정량범위는 0.05ppm~8.61ppm이다.
㉯ 538nm 부근의 흡광도를 측정한다.
㉰ 배출가스 중 염소 등의 산화성가스가 공존하면 영향을 받는다.
㉱ 흡수액은 수산화소듐용액(20g/L)이다.

[풀이] ㉯ 638nm 부근의 흡광도를 측정한다.

32 다음 분석대상가스 중 수산화소듐용액을 흡수액으로 사용하지 않는 물질은 어느 것인가?

㉮ 플루오린화합물
㉯ 브로민화합물
㉰ 벤젠
㉱ 페놀

[풀이] 벤젠은 기체크로마토그래피로 분석하므로 흡수액이 없다.

정답 28 ㉮　29 ㉮　30 ㉮　31 ㉯　32 ㉰

33 환경대기 중 질소산화물 측정방법에서 수동측정방법인 것은 어느 것인가?

㉮ 오르토톨리딘법
㉯ 흡광차분광법(DOAS)
㉰ 화학발광법(Chemiluminescence method)
㉱ 야곱스호흐하이저(Jacobs-Hochheiser)법

[풀이] ㉱ 야곱스호흐하이저법은 수동측정방법이다.

34 환경대기 중 납을 분석하기 위한 시험방법에서 대기오염물질공정시험기준상 주시험방법은 어느 것인가?

㉮ 유도결합 플라즈마 분광법
㉯ 원자흡수분광법
㉰ X선 형광법
㉱ 이온크로마토그래피

[풀이] 납의 주시험방법은 원자흡수분광법이다.

35 분석시험에 관한 기재 및 용어설명 중 알맞은 것은 어느 것인가?

㉮ 용액의 액성표시는 따로 규정이 없는 한 유리전극법에 의한 pH 미터로 측정한 것을 뜻한다.
㉯ "정확히 단다"라 함은 규정한 양의 검체를 취하여 분석용 저울로 1mg까지 다는 것을 뜻한다.
㉰ 시험조작 중 "즉시"란 10초 이내에 표시된 조작을 하는 것을 뜻한다.
㉱ "감압 또는 진공"이라 함은 따로 규정이 없는 한 1.5mmHg 이하를 뜻한다.

[풀이] ㉯ "정확히 단다"라 함은 규정한 양의 검체를 취하여 분석용 저울로 0.1mg까지 다는 것을 뜻한다.
㉰ 시험조작 중 "즉시"란 30초 이내에 표시된 조작을 하는 것을 뜻한다.
㉱ "감압 또는 진공"이라 함은 따로 규정이 없는 한 15mmHg 이하를 뜻한다.

36 분석대상가스가 페놀인 경우, 채취관과 연결관의 재질로 틀린 것은 어느 것인가?

㉮ 석영   ㉯ 경질유리
㉰ 보통강철 ㉱ 플루오린수지

[풀이] ㉰ 보통강철은 암모니아나 일산화탄소에 사용된다.

37 굴뚝에서 배출되는 매연을 링겔만 매연농도표에 의해 비교 측정하고자 할 때 측정방법으로 틀린 것은 어느 것인가?

㉮ 굴뚝 배경은 검은 장해물은 피한다.
㉯ 될 수 있는 한 바람이 불지 않을 때 측정한다.
㉰ 굴뚝 배출구에서 30~45cm 떨어진 곳의 농도를 관측 비교한다.
㉱ 연기의 흐름에 직각인 위치에 태양광선을 정면으로 받은 방향을 선정한다.

[풀이] ㉱ 연기의 흐름에 직각인 위치에 태양광선을 측면으로 받은 방향을 선정한다.

정답 33 ㉱ 34 ㉯ 35 ㉮ 36 ㉰ 37 ㉱

38 이온크로마토그래피법의 장치에 대한 내용 중 ( ) 안에 들어갈 알맞은 말은?

> ( )(이)란 용리액에 사용되는 전해질 성분을 제거하기 위하여 분리관 뒤에 직렬로 접속시킨 것으로써 전해질을 물 또는 저전도도의 용매로 바꿔줌으로써 전기 전도도 셀에서 목적이온 성분과 전기 전도도만을 고감도로 검출할 수 있게 해주는 것이다.

㉮ 분리관　㉯ 용리액조
㉰ 송액펌프　㉱ 써프렛서

풀이 ㉱ 써프렛서에 대한 설명이다.

39 비분산 적외선 분광분석에서 복광속 비분산분석계 적용시 사용하는 분석계의 광원으로 알맞은 것은 어느 것인가?

㉮ 적외선 광원인 중수소방전관
㉯ 근적외부의 광원인 텅스텐램프
㉰ 좁은 선폭을 갖고 휘도가 높은 스펙트럼을 방사하는 중공음극램프
㉱ 니크롬선 또는 탄화규소의 저항체에 전류를 흘려 가열한 것

40 배출가스 중의 수분량 측정에 사용되는 흡습제로 알맞은 것은 어느 것인가?

㉮ 탄산칼슘　㉯ 탄산나트륨
㉰ 무수염화칼슘　㉱ 염화마그네슘

풀이 수분량 측정에 사용되는 흡습제는 무수염화칼슘이다.

| 제3과목 | 대기오염방지기술

41 원심력 집진장치에 관한 내용으로 틀린 것은 어느 것인가?

㉮ 압력손실과 집진율 등을 고려하여 접선유입식 싸이클론의 경우 입구 가스 속도는 통상 7~15m/sec 범위로 한다.
㉯ Cut size(D_{pc})란 싸이클론에서 50%의 집진효율로 제거되는 입자의 크기를 말한다.
㉰ 블로우 다운 효과가 있으면 집진율이 좋아진다.
㉱ 싸이클론의 직경이 클수록 집진율은 좋아진다.

풀이 ㉱ 싸이클론의 직경이 클수록 집진율을 낮아진다.

42 매시간 5ton의 중유를 연소하는 보일러의 배연탈황에 수산화나트륨을 흡수제로 하여 부산물로서 아황산나트륨을 회수한다. 중유의 황분은 2.56%, 탈황을 90%로 하면 필요한 수산화나트륨의 이론적인 양은 얼마인가?

㉮ 288kg/h　㉯ 324kg/h
㉰ 386kg/h　㉱ 460kg/h

풀이 $S + O_2 \rightarrow SO_2 + 2NaOH \rightarrow Na_2SO_3 + H_2O$
32kg : 2×40kg
$5×10^3$kg/hr×0.0256×0.90 : X

$\therefore X = \dfrac{5×10^3 kg/hr × 0.0256 × 0.90 × 2 × 40kg}{32kg}$

= 288kg/hr

정답 38 ㉱　39 ㉱　40 ㉰　41 ㉱　42 ㉮

43 전기집진장치에 대한 내용으로 틀린 것은 어느 것인가?

㉮ 성능이 우수하여 0.1μm 이하의 미세입자까지 채취가 가능하다.
㉯ 고온가스 처리가 가능(약 500℃ 전후)하다.
㉰ 압력손실의 경우 건식은 10mmH$_2$O, 습식은 20mmH$_2$O로 낮은 편이다.
㉱ 조건 변동이 용이하여, 가스처리 용량 변화에도 적응하기 유리하다.

[풀이] ㉱ 조건 변동이 용이하지 못하여, 가스처리 용량 변화에 적응이 어렵다.

44 유해가스 처리방법으로 틀린 것은 어느 것인가?

㉮ 시안화수소 - 물에 의한 세정
㉯ 아크로레인 - 물에 의한 세정
㉰ 벤젠 - 촉매연소
㉱ 비소 - 알칼리액에 의한 세정

[풀이] ㉯ 아크로레인은 그대로 흡수가 불가능하며 NaClO등의 산화제를 혼입한 가성소다 용액으로 흡수 제거한다.

45 황분이 중량비로 S%인 벙커유의 사용량이 분당 W kg이라고 하면 황산화물(SO$_2$) 배출량(Sm^3/hr)은 얼마인가? (단, 벙커유의 비중은 0.9)

㉮ $22.4 \times S \times W$
㉯ $\dfrac{0.42}{S \times W}$
㉰ $\dfrac{22.4}{S \times W}$
㉱ $0.42 \times S \times W$

[풀이]
S + O$_2$ → SO$_2$
32kg : 22.4Sm^3
W(kg/min)×60min/1hr×$\dfrac{S(\%)}{100}$: X

∴ X = $\dfrac{W(kg/min) \times 60min/hr \times \dfrac{S(\%)}{100} \times 22.4Sm^3}{32kg}$

= $0.42 \times S \times W (Sm^3/hr)$

46 화학적 흡착과 비교한 물리적 흡착의 특성에 대한 설명으로 틀린 것은 어느 것인가?

㉮ 흡착제의 재생이나 오염가스의 회수에 용이하다.
㉯ 온도가 낮을수록 흡착량이 많다.
㉰ 표면에 단분자막을 형성하며, 발열량이 크다.
㉱ 압력을 감소시키면 흡착물질이 흡착제로부터 분리되는 가역적 흡착이다.

[풀이] ㉰ 물리적 흡착은 발열량이 작다.

47 유량 210,000m^3/day의 공기를 흡수탑을 거쳐 정화하려고 한다. 흡수탑 접근유속을 0.8m/sec로 유지하기 위해 소요되는 흡수탑의 직경은 얼마인가?

㉮ 3.21m ㉯ 2.75m
㉰ 2.18m ㉱ 1.97m

[풀이] 유량(Q) = 단면적(A)×유속(V)
따라서 Q = $\dfrac{\pi D^2}{4} \times V$

210,000m^3/day×1day/24hr×1hr/3600sec = $\dfrac{\pi D^2}{4}$(m^2)×0.8m/sec

정답 43 ㉱ 44 ㉯ 45 ㉱ 46 ㉰ 47 ㉱

$$\therefore D = \sqrt{\frac{4 \times 210{,}000 m^3/day \times 1day/24hr \times 1hr/3600sec}{\pi \times 0.8 m/sec}}$$
$$= 1.97m$$

48 집진장치의 입구와 출구에서 가스의 함진농도가 각각 22.6g/m³, 1.076g/m³일 때, 이 집진장치의 집진율은 얼마인가?

㉮ 95.3% ㉯ 97.5%
㉰ 98.3% ㉱ 99.2%

풀이 효율$(\eta) = \left(1 - \frac{C_o}{C_i}\right) \times 100(\%)$
$= \left(1 - \frac{1.076 g/m^3}{22.6 g/m^3}\right) \times 100 = 95.24\%$

49 가스 흡수법의 효율을 높이기 위한 흡수액의 구비요건으로 알맞은 것은 어느 것인가?

㉮ 용해도가 낮아야 한다.
㉯ 용매의 화학적 성질과 비슷해야 한다.
㉰ 흡수액의 점성이 비교적 높아야 한다.
㉱ 휘발성이 높아야 한다.

풀이 ㉮ 용해도가 높아야 한다.
㉰ 흡수액의 점성이 비교적 낮아야 한다.
㉱ 휘발성이 낮아야 한다.

50 전기집진장치의 운전요령에 관한 내용으로 틀린 것은 어느 것인가?

㉮ 시동 시에는 애자, 애관 등의 표면을 깨끗이 닦아 고압회로의 절연저항이 1000mΩ 이하가 되도록 한다.
㉯ 운전 중 2차 전류가 현저하게 적을 때는 조습용 스프레이 수량을 증가시켜 전기저항을 떨어뜨려 준다.
㉰ 운전 종료 시 전극의 구부러짐, 먼지의 부착여부 등을 점검 보수한다.
㉱ 접지저항은 적어도 10Ω 이하가 되도록 유지한다.

풀이 ㉮ 시동 시에는 애자, 애관 등의 표면을 깨끗이 닦아 고압회로의 절연저항이 100mΩ 이상이 되도록 한다.

51 악취제거 시 화학적 산화법에 사용하는 산화제로 틀린 것은 어느 것인가?

㉮ O_3 ㉯ $Fe_2(SO_4)_3$
㉰ $KMnO_4$ ㉱ $NaOCl$

풀이 화학적 산화제로는 O_3, $KMnO_4$, $NaOCl$, ClO_2, H_2O_2이다.

52 다음 흡수장치 중 가스분산형 흡수장치에 해당하는 것은 어느 것인가?

㉮ 벤튜리 스크러버
㉯ 기포탑
㉰ 젖은 벽탑
㉱ 분무탑

풀이 ㉮·㉰·㉱는 액분산형 흡수장치이다.

53 관경 35cm인 관으로 50m³/min의 배기가스를 처리할 때 관내 속도압은 얼마인가? (단, 가스밀도 1.2kg/m³, 마찰 손실은 무시한다.)

㉮ 10.2mmH₂O ㉯ 9.7mmH₂O

정답 48 ㉮ 49 ㉯ 50 ㉮ 51 ㉯ 52 ㉯ 53 ㉱

㉰ 8.4mmH₂O ㉱ 4.6mmH₂O

[풀이] 속도압(Vp) = $\left(\dfrac{V}{242.2}\right)^2$ (mmH₂O)

ㄷ V : 평균유속(m/min)

① V(m/min) = $\dfrac{Q(m^3/min)}{A(m^2)}$ = $\dfrac{Q(m^3/min)}{\dfrac{\pi D^2}{4}(m^2)}$

= $\dfrac{50 m^3/min}{\dfrac{\pi}{4} \times (0.35m)^2}$ = 519.6884 m/min

② 속도압(Vp) = $\left(\dfrac{519.6884 m/min}{242.2}\right)^2$

= 4.60 mmH₂O

54 20℃, 1기압에서 충전탑으로 혼합가스 중의 암모니아를 제거하려고 한다. stripping factor가 0.80이고, 평형선의 기울기가 0.8일 경우 흡수액의 양(kg-mol/hr)은 얼마인가? (단, 흡수액은 암모니아를 포함하지 않고, 재순환되지 않으며, 등온상태라 가정, 혼합가스 량은 20℃, 1기압에서 40kg-mol/hr이다.)

㉮ 약 28 ㉯ 약 40
㉰ 약 57 ㉱ 약 89

[풀이] 흡수액의 양(kg-mol/hr)

= 혼합가스량(kg-mol/hr) × $\dfrac{\text{평형선의 기울기}}{\text{Stripping factor}}$

= 40 kg-mol/hr × $\dfrac{0.8}{0.8}$

= 40 kg-mol/hr

55 다음에서 설명하는 탈취방법으로 알맞은 것은 어느 것인가?

> 직접연소법에서 과다한 열사용으로 인한 운영비가 문제되는 점을 보완하기 위한 기술로서, 유량이 작은 가스의 경우에는 유지관리비에서 장점이 있다. 이 방법에서는 고정층 내의 온도를 일정하게 유지시키기 위해 자동 전환밸브를 서로 번갈아 바꿔주고 흐름을 전환시킴으로써 발생된 열을 고정층 내에서 서로 번갈아 공급한다. 그리고 악취농도가 낮을 경우에는 자동적으로 프로세스 가스팬과 가스취입 장치와 가스흡입장치가 작동하여 전기히터를 작동시키지 않고 고정층 내 온도를 유지시키는 방식도 있다.

㉮ 축열 연소법
㉯ 촉매 산화 탈취법
㉰ 코로나를 이용한 탈취법
㉱ 기존 시설의 연소실을 이용하는 방법

[풀이] ㉮ 축열 연소법에 대한 설명이다.

56 연소 조절에서 NOx의 생성을 억제하는 방법으로 알맞은 것은 어느 것인가?

㉮ 공연비를 높게 한다.
㉯ 화로 내에서 수소와 산소의 합성반응을 증진시켜 발열반응을 유도한다.
㉰ 연소용 공기의 예열 온도를 높인다.
㉱ 배기가스를 재순환하여 연소한다.

[풀이] ㉮ 공연비를 낮게 한다.
㉯ 화로 내에서 수소와 산소의 합성반응을 억제시켜 발열반응을 억제한다.
㉰ 연소용 공기의 예열 온도를 낮춘다.

정답 54 ㉯ 55 ㉮ 56 ㉱

57 전기집진장치에서 집진면의 간격이 14cm, 공기의 유속이 2.4m/s일 때 층류 영역에서 입자를 100%제거하기 위한 이론적인 집진극의 길이는 얼마인가?
(단, 겉보기 이동속도는 6cm/s)

㉮ 1.6m ㉯ 2.8m
㉰ 3.2m ㉱ 5.6m

풀이 $L = \dfrac{u \times S}{We}$

- L : 집진기 길이(m)
- u : 유속(m/sec)
- S : 집진극과 방전극간 거리(m)
- We : 이동속도(m/sec)

따라서 $L = \dfrac{2.4 \text{m/sec} \times (0.14/2)\text{m}}{0.06 \text{m/sec}} = 2.80\text{m}$

58 액체연료 연소장치에 사용되는 버너의 종류 중 분무각도는 30~60° 정도, 유량조절범위는 1 : 5 정도로 비교적 큰 편이며, 연료분사범위는 200L/hr 정도로 소형설비에 주로 사용, 분무에 필요한 공기량은 이론연소 공기량의 30~50% 정도인 것은 어느 것인가?

㉮ 고압기류 분무식
㉯ 회전식
㉰ 저압기류 분무식
㉱ 유압분무식

풀이 ㉰ 저압기류 분무식에 대한 설명이다.

59 천연가스의 이론공기량으로 알맞은 것은 어느 것인가?

㉮ 8.5~10m³/Sm³ ㉯ 10~15m³/Sm³
㉰ 20~25m³/Sm³ ㉱ 25~35m³/Sm³

풀이 천연가스의 이론공기량은 8.5~10Sm³/Sm³이다.

60 석탄의 탄화도가 클수록 증가하지 않는 것은 어느 것인가?

㉮ 고정탄소 ㉯ 착화온도
㉰ 휘발분   ㉱ 연료비

풀이 석탄의 탄화도가 증가하면
① 증가 : 고정탄소, 발열량, 착화온도, 연료비
② 감소 : 매연발생량, 비열, 휘발분, 수분, 산소의 양, 연소속도

| 제4과목 | 대기환경관계법규

61 대기환경보전법규상 사업장에 대한 지도점검결과 사업장의 대기오염물질 발생량이 변경 되어 해당 사업장의 구분(1종~5종)을 변경하여야 하는 경우, 시·도지사는 그 사실을 사업자에게 통보해야 하는데, 통보받은 해당 사업자는 통보일부턴 며칠 이내에 변경신고를 하여야 하는가?

㉮ 5일 이내   ㉯ 7일 이내
㉰ 10일 이내 ㉱ 30일 이내

정답 57 ㉯ 58 ㉰ 59 ㉮ 60 ㉰ 61 ㉯

62 대기환경보전법규상 자동차연료 중 "천연가스"가 항목의 제조기준으로 틀린 것은 어느 것인가?

㉮ 메탄(부피%) : 88.0 이상
㉯ 에탄(부피%) : 7.0 이하
㉰ 황분(ppm) : 50 이하
㉱ 불활성가스(CO_2, N_2 등)(부피%) : 4.5 이하

[풀이] ㉰ 황분(ppm) : 40 이하

63 실내공기질 관리법규상 "장례식장"의 "이산화질소" 실내공기질 권고기준은 얼마인가?

㉮ 0.01ppm 이하   ㉯ 0.1ppm 이하
㉰ 0.3ppm 이하   ㉱ 0.5ppm 이하

[풀이] 장례식장에서 이산화질소의 실내공기질 권고기준은 0.1ppm 이하이다.

64 대기환경보전법상 사업자는 배출시설과 방지시설의 정상적인 운영·관리를 위하여 환경 기술인을 임명하여야 하나, 이를 위반하여 환경기술인을 임명하지 아니한 경우의 과태료 부과기준으로 알맞은 것은 어느 것인가?

㉮ 1천만원 이하의 과태료
㉯ 500만원 이하의 과태료
㉰ 300만원 이하의 과태료
㉱ 100만원 이하의 과태료

[풀이] ㉰ 300만원 이하의 과태료에 해당한다.

65 대기환경보전법령상 오존의 경보 단계별 조치사항 중 "경보 발령"에 해당하는 조치사항으로 틀린 것은 어느 것인가?

㉮ 주민의 실외활동 제한요청
㉯ 자동차 사용의 제한
㉰ 사업장의 연료사용량 감축권고
㉱ 자동차의 통행금지

[풀이] ㉱ 자동차 통행금지는 중대경보에 해당한다.

66 대기환경보전법규상 "자동차 연료 및 첨가제의 제조·판매 또는 사용에 대한 규제현황"의 위임업무 보고횟수(㉠) 및 보고기일(㉡) 기준으로 알맞은 것은 어느 것인가?

㉮ ㉠ 연 1회, ㉡ 다음 해 1월 15까지
㉯ ㉠ 연 2회, ㉡ 매반기 종료 후 15일 이내
㉰ ㉠ 연 4회, ㉡ 매분가 종료 후 15일 이내
㉱ ㉠ 수시, ㉡ 해당사항 발생 시

67 대기환경보전법규상 배출가스 전문정비사업자에 대한 1차 행정처분기준이 등록취소가 아닌 것은 어느 것인가?

㉮ 고의 또는 중대한 과실로 정비·점검 및 확인검사 업무를 부실하게 한 경우
㉯ 자동차관리법에 따라 자동차관리사업의 등록이 취소된 경우
㉰ 거짓이나 그 밖의 부정한 방법으로 등록을 한 경우
㉱ 업무정지기간에 정비·점검 및 확인검사 업무를 한 경우

정답 62 ㉰ 63 ㉯ 64 ㉰ 65 ㉱ 66 ㉯ 67 ㉮

68 대기환경보전법령상 굴뚝 자동측정기기의 부착대상 배출시설, 측정 항목, 부착 면제, 부착 시기 및 부착 유예기준으로 틀린 것은 어느 것인가?

㉮ 부착대상시설의 용량은 배출시설 설치허가증 또는 설치신고증명서의 방지시설의 용량을 기준으로 배출구별로 산정하되, 같은 배출시설에 2개 이상의 배출구를 설치한 경우에는 배출구별로 방지시설의 용량을 합산하는데, 이 때 방지시설의 용량은(0℃, 1기압)로 환산한 값을 적용한다.
㉯ 같은 사업장에 부착대상 배출구가 2개 이상인 경우에는 환경분야 시험·검사 등에 관한 법률에 따른 환경오염공정시험기준에 따른 중간자료수집기(FEP)를 부착하여야 한다.
㉰ 소각시설의 경우에는 배출구의 온도와 최종연소실 출구의 온도를 각각 측정할 수 있도록 온도측정기를 부착한 경우에는 별도로 부착하지 아니하여도 된다.
㉱ 표준산소농도가 적용되는 시설에 대해서는 산소측정기를 부착하지 아니하여도 된다.

〔풀이〕 ㉱ 표준산소농도가 적용되는 시설에 대해서는 산소측정기를 부착하여야 한다.

69 대기환경보전법규상 대기오염물질 배출시설 중 폐수·폐기물 소각시설기준은 시간당 소각능력이 얼마 이상인가?

㉮ 5kg 이상　　㉯ 10kg 이상
㉰ 20kg 이상　　㉱ 25kg 이상

70 환경정책기본법령상 대기환경기준으로 틀린 것은 어느 것인가?

㉮ 일산화탄소(CO)의 8시간 평균치 : 9ppm이하
㉯ 이산화질소(NO_2)의 24시간 평균치 : 0.06ppm이하
㉰ 오존(O_3)의 8시간 평균치 : 0.01ppm이하
㉱ 초미세먼지(PM-2.5)연간 평균치 : 15㎍/m^3 이하

〔풀이〕 ㉰ 오존(O_3)의 8시간 평균치 : 0.06ppm이하

71 악취방지법상 악취의 배출허용기준을 초과하여 받은 개선명령을 이행하지 아니한 자에 대한 벌칙기준으로 알맞은 것은 어느 것인가?

㉮ 3년 이하의 징역 또는 2천만원 이하의 벌금
㉯ 1년 이하의 징역 또는 1천만원 이하의 벌금
㉰ 500만원 이하의 벌금
㉱ 300만원 이하의 벌금

〔풀이〕 ㉱ 300만원 이하의 벌금에 해당한다.

72 대기환경보전법령상 초과부과금 산정기준 중 오염물질 1킬로그램당 부과금액이 다음 중 가장 큰 것은 어느 것인가?

㉮ 시안화수소　　㉯ 불소화합물
㉰ 암모니아　　㉱ 이황화탄소

〔풀이〕 1kg당 부과금액
㉮ 7,300원

정답 68 ㉱　69 ㉱　70 ㉰　71 ㉱　72 ㉮

㉯ 2,300원
㉰ 1,400원
㉱ 1,600원

73 대기환경보전법상 기후·생태계변화를 유발하는 물질로 틀린 것은 어느 것인가?

㉮ 메탄 ㉯ 아산화질소
㉰ 라돈가스 ㉱ 과불화탄소

[풀이] 기후·생태계 변화 유발물질로는 이산화탄소, 메탄, 아산화질소, 수소불화탄소, 과불화탄소, 육불화황, 염화불화탄소, 수소염화불화탄소가 있다.

74 대기환경보전법령상 연간 대기오염물질발생량에 따른 사업장 구분으로 알맞은 것은 어느 것인가?

㉮ 대기오염물질발생량의 합계가 연간 3톤인 사업장은 5종 사업장에 해당한다.
㉯ 대기오염물질발생량의 합계가 연간 15톤인 사업장은 4종 사업장에 해당한다.
㉰ 대기오염물질발생량의 합계가 연간 25톤인 사업장은 2종 사업장에 해당한다.
㉱ 대기오염물질발생량의 합계가 연간 60톤인 사업장은 1종 사업장에 해당한다.

[풀이] ㉮ 연간 3톤인 사업장은 4종 사업장에 해당
㉯ 연간 15톤인 사업장은 3종 사업장에 해당
㉰ 연간 25톤인 사업장은 2종 사업장에 해당
㉱ 연간 60톤인 사업장은 2종 사업장에 해당

75 다음은 악취방지법규상 악취검사기관의 준수사항이다. ( )안에 들어갈 알맞은 말은?

악취검사기관은 정도관리 수행기록철 등의 서류를 작성하여 ( ) 보존해야 한다.

㉮ 1년간 ㉯ 3년간
㉰ 5년간 ㉱ 10년간

76 대기환경보전법규상 다음( )안에 들어갈 알맞은 말은?

( )은(는) 대기환경보전법에 따라 자동차연료·첨가제로 또는 촉매제로 환경상의 위해가 발생하거나 인체에 매우 유해한 물질이 배출된다고 인정되면 해당 자동차연료·첨가제 또는 촉매제의 사용제한, 다른 연료료의 대체 또는 제작자동차의 단위연료량에 대한 목표주행거리의 설정 등 필요한 조치를 할 수 있다.

㉮ 대통령
㉯ 환경부장관
㉰ 시·도지사
㉱ 국립환경과학원장

정답 73 ㉰ 74 ㉰ 75 ㉯ 76 ㉱

77 환경정책기본법령상 아황산가스(SO_2)의 대기환경기준치 및 측정방법 기준으로 알맞은 것은 어느 것인가? (단, ㉠ 1시간 평균치, ㉡ 측정방법)

㉮ ㉠ 0.10ppm 이하, ㉡ 화학발광법
㉯ ㉠ 0.15ppm 이하, ㉡ 화학발광법
㉰ ㉠ 0.10ppm 이하, ㉡ 자외선형광법
㉱ ㉠ 0.15ppm 이하, ㉡ 자외선형광법

78 대기환경보전법규상 대기오염방지시설로 틀린 것은 어느 것인가? (단, 기타 환경부장관이 인정하는 시설 등은 제외)

㉮ 미생물을 이용한 처리시설
㉯ 응축에 의한 시설
㉰ 흡광광도에 의한 시설
㉱ 흡착에 의한 시설

[풀이] 대기오염방지시설에는 중력, 관성력, 원심력, 세정, 여과, 전기, 음파, 흡수, 흡착, 직접 연소, 촉매반응, 응축, 산화·환원, 미생물, 연소조절에 의한 시설이 있다.

79 대기환경보전법규상 운행차 배출허용기준 중 일반기준으로 틀린 것은 어느 것인가?

㉮ 휘발유와 가스를 같이 사용하는 자동차의 배출가스 측정 및 배출허용기준은 가스의 기준을 적용한다.
㉯ 알코올만 사용하는 자동차는 탄화수소의 기준을 적용한다.
㉰ 휘발유사용 자동차는 휘발유·알코올 및 가스(천연가스를 포함한다.)를 섞어서 사용하는 자동차를 포함한다.
㉱ 건설기계 중 덤프트럭, 콘크리트믹서트럭, 콘크리트펌프트럭에 대한 배출허용기준은 화물자동차기준을 적용한다.

[풀이] ㉯ 알코올만 사용하는 자동차는 탄화수소의 기준을 적용하지 아니한다.

80 대기환경보전법령상 배출허용기준 초과와 관련하여 개선명령을 받지 아니한 사업자가 개선계획서를 제출하고 개선하는 경우 초과부과금 산정 시 산정(기준)항목에 해당하지 않는 것은 어느 것인가?

㉮ 배출허용기준초과 오염물질 배출량
㉯ 지역별 부과계수
㉰ 시간별 산정계수
㉱ 오염물질 1킬로그램당 부과금액

정답 77 ㉱ 78 ㉰ 79 ㉯ 80 ㉰

2018년 1회 대기환경산업기사

2018년 3월 4일 시행

| 제1과목 | 대기오염개론

01 불활성 기체로 일명 웃음의 기체라고도 하며, 대류권에서는 온실가스로, 성층권에서는 오존층 파괴물질로 알려진 것은?

㉮ NO
㉯ NO_2
㉰ N_2O
㉱ N_2O_5

풀이 ㉰ 아산화질소(N_2O)에 대한 설명이다.

TIP
N_2O = 아산화질소 = 일산화이질소

02 대기 중 탄화수소(HC)에 대한 설명으로 틀린 것은?

㉮ 지구규모의 발생량으로 볼 때 자연적 발생량이 인위적 발생량보다 많다.
㉯ 탄화수소는 대기 중에서 산소, 질소, 염소 및 황과 반응하여 여러 종류의 탄화수소 유도체를 생성한다.
㉰ 탄화수소류 중에서 이중결합을 가진 올레핀 화합물은 포화탄화수소나 방향족 탄화수소보다 대기중에서의 반응성이 크다.
㉱ 대기환경 중 탄화수소는 기체, 액체, 고체로 존재하며 탄소원자 1~12개인 탄화수소는 상온, 상압에서 기체로, 12개를 초과하는 것은 액체 또는 고체로 존재한다.

풀이 ㉱ 대기환경 중 탄화수소는 기체, 액체, 고체로 존재하며 탄소원자 1~4개인 탄화수소는 상온, 상압에서 기체로, 5개를 초과하는 것은 액체 또는 고체로 존재한다.

03 다음 대기오염과 관련된 역사적 사건 중 주로 자동차 등에서 배출되는 오염물질로 인한 광화학 반응에 기인한 것은?

㉮ 뮤즈(Meuse) 계곡 사건
㉯ 런던(London) 사건
㉰ 로스엔젤레스(Los Angeles) 사건
㉱ 포자리카(Pozarica) 사건

풀이 자동차 등에서 배출되는 오염물질로 인한 광화학 반응에 의해서 발생되는 사건은 2차성 스모그인 LA 사건이다.

TIP
누설사건 암기사항
① 포자리카 사건 : 황화수소(H_2S)
② 보팔시 사건 : 메틸이소시아네이트(CH_3CNO)

answer 01 ㉰ 02 ㉱ 03 ㉰

04 자동차 배출가스 발생에 관한 설명으로 틀린 것은?

㉮ 일반적으로 자동차의 주요 유해배출 가스는 CO, NO_x, HC 등이다.
㉯ 휘발유 자동차의 경우 CO는 가속시, HC는 정속시, NO_x는 감속시에 상대적으로 많이 발생한다.
㉰ CO는 연료량에 비하여 공기량이 부족할 경우에 발생한다.
㉱ NO_x는 높은 연소온도에서 많이 발생하며, 매연은 연료가 미연소하여 발생한다.

풀이 ㉯ 휘발유 자동차의 경우 CO는 공전시, HC는 감속시, NO_x는 가속시에 상대적으로 많이 발생한다.

05 A공장에서 배출되는 가스량이 480m³/min (아황산가스 0.20%(V/V)를 포함)이다. 연간 25%(부피기준)가 같은 방향으로 유출되어 인근 지역의 식물생육에 피해를 주었다고 할 때, 향후 8년 동안 이 지역에 피해를 줄 아황산가스 총량은 얼마인가? (단, 표준상태 기준, 공장은 24시간 및 365일 연속가동 된다고 본다.)

㉮ 약 2,548톤 ㉯ 약 2,883톤
㉰ 약 3,252톤 ㉱ 약 3,604톤

풀이

$$SO_2 량(톤) = \frac{480m^3}{min} \times \frac{64kg}{22.4Sm^3} \times \frac{1톤}{10^3 kg} \times \frac{0.2\%}{100}$$

$$\times \frac{25\%}{100} \times \frac{60min}{1hr} \times \frac{24hr}{1day} \times \frac{365day}{1년} \times 8년$$

$$= 2,883.29톤$$

TIP
① SO_2 1kmol $\begin{cases} 64kg \\ 22.4Sm^3 \end{cases}$
② SO_2의 분자량 = 32+16×2 = 64

06 SO_2의 식물 피해에 관한 설명으로 틀린 것은?

㉮ 낮보다는 밤에 피해가 심하다.
㉯ 식물잎 뒤쪽 표피 밑의 세포가 피해를 입기 시작한다.
㉰ 반점 발생경향은 맥간반점을 띤다.
㉱ 협죽도, 양배추 등이 SO_2에 강한 식물이다.

풀이 ㉮ 밤보다는 낮에 피해가 심하다.

TIP 밤보다 낮에 피해가 심한 이유는 식물들의 다양한 활동이 기공을 통해서 이루어지는데 낮에 기공이 완전히 열려있어 오염물질의 침투가 용이하기 때문이다.

07 다음 중 인체 내에서 콜레스테롤, 인지질 및 지방분의 합성을 저해하거나 기타 다른 영양물질의 대사장애를 일으키며, 만성폭로 시 설태가 끼는 대기오염물질의 원소기호로 가장 적합한 것은?

㉮ Se ㉯ TI
㉰ V   ㉱ Al

풀이 ㉱ 알루미늄(Al)에 대한 설명이다.

TIP 문제의 핵심은 "만성폭로 시 설태 형성 = 알루미늄"임을 숙지하시기 바랍니다.

answer 04 ㉯ 05 ㉯ 06 ㉮ 07 ㉱

08 다음 국제적인 환경관련 협약 중 오존층 파괴 물질인 염화불화탄소의 생산과 사용을 규제하려는 목적에서 제정된 것은?

㉮ 람사협약
㉯ 몬트리올의정서
㉰ 바젤협약
㉱ 런던협약

풀이 ㉯ 몬트리올의정서에 대한 설명이다.

TIP
㉮ 람사협약은 습지에 관한 협약이고, ㉯ 몬트리올의정서와, ㉱ 런던협약은 오존층 보호에 관한 협약이고, ㉰ 바젤협약은 국가간 대기오염물질 이동 규제에 관한 협약이다.

09 경도모델(또는 K-이론모델)을 적용하기 위한 가정으로 거리가 먼 것은?

㉮ 연기의 축에 직각인 단면에서 오염의 농도분포는 가우스 분포(정규분포)이다.
㉯ 오염물질은 지표를 침투하지 못하고 반사한다.
㉰ 배출원에서 오염물질의 농도는 무한하다.
㉱ 배출원에서 배출된 오염물질은 그 후 소멸하고, 확산계수는 시간에 따라 변한다.

풀이 ㉱ 확산계수는 시간에 따라 변하지 않는다.

10 라디오존데(radiosonde)는 주로 무엇을 측정하는데 사용되는 장비인가?

㉮ 고층대기의 초고주파의 주파수(20kHz 이상) 이동 상태를 측정하는 장비
㉯ 고층대기의 입자상 물질의 농도를 측정하는 장비
㉰ 고층대기의 가스상 물질의 농도를 측정하는 장비
㉱ 고층대기의 온도, 기압, 습도, 풍속 등의 기상요소를 측정하는 장비

풀이 라디오존데는 고층대기의 온도, 기압, 습도, 풍속 등의 기상요소를 측정하는 장비이다.

11 체적이 100m³인 복사실의 공간에서 오존(O_3)의 배출량이 분당 0.4mg인 복사기를 연속 사용하고 있다. 복사기 사용 전의 실내오존(O_3)의 농도가 0.2ppm라고 할 때 3시간 사용 후 오존농도는 몇 ppb인가? (단, 환기가 되지 않음, 0℃, 1기압 기준으로 하며, 기타 조건은 고려하지 않음)

㉮ 268
㉯ 383
㉰ 424
㉱ 536

풀이 ① 복사기 사용 후 오존농도(ppm)

$$= \frac{0.4\text{mg}}{\text{min}} \times \frac{60\text{min}}{1\text{hr}} \times \frac{1}{100\text{m}^3} \times \frac{22.4\text{mL}}{48\text{mg}} \times 3\text{hr}$$

$= 0.336\text{ppm}$

② 복사기 사용 전 오존농도 = 0.2ppm
③ 총 오존농도 = 0.336ppm + 0.2ppm = 0.536ppm
④ $0.536\text{ppm} \times \frac{10^3 \text{ppb}}{1\text{ppm}} = 536\text{ppb}$

TIP
① ppm = mL/Sm^3
② ppb = $\mu\text{L/Sm}^3$
③ ppm $\xrightarrow{\times 10^3}$ ppb
④ 오존(O_3)의 분자량 = 3×16 = 48
⑤ O_3 1mol $\begin{cases} 48\text{mg} \\ 22.4\text{mL} \end{cases}$
⑥ $\text{mg/Sm}^3 \times \frac{22.4\text{mL}}{\text{분자량(mg)}} = \text{mL/Sm}^3\text{(ppm)}$

answer 08 ㉯ 09 ㉱ 10 ㉱ 11 ㉱

12 대기오염현상 중 광화학스모그에 대한 설명으로 틀린 것은?

㉮ 미국 로스엔젤레스에서 시작되어 자동차 운행이 많은 대도시지역에서도 관측되고 있다.
㉯ 일사량이 크고 대기가 안정되어 있을 때 잘 발생된다.
㉰ 주된 원인물질은 자동차 배기가스 내 포함된 SO_2, CO 화합물의 대기확산이다.
㉱ 광화학산화물인 오존의 농도는 아침에 서서히 증가하기 시작하여 일사량이 최대인 오후에 최대의 경향을 나타내고 다시 감소한다.

풀이 ㉰ 주된 원인물질은 자동차 배기가스 내 포함된 NO_x, 올레핀계 HC이다.

13 공기 중에서 직경 2μm의 구형 매연입자가 스토크스 법칙을 만족하며 침강할 때, 종말침강속도는 얼마인가? (단, 매연입자의 밀도는 2.5g/cm³, 공기의 밀도는 무시하며, 공기의 점도는 $1.81×10^{-4}$g/cm·sec)

㉮ 0.015cm/s　㉯ 0.03cm/s
㉰ 0.055cm/s　㉱ 0.075cm/s

풀이
$$V_g = \frac{d^2(\rho_s - \rho)g}{18\mu}$$

여기서
V_g : 침강속도(m/sec)
d : 직경(m)
ρ_s : 입자의 밀도(kg/m³)
ρ : 가스의 밀도(kg/m³)
g : 중력가속도(9.8m/sec²)
μ : 점성도(kg/m·sec)

따라서
$$V_g = \frac{(2×10^{-6}m)^2 × 2,500kg/m^3 × 9.8m/sec^2}{18 × 1.81×10^{-5}kg/m·sec}$$
$= 3.0×10^{-4}$m/sec = 0.03cm/sec

TIP
① 밀도(g/cm³) $\xrightarrow{×10^3}$ kg/m³
② 점성계수(μ)의 단위
Centipoise $\xrightarrow{×10^{-2}}$ poise(g/cm·sec) $\xrightarrow{×10^{-1}}$ kg/m·sec
③ $1.81×10^{-4}$g/cm·sec $\xrightarrow{×10^{-1}}$ $1.81×10^{-5}$kg/m·sec

14 포스겐에 관한 설명으로 가장 적합한 것은?

㉮ 분자량 98.9이고, 수분 존재 시 금속을 부식시킨다.
㉯ 물에 쉽게 용해되는 기체이며, 인체에 대한 유독성은 약한 편이다.
㉰ 황색의 수용성 기체이며, 인체에 대한 급성 중독으로는 과혈당과 소화기관 및 중추신경계의 이상 등이 있다.
㉱ 비점은 120℃, 융점은 -58℃ 정도로서 공기 중에서 쉽게 가수분해 되는 성질을 가진다.

풀이 ㉯ 물에 쉽게 용해되지 않는 기체이며, 인체에 대한 유독성이 강한 편이다.
㉰ 최루, 흡입에 의한 재채기, 호흡곤란 등의 급성 증상을 나타내며, 몇 시간 후에 폐수종을 일으켜 사망한다.
㉱ 비점은 8℃, 융점은 -128℃ 정도로서 공기 중에서 수분 존재시 쉽게 가수분해 되는 성질을 가진다.

TIP
포스겐($COCl_2$)은 독특한 풀냄새가 나는 무색(시판용은 담황녹색)의 기체이다.

answer　12 ㉰　13 ㉯　14 ㉮

15 광화학적 스모그(smog)의 3대 주요 원인요소로 틀린 것은?

㉮ 아황산 가스
㉯ 자외선
㉰ 올레핀계 탄화수소
㉱ 질소산화물

풀이 광화학적 스모그의 3대 주요 원인요소
① 질소산화물(NO_X)
② 올레핀계 HC
③ 자외선

16 대기구조를 대기의 분자 조성에 따라 균질층(homosphere)과 이질층(hererosphere)으로 구분할 때 다음 중 균질층의 범위로 가장 적절한 것은?

㉮ 지상 0~50km   ㉯ 지상 0~88km
㉰ 지상 0~155km ㉱ 지상 0~200km

풀이 균질층은 지상 0~88km이다.

TIP
① 균질층 : 지상 0~88km까지로 수분을 제외하고는 질소 및 산소 등 분자 조성비가 어느 정도 일정하다.
② 이질층 : 질소층(0~120km), 산소층(120~1,000km), 헬륨층(1,000~2,000km), 수소층(2,000km 이상)으로 보통 4개층으로 분류한다.

17 유효굴뚝높이가 130m인 굴뚝으로부터 SO_2가 30g/sec로 배출되고 있고, 유효고 높이에서 바람이 6m/sec로 불고 있다고 할 때, 다음 조건에 따른 지표면 중심선의 농도는? (단, 가우시안형의 대기오염 확산방정식 적용하고, σ_y = 220m, σ_z = 40m)

㉮ 0.92μg/m³   ㉯ 0.73μg/m³
㉰ 0.56μg/m³   ㉱ 0.33μg/m³

풀이
$$C = \frac{Q}{\pi \cdot \sigma_y \cdot \sigma_z \cdot u} \exp\left[-\frac{1}{2}\left(\frac{He}{\sigma_z}\right)^2\right]$$

여기서
- C : 농도(μg/m³)
- Q : 오염물질 배출량(μg/sec)
- σ_y : 수평방향의 표준편차(m)
- σ_z : 수직방향의 표준편차(m)
- u : 풍속(m/sec)
- He : 유효굴뚝높이(m)

따라서
$$C = \frac{30 \times 10^6 \mu g/sec}{\pi \times 220m \times 40m \times 6m/sec} \exp\left[-\frac{1}{2}\left(\frac{130m}{40m}\right)^2\right]$$
$= 0.92 \mu g/m^3$

18 기본적으로 다이옥신을 이루고 있는 원소 구성으로 가장 옳게 연결된 것은? (단, 산소는 2개이다.)

㉮ 1개의 벤젠고리, 2개 이상의 염소
㉯ 2개의 벤젠고리, 2개 이상의 불소
㉰ 1개의 벤젠고리, 2개 이상의 불소
㉱ 2개의 벤젠고리, 2개 이상의 염소

풀이 다이옥신은 두 개의 산소, 두 개의 벤젠, 두 개 이상의 염소로 구성되어 있다.

19 다음 중 복사역전(radiation inversion)이 가장 잘 발생하는 계절과 시기는?

㉮ 여름철 맑은 날 정오
㉯ 여름철 흐린 날 오후
㉰ 겨울철 맑은 날 이른 아침
㉱ 겨울철 흐린 날 오후

풀이 복사성 역전은 겨울철 맑은 날 이른 아침에 잘 발생한다.

answer 15 ㉮ 16 ㉯ 17 ㉮ 18 ㉱ 19 ㉰

TIP
침강성 역전은 여름철에 고기압이 정체하고 있는 범위에 걸쳐서 시간에 무관하게 장기적으로 지속되는 역전이다.

20 악취처리방법 중 특히 인체에 독성이 있는 악취 유발물질이 포함된 경우의 처리방법으로 가장 부적합한 것은?

㉮ 국소환기(local ventilation)
㉯ 흡착(adsorption)
㉰ 흡수(absorption)
㉱ 위장(masking)

풀이 ㉱ 위장(masking)은 악취 유발물질을 궁극적으로 처리하는 방법이 아니다.

| 제2과목 | 대기오염공정시험기준

21 자외선가시선분광법에서 장치 및 장치보정에 관한 설명으로 틀린 것은?

㉮ 가시부와 근적외부의 광원으로는 주로 텅스텐램프를 사용하고 자외부의 광원으로는 주로 중수소 방전관을 사용한다.
㉯ 일반적으로 흡광도 눈금의 보정은 110℃에서 3시간 이상 건조한 과망간산칼륨(1급 이상)을 N/10 수산화소듐 용액에 녹인 과망간산소듐 용액으로 보정한다.
㉰ 광전관·광전자증배관은 주로 자외 내지 가시파장 범위에서 광전도셀은 근적외 파장범위에서, 광전지는 주로 가시파장 범위 내에서의 광전측광에 사용된다.
㉱ 광전광도계는 파장 선택부에 필터를 사용한 장치로 단광속형이 많고 비교적 구조가 간단하여 작업분석용에 적당하다.

풀이 ㉯ 일반적으로 흡광도 눈금의 보정은 110℃에서 3시간 이상 건조한 다이크로뮴산포타슘(1급 이상)을 N/20 수산화포타슘 용액에 녹인 다이크로뮴산포타슘 용액으로 보정한다.

TIP
① 자동기록식 광전분광광도계의 파장 교정 : 홀륨유리
② 흡광도의 눈금보정 : 다이크로뮴산포타슘용액

22 굴뚝 내의 배출가스 유속을 피토우관으로 측정한 결과 그 동압이 2.2mmHg이었다면 굴뚝내의 배출가스의 평균유속(m/sec)은? (단, 배출가스 온도 250℃, 공기의 비중량 1.3kg/Sm³, 피토우관계수 1.2이다.)

㉮ 8.6 ㉯ 16.9
㉰ 25.5 ㉱ 35.3

풀이
$$V = C \times \sqrt{\frac{2gh}{r}}$$

여기서
- V : 유속(m/sec)
- C : 피토우관 계수
- g : 중력가속도(9.8m/sec²)
- h : 동압(mmH₂O)
- r : 밀도(kg/m³)

① 동압(h) = 2.2mmHg × 13.6 = 29.92mmH₂O

② $r(kg/m^3) = 1.3kg/Sm^3 \times \frac{273}{273+250℃}$
   = 0.6786kg/m³

③ $V = 1.2 \times \sqrt{\frac{2 \times 9.8m/sec^2 \times 29.92mmH_2O}{0.6786kg/m^3}}$
   = 35.28m/sec

---

answer 20 ㉱ 21 ㉯ 22 ㉱

TIP

$$r(kg/m^3) = r_o(kg/Sm^3) \times \frac{273}{273+tg\,℃}$$

23 링겔만 매연 농도표를 이용한 방법에서 매연 측정에 관한 설명으로 틀린 것은?

㉮ 농도표는 측정자의 앞 16cm에 놓는다.
㉯ 농도표는 굴뚝배출구로부터 30~45cm 떨어진 곳의 농도를 관측 비교한다.
㉰ 측정자의 눈높이에 수직이 되게 관측 비교한다.
㉱ 매연의 검은 정도를 6종으로 분류한다.

풀이 ㉮ 농도표는 측정자의 앞 16m에 놓는다.

24 어느 지역에 환경기준시험을 위한 시료채취 지점수(측정점수)는 약 몇 개소 인가?

- 그 지역 가주지 면적 = 80km²
- 그 지역 인구밀도 = 1,500명/km²
- 전국평균인구밀도 = 450명/km²
  (단, 인구비례에 의한 방법기준)

㉮ 6개소　　㉯ 11개소
㉰ 18개소　　㉱ 23개소

풀이

측정점수 = $\frac{\text{그 지역 가주지 면적(km}^2\text{)}}{25km^2}$

$\times \frac{\text{그 지역 인구밀도}}{\text{전국 평균 인구밀도}}$

$= \frac{80km^2}{25km^2} \times \frac{1,500}{450} = 10.67 = 11$

TIP 측정점수 계산은 소수점첫째자리에서 완전올림한다.

25 다음은 굴뚝 배출가스 중 크로뮴화합물을 자외선/가시선분광법으로 측정하는 방법이다. ( )안에 들어갈 알맞은 말은?

시료용액 중의 크로뮴을 과망간산포타슘에 의하여 6가로 산화하고, (㉠)을/를 가한 다음, 아질산소듐으로 과량의 과망간산염을 분해한 후 다이페닐카바자이드를 가하여 발색시키고, 파장 (㉡)nm 부근에서 흡수도를 측정하여 정량하는 방법이다.

㉮ ㉠ 아세트산, ㉡ 460
㉯ ㉠ 요소, ㉡ 460
㉰ ㉠ 아세트산, ㉡ 540
㉱ ㉠ 요소, ㉡ 540

26 대기오염공정시험기준에서 정하고 있는 온도에 대한 설명으로 틀린 것은?

㉮ 냉수 : 15℃ 이하
㉯ 찬 곳은 따로 규정이 없는 한 (0~15)℃의 곳
㉰ 온수 : (35~50)℃
㉱ 실온 : (1~35)℃

풀이 ㉰ 온수 : (60~70)℃

27 굴뚝 배출가스 중의 이산화황 측정방법 중 연속자동측정법으로 틀린 것은?

㉮ 용액전도율법
㉯ 적외선형광법
㉰ 정전위전해법
㉱ 불꽃광도법

answer 23 ㉮　24 ㉯　25 ㉱　26 ㉰　27 ㉯

풀이 굴뚝 배출가스 중의 이산화황 측정방법 중 연속자동측정법에는 용액전도율법, 적외선흡수법, 자외선흡수법, 정전위전해법, 불꽃광도법이 있다.

28 비분산적외선분광분석법에서 분석계의 최저 눈금값을 교정하기 위하여 사용하는 가스는 무엇인가?
㉮ 비교가스   ㉯ 제로가스
㉰ 스팬가스   ㉱ 혼합가스

풀이 ㉯ 제로가스에 대한 설명이다.

TIP
스팬가스 : 분석계의 최고눈금값을 교정하기 위하여 사용하는 가스

29 다음은 굴뚝에서 배출되는 먼지측정방법에 관한 설명이다. ( )안에 알맞은 말을 순서대로 옳게 나열한 것은?

"수동식 채취기를 사용하여 굴뚝에서 배출되는 기체 중의 먼지를 측정할 때 흡입가스량은 원칙적으로 (㉠)여과지 사용시 채취면적 1cm² 당 (㉡)mg 정도이고, (㉢)여과지 사용시 전체 먼지채취량이 (㉣)mg 이상이 되도록 한다."

㉮ ㉠ 원통형, ㉡ 0.5, ㉢ 원형, ㉣ 1
㉯ ㉠ 원통형, ㉡ 1, ㉢ 원형, ㉣ 5
㉰ ㉠ 원형, ㉡ 0.5, ㉢ 원통형, ㉣ 1
㉱ ㉠ 원형, ㉡ 1, ㉢ 원통형, ㉣ 5

풀이 수동식 채취기 사용시 흡입가스량
① 원형여과지 사용시 채취면적 1cm²당 1mg 정도이다.
② 원통형여과지 사용시 전체 먼지채취량이 5mg 이상이 되도록 한다.

30 비분산적외선분광분석법에 관한 설명으로 틀린 것은?
㉮ 선택성 검출기를 이용하여 적외선의 흡수량 변화를 측정하여 시료중 성분의 농도를 구하는 방법이다.
㉯ 광원은 원칙적으로 니크롬선 또는 탄화규소의 저항체에 전류를 흘려 가열한 것을 사용한다.
㉰ 대기중 오염물질을 연속적으로 측정하는 비분산 정필터형 적외선 가스분석계에 대하여 적용한다.
㉱ 비분산(Nondispersive)은 빛을 프리즘이나 회절격자와 같은 분산소자에 의해 충분히 분산되는 것을 말한다.

풀이 ㉱ 비분산은 빛을 프리즘이나 회절격자와 같은 분산소자에 의해 분산하지 않는 것을 말한다.

31 대기오염공정시험기준상 용기에 관한 용어 정의로 틀린 것은?
㉮ 용기라 함은 시험용액 또는 시험에 관계된 물질을 보존, 운반 또는 조작하기 위하여 넣어두는 것으로 시험에 지장을 주지 않도록 깨끗한 것을 뜻한다.
㉯ 밀폐용기라 함은 물질을 취급 또는 보관하는 동안에 이물이 들어가거나 내용물이 손실되지 않도록 보호하는 용기를 뜻한다.
㉰ 기밀용기라 함은 광선을 투과하지 않은 용기 또는 투과하지 않게 포장을 한 용기로 취급 또는 보관하는 동안에 내용물의 광화학적 변화를 방지할 수 있는 용기를 뜻한다.
㉱ 밀봉용기라 함은 물질을 취급 또는 보

answer 28 ㉯ 29 ㉱ 30 ㉱ 31 ㉰

관하는 동안에 기체 또는 미생물이 침입하지 않도록 내용물을 보호하는 용기를 뜻한다.

풀이 ㉰ 기밀용기라 함은 물질을 취급 또는 보관하는 동안에 외부로부터의 공기 또는 다른 가스가 침입하지 않도록 내용물을 보호하는 용기를 뜻한다.

TIP
용기 암기사항
① 밀폐용기 : 이물질
② 기밀용기 : 공기
③ 밀봉용기 : 미생물
④ 차광용기 : 광선

32 굴뚝에서 배출되는 염소가스를 분석하는 오르토톨리딘법에서 분석용 시료의 흡광도 측정 파장은?

㉮ 220nm ㉯ 620nm
㉰ 435nm ㉱ 530nm

풀이 염소가스를 분석하는 오르토톨리딘법에서 분석용 시료의 흡광도 측정파장은 435nm 부근이다.

33 배출가스 중 납화합물을 분석하는 방법으로 알맞게 연결된 것은?

㉮ 원자흡수분광광도법-자외선/가시선분광법
㉯ 자외선/가시선분광법-기체크로마토그래피
㉰ 원자흡수분광광도법-유도결합플라스마 분광법
㉱ 원자흡수분광광도법-이온크로마토그래피

풀이 납화합물의 분석방법에는 원자흡수분광광도법과 유도결합플라스마 분광법이 있다.

34 다음은 환경대기 시료 채취방법에 관한 설명이다. 가장 적합한 것은?

> 이 방법은 측정대상 기체와 선택적으로 흡수 또는 반응하는 용매에 시료가스를 일정유량으로 통과시켜 채취하는 방법으로 채취관 - 여과재 - 채취부 - 흡입펌프 - 유량계(가스미터)로 구성된다.

㉮ 용기채취법
㉯ 채취용 여과지에 의한 방법
㉰ 고체흡착법
㉱ 용매채취법

풀이 ㉱ 용매채취법에 대한 설명이다.

TIP
이 문제의 핵심포인트는 "선택적 흡수 = 용매채취법"임을 숙지하시면 됩니다.

35 아황산가스(SO_2) 25.6g을 포함하는 2L 용액의 몰농도(M)는 얼마인가?

㉮ 0.02M ㉯ 0.1M
㉰ 0.2M   ㉱ 0.4M

풀이
$$mol/L = \frac{질량(g)}{체적(L)} \times \frac{1mol}{분자량(g)}$$
$$= \frac{25.6g}{2L} \times \frac{1mol}{64g} = 0.2mol/L$$

TIP
① M농도 = mol/L
② SO_2 1mol { 64g
              { 22.4L
③ SO_2의 분자량 = 23+16×2 = 64

answer 32 ㉰ 33 ㉰ 34 ㉱ 35 ㉰

36 다음 중 배출가스량 보정식으로 옳은 것은?

> 단, Q : 배출가스유량(Sm³/일)
> O_s : 표준산소농도(%)
> O_a : 실측산소농도(%)
> Q_a : 실측배출가스유량(Sm³/일)

㉮ $Q = Q_a \div \dfrac{21-O_s}{21-O_a}$

㉯ $Q = Q_a \times \dfrac{21-O_s}{21-O_a}$

㉰ $Q = Q_a \div \dfrac{21+O_s}{21+O_a}$

㉱ $Q = Q_a \times \dfrac{21+O_s}{21+O_a}$

TIP
오염물질의 농도 보정
$C = C_a \times \dfrac{21-O_s}{21-O_a}$

37 환경대기 중 먼지 측정방법으로 틀린 것은?

㉮ 고용량공기시료채취기법
㉯ 베타선법
㉰ 자외선/가시선분광법
㉱ 저용량공기시료채취기법

풀이 환경대기 중 먼지 측정방법으로는 고용량공기시료채취기법, 베타선법, 저용량공기시료채취기법이 있다.

38 환경대기 중 아황산가스 농도를 측정함에 있어 파라로자닐린법을 사용할 경우 알려진 주요 방해물질과 거리가 먼 것은?

㉮ Cr   ㉯ O_3
㉰ NO_X ㉱ NH_3

풀이 파라로자닐린법을 사용할 경우 알려진 주요 방해물질은 질소산화물(NO_X), 오존(O_3), 망간(Mn), 철(Fe), 크로뮴(Cr)이다.

39 굴뚝 배출가스 중 먼지 채취시 배출구(굴뚝)의 직경이 2.2m의 원형 단면일 때, 필요한 측정점의 반경구분수와 측정점수는?

㉮ 반경구분수 1, 측정점수 4
㉯ 반경구분수 2, 측정점수 8
㉰ 반경구분수 3, 측정점수 12
㉱ 반경구분수 4, 측정점수 16

풀이 측정점의 반경구분수와 측정점수

굴뚝직경(m)	반경구분수	측정점수
1 이하	1	4
1 초과 2 이하	2	8
2 초과 4 이하	3	12
4 초과 5 이하	4	16
4.5 초과	5	20

40 다음은 굴뚝 배출가스 중의 질소산화물을 아연환원 나프틸에틸렌다이아민법으로 분석 시 시약과 장치의 구비조건이다. ( )안에 들어갈 알맞은 말은?

> 질소산화물분석용 아연분말은 시약 1급의 아연분말로서 질산이온의 아질산이온으로의 환원율이 (㉠) 이상인 것을 사용하고, 오존발생장치는 오존이 (㉡) 정도의 오존농도를 얻을 수 있는 것을 사용한다.

answer 36 ㉮ 37 ㉰ 38 ㉱ 39 ㉰ 40 ㉱

㉮ ㉠ 65 %, ㉡ 부피분율 0.1%
㉯ ㉠ 90 %, ㉡ 부피분율 0.1%
㉰ ㉠ 65 %, ㉡ 부피분율 1%
㉱ ㉠ 90 %, ㉡ 부피분율 1%

풀이 ① 환원제 : 환원율이 90%이상인 아연분말
② 오존의 농도 : 부피분율 1%정도

| 제3과목 | **대기오염방지기술**

41 흡수탑을 이용하여 배출가스 중의 염화수소를 수산화나트륨 수용액으로 제거하려고 한다. 기상 총괄이동단위높이(HOG)가 1m인 흡수탑을 이용하여 99%의 흡수효율을 얻기 위한 이론적 흡수탑의 충전높이는?

㉮ 4.6m ㉯ 5.2m
㉰ 5.6m ㉱ 6.2m

풀이 H = NOG×HOG
여기서
- H : 충전탑의 높이(m)
- HOG : 총괄이동단위높이(m)
- NOG : 총괄이동단위수 $\left[NOG = \ln\left(\dfrac{1}{1-\eta}\right) \right]$

따라서 H = $1m \times \ln\left(\dfrac{1}{1-0.99}\right)$ = 4.61m

42 분자식이 C_mH_n인 탄화수소가스 $1Sm^3$의 완전연소에 필요한 이론산소량(Sm^3)은 얼마인가?

㉮ 4.8m+1.2n ㉯ 0.21m+0.79n
㉰ m+0.56n   ㉱ m+0.25n

풀이 $C_mH_n + \left(m + \dfrac{n}{4}\right)O_2 \rightarrow mCO_2 + \dfrac{n}{2}H_2O$

이론산소량 = $m + \dfrac{n}{4}(Sm^3/Sm^3)$
= $m + 0.25n(Sm^3/Sm^3)$

TIP
이론공기량(Sm^3/Sm^3)
= 이론산소량(Sm^3/Sm^3) × $\dfrac{1}{0.21}$
= $\left(m + \dfrac{n}{4}\right) \times \dfrac{1}{0.21}$
= 4.76m+1.19n

43 미분탄연소의 장점으로 틀린 것은?

㉮ 연소량의 조절이 용이하다.
㉯ 비산먼지의 배출량이 적다.
㉰ 부하변동에 쉽게 응할 수 있다.
㉱ 과잉공기에 의한 열손실이 적다.

풀이 ㉯ 비산먼지의 배출량이 많다.

TIP
미분탄은 석탄을 분쇄하여 가루상태(미분상태)로 만든 연료로 고체입자이므로 비산먼지 배출이 많다.

44 배출가스 중 질소산화물의 처리방법인 촉매환원법에 적용하고 있는 일반적인 환원가스와 거리가 먼 것은?

㉮ H_2S ㉯ NH_3
㉰ CO_2 ㉱ CH_4

풀이 질소산화물의 처리방법인 촉매환원법에서 환원가스는 황화수소(H_2S), 암모니아(NH_3), 메탄(CH_4)이다.

TIP
환원가스를 찾는 포인트는 화학식에서 수소(H)가 있는 것을 찾으면 된다.

answer 41 ㉮ 42 ㉱ 43 ㉯ 44 ㉰

45 다음은 무엇에 관한 설명인가?

> 굵은 입자는 주로 관성충돌작용에 의해 부착되고, 미세한 분진은 확산작용 및 차단작용에 의해 부착되고 섬유의 올과 올 사이에 가교를 형성하게 된다.

㉮ 브리지(bridge) 현상
㉯ 블라인딩(blinding) 현상
㉰ 블로다운(blow down) 효과
㉱ 디퓨저 튜브(diffuser tube) 현상

풀이 ㉮ 브리지현상에 대한 설명이다.

TIP
문제의 내용에서 "가교형성 = 브리지"에서 정답을 찾으면 된다.

46 흡착에 관한 다음 설명 중 옳은 것은?

㉮ 물리적 흡착은 가역성이 낮다.
㉯ 물리적 흡착량은 온도가 상승하면 줄어든다.
㉰ 물리적 흡착은 흡착과정의 발열량이 화학적 흡착보다 많다.
㉱ 물리적 흡착에서 흡착물질은 임계온도 이상에서 잘 흡착된다.

풀이 ㉮ 물리적 흡착은 가역성이 높다.
㉰ 물리적 흡착은 흡착과정의 발열량이 화학적 흡착보다 적다.
㉱ 물리적 흡착에서 흡착물질은 임계온도 이상에서 잘 흡착되지 않는다.

TIP
① 임계온도 : 기체상, 액체상, 고체상에서 상의 전이현상에서 나타나는 특이점인 임계점의 온도를 말한다.
② 임계압력 : 임계온도에서 기체가 액화하는 최소의 압력을 말한다.

47 배기가스 중에 부유하는 먼지의 응집성에 관한 설명으로 틀린 것은?

㉮ 미세 먼지입자는 브라운 운동에 의해 응집이 일어난다.
㉯ 먼지의 입경이 작을수록 확산운동의 영향을 받고 응집이 된다.
㉰ 먼지의 입경분포 폭이 작을수록 응집하기 쉽다.
㉱ 입자의 크기에 따라 분리속도가 다르기 때문에 응집한다.

풀이 ㉰ 먼지의 입경분포 폭이 작을수록 응집하기 어렵다.

48 원형관에서 유체의 흐름을 파악하는데 레이놀드수(N_{Re})가 사용되는데, 다음 중 레이놀드수와 거리가 먼 것은?

㉮ 관의 직경   ㉯ 유체 점도
㉰ 입자의 밀도   ㉱ 유체 평균유속

풀이 $N_{Re} = \dfrac{D \times V \times \rho}{\mu} = \dfrac{D \times V}{\nu}$

여기서
D : 관의 직경
V : 유체 평균유속
ρ : 유체의 밀도
μ : 유체점도
ν : 유체 동점도

49 전기집진장치에서 방전극과 집진극 사이의 거리가 10cm, 처리가스의 유입속도가 2m/sec, 입자의 분리속도가 5cm/sec일 때, 100% 집진 가능한 이론적인 집진극의 길이(m)는 얼마인가? (단, 배출가스의 흐름은 층류이다.)

㉮ 2   ㉯ 4

---

answer 45 ㉮ 46 ㉯ 47 ㉰ 48 ㉰ 49 ㉯

㉰ 6   ㉱ 8

풀이 $L = \dfrac{u \times S}{We}$

여기서
- L : 집진기 길이(m)
- u : 유속(m/sec)
- S : 집진극과 방전극간 거리(m)
- We : 이동속도(m/sec)

따라서 $L = \dfrac{2\text{m/sec} \times 0.1\text{m}}{0.05\text{m/sec}} = 4\text{m}$

TIP
$S = \text{집진극과 방전극간 거리} = \dfrac{\text{집진극과 집진극간 거리}}{2}$

50 벤젠을 함유한 유해가스의 일반적 처리 방법은 무엇인가?

㉮ 세정법   ㉯ 선택환원법
㉰ 접촉산화법 ㉱ 촉매연소법

풀이 벤젠을 함유한 유해가스의 일반적 처리방법에는 촉매연소법, 활성탄 흡착법이 있다.

TIP
벤젠(C_6H_6)은 C와 H의 가연성 물질로 구성되어 있으므로 연소법과 기체상태이므로 흡착법을 이용해 제거한다.

51 연료에 관한 다음 설명 중 틀린 것은?

㉮ 중유는 인화점을 기준으로 하여 주로 A, B, C 중유로 분류된다.
㉯ 인화점이 낮을수록 연소는 잘되나 위험하며, C 중유의 인화점은 보통 70℃ 이상이다.
㉰ 기체연료는 연소시 공급연료 및 공기량을 밸브를 이용하여 간단하게 임의로 조절할 수 있어 부하변동범위가 넓다.
㉱ 4℃ 물에 대한 15℃ 중유의 중량비를 비중이라고 하며, 중유 비중은 보통 0.92~0.97 정도이다.

풀이 ㉮ 중유는 점도를 기준으로 하여 주로 A, B, C 중유로 분류된다.

TIP
① 인화점 : 점화원이 있는 상태에서 불이 붙는 최저 온도
② 착화점 : 점화원이 없는 상태에서 불이 붙는 최저 온도

52 원심력 집진장치에 대한 설명으로 틀린 것은?

㉮ 사이클론의 배기관경이 클수록 집진율은 좋아진다.
㉯ 블로다운(blow down) 효과가 있으면 집진율이 좋아진다.
㉰ 처리 가스량이 많아질수록 내통경이 커져 미세한 입자의 분리가 안된다.
㉱ 입구 가스속도가 클수록 압력손실은 커지나 집진율은 높아진다.

풀이 ㉮ 사이클론의 배기관경이 클수록 집진율은 낮아진다.

53 세정집진장치에서 관성충돌계수를 크게 하는 조건으로 틀린 것은?

㉮ 먼지의 밀도가 커야 한다.
㉯ 먼지의 입경이 커야 한다.
㉰ 액적의 직경이 커야 한다.
㉱ 처리가스와 액적의 상대속도가 커야 한다.

풀이 ㉰ 액적의 직경이 작아야 한다.

answer 50 ㉱ 51 ㉮ 52 ㉮ 53 ㉰

> **TIP**
> 관성충돌계수를 크게 하는 조건은 집진율이 증가되는 조건으로 생각해서 문제를 풀이하면 됩니다.

54 같은 화학적 조성을 갖는 먼지의 입경이 작아질 때 입자의 특성변화에 관한 설명으로 가장 적합한 것은?

㉮ stokes식에 따른 입자의 침강속도는 커진다.
㉯ 중력집진장치에서 집진효율과는 무관하다.
㉰ 입자의 원심력은 커진다.
㉱ 입자의 비표면적은 커진다.

풀이 ㉮ stokes식에 따른 입자의 침강속도는 작아진다.
㉯ 중력집진장치에서 집진효율과 밀접한 관계가 있다.
㉰ 입자의 원심력은 작아진다.

> **TIP**
> 입자의 비표면적$(SV) = \dfrac{6}{\text{직경}(d)}$

55 자동차 배출가스에서 질소산화물(NOx)의 생성을 억제시키거나 저감시킬 수 있는 방법으로 틀린 것은?

㉮ 배기가스 재순환장치(EGR)
㉯ De-NOx 촉매장치
㉰ 터보차저 및 인터쿨러 사용
㉱ 외관 도장실시

풀이 ㉱ 외관 도장실시는 질소산화물(NOx)의 생성을 억제 및 감소에 영향을 미치지 않는다.

> **TIP**
> ① 터보차저는 슈퍼차저(과급기)와 그것을 구동하는 터빈을 조합한 장치로서 배기가스로 구동되는 엔진의 과급기를 말한다.
> ② 인터쿨러는 흡입공기를 냉각하는 장치를 말한다.

56 여과집진장치의 간헐식 탈진방식에 관한 설명으로 틀린 것은?

㉮ 분진의 재비산이 적다.
㉯ 높은 집진율을 얻을 수 있다.
㉰ 고농도, 대용량의 처리가 용이하다.
㉱ 진동형과 역기류형, 역기류 진동형이 있다.

풀이 ㉰번은 연속식 탈진방식에 해당한다.

> **TIP**
> **탈진방식**
> ① 간헐식 : 저농도, 소용량, 고집진율, 재비산 적다.
> ② 연속식 : 고농도, 대용량, 저집진율, 재비산 높다.

57 두 개의 집진장치를 직렬로 연결하여 배출가스 중의 먼지를 제거하고자 한다. 입구 농도는 14g/m³이고, 첫 번째와 두 번째 집진장치의 집진효율이 각각 75%, 95%라면 출구농도는 몇 mg/m³인가?

㉮ 175   ㉯ 211
㉰ 236   ㉱ 241

풀이 ① $\eta_T = 1-(1-\eta_1)\times(1-\eta_2)$
    $= 1-(1-0.75)\times(1-0.95) = 0.9875$
따라서 $\eta_T = 98.75\%$
② $\eta_T = \left(1-\dfrac{C_o}{C_i}\right)\times 100$

answer 54 ㉱ 55 ㉱ 56 ㉰ 57 ㉮

$$98.75\% = \left(1 - \frac{C_o}{14g/m^3}\right) \times 100$$

$$\therefore C_o = 14g/m^3 \times (1-0.9875) = 0.175g/m^3$$
$$= 175mg/m^3$$

TIP

① $g/m^3 \xrightarrow{\times 10^3} mg/m^3$

② $0.175g/m^3 \xrightarrow{\times 10^3} 175mg/m^3$

58 공극률이 20%인 분진의 밀도가 1,700kg/m³이라면, 이 분진의 겉보기 밀도(kg/m³)는?

㉮ 1,280   ㉯ 1,360
㉰ 1,680   ㉱ 2,040

풀이 분진의 겉보기 밀도(kg/m³)
= 분진의 밀도(kg/m³) × $\left(1 - \frac{공극률}{100}\right)$
= 1,700kg/m³ × (1-0.20) = 1,360kg/m³

59 중유 1kg에 수소 0.15kg, 수분 0.002kg 이 포함되어 있고, 고위발열량이 10,000kcal/kg 일 때, 이 중유 3kg의 저위발열량(kcal) 얼마인가?

㉮ 29,990   ㉯ 27,560
㉰ 10,000   ㉱ 9,200

풀이 저위발열량 = 고위발열량 - 600(9H+W)
= 10,000kcal/kg - 600×(9×0.15+0.002)
= 9,188.8kcal/kg
따라서 9,188.8kcal/kg × 3kg = 27,566.4kcal/kg

60 다음 연소장치 중 대용량 버너제작이 용이하나, 유량조절범위가 좁아(환류식 1:3, 비환류식 1:2 정도) 부하변동에 적응하기 어려우며, 연료 분사범위가 15~2,000L/hr 정도인 것은 어느 것인가?

㉮ 회전식 버너
㉯ 건타입 버너
㉰ 유압분무식 버너
㉱ 고압기류 분무식 버너

풀이 ㉰ 유압분무식 버너에 대한 설명이다.

| 제4과목 | 대기환경관계법규

61 대기환경보전법규상 환경기술인을 임명하지 아니한 경우 4차 행정처분기준으로 옳은 것은?

㉮ 경고
㉯ 조업정지 5일
㉰ 조업정지 10일
㉱ 선임명령

풀이 행정처분
① 1차 행정처분 : 선임명령
② 2차 행정처분 : 경고
③ 3차 행정처분 : 조업정지 5일
④ 4차 행정처분 : 조업정지 10일

62 대기환경보전법규상 한국환경공단이 환경부장관에게 행하는 위탁업무 보고사항 중 "자동차 배출가스 인증생략 현황"의 보고횟수 기준으로 옳은 것은?

㉮ 연 4회 ㉯ 연 2회
㉰ 연 1회 ㉱ 수시

풀이 자동차 배출가스 인증생략 현황의 보고횟수 기준은 연 2회이다.

63 대기환경보전법규상 환경부령으로 정하는 바에 따라 사업자 스스로 방지시설을 설계·시공하고자 하는 사업자가 시·도지사에게 제출해야 하는 서류로 가장 거리가 먼 것은?

㉮ 기술능력 현황을 적은 서류
㉯ 공사비내역서
㉰ 공정도
㉱ 방지시설의 설치명세서와 그 도면

풀이 방지시설을 설계·시공시 제출해야 하는 서류
① 배출시설의 설치명세서
② 공정도
③ 원료(연료를 포함) 사용량, 제품 생산량 및 대기오염물질 등의 배출량을 예측한 명세서
④ 방지시설의 설치명세서와 그 도면
⑤ 기술능력 현황을 적은 서류

64 악취방지법규상 악취배출시설 중 가죽제조시설(원피저장시설)의 용적규모(기준)는?

㉮ 1m³ 이상 ㉯ 2m³ 이상
㉰ 5m³ 이상 ㉱ 10m³ 이상

풀이 악취배출시설 중 가죽제조시설(원피저장시설)의 용적규모(기준)는 10m³ 이상이다.

65 악취방지법규상 지정악취물질인 메틸아이소뷰틸케톤의 악취배출허용기준은? (단, 단위는 ppm이며, 공업지역)

㉮ 35 이하 ㉯ 30 이하
㉰ 4 이하   ㉱ 3 이하

풀이 메틸아이소뷰틸케톤의 악취배출허용기준
① 공업지역 : 3ppm이하
② 기타지역 : 1ppm이하

66 대기환경보전법규상 구분하고 있는 건설기계에 해당하는 종류와 거리가 먼 것은?

㉮ 불도저   ㉯ 골재살포기
㉰ 천공기   ㉱ 전동식 지게차

67 대기환경보전법규상 자동차연료 제조기준 중 90% 유출온도(℃) 기준으로 옳은 것은? (단, 휘발유 적용)

㉮ 200 이하 ㉯ 190 이하
㉰ 180 이하 ㉱ 170 이하

풀이 90% 유출온도 기준(휘발유 기준)은 170℃ 이하이다.

answer 62 ㉯ 63 ㉯ 64 ㉱ 65 ㉱ 66 ㉱ 67 ㉱

68 대기환경보전법규상 제1차 금속 제조시설 중 금속의 용융·융해 또는 열처리시설에서 대기오염물질 배출시설기준으로 틀린 것은?

㉮ 시간당 100킬로와트 이상인 전기아크로(유도로를 포함한다)
㉯ 노상면적이 4.5제곱미터 이상인 반사로
㉰ 1회 주입 연료 및 원료량의 합계가 0.5톤 이상인 제선로
㉱ 1회 주입 원료량이 0.5톤 이상이거나 연료사용량이 시간당 30킬로그램 이상인 도가니로

풀이 ㉮ 시간당 300킬로와트 이상인 전기아크로(유도로 포함)

69 대기환경보전법규상 사업자 등은 굴뚝배출가스 온도측정기를 새로 설치하거나 교체하는 경우에는 국가표준기본법에 의한 교정을 받아야 하는데 그 기록은 최소 몇 년 이상 보관하여야 하는가?

㉮ 1년 이상
㉯ 2년 이상
㉰ 3년 이상
㉱ 10년 이상

풀이 굴뚝배출가스 온도측정기를 새로 설치하거나 교체하는 경우에는 국가표준기본법에 의한 교정을 받아야 하며, 그 기록은 최소 3년 이상 보관하여야 한다.

70 대기환경보전법령상 대기오염 경보단계 중 "중대경보 발령"시 조치사항만으로 옳게 나열한 것은?

㉮ 자동차 사용의 자제요청, 사업장의 연료사용량 감축 권고
㉯ 주민의 실외활동 및 자동차 사용의 자제요청
㉰ 자동차 사용의 제한명령 및 사업장의 연료사용량 감축 권고
㉱ 주민의 실외활동 금지 요청, 사업장의 조업시간 단축명령

풀이 경보단계별 조치사항
① 주의보 발령 : 주민의 실외활동 및 자동차 사용의 자제요청 등
② 경보 발령 : 주민의 실외활동 제한요청, 자동차 사용의 제한 및 사업장의 연료사용량 감축 권고 등
③ 중대경보발령 : 주민의 실외활동 금지 요청, 자동차의 통행금지 및 사업장의 조업시간 단축명령 등

71 대기환경보전법규상 자동차연료 검사기관은 검사대상 연료의 종류에 따라 구분하고 있는데, 다음 중 그 구분으로 옳지 않은 것은?

㉮ 휘발유·경유 검사기관
㉯ 오일샌드·셰일가스 검사기관
㉰ 엘피지(LPG) 검사기관
㉱ 천연가스(CNG)·바이오가스 검사기관

answer 68 ㉮ 69 ㉰ 70 ㉱ 71 ㉯

72 대기환경보전법상 환경부장관은 대기오염물질과 온실가스를 줄여 대기환경을 개선하기 위한 대기환경개선 종합계획을 몇 년마다 수립하여 시행하여야 하는가?

㉮ 3년 ㉯ 5년
㉰ 10년 ㉱ 15년

▶ 풀이 대기환경개선종합계획 : 환경부장관, 10년마다

73 대기환경보전법규상 정밀검사대상 자동차 및 정밀검사 유효기간기준으로 옳지 않은 것은?

㉮ 비사업용 승용자동차로서 차령 4년 경과된 자동차의 검사유효기간은 2년이다.
㉯ 비사업용 기타자동차로서 차령 3년 경과된 자동차의 검사유효기간은 1년이다.
㉰ 사업용 승용자동차로서 차령 2년 경과된 자동차의 검사유효기간은 2년이다.
㉱ 사업용 승용자동차로서 차령 2년 경과된 자동차의 검사유효기간은 1년이다.

▶ 풀이 정밀검사 대상 자동차 및 정밀검사 유효기간

차종		정밀검사대상 자동차	검사유효기간
비사업용	승용자동차	차령 4년 경과	2년
	기타자동차	차령 3년 경과	1년
사업용	승용자동차	차령 2년 경과	
	기타자동차	차령 2년 경과	

74 대기환경보전법령상 초과부과금 부과대상 오염물질로 틀린 것은?

㉮ 이황화탄소 ㉯ 염화수소
㉰ 탄화수소 ㉱ 질소산화물

▶ 풀이 초과부과금 부과대상 오염물질
① 황산화물
② 암모니아
③ 황화수소
④ 이황화탄소
⑤ 먼지
⑥ 불소화물
⑦ 염화수소
⑧ 질소산화물
⑨ 시안화수소

75 대기환경보전법규상 2016년 1월 1일 이후 제작자동차의 배출가스 보증기간 적용기준으로 틀린 것은?

㉮ 휘발유 경자동차 : 15년 또는 240,000km
㉯ 휘발유 대형 승용·화물자동차 : 2년 또는 160,000km
㉰ 가스 초대형 승용·화물자동차 : 2년 또는 160,000km
㉱ 가스 경자동차 : 5년 또는 8,0000km

▶ 풀이 ㉱ 가스 경자동차 : 10년 또는 192,000km

answer 72 ㉰ 73 ㉰ 74 ㉰ 75 ㉱

76 대기환경보전법령상 이륜자동차 소유자는 배출가스가 운행차배출 허용기준에 맞는지 이륜자동차 배출가스 정기검사를 받아야 한다. 이를 받지 아니한 경우 과태료 부과기준으로 옳은 것은?

㉮ 100만원 이하의 과태료를 부과한다.
㉯ 50만원 이하의 과태료를 부과한다.
㉰ 30만원 이하의 과태료를 부과한다.
㉱ 10만원 이하의 과태료를 부과한다.

풀이 ㉯ 50만원 이하의 과태료에 해당한다.

77 실내공기질 관리법규상 신축 공동주택의 실내공기질 권고기준으로 틀린 것은?

㉮ 에틸벤젠 360μg/m³ 이하
㉯ 폼알데하이드 210μg/m³ 이하
㉰ 벤젠 300μg/m³ 이하
㉱ 톨루엔 1,000μg/m³ 이하

풀이 ㉰ 벤젠 30μg/m³ 이하

78 대기환경보전법령상 사업자가 기본부과금의 징수유예나 분할납부가 불가피하다고 인정되는 경우, 기본부과금의 징수유예기간과 분할납부 횟수기준으로 옳은 것은?

㉮ 유예한 날의 다음 날부터 다음 부과기간의 개시일 전일까지, 24회 이내
㉯ 유예한 날의 다음 날부터 다음 부과기간의 개시일 전일까지, 12회 이내
㉰ 유예한 날의 다음 날부터 다음 부과기간의 개시일 전일까지, 6회 이내
㉱ 유예한 날의 다음 날부터 다음 부과기간의 개시일 전일까지, 4회 이내

풀이 ① 기본부과금의 징수유예기간 : 유예한 날의 다음 날부터 다음 부과기간의 개시일 전일까지
② 분할납부 횟수 : 4회 이내

TIP
초과부과금
① 징수유예기간 : 유예한 날의 다음날부터 2년이내
② 분할 납부 횟수 : 12회이내

79 대기환경보전법상 한국자동차환경협회의 정관으로 정하는 업무로 틀린 것은?
(단, 그 밖의 사항 등은 고려하지 않는다.)

㉮ 운행차 저공해화 기술개발 및 배출가스저감장치의 보급
㉯ 자동차 배출가스 저감사업의 지원과 사후관리에 관한 사항
㉰ 운행차 배출가스 검사와 정비기술의 연구·개발사업
㉱ 삼원촉매장치의 판매 및 보급

80 대기환경보전법령상 초과부과금 산정기준에서 다음 오염물질 중 오염물질 1킬로그램 당 부과금액이 가장 큰 것은?

㉮ 불소화물
㉯ 암모니아
㉰ 시안화수소
㉱ 황화수소

풀이 오염물질 1킬로그램 당 부과금액
㉮ 불소화물 : 2,300원
㉯ 암모니아 : 1,400원
㉰ 시안화수소 : 7,300원
㉱ 황화수소 : 6,000원

answer 76 ㉯ 77 ㉰ 78 ㉱ 79 ㉱ 80 ㉰

2018년 2회 대기환경산업기사

2018년 4월 28일 시행

| 제1과목 | 대기오염개론

01 어떤 대기오염 배출원에서 아황산가스를 0.7%(V/V)포함한 물질이 47m³/s로 배출되고 있다. 1년 동안 이 지역에서 배출되는 아황산가스의 배출량은 얼마인가? (단, 표준상태를 기준으로 하며, 배출원은 연속가동 된다고 한다.)

㉮ 약 29,644톤 ㉯ 약 48,398톤
㉰ 약 57,983톤 ㉱ 약 68,000톤

풀이
$$SO_2량(톤) = \frac{47m^3}{s} \times \frac{64kg}{22.4Sm^3} \times \frac{1톤}{10^3kg} \times \frac{0.7\%}{100}$$
$$\frac{3,600s}{1hr} \times \frac{24hr}{1day} \times \frac{365day}{1년} \times 1년$$
$$= 29,643.84톤$$

TIP
① SO_2 1kmol $\begin{cases} 64kg \\ 22.4Sm^3 \end{cases}$
② SO_2의 분자량 = 32+16×2 = 64

02 다음 중 "CFC-114"의 화학식 표현으로 옳은 것은?

㉮ CCl_3F ㉯ $CClF_2 \cdot CClF_2$
㉰ $CCl_2F \cdot CClF_2$ ㉱ $CCl_2F \cdot CCl_2F$

풀이 CFC-114의 화학식은 $CClF_2 \cdot CClF_2$이다. 즉 $C_2Cl_2F_4$이다.

03 A공장에서 배출되는 이산화질소의 농도가 770ppm이다. 이 공장에서 시간당 배출가스량이 108.2Sm³라면 하루에 발생되는 이산화질소는 몇 kg인가? (단, 표준상태 기준, 공장은 연속 가동됨)

㉮ 1.71 ㉯ 2.58
㉰ 4.11 ㉱ 4.56

풀이 NO_2(kg/day)
$$= \frac{770mL}{Sm^3} \times \frac{46mg}{22.4mL} \times \frac{1kg}{10^6mg} \times \frac{108.2Sm^3}{hr} \times \frac{24hr}{1day}$$
$$= 4.11kg/day$$

TIP
① NO_2 1mol $\begin{cases} 46mg \\ 22.4mL \end{cases}$
② ppm = mL/Sm^3 = mL/Nm^3
③ NO_2의 분자량 = 14+2×16 = 46

04 정상적인 대기의 성분을 농도(V/V%)순으로 표시하였다. 올바른 것은?

㉮ $N_2 > O_2 > Ne > CO_2 > Ar$
㉯ $N_2 > O_2 > Ar > CO_2 > Ne$
㉰ $N_2 > O_2 > CO_2 > Ar > Ne$
㉱ $N_2 > O_2 > CO_2 > Ne > Ar$

풀이 정상적인 대기의 성분을 농도(V/V%)순서는 $N_2 > O_2 > Ar > CO_2 > Ne > He > CH_4$이다.

answer 01 ㉮ 02 ㉯ 03 ㉰ 04 ㉯

05
대기의 상태가 약한 역전일 때 풍속은 3m/s이고, 유효 굴뚝 높이는 78m이다. 이때 지상의 오염물질이 최대 농도가 될 때의 착지거리는 얼마인가? (단, sutton의 최대착지거리의 관계식을 이용하여 계산하고, K_y, K_z는 모두 0.13, 안정도계수(n)는 0.33을 적용할 것)

㉮ 2123.9m ㉯ 2546.8m
㉰ 2793.2m ㉱ 3013.8m

풀이

$$X_{max} = \left(\frac{He}{K_z}\right)^{\frac{2}{2-n}}$$

여기서
- X_{max} : 최대지상거리(m) He : 유효굴뚝높이(m)
- k_z : 수직확산계수 n : 대기안정도 상수

따라서 $X_{max} = \left(\frac{78m}{0.13}\right)^{\frac{2}{2-0.33}}$
  $= 2,123.87m$

06
다음 (   )안에 공통으로 들어갈 물질은 어느 것인가?

> (   )은 금속양원소로서 화성암, 퇴적암, 황과 구리를 함유한 무기질 광석에 많이 분포되어 있으며, 상업용 (   )은 주로 구리의 전기분해 정련 시 찌꺼기로부터 추출된다. 또한 인체에 필수적인 원소로서 적혈구가 산화됨으로써 일어나는 손상을 예방하는 글루타티온 과산화 효소의 보조인자 역할을 한다.

㉮ Ca ㉯ Ti
㉰ V   ㉱ Se

풀이 ㉱ 셀레늄(Se)에 대한 설명이다.

TIP
문제에서 정답을 찾는 핵심은 "셀레늄 = 금속양원소"임을 숙지하시기 바랍니다.

07
다음 대기오염물질 중 아래 표와 같이 식물에 대한 특성을 나타내는 것으로 가장 적합한 것은?

> • 피해증상 - 잎의 선단부나 엽록부에 피해를 주는 방식으로 나타남
> • 피해성숙도 - 매우 적은 농도에서도 피해를 주며, 어린 잎에 현저하게 나타나는 편임
> • 저항력이 약한 것 - 글라디올러스
> • 저항력이 강한 것 - 명아주, 질경이 등

㉮ SO_2 ㉯ O_3
㉰ PAN   ㉱ 불소화합물

풀이 ㉱ 불소화합물에 대한 설명이다.

TIP
이 문제에서 핵심은 지표식물이 글라디올러스인 물질을 찾는 것입니다.

08
다음 중 리차드슨 수에 대한 설명으로 가장 적합한 것은?

㉮ 리차드슨 수가 큰 음의 값을 가지면 대기는 안정한 상태이며, 수직방향의 혼합은 없다.
㉯ 리차드슨 수가 0에 접근할수록 분산이 커진다.
㉰ 리차드슨 수는 무차원수로서 대류난류를 기계적인 난류로 전환시키는 율을 측정한 것이다.
㉱ 리차드슨 수가 0.25보다 크면 수직방향의 혼합이 커진다.

풀이 ㉮ 리차드슨 수가 큰 음의 값을 가지면 대기는 불안정한 상태이며, 수직방향의 혼합(대류)이 지배적이다.

answer 05 ㉮   06 ㉱   07 ㉱   08 ㉰

㉯ 리차드슨 수가 0에 접근할수록 분산이 작아진다.
㉰ 리차드슨 수가 0.25보다 크면 수직방향의 혼합이 없다.

09 2차 대기오염물질로만 옳게 나열한 것은?

㉮ O_3, NH_3 ㉯ SiO_2, NO_2
㉰ HCl, PAN ㉱ H_2O_2, $NOCl$

[풀이] ① 1차성 대기오염물질 : NH_3, SiO_2, HCl
② 1, 2차성 대기오염물질 : NO_2
③ 2차성 대기오염물질 : O_3, PAN, H_2O_2, $NOCl$

10 주변환경 조건이 동일하다고 할 때, 굴뚝의 유효고도가 1/2로 감소한다면 하류 중심선의 최대지표농도는 어떻게 변화하는가? (단, sutton의 확산식을 이용)

㉮ 원래의 1/4 ㉯ 원래의 1/2
㉰ 원래의 4배 ㉱ 원래의 2배

[풀이] $C_{max} = \dfrac{2Q}{\pi \cdot e \cdot u \cdot He^2}\left(\dfrac{C_z}{C_y}\right)$

따라서 $C_{max} = \dfrac{1}{He^2}$ 이므로

$\therefore C_{max} = \dfrac{1}{(1/2)^2} = 4$배

11 입자의 커닝험(Cunningham) 보정계수(Cf)에 관한 설명으로 가장 적합한 것은?

㉮ 커닝험계수 보정은 입경 $d \gg 3\mu m$ 일 때, Cf > 1이다.
㉯ 커닝험계수 보정은 입경 $d \ll 3\mu m$ 일 때, Cf = 1이다.
㉰ 유체 내를 운동하는 입자직경이 항력계수에 어떻게 영향을 미치는가를 설명하는 것이다.
㉱ 커닝험계수 보정은 입경 $d \gg 3\mu m$ 일 때, Cf < 1이다.

12 경도모델(K-이론모델)의 가정으로 옳지 않은 것은?

㉮ 오염물질은 지표를 침투하며 반사되지 않는다.
㉯ 배출원에서 오염물질의 농도는 무한하다.
㉰ 풍하측으로 지표면은 평평하고 균등하다.
㉱ 풍하쪽으로 가면서 대기의 안정도는 일정하고 확산계수는 변하지 않는다.

[풀이] ㉮ 오염물질은 지표를 침투 못하고 반사한다.

13 대기권의 성질에 대한 설명 중 틀린 것은?

㉮ 대류권의 높이는 보통 여름철보다는 겨울철에, 저위도보다는 고위도에서 낮게 나타난다.
㉯ 대기의 밀도는 기온이 낮을수록 높아지므로 고도에 따른 기온분포로부터 밀도분포가 결정된다.
㉰ 대류권에서의 대기 기온체감률은 -1℃/100m이며, 기온변화에 따라 비교적 비균질한 기층(hererogeneous layer)이 형성된다.
㉱ 대기의 상하운동이 활발한 정도를 난류강도라 하고, 이는 열적인 난류와 역학적인 난류가 있으며, 이들을 고려한

answer 09 ㉱ 10 ㉰ 11 ㉰ 12 ㉮ 13 ㉰

안정도로서 리차드슨 수가 있다.

풀이 ㉰ 대류권에서의 대기 기온체감률은 -0.65℃/100m 이며, 기온변화에 따라 비교적 균질한 기층이 형성된다.

14 교토의정서상 온실효과에 기여하는 6대 물질로 틀린 것은?

㉮ 이산화탄소　㉯ 메탄
㉰ 과불화규소　㉱ 아산화질소

풀이 온실효과에 기여하는 물질은 이산화탄소, 메탄, 아산화질소, 수소불화탄소, 과불화탄소, 육불화황이다.

TIP 온실효과란 가시광선을 통과시키고 적외선을 흡수해서 열을 밖으로 나가지 못하게 함으로써 보온작용을 하는 것을 말한다.

15 다음 중 이산화황에 약한 식물과 가장 거리가 먼 것은?

㉮ 보리　㉯ 담배
㉰ 옥수수　㉱ 자주개나리

풀이 ① SO_2에 약한 식물 : 대맥, 담배, 자주개나리(알팔파), 목화, 보리
② SO_2에 강한 식물 : 양배추, 까치밤나무, 쥐당나무, 셀러리, 소나무, 옥수수

16 다음은 대기오염물질이 인체에 미치는 영향에 관한 설명이다. ( )안에 들어갈 알맞은 말은?

( )은(는) 혈관 내 용혈을 일으키며, 두통, 오심, 흉부 압박감을 호소하기도 한다. 10ppm 정도에 폭로 되면 혼미, 혼수, 사망에 이른다. 대표적 3대 증상으로는 복통, 황달, 빈뇨 등이며, 만성적인 폭로에 의한 국소 증상으로는 손·발바닥에 나타나는 각화증, 각막궤양, 비중격천공, 탈모 등을 들 수 있다.

㉮ 납　㉯ 수은
㉰ 비소　㉱ 망간

풀이 ㉰ 비소(As)에 대한 설명이다.

TIP 이 문제에서 핵심 내용은 "복통, 황달, 빈뇨"이며 이를 유발하는 물질은 비소임을 숙지하셔야 합니다.

17 다음 대기오염물질과 주요 배출관련 업종의 연결이 잘못 짝지어진 것은?

㉮ 염화수소 - 소다공업, 활성탄 제조
㉯ 질소산화물 - 비료, 폭약, 필름제조
㉰ 불화수소 - 인산비료공업, 유리공업, 요업
㉱ 염소 - 용광로, 식품가공

풀이 ㉱ 염소 - 농약제조, 화학공업, 소오다공업

18 "수용모델"에 관한 설명으로 틀린 것은?

㉮ 새로운 오염원, 불확실한 오염원과 불법 배출 오염원을 정량적으로 확인 평가할 수 있다.
㉯ 지형, 기상학적 정보 없이도 사용 가능하다.
㉰ 측정자료를 입력자료로 사용하므로 시나리오 작성이 용이하다.
㉱ 현재나 과거에 일어났던 일을 추정하여 미래를 위한 계획을 세울 수 있으나 미래 예측은 어렵다.

answer　14 ㉰　15 ㉰　16 ㉰　17 ㉱　18 ㉰

풀이 ㉰ 측정자료를 입력자료로 사용하므로 시나리오 작성이 곤란하다.

TIP
수용모델과 분산모델의 특징을 반드시 비교하여 숙지하셔야 합니다.

19 오존, 전량이 330DU이라는 것은 오존의 양을 두께로 표시하였을 때 어느 정도인가?

㉮ 3.3mm ㉯ 3.3cm
㉰ 330mm ㉱ 330cm

풀이 오존층의 두께를 표시하는 단위는 돕슨이며 1mm는 100돕슨이다.
1mm : 100돕슨 = Xmm : 330돕슨

$$\therefore X = \frac{330돕슨 \times 1mm}{100돕슨} = 3.3mm$$

TIP
330 DU = 330돕슨

20 다음 중 메탄의 지표부근 배경농도 값으로 가장 적합한 것은?

㉮ 약 0.15ppm ㉯ 약 1.5ppm
㉰ 약 30ppm   ㉱ 약 300ppm

풀이 메탄의 지표부근 배경농도는 약 1.5ppm이다.

제2과목 | 대기오염공정시험기준

21 자외선가시선분광법 분석장치 구성에 관한 설명으로 틀린 것은?

㉮ 일반적인 장치 구성순서는 시료부 - 광원부 - 파장선택부 - 측광부 순이다.
㉯ 단색장치로는 프리즘, 회절격자 또는 이 두 가지를 조합시킨 것을 사용하며 단색광을 내기 위하여 슬릿(slit)을 부속시킨다.
㉰ 광전관, 광전자증배관은 주로 자외 내지 가시파장 범위에서, 광전도셀은 근적외 파장범위에서 사용한다.
㉱ 광전분광광도계에는 미분측광, 2파장측광, 시차측광이 가능한 것도 있다.

풀이 ㉮ 일반적인 장치 구성순서는 광원부 - 파장선택부 - 시료부 - 측광부 순이다.

22 시료 전처리 방법 중 산분해(acid digestion)에 관한 설명으로 틀린 것은?

㉮ 극미량원소의 분석이나 휘발성 원소의 정량분석에는 적합하지 않은 편이다.
㉯ 질산이나 과염소산의 강한 산화력으로 인한 폭발 등의 안전문제 및 플루오르화수소산의 접촉으로 인한 화상 등을 주의해야 한다.
㉰ 분해 속도가 빠르고 시료 오염이 적은 편이다.
㉱ 염산과 질산을 매우 많이 사용하며, 휘발성 원소들의 손실 가능성이 있다.

풀이 ㉰ 분해 속도가 느리고 시료 오염이 많은 편이다.

answer 19 ㉮ 20 ㉯ 21 ㉮ 22 ㉰

23 환경대기 중 시료채취 방법에서 인구비례에 의한 방법으로 시료채취 지점수를 결정하고자 한다. 그 지역의 인구밀도가 4,000명/km², 그 지역 가주지 면적이 5,000km², 전국 평균 인구밀도가 5,000명/km²일 때, 시료채취 지점수는 얼마인가?

㉮ 110개 ㉯ 160개
㉰ 250개 ㉱ 320개

풀이 측정점수
$= \dfrac{\text{그 지역 가주지 면적(km}^2\text{)}}{25\text{km}^2} \times \dfrac{\text{그 지역 인구밀도}}{\text{전국 평균인구밀도}}$
$= \dfrac{5,000\text{km}^2}{25\text{km}^2} \times \dfrac{4,000}{5,000} = 160$

TIP 측정점수 계산 시 소수점첫째자리까지 완전올림한다.

24 대기오염공정시험기준상 시험의 기재 및 용어의 의미로 옳은 것은?

㉮ "정확히 단다"라 함은 규정한 양의 검체를 취하여 분석용 저울로 0.1mg까지 다는 것을 뜻한다.
㉯ 고체성분의 양을 "정확히 취한다"라 함은 홀피펫, 메스플라스크 등으로 0.1mL까지 취하는 것을 뜻한다.
㉰ "감압 또는 진공"이라 함은 따로 규정이 없는 한 15mmH₂O 이하를 뜻한다.
㉱ 시험조작 중 "즉시"라 함은 10초 이내에 표시된 조작을 하는 것을 뜻한다.

풀이 ㉯ 액체성분의 양을 "정확히 취한다"라 함은 홀피펫, 부피플라스크 또는 이와 동등이상의 정도를 갖는 용량계를 사용하여 조작하는 것을 뜻한다.
㉰ "감압 또는 진공"이라 함은 따로 규정이 없는 한 15mmHg 이하를 뜻한다.
㉱ 시험조작 중 "즉시"라 함은 30초 이내에 표시된 조작을 하는 것을 뜻한다.

25 기체크로마토그래피 정량법 중 정량하려는 성분으로 된 순물질을 단계적으로 취하여 크로마토그램을 기록하고 봉우리 넓이 또는 봉우리 높이를 구하는 방법으로서 성분량을 횡축에, 봉우리 넓이 또는 봉우리 높이를 종축으로 하는 것은?

㉮ 보정넓이백분율법
㉯ 절대검정곡선법
㉰ 넓이백분율법
㉱ 표준물첨가법

풀이 ㉯ 절대검정곡선법에 대한 설명이다.

TIP 기체크로마토그래피에서 정량분석의 방법에는 절대검정곡선법, 넓이백분율법, 보정넓이백분율법, 상대검정곡선법, 표준물첨가법이 있다.

26 다음은 방울수에 관한 정의이다. ( ) 안에 알맞은 것은?

> 방울수라 함은(㉠) ℃에서 정제수 (㉡) 방울을 떨어뜨릴 때 그 부피가 약 (㉢)mL가 되는 것을 말한다.

㉮ ㉠ 10, ㉡ 10, ㉢ 1
㉯ ㉠ 10, ㉡ 20, ㉢ 1
㉰ ㉠ 20, ㉡ 10, ㉢ 1
㉱ ㉠ 20, ㉡ 20, ㉢ 1

풀이 방울수라 함은 20℃에서 정제수 20방울을 떨어뜨릴 때 그 부피가 약 1mL가 되는 것을 말한다.

answer 23 ㉯ 24 ㉮ 25 ㉯ 26 ㉱

27 자외선/가시선분광법에서 흡수셀의 세척방법에 관한 설명으로 틀린 것은?

㉮ 탄산소듐(Na_2CO_3) 용액(20g/L)에 소량의 음이온 계면활성제(보기 : 액상 합성세제)를 가한 용액에 흡수셀을 담가 놓고 필요하면 40℃~50℃로 약 10분간 가열한다.
㉯ 흡수셀을 꺼내 물로 씻은 후 질산(1+5)에 소량의 과산화수소를 가한 용액에 약 30분간 담궈 둔다.
㉰ 흡수셀을 새로 만든 크롬산과 황산용액에 약 1시간 담근 다음 흡수셀을 꺼내어 물로 충분히 씻어내어 사용해도 된다.
㉱ 빈번하게 사용할 때는 물로 잘 씻은 다음 식염수(9%)에 담궈 두고 사용한다.

풀이 ㉱ 빈번하게 사용할 때는 물로 잘 씻은 다음 증류수를 넣은 용기에 담궈 두고 사용한다.

28 대기오염물질의 시료 채취에 사용되는 그림과 같은 기구를 무엇이라 하는가?

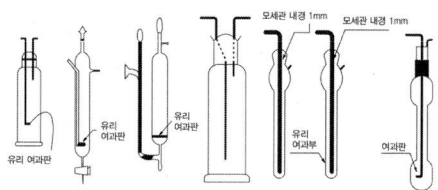

㉮ 흡수병 ㉯ 진공병
㉰ 채취병 ㉱ 채취관

풀이 ㉮ 흡수병에 대한 그림이다.

29 굴뚝 배출 가스상물질 시료채취장치 중 연결관에 관한 설명으로 틀린 것은?

㉮ 연결관은 가능한 한 수직으로 연결해야 하고 부득이 구부러진 관을 쓸 경우에는 응축수가 흘러나오기 쉽도록 경사지게(5° 이상)한다.
㉯ 연결관의 안지름은 연결관의 길이, 흡입가스의 유량, 응축수에 의한 막힘 또는 흡입펌프의 능력 등을 고려해서 4mm~25mm로 한다.
㉰ 하나의 연결관으로 여러 개의 측정기를 사용할 경우 각 측정기 앞에서 연결관을 병렬로 연결하여 사용한다.
㉱ 연결관의 길이는 되도록 길게 하되, 10m를 넘지 않도록 한다.

풀이 ㉱ 연결관의 길이는 되도록 짧게 하되, 부득이 길게 해서 쓰는 경우에는 이음매가 없는 배관을 써서 접속부분을 적게 하고 받침기구로 고정해서 사용해야 한다.

30 다음 분석대상물질과 그 측정법과의 연결이 잘못 짝지어진 것은?

㉮ 사이안화수소 – 자외선/가시선/4-피리딘카복실산-피라졸론법
㉯ 폼알데하이드 – 자외선/가시선분광법(크로모트로핀산법)
㉰ 황화수소 – 자외선/가시선분광법(메틸렌블루법)
㉱ 플루오린화합물 - 페놀디설폰산법

풀이 ㉱ 플루오린화합물 - 자외선/가시선 분광법(란탄-알라자린 콤플렉손법), 적정법(질산토륨 네오트린법), 이온선택전극법

answer 27 ㉱ 28 ㉮ 29 ㉱ 30 ㉱

31 배출가스 중의 총탄화수소를 불꽃이온화검출기로 분석하기 위한 장치구성에 관한 설명으로 틀린 것은?

㉮ 시료연결관은 스테인리스강 또는 플루오로수지 재질로 시료의 응축방지를 위해 검출기까지의 모든 라인이 150~180℃를 유지해야 한다.
㉯ 시료채취관은 유리관 재질의 것으로 하고 굴뚝 중심 부분의 30%범위 내에 위치할 정도의 길이인 것을 사용한다.
㉰ 기록계를 사용하는 경우에는 최소 4회/min이 되는 기록계를 사용한다.
㉱ 영점 및 교정가스를 주입하기 위해서는 3 방콕이나 순간연결장치(quick connector)를 사용한다.

풀이 ㉯ 시료채취관은 스테인리스강 또는 이와 동등한 재질의 것으로 하고 굴뚝 중심 부분의 10%범위 내에 위치할 정도의 것을 사용한다.

32 배출허용기준 시험방법에 준하여 질소산화물(표준산소 농도를 적용받음) 실측농도를 측정한 결과 280ppm이었고, 실측 산소농도가 3.7%이다. 표준산소 농도로 보정한 질소산화물 농도는 얼마인가? (단, 표준산소 농도 : 4%)

㉮ 265ppm ㉯ 270ppm
㉰ 275ppm ㉱ 285ppm

풀이 $C = C_a \times \dfrac{21-O_s}{21-O_a}$
여기서
- C : 오염물질 농도(ppm)
- C_a : 실측오염물질 농도(ppm)
- O_s : 표준산소농도(%)
- O_a : 실측산소농도(%)

따라서 $C = 280ppm \times \dfrac{21-4\%}{21-3.7\%} = 275.15ppm$

33 흡광광도 측정에서 최초광의 75%가 흡수되었을 때 흡광도는 약 얼마인가?

㉮ 0.25 ㉯ 0.3
㉰ 0.6   ㉱ 0.75

풀이 흡광도(A) = $\log \dfrac{1}{투과도} = \log \dfrac{1}{0.25} = 0.60$

TIP
① 투과율(%) = 100-흡수율(%)
② 투과율(%) = 투과퍼센트
③ 투과율(%) = 100-75% = 25%

34 굴뚝 배출가스 중 금속화합물을 원자흡수분광광도법으로 분석할 때, 다음 중 측정 파장값(nm)이 가장 큰 금속화합물은 어느 것인가?

㉮ 아연   ㉯ 철
㉰ 구리   ㉱ 니켈

풀이 측정 파장값(nm)
㉮ 아연 : 213.8nm
㉯ 철 : 248.3nm
㉰ 구리 : 324.8nm
㉱ 니켈 : 232.0nm

35 굴뚝 배출가스 중의 산소를 자동으로 측정하는 방법으로 원리면에서 자기식과 전기화학식 등으로 분류할 수 있다. 다음 중 전기화학식 방식에 해당하지 않는 것은?

㉮ 정전위 전해형

answer 31 ㉯ 32 ㉰ 33 ㉰ 34 ㉰ 35 ㉯

㉯ 덤벨형
㉰ 폴라로그래프형
㉱ 갈바니전지형

풀이 ㉯ 덤벨형은 자기식에 해당한다.

36 자동연속측정기에 의한 이산화황의 불꽃광도측정법에서 시료를 공기 또는 질소로 묽힌 후 수소불꽃 중에 도입하여 발광광도를 측정하여야 하는 파장은?

㉮ 265nm 부근   ㉯ 394nm 부근
㉰ 470nm 부근   ㉱ 560nm 부근

풀이 이산화황의 불꽃광도측정법에서 시료를 공기 또는 질소로 묽힌 후 수소불꽃 중에 도입하여 발광광도를 394nm 부근에서 측정한다.

37 시험에 사용하는 시약이 따로 규정 없이 단순히 보기와 같이 표시되었을 때 다음 중 그 규정한 농도(%)가 일반적으로 가장 높은 값을 나타내는 것은?

㉮ HNO_3 ㉯ HCl
㉰ CH_3COOH ㉱ HF

풀이 규정 농도(%)
㉮ HNO_3 : 60.0~62.0
㉯ HCl : 35.0~37.0
㉰ CH_3COOH : 99.0%이상
㉱ HF : 46.0~48.0

38 굴뚝 배출가스 중의 먼지측정 시 등속흡입 정도를 알기 위한 등속흡입계수 I (%) 범위기준은? (단, 다시 시료채취를 행하지 않는 범위기준)

㉮ 90~110%   ㉯ 95~115%
㉰ 95~110%   ㉱ 90~105%

풀이 등속흡입계수의 범위기준은 90~110%이다.

39 이온크로마토그래피 구성장치에 관한 설명으로 틀린 것은?

㉮ 써프렛서는 관형과 이온교환막형이 있으며, 관형은 음이온에는 스티롤계 강산형(H^+)수지가 사용된다.
㉯ 분리관의 재질은 내압성, 내부식성으로 용리액 및 시료액과 반응성이 큰 것을 선택하며 주로 스테인리스관이 사용된다.
㉰ 용리액조는 용출되지 않는 재질로서 용리액을 직접공기와 접촉시키지 않는 밀폐된 것을 선택한다.
㉱ 검출기는 분리관 용리액 중의 시료성분의 유무와 양을 검출하는 부분으로 일반적으로 전도도 검출기를 많이 사용하는 편이다.

풀이 ㉯ 분리관의 재질은 내압성, 내부식성으로 용리액 및 시료액과 반응성이 적은 것을 선택하며 에폭시수지관 또는 유리관이 사용된다.

40 냉증기 원자흡수분광광도법으로 굴뚝 배출가스 중 수은을 측정하기 위해 사용하는 흡수액으로 옳은 것은? (단, 질량분율)

㉮ 4% 과망간산포타슘 + 10% 질산
㉯ 4% 과망간산포타슘 + 10% 황산
㉰ 10% 과망간산포타슘 + 6% 질산
㉱ 6% 과망간산포타슘 + 10% 질산

answer 36 ㉯ 37 ㉰ 38 ㉮ 39 ㉯ 40 ㉯

| 제3과목 | 대기오염방지기술

41 배출가스 중 황산화물 처리방법으로 틀린 것은?

㉮ 석회석 주입법
㉯ 석회수 세정법
㉰ 암모니아 흡수법
㉱ 2단 연소법

[풀이] ㉱ 2단 연소법은 질소산화물(NO_X)을 저감하는 방법이다.

TIP
황산화물(SO_X) 처리방법
① 습식 탈황법 : 석회세정법, 아황산소다법, 암모니아법, 가성소다흡수법, 산화마그네슘세정법
② 건식 탈황법 : 건식석회석주입법, 활성산화망간법, 활성탄흡착법, 알칼리성알루미나흡수법

42 세정집진장치의 장점으로 틀린 것은?

㉮ 입자상 물질과 가스의 동시제거가 가능하다.
㉯ 친수성, 부착성이 높은 먼지에 의한 폐쇄염려가 없다.
㉰ 집진된 먼지의 재비산 염려가 없다.
㉱ 연소성 및 폭발성 가스의 처리가 가능하다.

[풀이] ㉯ 친수성, 부착성이 높은 먼지에 의한 폐쇄염려가 높다.

43 원심력 집진장치(cyclone)에 관한 설명으로 틀린 것은?

㉮ 저효율 집진장치 중 압력손실은 작고, 고집진율을 얻기 위한 전문적 기술이 요구되지 않는다.
㉯ 구조가 간단하고, 취급이 용이한 편이다.
㉰ 집진효율을 높이는 방법으로 blow down 방법이 있다.
㉱ 고농도 함진가스 처리에 유리한 편이다.

[풀이] ㉮ 저효율 집진장치 중 압력손실은 크고, 고집진율을 얻기 위한 전문적 기술이 요구된다.

TIP
저효율 집진장치는 1차(전처리) 장치를 의미하며, 원심력집진장치는 전처리장치 중 압력손실이 가장 크다.

44 직경 20cm, 길이 1m인 원통형 전기집진장치에서 가스유속이 1m/s이고, 먼지입자의 분리속도가 30cm/s라면 집진율은 얼마인가?

㉮ 93.63% ㉯ 94.24%
㉰ 96.02% ㉱ 99.75%

[풀이]
$$\eta = \left\{1-\exp\left(\frac{-2 \cdot We \cdot L}{R \cdot U}\right)\right\} \times 100$$
$$= \left\{1-\exp\left(\frac{-2 \times 0.3\text{m/sec} \times 1\text{m}}{0.1\text{m} \times 1\text{m/sec}}\right)\right\} \times 100 = 99.75\%$$

TIP
① We = 30cm/sec = 0.03m/sec
② $R = \frac{D}{2} = \frac{20\text{cm}}{2} = 10\text{cm} = 0.1\text{m}$

45 어떤 가스가 부피로 H_2 9%, CO 24%, CH_4 2%, CO_2 6%, O_2 3%, N_2 56%의 구성비를 갖는다. 이 기체를 50%의 과잉공기로 연소시킬 경우 연료 1Sm³당 요구되는 공기량은?

answer 41 ㉱ 42 ㉯ 43 ㉮ 44 ㉱ 45 ㉯

㉮ 약 1.00Sm³ ㉯ 약 1.25Sm³
㉰ 약 1.70Sm³ ㉱ 약 2.55Sm³

풀이
$H_2 + 0.5O_2 \rightarrow H_2O$: 9%
$CO + 0.5O_2 \rightarrow CO_2$: 24%
$CH_4 + 2O_2 \rightarrow CO_2 + 2H_2O$: 2%
O_2 : 3%

① 이론공기량(A_o)
$= \dfrac{\text{가연성분 연소시 필요한 산소량-연료의 산소량}}{0.21}$
$= \dfrac{0.5 \times 0.09 + 0.5 \times 0.24 + 2 \times 0.02 - 0.03}{0.21}$
$= 0.8333 Sm^3/Sm^3$

② 실제공기량(A) = 공기비(m)×이론공기량(A_o)
$= 1.5 \times 0.8333 Sm^3/Sm^3$
$= 1.25 Sm^3/Sm^3$

TIP
과잉공기량 = (m-1)×100
50% = (m-1)×100
∴ m = 1.5

46 여과집진장치에 사용되는 여과재에 관한 설명으로 틀린 것은?

㉮ 여과재의 형상은 원통형, 평판형, 봉투형 등이 있으나 원통형을 많이 사용한다.
㉯ 여과재는 내열성이 약하므로 가스온도 250℃를 넘지 않도록 주의한다.
㉰ 고온가스를 냉각시킬 때에는 산노점(dew point) 이하로 유지하도록 하여 여과재의 눈막힘을 방지한다.
㉱ 여과재 재질 중 유리섬유는 최고사용온도가 250℃ 정도이며, 내산성이 양호한 편이다.

풀이 ㉰ 고온가스를 냉각시킬 때에는 산노점 이상으로 유지하여 여과재의 눈 막힘을 방지한다.

TIP
산노점온도(150℃) 이하가 되면 황산(H_2SO_4)이 증가하면서 저온부식이 발생하여 부식된 찌꺼기에 의해 여과재의 눈막힘이 발생한다.

47 시간당 10,000Sm³의 배출가스를 방출하는 보일러에 먼지 50%를 제거하는 집진장치가 설치되어 있다. 이 보일러를 24시간 가동했을 때 집진되는 먼지량은 얼마인가? (단, 배출가스 중 먼지농도는 0.5g/Sm³이다.)

㉮ 50kg ㉯ 60kg
㉰ 100kg ㉱ 120kg

풀이 집진되는 먼지량
= 먼지농도(kg/Sm³)×배출가스량(Sm³/hr)×가동시간(hr)×$\dfrac{\text{제거율(\%)}}{100}$
= 0.5×10^{-3} kg/Sm³×10,000Sm³/hr×24hr×0.5
= 60kg

48 다음 중 연소조절에 의해 질소산화물 발생을 억제시키는 방법으로 가장 적합한 것은?

㉮ 이온화연소법
㉯ 고산소연소법
㉰ 고온연소법
㉱ 배출가스 재순환법

풀이 질소산화물 발생을 억제시키는 방법
① 저과잉공기 연소법
② 배기가스 재순환법
③ 이단 연소법
④ 저온도 연소법
⑤ 저질소 연료 사용

answer 46 ㉰ 47 ㉯ 48 ㉱

TIP
질소산화물(NO_X) 발생을 억제시키는 핵심은 연소온도를 낮게 유지하는 것이며, 정답을 찾는 핵심은 저과잉공기 연소와 저온도연소임을 숙지하셔야 합니다.

49 가로, 세로, 높이가 각 0.5m, 1.0m, 0.8m인 연소실에서 저발열량이 8,000kcal/kg인 중유를 1시간에 10kg 연소시키고 있다면 연소실 열발생률은 얼마인가?

㉮ $2.0 \times 10^5 kcal/h \cdot m^3$
㉯ $4.0 \times 10^5 kcal/h \cdot m^3$
㉰ $5.0 \times 10^5 kcal/h \cdot m^3$
㉱ $6.0 \times 10^5 kcal/h \cdot m^3$

풀이 연소실의 열발생율($kcal/m^3 \cdot hr$)
$= \dfrac{저위발열량(kcal/kg) \times 중유량(kg/hr)}{가로 \times 세로 \times 높이(m^3)}$
$= \dfrac{8,000 kcal/kg \times 10 kg/hr}{0.5m \times 1.0m \times 0.8m}$
$= 2.0 \times 10^5 kcal/h \cdot m^3$

50 분쇄된 석탄의 입경 분포식[$R(\%) = 100 \exp(-\beta d_p^n)$]에 관한 설명으로 틀린 것은? (단, n : 입경지수, β : 입경계수)

㉮ 위 식을 Rosin Rammler식이라 한다.
㉯ 위 식에서 R(%)은 체상누적분포(%)를 나타낸다.
㉰ n이 클수록 입경분포 폭은 넓어진다.
㉱ β가 커지면 임의의 누적분포를 갖는 입경 d_p는 작아져서 미세한 분진이 많다는 것을 의미한다.

풀이 ㉰ n이 클수록 입경분포 폭은 좁아진다.

51 충전탑의 액가스비 범위로 가장 적합한 것은?

㉮ $0.1 \sim 0.3 L/m^3$
㉯ $2 \sim 3 L/m^3$
㉰ $5 \sim 10 L/m^3$
㉱ $10 \sim 30 L/m^3$

풀이 충전탑(흡수탑)에서 암기사항
① 가스의 속도 : $0.5 \sim 1.5 m/s$
② 액가스비 : $2 \sim 3 L/m^3$
③ 압력손실 : $100 \sim 250 mmH_2O$

52 후드의 유입계수와 속도압이 각각 0.87, 16mmH₂O일 때 후드의 압력 손실은?

㉮ 약 $3.5 mmH_2O$
㉯ 약 $5 mmH_2O$
㉰ 약 $6.5 mmH_2O$
㉱ 약 $8 mmH_2O$

풀이 $\triangle P = \dfrac{1 - Ce^2}{Ce^2} \times V_p (mmH_2O)$

여기서
$\triangle P$: 압력손실(mmH_2O)
Ce : 유입계수
V_p : 속도압(mmH_2O)

따라서
$\triangle P = \dfrac{1 - (0.87)^2}{(0.87)^2} \times 16 mmH_2O = 5.14 mmH_2O$

53 전기집진장치의 집진극에 대한 설명으로 틀린 것은?

㉮ 집진극의 모양은 여러 가지가 있으나 평판형과 관(管)형이 많이 사용된다.
㉯ 처리가스량이 많고 고집진효율을 위해서는 관형집진극이 사용된다.
㉰ 보통 방전극의 재료와 비슷한 탄소함량이 많은 스테인레스강 및 합금을 사

answer 49 ㉮ 50 ㉰ 51 ㉯ 52 ㉯ 53 ㉯

용한다.
㉣ 집진극면이 항상 깨끗하여야 강한 전계(電界)를 얻을 수 있다.

풀이 ㉯ 처리가스량이 많고 고집진효율을 위해서는 평판형 집진극이 사용된다.

TIP
전기집진장치
① 평판형 : 건식, 대용량, 고집진율
② 관형 : 습식, 소용량, 고집진율

54 97% 집진효율을 갖는 전기집진장치로 가스의 유효 표류속도가 0.1m/sec인 오염공기 180m³/sec를 처리하고자 한다. 이때 필요한 총집진판 면적(m²)은 얼마인가? (단, Deutsch-Anderson 식에 의함)

㉮ 6,456　　㉯ 6,312
㉰ 6,029　　㉱ 5,873

풀이 $\eta = 1-\exp\dfrac{-A \times We}{Q}$

$\therefore A = \dfrac{LN(1-\eta)}{-\dfrac{We}{Q}} = \dfrac{LN(1-0.97)}{-\dfrac{0.1m/sec}{180m^3/sec}} = 6,311.80m^2$

55 직경이 203.2mm인 관에 35m³/min의 공기를 이동시키면 이때 관내 이동 공기의 속도는 약 몇 m/min인가?

㉮ 18m/min　　㉯ 72m/min
㉰ 980m/min　　㉱ 1080m/min

풀이 $V(m/min) = \dfrac{Q(m^3/min)}{A(m^2)} = \dfrac{Q(m^3/min)}{\dfrac{\pi D^2}{4}(m^2)}$

$= \dfrac{35m^3/min}{\dfrac{\pi}{4} \times (0.2032m)^2}$

$= 1,079.27m/min$

56 Methane과 Propane이 용적비 1 : 1의 비율로 조성된 혼합가스 1Sm³를 완전연소 시키는데 20Sm³의 실제공기가 사용되었다면 이 경우 공기비는 얼마인가?

㉮ 1.05　　㉯ 1.20
㉰ 1.34　　㉱ 1.46

풀이 $CH_4 + 2O_2 \rightarrow CO_2 + 2H_2O$: 50%
$C_3H_8 + 5O_2 \rightarrow 3CO_2 + 4H_2O$: 50%

① 이론공기량(A_o) = $\dfrac{2 \times 0.50 + 5 \times 0.50}{0.21}$ = 16.67Sm³/Sm³

② 공기비(m)

= $\dfrac{실제공기량(A)}{이론공기량(A_o)} = \dfrac{20(Sm^3/Sm^3)}{16.67(Sm^3/Sm^3)} = 1.20$

TIP
① 메탄(CH_4), 프로판(C_3H_8)
② 이론공기량(Sm³/Sm³) = $\dfrac{이론산소량(Sm^3/Sm^3)}{0.21}$
③ Sm³/Sm³ = 체적비 = 갯수비

57 비중 0.95, 황성분 3.0%의 중유를 매시간 1,000L씩 연소시키는 공장 배출가스 중 SO_2(m³/h)량은 얼마인가? (단, 중유 중 황성분의 90%가 SO_2로 되며, 온도변화 등 기타 변화는 무시한다.)

㉮ 12　　㉯ 18
㉰ 24　　㉱ 36

풀이 $S + O_2 \rightarrow SO_2$
32kg　　：　22.4Sm³
1,000L/hr×0.95kg/L×0.03×0.90 : X

answer　54 ㉯　55 ㉱　56 ㉯　57 ㉯

$$\therefore X = \frac{1{,}000\text{L/hr} \times 0.95\text{kg/L} \times 0.03 \times 0.90 \times 22.4\text{Sm}^3}{32\text{kg}}$$
$$= 17.96\text{Sm}^3/\text{hr}$$

TIP
① 비중의 단위 : g/cm³ = g/mL = kg/L = ton/m³
② L/hr×비중(kg/L) = kg/hr
③ 1,000L/hr×0.95kg/L = 950kg/hr

58 흡수법에 의한 유해가스 처리 시 흡수이론에 관한 설명으로 틀린 것은?

㉮ 두 상(phase)이 접할 때 두 상이 접한 경계면의 양측에 경막이 존재한다는 가정을 Lewis-Whitman의 이중경막설이라 한다.
㉯ 확산을 일으키는 추진력은 두 상(phase)에서의 확산물질의 농도차 또는 분압차가 주원인이다.
㉰ 액상으로의 가스흡수는 기-액 두 상(phase)의 본체에서 확산물질의 농도기울기는 큰 반면, 기-액의 각 경막 내에서는 농도 기울기가 거의 없는데, 이것은 두 상의 경계면에서 효과적인 평형을 이루기 위함이다.
㉱ 주어진 온도, 압력에서 평형상태가 되면 물질의 이동은 정지한다.

풀이 ㉰ 액상으로의 가스흡수는 기-액 두 상(phase)의 본체에서 확산물질의 농도 기울기는 거의 없는 반면, 기-액의 각 경막 내에서는 농도 기울기가 크다. 이것은 두 상의 경계면에서 효과적인 평형을 이루기 위함이다.

59 집진장치의 압력손실 240mmH₂O, 처리가스량이 36,500m³/h이면 송풍기 소요동력(kw)은 얼마인가? (단, 송풍기 효율 70%, 여유율 1.2)

㉮ 30.6 ㉯ 35.2
㉰ 40.9 ㉱ 44.5

풀이 $kW = \frac{Ps \times Q}{102 \times \eta} \times \alpha$

여기서
- Ps : 압력손실(mmH₂O)
- Q : 처리가스량(m³/sec)
- η : 처리효율
- α : 여유율

따라서
$$kW = \frac{240\text{mmH}_2\text{O} \times 36{,}500\text{m}^3/\text{hr} \times 1\text{hr}/3{,}600\text{sec}}{102 \times 0.70} \times 1.2$$
$$= 40.90\text{kW}$$

TIP
① 1kW = 102kg · m/sec
② 102의 시간단위가 "sec"이므로 가스량(Q)의 시간단위는 반드시 "sec"임을 숙지하시고 풀이를 하여야 합니다.
③ α(여유율) 값이 없으면 생략하시면 됩니다.

60 여과집진장치의 먼지부하가 360g/m²에 달할 때 먼지를 탈락시키고자 한다. 이때 탈락시간 간격은 얼마인가? (단, 여과집진장치에 유입되는 함진농도는 10g/m³, 여과속도는 7,200cm/hr이고, 집진효율은 100%로 본다.)

㉮ 25min ㉯ 30min
㉰ 35min ㉱ 40min

풀이 $Ld = Ci \times Vf \times t$

여기서
- Ld : 먼지부하(g/m²)
- Ci : 입구농도(g/m³)
- Vf : 여과속도(m/min)
- t : 탈락시간(min)

① $Vf(\text{m/min}) = \frac{7{,}200\text{cm}}{\text{hr}} \times \frac{1\text{m}}{10^2\text{cm}} \times \frac{1\text{hr}}{60\text{min}} = 1.2\text{m/min}$

answer 58 ㉰ 59 ㉰ 60 ㉯

② $360 g/m^2 = 10 g/m^3 \times 1.2 m/min \times t$

∴ $t = \dfrac{360 g/m^2}{10 g/m^3 \times 1.2 m/min} = 30 min$

| 제4과목 | 대기환경관계법규

61 대기환경보전법령상 일일초과배출량 및 일일유량의 산정방법에서 일일유량 산정을 위한 측정유량의 단위는?

㉮ m^3/sec ㉯ m^3/min
㉰ m^3/h ㉱ m^3/day

[풀이] 오염물질 배출량 산정
① 일일유량 = 측정유량×일일조업시간
② 측정유량의 단위 : m^3/h
③ 일일조업시간은 배출량을 측정하기 전 최근 조업한 30일 동안의 배출시설 조업시간 평균치를 시간으로 표시한다.

62 대기환경보전법령상 초과부과금 산정기준에서 오염물질 1킬로그램당 부과금액이 다음 중 가장 적은 오염물질은?

㉮ 불소화물 ㉯ 염화수소
㉰ 황화수소 ㉱ 시안화수소

[풀이] 오염물질 1킬로그램당 부과 금액
㉮ 불소화물 : 2,300원
㉯ 염화수소 : 7,400원
㉰ 황화수소 : 6,000원
㉱ 시안화수소 : 7,300원

63 대기환경보전법규상 자동차연료 제조기준 중 휘발유의 90% 유출온도(℃) 기준은?

㉮ 200 이하 ㉯ 190 이하
㉰ 185 이하 ㉱ 170 이하

[풀이] 휘발유의 90% 유출온도 기준은 170℃ 이하이다.

64 다음은 악취방지법방 기술진단 등에 관한 사항이다. (   )안에 들어갈 알맞은 말은?

> 시·도지사, 대도시의 장 및 시장·군수·구청장은 악취로 인한 주민의 건강상 위해(危害)를 예방하고 생활환경을 보전하기 위하여 해당 지방자치단체의 장이 설치·운영하는 다음 각 호의 악취배출시설에 대하여 (   )마다 기술진단을 실시하여야 한다.

㉮ 1년 ㉯ 2년
㉰ 3년 ㉱ 5년

[풀이] 악취배출시설에 대한 기술진단은 5년마다 실시하여야 한다.

65 대기환경보전법령상 배출허용기준 초과와 관련하여 개선명령을 받은 사업자는 특별한 사유에 의한 연장신청이 없는 경우에는 개선계획서를 며칠 이내에 시·도지사에게 제출하여야 하는가?

㉮ 5일 이내   ㉯ 7일 이내
㉰ 15일 이내 ㉱ 30일 이내

[풀이] 개선명령을 받은 사업자는 개선계획서를 15일 이내에 시·도지사에게 제출 하여야 한다.

answer 61 ㉰ 62 ㉮ 63 ㉱ 64 ㉱ 65 ㉰

66 다음은 대기환경보전법규상 자동차연료 검사기관의 기술능력 기준이다. ( )안에 들어갈 알맞은 말은?

> 검사원은 자격은 국가기술자격법 시행규칙상 규정 직무분야의 기사자격 이상을 취득한 사람이어야 하며, 검사원은 (㉠) 이상이어야 하며, 그 중 (㉡) 이상은 해당 검사 업무에 (㉢) 이상 종사한 경험이 있는 사람이어야 한다.

- ㉮ ㉠ 3명, ㉡ 1명, ㉢ 3년
- ㉯ ㉠ 3명, ㉡ 2명, ㉢ 5년
- ㉰ ㉠ 4명, ㉡ 2명, ㉢ 3년
- ㉱ ㉠ 4명, ㉡ 2명, ㉢ 5년

풀이 검사원은 4명 이상이어야 하며, 그 중 2명 이상은 해당 검사 업무에 5년 이상 종사한 경험이 있는 사람이어야 한다.

67 실내공기질 관리법규상 장례식장의 각 오염물질 항목별 실내공기질 유지기준으로 틀린 것은?

- ㉮ PM-10($\mu g/m^3$) : 100 이하
- ㉯ CO_2(ppm) : 1,000 이하
- ㉰ CO(ppm) : 25 이하
- ㉱ HCHO($\mu g/m^3$) : 100 이하

풀이 ㉰ CO(ppm) : 10 이하

68 악취방지법규상 악취검사기관과 관련한 행정처분기준 중 검사시설 및 장비가 부족하거나 고장 난 상태로 7일 이상 방치한 경우 1차 행정처분기준으로 옳은 것은?

- ㉮ 지정취소
- ㉯ 시설이전
- ㉰ 업무정지 3개월
- ㉱ 경고

풀이 행정처분기준
① 1차 행정처분 : 경고
② 2차 행정처분 : 업무정지 1개월
③ 3차 행정처분 : 업무정지 3개월
④ 4차 행정처분 : 지정취소

69 대기환경보전법규상 대기오염 경보단계별 대기오염물질의 농도기준 중 "주의보" 발령기준으로 옳은 것은? (단, 미세먼지(PM-10)을 대상물질로 한다.)

- ㉮ 기상조건 등을 고려하여 해당지역의 대기자동측정소 PM-10 시간당 평균농도가 150$\mu g/m^3$ 이상 2시간 이상 지속인 때
- ㉯ 기상조건 등을 고려하여 해당지역의 대기자동측정소 PM-10 시간당 평균농도가 100$\mu g/m^3$ 이상 2시간 이상 지속인 때
- ㉰ 기기상조건 등을 고려하여 해당지역의 대기자동측정소 PM-10 시간당 평균농도가 100$\mu g/m^3$ 이상 1시간 이상 지속인 때
- ㉱ 기기상조건 등을 고려하여 해당지역의 대기자동측정소 PM-10 시간당 평균농도가 75$\mu g/m^3$ 이상 2시간 이상 지속인 때

풀이 경보단계별 미세먼지(PM-10)의 농도 기준
① 주의보 : 시간당 평균농도가 150$\mu g/m^3$ 이상 2시간 이상 지속
② 경보 : 시간당 평균농도가 300$\mu g/m^3$ 이상 2시간 이상 지속

answer 66 ㉱ 67 ㉰ 68 ㉱ 69 ㉮

> **TIP**
> 경보단계별 초미세먼지(PM-2.5)의 농도 기준
> ① 주의보 : 시간당 평균농도가 75μg/m³ 이상 2시간 이상 지속
> ② 경보 : 시간당 평균농도가 150μg/m³ 이상 2시간 이상 지속

풀이 사업장의 분류

종별	오염물질 발생량
1종	연간 80톤 이상
2종	연간 20톤 이상 80톤 미만
3종	연간 10톤 이상 20톤 미만
4종	연간 2톤 이상 10톤 미만
5종	연간 2톤 미만

70 대기환경보전법령상 선박의 디젤기관에서 배출되는 대기오염물질 중 대통령령으로 정하는 대기오염물질에 해당하는 것은?

㉮ 황산화물
㉯ 일산화탄소
㉰ 염화수소
㉱ 질소산화물

풀이 선박의 디젤기관에서 배출되는 대기오염물질 중 대통령령으로 정하는 대기오염물질은 질소산화물(NO_X)이다.

71 대기환경보전법령상 3종 사업장 분류 기준으로 옳은 것은?

㉮ 대기오염물질발생량의 합계가 연간 20톤 이상 80톤 미만인 사업장
㉯ 대기오염물질발생량의 합계가 연간 20톤 이상 60톤 미만인 사업장
㉰ 대기오염물질발생량의 합계가 연간 10톤 이상 20톤 미만인 사업장
㉱ 대기오염물질발생량의 합계가 연간 10톤 이상 50톤 미만인 사업장

72 실내공기질 관리법규상 "지하도상가" 폼알데하이드(μg/m³) 실내공기질 유지기준은?

㉮ 100 이하   ㉯ 400 이하
㉰ 500 이하   ㉱ 1000 이하

풀이 지하도상가의 폼알데하이드 실내공기질 유지기준은 100μg/m³ 이하이다.

73 대기환경보전법규상 고체연료 사용시설 설치기준 중 석탄사용시설의 설치기준은?

㉮ 배출시설의 굴뚝높이는 50m 이상으로 하되, 굴뚝상부 안지름, 배출가스 온도 및 속도 등을 고려한 유효굴뚝높이가 100m 이상인 경우에는 굴뚝높이를 25m 이상 50m 미만으로 할 수 있다.
㉯ 배출시설의 굴뚝높이는 60m 이상으로 하되, 굴뚝상부 안지름, 배출가스 온도 및 속도 등을 고려한 유효굴뚝높이가 100m 이상인 경우에는 굴뚝높이를 30m 이상 60m 미만으로 할 수 있다.
㉰ 배출시설의 굴뚝높이는 60m 이상으로 하되, 굴뚝상부 안지름, 배출가스 온도 및 속도 등을 고려한 유효굴뚝높이가 100m 이상인 경우에는 굴뚝높이를 50m 이상 60m 미만으로 할 수 있다.

answer 70 ㉱ 71 ㉰ 72 ㉮ 73 ㉱

㉣ 배출시설의 굴뚝높이는 100m 이상으로 하되, 굴뚝상부 안지름, 배출가스 온도 및 속도 등을 고려한 유효굴뚝높이가 440m 이상인 경우에는 굴뚝높이를 60m 이상 100m 미만으로 할 수 있다.

[풀이] 석탄사용시설의 설치기준은 ㉣번 항목이다.

74 환경정책기본법상 이 법에서 사용하는 용어의 뜻으로 옳지 않은 것은?

㉮ "환경용량"이란 일정한 지역에서 환경오염 또는 환경훼손에 대하여 환경이 스스로 수용, 정화 및 복원하여 환경의 질을 유지할 수 있는 한계를 말한다.
㉯ "자연환경"이란 지하·지표(해양을 포함한다) 및 지상의 모든 생물과 이들을 둘러싸고 있는 비생물적인 것을 포함한 자연의 상태(생태계 및 자연경관을 포함한다)를 말한다.
㉰ "환경"이란 자연환경과 인간환경, 생물환경을 말한다.
㉱ "환경훼손"이란 야생동식물의 남획 및 그 서식지의 파괴, 생태계질서의 교란, 자연경관의 훼손, 표토의 유실 등으로 자연환경의 본래적 기능에 중대한 손상을 주는 상태를 말한다.

[풀이] ㉰ "환경"이란 자연환경과 생물환경을 말한다.

75 대기환경보전법규상 측정기기의 부착 및 운영 등과 관련된 행정처분기준 중 사업자가 부착한 굴뚝 자동측정기기의 측정결과를 굴뚝 원격감시체계 관제센터로 측정자료를 전송하지 아니한 경우의 각 위반차수별 행정처분기준(1차~4차순)으로 옳은 것은?

㉮ 경고 - 조업정지 10일 - 조업정지 30일 - 허가취소 또는 폐쇄
㉯ 경고 - 조치명령 - 조업정지 10일 - 조업정지 30일
㉰ 조업정지 10일 - 조업정지 30일 - 개선명령 - 허가취소
㉱ 조업정지 30일 - 개선명령 - 허가취소 - 사업장 폐쇄

[풀이] 행정처분
① 1차 행정처분 : 경고
② 2차 행정처분 : 조치명령
③ 3차 행정처분 : 조업정지 10일
④ 4차 행정처분 : 조업정지 30일

76 대기환경보전법규상 정밀검사대상 자동차 및 정밀검사 유효기간 중 차령 2년 경과된 사업용 기타 자동차의 검사유효기간 기준으로 옳은 것은? (단, "정밀검사대상 자동차"란 자동차관리법에 따라 등록된 자동차를 말하며, "기타자동차"란 승용자동차를 제외한 승합·화물·특수자동차를 말한다.)

㉮ 1년 ㉯ 2년
㉰ 3년 ㉱ 5년

[풀이] 정밀검사 대상 자동차 및 정밀검사 유효기간

차종		정밀검사대상 자동차	검사유효 기간
비사업용	승용자동차	차령 4년 경과	2년
	기타자동차	차령 3년 경과	
사업용	승용자동차	차령 2년 경과	1년
	기타자동차	차령 2년 경과	

answer 74 ㉰ 75 ㉯ 76 ㉮

77 대기환경보전법규상 대기오염물질 배출시설기준으로 옳지 않은 것은?

㉮ 소각능력이 시간당 25kg 이상의 폐수·폐기물소각시설
㉯ 입자상물질 및 가스상 물질 발생시설 중 동력 5kW 이상의 분쇄시설(습식 및 이동식 포함)
㉰ 용적이 5세제곱미터 이상이거나 동력이 2.25kW 이상인 도장시설(분무·분체·침지도장시설, 건조시설 포함)
㉱ 처리능력이 시간당 100kg 이상인 고체입자상물질 포장시설

풀이 ㉯ 입자상물질 및 가스상 물질 발생시설 중 동력 15kW 이상의 분쇄시설(단, 습식은 제외)

78 대기환경보전법령상 천재지변으로 사업자의 재산에 중대한 손실이 발생한 경우로 납부기한 전에 부과금을 납부할 수 없다고 인정될 경우, 초과부과금 징수유예기간과 그 기간 중의 분할납부 횟수기준으로 옳은 것은?

㉮ 유예한 날의 다음날부터 2년 이내, 4회 이내
㉯ 유예한 날의 다음날부터 2년 이내, 12회 이내
㉰ 유예한 날의 다음날부터 3년 이내, 4회 이내
㉱ 유예한 날의 다음날부터 3년 이내, 12회 이내

풀이 ① 초과부과금 징수유예기간 : 유예한 날의 다음날부터 2년 이내
② 분할납부 횟수기준 : 12회 이내

TIP
기본부과금
① 징수유예기간 : 유예한 날의 다음날부터 다음 부과기간의 개시일 전일까지
② 분할납부 횟수 : 4회 이내

79 환경정책기본법령상 이산화질소(NO₂)의 대기환경기준이다. 다음 (   )에 들어갈 알맞은 말은?

- 연간 평균치 : (㉠) ppm 이하
- 24시간 평균치 : (㉡) ppm 이하
- 1시간 평균치 : (㉢) ppm 이하

㉮ ㉠ 0.02, ㉡ 0.05, ㉢ 0.15
㉯ ㉠ 0.03, ㉡ 0.06, ㉢ 0.10
㉰ ㉠ 0.06, ㉡ 0.10, ㉢ 0.15
㉱ ㉠ 0.10, ㉡ 0.12, ㉢ 0.30

풀이 이산화질소(NO₂)의 대기환경기준
① 연간 평균치 : 0.03ppm 이하
② 24시간 평균치 : 0.06ppm 이하
③ 1시간 평균치 : 0.10ppm 이하

80 악취방지법상 악취의 배출허용기준 초과와 관련하여 배출허용기준 이하로 내려가도록 조치명령을 이행하지 아니한 자에 대한 과태료 부과기준은?

㉮ 50만원 이하의 과태료
㉯ 100만원 이하의 과태료
㉰ 200만원 이하의 과태료
㉱ 300만원 이하의 과태료

풀이 ㉰ 200만원 이하의 과태료에 해당한다.

answer 78 ㉯ 79 ㉯ 80 ㉰

2018년 9월 15일 시행

2018년 4회 대기환경산업기사

| 제1과목 | 대기오염개론

01 상대습도가 70%이고, 상수를 1.2로 정의할 때, 가시거리가 10km라면 먼지 농도는 대략 얼마인가?

㉮ $50\mu g/m^3$ ㉯ $120\mu g/m^3$
㉰ $200\mu g/m^3$ ㉱ $280\mu g/m^3$

풀이
$V = \dfrac{10^3 \times A}{G}$

따라서 $10km = \dfrac{10^3 \times 1.2}{G}$

∴ $G = 120\mu g/m^3$

TIP
농도(G)의 단위가 $\mu g/m^3$일 때 가시거리(V)의 단위는 km이다.

02 실제 굴뚝높이 120m에서 배출가스의 수직 토출속도가 20m/s, 굴뚝 높이에서의 풍속은 5m/s이다. 굴뚝의 유효고도가 150m가 되기 위해서 필요한 굴뚝의 직경은 얼마인가? (단, $\triangle H = \{(1.5 \times V_S) \cdot D\}/U$를 이용할 것)

㉮ 2.5m   ㉯ 5m
㉰ 20m   ㉱ 25m

풀이
$\triangle H = \dfrac{(1.5 \times V_S) \times D}{U}$

여기서
- $\triangle H$: 연기의 상승고(m)
- V_S : 배출가스의 토출속도(m/sec)
- U : 풍속(m/sec)
- D : 직경(m)

따라서 $30m = \dfrac{(1.5 \times 20m/sec) \times D}{5m/sec}$

∴ $D = \dfrac{30m \times 5m/sec}{(1.5 \times 20m/sec)} = 5.0m$

TIP
연기의 상승고($\triangle H$)
= 유효굴뚝높이(He) - 실제굴뚝높이(H)
= 150m - 120m = 30m

03 다음 그림은 탄화수소가 존재하지 않는 경우 NO_2의 광화학싸이클(Photolytic cycle)이다. 그림의 A가 O_2일 때 B에 해당되는 물질은 무엇인가?

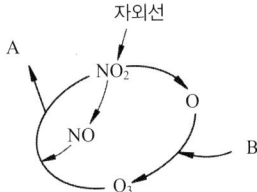

㉮ NO   ㉯ CO_2
㉰ NO_2 ㉱ O_2

풀이 A : O_2, B : O_2

answer 01 ㉯   02 ㉯   03 ㉱

TIP

① NO_2 + 자외선 $\xrightarrow{광분해반응}$ NO+O
② O+O_2(B) → O_3
③ O_3+NO → NO_2+O_2(A)

04 연소과정 중 고온에서 발생하는 주된 질소화합물의 형태로 가장 적합한 것은?

㉮ N_2 ㉯ NO
㉰ NO_2 ㉱ NO_3

풀이 고온에서 발생하는 질소화합물 중 90% 이상이 NO이다.

TIP
고온에서 발생되는 NO : NO_2의 비는 90% : 10%이다.

05 다음에서 설명하는 오염물질로 가장 적합한 것은?

광부나 석탄연료 배출구 주위에 거주하는 사람들의 폐중(폐안)의 농도가 증대되고, 배설은 주로 신장을 통해 이루어진다. 뼈에 소량 축적될 수 있고, 만성 폭로 시 설태가 끼이며, 혈장 콜레스테롤치가 저하될 수 있다.

㉮ 구리   ㉯ 카드뮴
㉰ 바나듐   ㉱ 비소

풀이 ㉰ 바나듐(V)에 대한 설명이다.

TIP
이 문제의 핵심은 "만성폭로 시 설태와 콜레스테롤치 저하 = 바나듐"임을 숙지하시기 바랍니다.

06 다이옥신에 관한 설명으로 틀린 것은?

㉮ PCB의 불완전연소에 의해서 발생한다.
㉯ 저온에서 촉매화 반응에 의해 먼지와 결합하여 생성된다.
㉰ 수용성이 커서 토양오염 및 하천오염의 주원인으로 작용한다.
㉱ 다이옥신은 두 개의 산소, 두 개의 벤젠, 그 외에 염소가 결합된 방향족 화합물이다.

풀이 ㉰ 수용성은 낮지만 벤젠 등에는 용해되는 지용성으로 토양 등에 흡수된다.

07 다음 오염물질에 관한 설명으로 가장 적합한 것은?

이 물질의 직업성 폭로는 철강제조에서 매우 많다. 생물의 필수금속으로서 동·식물에서는 종종 결핍이 보고되고 있으며 인체에 급성으로 과다폭로되면 화학성 폐렴, 간독성 등을 나타내며, 만성 폭로 시 파킨슨 증후군과 거의 비슷한 증후군으로 진전되어 말이 느리고 단조로워진다.

㉮ 납   ㉯ 불소
㉰ 구리   ㉱ 망간

풀이 ㉱ 망간(Mn)에 대한 설명이다.

TIP
이 문제의 핵심은 "화학성 폐렴과 간독성 = 망간"임을 숙지하시기 바랍니다.

answer 04 ㉯ 05 ㉰ 06 ㉰ 07 ㉱

08 대기오염물질이 인체에 미치는 영향으로 틀린 것은?

㉮ 이산화질소의 유독성은 일산화질소의 독성보다 강하여 인체에 영향을 끼친다.
㉯ 3,4-벤조피렌 같은 탄화수소 화합물은 발암성 물질로 알려져 있다.
㉰ SO_2는 고농도일수록 비강 또는 인후에서 많이 흡수되며 저농도인 경우에는 극히 저율로 흡수된다.
㉱ 일산화탄소는 인체 혈액 중의 헤모글로빈과 결합하기 매우 용이하나, 산소보다 낮은 결합력을 가지고 있다.

풀이 ㉱ 일산화탄소는 인체 혈액 중의 헤모글로빈과 결합하기 매우 용이하며, 산소보다 높은 결합력을 가지고 있다.

TIP
헤모글로빈(Hb)와의 결합력 순서
NHb > COHb > O_2Hb

09 대기내 질소산화물(NO_X)이 LA 스모그와 같이 광화학 반응을 할 때, 다음 중 어떤 탄화수소가 주된 역할을 하는가?

㉮ 파라핀계 탄화수소
㉯ 메탄계 탄화수소
㉰ 올레핀계 탄화수소
㉱ 프로판계 탄화수소

풀이 광화학반응에 참여하는 탄화수소는 올리핀계 탄화수소이다.

10 다음 반사영역이 고려된 가우시안 확산 모델에서 각 항에 대한 설명으로 틀린 것은?

$$C(x, y, z) = \frac{Q}{2\pi u \sigma_y \sigma_z} \left[\exp\left(\frac{-y^2}{2\sigma_y^2}\right) \right] \times \left[\exp\left\{\frac{-(z-H)^2}{2\sigma_z^2}\right\} + \exp\left\{\frac{-(z+H)^2}{2\sigma_z^2}\right\} \right]$$

㉮ y : 수직방향의 확산폭이다.
㉯ z : 농도를 구하려는 지점의 높이로서 농도 지점과 지표면으로부터의 수직거리이다.
㉰ u : 굴뚝높이의 풍속을 말한다.
㉱ H : 유효굴뚝높이다.

풀이 ㉮ y : 수평방향의 확산폭이다.

11 1984년 인도의 보팔시에서 발생한 대기오염사건의 주원인 물질은?

㉮ 황화수소
㉯ 황산화물
㉰ 멀캡탄
㉱ 메틸이소시아네이트

풀이 누설사건
① 인도 보팔시 사건 : 메틸이소시아네이트 (CH_3CNO)
② 멕시코 포자리카 사건 : 황화수소(H_2S)

answer 08 ㉱ 09 ㉰ 10 ㉮ 11 ㉱

12 가솔린 자동차의 엔진작동상태에 따른 일반적인 배기가스 조성 중 감속시에 가장 큰 농도 증가를 나타내는 물질은?
(단, 정상운행 조건 대비)

㉮ NO_2 ㉯ H_2O
㉰ CO_2 ㉱ HC

풀이 많이 배출되는 조건(가솔린 자동차 기준)
① NO_X : 가속시
② HC : 감속시
③ CO : 공회전시(아이드링시)

13 굴뚝에서 배출되는 연기의 형태가 Lofting형 일 때의 대기의 상태로 옳은 것은? (단, 보기중 상과 하의 구분은 굴뚝높이 기준)

㉮ 상 : 불안정 , 하 : 불안정
㉯ 상 : 안정 , 하 : 안정
㉰ 상 : 안정 , 하 : 불안정
㉱ 상 : 불안정 , 하 : 안정

풀이 Lofting형(상승형, 지붕형)의 안정도는 지표 역전(안정), 고공은 과단열(불안정)이다.

14 지상 10m에서의 풍속이 8m/s이라면 지상 60m에서의 풍속(m/s)은 얼마인가?
(단, P = 0.12, Deacon식을 적용)

㉮ 약 8.0 ㉯ 약 9.9
㉰ 약 12.5 ㉱ 약 14.8

풀이 $U_2 = U_1 \times \left(\dfrac{H_2}{H_1}\right)^P$
여기서
U_2 : 고도 H_2에서의 풍속(m/sec)
U_1 : 고도 H_1에서의 풍속(m/sec)
P : 풍속지수

따라서 $U_2 = 8m/sec \times \left(\dfrac{60m}{10m}\right)^{0.12}$
= 9.92m/sec

15 다음 중 기후·생태계 변화유발물질과 가장 거리가 먼 것은?

㉮ 육불화황
㉯ 메탄
㉰ 수소염화불화탄소
㉱ 염화나트륨

풀이 기후·생태계 변화유발물질은 이산화탄소, 메탄, 아산화질소, 수소불화탄소, 과불화탄소, 육불화황, 염화불화탄소, 수소염화불화탄소이다.

16 PAN(Peroxyacetyl nitrate)의 생성반응식으로 옳은 것은?

㉮ $CH_3COOO + NO_2 \rightarrow CH_3COOONO_2$
㉯ $C_6H_5COOO + NO_2 \rightarrow C_6H_5COOONO_2$
㉰ $RCOO + O_2 \rightarrow RO_2 + CO_2$
㉱ $RO + NO_2 \rightarrow RONO_2$

풀이 PAN은 2차성물질로 화학식은 $CH_3COOONO_2$이다.

TIP
① PAN(Peroxy Acetyl Nitrate) : $CH_3COOONO_2$
② PBzN(Peroxy Benzonyl Nitrate) : $C_6H_5COOONO_2$
㉰ PPN(Peroxy Propionyl Nitrate) : $C_2H_5COOONO_2$

answer 12 ㉱ 13 ㉱ 14 ㉯ 15 ㉱ 16 ㉮

17 단열압축에 의하여 가열되어 하층의 온도가 낮은 공기와의 경계에 역전층을 형성하고 매우 안정하며 대기오염물질의 연직확산을 억제하는 역전현상은 무엇인가?

㉮ 전선역전　　㉯ 이류역전
㉰ 복사역전　　㉱ 침강역전

풀이 ㉱ 침강역전에 대한 설명이다.

TIP
단열압축이란 공기덩어리가 외부와 열교환이 없이 부피가 줄어들고 기온이 상승하는 현상을 의미한다.

18 다음 수용모델과 분산모델에 관한 설명으로 틀린 것은?

㉮ 분산모델은 지형 및 오염원의 조업조건에 영향을 받으며 미래의 대기질 예측을 할 수 있다.
㉯ 수용모델은 수용체에서 오염물질의 특성을 분석한 후 오염원의 기여도를 평가하는 것이다.
㉰ 분산모델은 특정오염원의 영향을 평가할 수 있는 잠재력을 가지고 있으며, 기상과 관련하여 대기 중의 특성을 적절하게 묘사할 수 있어 정확한 결과를 도출할 수 있다.
㉱ 분산모델은 특정한 오염원의 배출속도와 바람에 의한 분산요인을 입력자료로 하여 수용체 위치에서의 영향을 계산한다.

풀이 ㉰ 분산모델은 특정오염원의 영향을 평가할 수 있는 잠재력을 가지고 있으며, 기상과 관련하여 대기 중의 특성을 적절하게 묘사할 수 없기 때문에 정확한 결과를 도출할 수 없다.

TIP
수용모델과 분산모델의 특징은 출제빈도가 높으므로 잘 비교하여 숙지하시기 바랍니다.

19 A공장의 현재 유효연돌고가 44m이다. 이때의 농도에 비해 유효연돌고를 높여 최대지표농도를 1/2로 감소시키고자 한다. 다른 조건이 모두 같다고 가정할 때 sutton식에 의한 유효연돌고는 얼마인가?

㉮ 약 62m　　㉯ 약 66m
㉰ 약 71m　　㉱ 약 75m

풀이 $C_{max} = \dfrac{2Q}{\pi \cdot e \cdot u \cdot He^2}\left(\dfrac{C_z}{C_y}\right)$ 에서

$C_{max} = \dfrac{1}{He^2}$ 이므로

$1C_1 : \dfrac{1}{(44m)^2} = \dfrac{1}{2}C_1 : \dfrac{1}{He^2}$

$\therefore He = \sqrt{(44m)^2 \times 2} = 62.23m$

20 다음 특정물질 중 오존 파괴지수가 가장 큰 것은?

㉮ HCFC-124　　㉯ HCFC-123
㉰ CFC-115　　㉱ CCl_4

풀이 ㉱ CCl_4의 오존 파괴지수는 1.1이다.

TIP
오존층 파괴지수(ODP)
㉮ HCFC-124 : 0.022
㉯ HCFC-123 : 0.02
㉰ CFC-115 : 0.6
㉱ CCl_4 : 1.1

answer 17 ㉱　18 ㉰　19 ㉮　20 ㉱

| 제2과목 | 대기오염공정시험기준

21 다음은 원자흡수분광광도법에서 검량선 작성과 정량법에 관한 설명이다. ( ) 안에 가장 적합한 것은?

> ( )은 목적원소에 의한 흡광도 A_S와 표준원소에 의한 흡광도 A_R의 비를 구하고 A_S/A_R 값과 표준물질 농도와의 관계를 그래프에 작성하여 검량선을 만드는 방법이다. 이 방법은 측정치가 흩어져 상쇄하기 쉬우므로 분석값의 재현성이 높아지고 정밀도가 향상된다.

㉮ 상대검정곡선법
㉯ 외부표준물질법
㉰ 표준물첨가법
㉱ 절대검정곡선법

[풀이] ㉮ 상대검정곡선법에 대한 설명이다.

22 환경대기 내의 옥시던트(오존으로서) 측정방법 중 중성아이오딘화포타슘법(수동)에 관한 설명으로 틀린 것은?

㉮ 시료를 채취한 후 1시간 이내에 분석할 수 있을 때 사용할 수 있으며 1시간 이내에 측정할 수 없을 때는 알칼리성 아이오딘화포타슘법을 사용하여야 한다.
㉯ 대기 중에 존재하는 오존과 다른 옥시던트가 pH 6.8의 아이오딘화포타슘용액에 흡수되면 옥시던트 농도에 해당하는 아이오드가 유리되며 이 유리된 아이오드를 파장 217nm에서 흡광도를 측정하여 정량한다.
㉰ 산화성 가스로는 아황산가스 및 황화수소가 있으며 이들은 부(-)의 영향을 미친다.
㉱ PAN은 오존의 당량, 몰, 농도의 약 50%의 영향을 미친다.

[풀이] ㉯ 대기중에 존재하는 오존과 다른 옥시던트가 pH 6.8의 아이오딘화포타슘 용액에 흡수되면 옥시던트 농도에 해당하는 아이오드가 유리되며 이 유리된 아이오드를 파장 352nm에서 흡광도를 측정하여 정량한다.

23 다음 각 장치 중 이온크로마토그래피의 주요 장치 구성과 거리가 먼 것은?

㉮ 용리액조   ㉯ 송액펌프
㉰ 써프렛서   ㉱ 회전섹터

[풀이] 이온크로마토그래피의 장치 구성 순서는 용리액조-송액펌프-시료주입장치-분리관-써프렛서-검출기-기록계이다.

TIP
(암기법) 이온용은 펌 시료분을 써 검출 기록하네

24 화학분석 일반사항에 관한 설명으로 틀린 것은?

㉮ 표준품을 채취할 때 표준액이 정수로 기재되어 있어도 실험자가 환산하여 기재수치에 "약"자를 붙여 사용할 수 있다.
㉯ "방울수"라 함은 20 ℃에서 정제수 20방울을 떨어뜨릴 때 그 부피가 약 1mL 되는 것을 뜻한다.
㉰ 실온은 (1~35)℃로 하고, 찬 곳은 따로 규정이 없는 한 (0~15)℃의 곳을 뜻한다.
㉱ "밀봉용기"라 함은 물질을 취급 또는

answer 21 ㉮ 22 ㉯ 23 ㉱ 24 ㉱

보관하는 동안에 외부로부터의 공기 또는 다른 가스가 침입하지 않도록 내용물을 보호하는 용기를 뜻한다.

풀이 ㉣ "밀봉용기"라 함은 물질을 취급 또는 보관하는 동안에 기체 또는 미생물이 침입 하지 않도록 내용물을 보호하는 용기를 뜻한다.

TIP
용기
① 밀폐용기 : 이물질
② 기밀용기 : 공기
③ 밀봉용기 : 미생물
④ 차광용기 : 광선

풀이 환경대기 중 탄화수소 측정방법(불꽃이온화검출기법)은 총탄화수소 측정법, 비메탄탄화수소 측정법, 활성 탄화수소 측정법이 있다.

TIP
불꽃이온화검출기 = 수소염이온화검출기

25 자외선/가시선 분광법에 이용되는 램비어트비어(Lambert-Beer)의 법칙을 옳게 나타낸 식은? (단, I_o : 입사광 강도, I_t : 투사광 강도, c : 농도, l : 빛의 투사거리, ϵ : 흡광계수)

㉠ $I_o = I_t \cdot 10^{-\epsilon cl}$

㉡ $I_o = I_t \cdot 100^{-\epsilon cl}$

㉢ $I_t = I_o \cdot 10^{-\epsilon cl}$

㉣ $I_t = I_o \cdot 100^{-\epsilon cl}$

풀이 램비어트비어 법칙
① $I_t = I_o \cdot 10^{-\epsilon cl}$
② $I_o = I_t \cdot 10^{\epsilon cl}$

27 환경대기 중의 먼지 측정에 사용되는 저용량 공기 시료채취기 장치 중 흡입펌프가 갖추어야 하는 조건으로 틀린 것은?

㉠ 연속해서 30일 이상 사용할 수 있어야 한다.
㉡ 진공도가 높아야 한다.
㉢ 맥동이 순차적으로 발생되어야 한다.
㉣ 유량이 크고 운반이 용이하여야 한다.

풀이 ㉢ 맥동이 없이 고르게 작동하여야 한다.

28 굴뚝을 통하여 대기 중으로 배출되는 가스상 물질의 시료 채취방법 중 채취부에 관한 기준으로 옳은 것은?

㉠ 수은 마노미터는 대기와 압력차가 50 mmHg 이상인 것을 쓴다.
㉡ 펌프보호를 위해 실리콘 재질의 가스 건조탑을 쓰며, 건조제는 주로 활성알루미나를 쓴다.
㉢ 펌프는 배기능력 10L~20L/분인 개방형인 것을 쓴다.
㉣ 가스미터는 일회전 1L의 습식 또는 건식 가스미터로 온도계와 압력계가 붙어 있는 것을 쓴다.

풀이 ㉠ 수은 마노미터는 대기와 압력차가 100mmHg 이상인 것을 쓴다.

26 현행 대기오염공정시험기준에서 환경 대기 중 탄화수소 측정방법(불꽃이온화검출기법)으로 규정되지 않은 것은?

㉠ 총탄화수소 측정법
㉡ 램프식 탄화수소 측정법
㉢ 비메탄 탄화수소 측정법
㉣ 활성 탄화수소 측정법

answer 25 ㉢ 26 ㉡ 27 ㉢ 28 ㉣

㉯ 펌프보호를 위해 유리 재질의 가스건조탑을 쓰며, 건조제는 주로 입자상태의 실리카겔, 염화칼슘을 쓴다.
㉰ 펌프는 배기능력 0.5L~5L/분인 밀폐형인 것을 쓴다.

29 굴뚝 배출가스 중 먼지 측정을 위해 수동식측정법으로 측정하고자 할 때 사용되는 분석기기에 관한 설명으로 틀린 것은?

㉮ 흡입노즐은 안과 밖의 가스 흐름이 흐트러지지 않도록 흡입노즐 안지름(d)은 1mm 이상으로 한다.
㉯ 흡입노즐의 꼭지점은 30° 이하의 예각이 되도록 하고 매끈한 반구 모양으로 한다.
㉰ 분석용 저울은 0.1mg까지 정확하게 측정할 수 있는 저울을 사용하여야 하며 측정표준 소급성이 유지된 표준기에 의해 교정되어야 한다.
㉱ 건조용기는 시료채취 여과지의 수분평형을 유지하기 위한 용기로서 20 ± 5.6℃ 대기압력에서 적어도 24시간을 건조시킬 수 있어야 한다.

풀이 ㉮ 흡입노즐은 안과 밖의 가스 흐름이 흐트러지지 않도록 흡입노즐 안지름(d)은 3mm 이상으로 한다.

30 화학분석 일반사항에 관한 설명으로 틀린 것은?

㉮ 10억분율은 pphm으로 표시하고 따로 표시가 없는 한 기체일 때는 용량 대 용량(부피분율), 액체 일 때는 중량 대 중량(질량분율)을 표시한 것을 뜻한다.
㉯ 냉수(冷水)는 15℃ 이하, 온수(溫水)는 (60~70)℃를 말한다.
㉰ 각조의 시험은 따로 규정이 없는 한 상온에서 조작하고 조작 직후 그 결과를 관찰한다.
㉱ 황산(1:2)이라고 표시한 것은 황산 1용량에 물 2용량을 혼합한 것이다.

풀이 ㉮ 1억분율은 pphm로 표시하고 따로 표시가 없는 한 기체일 때는 용량 대 용량(부피분율), 액체일 때는 중량 대 중량(질량분율)을 표시한 것을 뜻한다.

31 굴뚝 배출가스 중 황산화물 측정시 사용하는 아르세나조 Ⅲ법에서 사용되는 시약이 아닌 것은?

㉮ 과산화수소수
㉯ 아이소프로필알코올
㉰ 아세트산바륨
㉱ 수산화소듐

풀이 ㉱ 아르세나죠Ⅲ 지시약

> **TIP**
> 아르세나죠 Ⅲ법 = 침전적정법

32 배출가스 중의 비소화합물을 자외선/가시선 분광법으로 분석할 때 간섭물질에 관한 설명으로 틀린 것은?

㉮ 비소화합물 중 일부 화합물은 휘발성이 있으므로 채취 시료를 전처리하는 동안 비소의 손실 가능성이 있어 마이크로파산분해법으로 전처리하는 것이 좋다.
㉯ 황화수소에 대한 영향은 아세트산납으로 제거할 수 있다.

answer 29 ㉮ 30 ㉮ 31 ㉱ 32 ㉰

㉰ 안티모니는 스티빈(stibine)으로 산화되어 610nm에서 최대 흡수를 나타내는 착화합물을 형성케 함으로써 비소 측정에 간섭을 줄 수 있다.

㉱ 메틸비소화합물을 pH 1에서 메틸수소화비소를 생성하여 흡수용액과 착화합물을 형성하고 총 비소 측정에 영향을 줄 수 있다.

풀이 ㉰ 안티모니는 스티빈(stibine)으로 환원되어 510nm에서 최대 흡수를 나타내는 착화합물을 형성케 함으로써 비소 측정에 간섭을 줄 수 있다.

33 굴뚝 배출가스 중 황화수소를 자외선/가시선분광법(메틸렌블루법)으로 분석 시 흡수액으로 알맞은 것은?

㉮ 붕산용액
㉯ 아연아민착염용액
㉰ 수산화소듐용액
㉱ 다이에틸아민구리용액

풀이 황화수소를 자외선/가시선분광법(메틸렌블루법)으로 분석 시 흡수액은 아연아민착염용액이다.

34 이온크로마토그래피의 설치조건으로 틀린 것은?

㉮ 대형변압기, 고주파가열등으로부터 전자유도를 받지 않아야 한다.
㉯ 부식성 가스 및 먼지발생이 적고, 환기가 잘 되어야 한다.
㉰ 실험실 온도 15℃~25℃, 상대습도 30%~85% 범위로 급격한 온도변화가 없어야 한다.
㉱ 공급전원은 기기의 사양에 지정된 전압 전기용량 및 주파수로 전압변동은 15% 이하여야 한다.

풀이 ㉱ 공급전원은 기기의 사양에 지정된 전압 전기용량 및 주파수로 전압변동은 10% 이하여야 한다.

35 A농황산의 비중은 약 1.840이며, 농도는 약 95%이다. 이것을 몰 농도로 환산하면?

㉮ 35.6mol/L
㉯ 22.4mol/L
㉰ 17.8mol/L
㉱ 11.2mol/L

풀이
$$M농도 = \frac{비중(g)}{(mL)} \times \frac{10^3 mL}{1L} \times \frac{1 mol}{분자량(g)} \times \frac{\%}{100}$$

$$= \frac{1.84g}{mL} \times \frac{10^3 mL}{1L} \times \frac{1 mol}{98g} \times \frac{95\%}{100}$$

$$= 17.84 mol/L$$

TIP
① M농도의 단위는 mol/L이다.
② 1mol = 분자량(g)
③ 황산(H_2SO_4)의 분자량 = 1×2+32+16×4 = 98

36 비분산형 적외선 분석기의 측정기기 성능 유지기준으로 틀린 것은?

㉮ 재현성 : 동일 측정조건에서 제로가스와 스팬가스를 번갈아 10회 도입하여 각각의 측정값의 평균으로부터 편차를 구하며 이 편차는 전체 눈금의 ±1% 이내이어야 한다.
㉯ 감도 : 최대눈금범위의 ±1% 이하에 해당하는 농도변화를 검출할 수 있는 것이어야 한다.
㉰ 유량변화에 대한 안정성 : 측정가스의 유량이 표시한 기준유량에 대하여 ±2%

answer 33 ㉯ 34 ㉱ 35 ㉰ 36 ㉮

이내에서 변동하여도 성능에 지장이 있어서는 안된다.
㉣ 전압 변동에 대한 안정성 : 전원전압이 설정 전압의 ±10% 이내로 변화하였을 때 지시값 변화는 전체 눈금의 ±1% 이내여야 하고, 주파수가 설정 주파수의 ±2%에서 변동해도 성능에 지장이 있어서는 안된다.

풀이 ㉮ 재현성 : 동일 측정조건에서 제로가스와 스팬가스를 번갈아 3회 도입하여 각각의 측정값의 평균으로부터 편차를 구하며 이 편차는 전체 눈금의 ±2% 이내이어야 한다.

37 굴뚝으로 배출되는 온도 150℃, 상압의 배출가스를 피토우관으로 측정한 결과 동압이 12mmH₂O였다. 가스 유속(m/sec)은 약 얼마인가? (단, 피토우관계수 = 1, 공기밀도 1.3kg/Sm³)

㉮ 9m/sec ㉯ 11m/sec
㉰ 13m/sec ㉱ 17m/sec

풀이 $V = C \times \sqrt{\dfrac{2gh}{r}}$

여기서
- V : 유속(m/sec)
- C : 피토우관 계수
- g : 중력가속도(9.8m/sec²)
- h : 동압(mmH₂O)
- r : 밀도(kg/m³)

따라서 $V = 0.1 \times \sqrt{\dfrac{2 \times 9.8 m/sec^2 \times 12 mmH_2O}{1.3 kg/Sm^3 \times \dfrac{273}{273+150℃}}}$

= 16.73m/sec

TIP
① 밀도가 표준상태이고, 온도가 주어지면 보정해야 합니다.
② $r(kg/m^3) = r_o(kg/Sm^3) \times \dfrac{273}{273+t g℃}$

38 굴뚝직경 1.7m인 원형단면 굴뚝에서 배출가스 중 먼지(반자동식 측정)를 측정하기 위한 측정점수로 적절한 것은?

㉮ 4   ㉯ 8
㉰ 12 ㉱ 16

풀이 직경이 1.7m이면 반경구분수 2, 측정점수 8이다.

TIP

굴뚝직경(m)	반경구분수	측정점수
1 이하	1	4
1 초과 2 이하	2	8
2 초과 4 이하	3	12
4 초과 4.5 이하	4	16
4.5 초과	5	20

39 A사업장의 굴뚝에서 실측한 SO₂ 농도가 600ppm이었다. 이 때 표준산소 농도는 6%, 실측산소농도는 8% 이었다면 오염물질의 농도는 얼마인가?

㉮ 962.3ppm   ㉯ 692.3ppm
㉰ 520ppm   ㉱ 425ppm

풀이 오염물질의 농도보정

$C = C_a \times \dfrac{21-O_s}{21-O_a}$

$= 600ppm \times \dfrac{21-6\%}{21-8\%}$

$= 692.31ppm$

TIP
오염물질의 유량보정식
$Q = Q_a \div \dfrac{21-O_s}{21-O_a}$

answer 37 ㉱ 38 ㉯ 39 ㉯ 40 ㉯

40 원자흡수분광광도법에서 사용되는 용어에 관한 설명으로 옳지 않은 것은?

㉮ 슬롯버너(Slot Burner, Fish Tail Burner) : 가스의 분출구가 세극상으로 된 버너
㉯ 선프로파일(Line Profile) : 불꽃중에서의 광로를 길게 하고 흡수를 증대시키기 위하여 반사를 이용하여 불꽃중에 빛을 여러번 투과시키는 것
㉰ 공명선(Resonance Line) : 원자가 외부로부터 빛을 흡수했다가 다시 먼저 상태로 돌아갈 때 방사하는 스펙트럼선
㉱ 역화(Flame Back) : 불꽃의 연소속도가 크고 혼합기체의 분출속도가 작을 때 연소현상이 내부로 옮겨지는 것

[풀이] ㉯ 선프로파일(Line Profile) : 파장에 대한 스펙트럼선의 강도를 나타내는 곡선

| 제3과목 | 대기오염방지기술

41 프로판(C_3H_8)과 부탄(C_4H_{10})이 용적비로 4 : 1로 혼합된 가스 $1Sm^3$를 연소할 때 발생하는 CO_2량(Sm^3)은 얼마인가?
(단, 완전연소 기준)

㉮ 2.6 ㉯ 2.8
㉰ 3.0 ㉱ 3.2

[풀이]
$C_3H_8 + 5O_2 \rightarrow 3CO_2 + 4H_2O : \frac{4}{5}$

$C_4H_{10} + 6.5O_2 \rightarrow 4CO_2 + 5H_2O : \frac{1}{5}$

따라서 CO_2량 $= 3 \times \frac{4}{5} + 4 \times \frac{1}{5} = 3.2 Sm^3/Sm^3$

TIP
$Sm^3/Sm^3 =$ 체적비 = 갯수비

42 승용차 1대당 1일 평균 50km를 운행하며 1km 운행에 26g의 CO를 방출한다고 하면 승용차 1대가 1일 배출하는 CO의 부피는 얼마인가? (단, 표준상태 기준)

㉮ 1,625L/day ㉯ 1,300L/day
㉰ 1,180L/day ㉱ 1,040L/day

[풀이] CO의 부피(L/1대·1일)
$= \frac{26 \times 10^3 mg}{1km} \times \frac{50km}{1대 \cdot 1일} \times \frac{22.4mL}{28mg} \times \frac{1L}{10^3 mL}$
$= 1,040L/1대 \cdot 1일$

TIP
① CO 1mol $\begin{cases} 28mg \\ 22.4mL \end{cases}$
② g/km $\xrightarrow{\times 10^3}$ mg/km
③ CO의 분자량 $= 12+16 = 28$

43 흡수제의 구비조건과 관련된 설명으로 틀린 것은?

㉮ 흡수제의 손실을 줄이기 위하여 휘발성이 커야 한다.
㉯ 흡수제가 화학적으로 유해가스 성분과 비슷할 때 일반적으로 용해도가 크다.
㉰ 흡수율을 높이고 범람을 줄이기 위해서는 흡수제의 점도가 낮아야 한다.
㉱ 빙점은 낮고, 비점은 높아야 한다.

[풀이] ㉮ 흡수제의 손실을 줄이기 위하여 휘발성이 작아야 한다.

TIP
흡수액의 구비조건 중 가장 핵심 내용이 높은 용해도와 낮은 휘발성임을 숙지하시기 바랍니다.

answer 41 ㉱ 42 ㉱ 43 ㉮

44 일산화탄소 1Sm³를 연소시킬 경우 배출된 건연소가스량 중 $(CO_2)max(\%)$는 얼마인가? (단, 완전연소 기준)

㉮ 약 28% ㉯ 약 35%
㉰ 약 52% ㉱ 약 57%

풀이 $CO + 0.5O_2 \rightarrow CO_2$

$CO_{2max} = \dfrac{CO_2량}{God} \times 100(\%)$

① 이론건연소가스량(God)
  $= (1-0.21)A_o + CO_2량 (Sm^3/Sm^3)$
  $= (1-0.21) \times \dfrac{0.5}{0.21} + 1$
  $= 2.881 Sm^3/Sm^3$

② $CO_2량 = 1 Sm^3/Sm^3$

③ $CO_{2max} = \dfrac{1 Sm^3/Sm^3}{2.881 Sm^3/Sm^3} \times 100$
  $= 34.71\%$

TIP
① Sm^3/Sm^3 = 체적비 = 갯수비
② 이론산소량(Sm^3/Sm^3)은 연소반응식에서 산소(O_2)의 갯수이다.
③ 이론공기량$(Sm^3/Sm^3) = \dfrac{\text{이론산소량}(Sm^3/Sm^3)}{0.21}$

45 원심력 집진장치에 관한 설명으로 틀린 것은?

㉮ 처리 가능 입자는 3~100㎛이며, 저효율 집진장치 중 집진율이 우수한 편이다.
㉯ 구조가 간단하고 보수관리가 용이한 편이다.
㉰ 고농도의 함진가스 처리에 적당하다.
㉱ 점(흡)착성이 있거나 딱딱한 입자가 함유된 배출가스 처리에 적합하다.

풀이 ㉱ 점(흡)착성이 있거나 딱딱한 입자가 함유된 배출가스 처리에 부적합하다.

TIP
점(흡)착성이 있는 입자는 습식(세정)집진장치를 이용하여 처리하는 것이 경제적이다.

46 가스겉보기 속도가 1~2m/sec, 액가스비는 0.5~1.5L/m³, 압력손실이 10~50mmH₂O 정도인 처리장치는 어느 것인가?

㉮ 제트스크러버 ㉯ 분무탑
㉰ 벤츄리스크러버 ㉱ 충전탑

풀이 ㉯ 분무탑에 대한 설명이다.

TIP
세정집진장치에서는 각 장치의 가스겉보기 속도, 액가스비, 압력손실을 숙지하는 것이 정답을 쉽게 찾는 방법입니다.

47 전기집진장치의 장점으로 틀린 것은?

㉮ 집진 효율이 높다.
㉯ 압력손실이 낮은 편이다.
㉰ 전압변동과 같은 조건변동에 적용하기 쉽다.
㉱ 고온(약 500℃ 정도) 가스 처리가 가능하다.

풀이 ㉰ 전압변동과 같은 조건변동에 적용하기 어렵다.

TIP
전기집진장치에서 전압변동과 같은 조건변동에 적용하기 어려운 이유는 효율이 가장 우수할 때의 먼지의 전기저항이 $10^4 \sim 10^{11} \Omega \cdot cm$로 정해져 있기 때문입니다.

answer 44 ㉯ 45 ㉱ 46 ㉯ 47 ㉰

48 에탄(C_2H_6) 5kg을 연소시켰더니 154,000 kcal의 열이 발생하였다. 탄소 1kg을 연소할 때 30,000kcal 열이 생긴다면, 수소 1kg을 연소시킬 때 발생하는 열량은 얼마인가?

㉮ 28,000kcal ㉯ 30,000kcal
㉰ 32,000kcal ㉱ 34,000kcal

풀이
$154,000\text{kcal} = \left\{\dfrac{24}{30} \times 30,000\text{kcal} + \dfrac{6}{30} \times X\text{kcal}\right\} \times 5\text{kg}$

∴ X = 34,000kcal

TIP
① C_2H_6 1mol $\begin{cases} 30\text{mg} \\ 22.4\text{mL} \end{cases}$
② C_2H_6의 분자량 = 12×2+1×6 = 30
③ C_2H_6 1kg 중 탄소(C)는 $\dfrac{24}{30}$
④ C_2H_6 1kg 중 수소(H)는 $\dfrac{6}{30}$

49 중량비가 C = 75%, H = 17%, O = 8%인 연료 2kg을 완전연소 시키는데 필요한 이론공기량(Sm^3)은 얼마인가? (단, 표준상태 기준)

㉮ 약 9.7 ㉯ 약 12.5
㉰ 약 21.9 ㉱ 약 24.7

풀이 이론공기량(A_o)
$= 8.89C + 26.67\left(H - \dfrac{O}{8}\right) + 3.33S \; (Sm^3/kg)$

따라서
$8.89 \times 0.75 + 26.67 \times \left(0.17 - \dfrac{0.08}{8}\right)(Sm^3/kg) \times 2\text{kg}$
$= 21.87 \; Sm^3$

TIP
① 이론공기량(A_o) 구하는 공식은 반드시 암기를 하

고 계셔야 합니다.
② 이론공기량(A_o) 공식은 고체와 액체연료일 때와 기체연료일 때 서로 다르므로 주의해야 합니다.

50 직경 21.2cm 원형관으로 $34m^3/min$의 공기를 이동시킬 때 관내유속은 얼마인가?

㉮ 약 1,248m/min ㉯ 약 963m/min
㉰ 약 524m/min ㉱ 약 482m/min

풀이
$V(m/min) = \dfrac{Q(mm^3/min)}{A(m^2)} = \dfrac{Q(m^3/min)}{\dfrac{\pi D^2}{4}(m^2)}$

$= \dfrac{34 m^3/min}{\dfrac{\pi}{4} \times (0.212m)^2}$

$= 963.20 \; m/min$

51 염소가스 제거효율이 80%인 흡수탑 3개를 직렬로 연결했을 때, 유입공기 중 염소가스농도가 75,000ppm이라면 유출공기 중 염소가스 농도는 얼마인가?

㉮ 500ppm ㉯ 600ppm
㉰ 1,000ppm ㉱ 1,200ppm

풀이
$\eta_T = 1 - (1-\eta_1) \times (1-\eta_2) \times (1-\eta_3)$
$\left(1 - \dfrac{C_o}{C_i}\right) = 1 - (1-\eta_1) \times (1-\eta_2) \times (1-\eta_3)$
$\left(1 - \dfrac{C_o}{C_i}\right) = 1 - (1-\eta)^3$
$\dfrac{C_o}{C_i} = (1-\eta)^3$

따라서 $C_o = C_i \times (1-\eta)^3$
$= 75,000\text{ppm} \times (1-0.80)^3$
$= 600\text{ppm}$

answer 48 ㉱ 49 ㉰ 50 ㉯ 51 ㉯

52 점도에 관한 설명으로 틀린 것은?

㉮ 유체이동에 따라 발생하는 일종의 저항이다.
㉯ 단위는 P(poise) 또는 cP를 사용하며, 20℃ 물의 점도는 약 1cP이다.
㉰ 순물질의 기체나 액체에서 점도는 온도와 압력의 함수이다.
㉱ 물질 특유의 성질에 해당한다.

풀이 ㉯ 단위는 P(poise) 또는 cP를 사용하며, 4℃ 물의 점도는 약 1cP이다.

53 A중유 보일러의 배출가스를 분석한 결과, 부피비로 CO 3%, O_2 7%, N_2 90%일 때, 공기비는 얼마인가?

㉮ 1.3
㉯ 1.65
㉰ 1.82
㉱ 2.19

풀이 공기비$(m) = \dfrac{N_2\%}{N_2\% - 3.76 \times (O_2\% - 0.5 \times CO\%)}$

$= \dfrac{90\%}{90\% - 3.76 \times (7\% - 0.5 \times 3\%)}$

$= 1.30$

54 황 함유량이 5%이고, 비중이 0.95인 중유를 300L/hr로 태울 경우 SO_2의 이론 발생량(Sm^3/hr)은 약 얼마인가? (단, 표준상태 기준)

㉮ 8
㉯ 10
㉰ 12
㉱ 15

풀이 $S + O_2 \rightarrow SO_2$
32kg : 22.4Sm^3
300L/hr×0.95kg/L×0.05 : X

∴ $X = \dfrac{300\text{L/hr} \times 0.95\text{kg/L} \times 0.05 \times 22.4Sm^3}{32\text{kg}}$

$= 9.98 Sm^3/hr$

TIP
① 질량(kg) = 계수×분자량(kg)
② 체적(Sm^3) = 계수×22.4(Sm^3)
③ 비중의 단위 : g/cm^3 = g/mL = kg/L = ton/m^3
④ L/hr×비중(kg/L) = kg/hr

55 헨리법칙이 적용되는 가스가 물속에 2.0kg-mol/m^3로 용해되어 있고 이 가스의 분압은 19mmHg이다. 이 유해가스의 분압이 48mmHg가 되었다면 이때 물속의 가스농도(kg-mol/m^3)는 얼마인가?

㉮ 1.9
㉯ 2.8
㉰ 3.6
㉱ 5.1

풀이 $P = H \times C$에서 $P \propto C$ 관계이므로
2.0kg-mol/m^3 : 19mmHg = C : 48mmHg

∴ $C = \dfrac{2.0\text{kg-mol}/m^3 \times 48\text{mmHg}}{19\text{mmHg}}$

$= 5.05$kg-mol/m^3

56 공기 중의 산소를 필요로 하지 않고 분자 내의 산소에 의해서 내부연소하는 물질은 어느 것인가?

㉮ LNG
㉯ 알콜
㉰ 코크스
㉱ 나이트로글리세린

풀이 내부연소에 해당하는 물질은 ㉱ 나이트로글리세린이다.

answer 52 ㉯ 53 ㉮ 54 ㉯ 55 ㉱ 56 ㉱

57 연료에 대한 설명으로 틀린 것은?

㉮ 액체연료는 대체로 저장과 운반이 용이한 편이다.
㉯ 기체연료는 연소효율이 높고 검댕이 거의 발생하지 않는다.
㉰ 고체연료는 연소 시 다량의 과잉 공기를 필요로 한다.
㉱ 액체연료는 황분이 거의 없는 청정연료이며, 가격이 싼 편이다.

풀이 ㉱ 액체연료는 황분이 많이 포함되어 있고, 가격이 비싼 편이다.

TIP
① 황분이 거의 없고, 검댕이 발생하지 않으며, 연소효율이 높은 연료는 기체연료이다.
② 검댕은 연료의 불완전 연소 시 발생한다.

58 연소가스를 함유하는 배출가스를 45kg의 수산화나트륨이 포함된 수용액으로 처리할 때 제거할 수 있는 염소가스의 최대 양은 얼마인가?

㉮ 약 20kg   ㉯ 약 30kg
㉰ 약 40kg   ㉱ 약 50kg

풀이 $Cl_2 + 2NaOH \rightarrow NaCl + NaOCl + H_2O$
71kg : 2×40kg
X : 45kg
∴ X = 39.94kg

TIP
① Cl_2의 분자량 = 35.5×2 = 71
② NaOH의 분자량 = 23+16+1 = 40

59 연소에 있어서 등가비(∅)와 공기비(m)에 관한 설명으로 틀린 것은?

㉮ 공기비가 너무 큰 경우에는 연소실 내의 온도가 저하되고, 배가스에 의한 열손실이 증가한다.
㉯ 등가비(∅) < 1 인 경우, 연료가 과잉인 경우로 불완전연소가 된다.
㉰ 공기비가 너무 적을 경우 불완전연소로 연소효율이 저하된다.
㉱ 가스버너에 비해 수평수동화격자의 공기비가 큰 편이다.

풀이 ㉯ 등가비(∅) < 1 인 경우, 공기가 과잉, 완전연소가 기대되며 CO가 최소가 된다.

60 유해가스 처리를 위한 장치 중 흡수장치와 거리가 먼 것은?

㉮ 충전탑   ㉯ 흡착탑
㉰ 다공판탑   ㉱ 벤츄리스크러버

풀이 ㉯ 흡착탑은 흡착장치이다.

TIP
① 흡수장치는 흡수제를 이용하는 세정 장치로 습식 장치이다.
② 흡착장치는 흡착제를 이용하는 건식 장치이다.

| 제4과목 | 대기환경관계법규

61 대기환경보전법규상 자동차 운행정지 표지에 관한 내용으로 틀린 것은?

㉮ 운행정지기간 중 주차장소도 운행정지표지에 기재되어야 한다.
㉯ 운행정지표지는 자동차의 전면유리 좌측하단에 붙인다.
㉰ 운행정지표지는 운행정지기간이 지난 후에 담당공무원이 제거하거나 담당공무원의 확인을 받아 제거하여야 한다.
㉱ 문자는 검정색으로, 바탕색은 노란색으로 한다.

풀이 ㉯ 운행정지표지는 자동차의 전면유리 우측상단에 붙인다.

62 악취실태 조사기준에 관한 설명 중 ( ) 안에 알맞은 것은?

> 악취방지법규상 특별시장·광역시장 등은 규정에 의한 악취발생실태 조사를 위한 계획을 수립하고, 그 조사주기는 (㉠)으로 하여, 실시한 악취실태조사 결과를 (㉡)까지 환경부장관에게 보고하여야 한다.

㉮ ㉠ 분기당 1회 이상, ㉡ 당해 12월 31일
㉯ ㉠ 분기당 1회 이상, ㉡ 다음 해 1월 15일
㉰ ㉠ 반기당 1회 이상, ㉡ 당해 12월 31일
㉱ ㉠ 반기당 1회 이상, ㉡ 다음 해 1월 15일

TIP
악취실태 조사 기준
① 조사주기 : 분기당 1회 이상
② 결과보고 기간 : 다음해 1월 15일까지

③ 보고 : 환경부장관

63 대기환경보전법규상 운행차의 정밀검사 방법·기준 및 검사대상 항목의 일반 기준으로 틀린 것은?

㉮ 운행차의 정밀검사방법 및 기준 외의 사항에 대해서는 국토교통부장관이 정하여 고시한다.
㉯ 휘발유와 가스를 같이 사용하는 자동차는 연료를 가스로 전환한 상태에서 배출가스검사를 실시하여야 한다.
㉰ 특수 용도로 사용하기 위하여 특수장치 또는 엔진성능 제어장치 등을 부착하여 엔진최고회전수 등을 제한하는 자동차인 경우에는 해당 자동차의 측정 엔진최고회전수를 엔진정격회전수로 수정·적용하여 배출가스검사를 시행할 수 있다.
㉱ 차대동력계상에서 자동차의 운전은 검사기술인력이 직접 수행하여야 한다.

풀이 ㉮ 운행차의 정밀검사방법 및 기준 외의 사항에 대해서는 환경부장관이 정하여 고시한다.

64 대기환경보전법령상 황함유기준을 초과하여 해당 유류의 회수처리명령을 받은 자가 시·도지사에게 이행완료보고서를 제출할 때 구체적으로 밝혀야 하는 사항으로 틀린 것은?

㉮ 유류 제조회사가 실험한 황함유량 검사 성적서
㉯ 해당 유류의 회수처리량, 회수처리방법 및 회수처리기간

answer 62 ㉯ 63 ㉮ 64 ㉮

㉰ 해당 유류의 공급기간 또는 사용기간과 공급량 또는 사용량
㉱ 저황유의 공급 또는 사용을 증명할 수 있는 자료 등에 관한 사항

TIP
사업장 종별 분류기준

종별	오염물질발생량 구분 (대기오염물질발생량의 합계)
제1종 사업장	연간 80톤 이상
제2종 사업장	연간 20톤 이상 80톤 미만
제3종 사업장	연간 10톤 이상 20톤 미만
제4종 사업장	연간 2톤 이상 10톤 미만
제5종 사업장	연간 2톤 미만

65 실내공기질 관리법규상 "공항시설 중 여객터미널"의 PM-10($\mu g/m^3$) 실내공기질 유지기준은 얼마인가?

㉮ 200 이하   ㉯ 150 이하
㉰ 100 이하   ㉱ 50 이하

풀이 공항시설 중 여객터미널의 PM-10의 실내공기질 유지기준은 100$\mu g/m^3$ 이하이다.

66 대기환경보전법령상 대기오염물질발생량에 따른 사업장 종별 분류기준에 관한 사항으로 틀린 것은?

㉮ 대기오염물질발생량의 합계가 연간 100톤 발생하는 사업장은 1종사업장에 해당한다.
㉯ 대기오염물질발생량의 합계가 연간 80톤 발생하는 사업장은 1종사업장에 해당한다.
㉰ 대기오염물질발생량의 합계가 연간 30톤 발생하는 사업장은 3종사업장에 해당한다.
㉱ 대기오염물질발생량의 합계가 연간 3톤 발생하는 사업장은 4종사업장에 해당한다.

풀이 ㉰ 대기오염물질발생량의 합계가 연간 30톤 발생하는 사업장은 제2종사업장에 해당한다.

67 대기환경보전법규상 배출허용기준 초과와 관련된 개선명령을 받은 경우로서 개선계획서에 포함되어야 할 사항과 가장 거리가 먼 것은? (단, 개선하여야 할 사항이 배출시설 또는 방지시설인 경우)

㉮ 배출시설 및 방지시설의 개선명세서 및 설계도
㉯ 오염물질의 처리방식 및 처리효율
㉰ 공사기간 및 공사비
㉱ 배출허용기준 초과사유 및 대책

풀이 ㉱번은 운전미숙에 해당한다.

68 대기환경보전법령상 기본부과금의 지역별부과 계수에서 Ⅱ 지역에 해당되는 부과계수는? (단, 지역구분은 국토의 계획 및 이용에 관한 법률에 따른 지역을 기준으로 하고, Ⅰ지역은 주거지역, Ⅱ지역은 공업지역, Ⅲ지역은 녹지지역을 대표지역으로 함)

㉮ 2.0   ㉯ 1.5
㉰ 0.5   ㉱ 1.0

풀이 기본부과금의 지역별 부과계수
① Ⅰ지역 : 1.5
② Ⅱ지역 : 0.5
③ Ⅲ지역 : 1.0

answer 65 ㉰   66 ㉰   67 ㉱   68 ㉰

69 대기환경보전법규상 시설의 가동시간, 대기오염물질 배출량 등에 관한 사항을 대기오염물질 배출시설 및 방지시설의 운영기록부에 매일 기록하고, 최종 기재한 날부터 얼마동안 보존하여야 하는가?

㉮ 6개월간 ㉯ 1년간
㉰ 2년간   ㉱ 3년간

풀이 배출시설 및 방지시설의 운영기록부 보존기간은 1년간이다.

70 대기환경보전법규상 가스를 연료로 사용하는 경자동차의 배출가스 보증기간 적용기준으로 옳은 것은? (단, 2016년 1월 1일 이후 제작자동차)

㉮ 10년 또는 192,000km
㉯ 2년 또는 160,000km
㉰ 2년 또는 10,000km
㉱ 6년 또는 100,000km

71 다음은 대기환경보전법령상 부과금 조정신청에 관한 사항이다. (   )안에 가장 적합한 것은?

> 부과금납부자는 대통령령으로 정하는 사유에 해당하는 경우에는 부과금의 조정을 신청할 수 있고, 이에 따른 조정신청은 부과금납부통지서를 받은 날부터 (㉠)에 하여야 한다. 시·도지사는 조정신청을 받으면 (㉡)에 그 처리결과를 신청인에게 알려야 한다.

㉮ ㉠ 30일 이내, ㉡ 15일 이내
㉯ ㉠ 30일 이내, ㉡ 30일 이내
㉰ ㉠ 60일 이내, ㉡ 15일 이내
㉱ ㉠ 60일 이내, ㉡ 30일 이내

72 대기환경보전법령상 특별대책지역에서 휘발성유기화합물을 배출하는 시설로서 대통령령으로 정하는 시설은 환경부장관 등에게 신고하여야 하는데, 다음 중 "대통령령으로 정하는 시설"로 가장 거리가 먼 것은?

㉮ 목재가공시설
㉯ 주유소의 저장시설
㉰ 저유소의 출하시설
㉱ 세탁시설

풀이 대통령령으로 정하는 시설
① 석유정제를 위한 제조시설, 저장시설 및 출하시설과 석유화학제품 제조업의 제조시설, 저장시설 및 출하시설
② 저유소의 저장시설 및 출하시설
③ 주유소의 저장시설 및 주유시설
④ 세탁시설

73 대기환경보전법령상 대기오염경보의 대상지역 경보단계 및 단계별 조치사항 중 "주의보발령"시 조치사항으로 옳은 것은?

㉮ 주민의 실외활동 및 자동차 사용의 자제 요청 등
㉯ 주민의 실외활동 제한 요청 및 자동차 사용의 제한 요청 등
㉰ 주민의 실외활동 제한 요청 및 자동차 사용의 제한 명령 등
㉱ 주민의 실외활동 금지 요청 및 사업장의 조업시간 단축 요청 등

answer 69 ㉯ 70 ㉮ 71 ㉱ 72 ㉮ 73 ㉮

풀이 경보단계별 조치사항
① 주의보 발령 : 주민의 실외활동 및 자동차 사용의 자제요청 등
② 경보발령 : 주민의 실외활동 제한요청, 자동차 사용의 제한 및 사업장의 연료사용량 감축권고 등
③ 중대경보 발령 : 주민의 실외활동 금지요청, 자동차의 통행금지 및 사업장의 조업시간 단축명령 등

74 다음은 대기환경보전법규상 첨가제·촉매제 제조기준에 맞는 제품의 표시방법(기준)이다. ( )안에 알맞은 것은?

> 기준에 맞게 제도된 제품임을 나타내는 표시를 첨가제 또는 촉매제 용기 앞면의 제품명 밑에 제품명 글자크기의 ( ) 이상에 해당하는 크기로 표시하여야 한다.

㉮ 100분의 20 ㉯ 100분의 30
㉰ 100분의 50 ㉱ 100분의 70

75 실내공기질 관리법규상 실내공기질 권고기준(ppm)으로 옳은 것은? (단, "실내주차장"이며, "이산화질소"항목)

㉮ 0.03 이하 ㉯ 0.05 이하
㉰ 0.06 이하 ㉱ 0.30 이하

풀이 실내주차장에서 이산화질소의 실내공기질 권고기준은 0.30ppm 이하이다.

76 대기환경보전법규상 자동차연료형 첨가제의 종류로 틀린 것은?

㉮ 유동성 향상제 ㉯ 다목적 첨가제
㉰ 청정첨가제 ㉱ 매연억제제

풀이 자동차연료형 첨가제로는 세척제, 청정분산제, 매연억제제, 다목적첨가제, 옥탄가 향상제, 세탄가 향상제, 유동성 향상제, 윤활성 향상제가 있다.

77 대기환경보전법상 대기오염물질 배출사업자에게 배출부과금을 부과할 때 고려해야 하는 사항으로 가장 거리가 먼 것은? (단, 그 밖의 사항 등은 고려하지 않는다.)

㉮ 배출허용기준 초과여부
㉯ 대기오염물질의 배출량 및 기간
㉰ 배출되는 대기오염물질의 종류
㉱ 부과대상업체의 경영현황

풀이 배출부과금 부과시 고려사항
① 배출허용기준 초과여부
② 배출되는 대기오염물질의 종류
③ 대기오염물질의 배출량
④ 대기오염물질의 배출기간
⑤ 자가측정을 하였는지 여부

78 환경정책기본법령상 대기환경기준으로 옳은 것은?

㉮ SO_2의 연간 평균치 - 0.05ppm 이하
㉯ CO의 8시간 평균치 - 9ppm 이하
㉰ NO_2의 1시간 평균치 - 0.15ppm 이하
㉱ PM-10의 24시간 평균치 - 50μg/m³ 이하

풀이 ㉮ SO_2의 연간 평균치 - 0.02ppm 이하
㉰ NO_2의 1시간 평균치 - 0.10ppm 이하
㉱ PM-10의 24시간 평균치 - 100μg/m³ 이하

answer 74 ㉯ 75 ㉱ 76 ㉰ 77 ㉱ 78 ㉯

79 대기환경보전법규상 규모에 따른 자동차의 분류기준으로 틀린 것은? (단, 2015년 12월 10일 이후)

㉮ 경자동차 : 엔진배기량이 1,000cc 미만
㉯ 소형 승용자동차 : 엔진배기량이 1,000cc 이상이고, 차량 총중량이 3.5톤 미만이며, 승차인원이 8명 이하
㉰ 이륜자동차 : 차량 총중량이 10톤을 초과하지 않는 것
㉱ 초대형 화물자동차 : 차량 총중량이 15톤 이상

풀이 ㉰ 이륜자동차 : 공차 중량이 0.5톤 미만

80 실내공기질 관리법규상 규정하고 있는 오염물질에 해당하지 않는 것은?

㉮ 브롬화수소(HBr)
㉯ 미세먼지(PM-10)
㉰ 폼알데하이드(Formaldehyde)
㉱ 총부유세균(TAB)

풀이 실내공기질 관리법규상 규정하고 있는 오염물질은 미세먼지(PM-10), 이산화탄소, 폼알데하이드, 총부유세균, 일산화탄소, 초미세먼지(PM-2.5), 이산화질소, 라돈, 휘발성유기화합물, 석면, 오존, 곰팡이, 벤젠, 톨루엔, 에틸벤젠, 자일렌, 스티렌이 있다.

answer 79 ㉰ 80 ㉮

○ Industrial Engineer Air Pollution Environmental

2019년 3월 3일 시행

2019년 1회 대기환경산업기사

| 제1과목 | 대기오염개론

01 대표적인 증상으로 인체 혈액 헤모글로빈의 기본요소인 포르피린 고리의 형성을 방해함으로써 헤모글로빈의 형성을 억제하므로, 중독에 걸렸을 경우 만성 빈혈이 발생할 수 있는 대기오염물질은?

㉮ 납   ㉯ 아연
㉰ 안티몬   ㉱ 비소

풀이 ㉮ 납(Pb)에 대한 설명이다.

TIP
이 문제의 핵심포인트는 "헤모글로빈 형성 억제 물질은 납"임을 숙지하셔야 합니다.

02 아래 그림에서 D 상태에 해당되는 연기의 형태는? (단, 점선은 건조단열감율선)

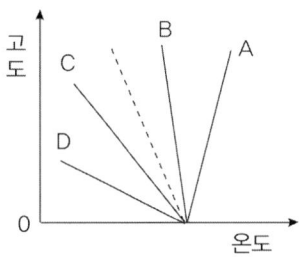

㉮ fumigation   ㉯ lofting
㉰ fanning   ㉱ looping

풀이 ① D 그래프는 ㉱ looping(파상)형
② A 그래프는 ㉰ fanning(부채)형

TIP
① D 그래프로 갈수록 대기가 불안정하여 확산이 잘 일어난다.
② A 그래프로 갈수록 대기가 안정하여 확산이 잘 일어나지 않는다.

03 다음 설명하는 대기오염물질로 옳은 것은?

> 석유정제, 포르말린 제조 등에서 발생되며, 휘발성이 높은 물질로서 인체에는 급성 중독 시 마취증상이 강하고, 두통, 운동 실조 등을 일으킬 수 있다.
> 원유에서 콜타르를 분류하고 경유의 부분을 재증류하여 얻어지며, 석유의 접촉분해와 접촉개질에 의해서도 얻어진다.

㉮ 벤젠   ㉯ 이황화탄소
㉰ 불소   ㉱ 카드뮴

풀이 ㉮ 벤젠(C_6H_6)에 대한 설명이다.

TIP
이 문제의 핵심포인트는 "마취 = 벤젠"임을 숙지하시면 됩니다.

answer 01 ㉮ 02 ㉱ 03 ㉮

04 원형굴뚝의 반경이 1.5m, 배출속도가 7m/s, 평균풍속은 3.5m/s 일 때, 다음식을 이용하여 △h(유효상승고)를 계산하면?

$$\triangle H = 1.5 \times \left(\frac{V_s}{u}\right) \times D$$

㉮ 18m ㉯ 9m
㉰ 6m   ㉱ 4.5m

풀이

$\triangle H = 1.5 \times \dfrac{V_s}{U} \times D$

여기서 △H : 연기의 상승고(m)
   V_s : 배출가스속도(m/sec)
   U : 풍속(m/sec)
   D : 내경(m)

따라서 $\triangle H = 1.5 \times \left(\dfrac{7m/s}{3.5m/s}\right) \times 3m = 9m$

TIP
직경(D) = 반경×2 = 1.5m×2 = 3m

---

05 다음 대기오염의 역사적 사건에 대한 주 오염물질의 연결로 옳은 것은?

㉮ 보팔시 사건 : SO_2, H_2SO_4-mist
㉯ 포자리카 사건 : H_2S
㉰ 체르노빌 사건 : PCB_s
㉱ 뮤즈계곡 사건 : methylisocynate

풀이 ㉮ 보팔시 사건 : methylisocynate(CH_3CNO)
㉰ 체르노빌 사건 : 방사능물질
㉱ 뮤즈계곡 사건 : SO_2, H_2SO_4-mist

---

06 오존층 보호를 위한 국제 협약으로만 연결된 것은?

㉮ 헬싱키 의정서 - 소피아 의정서 - 람사르 협약
㉯ 소피아 의정서 - 비엔나 협약 - 바젤협약
㉰ 런던 회의 - 비엔나협약 - 바젤협약
㉱ 비엔나 협약 - 몬트리올 의정서 - 코펜하겐 회의

풀이 오존층 보호를 위한 국제협약
① 비엔나 협약
② 몬트리올 의정서
③ 코펜하겐 회의
④ 런던회의

TIP
① 헬싱키 의정서 : 산성비에 관한 협약(SO_x)
② 소피아 의정서 : 산성비에 관한 협약(NO_x)
③ 바젤협약 : 국가간 대기오염물질 이동 규제에 관한 협약

---

07 유해가스상 대기오염물질이 식물에 미치는 영향에 관한 설명으로 틀린 것은?

㉮ 고등식물에 대한 피해를 주는 대기오염물질 중에서 독성성분 순으로 나열하면 $Cl_2 > SO_2 > HF > O_3 > NO_2$ 순이다.
㉯ 아황산가스는 특히 소나무과, 콩과, 맥류 등이 피해를 많이 입는다.
㉰ 황화수소에 강한식물로는 복숭아, 딸기, 사과 등이다.
㉱ 일산화탄소는 식물에는 별로 심각한 영향을 주지 않으나 500ppm 정도에서 토마토 잎에 피해를 나타낸다.

풀이 ㉮ 고등식물에 대한 피해를 주는 대기오염물질 중에서 독성성분 순으로 나열하면 $HF > Cl_2 > SO_2 > NO_2$ 순이다.

---

answer 04 ㉯ 05 ㉯ 06 ㉱ 07 ㉮

08 다음 중 온실효과의 기여도가 가장 높은 것은?

㉮ N_2O ㉯ CFC 11&12
㉰ CO_2 ㉱ CH_4

풀이 온실효과의 기여도가 가장 높은 물질은 이산화탄소(CO_2)로 50%를 차지한다.

TIP
지구온난화 기여도
$CO_2(50\%)$ > CFC(18%) > $CH_4(14\%)$ > $N_2O(6\%)$

09 어떤 굴뚝의 배출가스 중 SO_2 농도가 240ppm이었다. SO_2의 배출허용기준이 400mg/m³ 이하라면 기준 준수를 위하여 이 배출시설에서 줄여야 할 아황산가스의 최소농도는 약 몇 mg/m³인가?
(단, 표준상태 기준)

㉮ 286 ㉯ 325
㉰ 452 ㉱ 571

풀이
① 배출농도 = $\frac{240mL}{Sm^3} \times \frac{64mg}{22.4mL}$ = 685.71mg/Sm³
② 줄여야 할 농도 = 685.71mg/Sm³ - 400mg/m³
                  = 285.71mg/m³

TIP
① ppm = mL/Sm³
② SO_2 1mol $\begin{cases} 64mg \\ 22.4mL \end{cases}$
③ 표준상태의 체적 : Sm³ = Nm³
④ SO_2의 분자량 = 32+16×2 = 64

10 Aerodynamic diameter의 정의로 가장 적합한 것은?

㉮ 본래의 먼지보다 침강속도가 작은 구형입자의 직경
㉯ 본래의 먼지와 침강속도가 동일하며, 밀도 1g/cm³ 인 구형입자의 직경
㉰ 본래의 먼지와 밀도 및 침강속도가 동일한 구형입자의 직경
㉱ 본래의 먼지보다 침강속도가 큰 구형입자의 직경

풀이 공기동역학적직경(Aerodynamic diameter)은 본래의 먼지와 침강속도가 동일하며, 밀도 1g/cm³ 인 구형입자의 직경이다.

TIP
㉰번은 스토크스직경에 대한 설명이다.

11 일산화탄소에 대한 설명으로 틀린 것은?

㉮ 연료의 불완전연소에 의해 발생한다.
㉯ 인체내 호흡기관을 통해 들어오며 곧바로 배출되며, 축적성이 없다.
㉰ 비흡연자보다 흡연자의 체내 일산화탄소 농도가 높다.
㉱ 헤모글로빈의 일산화탄소에 대한 친화력은 산소보다 더 크다.

풀이 ㉯ 인체내 호흡기관을 통해 들어오며 축적성으로 인해 곧바로 배출되지 않는다.

TIP
① 일산화탄소(CO)는 무색, 무취, 무미, 난용성물질이다.
② 일산화탄소(CO)는 강우속에서 쉽게 제거되지 않는다.

answer 08 ㉰ 09 ㉮ 10 ㉯ 11 ㉯

12 대기권의 오존층과 관련된 설명으로 틀린 것은?

㉮ 290nm 이하의 단파장인 UV-C는 대기 중의 산소와 오존분자 등의 가스 성분에 의해 대부분이 흡수되므로 지표면에 거의 도달하지 않는다.
㉯ 오존의 생성 및 분해반응에 의해 자연상태의 성층권 영역에서는 일정한 수준의 오존량이 평형을 이루고, 다른 대기권 영역에 비해 오존 농도가 높은 오존층이 생긴다.
㉰ 오존농도의 고도분포는 지상 약 25km에서 평균적으로 약 10ppb의 최대농도를 나타낸다.
㉱ 지구전체의 평균 오존량은 약 300Dobson 전후이지만, 지리적 또는 계절적으로 평균치의 ±50% 정도까지도 변화한다.

[풀이] ㉰ 오존농도의 고도분포는 지상 약 25km에서 평균적으로 약 10ppm의 최대농도를 나타낸다.

13 다음 특정물질 중 오존 파괴지수가 가장 큰 것은?

㉮ CF_3Br ㉯ CCl_4
㉰ CH_2BrCl ㉱ CH_2FBr

[풀이] 오존 파괴지수(ODP)
㉮ CF_3Br : 10.0
㉯ CCl_4 : 1.1
㉰ CH_2BrCl : 0.12
㉱ CH_2FBr : 0.73

14 라돈에 관한 설명으로 틀린 것은?

㉮ 지구상에서 발견된 자연방사능 물질 중의 하나이다.
㉯ 사람이 매우 흡입하기 쉬운 가스상 물질이다.
㉰ 반감기는 3.8일이며, 라듐의 핵분열 시 생성되는 물질이다.
㉱ 액화되면 푸른색을 띠며, 공기보다 1.2배 무거워 지표에 가깝게 존재하며, 화학적으로 반응을 나타낸다.

[풀이] ㉱ 액화되어도 색을 띠지 않으며, 공기보다 9배 무거워 지표에 가깝게 존재하며, 화학적으로 안정한 물질이다.

15 대기 중에 존재하는 기체상의 질소산화물 중 대류권에서는 온실가스로 알려져 있고 일명 웃음기체라고도 하며, 성층권에서는 오존층 파괴물질로 알려져 있는 것은?

㉮ N_2O ㉯ NO_2
㉰ NO_3 ㉱ N_2O_5

[풀이] 아산화질소(N_2O)에 대한 설명이다.

TIP
N_2O = 이산화질소 = 일산화이질소

16 로스앤젤레스형 대기오염의 특성으로 틀린 것은?

㉮ 광화학적 산화물(photochemical oxidants)을 형성하였다.
㉯ 질소산화물과 올레핀계 탄화수소 등이 원인물질로 작용했다.
㉰ 자동차 연료인 석유계 연료 등이 주원인물질로 작용했다.
㉱ 초저녁에 주로 발생하였고, 복사역전층과 무풍상태가 계속되었다.

answer 12 ㉰ 13 ㉮ 14 ㉱ 15 ㉮ 16 ㉱

풀이 ㉣ 한낮에 주로 발생하였고, 침강역전층과 무풍상태가 계속되었다.

TIP
㉣번의 설명은 런던형 대기오염에 해당한다.

17 대기오염물질과 그 영향에 대한 설명 중 틀린 것은?

㉮ CO : 혈액내 Hb(헤모글로빈)과의 친화력이 산소의 약 21배에 달해 산소운반 능력을 저하시킨다.

㉯ NO : 무색의 기체로 혈액내 Hb과의 결합력이 CO보다 수백 배 더 강하다.

㉰ O_3 및 기타 광화학적 옥시던트 : DNA, RNA에도 작용하여 유전인자에 변화를 일으킨다.

㉱ HC : 올레핀계 탄화수소는 광화학적 스모그에 적극 반응하는 물질이다.

풀이 ㉮ CO : 혈액내 Hb(헤모글로빈)과의 친화력이 산소의 약 210배에 달해 산소운반 능력을 저하시킨다.

TIP
헤모글로빈(Hb)과의 결합력 순서
NHb > COHb > O_2Hb

18 다음은 어떤 대기오염물질에 대한 설명인가?

- 독특한 풀냄새가 나는 무색(시판용품은 담황녹색)의 기체(액화가스)로 끓는점은 약 8℃이다.
- 건조상태에서는 부식성이 없으나, 수분이 존재하면 가수분해되어 금속을 부식 시킨다.

㉮ $Pb(C_2H_5)_4$ ㉯ H_2S
㉰ HCN   ㉱ $COCl_2$

풀이 ㉱ 포스겐($COCl_2$)에 대한 설명이다.

TIP
이 문제의 핵심은 풀냄새, 무색, 끓는점 8℃이며 포스겐임을 숙지하셔야 합니다.

19 지상 20m에서의 풍속이 3.9m/s라면 60m에서의 풍속은? (단, Deacon법칙 적용, p = 0.4)

㉮ 약 4.7m/s   ㉯ 약 5.1m/s
㉰ 약 5.8m/s   ㉱ 약 6.1m/s

풀이
$$U_2 = U_1 \times \left(\frac{H_2}{H_1}\right)^p$$
$$= 3.9 \text{m/sec} \times \left(\frac{60\text{m}}{20\text{m}}\right)^{0.4} = 6.05 \text{m/sec}$$

20 대류권에서 광화학 대기오염에 영향을 미치는 중요한 태양빛 흡수기체의 흡수성에 관한 설명으로 틀린 것은?

㉮ 오존은 200~320nm의 파장에서 강한 흡수가, 450~700nm에서는 약한 흡수가 있다.

㉯ 이산화황은 파장 340nm 이하와 470~550nm에 강한 흡수를 보이며, 대류권에서 쉽게 광분해된다.

㉰ 알데하이드는 313nm 이하에서 광분해된다.

㉱ 케톤은 300~700nm에서 약한 흡수를 하여 광분해된다.

풀이 ㉯ 이산화황은 파장 280~290nm에서 강한 흡수가 일어나지만 대류권에서는 광분해반응이 일어나지 않는다.

answer 17 ㉮ 18 ㉱ 19 ㉱ 20 ㉯

| 제2과목 | 대기오염공정시험기준

21 다음 중 대기오염공정시험기준에서 〈아래〉의 조건에 해당하는 규정농도 이상의 것을 사용해야 하는 시약은? (단, 따로 규정이 없는 상태)

- 농도 : 85% 이상
- 비중(약) : 1.69

㉮ $HClO_4$ ㉯ H_3PO_4
㉰ HCl ㉱ HNO_3

풀이 ㉮ $HClO_4$(과염소산): 농도 : 60.0∼62.0%, 비중(약) : 1.54
㉰ HCl(염산) : 농도 : 35.0∼37.0%, 비중(약) : 1.18
㉱ HNO_3(질산) : 농도 : 60.0∼62.0% 이상, 비중(약) : 1.38

22 굴뚝 배출가스 중 플루오린화합물 분석방법으로 틀린 것은?

㉮ 자외선/가시선분광법은 시료가스 중에 알루미늄(Ⅲ), 철(Ⅱ), 구리(Ⅱ) 등의 중금속 이온이나 인산이온이 존재하면 방해효과를 나타내므로 적절한 증류방법에 의해 분리한 후 정량한다.
㉯ 자외선/가시선 분광법은 증류온도를 145±5℃, 유출속도는 3∼5mL/min으로 조절하고, 증류된 용액이 약 220mL가 될 때까지 증류를 계속한다.
㉰ 적정법은 pH를 조절하고 네오트린을 가한 다음 수산화바륨 용액으로 적정한다.
㉱ 자외선/가시선 분광법의 흡수파장은 620nm를 사용한다.

풀이 ㉰ 적정법은 pH를 조절하고 네오트린을 가한 다음 질산토륨 용액으로 적정한다.

23 다음은 배출가스 중의 페놀화합물의 기체크로마토그래프 분석방법을 설명한 것이다. ( )안에 알맞은 것은?

배출가스를 (㉠)에 흡수시켜 이 용액을 산성으로 한 후 (㉡)(으)로 추출한 다음 기체크로마토그래프로 정량하여 페놀화합물의 농도를 산출한다.

㉮ ㉠ 증류수, ㉡ 과망간산칼륨
㉯ ㉠ 수산화소듐용액, ㉡ 과망간산칼륨
㉰ ㉠ 증류수, ㉡ 아세트산에틸
㉱ ㉠ 수산화소듐용액, ㉡ 아세트산에틸

TIP
페놀화합물의 기체크로마토그래피법
배출가스를 수산화소듐용액에 흡수시켜 이 용액을 산성으로 한 후 아세트산에틸로 추출한 다음 기체크로마토그래프로 정량하여 페놀화합물의 농도를 산출한다.

24 램버어트 비어(Lambert-Beer)의 법칙에 대한 설명으로 틀린 것은?

(단, I_o = 입사광의 강도, I_t = 투사광의 강도, C = 농도, L = 빛의 투사거리, ϵ = 흡광계수, t = 투과도)

㉮ $I_t = I_o \cdot 10^{-\epsilon CL}$ 로 표현한다.
㉯ $\log\left(\dfrac{1}{t}\right) = A$를 흡광도라 한다.
㉰ ϵ는 비례상수로서 흡광계수라 하고, C = 1mmol, L = 1mm일 때의 ϵ의 값을 몰흡광계수라 한다.

answer 21 ㉯ 22 ㉰ 23 ㉱ 24 ㉰

㉣ $\left(\dfrac{I_t}{I_o}\right)$ = t를 투과도라 한다.

풀이 ㉰ ε는 비례상수로서 흡광계수라 하고, C = 1mol, L = 10mm 일 때의 ε의 값을 몰흡광계수라 한다.

25 기체크로마토그래피의 충전물에서 고정상 액체의 구비조건에 대한 설명으로 틀린 것은?

㉮ 분석대상 성분을 완전히 분리할 수 있는 것이어야 한다.
㉯ 사용온도에서 증기압이 높은 것이어야 한다.
㉰ 화학적 성분이 일정한 것이어야 한다.
㉱ 사용온도에서 점성이 작은 것이어야 한다.

풀이 ㉯ 사용온도에서 증기압이 낮은 것이어야 한다.

26 휘발성 유기화합물(VOCs) 누출확인방법에서 사용하는 용어 정의 중 "응답시간"은 VOCs가 시료채취장치로 들어가 농도 변화를 일으키기 시작하여 기기계기판의 최종값이 얼마를 나타내는데 걸리는 시간을 의미하는가? (단, VOCs 측정기기 및 관련장비는 사양과 성능기준을 만족한다.)

㉮ 80%   ㉯ 85%
㉰ 90%   ㉱ 95%

풀이 응답시간은 VOCs가 시료채취장치로 들어가 농도 변화를 일으키기 시작하여 기기계기판의 최종값이 90%를 나타내는데 걸리는 시간이다.

27 화학분석 일반사항에 관한 설명으로 틀린 것은?

㉮ "약"이란 그 무게 또는 부피에 대하여 ±5 % 이상의 차가 있어서는 안 된다.
㉯ 표준품을 채취할 때 정수로 기재되어 있어도 실험자가 환산하여 기재수치에 "약"자를 붙여 사용할 수 있다.
㉰ "방울수"라 함은 20℃에서 정제수 20방울을 떨어뜨릴 때 그 부피가 약 1mL 되는 것을 뜻한다.
㉱ 시험에 사용하는 표준품은 원칙적으로 특급시약을 사용하며 표준액을 조제하기 위한 표준용시약은 따로 규정이 없는 한 데시케이터에 보존된 것을 사용한다.

풀이 ㉮ "약"이란 그 무게 또는 부피에 대하여 ± 10 % 이상의 차가 있어서는 안 된다.

28 환경대기 중의 탄화수소 농도를 측정하기 위한 주 시험법은?

㉮ 총탄화수소 측정법
㉯ 비메탄 탄화수소 측정법
㉰ 활성 탄화수소 측정법
㉱ 비활성 탄화수소 측정법

풀이 환경대기 중의 탄화수소 측정방법
① 총탄화수소 측정법
② 비메탄 탄화수소 측정법(주 시험방법)
③ 활성 탄화수소 측정법

answer 25 ㉯ 26 ㉰ 27 ㉮ 28 ㉯

29 다음은 측정용어의 정의이다. ( )안에 가장 적합한 용어는?

> (㉠)은/는 측정결과에 관련하여 측정량을 합리적으로 추정한 값의 산포 특성을 나타내는 인자를 말한다. (㉡)은/는 측정의 결과 또는 측정의 값이 모든 비교의 단계에서 명시된 불확도를 갖는 끊어지지 않는 비교의 사슬을 통하여 보통 국가표준 또는 국제표준에 정해진 기준에 관련시켜 질 수 있는 특성을 말한다.
> 시험분석 분야에서 (㉡)의 유지는 교정 및 검정곡선 작성과정의 표준물질 및 순수물질을 적절히 사용함으로써 달성할 수 있다.

㉮ ㉠ 대수정규분포도, ㉡ (측정의) 유효성
㉯ ㉠ (측정)불확도, ㉡ (측정의) 유효성
㉰ ㉠ 대수정규분포도, ㉡ (측정의) 소급성
㉱ ㉠ (측정)불확도, ㉡ (측정의) 소급성

풀이 ① 측정 불확도는 측정결과에 관련하여 측정량을 합리적으로 추정한 값의 산포 특성을 나타내는 인자를 말한다.
② 측정의 소급성은 측정의 결과 또는 측정의 값이 모든 비교의 단계에서 명시된 불확도를 갖는 끊어지지 않는 비교의 사슬을 통하여 보통 국가 표준 또는 국제표준에 정해진 기준에 관련시켜 질 수 있는 특성을 말한다.

30 배출가스 중 납화합물을 원자흡수분광광도법으로 분석할 때 측정파장으로 알맞은 것은?

㉮ 517.0nm ㉯ 417.0nm
㉰ 317.0nm ㉱ 217.0nm

풀이 원자흡수분광광도법으로 납화합물을 분석할 때 측정파장은 217.0nm 또는 283.3nm이다.

31 배출가스 중 입자상 물질 시료채취를 위한 분석기기 및 기구에 관한 설명으로 틀린 것은?

㉮ 흡입노즐은 스테인리스강 재질, 경질 유리, 또는 석영 유리제로 만들어진 것으로 사용한다.
㉯ 흡입노즐의 안과 밖의 가스흐름이 흐트러지지 않도록 흡입노즐 안지름(d)은 3mm 이상으로 한다.
㉰ 흡입관은 수분응축 방지를 위해 시료가스 온도를 120±14℃를 유지할 수 있는 가열기를 갖춘 보로실리케이트, 스테인리스강 재질 또는 석영 유리관을 사용한다.
㉱ 흡입노즐은 꼭지점은 60° 이하의 예각이 되도록 하고 매끈한 반구모양으로 한다.

풀이 ㉱ 흡입노즐은 꼭지점은 30° 이하의 예각이 되도록 하고 매끈한 반구모양으로 한다.

32 기체크로마토그래피에서 A, B 성분이 머무름시간이 각각 2분, 3분이었으며, 봉우리폭은 32초, 38초이었다면 이 때 분리도(R)는?

㉮ 1.1 ㉯ 1.4
㉰ 1.7 ㉱ 2.2

풀이 분리도(R) = $\dfrac{2(tR_2 - tR_1)}{W_1 + W_2}$

여기서 tR : 머무름시간(sec)
　　　W : 봉우리 폭(sec)

따라서 분리도(R) = $\dfrac{2 \times (3 \times 60\text{sec} - 2 \times 60\text{sec})}{(32+38)\text{sec}}$
　　　　　　　= 1.71

TIP
① 머무름시간 = 보유시간
② 봉우리 폭 = 피크 폭

answer 29 ㉱ 30 ㉱ 31 ㉱ 32 ㉰

33 자동기록식 광전분광광도계의 파장교정에 사용되는 흡수 스펙트럼은?

㉮ 홀뮴유리 ㉯ 석영유리
㉰ 플라스틱 ㉱ 방전유리

풀이
① 자동기록식 광전분광광도계의 파장교정: 홀뮴유리의 흡수스펙트럼을 이용
② 흡광도 눈금의 보정: 다이크롬산포타슘 용액

34 환경대기 시료채취방법에 관한 설명으로 틀린 것은?

㉮ 용기채취법은 시료를 일단 일정한 용기에 채취한 다음 분석에 이용하는 방법으로 채취관 - 용기, 또는 채취관 - 유량조절기 - 흡입펌프 - 용기로 구성된다.
㉯ 용기채취법에서 용기는 일반적으로 진공병 또는 공기주머니(air bag)를 사용한다.
㉰ 용매채취법은 측정대상 기체와 선택적으로 흡수 또는 반응하는 용매에 시료가스를 일정유량으로 통과시켜 채취하는 방법으로 채취관 - 여과재 - 채취부 - 흡입펌프 - 유량계(가스미터)로 구성된다.
㉱ 직접채취법에서 채취관은 PVC관을 사용하며, 채취관의 길이는 10m 이내로 한다.

풀이 ㉱ 직접채취법에서 채취관은 4플루오린화에틸렌수지(테프론), 경질유리, 스테인리스강 등으로 된 것을 사용하며, 채취관의 길이는 5m 이내로 한다.

35 다음은 유류 중의 황함유량 분석방법 중 연소관식 공기법에 관한 설명이다. ( )안에 알맞은 것은?

이 시험기준은 원유, 경유, 중유의 황함유량을 측정하는 방법을 규정하며 유류 중 황함유량이 질량분율 0.01% 이상의 경우에 적용한다. (㉠)로 가열한 석영 재질 연소관 중에 공기를 불어넣어 시료를 연소시킨다. 생성된 황산화물을 과산화수소(3%)에 흡수시켜 황산으로 만든 다음, (㉡)표준액으로 중화적정하여 황함유량을 구한다.

㉮ ㉠ (450~550)℃, ㉡ 질산칼륨
㉯ ㉠ (450~550)℃, ㉡ 수산화소듐
㉰ ㉠ (950~1,100)℃, ㉡ 질산칼륨
㉱ ㉠ (950~1,100)℃, ㉡ 수산화소듐

풀이 황함유 분석방법 중 연소관식 공기법
(950~1,100)℃로 가열한 석영 재질 연소관 중에 공기를 불어넣어 시료를 연소시킨다. 생성된 황산화물을 과산화수소(3%)에 흡수시켜 황산으로 만든 다음, 수산화소듐표준액으로 중화적정하여 황함유량을 구한다.

36 다음은 배출가스 중 황화수소를 분석하는 자외선/가시선분광법(메틸렌블루법)에 대한 설명이다. ( )안에 알맞은 것은?

배출가스의 황화수소를 (①)에 흡수시켜 P-아미노디메틸아닐린 용액과 염화철(Ⅲ) 용액을 가하여 생성되는 메틸렌블루의 흡광도를 (②) 부근에서 측정한다.

㉮ ① 붕산용액, ② 570nm
㉯ ① 아연아민착염용액, ② 670nm
㉰ ① 다이에틸아민구리용액, ② 470nm
㉱ ① 수산화소듐용액, ② 370nm

풀이 황화수소의 자외선/가시선분광법(메틸렌블루법)
① 흡수액: 아연아민착염용액
② 흡광도 측정파장: 670nm

answer 33 ㉮ 34 ㉱ 35 ㉱ 36 ㉯

37 굴뚝 배출가스 중 질소산화물의 연속자동측정방법으로 가장 거리가 먼 것은?

㉮ 화학발광법 ㉯ 이온전극법
㉰ 적외선흡수법 ㉱ 자외선흡수법

풀이 질소산화물의 연속자동측정방법
① 화학발광법
② 적외선흡수법
③ 자외선흡수법
④ 정전위전해법

38 환경대기 중의 아황산가스 측정을 위한 시험방법이 아닌 것은?

㉮ 불꽃광도법
㉯ 용액전도율법
㉰ 파라로자닐린법
㉱ 나프틸에틸렌디아민법

풀이 환경대기 중의 아황산가스 측정방법
① 불꽃광도법
② 용액전도율법
③ 자외선형광법(주 시험방법)
④ 흡광차분광법
⑤ 파라로자닐린법
⑥ 산정량수동법

39 일반적으로 환경대기 중에 부유하고 있는 총부유먼지와 10μm 이하의 입자상 물질을 여과지 위에 채취하여 질량농도를 구하거나 금속 등의 성분분석에 이용되며, 흡입펌프, 분립장치, 여과지홀더 및 유량측정부의 구성을 갖는 분석방법으로 가장 적합한 것은?

㉮ 고용량 공기시료채취법
㉯ 저용량 공기시료채취법
㉰ 광산란법
㉱ 광투과법

풀이 ㉯ 저용량 공기시료채취법에 대한 설명이다.

40 굴뚝반경이 3.2m인 원형 굴뚝에서 먼지를 채취하고자 할 때의 측정점수는?

㉮ 8   ㉯ 12
㉰ 16 ㉱ 20

풀이 반경이 3.2m이므로 직경이 6.4m이므로 반경구분수 5, 측정점수 20이다.

TIP

굴뚝직경(m)	반경구분수	측정점수
1 이하	1	4
1 초과 2 이하	2	8
2 초과 4 이하	3	12
4 초과 4.5 이하	4	16
4.5 초과	5	20

| 제3목 | 대기오염방지기술

41 탄소 85%, 수소 11.5%, 황 2.0% 들어 있는 중유 1kg당 12Sm³의 공기를 넣어 완전 연소시킨다면 표준상태에서 습윤 배출가스 중의 SO_2 농도는? (단, 중유 중의 S성분은 모두 SO_2로 된다.)

㉮ 708ppm   ㉯ 808ppm
㉰ 1,107ppm ㉱ 1,408ppm

풀이 ① 실제습배기가스량(Gw)
= A+5.6H+0.7O+0.8N+1.244W(Sm³/kg)
= 12Sm³/kg+5.6×0.115
= 12.644Sm³/kg

answer 37 ㉯ 38 ㉱ 39 ㉯ 40 ㉱ 41 ㉰

② $SO_2\ ppm = \dfrac{0.7S(Sm^3/kg)}{Gw(Sm^3/kg)} \times 10^6$

$= \dfrac{0.7 \times 0.02 Sm^3/kg}{12.644 Sm^3/kg} \times 10^6$

$= 1,107.24\ ppm$

TIP
① 실제공기량(A) = $12Sm^3/kg$
② SO_2량 = $\dfrac{22.4Sm^3}{32kg} \times S = 0.7S(Sm^3/kg)$

---

42 다음 집진장치 중 관성충돌, 확산, 증습, 응집, 부착성 등이 주 채취원리인 것은?

㉮ 원심력집진장치 ㉯ 세정집진장치
㉰ 여과집진장치   ㉱ 중력집진장치

풀이 ㉯ 세정집진장치에 대한 설명이다.

TIP
세정집진장치는 습식장치에 해당한다.

---

43 전기집진장치의 유지관리에 관한 설명으로 틀린 것은?

㉮ 시동시에는 배출가스를 도입하기 최소 1시간 전에 애관용 히터를 가열하여 애자관 표면에 수분이나 먼지의 부착을 방지한다.
㉯ 시동시에는 고전압 회로의 절연저항이 $100M\Omega$ 이상이 되어야 한다.
㉰ 운전 시 2차 전류가 매우 적을 때에는 먼지농도가 높거나 먼지의 겉보기 저항이 이상적으로 높은 경우이므로 조습용 스프레이의 수량을 늘려 겉보기 저항을 낮추어야 한다.
㉱ 정지시에는 접지저항을 적어도 연1회 이상 점검하고 10Ω 이하로 유지한다.

풀이 ㉮ 시동시에는 배출가스를 도입하기 최소 6시간 전에 애관용 히터를 가열하여 애자관 표면에 수분이나 먼지의 부착을 방지한다.

---

44 관성력 집진장치의 일반적인 효율 향상 조건에 관한 설명으로 틀린 것은?

㉮ 기류의 방향전환 시 곡률반경이 작을수록 미립자의 채취가 가능하다.
㉯ 기류의 방향전환 각도가 작고, 방향전환 횟수가 많을수록 압력손실은 커지지만 집진은 잘 된다.
㉰ 충돌직전의 처리가스의 속도는 작고, 처리 후 출구 가스속도는 클수록 미립자의 제거가 쉽다.
㉱ 적당한 모양과 크기의 dust box가 필요하다.

풀이 ㉰ 충돌직전의 처리가스의 속도는 크고, 처리 후 출구 가스속도는 작을수록 미립자의 제거가 쉽다.

TIP
전처리 장치별 효율 증가를 위한 가스속도

장치명	입구 가스속도	출구 가스속도
중력 집진장치	느릴수록	느릴수록
관성력 집진장치	빠를수록	느릴수록
원심력 집진장치	빠를수록	빠를수록

---

45 다음 중 일반적으로 착화온도가 가장 높은 것은?

㉮ 메탄   ㉯ 수소
㉰ 목탄   ㉱ 중유

풀이 연료의 착화온도
㉮ 메탄 : 650~750℃
㉯ 수소 : 580~600℃
㉰ 목탄 : 320~370℃
㉱ 중유 : 550~580℃

---

answer 42 ㉯   43 ㉮   44 ㉰   45 ㉮

TIP
① 착화온도 : 점화원이 없는 상태에서 불이 붙는 최저온도
② 인화온도 : 점화원이 있는 상태에서 불이 붙는 최저온도

46 메탄의 치환 염소화 반응에서 C_2Cl_4를 만들 경우 메탄 1kg당 부생되는 HCl의 이론량은? (단, 표준상태 기준)

㉮ $4.2Sm^3$ ㉯ $5.6Sm^3$
㉰ $6.4Sm^3$ ㉱ $7.8Sm^3$

풀이 $2CH_4 + 6Cl_2 \rightarrow C_2Cl_4 + 8HCl$
$2 \times 16kg$: $8 \times 22.4Sm^3$
$1kg$: X

$\therefore X = \dfrac{1kg \times 8 \times 22.4Sm^3}{2 \times 16kg} = 5.6Sm^3$

TIP
① 질량(kg) = 계수×분자량(kg)
② 체적(Sm^3) = 계수×22.4Sm^3
③ 표준상태 = 0℃, 760mmHg = Sm^3 = Nm^3
④ 메탄(CH_4)의 분자량 = 12+1×4 = 16

47 유압분무식 버너에 관한 설명으로 틀린 것은?

㉮ 구조가 간단하여 유지 및 보수가 용이하다.
㉯ 유량조절 범위가 좁아 부하변동에 적응하기 어렵다.
㉰ 연료분사 범위는 15~2,000kL/hr 정도이다.
㉱ 분무각도가 40~90°정도로 크다.

풀이 ㉰ 연료분사 범위는 15~2,000L/hr 정도이다.

48 A굴뚝 배출가스 중 염소가스의 농도가 150mL/Sm^3이다. 이 염소가스의 농도를 25mg/Sm^3로 저하시키기 위하여 제거해야 할 양(mL/Sm^3)은 약 얼마인가?

㉮ 95 ㉯ 111
㉰ 125 ㉱ 142

풀이 제거해야 할 양(mL/Sm^3)
= 배출농도-기준치농도
= $150mL/Sm^3 - \left(25mg/Sm^3 \times \dfrac{22.4mL}{71mg}\right)$
= $142.11mL/Sm^3$

TIP
① ppm = mL/Sm^3
② Cl_2 1mol $\begin{cases} 71mg \\ 22.4mL \end{cases}$
③ Cl_2의 분자량 = 35.5×2 = 71

49 어떤 유해가스와 물이 일정 온도에서 평형상태에 있다. 유해가스의 분압이 기상에서 60mmHg일 때 수중 유해가스의 농도가 2.7kmol/m^3이면 이 때 헨리상수 (atm · m^3/kmol)는? (단, 전압은 1atm이다.)

㉮ 0.01 ㉯ 0.02
㉰ 0.03 ㉱ 0.04

풀이 헨리상수(atm · m^3/kmol) = $\dfrac{분압(atm)}{농도(kmol/m^3)}$
= $\dfrac{60mmHg/760}{2.7kmol/m^3}$
= $0.03 atm · m^3/kmol$

TIP
① 표준기압 : 1atm = 760mmHg = 10,332mmH_2O
② 헨리상수(atm · m^3/kmol) = $\dfrac{분압(mmHg)/760}{농도(kmol/m^3)}$
③ 헨리상수(atm · m^3/kmol) = $\dfrac{분압(mmH_2O)/10,332}{농도(kmol/m^3)}$

answer 46 ㉯ 47 ㉰ 48 ㉱ 49 ㉰

50 유량 40,715m³/h의 공기를 원형 흡수탑을 거쳐 정화하려고 한다. 흡수탑의 접근유속을 2.5m/s로 유지하려면 소요되는 흡수탑의 지름(m)은?

㉮ 약 2.8   ㉯ 약 2.4
㉰ 약 1.7   ㉱ 약 1.2

풀이 유량(Q) = 단면적(A)×유속(V)

여기서 단면적(A) = $\frac{\pi D^2}{4}$(m²)

따라서 Q = $\frac{\pi D^2}{4}$×V

40,715m³/hr×1hr/3,600sec = $\frac{\pi D^2}{4}$(m²)×2.5m/sec

∴ D = $\sqrt{\frac{4 \times 40{,}715 m^3/hr \times 1hr/3{,}600sec}{\pi \times 2.5 m/sec}}$

= 2.40m

51 초기에 98%의 집진율로 운전되고 있던 집진장치가 성능의 저하로 집진율이 96%로 떨어졌다. 집진장치 입구의 함진농도는 일정하다고 할 때 출구의 함진농도는 초기에 비해 어떻게 변화하겠는가?

㉮ $\frac{1}{4}$로 감소한다.

㉯ $\frac{1}{2}$로 감소한다.

㉰ 2배로 증가한다.

㉱ 4배로 증가한다.

풀이 출구의 함진농도변화는 통과율의 변화이므로

$\frac{(100-96\%)}{(100-98\%)} = \frac{4\%}{2\%} = 2$배

따라서 2배 증가한다.

52 먼지 농도가 10g/Sm³인 매연을 집진율 80%인 집진장치로 1차 처리하고 다시 2차 집진장치로 처리한 결과 배출가스 중 먼지 농도가 0.2g/Sm³이 되었다. 이때 2차 집진장치의 집진율은?
(단, 직렬기준)

㉮ 70%   ㉯ 80%
㉰ 85%   ㉱ 90%

풀이 $\eta_T = 1-(1-\eta_1) \times (1-\eta_2)$
여기서 η_T : 총합효율
η_1 : 1차 집진장치의 효율
η_2 : 2차 집진장치의 효율

① $\eta_T = \left\{1-\frac{출구농도(C_o)}{입구농도(C_i)}\right\} \times 100$

$= \left\{1-\frac{0.2g/Sm^3}{10g/Sm^3}\right\} \times 100 = 98\%$

② $\eta_T = 1-(1-\eta_1) \times (1-\eta_2)$
$0.98 = 1-(1-0.80) \times (1-\eta_2)$

∴ $\eta_2 = 1-\left(\frac{1-0.98}{1-0.80}\right) = 0.90$ 따라서 90%

53 다음 집진장치 중 일반적으로 압력손실이 가장 큰 것은?

㉮ 여과집진장치   ㉯ 원심력집진장치
㉰ 전기집진장치   ㉱ 벤츄리스크러버

풀이 집진장치의 압력손실
㉮ 여과집진장치 : 100~200mmH₂O
㉯ 원심력집진장치 : 100mmH₂O 전후
㉰ 전기집진장치 : 10~20mmH₂O
㉱ 벤츄리스크러버 : 300~800mmH₂O

TIP
압력손실이 가장 큰 장치를 찾는 문제에서는 무조건 벤츄리스크러버가 있으면 정답이므로 꼭 숙지하시기 바랍니다.

answer   50 ㉯   51 ㉰   52 ㉱   53 ㉱

54 중력집진장치의 효율을 향상시키기 위한 조건에 관한 설명으로 틀린 것은?

㉮ 침강실 내의 처리가스의 속도가 작을수록 미립자가 채취된다.
㉯ 침강실 내의 배기가스의 기류는 균일해야 한다.
㉰ 침강실의 높이는 작고 길이는 길수록 집진율이 높아진다.
㉱ 유입부의 유속이 클수록 처리 효율이 높다.

풀이 ㉱ 유입부의 유속이 작을수록 처리 효율이 높다.

TIP
중력집진장치는 유입부와 유출부의 유속을 작게하여 장치내 체류시간을 길게 해야 처리효율이 증가한다.

55 Butane $1Sm^3$을 공기비 1.05로 완전연소시키면, 연소가스(건조) 부피는 얼마인가?

㉮ $10Sm^3$ ㉯ $20Sm^3$
㉰ $30Sm^3$ ㉱ $40Sm^3$

풀이 $C_4H_{10}+6.5O_2 \rightarrow 4CO_2+5H_2O$
실제건조연소가스량(Gd)
$= (m-0.21)A_o+CO_2$량(Sm^3/Sm^3)
$= (1.05-0.21)\times\dfrac{6.5}{0.21}+4$
$= 30Sm^3/Sm^3$

56 유해가스 제거를 위한 흡수제의 구비조건으로 틀린 것은?

㉮ 용해도가 크고, 무독성이어야 한다.
㉯ 액가스비가 작으며, 점성은 커야 한다.
㉰ 착화성이 없으며, 비점은 높아야 한다.
㉱ 휘발성이 적어야 한다.

풀이 ㉯ 액가스비가 작고 점성도 작아야 한다.

TIP
흡수제의 구비조건 중 가장 핵심은 높은 용해도와 낮은 휘발성임을 숙지하셔야 합니다.

57 세정 집진장치에 관한 설명으로 틀린 것은?

㉮ 고온다습한 가스나 연소성 및 폭발성 가스의 처리가 가능하다.
㉯ 접착성 및 조해성 먼지의 처리가 가능하다.
㉰ 소수성 입자의 집진율은 낮다.
㉱ 입자성 물질과 가스의 동시 제거는 불가능하나, 타 집진장치와 비교 시 장기운전이나 휴식 후의 운전재개 시 장애는 거의 없다.

풀이 ㉱ 입자성 물질과 가스의 동시 제거가 가능하고, 타 집진장치와 비교 시 장기운전이나 휴식 후의 운전재개 시 장애가 발생한다.

58 송풍관(duct)에서 흄(fume) 및 매우 가벼운 건조 먼지 (예: 나무 등의 미세한 먼지와 산화아연, 산화알루미늄 등의 흄)의 반송속도로 가장 적합한 것은?

㉮ 1~2m/s ㉯ 10m/s
㉰ 25m/s   ㉱ 50m/s

풀이 흄(fume) 및 매우 가벼운 건조 먼지의 반송속도는 10m/s 이다.

59 Propane 432kg을 기화시킨다면 표준상태에서 기체의 용적은?

㉮ $560Sm^3$ ㉯ $540Sm^3$
㉰ $280Sm^3$ ㉱ $220Sm^3$

answer 54 ㉱ 55 ㉰ 56 ㉯ 57 ㉱ 58 ㉯ 59 ㉱

풀이 $432\text{kg} \times \dfrac{22.4\text{Sm}^3}{44\text{kg}} = 219.93\text{Sm}^3$

TIP
① 프로판 가스 = C_3H_8
② C_3H_8 1kmol $\begin{cases} 44\text{kg} \\ 22.4\text{Sm}^3 \end{cases}$
③ 표준상태 = 0℃, 760mmHg = $\text{Sm}^3 = \text{Nm}^3$
④ C_3H_8의 분자량 = 12×3+1×8 = 44

60 먼지의 진비중(S)과 겉보기 비중(S_B)이 다음과 같을 때 다음 중 재비산 현상을 유발할 가능성이 가장 큰 것은?

구분	먼지의 배출원	진비중(S)	겉보기 비중(S_B)
㉠	미분탄보일러	2.10	0.52
㉡	시멘트킬른	3.00	0.60
㉢	산소제강로	4.75	0.65
㉣	황동용전기로	5.40	0.36

㉮ ㉠   ㉯ ㉡
㉰ ㉢   ㉱ ㉣

풀이
㉠ 미분탄보일러 = $\dfrac{2.10}{0.52}$ = 4.04
㉡ 시멘트킬른 = $\dfrac{3.00}{0.60}$ = 5.0
㉢ 산소제강로 = $\dfrac{4.75}{0.65}$ = 7.31
㉣ 황동용전기로 = $\dfrac{5.40}{0.36}$ = 15.0

따라서 = $\dfrac{진비중(S)}{겉보기비중(S_B)}$ 가 클수록 재비산현상이 잘 발생되므로 정답은 ㉱ 황동용전기로이다.

제4목 | 대기환경관계법규

61 대기환경보전법령상 초과부과금 대상이 되는 대기오염물질에 해당되지 않는 것은?

㉮ 일산화탄소   ㉯ 암모니아
㉰ 먼지   ㉱ 염화수소

풀이 초과부과금 대상 물질
① 황산화물 ② 암모니아 ③ 황화수소
④ 이황화탄소 ⑤ 먼지 ⑥ 불소화물
⑦ 염화수소 ⑧ 질소산화물 ⑨ 시안화수소

62 대기환경보전법령상 인증을 생략할 수 있는 자동차로 틀린 것은?

㉮ 항공기 지상 조업용 자동차
㉯ 주한 외국군인의 가족이 사용하기 위하여 반입하는 자동차
㉰ 훈련용 자동차로서 문화체육관광부장관의 확인을 받은 자동차
㉱ 주한 외국군대의 구성원이 공용 목적으로 사용하기 위한 자동차

풀이 ㉱번은 인증의 면제 자동차에 해당한다.

63 대기환경보전법령상 사업장별 환경기술인의 자격기준으로 틀린 것은?

㉮ 전체 배출시설에 대하여 방지시설 설치면제를 받은 사업장은 5종사업장에 해당하는 기술인을 둘 수 있다.
㉯ 4종사업장에서 환경부령에 따른 특정 대기유해물질이 포함된 오염물질을 배출하는 경우에는 3종사업장에 해당하는 기술인을 두어야 한다.

answer 60 ㉱ 61 ㉮ 62 ㉱ 63 ㉰

㉰ 공동방지시설에서 각 사업장의 대기오염물질발생량의 합계가 4종 및 5종사업장의 규모에 해당하는 경우에는 4종사업장에 해당되는 기술인을 둘 수 있다.
㉱ 대기오염물질배출시설 중 일반보일러만 설치한 사업장과 대기오염물질 중 먼지만 발생하는 사업장은 5종사업장에 해당하는 기술인을 둘 수 있다.

풀이 ㉰ 공동방지시설에서 각 사업장의 대기오염물질발생량의 합계가 4종 및 5종사업장의 규모에 해당하는 경우에는 3종사업장에 해당되는 기술인을 두어야 한다.

64 환경정책기본법령상 납(Pb)의 대기환경기준($\mu g/m^3$)으로 옳은 것은?
(단, 연간 평균치)

㉮ 0.5 이하 ㉯ 5 이하
㉰ 50 이하   ㉱ 100 이하

풀이 납(Pb)의 대기환경 연간 평균치는 $0.5\mu g/m^3$ 이하이다.

65 악취방지법규상 배출허용기준 및 엄격한 배출허용기준의 설정범위와 관련한 다음 설명 중 틀린 것은?

㉮ 배출허용기준의 측정은 복합악취를 측정하는 것을 원칙으로 하지만 사업자의 악취물질배출 여부를 확인할 필요가 있는 경우에는 지정악취물질을 측정할 수 있다.
㉯ 복합악취의 시료 채취는 사업장 안에 지면으로부터 높이 5m 이상의 일정한 악취배출구와 다른 악취발생원이 섞여 있는 경우에는 부지경계선 및 배출구에서 각각 채취한다.
㉰ "배출구"라 함은 악취를 송풍기 등 기계장치 등을 통하여 강제로 배출하는 통로 (자연환기가 되는 창문·통기관 등을 제외한다)를 말한다.
㉱ 부지경계선에서 복합악취의 공업지역에서의 배출허용기준(희석배수)은 1,000 이하이다.

풀이 ㉱ 부지경계선에서 복합악취의 공업지역에서의 배출허용기준(희석배수)은 20 이하이다.

TIP
복합악취의 공업지역에서의 배출허용기준(희석배수)
① 배출구 : 1,000 이하
② 부지경계선 : 20 이하

66 대기환경보전법령상 대기오염물질발생량의 합계에 따른 사업장 종별 구분 시 다음 중 "3종사업장" 기준은?

㉮ 대기오염물질발생량의 합계가 연간 20톤 이상 80톤 미만인 사업장
㉯ 대기오염물질발생량의 합계가 연간 20톤 이상 50톤 미만인 사업장
㉰ 대기오염물질발생량의 합계가 연간 10톤 이상 20톤 미만인 사업장
㉱ 대기오염물질발생량의 합계가 연간 2톤 이상 10톤 미만인 사업장

TIP
사업장의 분류

종별	오염물질발생량 구분
1종 사업장	연간 80톤 이상
2종 사업장	연간 20톤 이상 80톤 미만
3종 사업장	연간 10톤 이상 20톤 미만
4종 사업장	연간 2톤 이상 10톤 미만
5종 사업장	연간 2톤 미만

answer 64 ㉮ 65 ㉱ 66 ㉰

67 대기환경보전법규상 자동차 연료(휘발유) 제조기준으로 틀린 것은?

항목	구 분	제조기준
㉠	벤젠 함량(부피%)	0.7 이하
㉡	납 함량(g/L)	0.013 이하
㉢	인 함량(g/L)	0.058 이하
㉣	황 함량(ppm)	10 이하

㉮ ㉠ ㉯ ㉡
㉰ ㉢ ㉱ ㉣

풀이 인 함량(g/L)의 제조기준은 0.0013 이하이다.

68 악취방지법규상 악취검사기관의 검사시설·장비 및 기술인력 기준에서 대기환경기사를 대체할 수 있는 인력요건으로 틀린 것은?

㉮ 「고등교육법」에 따른 대학에서 대기환경분야를 전공하여 석사 이상의 학위를 취득한 자
㉯ 국·공립연구기관의 연구직 공무원으로서 대기환경연구분야에 1년 이상 근무한 자
㉰ 대기환경산업기사를 취득한 후 악취검사기관에서 악취분석요원으로 3년 이상 근무한 자
㉱ 「고등교육법」에 의한 대학에서 대기환경분야를 전공하여 학사학위를 취득한 자로서 같은 분야에서 3년 이상 근무한 자

풀이 ㉰ 대기환경산업기사를 취득한 후 악취검사기관에서 악취분석요원으로 5년 이상 근무한 자

69 다음은 대기환경보전법규상 비산먼지의 발생을 억제하기 위한 시설의 설치 및 필요한 조치에 관한 엄격한 기준 중 "싣기와 내리기" 작업 공정이다. ( )안에 알맞은 것은?

> 가. 최대한 밀폐된 저장 또는 보관시설 내에서만 분체상물질을 싣거나 내릴 것
> 나. 싣거나 내리는 장소 주위에 고정식 또는 이동식 물뿌림시설(물뿌림반경 (㉠) 이상, 수압 (㉡) 이상)을 설치할 것

㉮ ㉠ 5m, ㉡ 3.5kg/cm²
㉯ ㉠ 5m, ㉡ 5kg/cm²
㉰ ㉠ 7m, ㉡ 3.5kg/cm²
㉱ ㉠ 7m, ㉡ 5kg/cm²

TIP
비산먼지의 발생 억제 시설 중 싣기와 내리기 공정
① 일반 기준인 조건
  ㉮ 살수 반경 : 5m 이상
  ㉯ 수압 : 3kg/cm² 이상
② 엄격한 기준인 조건
  ㉮ 물뿌림 반경 : 7m 이상
  ㉯ 수압 : 5kg/cm² 이상

70 대기환경보전법상 장거리이동대기오염물질 대책위원회에 관한 사항으로 틀린 것은?

㉮ 위원회는 위원장 1명을 포함한 25명 이내의 위원으로 성별을 고려하여 구성한다.
㉯ 위원회와 실무위원회 및 장거리이동대기오염물질연구단의 구성 및 운영 등에 관하여 필요한 사항은 환경부령

answer 67 ㉰ 68 ㉰ 69 ㉱ 70 ㉯

으로 정한다.
㉰ 위원장은 환경부차관으로 한다.
㉱ 위원회의 효율적인 운영과 안건의 원활한 심의 지원을 위해 실무위원회를 둔다.

풀이 ㉰ 위원회와 실무위원회 및 장거리이동대기오염물질연구단의 구성 및 운영 등에 관하여 필요한 사항은 대통령령으로 정한다.

71
대기환경보전법규상 환경기술인의 준수사항 및 관리사항을 이행하지 아니한 경우 각 위반차수별 행정처분기준(1차~4차)으로 옳은 것은?

㉮ 선임명령 - 경고 - 경고 - 조업정지 5일
㉯ 선임명령 - 경고 - 조업정지 5일 - 조업정지 30일
㉰ 변경명령 - 경고 - 조업정지 5일 - 조업정지 30일
㉱ 경고 - 경고 - 경고 - 조업정지 5일

풀이 행정처분
① 1차 행정처분 : 경고
② 2차 행정처분 : 경고
③ 3차 행정처분 : 경고
④ 4차 행정처분 : 조업정지 5일

72
다음은 실내공기질 관리법령상 이 법의 적용대상이 되는 "대통령령으로 정하는 규모" 기준이다. ( )안에 가장 알맞은 것은?

> 의료법에 의한 연면적 (㉠) 이상이거나 병상수 (㉡) 이상인 의료기관

㉮ ㉠ 2천제곱미터, ㉡ 100개
㉯ ㉠ 1천제곱미터, ㉡ 100개
㉰ ㉠ 2천제곱미터, ㉡ 50개
㉱ ㉠ 1천제곱미터, ㉡ 50개

풀이 의료기관 중 대통령령으로 정하는 규모
① 연면적 2,000m² 이상
② 병상수 100개 이상

73
환경정책기본법령상 각 항목에 대한 대기환경기준으로 옳은 것은?

㉮ 아황산가스의 연간 평균치 : 0.03ppm 이하
㉯ 아황산가스의 1시간 평균치 : 0.15ppm 이하
㉰ 미세먼지(PM-10)의 연간 평균치 : 100μg/m³ 이하
㉱ 오존(O_3)의 8시간 평균치 : 0.1ppm 이하

풀이 ㉮ 아황산가스의 연간 평균치 : 0.02ppm 이하
㉰ 미세먼지(PM-10)의 연간 평균치 : 50μg/m³ 이하
㉱ 오존(O_3)의 8시간 평균치 : 0.06ppm 이하

74
악취방지법규상 위임업무 보고사항 중 악취검사기관의 지정, 지정사항 변경보고 접수 실적의 보고 횟수 기준은?

㉮ 수시
㉯ 연 1회
㉰ 연 2회
㉱ 연 4회

TIP
업무내용과 보고횟수
① 악취검사기관의 지정, 지정사항 변경 보고 및 접수 실적 : 연 1회
② 악취검사기관의 지도·실적 및 행정처분 실적 : 연 1회

answer 71 ㉱ 72 ㉮ 73 ㉯ 74 ㉯

75 대기환경보전법규상 특정대기유해물질이 아닌 것은?

㉮ 히드라진
㉯ 크롬 및 그 화합물
㉰ 카드뮴 및 그 화합물
㉱ 브롬 및 그 화합물

TIP
특정대기유해물질의 종류
1. 카드뮴 및 그 화합물 2. 시안화수소
3. 납 및 그 화합물 4. 폴리염화비페닐
5. 크롬 및 그 화합물 6. 비소 및 그 화합물
7. 수은 및 그 화합물 8. 프로필렌 옥사이드
9. 염소 및 염화수소 10. 불소화물 11. 석면
12. 니켈 및 그 화합물 13. 염화비닐 14. 다이옥신
15. 페놀 및 그 화합물 16. 베릴륨 및 그 화합물
17. 벤 젠 18. 사염화탄소 19. 이황화메틸
20. 아닐린 21. 클로로폼 22. 포름알데히드
23. 아세트알데히드 24. 벤지딘 25. 1,3-부타디엔
26. 다환 방향족 탄화수소류 27. 에틸렌옥사이드
28. 디클로로메탄 29. 스틸렌 30. 테트라클로로에틸렌
31. 1,2-디클로로에탄 32. 에틸벤젠
33. 트리클로로에틸렌 34. 아크릴로니트릴
35. 히드라진

76 대기환경보전법규상 휘발성유기화합물 배출규제와 관련된 행정처분기준 중 휘발성유기화합물 배출억제·방지시설 설치 등의 조치를 이행하였으나 기준에 미달하는 경우 위반차수(1차-2차-3차)별 행정처분기준으로 옳은 것은?

㉮ 개선명령 - 개선명령 - 조업정지10일
㉯ 개선명령 - 조업정지30일 - 폐쇄
㉰ 조업정지10일 - 허가취소 - 폐쇄
㉱ 경고 - 개선명령 - 조업정지10일

풀이 행정처분
① 1차 행정처분 : 개선명령
② 2차 행정처분 : 개선명령
③ 3차 행정처분 : 조업정지 10일
④ 4차 행정처분 : 해당없음

77 실내공기질 관리법규상 신축 공동주택의 실내공기질 권고기준으로 틀린 것은?

㉮ 벤젠 : 30$\mu g/m^3$ 이하
㉯ 톨루엔 : 1,000$\mu g/m^3$ 이하
㉰ 자일렌 : 700$\mu g/m^3$ 이하
㉱ 에틸벤젠 : 300$\mu g/m^3$ 이하

풀이 ㉱ 에틸벤젠 : 360$\mu g/m^3$ 이하

TIP
신축 공동주택의 실내 공기질 권고기준
① 폼알데하이드 : 210$\mu g/m^3$ 이하
② 벤젠 : 30$\mu g/m^3$ 이하
③ 톨루엔 : 1,000$\mu g/m^3$ 이하
④ 에틸벤젠 : 360$\mu g/m^3$ 이하
⑤ 자일렌 : 700$\mu g/m^3$ 이하
⑥ 스티렌 : 300$\mu g/m^3$ 이하
⑦ 라돈 : 148Bq/m^3 이하

answer 75 ㉱ 76 ㉮ 77 ㉱

78 대기환경보전법상 5년 이하의 징역이나 5천만원 이하의 벌금에 처하는 기준은?

㉮ 연료사용 제한조치 등의 명령을 위반한 자
㉯ 측정기기 운영·관리기준을 준수하지 않아 조치명령을 받았으나, 이 또한 이행하지 않아 받은 조업정지명령을 위반한 자
㉰ 배출시설을 설치금지 장소에 설치해서 폐쇄명령을 받았으나 이를 이행하지 아니한 자
㉱ 첨가제를 제조기준에 맞지 않게 제조한 자

풀이 벌칙기준
㉮ 5년 이하의 징역이나 5천만원 이하의 벌금
㉯ 1년 이하의 징역이나 1천만원 이하의 벌금
㉰ 7년 이하의 징역이나 1억원 이하의 벌금
㉱ 1년 이하의 징역이나 1천만원 이하의 벌금

79 대기환경보전법상 환경부장관은 대기오염물질과 온실가스를 줄여 대기환경을 개선하기 위하여 대기환경개선 종합계획을 수립하여야 한다. 이 종합계획에 포함되어야 할 사항으로 틀린 것은? (단, 그 밖의 사항 등은 고려하지 않음)

㉮ 시, 군, 구별 온실가스 배출량 세부명세서
㉯ 대기오염물질의 배출현황 및 전망
㉰ 기후변화로 인한 영향평가와 적응대책에 관한 사항
㉱ 기후변화 관련 국제적 조화와 협력에 관한 사항

풀이 종합계획에 포함되어야 하는 사항
① 대기오염물질의 배출현황 및 전망
② 대기 중 온실가스의 농도 변화 현황 및 전망
③ 대기오염물질을 줄이기 위한 목표 설정과 이의 달성을 위한 분야별·단계별 대책
④ 대기오염이 국민건강에 미치는 위해정도와 이를 개선하기 위한 분야별·단계별 대책
⑤ 유해성 대기감시물질의 측정 및 감시·관찰에 관한 사항
⑥ 특정대기유해물질을 줄이기 위한 목표설정 및 달성을 위한 분야별·단계별 대책
⑦ 환경분야 온실가스 배출을 줄이기 위한 목표 설정과 이의 달성을 위한 분야별·단계별 대책
⑧ 기후변화로 인한 영향평가와 적응·대책에 관한 사항
⑨ 대기오염물질과 온실가스를 연계한 통합대기환경 관리체계의 구축
⑩ 기후변화 관련 국제적 조화와 협력에 관한 사항

80 대기환경보전법령상 "사업장의 연료사용량 감축 권고"조치를 하여야 하는 대기오염 경보발령 단계기준은?

㉮ 준주의보 발령단계
㉯ 주의보 발령단계
㉰ 경보 발령단계
㉱ 중대경보 발령단계

TIP 경보 단계별 조치사항
1. 주의보 발령
 ① 주민의 실외활동 자제 요청
 ② 자동차 사용의 자제 요청
2. 경보 발령
 ① 주민의 실외활동 제한 요청
 ② 자동차 사용의 제한
 ③ 사업장의 연료사용량 감축 권고
3. 중대경보 발령
 ① 주민의 실외활동 금지 요청
 ② 자동차의 통행금지
 ③ 사업장의 조업시간 단축 명령

answer 78 ㉮　79 ㉮　80 ㉰

2019년 2회 대기환경산업기사

2019년 4월 27일 시행

| 제1과목 | 대기오염개론

01 1985년 채택된 협약으로, 오존층 파괴 원인 물질의 규제에 대한 것을 주 내용으로 하는 국제협약은?

㉮ 제네바 협약   ㉯ 비엔나 협약
㉰ 기후변화 협약 ㉱ 리우 협약

풀이 오존층 보호를 위한 국제협약
① 비엔나 협약 : 1985년
② 몬트리올 의정서 : 1987년
③ 런던 회의 : 1990년

TIP
국제협약
① 제네바 협약 : 전쟁에서의 인도적 대우에 관한 기준을 정립한 협약
② 기후변화 협약 : 대기 중 온실가스 안정화에 관한 협약
③ 리우 협약 : 지구정상회담에서 환경과 개발에 관한 협약

02 가우시안 연기모델에 도입된 가정으로 옳지 않은 것은?

㉮ 연기의 분산은 시간에 따라 농도와 기상조건이 변하는 비정상상태이다.
㉯ x방향을 주 바람방향으로 고려하면, y방향(풍횡방향)의 풍속은 0이다.
㉰ 난류확산계수는 일정하다.
㉱ 연기 내 대기반응은 무시한다.

풀이 ㉮ 연기의 분산은 시간에 따라 농도와 기상조건이 변하지 않는 정상상태이다.

03 다음 중 인체에 대한 피해로서 "발열"을 일으킬 수 있는 물질로 가장 적합한 것은?

㉮ 바륨, 철화합물
㉯ 황화수소, 일산화탄소
㉰ 망간화합물, 아연화합물
㉱ 벤젠, 나프탈렌

풀이 발열을 일으키는 대표적인 물질은 망간화합물과 아연화합물이다.

04 다음 중 공중역전에 해당하지 않는 것은?

㉮ 복사역전   ㉯ 전선역전
㉰ 해풍역전   ㉱ 난류역전

풀이 ㉮ 복사성 역전은 접지역전에 해당된다.

TIP
역전의 종류
(1) 접지(지표) 역전의 종류
  ① 복사성(방사성) 역전
  ② 이류성 역전
(2) 공중 역전의 종류
  ① 침강성 역전
  ② 전선성 역전
  ③ 해풍 역전
  ④ 난류성 역전

answer 01 ㉯ 02 ㉮ 03 ㉰ 04 ㉮

05 직경이 25cm인 관에서 유체의 점도가 1.75×10^{-5} kg/m·sec이고, 유체의 흐름속도가 2.5m/sec라고 할 때 이 유체의 레이놀드수(N_{Re})와 흐름특성은? (단, 유체밀도는 1.15kg/m³이다.)

㉮ 2,245, 층류　㉯ 2,350, 층류
㉰ 41,071, 난류　㉱ 114,703, 난류

풀이
① $N_{Re} = \dfrac{D \times V \times \rho}{\mu}$
$= \dfrac{0.25 \text{m} \times 2.5 \text{m/sec} \times 1.15 \text{kg/m}^3}{1.75 \times 10^{-5} \text{kg/m} \cdot \text{sec}}$
$= 41,071.43$
② 흐름상태는 난류이다.

TIP
상태판별
① 상태판별의 척도 : 레이놀드 수(N_{Re})
② 층류 : $N_{Re} < 2,100$
③ 난류 : $N_{Re} > 4,000$
④ 천이구역 : $2,100 < N_{Re} < 4,000$

06 다음 중 온실효과에 대한 기여도가 가장 큰 것은?

㉮ CH_4　㉯ CFC 11&12
㉰ N_2O　㉱ CO_2

풀이 온실효과에 대한 기여도가 가장 큰 것은 이산화탄소(CO_2)이며, 50% 정도를 차지한다.

TIP
지구온난화 기여도
① CO_2 : 50%
② CFC : 18%
③ CH_4 : 14%
④ N_2O : 6%

07 2,000m에서의 대기압력이 820mbar이고, 온도가 15℃이며 비열비가 1.4일 때 온위는? (단, 표준압력은 1,000mbar)

㉮ 약 189K　㉯ 약 236K
㉰ 약 305K　㉱ 약 371K

풀이
온위$(\theta) = T \times \left(\dfrac{1,000}{P}\right)^{0.288}$
$= (273+15℃) \text{k} \times \left(\dfrac{1,000 \text{mbar}}{820 \text{mbar}}\right)^{0.288}$
$= 304.94 \text{K}$

08 유효굴뚝의 높이가 3배로 증가하면 최대착지농도는 어떻게 변화되는가? (단, Sutton의 확산식에 의한다.)

㉮ 1/3로 감소한다.
㉯ 1/9로 감소한다.
㉰ 1/27로 감소한다.
㉱ 1/81로 감소한다.

풀이
$C_{max} = \dfrac{2Q}{\pi \cdot e \cdot u \cdot He^2}\left(\dfrac{C_z}{C_y}\right)$
따라서 $C_{max} = \dfrac{1}{He^2}$ 이므로
$\therefore C_{max} = \dfrac{1}{3^2} = \dfrac{1}{9}$배

09 "석유정제, 석탄건류, 가스공업, 형광물질의 원료 제조"등과 가장 관련이 깊은 대기배출오염물질은?

㉮ Br_2　㉯ HCHO
㉰ NH_3　㉱ H_2S

풀이 석유정제, 석탄건류, 가스공업, 형광물질의 원료 제조업에서는 황화수소(H_2S)가 발생한다.

answer 05 ㉰　06 ㉱　07 ㉰　08 ㉯　09 ㉱

TIP
황화수소(H_2S)는 무색의 기체이며, 계란 썩는 냄새가 나는 유독성이며 가연성 물질이다.

화학식	물질명	GWP
CO_2	이산화탄소	1.0
CH_4	메탄	21
N_2O	아산화질소	310
HFC_S	수소불화탄소	1,300
PFC_S	과불화탄소	7,000
SF_6	육불화황	23,900

TIP
지구온난화지수의 기준물질인 CO_2와 가장 큰 값을 가지는 SF_6의 값은 반드시 암기해야 합니다.

10 실내오염물질에 관한 설명으로 옳지 않은 것은?

㉮ 라돈은 자연계의 물질 중에 함유된 우라늄이 연속 붕괴하면서 생성되는 라듐이 붕괴할 때 생성되는 것으로서 무색, 무취이다.
㉯ 폼알데하이드는 자극성 냄새를 갖는 무색기체로 폭발의 위험성이 있으며, 살균방부제로도 이용된다.
㉰ VOCs 중 하나인 벤젠은 피부를 통해 약 50% 정도 침투되며, 체내에 흡수된 벤젠은 주로 근육조직에 분포하게 된다.
㉱ 석면은 자연계에서 산출되는 가늘고 긴 섬유상 물질로서 내열성, 불활성, 절연성의 성질을 갖는다.

풀이 ㉰ 휘발성유기화합물(VOCs) 중 하나인 벤젠은 대부분 호흡기를 통해 침투되며, 체내에 흡수된 벤젠은 주로 피하조직과 골수에 분포하게 된다.

12 엘니뇨(El Nino) 현상에 관한 설명으로 틀린 것은?

㉮ 스페인어로 여자아이(the girl)라는 뜻으로, 엘니뇨가 발생하면 동남아시아, 호주 북부 등에서는 홍수가 주로 발생한다.
㉯ 열대태평양 남미해안으로부터 중태평양에 이르는 넓은 범위에서 해수면의 온도가 평년보다 보통 0.5℃ 이상 높은 상태가 6개월 이상 지속되는 현상을 의미한다.
㉰ 엘니뇨가 발생하는 이유는 태평양 적도 부근에서 동태평양의 따뜻한 바닷물을 서쪽으로 밀어내는 무역풍이 불지 않거나 불어도 약하게 불기 때문이다.
㉱ 엘니뇨로 인한 피해가 주요 농산물 생산지역인 태평양 연안국에 집중되어 있어 농산물생산이 크게 감축되고 있다.

풀이 ㉮ 라니냐 현상에 대한 설명이다.

TIP
① 라니냐 현상은 여자아이라는 뜻으로 6개월 이상 0.5℃ 이상 낮게 지속되는 현상
② 엘리뇨 현상은 귀여운 소년이라는 뜻으로 6개월 이상 0.5℃ 이상 높게 지속되는 현상

11 다음 물질의 지구온난화지수(GWP)를 크기순으로 옳게 배열한 것은? (단, 큰 순서 > 작은 순서)

㉮ $N_2O > CH_4 > CO_2 > SF_6$
㉯ $CO_2 > SF_6 > N_2O > CH_4$
㉰ $SF_6 > N_2O > CH_4 > CO_2$
㉱ $CH_4 > CO_2 > SF_6 > N_2O$

풀이 지구온난화지수(GWP)

answer 10 ㉰ 11 ㉰ 12 ㉮

13 다음은 바람과 관련된 설명이다. ( )안에 순서대로 들어갈 말로 옳은 것은?

> 풍향별로 관측된 바람의 발생빈도와 ( )을/를 동심원상에 그린 것을 ( )(이)라고 한다. 이때 풍향에서 가장 빈도수가 많은 것을 ( )(이)라고 한다.

㉮ 풍속 - 바람장미 - 주풍
㉯ 풍향 - 바람분포도 - 지균풍
㉰ 난류도 - 연기형태 - 경도풍
㉱ 기온역전도 - 환경감률 - 확산풍

풀이 바람장미(풍배도)
① 바람장미 : 바람의 발생빈도와 풍속을 동심원상에 그린 것
② 주풍 : 풍향 중 빈도수가 가장 많은 것
③ 풍속 : 막대의 굵기로 표시
④ 풍향 : 막대의 길이로 표시

TIP
바람장미 = 풍배도 = 풍화도

14 오존(O_3)에 관한 설명으로 옳지 않은 것은?

㉮ 폐수종과 폐충혈 등을 유발시키며, 섬모운동의 기능장애를 일으킨다.
㉯ 식물의 경우 고엽이나 성숙한 잎보다는 어린잎에 주로 피해를 일으키며, 오존에 강한식물로는 시금치, 파 등이 있다.
㉰ 오존에 약한 식물로는 담배, 자주개나리 등이 있다.
㉱ 인체의 DNA와 RNA에 작용하며 유전인자에 변화를 일으킬 수 있다.

풀이 ㉯ 식물의 경우 주로 성장한 잎에 주로 피해를 일으키며, 오존에 약한 식물로는 시금치, 담배(연초), 자주개나리(알팔파), 토마토, 백송 등이 있다.

15 다음 중 자동차 운행 때와 비교하여 감속할 경우 특징적으로 가장 크게 증가하는 것은?

㉮ NO_X ㉯ CO_2
㉰ H_2O ㉱ HC

풀이 가솔린 엔진에서 많이 발생하는 조건
① 질소산화물(NO_X) : 가속시
② 탄화수소(HC) : 감속시
③ 일산화탄소(CO) : 공회전시

16 악취(냄새)의 물리적, 화학적 특성에 관한 설명으로 옳지 않은 것은?

㉮ 일반적으로 증기압이 높을수록 냄새는 더 강하다고 볼 수 있다.
㉯ 악취유발물질들은 paraffin과 CS_2를 제외하고는 일반적으로 적외선을 강하게 흡수한다.
㉰ 악취유발가스는 통상 활성탄과 같은 표면 흡착제에 잘 흡착된다.
㉱ 악취는 물리적 차이보다는 화학적 구성에 의해서 결정된다는 주장이 더 지배적이다.

풀이 ㉱ 악취는 화학적 차이보다는 물리적 구성에 의해서 결정된다는 주장이 더 지배적이다.

17 다음 광화학반응에 관한 설명 중 가장 거리가 먼 것은?

㉮ NO광산화율이란 탄화수소에 의하여 NO가 NO_2로 산화되는 율을 뜻하며, ppb/min의 단위로 표현된다.
㉯ 일반적으로 대기에서의 오존농도는 NO_2로 산화된 NO의 양에 비례하여 증가한다.

answer 13 ㉮ 14 ㉯ 15 ㉱ 16 ㉱ 17 ㉱

㉰ 과산화기가 산소와 반응하여 오존이 생성될 수도 있다.
㉱ 오존의 탄화수소 산화(반응)율은 원자 상태의 산소에 의한 탄화수소의 산화에 비해 빠르게 진행된다.

풀이 ㉱ 오존의 탄화수소 산화(반응)율은 원자상태의 산소에 의한 탄화수소의 산화에 비해 느리게 진행된다.

18 황화수소(H_2S)에 비교적 강한 식물이 아닌 것은?

㉮ 복숭아　㉯ 토마토
㉰ 딸기　㉱ 사과

풀이 황화수소(H_2S)
① 약한식물 : 코스모스, 오이, 토마토, 담배
② 강한식물 : 복숭아, 딸기, 사과나무

TIP 황화수소(H_2S)는 무색의 기체이며, 계란 썩는 냄새가 나는 유독성이며 가연성 물질이다.

19 휘발성유기화합물질(VOCs)은 다양한 배출원에서 배출되는데 우리나라의 경우 최근 가장 큰 부분 (총배출량)을 차지하는 배출원은?

㉮ 유기용제 사용
㉯ 자동차 등 도로이동 오염원
㉰ 폐기물처리
㉱ 에너지 수송 및 저장

풀이 우리나라의 경우 최근 가장 큰 부분을 차지하는 배출원은 유기용제 사용이다.

TIP 휘발성유기화합물(VOCs)중 독성이 강한 순서는 톨루엔 > 크실렌 > 에틸벤젠 순이다.

20 다음 역사적인 대기오염 사건 중 가장 먼저 발생한 사건은?

㉮ 도노라사건　㉯ 뮤즈계곡사건
㉰ 런던스모그사건　㉱ 포자리카사건

풀이 발생연도
㉮ 도노라사건 : 1948년
㉯ 뮤즈계곡사건 : 1930년
㉰ 런던스모그사건 : 1952년
㉱ 포자리카사건 : 1950년

TIP 대기오염 사건 중 가장 먼저 발생한 사건은 뮤즈계곡 사건이며 그 다음이 횡빈(Tokyo-Yokohama)사건임을 숙지하시면 정답을 찾을 수 있게 됩니다.

| 제2과목 | **대기오염공정시험기준**

21 원자흡수분광광도법에 사용하는 불꽃 조합 중 불꽃의 온도가 높기 때문에 불꽃 중에서 해리하기 어려운 내화성산화물(Refractory Oxide)을 만들기 쉬운 원소의 분석에 가장 적합한 것은?

㉮ 아세틸렌-공기 불꽃
㉯ 수소-공기 불꽃
㉰ 아세틸렌-아산화질소 불꽃
㉱ 프로판-공기 불꽃

풀이 ㉰ 아세틸렌-아산화질소 불꽃에 대한 설명이다.

answer　18 ㉱　19 ㉮　20 ㉯　21 ㉰

> **TIP**
> **불꽃의 종류**
> ㉮ 아세틸렌-공기 불꽃 : 거의 대부분의 원소분석
> ㉯ 수소-공기 불꽃 : 원자외 영역
> ㉰ 아세틸렌-아산화질소 불꽃 : 해리하기 어려운 내화성 산화물
> ㉱ 프로판-공기 불꽃 : 불꽃온도가 낮고, 높은 감도

22 황화수소를 자외선/가시선분광법으로 분석 시 황화수소의 농도가 100ppm 미만인 경우 시료채취량(L)과 흡입속도(L/min)로 알맞은 것은?

㉮ (5~10), (0.5~2.0)
㉯ (2~40), (0.2~1.0)
㉰ (1~20), (0.1~0.5)
㉱ (0.1~1.0), (0.1~2.0)

> **TIP**
> **시료채취량과 흡입속도**
>
> | 황화수소 농도(ppm) | 시료채취량(L) | 흡입속도(L/min) |
> |---|---|---|
> | 100 미만 | (1~20) | (0.1~0.5) |
> | (100~1,000) | (0.1~1) | (0.10~0.5) |

23 굴뚝 배출가스 중 가스상 물질 시료채취 시 주의사항에 관한 설명으로 옳지 않은 것은?

㉮ 습식가스미터를 이동 또는 운반할 때에는 반드시 물을 빼고, 오랫동안 쓰지 않을 때에도 그와 같이 배수한다.
㉯ 가스미터는 250mmH₂O 이내에서 사용한다.
㉰ 시료가스의 양을 재기 위하여 쓰는 채취병은 미리 0℃ 때의 참부피를 구해둔다.
㉱ 시료채취장치의 조립에 있어서는 채취부의 조작을 쉽게 하기 위하여 흡수병, 마노미터, 흡입펌프 및 가스미터는 가까운 곳에 놓는다.

[풀이] ㉯ 가스미터는 100mmH₂O 이내에서 사용한다.

24 휘발성유기화합물(VOCs) 누출확인을 위한 휴대용 측정기기의 규격 및 성능기준으로 옳지 않은 것은?

㉮ 기기의 계기눈금은 최소한 표시된 누출농도의 ±5%를 읽을 수 있어야 한다.
㉯ 기기의 응답시간은 30초보다 작거나 같아야 한다.
㉰ VOCs 측정기기의 검출기는 시료와 반응하지 않아야 한다.
㉱ 교정 정밀도는 교정용 가스값의 10%보다 작거나 같아야 한다.

[풀이] ㉰ VOCs 측정기기의 검출기는 시료와 반응하여야 한다.

25 굴뚝 배출가스 내 폼알데하이드 및 알데하이드류의 분석방법 중 고성능액체크로마토그래피(HPLC)에 관한 설명으로 옳지 않은 것은?

㉮ 배출가스 중의 알데하이드류를 흡수액 2,4-다이나이트로페닐하이드라진(DNPH, dinitrophenylhydrazine)과 반응하여 하이드라존 유도체(hydrazone derivative)를 생성한다.
㉯ 흡입노즐은 석영제로 만들어진 것으로 흡입노즐의 꼭짓점은 45° 이하의 예각이 되도록 하고 매끈한 반구모양으로 한다.
㉰ 하이드라존(Hydrazone)은 UV영역, 특

answer 22 ㉰ 23 ㉯ 24 ㉰ 25 ㉯

히 350nm~380nm에서 최대 흡광도를 나타낸다.
㉣ 흡입관은 수분응축 방지를 위해 시료 가스 온도를 100℃ 이상으로 유지할 수 있는 가열기를 갖춘 보로실리케이트 또는 석영 유리관을 사용한다.

풀이 ㉣ 흡입노즐은 유리제로 만들어진 것으로 흡입노즐의 꼭짓점은 30°이하의 예각이 되도록 하고 매끈한 반구모양으로 한다.

26 굴뚝연속자동측정기 설치방법 중 연결관 부착방법으로 가장 거리가 먼 것은?

㉮ 냉각 연결관 부분에는 반드시 기체-액체 분리관과 그 아래쪽에 응축수 트랩을 연결한다.
㉯ 응축수의 배출에 쓰는 펌프는 충분히 내구성이 있는 것을 쓰며, 이때 응축수 트랩은 사용하지 않아도 좋다.
㉰ 냉각연결관은 될 수 있는 대로 수평으로 연결한다.
㉱ 기체-액체 분리관은 연결관의 부착위치 중 가장 낮은 부분 또는 최저 온도의 부분에 부착하여 응축수를 급속히 냉각시키고 배관계의 밖으로 빨리 방출시킨다.

풀이 ㉰ 냉각연결관은 될 수 있는 대로 수직으로 연결한다.

TIP
연결관 = 도관

27 흡광차분광법에서 측정에 필요한 광원으로 적합한 것은?

㉮ 200~900nm 파장을 갖는 중공음극램프
㉯ 200~900nm 파장을 갖는 텅스텐램프
㉰ 180~2,850nm 파장을 갖는 중공음극램프
㉱ 180~2,850nm 파장을 갖는 제논램프

풀이 흡광차분광법 암기사항
① 파장 : 180nm~2,850nm
② 램프 : 제논램프
③ 분석물질 : SO_2, NO_X, O_3

28 자외선/가시선분광법에 관한 설명으로 거리가 먼 것은?

㉮ 흡수셀의 재질 중 유리제는 주로 가시 및 근적외부 파장범위, 석영제는 자외부 파장범위를 측정할 때 사용한다.
㉯ 광전광도계는 파장 선택부에 필터를 사용한 장치로 단광속형이 많고 비교적 구조가 간단하여 작업 분석용에 적당하다.
㉰ 파장의 선택에는 일반적으로 단색화장치(monochromer) 또는 필터(filter)를 사용하고, 필터에는 색유리필터, 젤라틴 필터, 간접필터 등을 사용한다.
㉱ 광원부의 광원에는 중공음극램프를 사용하고, 가시부와 근적외부의 광원으로는 주로 중수소방전관을 사용한다.

풀이 ㉱ 광원부의 광원에는 텅스텐램프나 중수소방전관을 사용하고, 가시부와 근적외부의 광원으로는 주로 텅스텐램프, 자외부의 광원으로는 중수소방전관을 사용한다.

answer 26 ㉰ 27 ㉱ 28 ㉱

29 다음은 자외선/가시선분광법을 사용한 브로민화합물 정량방법이다. ( )안에 알맞은 것은?

> 배출가스 중 브로민화합물을 수산화소듐 용액에 흡수시킨 후 일부를 분취해서 산성으로 하여 (㉠)을 사용하여 브로민으로 산화시켜 (㉡)으로 추출한다.

㉮ ㉠ 중성요오드화포타슘 용액, ㉡ 헥산
㉯ ㉠ 중성요오드화포타슘 용액, ㉡ 클로로폼
㉰ ㉠ 과망간산포타슘 용액, ㉡ 헥산
㉱ ㉠ 과망간산포타슘 용액, ㉡ 클로로폼

풀이 브로민의 자외선/가시선분광법에서 암기사항
① 흡수액 : 수산화소듐용액(4g/L)
② 산화제 : 과망간산포타슘용액
③ 추출용매 : 클로로폼
④ 흡광도 측정파장 : 460nm

30 환경대기 중 먼지 측정방법 중 저용량 공기시료채취기법에 관한 설명으로 가장 거리가 먼 것은?

㉮ 유량계는 여과지홀더와 흡입펌프의 사이에 설치하고, 이 유량계에 새겨진 눈금은 20℃, 1기압에서 10~30L/min 범위를 0.5L/min까지 측정할 수 있도록 되어 있는 것을 사용한다.
㉯ 흡입펌프는 연속해서 10일 이상 사용할 수 있고, 진공도가 낮은 것을 사용한다.
㉰ 여과지 홀더의 충전물질은 플루오로수지로 만들어진 것을 사용한다.
㉱ 멤브레인필터와 같이 압력 손실이 큰 여과지를 사용하는 진공계는 유량의 눈금값에 대한 보정이 필요하기 때문에 압력계를 부착한다.

풀이 ㉯ 흡입펌프는 연속해서 30일 이상 사용할 수 있고, 진공도가 높은 것을 사용한다.

31 다음은 배출가스 중 수은화합물 측정을 위한 냉증기 원자흡수분광광도법에 관한 설명이다. ( )안에 알맞은 것은?

> 배출원에서 등속으로 흡입된 입자상과 가스상 수은은 흡수액인 (㉠)에 채취된다. 시료 중의 수은을 염화제일주석 용액에 의해 원자 상태로 환원시켜 발생되는 수은 증기를 냉증기원자흡수분광광도법에 따라 (㉡)에서 측정한다.

㉮ ㉠ 산성 과망간산포타슘 용액, ㉡ 193.7nm
㉯ ㉠ 산성 과망간산포타슘 용액, ㉡ 253.7nm
㉰ ㉠ 다이메틸글리옥심 용액, ㉡ 193.7nm
㉱ ㉠ 다이메틸글리옥심 용액, ㉡ 253.7nm

풀이 수은의 냉증기-원자흡수분광광도법 암기사항
① 흡수액 : 4% 과망간산포타슘+10% 황산
② 환원제 : 염화제일주석 용액
③ 측정파장 : 253.7nm

32 다음 중 원자흡수분광광도법에서 광원부로 가장 적합한 장치는?

㉮ 텅스텐램프   ㉯ 플라즈마켓
㉰ 중공음극램프   ㉱ 수소방전관

풀이 원자흡수분광광도법에서 광원은 중공음극램프이다.

TIP
자외선/가시선분광법의 광원
① 가시부와 근적외부 : 텅스텐램프
② 자외부 : 중수소방전관

answer 29 ㉱ 30 ㉯ 31 ㉯ 32 ㉰

33 다음은 환경대기 내의 유해 휘발성유기화합물(VOCs)시험방법 중 고체흡착법에 사용되는 용어의 정의이다. ( )안에 알맞은 것은?

> 일정농도의 VOCs가 흡착관에 흡착되는 초기 시점부터 일정시간이 흐르게 되면 흡착관 내부에 상당량의 VOCs가 포화되기 시작하고 전체 VOCs양의 ( )가 흡착관을 통과 하게 되는데, 이 시점에서 흡착관 내부로 흘러간 총 부피를 파과부피라 한다.

㉮ 0.1% ㉯ 5%
㉰ 30% ㉱ 50%

풀이 파과부피 용어에 대한 설명으로 전체 VOCs양의 5%가 흡착관을 통과하게 된다.

34 배출가스 중 크로뮴을 원자흡수분광광도법으로 정량할 때 측정파장은?

㉮ 217.0nm ㉯ 228.8nm
㉰ 232.0nm ㉱ 357.9nm

풀이 크로뮴을 원자흡수분광광도법으로 정량할 때 측정파장은 357.9nm이다.

35 NaOH 20g을 물에 용해시켜 800mL로 하였다. 이 용액은 몇 N인가?

㉮ 0.0625N ㉯ 0.625N
㉰ 0.25N ㉱ 62.5N

풀이 $N농도 = \dfrac{질량(g)}{부피(L)} \times \dfrac{1eq}{1당량g}$

$N = \dfrac{20g}{0.8L} \times \dfrac{1eq}{40g}$

$= 0.625N$

TIP
① N농도의 단위 : eq/L
② $1eq = \dfrac{분자량(g)}{가수} = \dfrac{40g}{1}$
③ 가수 = OH^- 갯수
④ NaOH = 수산화나트륨 = 가성소다
⑤ NaOH의 분자량 = 23+16+1 = 40

36 다음은 형광분광광도법을 이용한 환경대기 내의 벤조(a)피렌 분석을 위한 박층판 만드는 방법이다. ( )안에 알맞은 것은?

> 알루미나의 적당량의 물을 넣고 Slurry로 만들고 이것을 Applicator에 넣고 유리판 위에 약 250μm의 두께로 피복하여 방치한다. 이 Plate를 100℃에서 (㉠) 가열 활성하여 보통 황산수용액에서 상대습도를 약 45%로 조성시킨 진공 데시케이터안에 넣고 (㉡) 보존시킨 것을 사용한다.

㉮ ㉠30분간, ㉡2시간 이상
㉯ ㉠30분간, ㉡3주 이상
㉰ ㉠2시간, ㉡2시간 이상
㉱ ㉠2시간, ㉡3주 이상

풀이 박층판 만드는 방법에서 암기사항
① 100℃에서 30분간 가열 활성
② 진공 데시케이터안에 넣고 3주 이상 보존시킨 것을 사용

TIP
Applicator : 도포용 도구

answer 33 ㉯ 34 ㉱ 35 ㉯ 36 ㉯

37 환경대기 내의 탄화수소 농도 측정방법 중 총탄화수소 측정법에서의 성능기준으로 옳지 않은 것은?

㉮ 응답시간 : 스팬가스를 도입시켜 측정치가 일정한 값으로 급격히 변화되어 스팬가스농도의 90% 변화할 때까지의 시간은 2분이하여야 한다.
㉯ 지시의 변동 : 제로가스 및 스팬가스를 흘려보냈을 때 정상적인 측정치의 변동은 각 측정단계(Range)마다 최대 눈금치의 ±1%의 범위 내에 있어야 한다.
㉰ 예열시간 : 전원을 넣고 나서 정상으로 작동할 때까지의 시간은 6시간 이하여야 한다.
㉱ 재현성 : 동일조건에서 제로가스와 스팬가스를 번갈아 3회 도입해서 각각의 측정치의 평균치로부터 구한 편차는 각 측정단계(Range)마다 최대 눈금치의 ±1%의 범위 내에 있어야 한다.

풀이 ㉰ 예열시간 : 전원을 넣고 나서 정상으로 작동할 때까지의 시간은 4시간 이하여야 한다.

38 다음 중 분석대상가스가 이황화탄소(CS_2)인 경우 사용되는 채취관, 연결관의 재질로 가장 적합한 것은?

㉮ 보통강철 ㉯ 석영
㉰ 염화비닐수지 ㉱ 네오프렌

풀이 이황화탄소의 채취관이나 도관(연결관)의 재질로는 경질유리, 석영, 플루오로수지를 사용한다.

39 "항량이 될 때까지 건조한다"에서 "항량"의 범위를 벗어나지 않는 것은?

㉮ 검체 8g을 1시간 더 건조하여 무게를 달아 보니 7.9975g이었다.
㉯ 검체 4g을 1시간 더 건조하여 무게를 달아 보니 3.9989g이었다.
㉰ 검체 1g을 1시간 더 건조하여 무게를 달아 보니 0.999g이었다.
㉱ 검체 100mg을 1시간 더 건조하여 무게를 달아 보니 99.9mg이었다.

풀이
㉮ 8g : (8-7.9975)g = 1g : x
∴ x = 0.0003125g = 0.3125mg
㉯ 4g : (4-3.9989)g = 1g : x
∴ x = 0.000275g = 0.275mg
㉰ 1g : (1-0.999)g = 1g : x
∴ x = 0.001g = 1mg
㉱ 100mg : (100-99.9)mg = 1g : x
∴ x = 0.001g = 1mg

TIP 항량이 될 때까지 건조한다라 함은 따로 규정이 없는 한 보통의 건조 방법으로 1시간 더 건조 또는 강열할 때 전후 무게의 차가 매 g당 0.3mg 이하일 때를 뜻한다.

40 원형굴뚝 단면의 반경이 0.5m인 경우 측정점수는?

㉮ 1 ㉯ 4
㉰ 8 ㉱ 12

풀이 반경이 0.5m이므로 직경이 1.0m이므로 (tip)의 표에서 1m 이하에 해당하므로 반경구분수 1, 측정점수 4 이다.

TIP
원형단면의 측정점

굴뚝직경(m)	반경구분수	측정점수
1 이하	1	4
1 초과 2 이하	2	8
2 초과 4 이하	3	12
4 초과 4.5 이하	4	16
4.5 초과	5	20

answer 37 ㉰ 38 ㉯ 39 ㉯ 40 ㉯

| 제3과목 | 대기오염방지기술

41 다음 각종 먼지 중 진비중/겉보기 비중이 가장 큰 것은?

㉮ 카본블랙   ㉯ 미분탄보일러
㉰ 시멘트 원료분   ㉱ 골재 드라이어

풀이 진비중/겉보기비중

㉮ 카본블랙 = $\dfrac{1.9}{0.025}$ = 76.0

㉯ 미분탄보일러 = $\dfrac{2.10}{0.52}$ = 4.03

㉰ 시멘트 원료분 = $\dfrac{3.0}{0.6}$ = 5.0

㉱ 골재 드라이어 = $\dfrac{2.9}{1.06}$ = 2.73

TIP
이 문제에서는 진비중과 겉보기 비중의 값이 주어지지 않았으므로 정답을 숙지해 두셔야 합니다.

42 250Sm³/h의 배출가스를 배출하는 보일러에서 발생하는 SO_2를 탄산칼슘을 사용하여 이론적으로 완전제거하고자 한다. 이때 필요한 탄산칼슘의 양(kg/h)은? (단, 배출가스 중의 SO_2농도는 2,500 ppm이고, 이론적으로 100% 반응하며, 표준상태 기준)

㉮ 0.28   ㉯ 2.8
㉰ 28   ㉱ 280

풀이 $SO_2 + CaCO_3 + 0.5O_2 \rightarrow CaSO_4 + CO_2$
22.4Sm³ : 100kg
250Sm³/hr×2,500ppm×10⁻⁶ : X

∴ X = $\dfrac{250Sm^3/hr \times 2,500ppm \times 10^{-6} \times 100kg}{22.4Sm^3}$

= 2.79kg/hr

TIP
① 질량(kg) = 계수×분자량(kg)
② 체적(Sm³) = 계수×22.4(Sm³)
③ $CaCO_3$의 분자량 = 40+12+16×3 = 100

43 수소가스 3.33Sm³를 완전연소 시키기 위해 필요한 이론공기량(Sm³)은?

㉮ 약 32   ㉯ 약 24
㉰ 약 12   ㉱ 약 8

풀이 ① $H_2 + 0.5O_2 \rightarrow H_2O$
22.4Sm³ : 0.5×22.4Sm³
3.33Sm³ : O_o(산소량)

∴ O_o(이론산소량) = $\dfrac{3.33Sm^3 \times 0.5 \times 22.4Sm^3}{22.4Sm^3}$

= 1.665Sm³

② A_o(이론공기량) = $\dfrac{O_o(\text{이론산소량})}{0.21}$

= $\dfrac{1.665Sm^3}{0.21}$

= 7.93Sm³

TIP
① Sm³/Sm³ = 체적비 = 갯수비
② 체적(Sm³) = 계수×22.4Sm³

44 A 집진장치의 압력손실 25.75mmHg, 처리용량 42m³/sec, 송풍기 효율 80%이다. 이 장치의 소요동력은?

㉮ 13kW   ㉯ 75kW
㉰ 180kW   ㉱ 240kW

풀이 kW = $\dfrac{Ps \times Q}{102 \times \eta} \times \alpha$

여기서

answer 41 ㉮ 42 ㉯ 43 ㉱ 44 ㉰

$$\begin{bmatrix} Ps : 압력손실(mmH_2O) \\ Q : 처리가스량(m^3/sec) \\ \eta : 처리효율 \\ \alpha : 여유율 \end{bmatrix}$$

따라서

$$kW = \frac{(25.75mmHg \times 13.6)mmH_2O \times 42m^3/sec}{102 \times 0.80}$$

$$= 180.25 kW$$

TIP

① $1kW = 102kg \cdot m/sec$ 이므로 가스량(Q)의 시간단위는 반드시 sec임에 주의해야 합니다.
② 여유율이 없으면 생략하시면 됩니다.
③ $13.6 = \frac{10,332mmH_2O}{760mmHg}$
④ $mmHg \xrightarrow{\times 13.6} mmH_2O$
⑤ $mmH_2O \xrightarrow{\div 13.6} mmHg$

45 석회석을 연소로에 주입하여 SO_2를 제거하는 건식탈황방법의 특징으로 옳지 않은 것은?

㉮ 연소로 내에서 긴 접촉시간과 아황산가스가 석회분말의 표면 안으로 쉽게 침투되므로 아황산가스의 제거효율이 비교적 높다.
㉯ 석회석과 배출가스 중 재가 반응하여 연소로 내에 달라붙어 열전달을 낮춘다.
㉰ 연소로 내에서의 화학반응은 주로 소성, 흡수, 산화의 3가지로 나눌 수 있다.
㉱ 석회석을 재생하여 쓸 필요가 없어 부대시설이 거의 필요 없다.

풀이 ㉮ 연소로 내에서 짧은 접촉시간과 아황산가스가 반응해야 하므로 석회분말의 표면 안으로 침투가 어려워 아황산가스의 제거효율이 비교적 낮다.

46 다음 중 벤츄리 스크러버(Venturi scrubber)에서 물방울 입경과 먼지 입경의 비는 충돌 효율면에서는 어느 정도의 비가 가장 좋은가?

㉮ 10 : 1
㉯ 25 : 1
㉰ 150 : 1
㉱ 500 : 1

풀이 벤츄리 스크러버에서 물방울 입경과 먼지 입경의 비는 충돌 효율면에서는 150 : 1이 가장 적당하다.

TIP

벤츄리스크러버 암기사항
① 압력손실이 $300 \sim 800 mmH_2O$로 가장 크다.
② 입구(목부)유속이 $60 \sim 90 m/sec$로 가장 빠르다.
③ 액가스비는 $0.3 \sim 1.5 L/m^3$이다.

47 입자가 미세할수록 표면에너지는 커지게 되어 다른 입자 간에 부착하거나 혹은 동종 입자 간에 응집이 이루어지는데 이러한 현상이 생기게 하는 결합력 중 거리가 먼 것은?

㉮ 분자 간의 인력
㉯ 정전기적 인력
㉰ 브라운 운동에 의한 확산력
㉱ 입자에 작용하는 항력

풀이 응집현상이 생기게 하는 결합력
① 분자 간의 인력
② 정전기적 인력
③ 브라운 운동에 의한 확산력

answer 45 ㉮ 46 ㉰ 47 ㉱

48 처리가스량 1,200m³/min, 처리속도 2cm/sec인 함진가스를 직경 25cm, 길이 3m의 원통형 여과포를 사용하여 집진하고자 할 때 필요한 원통형 여과포의 수는?

㉮ 524개 ㉯ 425개
㉰ 323개 ㉱ 223개

풀이 $Q = \pi \cdot D \cdot L \cdot V_f \cdot n$

$$\therefore n = \frac{Q}{\pi \cdot D \cdot L \cdot V_f} = \frac{1,200 \text{m}^3/\text{min} \times 1\text{min}/60\text{sec}}{\pi \times 0.25\text{m} \times 3\text{m} \times 0.02\text{m}/\text{sec}}$$
$$= 424.41 = 425개$$

TIP 여과포수의 계산은 소수점 첫째자리에서 완전 올림한다.

49 C = 82%, H = 14%, S = 3%, N = 1%로 조성된 중유를 12Sm³ 공기/kg중유로 완전 연소했을 때 습윤 배출가스중의 SO_2 농도는 약 몇 ppm인가? (단, 중유의 황성분은 모두 SO_2로 된다.)

㉮ 1,784ppm ㉯ 1,642ppm
㉰ 1,538ppm ㉱ 1,420ppm

풀이 ① 실제습윤가스량(G_w)
= A+5.6H+0.7O+0.8N+1.244W(Sm³/kg)
= 12Sm³/kg+5.6×0.14+0.8×0.01
= 12.792Sm³/kg

② $SO_2(\text{ppm}) = \dfrac{0.7S}{G_w} \times 10^6$

$$= \frac{0.7 \times 0.03 \text{Sm}^3/\text{kg}}{12.792 \text{Sm}^3/\text{kg}} \times 10^6$$
$$= 1,641.65 \text{ppm}$$

TIP
① 실제공기량(A) = m×A_o = 12Sm³/kg
② SO_2량 = $\dfrac{22.4\text{Sm}^3}{32\text{kg}} \times S$ = 0.7S(Sm³/kg)
③ 실제공기량이 주어져 있으므로 실제습윤가스량

을 사용한다.

50 전기집진장치의 유지관리 사항 중 가장 거리가 먼 것은?

㉮ 조습용 spray 노즐은 운전 중 막히기 쉽기 때문에 운전 중에도 점검, 교환이 가능해야 한다.
㉯ 운전 중 2차 전류가 매우 적을 때에는 조습용 spray의 수량을 증가시켜 겉보기 저항을 낮춘다.
㉰ 시동시 애자 등의 표면을 깨끗이 닦아 고전압회로의 절연저항이 50Ω 이하가 되도록 한다.
㉱ 접지저항은 적어도 연 1회 이상 점검하여 10Ω 이하가 되도록 유지한다.

풀이 ㉰ 시동시 애자 등의 표면을 깨끗이 닦아 고전압회로의 절연저항이 100MΩ 이상이 되도록 한다.

51 다음 유압식 Burner의 특징으로 옳은 것은?

㉮ 분무각도는 40~90° 정도이다.
㉯ 유량조절범위는 1 : 10 정도이다.
㉰ 소형가열로의 열처리용으로 주로 쓰이며, 유압은 1~2kg/cm² 정도이다.
㉱ 연소용량은 2~5L/h 정도이다.

풀이 ㉯ 유량조절범위는 환류식은 1 : 3, 비환류식은 1 : 2 정도이다.
㉰ 대용량 가열로의 열처리용으로 주로 쓰이며, 유압은 5~20kg/cm² 정도이다.
㉱ 연소용량은 15~2,000L/h 정도이다.

answer 48 ㉯ 49 ㉯ 50 ㉰ 51 ㉮

52 입자를 크기별로 구분할 때 평균입자 지름이 0.1μm 이하인 핵영역, 0.1~2.5μm인 집적영역, 2.5μm보다 큰 조대영역으로 나눌 수 있다. 각 영역 입자의 특성에 대한 설명으로 가장 거리가 먼 것은?

㉮ 조대영역 입자는 대부분 기계적 작용에 의해 생성된다.
㉯ 핵영역 입자는 연소 등 화학반응에 의해 핵으로 형성된 부분이다.
㉰ 집적영역의 입자는 핵영역이나 조대영역의 입자에 비해 대기에서 잘 제거되므로 체류시간이 짧다.
㉱ 핵영역과 집적영역의 미세입자는 입자에 의한 여러 대기오염 현상을 일으키는 데 큰 역할을 한다.

풀이 ㉰ 집적영역의 입자는 핵영역이나 조대영역의 입자에 비해 대기에서 잘 제거되지 않으므로 체류시간이 길다.

53 다음 중 흡착제의 흡착능과 가장 관련이 먼 것은?

㉮ 포화(saturation)
㉯ 보전력(retentivity)
㉰ 파과점(break point)
㉱ 유전력(dielectric force)

풀이 흡착제의 흡착능은 포화, 보전력, 파과점과 관련이 있다.

TIP
흡착능 = 흡착능력

54 90° 곡관의 반경비가 2.25일 때 압력 손실계수는 0.26이다. 속도압이 50mmH$_2$O라면 곡관의 압력손실은?

㉮ 0.6mmH$_2$O   ㉯ 13mmH$_2$O
㉰ 22.2mmH$_2$O   ㉱ 112.5mmH$_2$O

풀이 압력손실(△P) = 압력손실계수(F)×속도압(Vp)
= 0.26×50mmH$_2$O
= 13mmH$_2$O

TIP
45° 곡관의 반경비가 주어지면 압력손실 계산시 반경비를 보정해야 합니다.

55 집진장치의 집진효율이 99.5%에서 98%로 낮아지는 경우 출구에서 배출되는 먼지의 농도는 몇 배로 증가하게 되는가?

㉮ 1.5배   ㉯ 2배
㉰ 4배   ㉱ 8배

풀이 통과율의 변화 = $\frac{(100-98\%)}{(100-99.5\%)} = \frac{2\%}{0.5\%} = 4배$

56 충전물이 갖추어야 할 조건으로 가장 거리가 먼 것은?

㉮ 단위 부피 내의 표면적이 클 것
㉯ 가스와 액체가 전체에 균일하게 분포될 것
㉰ 간격의 단면적이 작을 것
㉱ 가스 및 액체에 대하여 내식성이 있을 것

풀이 ㉰ 간격의 단면적이 클 것

answer   52 ㉰   53 ㉱   54 ㉯   55 ㉰   56 ㉰

57 층류 영역에서 Stokes의 법칙을 만족하는 입자의 침강속도에 관한 설명으로 옳지 않은 것은?

㉮ 입자와 유체의 밀도차에 비례한다.
㉯ 입자 직경의 제곱에 비례한다.
㉰ 가스의 점도에 비례한다.
㉱ 중력가속도에 비례한다.

풀이 ㉰ 가스의 점도에 반비례한다.

TIP

$$V_g = \frac{d^2(\rho_s - \rho)g}{18 \times \mu}$$

여기서 V_g : 침강속도(m/sec)
  d : 입자의 직경(m)
  ρ_s : 입자의 밀도(kg/m³)
  ρ : 가스의 밀도(kg/m³)
  g : 중력가속도(9.8m/sec²)
  μ : 점성도(kg/m·sec)

58 다음 중 전기집진장치의 집진실을 독립된 하전설비를 가진 단위 집진실로 전기적 구획을 하는 주된 이유로 가장 적합한 것은?

㉮ 순간 정전을 대비하고, 전기안전 사고를 예방하기 위함이다.
㉯ 집진효율을 높이고, 효율적으로 전력을 사용하기 위함이다.
㉰ 처리가스의 유량분포를 균일하게 하고, 먼지입자의 충분한 체류시간을 확보하게 하기 위함이다.
㉱ 집진실 청소를 효과적으로 하기 위함이다.

풀이 전기집진장치의 집진실을 독립된 하전설비를 가진 단위 집진실로 전기적 구획을 하는 주된 이유는 집진효율을 높이고, 효율적으로 전력을 사용하기 위함이다.

59 A집진장치의 입구와 출구에서의 먼지 농도가 각각 11mg/Sm³와 0.2×10⁻³g/Sm³이라면 집진율(%)은?

㉮ 96.2%   ㉯ 97.2%
㉰ 98.2%   ㉱ 99.4%

풀이 집진율(%) = $\left(1 - \frac{\text{출구의 먼지농도}}{\text{입구의 먼지농도}}\right) \times 100$

= $\left(1 - \frac{0.2\text{mg/Sm}^3}{11\text{mg/Sm}^3}\right) \times 100$

= 98.18%

TIP
출구의 먼지농도 = 0.2×10⁻³g/Sm³
       = 0.2mg/Sm³

60 화합물별 주요 원인물질 및 냄새특징을 나타낸 것으로 가장 거리가 먼 것은?

	화합물	원인물질	냄새특징
㉠	황화합물	황화메틸	양파, 양배추 썩는 냄새
㉡	질소화합물	암모니아	분뇨냄새
㉢	지방산류	에틸아민	새콤한 냄새
㉣	탄화수소류	톨루엔	가솔린 냄새

㉮ ㉠   ㉯ ㉡
㉰ ㉢   ㉱ ㉣

풀이 ㉢ 에틸아민($C_2H_5NH_2$)는 질소화합물로서 생선 썩는 냄새가 난다.

answer 57 ㉰ 58 ㉯ 59 ㉰ 60 ㉰

| 제4과목 | 대기환경관계법규

61 대기환경보전법규상 자동차연료 제조 기준 중 휘발유의 황함량 기준(ppm)은?

㉮ 2.3 이하 ㉯ 10 이하
㉰ 50 이하 ㉱ 60 이하

풀이 휘발유의 황함량 기준(ppm)은 10 이하이다.

62 대기환경보전법상 저공해자동차로의 전환 또는 개조 명령, 배출가스저감장치의 부착·교체 명령 또는 배출가스 관련 부품의 교체 명령, 저공해엔진(혼소엔진을 포함한다.)으로의 개조 또는 교체 명령을 이행하지 아니한 자에 대한 과태료 부과기준은?

㉮ 500만원 이하의 과태료
㉯ 300만원 이하의 과태료
㉰ 200만원 이하의 과태료
㉱ 100만원 이하의 과태료

풀이 ㉯ 300만원 이하의 과태료에 해당한다.

63 대기환경보전법령상 시·도지사는 부과금을 부과할 때 부과대상 오염물질량, 부과금액, 납부기간 및 납부장소 등을 기재하여 서면으로 알려야 한다. 이 경우 부과금의 납부기간은 납부통지서를 발급한 날부터 얼마로 하는가?

㉮ 7일 ㉯ 15일
㉰ 30일 ㉱ 60일

풀이 부과금의 납부기간은 납부통지서를 발급한 날부터 30일이다.

64 다음은 대기환경보전법규상 비산먼지의 발생을 억제하기 위한 시설의 설치 및 필요한 조치에 관한 엄격한 기준이다. ( )안에 알맞은 것은?

"싣기와 내리기 공정"인 경우 싣거나 내리는 장소 주위에 고정식 또는 이동식 물뿌림시설(물뿌림 반경 (㉠) 이상, 수압 (㉡) 이상)을 설치할 것

㉮ ㉠ 1.5m, ㉡ 2.5kg/cm²
㉯ ㉠ 1.5m, ㉡ 5kg/cm²
㉰ ㉠ 7m, ㉡ 2.5kg/cm²
㉱ ㉠ 7m, ㉡ 5kg/cm²

TIP
비산먼지의 발생 억제 시설 중 싣기와 내리기 공정
① 일반 기준인 조건
  ㉮ 살수 반경 : 5m 이상
  ㉯ 수압 : 3kg/cm² 이상
② 엄격한 기준인 조건
  ㉮ 물뿌림 반경 : 7m 이상
  ㉯ 수압 : 5kg/cm² 이상

65 대기환경보전법령상 사업장의 분류기준 중 4종사업장의 분류기준은?

㉮ 대기오염물질발생량의 합계가 연간 20톤 이상 50톤 미만인 사업장
㉯ 대기오염물질발생량의 합계가 연간 10톤 이상 20톤 미만인 사업장
㉰ 대기오염물질발생량의 합계가 연간 2톤 이상 10톤 미만인 사업장
㉱ 대기오염물질발생량의 합계가 연간 1톤 이상 10톤 미만인 사업장

answer 61 ㉯ 62 ㉯ 63 ㉰ 64 ㉱ 65 ㉰

[풀이] 사업장의 분류

종별	오염물질 발생량(연간)
1종 사업장	80톤 이상
2종 사업장	20톤 이상 80톤 미만
3종 사업장	10톤 이상 20톤 미만
4종 사업장	2톤 이상 10톤 미만
5종 사업장	2톤 미만

66 대기환경보전법규상 배출시설에서 발생하는 오염물질이 배출허용기준을 초과하여 개선명령을 받은 경우, 개선해야 할 사항이 배출시설 또는 방지시설인 경우 개선계획서에 포함되어야 할 사항으로 거리가 먼 것은?

㉮ 굴뚝 자동측정기기의 운영, 관리 진단 계획
㉯ 배출시설 또는 방지시설의 개선명세서 및 설계도
㉰ 대기오염물질의 처리방식 및 처리효율
㉱ 공사기간 및 공사비

[풀이] ㉮번은 측정기기 운영관리기준 위반에 따른 조치명령을 받은 경우이다.

67 환경정책기본법령상 이산화질소(NO_2)의 대기환경기준으로 옳은 것은?

㉮ 연간 평균치 0.03ppm 이하
㉯ 24시간 평균치 0.05ppm 이하
㉰ 8시간 평균치 0.3ppm 이하
㉱ 1시간 평균치 0.15ppm 이하

[풀이] 이산화질소(NO_2)의 대기환경기준
① 연간 평균치 : 0.03ppm 이하
② 24시간 평균치 : 0.06ppm 이하
③ 1시간 평균치 : 0.10ppm 이하

68 대기환경보전법규상 석유정제 및 석유화학제품 제조업 제조시설의 휘발성유기화합물 배출 억제·방지시설 설치 등에 관한 기준으로 옳지 않은 것은?

㉮ 중간 집수조에서 폐수처리장으로 이어지는 하수구(Sewer line)는 검사를 위해 대기 중으로 개방되어야 하며, 금·틈새 등이 발견되는 경우에는 30일 이내에 이를 보수하여야 한다.
㉯ 휘발성유기화합물을 배출하는 폐수처리장의 집수조는 대기오염공정시험방법(기준)에서 규정하는 검출불가능 누출농도 이상으로 휘발성유기화합물이 발생하는 경우에는 휘발성유기화합물을 80퍼센트 이상의 효율로 억제·제거할 수 있는 부유지붕이나 상부덮개를 설치·운영하여야 한다.
㉰ 압축기는 휘발성유기화합물의 누출을 방지하기 위한 개스킷 등 봉인장치를 설치하여야 한다.
㉱ 개방식 밸브나 배관에는 뚜껑, 브라인드프렌지, 마개 또는 이중밸브를 설치하여야 한다.

[풀이] ㉮ 중간 집수조에서 폐수처리장으로 이어지는 하수구(Sewer line)는 검사를 위해 대기 중으로 개방되어야 하며, 금·틈새 등이 발견되는 경우에는 15일 이내에 이를 보수하여야 한다.

answer 66 ㉮ 67 ㉮ 68 ㉮

69 대기환경보전법규상 자동차연료·첨가제 또는 촉매제의 검사를 받으려는 자가 국립환경과학원장 등에게 검사신청 시 제출해야 하는 항목으로 거리가 먼 것은?

㉮ 검사용 시료
㉯ 검사 시료의 화학물질 조성 비율을 확인할 수 있는 성분분석서
㉰ 제품의 공정도(촉매제만 해당함)
㉱ 제품의 판매계획

[풀이] 자동차연료·첨가제 또는 촉매제의 검사 시 제출서류
① 검사용 시료
② 검사 시료의 화학물질 조성 비율을 확인할 수 있는 성분분석서
③ 최대 첨가비율을 확인할 수 있는 자료(첨가제만 해당한다)
④ 제품의 공정도(촉매제만 해당한다)

70 대기환경보전법령상 자동차제작자는 부품의 결함건수 또는 결함 비율이 대통령령으로 정하는 요건에 해당하는 경우 환경부장관의 명에 따라 그 부품의 결함을 시정해야 한다. 이와 관련하여 ( )안에 가장 적합한 건수기준은?

> 같은 연도에 판매된 같은 차종의 같은 부품에 대한 결함 건수(제작결함으로 부품을 조정하거나 교환한 건수를 말한다.)가 ( )인 경우

㉮ 5건 이상   ㉯ 10건 이상
㉰ 25건 이상   ㉱ 50건 이상

71 실내공기질 관리법규상 PM-10의 실내공기질 유지기준이 75μg/m³ 이하인 다중이용시설에 해당하는 것은?

㉮ 실내주차장   ㉯ 대규모 점포
㉰ 산후조리원   ㉱ 지하역사

[풀이] PM-10의 실내공기질 유지기준이 75μg/m³ 이하인 다중이용시설은 의료기관, 어린이집, 노인요양시설, 산후조리원, 실내 어린이 놀이시설이 해당한다.

72 대기환경보전법규상 위임업무의 보고사항 중 수입자동차 배출가스 인증 및 검사현황의 보고기일 기준으로 옳은 것은?

㉮ 다음 달 10일까지
㉯ 매분기 종료 후 15일 이내
㉰ 매반기 종료 후 15일 이내
㉱ 다음 해 1월 15일까지

[풀이] 위임업무 보고사항

업무내용	보고 횟수	보고기일
환경오염사고 발생 및 조치사항	수시	사고발생 시
수입자동차 배출가스 인증 및 검사현황	연 4회	매분기 종료 후 15일 이내
자동차 연료 또는 첨가제의 제조기준 적합 여부 검사현황	연료 : 연 4회 첨가제 : 연 2회	연료 : 매분기 종료 후 15일 이내 첨가제 : 매반기 종료 후 15일 이내
자동차 연료 및 첨가제의 제조·판매 또는 사용에 대한 규제현황	연 2회	매반기 종료 후 15일이내
측정기기 관리대행업의 등록, 변경등록 및 행정처분 현황	연 1회	다음 해 1월 15일까지

answer 69 ㉱ 70 ㉱ 71 ㉰ 72 ㉯

73 대기환경보전법규상 다음 정밀검사대상 자동차에 따른 정밀검사 유효기간으로 옳지 않은 것은? (단, 차종의 구분 등은 자동차관리법에 의함)

㉮ 차령 4년 경과된 비사업용 승용자동차 : 1년
㉯ 차령 3년 경과된 비사업용 기타자동차 : 1년
㉰ 차령 2년 경과된 사업용 승용자동차 : 1년
㉱ 차령 2년 경과된 사업용 기타자동차 : 1년

풀이 ㉮ 차령 4년 경과된 비사업용 승용자동차 : 2년

74 대기환경보전법규상 환경부장관이 그 구역의 사업장에서 배출되는 대기오염물질을 총량으로 규제하려는 경우 고시하여야 할 사항으로 거리가 먼 것은? (단, 그 밖의 사항 등은 제외)

㉮ 총량규제구역
㉯ 총량규제 대기오염물질
㉰ 대기오염방지시설 예산서
㉱ 대기오염물질의 저감계획

풀이 총량 규제 시 고시해야 하는 사항
① 총량규제구역
② 총량규제 대기오염물질
③ 대기오염물질의 저감계획

75 다음은 악취방지법규상 악취검사기관과 관련한 행정처분기준이다. ( )안에 가장 적합한 처분기준은?

> 검사시설 및 장비가 부족하거나 고장난 상태로 7일 이상 방치한 경우 4차 행정처분기준은 ( )이다.

㉮ 경고   ㉯ 업무정지 1개월
㉰ 업무정지 3개월   ㉱ 지정취소

풀이 행정처분
① 1차 : 경고
② 2차 : 업무정지 1개월
③ 3차 : 업무정지 3개월
④ 4차 : 지정취소

76 다음은 대기환경보전법규상 자동차의 규모기준에 관한 설명이다. ( )안에 알맞은 것은? (단, 2015년 12월 10일 이후)

> 소형승용자동차는 사람을 운송하기 적합하게 제작된 것으로, 그 규모기준은 엔진 배기량이 1,000cc 이상이고, 차량총중량이 (㉠)이며, 승차인원이 (㉡)

㉮ ㉠ 1.5톤 미만, ㉡ 5명 이하
㉯ ㉠ 1.5톤 미만, ㉡ 8명 이하
㉰ ㉠ 3.5톤 미만, ㉡ 5명 이하
㉱ ㉠ 3.5톤 미만, ㉡ 8명 이하

풀이 소형승용자동차
① 규모기준 : 엔진 배기량이 1,000cc 이상
② 차량 총 중량 : 3.5톤 미만
③ 승차인원 : 8명 이하

answer 73 ㉮ 74 ㉰ 75 ㉱ 76 ㉱

77 악취방지법상 악취배출시설에 대한 개선 명령을 받은 자가 악취배출허용기준을 계속 초과하여 신고대상시설에 대해 시·도지사로부터 악취배출시설의 조업정지명령을 받았으나, 이를 위반한 경우 벌칙기준은?

㉮ 1년 이하의 징역 또는 1천만원 이하의 벌금
㉯ 2년 이하의 징역 또는 2천만원 이하의 벌금
㉰ 3년 이하의 징역 또는 3천만원 이하의 벌금
㉱ 5년 이하의 징역 또는 5천만원 이하의 벌금

풀이 ㉰ 3년 이하의 징역 또는 3천만원 이하의 벌금에 해당한다.

78 대기환경보전법상 이 법에서 사용하는 용어의 뜻으로 옳지 않은 것은?

㉮ "공회전제한장치"란 자동차에서 배출되는 대기오염물질을 줄이고 연료를 절약하기 위하여 자동차에 부착하는 장치로서 환경부령으로 정하는 기준에 적합한 장치를 말한다.
㉯ "촉매제"란 배출가스를 증가시키기 위하여 배출가스증가장치에 사용되는 화학물질로서 환경부령으로 정하는 것을 말한다.
㉰ "입자상물질(粒子狀物質)"이란 물질이 파쇄·선별·퇴적·이적(利敵)될 때, 그 밖에 기계적으로 처리되거나 연소·합성·분해될 때에 발생하는 고체상 또는 액체상의 미세한 물질을 말한다.
㉱ "온실가스 평균배출량"이란 자동차제작자가 판매한 자동차 중 환경부령으로 정하는 자동차의 온실가스 배출량의 합계를 해당 자동차 총 대수로 나누어 산출한 평균값(g/km)을 말한다.

풀이 ㉯ 촉매제란 배출가스를 줄이는 효과를 높이기 위하여 배출가스저감장치에 사용되는 화학물질로서 환경부령으로 정하는 것을 말한다.

79 대기환경보전법규상 배출시설을 설치·운영하는 사업자에 대하여 조업정지를 명하여야하는 경우로서 그 조업정지가 주민의 생활 등 그 밖에 공익에 현저한 지장을 줄 우려가 있다고 인정되는 경우 조업정지처분을 갈음하여 과징금을 부과할 수 있다. 이때 과징금의 부과기준에 적용되지 않는 것은?

㉮ 조업정지일수
㉯ 1일당 부과금액
㉰ 오염물질별 부과금액
㉱ 사업장 규모별 부과계수

풀이 과징금 = 조업정지일수×1일당 부과금액×사업장 규모별 부과계수

80 대기환경보전법령상 초과부과금 산정기준에서 다음 오염물질 중 오염물질 1킬로그램당 부과금액이 가장 적은 것은?

㉮ 먼지   ㉯ 황산화물
㉰ 불소화물   ㉱ 암모니아

풀이 오염물질 1킬로그램당 부과금액
㉮ 먼지 : 770원
㉯ 황산화물 : 500원
㉰ 불소화물 : 2,300원
㉱ 암모니아 : 1,400원

answer 77 ㉰ 78 ㉯ 79 ㉰ 80 ㉯

2019년 4회 대기환경산업기사

2019년 9월 21일 시행

| 제1과목 | 대기오염개론

01 굴뚝 직경 2m, 굴뚝 배출가스 속도 5m/sec, 굴뚝 배출가스온도 400K, 대기온도 300K, 풍속 3m/sec일 때 연기 상승높이(m)는?

(단, $F = g \times \left(\dfrac{D}{2}\right)^2 \times V_s \times \left(\dfrac{T_s - T_a}{T_a}\right)$,

$\triangle H = \dfrac{114 \times C \times F^{\frac{1}{3}}}{u}$, C = 1.58)

㉮ 142.6m ㉯ 152.3m
㉰ 168.5m ㉱ 198.2m

풀이

① $F = g \times \left(\dfrac{D}{2}\right)^2 \times V_s \times \left(\dfrac{T_s - T_a}{T_a}\right)$ (m^4/sec^3)

$= 9.8\text{m/sec}^2 \times \left(\dfrac{2\text{m}}{2}\right)^2 \times 5\text{m/sec}$

$\times \left(\dfrac{400\text{K} - 300\text{K}}{300\text{K}}\right)$

$= 16.3333$ m^4/sec^3

② $\triangle H = \dfrac{114 \times C \times F^{1/3}}{u}$

$= \dfrac{114 \times 1.58 \times (16.3333\text{m}^4/\text{sec}^3)^{\frac{1}{3}}}{3\text{m/sec}}$

$= 152.33$m

02 다음 오염물질 중 수산기를 포함하는 것은?

㉮ chloroform
㉯ benzene
㉰ methyl mercaptan
㉱ phenol

풀이 화학식

㉮ chloroform : $CHCl_3$
㉯ benzene : C_6H_6
㉰ methyl mercaptan : CH_3SH
㉱ phenol : C_6H_5OH

TIP
수산기는 OH를 의미하므로 화학식에서 OH를 가지는 화합물을 찾으면 됩니다.

03 먼지농도가 160μg/m^{3}이고, 상대습도가 70%인 상태의 대도시에서의 가시거리는 몇 km인가? (단, A = 1.2)

㉮ 4.2km ㉯ 5.8km
㉰ 7.5km ㉱ 11.2km

풀이 $V = \dfrac{10^3 \times A}{G}$

여기서
- V : 가시거리(km)
- A : 상수
- G : 농도(μg/m^3)

따라서 $V = \dfrac{10^3 \times 1.2}{160\text{μg/m}^3} = 7.5$km

answer 01 ㉯ 02 ㉱ 03 ㉰

> **TIP**
> 농도(G)의 단위가 μg/m³일 때 가시거리(V)의 단위는 km이다.

04 일반적으로 냄새의 강도와 농도 사이에 성립하는 법칙으로 가장 적합한 것은?

㉮ Nernst-Planck의 법칙
㉯ Weber Fechner의 법칙
㉰ Albedo의 법칙
㉱ Wien의 변위법칙

풀이 냄새의 강도와 농도 사이에 성립하는 법칙은 웨버 페히너(Weber Fechner)의 법칙이다.

05 교토의정서의 2020년까지 연장 및 한국의 녹색기후기금(GCF) 유치를 인준한 당사국 회의 개최장소는?

㉮ 모로코 마라케쉬
㉯ 케냐 나이로비
㉰ 멕시코 칸쿤
㉱ 카타르 도하

풀이 교토의정서의 2020년까지 연장 및 한국의 녹색기후기금(GCF) 유치를 인준한 당사국 회의 개최 장소는 카타르 도하이다.

06 다음 중 "무색의 기체로 자극성이 강하며, 물에 잘 녹고, 살균 방부제로도 이용되고, 단열재, 피혁 제조, 합성수지 제조 등에서 발생하며, 실내공기를 오염시키는 물질"에 해당하는 것은?

㉮ HCHO
㉯ C_6H_5OH
㉰ HCl
㉱ NH_3

풀이 ㉮ 폼알데하이드(HCHO)에 대한 설명이다.

> **TIP**
> 이 문제의 핵심포인트는 "살균방부제 = HCHO"임을 숙지하시기 바랍니다.

07 오존층 보호를 위한 오존층 파괴물질의 생산 및 소비감축에 관한 내용의 국제협약으로 가장 적절한 것은?

㉮ 바젤협약
㉯ 리우선언
㉰ 그린피스협약
㉱ 몬트리올 의정서

풀이 ㉱ 몬트리올 의정서에 대한 설명이다.

> **TIP**
> ① 바젤협약 : 국가간 대기오염물질 이동 규제 협약
> ② 리우선언 : 지구정상회담에서 환경과 개발에 관한 협약(선언)
> ③ 그린피스협약 : 해양보호관련 국제 협약

08 다음 중 2차 오염물질로 볼 수 없는 것은?

㉮ 이산화황이 대기중에서 산화하여 생성된 삼산화황
㉯ 이산화질소의 광화학반응에 의하여 생성된 일산화질소
㉰ 질소산화물의 광화학반응에 의한 원자상 산소와 대기중의 산소가 결합하여 생성된 오존
㉱ 석유정제시 수소첨가에 의하여 생성된 황화수소

풀이 산화반응, 광화학반응, 광분해 반응에 의해 발생된 물질은 2차성 물질이 된다. 따라서 수소첨가에 의해 생성된 황화수소(H_2S)는 1차성 물질이다.

answer 04 ㉯ 05 ㉱ 06 ㉮ 07 ㉱ 08 ㉱

09 Panofsky에 따른 Richardson수(Ri)의 크기와 대기의 혼합 간의 관계로 옳지 않은 것은?

㉮ Richardson수가 0에 접근하면 분산은 줄어든다.
㉯ 0.25 < Ri : 수직방향의 혼합은 없다.
㉰ Ri가 0.2보다 크게 되면 수직혼합이 최대가 되고, 수평혼합은 없다.
㉱ Ri = 0 : 기계적 난류만 존재한다.

풀이 ㉰ Ri가 0.2보다 크게 되면 수평혼합이 최소가 되고, 수직혼합은 없다.

10 다음 대기오염물질 중 혈관내 용혈을 일으키며, 3대 증상으로는 복통, 황달, 빈뇨이며, 급성중독일 경우 활성탄과 하제를 투여하고 구토를 유발시켜야 하는 것은?

㉮ Asbestos   ㉯ Arsenic(As)
㉰ Benzo[a]pyrene ㉱ Bromine(Br)

풀이 ㉯ 비소(As)에 대한 설명이다.

TIP
이 문제의 핵심포인트는 "복통, 황달, 빈뇨 유발물질 = 비소"임을 숙지하시기 바랍니다.

11 로스앤젤레스 스모그 사건에서 시간에 따른 광화학 스모그 구성 성분변화 추이 중 가장 늦은 시간에 하루 중 최고치를 나타내는 물질은?

㉮ NO_2 ㉯ 알데하이드
㉰ 탄화수소   ㉱ NO

풀이 가장 늦은 시간에 하루 중 최고치를 나타내는 물질은 2차성 물질이므로 ㉯ 알데하이드가 정답이 된다.

TIP
하루 중 가장 이른 시간(출근시간)에 나타나는 물질은 1차성 물질이고 한낮에 가장 많이 생성되는 물질은 2차성 물질로 대표적인 물질은 오존(O_3)이다.

12 다음 대기오염물질 중 비중이 가장 큰 것은?

㉮ 폼알데하이드   ㉯ 이황화탄소
㉰ 일산화질소   ㉱ 이산화질소

풀이 비중이 가장 큰 물질은 분자량이 가장 큰 물질이므로 ㉮ 이황화탄소(CS_2)가 정답이 된다.

TIP
① 기체의 비중 = $\dfrac{\text{기체의 분자량}}{\text{공기의 분자량}(29)}$
② 분자량
   ㉮ 폼알데하이드(HCHO) = 1+12+1+16 = 30
   ㉯ 이황화탄소(CS_2) = 12+32×2 = 76
   ㉰ 일산화질소(NO) = 14+16 = 30
   ㉱ 이산화질소(NO_2) = 14+16×2 = 46
③ 분자량이 큰 물질은 비중이 큰 물질이다.
④ 분자량이 작은 물질은 비중이 작은 물질이다.

13 지구상에 분포하는 오존에 관한 설명으로 옳지 않은 것은?

㉮ 오존량은 돕슨(Dobson) 단위로 나타내는데, 1Dobson은 지구 대기중 오존의 총량을 0℃, 1기압의 표준상태에서 두께로 환산하였을 때 0.01cm에 상당하는 양이다.
㉯ 오존층 파괴로 인해 피부암, 백내장, 결막염 등 질병유발과 인간의 면역기능의 저하를 유발할 수 있다.
㉰ 오존의 생성 및 분해반응에 의해 자연상태의 성층권 영역에서는 일정 수준의 오

answer 09 ㉰ 10 ㉯ 11 ㉯ 12 ㉮ 13 ㉮

존량이 평형을 이루게 되고, 다른 대기권 영역에 비해 오존의 농도가 높은 오존층이 생성된다.

㈎ 지구 전체의 평균 오존 전량은 약 300 Dobson이지만, 지리적 또는 계절적으로 그 평균값의 ±50% 정도까지 변화하고 있다.

[풀이] ㉮ 오존량은 돕슨(Dobson) 단위로 나타내는데, 1Dobson은 지구 대기중 오존의 총량을 0℃, 1기압의 표준상태에서 두께로 환산하였을 때 0.01mm에 상당하는 양이다.

TIP
100돕슨 : 1mm = 1돕슨 : X
∴ X = 0.01mm = 0.001cm

14
분자량이 M인 대기오염물질의 농도가 표준상태(0℃, 1기압)에서 448ppm으로 측정되었다. 표준상태에서 mg/m³로 환산하면?

㉮ $\dfrac{1}{20M}$ ㉯ $\dfrac{M}{20}$

㉰ $20M$ ㉱ $\dfrac{20}{M}$

[풀이] $mg/Sm^3 = \dfrac{448mL}{Sm^3} \times \dfrac{Mmg}{22.4mL} = 20 \times Mmg/Sm^3$

TIP
① ppm = mL/Sm³
② 가스 1mol $\begin{cases} Mmg \\ 22.4mL \end{cases}$
③ mg/Sm³ = mL/Sm³ × $\dfrac{\text{분자량(mg)}}{22.4mL}$

15
다음 그림에서 "가"쪽으로 부는 바람은?

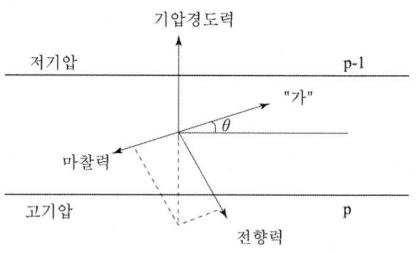

㉮ geostropic wind   ㉯ Föhn wind
㉰ surface wind   ㉱ gradient wind

[풀이] 지상풍(surface wind)이다.

TIP
㉮ 지균풍 ㉯ 휀풍 ㉰ 지상풍 ㉱ 경도풍

16
대기오염사건과 관련된 설명 중 ( )안에 가장 알맞은 것은?

> 런던 스모그 사건은 (㉠)이 형성되고 거의 무풍상태가 계속되었으며, 로스엔젤레스 스모그사건은 (㉡)이 형성되고 해안성 안개가 낀 상태에서 발생하였다.

㉮ ㉠ 복사역전, ㉡ 이류성역전
㉯ ㉠ 이류성역전, ㉡ 침강역전
㉰ ㉠ 침강역전, ㉡ 복사역전
㉱ ㉠ 복사역전, ㉡ 침강역전

[풀이] 스모그사건
① 런던 스모그 사건 : 복사성(방사성) 역전
② 로스엔젤레스 스모그사건 : 침강성 역전

answer 14 ㉰ 15 ㉰ 16 ㉱

17 수은에 관한 설명으로 옳지 않은 것은?

㉮ 원자량 200.61, 비중 6.92이며, 염산에 용해된다.
㉯ 만성중독의 경우 전형적인 증상은 특수한 구내염, 눈, 입술, 혀, 손발 등이 빠르고 얇게 떨린다.
㉰ 만성중독의 경우 손과 팔의 근력이 저하되며, 다발성 신경염도 일어난다고도 보고된다.
㉱ 일본의 미나마따지방에서 발생한 미나마따병은 유기수은으로 인한 공해병이며, 구심성 시야협착, 난청, 언어장애 등이 나타난다.

풀이 ㉮ 원자량 200.6, 비중 3.55이며, 질산에 용해되고 염산에는 용해되지 않는다.

TIP
공해병
① 수은(Hg) : 미나마타이병, 헌터-루셀증후군
② 카드뮴(Cd) : 이따이이따이병
③ 폴리클로리네이티드비페닐(PCB) : 카네미유증

18 통상적으로 대기오염물질의 농도와 혼합고간의 관계로 가장 적합한 것은?

㉮ 혼합고에 비례한다.
㉯ 혼합고의 2승에 비례한다.
㉰ 혼합고의 3승에 비례한다.
㉱ 혼합고의 3승에 반비례한다.

풀이 실제오염농도(ppm)
$= 예상오염농도(ppm) \times \left(\frac{예상최대혼합고}{실제최대혼합고}\right)^3$

예상오염농도(ppm)
$= 실제오염농도(ppm) = \frac{1}{\left(\frac{예상최대혼합고}{실제최대혼합고}\right)^3}$

따라서 예상오염농도(ppm) $= \frac{1}{(예상최대혼합고)^3}$

19 연기의 배출속도 50m/sec, 평균풍속 300m/min, 유효굴뚝높이 55m, 실제굴뚝높이 24m인 경우 굴뚝의 직경(m)은?

(단, $\triangle H = 1.5 \times \left(\frac{V_s}{U}\right) \times D$)

㉮ 0.3　㉯ 1.6
㉰ 2.1　㉱ 3.7

풀이 $\triangle H = 1.5 \times \left(\frac{V_s}{U}\right) \times D$

여기서
$\triangle H$: 연기의 상승고(m)
V_s : 배출가스의 토출속도(m/sec)
U : 풍속(m/sec)
D : 직경(m)

$31m = 1.5 \times \left(\frac{50m/sec}{300m/min \times 1min/60sec}\right) \times D$

∴ $D = 2.07m$

TIP
연기의 상승고($\triangle H$)
= 유효굴뚝높이(He)-실제굴뚝높이(H)
= 55m-24m = 31m

20 다음 대기분산모델 중 벨기에서 개발되었으며, 통계모델로서 도시지역의 오존농도를 계산하는데 이용했던 것은?

㉮ ADMS(atmospheric dispersion ozone model system)
㉯ OCD(offshore and coastal ozone dispersion model)
㉰ SMOGSTOP(statistical models of groundlevel short term ozone pollution)
㉱ RAMS(regional atmospheric ozone model system)

풀이 ㉮ ADMS : 영국에서 개발된 가우시안 모델이며, 도

answer　17 ㉮　18 ㉱　19 ㉰　20 ㉰

시지역 오염물질의 이동을 계산하는데 이용된다.
㉰ OCD : 미국에서 개발된 가우시안 모델이며, 해안지역 오염물질의 이동을 계산하는데 이용된다.
㉱ RAMS : 미국에서 개발된 3차원 바람장 모델이며, 바람장과 오염물질의 분산을 동시에 계산한다.

| 제2과목 | 대기오염공정시험기준

21 대기오염공정시험기준에서 정의하는 기밀용기에 관한 설명으로 옳은 것은?

㉮ 물질을 취급 또는 보관하는 동안에 이물이 들어가거나 내용물이 손실되지 않도록 보호하는 용기
㉯ 물질을 취급 또는 보관하는 동안에 외부로부터의 공기 또는 다른 가스가 침입하지 않도록 내용물을 보호하는 용기
㉰ 물질을 취급 또는 보관하는 동안에 내용물이 광화학적 변화를 일으키지 않도록 보호하는 용기
㉱ 물질을 취급 또는 보관하는 동안에 기체 또는 미생물이 침입하지 않도록 내용물을 보호하는 용기

풀이 용기
 ㉮ 밀폐용기
 ㉯ 기밀용기
 ㉰ 차광용기
 ㉱ 밀봉용기

TIP
용기
① 밀폐용기 : 이물질
② 기밀용기 : 공기
③ 밀봉용기 : 미생물
④ 차광용기 : 광선

22 대기오염공정시험기준 중 원자흡수분광광도법에서 사용되는 용어의 정의로 옳지 않은 것은?

㉮ 슬롯버너 : 가스의 분출구가 세극상으로 된 버너
㉯ 충전가스 : 중공음극램프에 채우는 가스
㉰ 선프로파일 : 파장에 대한 스펙트럼선의 강도를 나타내는 곡선
㉱ 근접선 : 목적하는 스펙트럼선과 동일한 파장을 갖는 같은 스펙트럼선

풀이 ㉱ 근접선 : 목적하는 스펙트럼선에 가까운 파장을 갖는 다른 스펙트럼선

23 0.1N H_2SO_4 용액 1,000mL를 제조하기 위해서는 95% H_2SO_4를 약 몇 mL 취하여야 하는가? (단, H_2SO_4의 비중은 1.84)

㉮ 약 1.2mL ㉯ 약 3mL
㉰ 약 4.8mL ㉱ 약 6mL

풀이
① eq/L = $\dfrac{비중(g)}{(mL)} \times \dfrac{10^3 mL}{1L} \times \dfrac{1eq}{1당량g} \times \dfrac{농도(\%)}{100}$

  = $\dfrac{1.84g}{mL} \times \dfrac{10^3 mL}{1L} \times \dfrac{1eq}{49g} \times \dfrac{95\%}{100}$

  = 35.6735N

② 적정공식 $N_1 \times V_1 = N_2 \times V_2$를 이용한다.
  $0.1N \times 1,000mL = 35.6735N \times V_2$

  $\therefore V_2 = \dfrac{0.1N \times 1,000mL}{35.6735N}$

  = 2.8mL

TIP
① N농도 = eq/L
② 1mol = 분자량(g)
③ H_2SO_4의 분자량 = 1×2+32+16×4 = 98
④ 1eq = $\dfrac{분자량(g)}{가수}$

answer 21 ㉯ 22 ㉱ 23 ㉯

⑤ H_2SO_4는 2 당량이므로 $1eq = \dfrac{98g}{2} = 49g$

24 환경대기 중 아황산가스의 농도를 산정 량수동법으로 측정하여 다음과 같은 결과를 얻었다. 이때 아황산가스의 농도는?

- 적정에 사용한 0.01N-알칼리 용액의 소비량 0.2mL
- 시료가스 채취량 1.5m³

㉮ 43μg/m³ ㉯ 58μg/m³
㉰ 65μg/m³ ㉱ 72μg/m³

[풀이] $S = \dfrac{32,000 \times N \times v}{V}$

여기서
- S : 아황산가스의 농도(μg/m³)
- N : 알칼리의 규정농도(N)
- v : 적정에 사용한 알칼리의 양(mL)
- V : 시료가스 채취량(m³)

따라서 $S = \dfrac{32,000 \times 0.01N \times 0.2mL}{1.5m^3} = 42.67μg/m^3$

25 굴뚝 배출가스 내 휘발성유기화합물질(VOCs) 시료채취방법 중 흡착관법의 시료채취장치에 관한 설명으로 가장 거리가 먼 것은?

㉮ 채취관 재질은 유리, 석영, 플루오로수지 등으로, 120℃ 이상까지 가열이 가능한 것이어야 한다.
㉯ 시료채취관에서 응축기 및 기타부분의 연결관은 가능한 짧게 하고, 플루오로수지 재질의 것을 사용한다.
㉰ 밸브는 스테인리스 재질로 밀봉윤활유를 사용하여 기체의 누출이 없는 구조이어야 한다.
㉱ 응축기 및 응축수 트랩은 유리재질이어야 하며, 응축기는 기체가 앞쪽 흡착관을 통과하기 전 기체를 20℃ 이하로 낮출 수 있는 부피이어야 한다.

[풀이] ㉰ 밸브는 플루오로수지, 유리 및 석영재질로 밀봉윤활유를 사용하지 않고 가스의 누출이 없는 구조이어야 한다.

26 굴뚝반경이 2.2m인 원형 굴뚝에서 먼지를 채취하고자 할 때 측정점수는?

㉮ 8   ㉯ 12
㉰ 16 ㉱ 20

[풀이] 반경이 2.2m이므로 직경이 4.4m이므로 반경구분수 4, 측정점수 16이다.

TIP

굴뚝직경(m)	반경구분수	측정점수
1 이하	1	4
1 초과 2 이하	2	8
2 초과 4 이하	3	12
4 초과 4.5 이하	4	16
4.5 초과	5	20

27 원자흡수분광광도법으로 배출가스 중 Zn을 분석할 때의 측정파장으로 적합한 것은?

㉮ 213.8nm ㉯ 248.3nm
㉰ 324.8nm ㉱ 357.9nm

[풀이] 아연(Zn)의 원자흡수분광광도법
① 측정파장 : 213.8nm
② 정량범위 : 0.003mg/Sm³ ~ 5.000mg/Sm³
③ 정밀도 : 10%
④ 방법검출한계 : 0.001mg/Sm³

answer   24 ㉮   25 ㉰   26 ㉰   27 ㉮

28 굴뚝 배출가스 중 이황화탄소를 자외선/가시선 분광법으로 측정 시 분석파장으로 가장 적합한 것은?

㉮ 560nm   ㉯ 490nm
㉰ 435nm   ㉱ 235nm

풀이 이황화탄소(CS_2)의 자외선/가시선 분광법 암기사항
① 흡수액 : 다이에틸아민구리 용액
② 흡광도 측정파장 : 435nm
③ 정량범위 : (4.0~60.0)ppm
④ 방법검출한계 : 1.3ppm 이하

29 분석대상가스가 질소산화물인 경우 흡수액으로 가장 적합한 것은? (단, 아연환원나프틸에틸렌다이아민법 기준)

㉮ 황산용액(0.005mol/L)
㉯ 수산화소듐(0.5g/L)용액
㉰ 아연아민착염용액
㉱ 아세틸아세톤 함유 흡수액

30 500mmH₂O는 약 몇 mmHg인가?

㉮ 19mmHg   ㉯ 28mmHg
㉰ 37mmHg   ㉱ 45mmHg

풀이 $500mmH_2O \div 13.6 = 36.77mmHg$

TIP
수은주 비중 = $\dfrac{10,332mmH_2O}{760mmHg}$ = 13.6($mmH_2O/mmHg$)

$\begin{cases} mmH_2O \xrightarrow{\div 13.6} mmHg \\ mmHg \xrightarrow{\times 13.6} mmH_2O \end{cases}$

31 기체크로마토그래피에 관한 설명으로 옳지 않은 것은?

㉮ 일정유량으로 유지되는 운반가스(carrier gas)는 시료도입부로부터 분리관내를 흘러서 검출기를 통하여 외부로 방출된다.
㉯ 시료의 각 성분이 분리되는 것은 분리관을 통과하는 성분의 흡광성에 의한 속도 변화 차이 때문이다.
㉰ 일반적으로 무기물 또는 유기물의 대기오염물질에 대한 정성, 정량 분석에 이용된다.
㉱ 기체시료 또는 기화한 액체나 고체시료를 운반가스(carrier gas)에 의하여 분리, 관내에 전개시켜 기체상태에서 분리되는 각 성분을 크로마토그래피적으로 분석하는 방법이다.

풀이 ㉯ 시료의 각 성분이 분리되는 것은 분리관을 통과하는 성분의 흡착성과 용해성에 의한 속도변화 차이 때문이다.

32 환경대기 내의 옥시던트(오존으로서) 측정방법 중 알칼리성 아이오딘화포타슘법에 관한 설명으로 가장 거리가 먼 것은?

㉮ 대기중에 존재하는 저농도의 옥시던트(오존)를 측정하는데 사용된다.
㉯ 이 방법에 의한 오존 검출한계는 0.1~65μg이며, 더 높은 농도의 시료는 중성 아이오딘화포타슘법으로 측정한다.
㉰ 대기중에 존재하는 미량의 옥시던트를 알칼리성 아이오딘화포타슘 용액에 흡수시키고 아세트산으로 pH 3.8의 산성으로 하면 산화제의 당량에 해당하는 아이오드가 유리된다.
㉱ 유리된 아이오드를 파장 352nm에서 흡

answer 28 ㉰   29 ㉮   30 ㉰   31 ㉯   32 ㉯

광도를 측정하여 정량한다.

풀이 ㉯ 이 방법에 의한 오존 검출한계는 1~16μg이며, 더 높은 농도의 시료는 흡수액으로 적당히 묽혀 사용할 수 있다.

TIP
용어
① 요오드 = 아이오드
② 칼륨 = 포타슘
③ 중성요오드화칼륨법 = 중성아이오딘화포타슘법

33 황산 25mL를 물로 희석하여 전량을 1L로 만들었다. 희석 후 황산용액의 농도는? (단, 황산순도는 95%, 비중은 1.84이다.)

㉮ 약 0.3N ㉯ 약 0.6N
㉰ 약 0.9N ㉱ 약 1.5N

풀이
① $eq/L = \frac{비중(g)}{(mL)} \times \frac{10^3 mL}{1L} \times \frac{1eq}{1당량g} \times \frac{농도(\%)}{100}$

$= \frac{1.84g}{mL} \times \frac{10^3 mL}{1L} \times \frac{1eq}{49g} \times \frac{95\%}{100}$

$= 35.6735N$

② $35.6735N \times \frac{25mL}{1,000mL} = 0.89N$

TIP
① N농도의 = eq/L
② 1mol = 분자량(g)
③ $1eq = \frac{분자량(g)}{가수}$
④ H_2SO_4는 2 당량이므로 $1eq = \frac{98g}{2} = 49g$

34 굴뚝 배출가스 중 페놀화합물을 자외선/가시선 분광법으로 측정할 때 시료액에 4-아미노안티피린용액과 헥사사이아노철(Ⅲ)산포타슘 용액을 가한 경우 발색된 색은?

㉮ 황색 ㉯ 황록색
㉰ 적색 ㉱ 청색

풀이 페놀화합물을 자외선/가시선 분광법
① 흡수액 : 수산화소듐용액(4g/L)
② pH : 10 ± 0.2로 조절
③ 발색 및 파장 측정 : 적색, 510nm
④ 방법검출한계 : 0.32ppm
⑤ 정량범위 : 1.0ppm~20.0ppm

35 다음 중 특정 발생원에서 일정한 굴뚝을 거치지 않고 외부로 비산 배출되는 먼지를 고용량공기시료채취법으로 측정하여 농도계산시 "전 시료채취 기간 중 주풍향이 45°~90° 변할 때"의 풍향 보정계수로 옳은 것은?

㉮ 1.0 ㉯ 1.2
㉰ 1.5 ㉱ 1.8

풀이 풍향에 대한 보정계수

풍향변화범위	보정계수
주풍향이 90°이상	1.5
주풍향이 45°~90°	1.2
주풍향이 45°미만	1.0

answer 33 ㉰ 34 ㉰ 35 ㉯ 36 ㉰ 37 ㉯

36 외부로 비산 배출되는 먼지를 고용량공기시료채취법으로 측정한 조건이 다음과 같을 때 비산먼지의 농도는?

- 대조위치의 먼지농도 : $0.15\,mg/Sm^3$
- 채취먼지량이 가장 많은 위치의 먼지 농도 : $4.69\,mg/Sm^3$
- 전 시료채취 기간 중 주 풍향이 90°이상 변했으며, 풍속이 0.5m/sec 미만 또는 10m/sec 이상되는 시간이 전 채취시간의 50% 미만이었다.

㉮ $4.54\,mg/Sm^3$ ㉯ $5.45\,mg/Sm^3$
㉰ $6.81\,mg/Sm^3$ ㉱ $8.17\,mg/Sm^3$

풀이 비산먼지농도(C)
= $(C_H - C_B) \times W_D \times W_S$
= $(4.69 - 0.15)\,mg/Sm^3 \times 1.5 \times 1.0$
= $6.81\,mg/Sm^3$

TIP
보정계수
(1) 풍향에 대한 보정계수

풍향변화범위	보정계수
주풍향이 90°이상	1.5
주풍향이 45°~90°	1.2
주풍향이 45°미만	1.0

(2) 풍속에 대한 보정계수

풍속계수	보정계수
전 채취시간의 50% 미만	1.0
전 채취시간의 50% 이상	1.2

37 굴뚝 배출가스 중 이산화황을 연속적으로 분석하기 위한 시험방법에 사용되는 정전위전해분석계의 구성에 관한 설명으로 옳지 않은 것은?

㉮ 가스투과성 격막은 전해셀 안에 들어있는 전해질의 유출이나 증발을 막고 가스 투과성 성질을 이용하여 간섭성분의 영향을 저감시킬 목적으로 사용하는 폴리에틸렌 고분자격막이다.
㉯ 작업전극은 전해셀 안에서 산화전극과 한쌍으로 전기회로를 이루며 이산화황을 정전위전해 하는데 필요한 산화전극을 대전극에 가할 때 기준으로 삼는 전극으로서 백금전극, 니켈 또는 니켈화합물전극, 납 또는 납화합물전극 등이 사용된다.
㉰ 전해액은 가스투과성 격막을 통과한 가스를 흡수하기 위한 용액으로 약 0.5mol/L 황산용액으로 사용한다.
㉱ 정전위전원은 작업전극에 일정한 전위의 전기에너지를 부가하기 위한 직류전원으로 수은전지가 이용된다.

풀이 ㉯ 산화전극은 전해셀안에서 작업전극과 한쌍으로 전기회로를 이루며 이산화황을 정전위 전해 하는데 필요한 산화전극을 작업전극에 가할 때 기준으로 삼는 전극이다. 백금전극, 니켈 또는 니켈화합물 전극, 납 또는 납화합물 전극 등이 사용된다.

38 자외선 가시선 분광법에 관한 설명으로 옳지 않은 것은? (단, I_o = 입사광의 강도, I_t = 투사광의 강도, C : 용액의 농도, L : 빛의 투사길이, ϵ : 비례상수(흡광계수))

㉮ 램비어트 비어의 법칙을 응용한 것이다.
㉯ $\dfrac{I_t}{I_o}$ = 투과도라 한다.
㉰ 투과도 $\left(t = \dfrac{I_t}{I_o}\right)$를 백분율로 표시한 것을 투과퍼센트라 한다.
㉱ 투과도 $\left(t = \dfrac{I_t}{I_o}\right)$의 자연대수를 흡광도라 한다.

answer 36 ㉰ 37 ㉯ 38 ㉱

풀이 ㉣ 투과도 $\left(t = \dfrac{I_t}{I_o}\right)$ 역수의 상용대수를 흡광도라 한다.

39 굴뚝 배출가스 중 황화수소(H_2S)를 자외선/가시선 분광법(메틸렌블루법)으로 측정했을 때 농도범위가 5~100ppm일 때 시료채취량 범위로 가장 적합한 것은?

㉮ 10~100mL ㉯ 0.1~1L
㉰ 1~10L ㉱ 50~100L

풀이 황화수소(H_2S)를 자외선/가시선 분광법(메틸렌블루법)
① 흡수액 : 아연아민착염용액
② 흡광도 측정파장 : 670nm
③ 정량범위 : 시료채취량이 (0.1~20)L인 경우 (1.7~140)ppm
④ 방법검출한계 : 0.5ppm

40 시험의 기재 및 용어에 대한 정의로 옳지 않은 것은?

㉮ 용액의 액성표시는 따로 규정이 없는 한 유리전극법에 의한 pH미터로 측정한 것을 말한다.
㉯ 액체성분의 양을 정확히 취한다 함은 홀피펫, 부피플라스크 또는 이와 동등 이상의 정도를 갖는 용량계를 사용하여 조작하는 것을 뜻한다.
㉰ 항량이 될 때까지 건조한다 함은 따로 규정이 없는 한 보통의 건조방법으로 1시간 더 건조할 때 전후 무게의 차가 매 g당 0.5mg 이하일 때를 뜻한다.
㉱ 바탕시험을 하여 보정한다 함은 시료에 대한 처리 및 측정을 할 때 시료를 사용하지 않고 같은 방법으로 조작한 측정치를 빼는 것을 뜻한다.

풀이 ㉰ 항량이 될 때까지 건조한다 함은 따로 규정이 없는 한 보통의 건조방법으로 1시간 더 건조할 때 전후 무게의 차가 매 g당 0.3mg 이하일 때를 뜻한다.

| 제3과목 | 대기오염방지기술

41 다음 연료 중 검댕의 발생이 가장 적은 것은?

㉮ 저휘발분 역청탄
㉯ 코크스
㉰ 이탄
㉱ 고휘발분 역청탄

풀이 검댕의 발생이 가장 적은 연료는 휘발분이 가장 적은 코크스이다.

TIP
검댕의 발생 조건
① 연료에 휘발분이 포함되어 있는 경우
② 연료가 불완전연소가 되는 경우

42 유압식과 공기분무식을 합한 것으로서 유압은 보통 7kg/cm² 이상이며, 연소가 양호하고, 소형이며, 전자동 연소가 가능한 연소장치는?

㉮ 증기분무식버너
㉯ 방사형버너
㉰ 건타입버너
㉱ 저압기류분무버너

풀이 ㉰ 건타입버너에 대한 설명이다.

answer 39 ㉰ 40 ㉰ 41 ㉯ 42 ㉰

43 다음 중 사이크론 집진장치에서 50%의 효율로 집진되는 입자의 크기를 나타내는 것으로 가장 적합한 용어는?

㉮ 임계입경 ㉯ 한계입경
㉰ 절단입경 ㉱ 분배입경

풀이 50%의 효율로 집진되는 입자의 크기는 절단입경이다.

TIP
사이크론 집진장치에서 입경
① dp : 100% 제거입경 = 임계입경 = 한계입경 = 최소제거입경
② dp_{50} : 50% 제거입경 = 절단입경 = Cut size

44 기체연료의 연소방식 중 확산연소에 관한 설명으로 옳지 않은 것은?

㉮ 확산연소 시 연료류와 공기류의 경계에서 확산과 혼합이 일어난다.
㉯ 연소 가능한 혼합비가 먼저 형성된 곳부터 연소가 시작되므로 연소형태는 연소기의 위치에 따라 달라진다.
㉰ 화염이 길고 그을음이 발생되기 쉽다.
㉱ 역화의 위험이 있으며 가스와 공기를 예열할 수 없는 단점이 있다.

풀이 ㉱ 역화의 위험이 없으며 가스와 공기를 예열할 수 있는 장점이 있다.

TIP
기체연료 연소형태에서 확산연소와 반대되는 연소형태가 예혼합연소이다.

45 탄소 89%, 수소 11%로 된 경유 1kg을 공기과잉계수 1.2로 연소 시 탄소 2%가 그을음으로 된다면 실제 건조 연소가스 1Sm³ 중 그을음의 농도(g/Sm³)는 약 얼마인가?

㉮ 0.8 ㉯ 1.4
㉰ 2.9 ㉱ 3.7

풀이 ① 이론공기량(A_o)
= $8.89C + 26.67\left(H - \dfrac{O}{8}\right) + 3.33S$ (Sm³/kg)
= $8.89 \times 0.89 + 26.67 \times 0.11 = 10.8458$ Sm³/kg
② 실제건연소가스량(Gd)
= $mA_o - 5.6H + 0.7O + 0.8N$ (Sm³/kg)
= 1.2×10.8458 Sm³/kg $- 5.6 \times 0.11$
= 12.399 Sm³/kg
③ 그을음의 농도(g/Sm³)
= $\dfrac{0.89 \times 0.02 \text{kg/kg}}{12.399 \text{Sm}^3/\text{kg}} \times 10^3 \text{g/kg} = 1.44$ g/Sm³

TIP
① 그을음의 량 = 탄소의 2% = 0.89×0.02 kg/kg
② 공기비(m)가 주어져 있으므로 실제건연소가스량 기준

46 후드를 포위식, 외부식, 레시버식으로 분류할 때, 다음 중 레시버식 후드에 해당하는 것은?

㉮ Canopy type ㉯ Cover type
㉰ Glove box type ㉱ Booth type

TIP
국소배기후드의 형식분류
1. 포위식
   ① 포위형(Cover)
   ② 장갑부착상자형(Globe box)
   ③ 건축부스형(Booth)
   ④ 드래프트 챔버형(Draft chamber)
2. 외부식

answer 43 ㉰ 44 ㉱ 45 ㉯ 46 ㉮

① 슬롯트형(Slot)
② 루버형(Louver)
③ 그리드형(Grid)
④ 자립형(Free standing hood)
3. 레시버식
① 캐노피형(Canopy)
② 포위형(Grinder cover)
③ 자립형(Free standing receiving hood)

47 통풍에 관한 설명 중 옳지 않은 것은?

㉮ 압입통풍은 역화의 위험성이 있다.
㉯ 압입통풍은 로앞에 설치된 가압송풍기에 의해 연소용 공기를 연소로 안으로 압입하며 내압은 정압(+)이다.
㉰ 흡인통풍은 연소용 공기를 예열할 수 있다.
㉱ 평형통풍은 2대의 송풍기를 설치, 운용하므로 설비비가 많이 소요되는 단점이 있다.

풀이 ㉰ 흡인통풍은 연소용 공기를 예열할 수 없다.

TIP
압입통풍은 버너에 설치하고, 흡입통풍은 연돌(굴뚝)에 설치한다.

48 연소 시 발생되는 질소산화물(NO_x)의 발생을 감소시키는 방법으로 옳지 않은 것은?

㉮ 2단 연소
㉯ 연소부분 냉각
㉰ 배기가스 재순환
㉱ 높은 과잉공기 사용

풀이 ㉱ 적은 과잉공기 사용

TIP
질소산화물(NO_X) 저감법에서 핵심은 온도를 낮게 유지하는 것이므로 공급공기량 적게, 연소온도 낮게 초점을 맞춰 문제풀이를 하시면 됩니다.

49 불화수소를 함유하는 배기가스를 충전흡수탑을 이용하여 흡수율 92.5%로 기대하고 처리하고자 한다. 기상총괄이동단위높이(HOG)가 0.44m일 때 이론적인 충전탑의 높이는? (단, 흡수액상 불화수소의 평형분압은 0이다.)

㉮ 0.91m ㉯ 1.14m
㉰ 1.41m ㉱ 1.63m

풀이 H = NOG×HOG
여기서
H : 충전탑의 높이(m)
HOG : 총괄이동단위높이(m)
NOG : 총괄이동단위수 $\left[NOG = \ln\left(\dfrac{1}{1-\eta}\right) \right]$

따라서 H = $0.44m \times \ln\left(\dfrac{1}{1-0.925}\right)$ = 1.14m

50 관성충돌, 확산, 증습, 응집, 부착원리를 이용하여 먼지입자와 유해가스를 동시에 제거할 수 있는 장점을 지닌 집진장치로 가장 적합한 것은?

㉮ 음파집진장치 ㉯ 중력집진장치
㉰ 전기집진장치 ㉱ 세정집진장치

풀이 ㉱ 세정집진장치에 대한 설명이다.

TIP
입자와 가스를 동시에 처리할 수 있는 장치는 습식장치이므로 세정집진장치가 정답이 된다.

answer 47 ㉰ 48 ㉱ 49 ㉯ 50 ㉱

51 적정조건에서 전기집진장치의 분리속도(이동속도)는 커닝햄(Stokes Cunningham) 보정계수 Km에 비례한다. 다음 중 Km이 커지는 조건으로 알맞게 짝지은 것은?

(단, Km ≥ 1)

㉮ 먼지의 입자가 작을수록, 가스압력이 낮을수록
㉯ 먼지의 입자가 작을수록, 가스압력이 높을수록
㉰ 먼지의 입자가 클수록, 가스압력이 낮을수록
㉱ 먼지의 입자가 클수록, 가스압력이 높을수록

풀이 커닝햄 보정계수가 커지는 조건
① 가스의 온도가 높을수록
② 먼지의 입자가 미세할수록
③ 가스분자의 직경이 작을수록
④ 가스의 압력이 낮을수록
⑤ 가스의 점성저항이 작을수록

TIP
커닝햄 보정계수가 커지는 조건에서 가스의 온도만 증가하고 나머지 조건은 작을(낮을)수록을 숙지해서 정답을 찾으면 됩니다.

52 다음 석탄의 특성에 대한 설명으로 옳은 것은?

㉮ 고정탄소의 함량이 큰 연료는 발열량이 높다.
㉯ 회분이 많은 연료는 발열량이 높다.
㉰ 탄화도가 높을수록 착화온도는 낮아진다.
㉱ 휘발분 함량과 매연발생량은 무관하다.

풀이 ㉯ 회분이 많은 연료는 발열량이 낮다.
㉰ 탄화도가 높을수록 착화온도는 높아진다.
㉱ 휘발분 함량과 매연발생량은 비례한다.

53 공기가 과잉인 경우로 열손실이 많아지는 때의 등가비(∅) 상태는?

㉮ ∅ = 1   ㉯ ∅ < 1
㉰ ∅ > 1   ㉱ ∅ = 0

풀이 ㉮ ∅ = 1 : 완전연소
㉯ ∅ < 1 : 공기과잉
㉰ ∅ > 1 : 연료과잉

54 다음 집진장치 중 통상적으로 압력손실이 가장 큰 것은?

㉮ 충전탑   ㉯ 벤츄리 스크러버
㉰ 사이클론   ㉱ 임펄스 스크러버

풀이 압력손실이 가장 큰 것은 벤츄리 스크러버로 300~800mmH$_2$O이다.

TIP
보기 중 벤츄리 스크러버가 있는 경우 압력손실이 큰 것을 찾는 문제는 무조건 벤츄리 스크러버가 정답이다.

55 VOC$_S$ 제어를 위한 촉매소각에 관한 설명으로 가장 거리가 먼 것은?

㉮ 촉매를 사용하여 연소실의 온도를 300~400℃ 정도로 낮출 수 있다.
㉯ 고농도의 VOC$_S$ 및 열용량이 높은 물질을 함유한 가스는 연소열을 낮춰 촉매활성화를 촉진시키므로 유용하게 사용할 수 있다.
㉰ 백금, 팔라듐 등이 촉매로 사용된다.
㉱ Pb, As, P, Hg 등은 촉매의 활성을 저하시킨다.

풀이 ㉯ 고농도의 VOC$_S$ 및 열용량이 높은 물질을 함유한 가스는 연소열을 높여 촉매활성화를 촉진시키므로 유용하게 사용할 수 있다.

answer 51 ㉮ 52 ㉮ 53 ㉯ 54 ㉯ 55 ㉯

TIP
VOCs = 휘발성유기화합물

56 다음 중 각종 발생원에서 배출되는 먼지 입자의 진비중(S)과 겉보기 비중(S_B)의 비(S/S_B)가 가장 큰 것은?

㉮ 시멘트킬른 ㉯ 카본블랙
㉰ 골재건조기 ㉱ 미분탄보일러

풀이 진비중(S)과 겉보기 비중(S_B)의 비(S/S_B)
㉮ 시멘트킬른 : 5.0
㉯ 카본블랙 : 76
㉰ 골재건조기 : 2.73
㉱ 미분탄보일러 : 4.04

TIP
56번처럼 진비중과 겉보기 비중이 주어지지 않을 경우는 카본블랙이 정답임을 숙지해야 합니다.

57 Propane gas $1Sm^3$을 공기비 1.21로 완전연소 시켰을 때 생성되는 건조 배출가스량은? (단, 표준상태 기준)

㉮ $26.8Sm^3$ ㉯ $24.2Sm^3$
㉰ $22.3Sm^3$ ㉱ $20.8Sm^3$

풀이 $C_3H_8 + 5O_2 \rightarrow 3CO_2 + 4H_2O$
실제건조연소가스량(Gd)
$= (m-0.21)A_o + CO_2$량
$= (1.21-0.21) \times \dfrac{5}{0.21} + 3$
$= 26.81 Sm^3/Sm^3$

TIP
① 이론공기량(A_o : Sm^3/Sm^3) = $\dfrac{\text{이론산소량}}{0.21}$
$= \dfrac{\text{산소의 개수}}{0.21}$
② 프로판 = C_3H_8
③ 공기비(m)가 주어지면 실제가스량 기준

58 유해가스와 물이 일정온도 하에서 평형상태를 이루고 있을 때, 가스의 분압이 60mmHg, 물중의 가스농도가 $2.4kg \cdot mol/m^3$이면, 이 때 헨리정수는? (단, 전압은 1기압, 헨리정수의 단위는 $atm \cdot m^3/kg \cdot mol$이다.)

㉮ 0.014 ㉯ 0.023
㉰ 0.033 ㉱ 0.417

풀이 헨리상수($atm \cdot m^3/kg \cdot mol$)
$= \dfrac{\text{분압(atm)}}{\text{농도}(kg \cdot mol/m^3)}$
$= \dfrac{60mmHg/760}{2.4 kg \cdot mol/m^3}$
$= 0.033 atm \cdot m^3/kg \cdot mol$

59 송풍기에 관한 설명으로 거리가 먼 것은?

㉮ 원심력 송풍기 중 전향날개형은 송풍량이 적으나, 압력손실이 비교적 큰 공기조화용 및 특수 배기용 송풍기로 사용한다.
㉯ 축류 송풍기는 축 방향으로 흘러 들어온 공기가 축 방향으로 흘러 나갈때의 임펠러의 양력을 이용한 것이다.
㉰ 원심력 송풍기 중 방사날개형은 자체 정화기능을 가지기 때문에 분진이 많은 작업장에 사용한다.
㉱ 원심력 송풍기 중 후향날개형은 비교적 큰 압력손실에도 잘 견디기 때문에 공기정화장치가 있는 국소배기 시스템에 사용한다.

answer 56 ㉯ 57 ㉮ 58 ㉰ 59 ㉮

풀이 ㉮ 원심력 송풍기 중 전향날개형은 비교적 느린 속도로 가동되며, 주로 가정용 화로, 중앙난방장치 및 에어컨과 같이 저압 난방 및 환기 등에 이용된다.

60 사이클론과 전기집진장치를 순서대로 직렬로 연결한 어느 집진장치에서 포집되는 먼지량이 각각 300kg/hr, 195kg/hr이고, 최종 배출구로부터 유출되는 먼지량이 5kg/hr이면 이 집진장치의 총집진효율은? (단, 기타 조건은 동일하며, 처리과정 중 소실되는 먼지는 없다.)

㉮ 98.5% ㉯ 99.0%
㉰ 99.5% ㉱ 99.9%

풀이 총집진효율(%) = $\left(1 - \dfrac{\text{출구의 먼지농도}}{\text{입구의 먼지농도}}\right) \times 100$

① 입구의 먼지농도
   = 300kg/hr + 195kg/hr + 5kg/hr = 500kg/hr
② 출구의 먼지농도 = 5kg/hr
③ 총집진효율(%) = $\left(1 - \dfrac{5\text{kg/hr}}{500\text{kg/hr}}\right) \times 100$
   = 99.0%

제4과목 | 대기환경관계법규

61 대기환경보전법규상 개선명령과 관련하여 이행상태 확인을 위해 대기오염도 검사가 필요한 경우 환경부령으로 정하는 대기오염도 검사기관과 거리가 먼 것은?

㉮ 유역환경청
㉯ 한국환경보전원
㉰ 한국환경공단
㉱ 시·도의 보건환경연구원

풀이 ㉯ 국립환경과학원

62 다음은 대기환경보전법규상 주유소 주유시설의 휘발성유기화합물 배출 억제·방지시설 설치 및 검사·측정결과의 기록 보존에 관한 기준이다. ( ) 안에 알맞은 것은?

유증기 회수배관은 배관이 막히지 아니하도록 적절한 경사를 두어야 한다.
유증기 회수배관을 설치한 후에는 회수배관 액체막힘 검사를 하고 그 결과를 ( ) 기록·보존 하여야 한다.

㉮ 1년간 ㉯ 2년간
㉰ 3년간 ㉱ 5년간

풀이 유증기 회수배관을 설치한 후에는 회수배관 액체막힘 검사를 하고 그 결과를 5년간 보존한다.

63 대기환경보전법상 저공해자동차로의 전환 또는 개조 명령, 배출가스 저감장치의 부착·교체 명령 또는 배출가스 관련 부품의 교체 명령, 저공해엔진(혼소엔진을 포함한다.)으로의 개조 또는 교체 명령을 이행하지 아니한 자에 대한 과태료 부과 기준은?

㉮ 1000만원 이하의 과태료
㉯ 500만원 이하의 과태료
㉰ 300만원 이하의 과태료
㉱ 200만원 이하의 과태료

풀이 ㉰ 300만원 이하의 과태료에 해당한다.

answer 60 ㉯ 61 ㉯ 62 ㉱ 63 ㉰

64 다음은 대기환경보전법상 비산먼지 발생을 억제하기 위한 시설의 설치 및 필요한 조치에 관한 기준이다. ( ) 안에 알맞은 것은?

> 싣기 및 내리기(분체상 물질을 싣고 내리는 경우만 해당한다) 배출공정의 경우, 싣거나 내리는 장소 주위에 고정식 또는 이동식 물을 뿌리는 시설(살수반경 (㉠) 이상, 수압 (㉡) 이상)을 설치·운영하여 작업하는 중 다시 흩날리지 아니하도록 할 것(곡물 작업장의 경우는 제외한다.)

- ㉮ ㉠ 3m, ㉡ 1.5kg/cm²
- ㉯ ㉠ 3m, ㉡ 3kg/cm²
- ㉰ ㉠ 5m, ㉡ 1.5kg/cm²
- ㉱ ㉠ 5m, ㉡ 3kg/cm²

TIP
비산먼지의 발생 억제 시설 중 싣기와 내리기 공정
① 일반 기준인 조건
　㉮ 살수 반경 : 5m 이상
　㉯ 수압 : 3kg/cm² 이상
② 엄격한 기준인 조건
　㉮ 물뿌림 반경 : 7m 이상
　㉯ 수압 : 5kg/cm² 이상

65 실내공기질 관리법규상 실내공기 오염물질에 해당되지 않는 것은?

- ㉮ 아황산가스
- ㉯ 일산화탄소
- ㉰ 폼알데하이드
- ㉱ 이산화탄소

풀이 실내공기질 관리법규상 실내공기 오염물질에는 미세먼지(PM-10), 이산화탄소, 폼알데하이드, 총부유세균, 일산화탄소, 이산화질소, 라돈, 휘발성유기화합물, 석면, 오존, 초미세먼지(PM-2.5), 곰팡이, 벤젠, 톨루엔, 에틸벤젠, 자일렌, 스티렌이 있다.

66 실내공기질 관리법령상 이 법의 적용대상이 되는 다중이용시설로서 "대통령령으로 정하는 규모의 것"의 기준으로 옳지 않은 것은?

- ㉮ 공항시설 중 연면적이 1천5백제곱미터 이상인 여객터미널
- ㉯ 연면적 2천제곱미터 이상인 실내 주차장(기계식 주차장은 제외한다)
- ㉰ 철도역사의 연면적 1천5백제곱미터 이상인 대합실
- ㉱ 항만시설 중 연면적이 5천제곱미터 이상인 대합실

풀이 ㉰ 철도역사의 연면적 2천제곱미터 이상인 대합실

67 대기환경보전법규상 환경부장관은 대기오염물질과 온실가스를 줄여 대기환경을 개선하기 위하여 대기환경개선 종합계획을 몇 년마다 수립하여 시행하여야 하는가?

- ㉮ 1년마다
- ㉯ 3년마다
- ㉰ 5년마다
- ㉱ 10년마다

68 대기환경보전법령상 초과부과금 산정 기준에서 다음 오염물질 중 1킬로그램당 부과금액이 가장 적은 것은?

- ㉮ 염화수소
- ㉯ 시안화수소
- ㉰ 불소화물
- ㉱ 황화수소

풀이 1킬로그램 당 부과금액
㉮ 염화수소 : 7,400원
㉯ 시안화수소 : 7,300원
㉰ 불소화물 : 2,300원
㉱ 황화수소 : 6,000원

answer　64 ㉱　65 ㉮　66 ㉰　67 ㉱　68 ㉰

69 대기환경보전법령상 배출시설 설치허가를 받거나 설치신고를 하려는 시·도지사 등에게 제출할 배출시설 설치허가신청서 또는 배출시설 설치신고서에 첨부하여야 할 서류가 아닌 것은?

㉮ 배출시설 및 방지시설의 설치명세서
㉯ 방지시설의 일반도
㉰ 방지시설의 연간 유지관리계획서
㉱ 환경기술인 임명일

풀이 첨부해야 할 서류
① 원료(연료포함)의 사용량 및 제품 생산량과 오염물질 등의 배출량을 예측한 명세서
② 배출시설 및 방지시설의 설치명세서
③ 방지시설의 일반도
④ 방지시설의 연간 유지관리 계획서
⑤ 사용연료의 성분 분석과 황산화물 배출농도 및 배출량을 예측한 명세서(배출시설의 경우에만 해당)
⑥ 배출시설설치허가증(변경허가를 신청하는 경우에는 해당)

70 대기환경보전법규상 휘발유를 연료로 사용하는 소형 승용자동차의 배출가스 보증기간 적용기준은? (단, 2016년 1월 1일 이후 제작자동차)

㉮ 2년 또는 160,000km
㉯ 5년 또는 150,000km
㉰ 10년 또는 192,000km
㉱ 15년 또는 240,000km

풀이 휘발유를 연료로 사용하는 소형 승용자동차, 소형 화물차, 경자동차, 중형 승용차, 중형 화물차의 배출가스 보증기간 적용기준은 15년 또는 240,000km (단, 2016년 1월 1일 이후 제작자동차)이다.

71 다음은 대기환경보전법상 장거리이동 대기오염물질대책위원회에 관한 사항이다. ( ) 안에 알맞은 것은?

> 위원회는 위원장 1명을 포함한 (㉠) 이내의 위원으로 성별을 고려하여 구성한다. 위원회의 위원장은 (㉡)이 된다.

㉮ ㉠ 25명, ㉡ 환경부장관
㉯ ㉠ 25명, ㉡ 환경부차관
㉰ ㉠ 50명, ㉡ 환경부장관
㉱ ㉠ 50명, ㉡ 환경부차관

풀이 장거리이동 대기오염물질대책위원회
① 위원회는 위원장 1명을 포함한 25명 이내의 위원으로 구성
② 위원회의 위원장은 환경부차관

72 대기환경보전법규상 비산먼지 발생을 억제하기 위한 시설의 설치 및 필요한 조치에 관한 기준 중 "야외 녹 제거 배출공정" 기준으로 옳지 않은 것은?

㉮ 야외 작업 시 이동식 집진시설을 설치할 것. 다만, 이동식 집진시설의 설치가 불가능할 경우 진공식 청소차량 등으로 작업현장에 대한 청소작업을 지속적으로 할 것
㉯ 풍속이 평균초속 8m 이상(강선건조업과 합성수지선 건조업인 경우에는 10m 이상)인 경우에는 작업을 중지할 것
㉰ 야외 작업시에는 간이칸막이 등을 설치하여 먼지가 흩날리지 아니하도록 할 것
㉱ 구조물의 길이가 30m 미만인 경우에는 옥내작업을 할 것

풀이 ㉱ 구조물의 길이가 15m 미만인 경우에는 옥내작업을 할 것

answer 69 ㉱ 70 ㉱ 71 ㉯ 72 ㉱

73 대기환경보전법규상 위임업무의 보고사항 중 '수입자동차 배출가스 인증 및 검사현황'의 보고 횟수 기준으로 적합한 것은?

㉮ 연 1회 ㉯ 연 2회
㉰ 연 4회 ㉱ 연 12회

■ 풀이 위임업무 보고사항

업무내용	보고 횟수	보고기일
환경오염사고 발생 및 조치사항	수시	사고발생 시
수입자동차 배출가스 인증 및 검사현황	연 4회	매분기 종료 후 15일 이내
자동차 연료 또는 첨가제의 제조기준 적합 여부 검사현황	연료 : 연 4회 첨가제 : 연 2회	연료 : 매분기 종료 후 15일 이내 첨가제 : 매반기 종료 후 15일 이내
자동차 연료 및 첨가제의 제조·판매 또는 사용에 대한 규제현황	연 2회	매반기 종료 후 15일이내
측정기기 관리대행업의 등록, 변경등록 및 행정처분 현황	연 1회	다음 해 1월 15일까지

74 환경정책기본법령상 오존(O_3)의 대기환경기준으로 옳은 것은? (단, 1시간 평균치)

㉮ 0.03ppm 이하 ㉯ 0.05ppm 이하
㉰ 0.1ppm 이하   ㉱ 0.15ppm 이하

■ 풀이 오존(O_3)의 환경기준치
① 8시간 평균치 : 0.06ppm 이하
② 1시간 평균치 : 0.1ppm 이하

75 다음은 대기환경보전법규상 배출시설별 배출원과 배출량 조사에 관한 사항이다. ( ) 안에 알맞은 것은?

> 시·도지사, 유역환경청장, 지방환경청장 및 수도권대기환경청장은 법에 따른 배출시설별 배출원과 배출량을 조사하고, 그 결과를 ( )까지 환경부장관에게 보고 하여야 한다.

㉮ 다음해 1월말 ㉯ 다음해 3월말
㉰ 다음해 6월말 ㉱ 다음해 12월 31일

76 대기환경보전법상 거짓으로 배출시설의 설치허가를 받은 후에 시·도지사가 명한 배출시설의 폐쇄명령까지 위반한 사업자에 대한 벌칙기준으로 옳은 것은?

㉮ 7년 이하의 징역이나 1억원 이하의 벌금
㉯ 5년 이하의 징역이나 3천만원 이하의 벌금
㉰ 1년 이하의 징역이나 500만원 이하의 벌금
㉱ 300만원 이하의 벌금

■ 풀이 ㉮ 7년 이하의 징역이나 1억원 이하의 벌금에 해당한다.

answer 73 ㉰ 74 ㉰ 75 ㉯ 76 ㉮

77 대기환경보전법령상 규모별 사업장의 구분 기준으로 옳은 것은?

㉮ 1종 사업장 - 대기오염물질발생량의 합계가 연간 70톤 이상인 사업장
㉯ 2종 사업장 - 대기오염물질발생량의 합계가 연간 20톤 이상 80톤 미만인 사업장
㉰ 3종 사업장 - 대기오염물질발생량의 합계가 연간 10톤 이상 30톤 미만인 사업장
㉱ 4종 사업장 - 대기오염물질발생량의 합계가 연간 1톤 이상 10톤 미만인 사업장

풀이 사업장의 분류

종별	오염물질발생량(연간)
1종 사업장	80톤 이상
2종 사업장	20톤 이상 80톤 미만
3종 사업장	10톤 이상 20톤 미만
4종 사업장	2톤 이상 10톤 미만
5종 사업장	연간 2톤 미만

78 대기환경보전법규상 관제센터로 측정결과를 자동전송하지 않는 사업장 배출구의 자가측정 횟수기준으로 옳은 것은? (단, 제1종 배출구이며, 기타 경우는 고려하지 않음)

㉮ 매주 1회 이상
㉯ 매월 2회 이상
㉰ 2개월마다 1회 이상
㉱ 반기마다 1회 이상

풀이 자가측정 횟수기준(자동전송하지 않는 경우)
① 제1종 배출구 : 매주 1회 이상
② 제2종 배출구 : 매월 2회 이상
③ 제3종 배출구 : 2개월마다 1회 이상
④ 제4종 배출구 : 반기마다 1회 이상
⑤ 제5종 배출구 : 반기마다 1회 이상

79 다음은 대기환경보전법상 과징금 처분에 관한 사항이다. ( ) 안에 가장 적합한 것은?

> 환경부장관은 인증을 받지 아니하고 자동차를 제작하여 판매한 경우 등에 해당하는 때에는 그 자동차 제작자에 대하여 매출액에 (㉠)을/를 곱한 금액을 초과하지 아니하는 범위에서 과징금을 부과할 수 있다. 이 경우 과징금의 금액은 (㉡)을 초과할 수 없다.

㉮ ㉠ 100분의 3, ㉡ 100억원
㉯ ㉠ 100분의 3, ㉡ 500억원
㉰ ㉠ 100분의 5, ㉡ 100억원
㉱ ㉠ 100분의 5, ㉡ 500억원

80 다음은 대기환경보전법령상 변경신고에 따른 가동개시신고의 대상규모기준에 관한 사항이다. ( ) 안에 알맞은 것은?

> 배출시설에서 "대통령령으로 정하는 규모 이상의 변경"이란 설치허가 또는 변경허가를 받거나 설치신고 또는 변경신고를 한 배출구별 배출시설 규모의 합계보다 ( ) 증설(대기배출시설 증설에 따른 변경신고의 경우에는 증설의 누계를 말한다)하는 배출시설의 변경을 말한다.

㉮ 100분의 10 이상
㉯ 100분의 20 이상
㉰ 100분의 30 이상
㉱ 100분의 50 이상

answer 77 ㉯ 78 ㉮ 79 ㉱ 80 ㉯

2020년 6월 13일 시행

2020년 1·2회 대기환경산업기사

| 제1과목 | 대기오염개론

01 다음 [보기]가 설명하는 대기오염물질로 옳은 것은?

[보기]
① 석탄, 석유 등 화석연료의 연소에 의해서 주로 발생하는 입자상 물질에 함유되어 있는 물질
② 촉매제, 합금제조, 잉크와 도자기 제조공정 등에서도 발생
③ 대기 중 0.1~1μg/m³ 정도 존재하며 코, 눈 기도를 자극하는 물질

㉮ 비소　　㉯ 아연
㉰ 바나듐　㉱ 다이옥신

[풀이] ㉰ 바나듐(V)에 대한 설명이다.

02 대기의 특성과 관련된 설명으로 옳지 않은 것은?

㉮ 공기는 약 0~50℃의 온도범위 내에서 보통 이상기체의 법칙을 따른다.
㉯ 공기의 절대습도란 이론적으로 함유된 수증기 또는 물의 함량을 말하며 단위는 %이다.
㉰ 대기안정도와 난류는 대기경계층에서 오염물질의 확산정도를 결정하는 중요한 인자이다.
㉱ 지표면으로부터의 마찰효과가 무시될 수 있는 층에서 기압경도력과 전향력의 평형에 의하여 이루어지는 바람을 지균풍이라고 한다.

[풀이] ㉯ 공기의 절대습도란 이론적으로 함유된 수증기 또는 물의 함량을 말하며 단위는 g이다.

03 다음 4종류의 고도에 따른 기온분포도 중 plume의 상하 확산폭이 가장 적어 최대착지거리가 큰 것은?

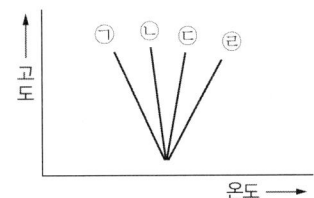

㉮ ㉠　　㉯ ㉡
㉰ ㉢　　㉱ ㉣

[풀이] ① 확산의 폭이 가장 큰 것 : ㉠
② 확산의 폭이 가장 적은 것 : ㉣

answer　01 ㉰　02 ㉯　03 ㉱

04 다음은 입자 빛산란의 적용 결과에 대한 설명이다. ( )안에 알맞은 것은?

> (㉠)의 결과는 모든 입경에 대하여 적용되나, (㉡)의 결과는 입사 빛의 파장에 대하여 입자가 대단히 작은 경우에만 적용된다.

㉮ ㉠ Mie, ㉡ Rayleigh
㉯ ㉠ Rayleigh, ㉡ Mie
㉰ ㉠ Maxwell, ㉡ tyndall
㉱ ㉠ tyndall, ㉡ Maxwell

풀이 ① Mie의 결과는 모든 입경에 대하여 적용
② Rayleigh의 결과는 입사 빛의 파장에 대하여 입자가 대단히 작은 경우에만 적용

05 다음 [보기]의 설명에 적합한 입자상 오염물질은?

> [보기]
> 금속 산화물과 같이 가스상 물질이 승화, 증류, 및 화학반응 과정에서 응축될 때 주로 생성되는 고체 입자이다.

㉮ 훈연(fume)   ㉯ 먼지(dust)
㉰ 검댕(soot)   ㉱ 미스트(mist)

풀이 ㉮ 훈연(fume)에 대한 설명이다.

TIP
훈연(fume)은 입자의 지름이 1μm 이하이고, 활발한 브라운운동을 한다.

06 지상 25m에서의 풍속이 10m/s일 때 지상 50m에서의 풍속(m/s)은? (단, Deacon 식을 이용하고, 풍속지수는 0.2를 적용한다.)

㉮ 약 10.8   ㉯ 약 11.5
㉰ 약 13.2   ㉱ 약 16.8

풀이
$$u_2 = u_1 \times \left(\frac{H_2}{H_1}\right)^n$$
$$= 10\text{m/sec} \times \left(\frac{50\text{m}}{25\text{m}}\right)^{0.2}$$
$$= 11.49\text{m/sec}$$

07 다음 물질 중 오존파괴지수가 가장 낮은 것은?

㉮ CCl_4 ㉯ CFC-115
㉰ Halon-2402   ㉱ Halon-1301

풀이 오존파괴지수
㉮ CCl_4 : 1.1
㉯ CFC-115 : 0.6
㉰ Halon-2402 : 6.0
㉱ Halon-1301 : 10.0

08 다음 가스성분 중 일반적으로 대기 내의 체류시간이 가장 짧은 것은? (단, 표준상태 0℃, 760mmHg 건조공기)

㉮ CO   ㉯ CO_2
㉰ N_2O ㉱ CH_4

풀이 체류시간
㉮ CO : 1~3개월
㉯ CO_2 : 2~4년
㉰ N_2O : 20~100년
㉱ CH_4 : 3~8년

answer 04 ㉮ 05 ㉮ 06 ㉯ 07 ㉯ 08 ㉮

09 다음 대기분산모델 중 가우시안모델식을 적용하지 않는 것은?
- ㉮ RAMS
- ㉯ ISCST
- ㉰ ADMS
- ㉱ AUSPLUME

풀이 ㉮ RAMS는 3차원 바람장 모델이다.

10 대기오염과 관련된 설명으로 옳지 않은 것은?
- ㉮ 멕시코의 포자리카 사건은 황화수소의 누출에 의해 발생한 것이다.
- ㉯ 카보닐황은 대류권에서 매우 안정하기 때문에 거의 화학적인 반응을 하지 않는다.
- ㉰ 대기 중의 황화수소(H_2S)는 거의 대부분 OH에 의해 산화 제거되며, 그 결과 SO_2를 생성한다.
- ㉱ 도노라 사건은 포자리카 사건 이후에 발생하였으며 1차 오염물질에 의한 사건이다.

풀이 ㉱ 도노라 사건은 포자리카 사건 이전에 발생하였으며 1차 오염물질에 의한 사건이다.

TIP
① 도노라 사건 : 1948년, 아황산가스(SO_2)가 원인
② 포자리카 사건 : 1950년, 황화수소(H_2S)가 원인

11 NO_X의 피해에 관한 설명으로 옳은 것은?
- ㉮ 저항성이 약한 식물로는 담배, 해바라기 등이 있다.
- ㉯ 식물에는 별로 심각한 영향을 주지 않으나, 주 지표식물로는 아스파라거스, 명아주 등이 있다.
- ㉰ 잎 가장자리에 주로 흰색 또는 은백색 반점을 유발하고, 인체독성보다 식물의 고목에 민감한 편이다.
- ㉱ 스위트피가 주 지표식물이며, 인체독성보다 식물의 고엽, 성숙한 잎에 민감한 편이며, 0.2ppb 정도에서 큰 영향을 끼친다.

TIP
NO_X은 인체와 식물에 피해를 주는 물질이며, 헤모글로빈(Hb)과의 결합력이 커 인체의 피해가 큰 편이다.

12 [보기]와 같은 연기의 형태로 가장 적합한 것은?

[보기]
① 이 연기 내에서는 오염의 단면분포가 전형적인 가우시안 분포를 이룬다.
② 대기가 중립조건일 때 발생한다. 즉 날씨가 흐리고 바람이 비교적 약하면 약한 난류가 발생하여 생긴다.
③ 지면 가까이에는 거의 오염의 영향이 미치지 않는다.

- ㉮ 부채형
- ㉯ 원추형
- ㉰ 환상형
- ㉱ 지붕형

풀이 ㉯ 원추형에 대한 설명이다.

TIP
이 문제의 핵심포인트는 가우시안분포(정규분포)이며, "가우시안분포 = 원추형"임을 숙지하셔야 합니다.

answer 09 ㉮ 10 ㉱ 11 ㉮ 12 ㉯

13 유효 굴뚝높이 120m인 굴뚝으로부터 배출되는 SO_2가 지상 최대의 농도를 나타내는 지점(m)은? (단, sutton의 식 적용, 수평 및 수직 확산계수는 0.05, 안정도계수(n)는 0.25)

㉮ 약 4,457 ㉯ 약 5,647
㉰ 약 6,824 ㉱ 약 7,296

[풀이]
$$X_{max} = \left(\frac{He}{C_z}\right)^{\frac{2}{2-n}}$$

여기서
- X_{max} : 최대지상거리(m)
- He : 유효굴뚝높이(m)
- C_z : 수직확산계수
- n : 대기안정도 상수

따라서 $X_{max} = \left(\frac{120m}{0.05}\right)^{\frac{2}{2-0.25}}$
= 7,296.23m

14 다음 대기오염물질 중 2차 오염물질이 아닌 것은?

㉮ O_3 ㉯ NOCl
㉰ H_2O_2 ㉱ CO_2

[풀이] ㉱ 이산화탄소(CO_2)는 1차 오염물질이다.

TIP
2차성 오염물질은 1차성오염물질이 광화학반응, 산화반응에 의해서 형성되는 물질이다.

15 비스코스 섬유제조 시 주로 발생하는 무색의 유독한 휘발성 액체이며, 그 불순물은 불쾌한 냄새를 갖고 있는 대기오염물질은?

㉮ 암모니아(NH_3)
㉯ 일산화탄소(CO)
㉰ 이황화탄소(CS_2)
㉱ 폼알데하이드(HCHO)

[풀이] ㉰ 이황화탄소(CS_2)에 대한 설명이다.

TIP
이 문제의 핵심포인트는 "비스코스섬유공업 = 이황화탄소"임을 숙지하시면 됩니다.

16 R.W Moncrieff와 J.E Ammore가 지적한 냄새물질의 특성과 거리가 먼 것은?

㉮ 아민은 농도가 높으면 암모니아 냄새, 낮으면 생선냄새를 나타낸다.
㉯ 냄새가 강한 물질은 휘발성이 높고, 또 화학반응성이 강한 것이 많다.
㉰ 동족체에서는 분자량이 클수록 강하지만 어느 한계 이상이 되면 약해진다.
㉱ 원자가가 낮고, 금속성물질이 냄새가 강하고, 비금속물질이 냄새는 약하다.

[풀이] ㉱ 원자가가 낮고, 금속성물질이 냄새가 약하고, 비금속물질이 냄새는 강하다.

17 다음 설명과 관련된 복사법칙으로 가장 적합한 것은?

흑체의 단위($1cm^2$) 표면적에서 복사되는 에너지(E)의 양은 그 흑체 표면의 절대온도(K)의 4승에 비례한다.

㉮ 비인의 법칙
㉯ 알베도의 법칙
㉰ 플랑크의 법칙
㉱ 스테판-볼츠만의 법칙

[풀이] ㉱ 스테판-볼츠만의 법칙에 대한 설명이다.

answer 13 ㉱ 14 ㉱ 15 ㉰ 16 ㉱ 17 ㉱

18. 지구대기의 연직구조에 관한 설명으로 옳지 않은 것은?

㉮ 중간권은 고도증가에 따라 온도가 감소한다.
㉯ 성층권 상부의 열은 대부분 오존에 의해 흡수된 자외선 복사의 결과이다.
㉰ 성층권은 라디오파의 송수신에 중요한 역할을 하며, 오로라가 형성되는 층이다.
㉱ 대류권은 대기의 4개층(대류권, 성층권, 중간권, 열권) 중 가장 얇은 층이다.

[풀이] ㉰ 열권은 라디오파의 송수신에 중요한 역할을 하며, 오로라가 형성되는 층이다.

19. 온실효과에 관한 설명으로 옳지 않은 것은?

㉮ 온실효과에 대한 기여도(%)는 CH_4 > N_2O이다.
㉯ CO_2의 주요 흡수파장영역은 $35 \sim 40 \mu m$ 정도이다.
㉰ O_3의 주요 흡수파장영역은 $9 \sim 10 \mu m$ 정도이다.
㉱ 가시광선은 통과시키고 적외선을 흡수해서 열을 밖으로 나가지 못하게 함으로써 보온작용을 하는 것을 대기의 온실효과라고 한다.

[풀이] ㉯ CO_2의 주요 흡수파장영역은 $13 \sim 17 \mu m$ 정도이다.

20. 광화학적 스모그(smog)의 3대 생성요소와 가장 거리가 먼 것은?

㉮ 자외선
㉯ 염소(Cl_2)
㉰ 질소산화물(NO_X)
㉱ 올레핀(Olefin)계 탄화수소

[풀이] 광화학적 스모그의 3대 생성요소는 질소산화물(NO_X), 올레핀(Olefin)계 탄화수소, 햇빛(자외선)이다.

| 제2과목 | 대기오염공정시험기준

21. 대기오염공정시험기준상 굴뚝에서 배출되는 가스와 분석방법의 연결이 옳지 않은 것은?

㉮ 암모니아 - 자외선/가시선분광법(인도페놀법)
㉯ 염화수소 - 오르토톨리딘법
㉰ 페놀 - 4-아미노 안티피린 자외선/가시선분광법
㉱ 폼알데하이드 - 크로모트로핀산 자외선/가시선분광법

[풀이] ㉯ 염화수소 - 싸이오시안산제이수은자외선/가시선분광법, 이온크로마토그래피법

answer 18 ㉰ 19 ㉯ 20 ㉯ 21 ㉯

22 다음은 배출가스 중 벤젠의 분석방법이다. ( )안에 알맞은 것은?

> 흡착관을 이용한 방법, 시료채취 주머니를 이용한 방법을 시료채취방법으로 하고 열탈착장치를 통하여 (㉠)방법으로 분석한다. 배출가스 중에 존재하는 벤젠의 정량범위는 0.10ppm~2,500ppm이며, 방법검출한계는 (㉡)이다.

㉮ ㉠ 원자흡수분광광도, ㉡ 0.03ppm
㉯ ㉠ 원자흡수분광광도, ㉡ 0.07ppm
㉰ ㉠ 기체크로마토그래피, ㉡ 0.03ppm
㉱ ㉠ 기체크로마토그래피, ㉡ 0.07ppm

풀이 ① 벤젠의 분석방법 : 기체크로마토그래피
② 정량범위 : 0.10ppm~2,500ppm
③ 방법검출한계 : 0.03ppm

23 대기오염공정시험기준에서 정하고 있는 온도에 대한 설명으로 옳지 않은 것은?

㉮ 실온 : (1~35)℃
㉯ 온수 : (35~50)℃
㉰ 냉수 : 15℃ 이하
㉱ 찬 곳 : 따로 규정이 없는 한 (0~15)℃의 곳

풀이 ㉯ 온수 : (60~70)℃

24 다음은 굴뚝 배출가스 중 크로뮴화합물을 자외선/가시선분광법으로 측정하는 방법이다.( )안에 알맞은 것은?

> 시료용액 중의 크로뮴을 과망간산포타슘에 의하여 6가로 산화하고, (㉠)을/를 가한 다음, 아질산소듐으로 과량의 과망간산염을 분해한 후 다이페닐카바자이드를 가하여 발색시키고, 파장 (㉡)nm 부근에서 흡수도를 측정하여 정량하는 방법이다

㉮ ㉠ 요소, ㉡ 460
㉯ ㉠ 요소, ㉡ 540
㉰ ㉠ 아세트산, ㉡ 460
㉱ ㉠ 아세트산, ㉡ 540

풀이 크로뮴화합물의 자외선/가시선분광법 암기사항
① 산화제 : 과망간산포타슘
② 측정파장 : 540nm
③ 정량범위 : 0.002mg/Sm³~0.050mg/Sm³
④ 방법검출한계 : 0.001mg/Sm³

25 흡광광도계에서 빛의 강도가 I_0인 단색광이 어떤 시료용액을 통과할 때 그 빛의 90%가 흡수될 경우 흡광도는?

㉮ 0.05   ㉯ 0.2
㉰ 0.5   ㉱ 1.0

풀이 흡광도(A) $= \log \dfrac{1}{\text{투과도}} = \log \dfrac{1}{0.1} = 1.0$

TIP
① 흡수율+투과율 = 100%
② 투과율 = 100-흡수율(%) = 100-90% = 10%

answer 22 ㉰ 23 ㉯ 24 ㉱ 25 ㉱

26 대기오염공정시험기준상 링겔만 매연 농도표를 이용한 배출가스 중 매연 측정에 관한 설명으로 옳지 않은 것은?

㉮ 농도표는 측정자의 앞 16cm에 놓는다.
㉯ 매연의 검은 정도를 6종으로 분류한다.
㉰ 링겔만 매연 농도표는 매연의 정도에 따라 색이 진하고 연하게 나타난다.
㉱ 굴뚝배출구에서 30~45cm 떨어진 곳의 농도를 측정자의 눈높이의 수직이 되게 관측 비교한다.

[풀이] ㉮ 농도표는 측정자의 앞 16m에 놓는다.

27 기체크로마토그래피에 사용되는 검출기 중 미량의 유기물을 분석할 때 유용한 것은?

㉮ 질소인 검출기(NPD)
㉯ 불꽃이온화 검출기(FID)
㉰ 불꽃 광도 검출기(FPD)
㉱ 전자 포획 검출기(ECD)

[풀이] 검출기
㉮ 질소인 검출기(NPD) : 유기질소 및 유기인 화합물
㉯ 불꽃이온화 검출기(FID) : 미량의 유기물
㉰ 불꽃 광도 검출기(FPD) : 황 화합물, 인 화합물
㉱ 전자 포획 검출기(ECD) : 유기할로겐 화합물, 나이트로 화합물, 유기금속 화합물

28 굴뚝 배출가스 중 산소를 자기식(자기력)으로 측정하는 방법에 대한 설명으로 틀린 것은?

㉮ 체적자화율이 큰 가스(일산화질소, NO)의 영향을 무시할 수 있는 경우에 적용한다.
㉯ 상자성체인 산소분자가 자계 내에서 자기화 될 때 생기는 흡인력을 이용한다.
㉰ 측정범위는 1%~15.0% 이하로 한다.
㉱ 덤벨형 방식과 압력검출형 방식이 있다.

[풀이] ㉰ 측정범위는 0%~10.0% 이하로 한다.

29 대기오염공정시험기준상 이온크로마토그래피의 장치에 관한 설명 중 ( )안에 알맞은 것은?

( )(이)란 용리액에 사용되는 전해질 성분을 제거하기 위하여 분리관 뒤에 직렬로 접속시킨 것으로써 전해질을 물 또는 저 전도도의 용매로 바꿔줌으로써 전기전도도 셀에서 목적이온 성분과 전기 전도도만을 고감도로 검출할 수 있게 해주는 것이다.

㉮ 분리관   ㉯ 용리액조
㉰ 송액펌프   ㉱ 써프렛서

[풀이] ㉱ 써프렛서에 대한 설명이다.

30 대기오염공정시험기준상 다음 [보기]가 설명하는 것은?

[보기]
물질을 취급 또는 보관하는 동안에 기체 또는 미생물이 침입하지 않도록 내용물을 보호하는 용기를 뜻한다.

㉮ 밀폐용기   ㉯ 기밀용기
㉰ 밀봉용기   ㉱ 차광용기

[풀이] 용기
㉮ 밀폐용기 : 이물질

㉰ 기밀용기 : 공기
㉱ 밀봉용기 : 미생물
㉲ 차광용기 : 광선

31 수산화소듐 20g을 물에 용해시켜 750mL로 제조하였을 때 이용액의 농도(M)는?

㉮ 0.33   ㉯ 0.67
㉰ 0.99   ㉱ 1.33

풀이
$$M \text{농도(mol/L)} = \frac{\text{질량(g)}}{\text{부피(L)}} \times \frac{1\text{mol}}{\text{분자량(g)}}$$
$$= \frac{20g}{0.75L} \times \frac{1\text{mol}}{40g} = 0.67M$$

TIP
① NaOH = 수산화소듐 = 수산화나트륨
② 1mol = 분자량(g)
③ NaOH의 분자량 = 23+16+1 = 40g

32 냉증기 원자흡수분광광도법으로 굴뚝 배출가스 중 수은을 측정하기 위해 사용하는 흡수액으로 옳은 것은? (단, 흡수액의 농도는 질량분율이다.)

㉮ 4% 과망간산포타슘, 10% 질산
㉯ 4% 과망간산포타슘, 10% 황산
㉰ 10% 과망간산포타슘, 4% 질산
㉱ 10% 과망간산포타슘, 4% 황산

풀이 냉증기 원자흡수분광광도법으로 수은 측정 시 흡수액은 4% 과망간산포타슘+10% 황산이다.

33 연료용 유류(원유, 경유, 중유)중의 황함유량을 측정하기 위한 분석방법으로 옳은 것은? (단, 황함유량은 질량분율 0.010% 이상이다.)

㉮ 광산란법
㉯ 광투과율법
㉰ 연소관식 공기법
㉱ 전기화학식 분석법

풀이

분석방법	적용 황함유량
연소관식 공기법	질량분율 0.010% 이상
방사선식 여기법	질량분율 (0.030~5.00)%

34 농도 7%(w/v)의 H_2O_2 100mL가 이론상 흡수할 수 있는 SO_2의 양(L)으로 옳은 것은?

㉮ 약 0.1   ㉯ 약 0.5
㉰ 약 1.2   ㉱ 약 4.6

풀이
$H_2O_2 + SO_2 \rightarrow H_2SO_4$
34g : 22.4L
$\frac{7g}{100mL} \times 100mL$: X
∴ X = 4.61mL

TIP
① 체적 = 계수×22.4L
② 질량 = 계수×분자량(g)
③ 농도 7%(w/v) = $\frac{7g}{100mL}$
④ H_2O_2의 분자량 = 1×2+16×2 = 34

answer 31 ㉯ 32 ㉯ 33 ㉰ 34 ㉱

35 굴뚝에서 배출되는 배출가스 중 암모니아를 자외선/가시선분광법(인도페놀법)으로 분석하기 위하여 사용하는 흡수액으로 옳은 것은?

㉮ 질산용액
㉯ 붕산용액
㉰ 염화칼슘용액
㉱ 수산화소듐용액

풀이 암모니아의 흡수액
① 산성가스가 없는 경우 : 붕산용액(5g/L)
② 산성가스가 있는 경우 : 과산화수소(1+9)

36 대기오염공정시험기준상 원자흡수분광광도법에 대한 원리를 설명한 것으로 옳은 것은?

㉮ 여기상태의 원자가 기저상태로 될 때 특유의 파장의 빛을 투과하는 현상 이용
㉯ 여기상태의 원자가 이 원자 증기층을 투과하는 특유 파장의 빛을 흡수하는 현상 이용
㉰ 기저상태에의 원자가 여기상태로 될 때 특유 파장의 빛을 투과하는 현상 이용
㉱ 기저상태의 원자가 이 원자 증기층을 투과하는 특유 파장의 빛을 흡수하는 현상 이용

풀이 원자흡수분광광도법의 원리는 기저상태(바닥상태)의 원자가 이 원자 증기층을 투과하는 특유 파장의 빛을 흡수하는 현상 이용한다.

37 굴뚝 단면이 상·하 동일 단면적의 직사각형 굴뚝의 직경 산출방법으로 옳은 것은? (단, 가로 : 굴뚝내부 단면 가로치수, 세로 : 굴뚝내부 단면 세로치수)

㉮ 환산직경 $= \left(\dfrac{가로 \times 세로}{가로 + 세로}\right)$

㉯ 환산직경 $= 2 \times \left(\dfrac{가로 \times 세로}{가로 + 세로}\right)$

㉰ 환산직경 $= 4 \times \left(\dfrac{가로 \times 세로}{가로 + 세로}\right)$

㉱ 환산직경 $= 8 \times \left(\dfrac{가로 \times 세로}{가로 + 세로}\right)$

풀이 직사각형의 환산직경
$= \dfrac{단면적}{평균둘레길이} = \dfrac{가로 \times 세로}{\dfrac{2 \times (가로 + 세로)}{4}}$
$= \dfrac{4 \times 가로 \times 세로}{2 \times (가로 + 세로)} = 2 \times \left(\dfrac{가로 \times 세로}{가로 + 세로}\right)$

38 다음 중 환경대기 중의 탄화수소 농도를 측정하기 위한 시험방법과 가장 거리가 먼 것은?

㉮ 총탄화수소 측정법
㉯ 용융 탄화수소 측정법
㉰ 활성 탄화수소 측정법
㉱ 비메탄 탄화수소 측정법

풀이 환경대기중의 탄화수소 측정방법
① 총탄화수소 측정법
② 활성 탄화수소 측정법
③ 비메탄 탄화수소 측정법(주 시험방법)

39 대기오염공정시험기준상 굴뚝 배출가스 중의 일산화탄소 분석방법으로 가장 거리가 먼 것은?

㉮ 전기화학식
㉯ 음이온 전극법
㉰ 기체크로마토그래피
㉱ 비분산적외선분광분석법

풀이 일산화탄소의 분석방법
① 비분산적외선분광분석법
② 전기화학식(정전위전해법)
③ 기체크로마토그래피

answer 35 ㉯ 36 ㉱ 37 ㉯ 38 ㉯ 39 ㉯

40 배출가스 중 황화수소를 자외선/가시선 분광법(4-피리딘카복실산-피라졸론법)으로 분석할 때 간섭물질(방해물질)이 아닌 것은?

㉮ 염소 ㉯ 황화수소
㉰ 알데하이드류 ㉱ 철

풀이 배출가스 중 염소 등의 산화성 가스 또는 알데하이드류, 황화수소, 이산화황 등의 환원성가스가 공존하면 영향을 받는다.

| 제3과목 | 대기오염방지기술

41 다음 [보기]가 설명하는 송풍기의 종류로 가장 적합한 것은?

[보기]
① 타 기종에 비해 대풍량, 저정압 구조로서 설치면적이 작다.
② 날개의 형상에 따라 저속운전으로 저소음 및 운전상태가 정숙하다.
③ 풍량변동에 따른 풍압의 변화가 적다.
④ 베인댐퍼(Vane damper)의 설치로 풍량 및 정압 조정이 용이해 position에 따라 정압조정이 용이하다.

㉮ 터보팬 ㉯ 다익 송풍기
㉰ 레이디얼 팬 ㉱ 익형 송풍기

풀이 ㉯ 다익 송풍기에 대한 설명이다.

42 염소농도가 200ppm인 배출가스를 처리하여 15mg/Sm³로 배출한다고 할 때, 염소의 제거율(%)은? (단, 온도는 표준상태로 가정한다.)

㉮ 95.7 ㉯ 97.6
㉰ 98.4 ㉱ 99.6

풀이 제거해야 할 농도(%) = $\left(1 - \dfrac{\text{기준치 농도}}{\text{배출농도}}\right) \times 100$

① 기준치 농도 = 15mg/Sm³

② 배출농도 = $\dfrac{200\text{mL}}{\text{Sm}^3} \times \dfrac{71\text{mg}}{22.4\text{mL}}$ = 633.93mg/Sm³

③ 제거해야 할 농도(%)
= $\left\{1 - \dfrac{15\text{mg/Sm}^3}{633.93\text{mg/Sm}^3}\right\} \times 100$ = 97.63%

TIP
① ppm = mL/Sm³
② Cl₂(염소)의 분자량 = 35.5×2 = 71
③ mL/Sm³ × $\dfrac{\text{분자량(mg)}}{22.4\text{mL}}$ = mg/Sm³

43 먼지의 입경(d_p, μm)을 Rosin-Rammler 분포에 의해 체상분포 R(%) = 100exp(-βd_p^n)으로 나타낸다. 이 먼지는 입경 35μm 이하가 전체의 약 몇 %를 차지하는가? (단, β = 0.063, n = 1)

㉮ 11 ㉯ 21
㉰ 79 ㉱ 89

풀이 R(%) = 100exp(-$\beta \cdot d_p^n$)
여기서
d_p : 먼지의 입경
β : 입경계수
n : 입경지수

① R(%) = 100exp(-0.063×(35μm)¹) = 11.025%
② 32μm 이하의 입경 = 100%-11.025% = 88.98%

answer 40 ㉱ 41 ㉯ 42 ㉯ 43 ㉱

TIP

① ln(자연대수) ↔ 역수 ↔ exp(e^x)

② log(상용대수) ↔ 역수 ↔ 10^x

TIP

전처리 장치별 효율 증가를 위한 가스속도

장치명	입구 가스속도	출구 가스속도
중력 집진장치	느릴수록	느릴수록
관성력 집진장치	빠를수록	느릴수록
원심력 집진장치	빠를수록	빠를수록

44 다음 연료 중 일반적으로 착화온도가 가장 높은 것은?

㉮ 목탄 ㉯ 무연탄
㉰ 역청탄 ㉱ 갈탄(건조)

풀이
㉮ 목탄 : 320~370℃
㉯ 무연탄 : 440~500℃
㉰ 역청탄 : 320~400℃
㉱ 갈탄(건조) : 250~400℃

TIP

착화온도 : 점화원이 없어도 불이 붙는 최저온도

45 사이클론의 운전조건이 집진율에 미치는 영향으로 옳지 않은 것은?

㉮ 출구의 직경이 작을수록 집진율은 감소하고, 동시에 압력손실도 감소한다.
㉯ 가스의 온도가 높아지면 가스의 점도가 커져 집진율은 저하되나 그 영향은 크지 않다.
㉰ 원통의 길이가 길어지면 선회류 수가 증가하여 집진율은 증가하나 큰 영향은 미치지 않는다.
㉱ 가스의 유입속도가 클수록 집진율은 증가하나, 10m/s 이상에서는 거의 영향을 미치지 않는다.

풀이 ㉮ 출구의 직경이 작을수록 집진율은 증가하고, 동시에 압력손실도 증가한다.

46 관성력 집진장치에 관한 설명으로 옳지 않은 것은?

㉮ 충돌식과 반전식이 있으며, 고온가스의 처리가 가능하다.
㉯ 관성력에 의한 분리속도는 회전기류반경에 비례하고, 입경의 제곱에 반비례한다.
㉰ 집진 가능한 입자는 주로 10μm 이상의 조대입자이며, 일반적으로 집진율은 50~70% 정도이다.
㉱ 기류의 방향전환 각도가 작고, 방향전환 횟수가 많을수록 압력손실은 커지나 집진은 잘된다.

풀이 ㉯ 관성력에 의한 분리속도는 회전기류반경에 반비례하고, 입경의 제곱에 비례한다.

47 중량조성이 탄소 85%, 수소 15%인 액체연료를 매시 100kg 연소한 후 배출가스를 분석하였더니 분석치가 CO_2 12.5%, CO 3%, O_2 3.5%, N_2 81%이었다. 이 때 매 시간당 필요한 공기량(Sm³/h)은?

㉮ 약 13 ㉯ 약 157
㉰ 약 657 ㉱ 약 1,271

풀이 ① CO_2%, O_2%, N_2%가 주어진 경우 공기비(m)

answer 44 ㉯ 45 ㉮ 46 ㉯ 47 ㉱

$$= \frac{N_2\%}{N_2\%-3.76\times(O_2\%-0.5CO\%)}$$

$$= \frac{81\%}{81\%-3.76\times(3.5\%-0.5\times3\%)} = 1.1023$$

② 이론공기량(A_o)

$= 8.89C+26.67\left(H-\dfrac{O}{8}\right)+3.33S(Sm^3/kg)$

$= 8.89\times0.85+26.67\times0.15 = 11.557 Sm^3/kg$

③ 필요한 공기량(Sm^3/hr)

= 공기비(m)×이론공기량(Sm^3/kg)×연료량(kg/hr)

$= 1.1023\times11.557Sm^3/kg\times100kg/hr$

$= 1,273.93 Sm^3/hr$

48 입자상 물질에 대한 설명으로 옳지 않은 것은?

㉮ 입경이 작을수록 집진이 어렵다.
㉯ 단위 체적당 입자의 표면적은 입경이 작을수록 작아진다.
㉰ 입자는 반드시 구형만은 아니고 선형, 부정형 등이 있다.
㉱ 비중은 항상 일정한 값을 취하는 진비중과 입자의 집합 상태에 따라 달라지는 겉보기 비중으로 구별할 수 있다.

풀이 ㉯ 단위 체적당 입자의 표면적은 입경이 작을수록 커진다.

TIP

비표면적(SV) = $\dfrac{\text{표면적}}{\text{체적}} = \dfrac{\pi\times d^2}{\dfrac{\pi}{6}\times d^3} = \dfrac{6}{d}$

49 점도(Viscosity)에 관한 설명으로 옳지 않은 것은?

㉮ 기체의 점도는 온도가 상승하면 낮아진다.
㉯ 점도는 유체 이동에 따라 발생하는 일종의 저항이다.
㉰ 액체인 경우 분자간 응집력이 점도의 원인이다.
㉱ 일반적으로 액체의 점도는 온도가 상승함에 따라 낮아진다.

풀이 ㉮ 기체의 점도는 온도가 상승하면 증가한다.

TIP

① 기체의 점도는 온도에 비례관계
② 액체의 점도는 온도에 반비례관계

50 세정식 집진장치 중 가압수식에 해당하는 것은?

㉮ 충전탑 ㉯ 로터형
㉰ 분수형 ㉱ S형 임펠러

풀이 세정집진장치의 종류
① 유수식 : 가스선회형, 임펠라형, 로타형, 분수형
② 가압수식 : 벤츄리스크러버, 분무탑, 제트스크러버, 충전탑
③ 회전식 : 타이젠와셔, 임펄스스크러버

answer 48 ㉯ 49 ㉮ 50 ㉮

51 아래 표는 전기로에 부설된 Bag filter의 유입구 및 유출구의 가스량과 먼지농도를 측정한 것이다. 먼지 통과율(%)로 옳은 것은?

구분	유입구	유출구
가스량(Sm^3/h)	11.4	16.2
먼지농도(g/Sm^3)	13.25	1.24

㉮ 약 3.3% ㉯ 약 6.6%
㉰ 약 10.3% ㉱ 약 13.3%

풀이 통과율(P) $= \dfrac{C_o \times Q_o}{C_i \times Q_i} \times 100$

$= \dfrac{1.24 g/Sm^3 \times 16.2 Sm^3/hr}{13.25 g/Sm^3 \times 11.4 Sm^3/hr} \times 100$

$= 13.30\%$

52 다음 [보기]가 설명하는 연소장치로 가장 적합한 것은?

[보기]
기체연료의 연소장치로서 천연가스와 같은 고발열량 연료를 연소시키는데 사용되는 버너이다.

㉮ 선회버너 ㉯ 건식버너
㉰ 방사형버너 ㉱ 유압분무식 버너

풀이 ㉰ 방사형버너에 대한 설명이다.

53 저위발열량 5,000kcal/Sm3의 기체연료 연소 시 이론 연소온도(℃)는? (단, 이론 연소가스량은 20Sm^3/Sm^3, 연소가스의 평균 정압비열은 0.35kcal/$Sm^3 \cdot$ ℃이며, 기준온도는 실온(15℃)이며, 공기는 예열되지 않고, 연소가스는 해리되지 않는다.)

㉮ 약 560 ㉯ 약 610
㉰ 약 730 ㉱ 약 890

풀이 이론연소온도(℃)

$= \dfrac{\text{저위발열량}(kcal/Sm^3)}{\text{가스량}(Sm^3/Sm^3) \times \text{평균정압비열}(kcal/Sm^3 \cdot ℃)} + \text{기준온도}(℃)$

$= \dfrac{5,000 kcal/Sm^3}{20 Sm^3/Sm^3 \times 0.35 kcal/Sm^3 \cdot ℃} + 15℃$

$= 729.29℃$

54 세정집진장치에 관한 설명으로 옳지 않은 것은?

㉮ 타이젠와셔는 회전식에 해당한다.
㉯ 입자포집원리로 관성충돌, 확산작용이 있다.
㉰ 벤츄리스크러버에서 물방울 입경과 먼지 입경의 비는 5 : 1 정도가 좋다.
㉱ 사용하는 액체는 보통 물이지만 특수한 경우에는 표면활성제를 혼합하는 경우도 있다.

풀이 ㉰ 벤츄리스크러버에서 물방울 입경과 먼지 입경의 비는 150 : 1 정도가 좋다.

TIP
벤츄리스크러버의 암기사항
① 압력손실이 300~800mmH$_2$O로 가장 크다.
② 목부의 유속이 60~90m/sec로 가장 빠르다.
③ 액가스비는 0.3~1.5L/m^3이다.

answer 51 ㉱ 52 ㉰ 53 ㉰ 54 ㉰

55 흡수장치의 총괄이동 단위높이(HOG)가 1.0m이고, 제거율이 95%라면, 이 흡수장치의 높이(m)는 약 얼마인가?

㉮ 1.2m ㉯ 3.0m
㉰ 3.5m ㉱ 4.2m

풀이 H = NOG×HOG
여기서
- H : 충전탑의 높이(m)
- HOG : 총괄이동단위높이(m)
- NOG : 총괄이동단위수 $\left[NOG = \ln\left(\dfrac{1}{1-\eta}\right) \right]$

따라서 H = 1.0m × $\ln\left(\dfrac{1}{1-0.95}\right)$ = 3.0m

56 먼지의 입경측정방법 중 주로 1μm 이상인 먼지의 입경측정에 이용되고, 그 측정 장치로는 앤더슨피펫, 침강천칭, 광투과장치 등이 있는 것은?

㉮ 관성충돌법
㉯ 액상 침강법
㉰ 표준체 측정법
㉱ Bacho 원심기체 침강법

풀이 ㉯ 액상 침강법에 대한 설명이다.

TIP 이문제에서 답을 찾는 핵심포인트는 문제내용의 피펫과 정답의 액상을 연관시켜 숙지하시면 됩니다.

57 연소조절에 의한 질소산화물(NOx)저감 대책으로 가장 거리가 먼 것은?

㉮ 과잉공기량을 크게 한다.
㉯ 2단 연소법을 사용한다.
㉰ 배출가스를 재순환시킨다.
㉱ 연소용 공기의 예열온도를 낮춘다.

풀이 ㉮ 과잉공기량을 작게 한다.

TIP 질소산화물(NOx)을 저감하는 문제에서 핵심포인트는 공기량 적게 공급과 저온도연소임을 숙지하시면 됩니다.

58 하루에 5톤의 유비철광을 사용하는 아비산제조 공장에서 배출되는 SO_2를 NaOH 용액으로 흡수하여 Na_2SO_3로 제거하려 한다. NaOH 용액의 흡수효율을 100%라 하면 이론적으로 필요한 NaOH의 양(톤)은? (단, 유비철광 중의 유황분 함유량은 20%이고, 유비철광 중 유황분은 모두 산화되어 배출된다.)

㉮ 0.5   ㉯ 1.5
㉰ 2.5   ㉱ 3.5

풀이 S + O_2 → SO_2 + 2NaOH → Na_2SO_3 + H_2O
32kg   : 2×40kg
5톤/일×0.20 : X

∴ X = $\dfrac{5톤/일 \times 0.20 \times 2 \times 40kg}{32kg}$ = 2.5톤/일

TIP
① 수산화나트륨 = 가성소다 = NaOH
② 황(S)의 원자량 또는 분자량 = 32
③ NaOH의 분자량 = 23+16+1 = 40
④ Na_2SO_3의 명칭은 아황산나트륨

answer 55 ㉯   56 ㉯   57 ㉮   58 ㉰

59 화학적 흡착과 비교한 물리적 흡착의 특성에 관한 설명으로 옳지 않은 것은?

㉮ 흡착제의 재생이나 오염가스의 회수에 용이하다.
㉯ 일반적으로 온도가 낮을수록 흡착량이 많다.
㉰ 표면에 단분자막을 형성하며, 발열량이 크다.
㉱ 압력을 감소시키면 흡착물질이 흡착제로부터 분리되는 가역적 흡착이다.

풀이 ㉰번의 설명은 화학적 흡착이다.

60 크기가 가로 1.2m, 세로 2.0m, 높이 1.5m인 연소실에서 저위발열량이 10,000kcal/kg인 중유를 1.5시간에 100kg씩 연소시키고 있다. 이 연소실의 열 발생률(kcal/m³·h)은? (단, 연료는 완전연소하며, 연료 및 공기의 예열이 없고 연소실 벽면을 통한 열손실도 전혀 없다고 가정한다.)

㉮ 약 165,246   ㉯ 약 185,185
㉰ 약 277,778   ㉱ 약 416,667

풀이 연소실의 열발생율(kcal/m³·hr)

$= \dfrac{\text{저위발열량(kcal/kg)} \times \text{중유량(kg/hr)}}{\text{가로} \times \text{세로} \times \text{높이}(m^3)}$

$= \dfrac{10{,}000\text{kcal/kg} \times 100\text{kg}/1.5\text{hr}}{1.2\text{m} \times 2.0\text{m} \times 1.5\text{m}}$

$= 185{,}185.185 \text{kcal/m}^3 \cdot \text{hr}$

TIP
공식설명
① 저위발열량(kcal/kg)×중유량(kg/hr) = kcal/hr
② 연소실 용적(m³) = 가로×세로×높이
③ 연소실의 열발생율(kcal/m³·hr)
$= \dfrac{\text{저위발열량} \times \text{중유량}}{\text{연소실 용적}}$

| 제4과목 | 대기환경관계법규

61 대기환경보전법상 "기타 고체연료 사용시설"의 설치기준으로 틀린 것은?

㉮ 배출시설의 굴뚝높이는 100m 이상이어야 한다.
㉯ 연료와 그 연소재의 수송은 덮개가 있는 차량을 이용하여야 한다.
㉰ 연료는 옥내에 저장하여야 한다.
㉱ 굴뚝에서 배출되는 매연을 측정할 수 있어야 한다.

풀이 ㉮ 배출시설의 굴뚝높이는 20m 이상이어야 한다.

62 대기환경보전법상 위임업무 보고사항 중 "측정기기 관리대행업의 등록, 변경등록 및 행정처분 현황"에 대한 유역환경청장의 보고 횟수 기준은?

㉮ 수시   ㉯ 연 4회
㉰ 연 2회   ㉱ 연 1회

풀이 측정기기 관리대행업의 등록, 변경등록 및 행정처분 현황에 대한 위임업무 보고 횟수 기준은 연 1회이다.

63 대기환경보전법상 Ⅲ 지역에 대한 기본부과금의 지역별 부과계수는? (단, Ⅲ 지역은 국토의 계획 및 이용에 관한 법률에 따른 녹지지역·관리지역·농림지역 및 자연환경보전지역이다.)

㉮ 0.5   ㉯ 1.0
㉰ 1.5   ㉱ 2.0

풀이 Ⅲ지역의 부과계수는 1.0이다.

answer 59 ㉰ 60 ㉯ 61 ㉮ 62 ㉱ 63 ㉯

TIP
기본부과금의 지역별 부과계수
① Ⅰ지역(주거지역, 상업지역, 취락지구, 택지개발 예정지구) : 1.5
② Ⅱ지역(공업지역, 수산자원보호구역, 전원개발 사업구역 및 예정구역) : 0.5
③ Ⅲ지역(녹지지역, 농림지역 및 자연환경보전지역, 관광·휴양개발진흥지구) : 1.0

64 다음 중 대기환경보전법상 대기오염경보에 관한 설명으로 틀린 것은?

㉮ 대기오염경보 대상 지역은 시·도지사가 필요하다고 인정하여 지정하는 지역으로 한다.
㉯ 환경기준이 설정된 오염물질 중 오존은 대기오염경보의 대상오염물질이다.
㉰ 대기오염경보의 단계별 오염물질의 농도기준은 시·도지사가 정하여 고시한다.
㉱ 오존은 농도에 따라 주의보, 경보, 중대경보로 구분한다.

풀이 ㉰ 대기오염경보의 단계별 오염물질의 농도기준은 환경부령으로 정하여 고시한다.

65 대기환경보전법상 연료를 연소하고 황산화물을 배출하는 시설에서 연료의 황함유량이 0.5% 이하인 경우 기본부과금의 농도별 부과계수 기준으로 옳은 것은? (단, 대기환경보전법에 따른 측정 결과가 없으며, 배출시설에서 배출되는 오염물질 농도를 추정할 수 없다.)

㉮ 0.1　　㉯ 0.2
㉰ 0.4　　㉱ 1.0

풀이 연료의 황함유량(%) 농도별 기본부과금 부과계수
① 0.5% 이하 : 0.2
② 1.0% 이하 : 0.4
③ 1.0% 초과 : 1.0

66 환경정책기본법상 일산화탄소의 대기환경 기준으로 옳은 것은?

㉮ 1시간 평균치 25ppm 이하
㉯ 8시간 평균치 25ppm 이하
㉰ 24시간 평균치 9ppm 이하
㉱ 연간 평균치 9ppm 이하

풀이 일산화탄소(CO)의 대기환경기준
① 8시간 평균치 : 9ppm 이하
② 1시간 평균치 : 25ppm 이하

67 대기환경보전법상 초과부과금 산정기준에서 다음 오염물질 중 1kg당 부과금액이 가장 높은 것은?

㉮ 이황화탄소　　㉯ 먼지
㉰ 암모니아　　㉱ 황화수소

풀이 오염물질 중 1kg당 부과금액
㉮ 이황화탄소 : 1,600원
㉯ 먼지 : 770원
㉰ 암모니아 : 1,400원
㉱ 황화수소 : 6,000원

68 대기환경보전법상 과태료의 부과기준으로 옳지 않은 것은?

㉮ 일반기준으로서 위반행위의 횟수에 따른 부과기준은 최근 1년간 같은 위반행위로 과태료 부과처분을 받은 경우에 적용한다.

answer 64 ㉰　65 ㉯　66 ㉮　67 ㉱　68 ㉯

㈐ 일반기준으로서 부과권자는 위반행위의 동기와 그 결과 등을 고려하여 과태료 부과금액의 80% 범위에서 이를 감경한다.
㈑ 개별기준으로서 제작차배출허용기준에 맞지 않아 결함시정명령을 받은 자동차 제작자가 결함시정 결과보고를 아니한 경우 1차 위반 시 과태료 부과금액은 100만원이다.
㈒ 개별기준으로서 제작차배출허용기준에 맞지 않아 결함시정명령을 받은 자동차 제작자가 결함시정 결과보고를 아니한 경우 3차 위반 시 과태료 부과금액은 200만원이다.

풀이 ㈏ 일반기준으로서 부과권자는 위반행위의 동기와 그 결과 등을 고려하여 과태료 부과금액의 2분의 1 범위에서 이를 감경한다.

69 대기환경보전법상 대기오염방지시설이 아닌 것은?

㉮ 흡수에 의한 시설
㉯ 소각에 의한 시설
㉰ 산화·환원에 의한 시설
㉱ 미생물을 이용한 처리시설

풀이 대기오염방지시설로는 중력집진시설, 관성력집진시설, 원심력집진시설, 세정집진시설, 여과집진시설, 전기집진시설, 음파집진시설, 흡수에 의한 시설, 흡착에 의한 시설, 직접연소에 의한 시설, 촉매반응을 이용한 시설, 응축에 의한 시설, 산화·환원에 의한 시설, 미생물을 이용한 처리시설, 연소조절에 의한 시설이 있다.

70 대기환경보전법상 신고를 한 후 조업 중인 배출시설에서 나오는 오염물질의 정도가 배출허용기준을 초과하여 배출시설 및 방지시설의 개선명령을 이행하지 아니한 경우의 1차행정처분기준은?

㉮ 경고 ㉯ 사용금지명령
㉰ 조업정지 ㉱ 허가취소

71 대기환경보전법상 100만원 이하의 과태료 부과대상인 자는?

㉮ 황함유기준을 초과하는 연료를 공급·판매한 자
㉯ 비산먼지의 발생억제시설의 설치 및 필요한 조치를 하지 아니하고 시멘트·석탄·토사 등 분체상 물질을 운송한 자
㉰ 배출시설 등 운영 상황에 관한 기록을 보존하지 아니한 자
㉱ 자동차의 원동기 가동제한을 위반한 자동차의 운전자

풀이 ㉮ 3년이하의 징역이나 3천만원 이하의 벌금
㉯ 200만원 이하의 과태료
㉰ 300만원 이하의 과태료
㉱ 100만원 이하의 과태료

72 대기환경보전법상 배출허용기준의 준수여부 등을 확인하기 위해 환경부령으로 지정된 대기오염도 검사기관으로 옳은 것은? (단, 국가표준기본법에 따른 인정을 받은 시험·검사기관 중 환경부장관이 정하여 고시하는 기관은 제외한다.)

㉮ 지방환경청
㉯ 대기환경기술진흥원

answer 69 ㉯ 70 ㉰ 71 ㉱ 72 ㉮

㉰ 한국환경산업기술원
㉱ 환경관리연구소

풀이 오염도 검사기관으로는 국립환경과학원, 특별시·광역시·특별자치시·도·특별자치도의 보건환경연구원, 유역환경청, 지방환경청, 수도권대기환경청, 한국환경공단이 있다.

73 대기환경보전법상 환경부장관은 장거리이동 대기오염물질피해방지를 위하여 5년마다 관계 중앙행정기관의 장과 협의하고 시·도지사의 의견을 들은 후 장거리이동대기오염물질대책위원회의 심의를 거쳐 종합대책을 수립하여야 하는데, 이 종합대책에 포함되어야 하는 사항으로 틀린 것은?

㉮ 종합대책 추진실적 및 그 평가
㉯ 장거리이동대기오염물질피해 방지를 위한 국내 대책
㉰ 장거리이동대기오염물질피해 방지 기금 모금
㉱ 장거리이동대기오염물질 발생 감소를 위한 국제협력

풀이 ㉰ 장거리이동대기오염물질 발생 현황 및 전망

74 악취방지법상 위임업무 보고사항 중 "악취검사기관의 지정, 지정사항 변경보고 접수 실적"의 보고 횟수 기준은?
(단, 보고자는 국립환경과학원장으로 한다.)

㉮ 연 1회 ㉯ 연 2회
㉰ 연 4회 ㉱ 수시

풀이 악취검사기관의 지정, 지정사항 변경보고 접수 실적의 위임업무 보고 횟수 기준은 연 1회이다.

75 대기환경보전법상 수도권대기환경청장, 국립환경과학원장 또는 한국환경공단이 설치하는 대기오염 측정망의 종류에 해당하지 않는 것은?

㉮ 도시지역 또는 산업단지 인근지역의 특정대기유해물질(중금속을 제외한다)의 오염도를 측정하기 위한 유해대기물질측정망
㉯ 산성 대기오염물질의 건성 및 습성 침착량을 측정하기 위한 산성강하물측정망
㉰ 도로변의 대기오염물질 농도를 측정하기 위한 도로변대기측정망
㉱ 장거리이동 대기오염물질의 성분을 집중 측정하기 위한 대기오염집중측정망

풀이 ㉰번은 시·도지사가 설치하는 측정망이다.

TIP
시·도지사가 설치하는 측정망
① 도시 대기 측정망
② 도로변 대기 측정망
③ 대기 중금속 측정망

76 대기환경보전법상 자동차연료 제조기준 중 경유의 황함량 기준은? (단, 기타의 경우는 고려하지 않음)

㉮ 10ppm 이하 ㉯ 20ppm 이하
㉰ 30ppm 이하 ㉱ 50ppm 이하

풀이 자동차연료 제조기준 중 경유의 황함량 기준은 10ppm 이하이다.

answer 73 ㉰ 74 ㉮ 75 ㉰ 76 ㉮

77 대기환경보전법상 운행차의 정밀검사 방법·기준 및 검사대상 항목기준(일반기준)에 관한 설명으로 틀린 것은?

㉮ 관능 및 기능검사는 배출가스검사를 먼저 한 후 시행하여야 한다.
㉯ 휘발유와 가스를 같이 사용하는 자동차는 연료를 가스로 전환한 상태에서 배출가스검사를 실시하여야 한다.
㉰ 운행차의 정밀검사는 부하검사방법을 적용하여 검사를 하여야 하지만, 상시 4륜구동 자동차는 무부하검사방법을 적용할 수 있다.
㉱ 운행차의 정밀검사는 부하검사방법을 적용하여 검사를 하여야 하지만, 2행정 원동기 장착자동차는 무부하검사방법을 적용할 수 있다.

풀이 ㉮ 배출가스검사는 관능 및 기능검사를 먼저 한 후 시행하여야 한다.

78 다음 중 대기환경보전법상 특정대기유해물질에 해당하지 않는 것은?

㉮ 오존   ㉯ 아크롤레인
㉰ 황화에틸   ㉱ 아세트알데히드

풀이 ㉱ 아세트알데히드는 특정대기유해물질이 아니다.

79 환경정책기본법상 대기환경기준이 설정되어 있지 않는 항목은?

㉮ O_3 ㉯ Pb
㉰ PM-10   ㉱ CO_2

풀이 환경정책기본법상 대기환경기준이 설정되어 있는 항목은 아황산가스(SO_2), 일산화탄소(CO), 이산화질소(NO_2), 미세먼지(PM-10), 초미세먼지(PM-2.5), 오존(O_3), 납(Pb), 벤젠이다.

80 다음 중 대기환경보전법상 휘발성 유기화합물 배출규제대상 시설이 아닌 것은?

㉮ 목재가공시설
㉯ 주유소의 저장시설
㉰ 저유소의 저장시설
㉱ 세탁시설

풀이 휘발성 유기화합물 배출규제대상 시설
① 석유정제를 위한 제조시설, 저장시설 및 출하시설과 석유화학제품 제조업의 제조시설, 저장시설 및 출하시설
② 저유소의 저장시설 및 출하시설
③ 주유소의 저장시설 및 주유시설
④ 세탁시설

answer 77 ㉮ 78 ㉱ 79 ㉱ 80 ㉮

2020년 3회 대기환경산업기사

2020년 8월 23일 시행

| 제1과목 | 대기오염개론

01 다음 [보기]가 설명하는 오염물질로 옳은 것은?

[보기]
- 급성 중독증상은 구토, 복통, 이질 등이 나타나며 기관지 염증을 일으키는 경우도 있다.
- 만성적인 경우에는 후각신경의 마비와 폐기종 등을 일으키는 한편 이로 인한 동맥경화증이나 고혈압증의 유발요인이 되기도 한다.
- 이것에 의한 질환은 수질오염으로 인하여 발생한 이따이이따이병이 있다.

㉮ As ㉯ Hg
㉰ Cr ㉱ Cd

풀이 ㉱ 카드뮴(Cd)에 대한 설명이다.

TIP
이 문제의 핵심포인트는 "이따이이따이병 = 카드뮴"임을 숙지하시면 됩니다.

02 실내공기오염물질인 라돈에 관한 설명으로 옳지 않은 것은?

㉮ 무색, 무취의 기체로 폐암을 유발한다.
㉯ 반감기는 3.8일 정도이고 호흡기로의 흡입이 현저하다.
㉰ 토양, 콘크리트, 벽돌 등으로부터 공기 중에 방출된다.
㉱ 자연계에는 존재하지 않으며, 공기에 비해 약 3배 정도 무겁다.

풀이 ㉱ 자연계에 존재하며, 공기에 비해 약 9배 정도 무겁다.

TIP
라돈(Rn)의 핵심 암기사항
① 무색(액화되어도 색을 띠지 않음)
② 공기보다 9배 무거운 물질
③ 화학적으로 안정한 불활성물질
④ 호흡기 질환, 폐암유발
⑤ 반감기는 3.8일

03 대류권내 공기의 구성 물질을 [보기]와 같이 분류할 때 다음 중 "쉽게 농도가 변하는 물질"에 해당하는 것은?

[보기]
- 농도가 가장 안정된 물질
- 쉽게 농도가 변하지 않는 물질
- 쉽게 농도가 변하는 물질

㉮ Ne ㉯ Ar
㉰ NO_2 ㉱ CO_2

풀이 ① 농도가 가장 안정된 물질 : 불활성기체로 Ne, Ar
② 쉽게 농도가 변하지 않는 물질 : 이산화탄소 (CO_2)
③ 쉽게 농도가 변하는 물질 : 이산화질소(NO_2)

answer 01 ㉱   02 ㉱   03 ㉰

TIP
농도가 쉽게 변한다는 것은 반응을 한다는 의미입니다.

04 과거의 역사적으로 발생한 대기오염사건 중 런던형 스모그의 기상 및 안정도 조건으로 옳지 않은 것은?

㉮ 침강성 역전   ㉯ 바람은 무풍상태
㉰ 기온은 4℃ 이하   ㉱ 습도는 85% 이상

풀이 ㉮ 복사성(방사성) 역전

TIP
런던형 스모그사건과 LA 스모그사건은 반드시 비교해서 숙지하셔서 시험에 대비하시기 바랍니다.

05 벨기에의 뮤즈계곡사건, 미국의 도노라사건 및 런던 스모그사건의 공통적인 주요 대기오염원인물질로 가장 적합한 것은?

㉮ SO_2 ㉯ O_3
㉰ CS_2 ㉱ NO_2

풀이 벨기에의 뮤즈계곡사건, 미국의 도노라사건 및 런던 스모그사건의 공통적인 주요 대기오염원인물질은 아황산가스(SO_2)이다.

TIP
주요 원인물질이 SO_2인 이유는 석탄계 연료를 공통으로 사용했기 때문입니다.

06 오존 및 오존층에 관한 설명으로 옳지 않은 것은?

㉮ 오존은 약 90% 이상이 고도 10~50km 범위의 성층권에 존재하고 있다.
㉯ 오존층에서는 오존의 생성과 소멸이 계속적으로 일어나며 지표면의 생물체에 유해한 자외선을 흡수한다.
㉰ 지구 전체의 평균 오존량은 약 300Dobson 정도이고, 지리적 또는 계절적으로 평균치의 ±50% 정도까지 변화한다.
㉱ CFCs는 독성과 활성이 강한 물질로서 대기중으로 배출될 경우 빠르게 오존층에 도달한다.

풀이 ㉱ CFCs는 무독성과 비활성 물질이며, 대기 중으로 배출될 경우 빠르게 오존층에 도달해 오존층을 파괴한다.

07 유효굴뚝높이 60m에서 SO_2가 980,000 m^3/day, 1,200ppm으로 배출되고 있다. 이 때 최고 지표농도(ppb)는? (단, sutton의 확산식을 사용하고, 풍속은 6m/s, 이 조건에서 확산계수 k_y = 0.15, k_z = 0.18이다.)

㉮ 96   ㉯ 177
㉰ 361   ㉱ 485

풀이
$$C_{max} = \frac{2Q}{\pi \cdot e \cdot U \cdot He^2}\left(\frac{k_z}{k_y}\right)$$

여기서
- Q : 배출가스량(m^3/sec)
- u : 풍속(m/sec)
- He : 유효굴뚝높이(m)
- k_z : 수직확산계수
- k_y : 수평확산계수
- e : 자연대수(2.72)

C_{max}
$$= \frac{2 \times 980,000 m^3/day \times 1day/24hr \times 1hr/3,600sec \times 1,200ppm}{\pi \times 2.72 \times 6m/sec \times (60m)^2}$$
$$\times \left(\frac{0.18}{0.15}\right)$$
$= 0.17698ppm = 176.98ppb$

TIP
ppm $\xrightarrow{\times 10^3}$ ppb

08 공업지역의 먼지농도 측정을 위해 여과지를 이용하여 0.45m/s 속도로 3시간 포집한 결과 깨끗한 여과지에 비해 사용한 여과지의 빛 전달율이 66%인 경우 1,000m당 Coh는 약 얼마인가?

㉮ 3.0
㉯ 3.2
㉰ 3.7
㉱ 4.0

풀이

$$Coh = \frac{\log\frac{1}{\text{빛전달률}} \times 100}{\text{여과속도(m/sec)} \times \text{포집시간(hr)} \times 3,600} \times 1,000m$$

$$= \frac{\log\frac{1}{0.66} \times 100}{0.45\text{m/sec} \times 3\text{hr} \times 3,600} \times 1,000m = 3.71$$

TIP
공식에서 여과속도(m/sec)와 포집시간(hr)의 시간 단위를 일치시키기 위해서 3,600을 곱한다.

09 다음 중 지구온난화의 주 원인물질로 가장 적합하게 짝지어진 것은?

㉮ CH_4-CO_2
㉯ SO_2-NH_3
㉰ CO_2-HF
㉱ NH_3-HF

풀이 지구온난화의 주 원인물질은 CH_4-CO_2이다.

TIP
대표적인 지구온난화 물질
이산화탄소(CO_2), 메탄(CH_4), 이산화질소(NO_2), 수소불화탄소(HFC_S), 과불화탄소(PFC_S), 육불화황(SF_6)

10 다음 중 SO_2에 대한 저항력이 가장 강한 식물은?

㉮ 콩
㉯ 옥수수
㉰ 양상추
㉱ 사루비아

풀이 SO_2에 대한 저항력이 가장 강한 식물은 양배추, 까치밤나무, 쥐당나무, 셀러리, 소나무, 옥수수이다.

TIP
SO_2의 지표식물(약한식물)
대맥, 담배, 자주개나리(알팔파), 목화, 보리

11 다음 각 대기오염물질의 영향에 관한 설명으로 옳지 않은 것은?

㉮ O_3는 DNA, RNA에 작용하여 유전인자에 변화를 일으키며, 염색체 이상이나 적혈구의 노화를 가져온다.
㉯ 바나듐은 인체에 콜레스테롤, 인지질 및 지방분의 합성을 저해하거나 다른 영향물질의 대사 장해를 일으키기도 한다.
㉰ 유기수은은 무기수은과 달리 창자로부터의 배출은 적고, 주로 신장으로 배출되며, 혈압강하가 주된 증상이다.
㉱ 납중독은 조혈 기능 장애로 인한 빈혈을 수반하고, 신경계통을 침해하며, 더 나아가 시신경 위축에 의한 실명, 사지의 경련도 일으킬 수 있다.

풀이 ㉰ 유기수은은 호흡기와 피부를 통해서 인체로 흡수되며 신체의 신경계통에 피해를 준다.

12 다음 중 2차 대기오염물질과 가장 거리가 먼 것은?

㉮ NOCl
㉯ H_2O_2
㉰ PAN
㉱ NaCl

풀이 ㉱ NaCl은 1차 대기오염물질이다.

TIP
2차 대기오염물질은 1차 대기오염물질이 광화학반응이나 산화반응을 통해서 형성된 물질을 말한다.

answer 08 ㉰ 09 ㉮ 10 ㉯ 11 ㉰ 12 ㉱

13 다음 각 오염물질에 대한 지표식물로 가장 거리가 먼 것은?

㉮ PAN : 시금치
㉯ 황화수소 : 토마토
㉰ 아황산가스 : 무궁화
㉱ 불소화합물 : 글라디올러스

풀이 ㉰ 아황산가스 : 대맥, 담배, 자주개나리(알팔파), 목화, 보리

14 국지풍에 관한 설명으로 옳지 않은 것은?

㉮ 낮에 바다에서 육지로 부는 해풍은 밤에 육지에서 바다로 부는 육풍보다 보통 더 강하다.
㉯ 열섬효과로 인해 도시의 중심부가 주위보다 고온이 되므로 도시 중심부에서는 상승기류가 발생하고 도시 주위의 시골(전원)에서 도시로 부는 바람을 전원풍이라 한다.
㉰ 고도가 높은 산맥에 직각으로 강한 바람이 부는 경우에는 산맥의 풍하쪽으로 건조한 바람이 불어내리는데 이러한 바람을 휀풍이라 한다.
㉱ 곡풍은 경사면→계곡→주계곡으로 수렴하면서 풍속이 가속화되므로 낮에 산 위쪽으로부는 산풍보다 보통 더 강하다.

풀이 ㉱ 산풍은 경사면→계곡→주계곡으로 수렴하면서 풍속이 가속화되므로 낮에 산 위쪽으로 부는 곡풍보다 더 강하다.

TIP
이 문제는 ㉱번의 보기가 동일하게 자주 출제되므로 반드시 숙지하셔서 시험에 대비하시기 바랍니다.

15 연소과정에서 방출되는 NOx 배출가스 중 NO : NO_2의 계략적인 비는 얼마 정도인가?

㉮ 5 : 95   ㉯ 20 : 80
㉰ 50 : 50   ㉱ 90 : 10

풀이 연소과정에서 방출되는 NOx 배출가스 중 NO : NO_2의 계략적인 비는 90 : 10이다.

16 다음은 풍향과 풍속의 빈도 분포를 나타낸 바람장미(wind rose)이다. 여기서 주풍은?

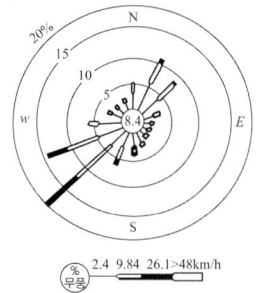

㉮ 서풍   ㉯ 북동풍
㉰ 남동풍   ㉱ 남서풍

풀이 주풍은 막대기의 길이가 가장 긴 방향이므로 남서풍이다.

TIP
풍향은 막대기의 길이로 나타내고, 풍속은 막대기의 굵기로 표시한다.

answer 13 ㉰ 14 ㉱ 15 ㉱ 16 ㉱

17 다음 [보기]가 설명하는 연기 모양으로 옳은 것은?

> 보통 30분 이상 지속되지 않으며, 일단 발생해 있던 복사역전층이 지표온도가 증가하면서 하층에서부터 해소되는 과정에서 상층은 역전상태로 안전층이 되고, 하층에는 불안정층이 되어 굴뚝에서 배출된 오염물질이 아래로 지표면에까지 영향을 미치면서 발생하는 연기 모양

㉮ Looping형 ㉯ Fanning형
㉰ Trapping형 ㉱ Fumigation형

풀이 ㉱ 훈증형(Fumigation형)에 대한 설명이다.

TIP
하층은 불안정, 상층은 안정한 상태를 나타내는 연기 모양은 훈증형이며, 지속시간은 30분 이내이다.

18 다음 중 레일라이 산란(Rayleigh scattering) 효과가 가장 뚜렷이 나타나는 조건은?

㉮ 입자의 반경이 입사광선의 파장보다 훨씬 큰 경우
㉯ 입자의 반경이 입사광선의 파장보다 훨씬 작은 경우
㉰ 입자의 반경과 입사광선의 파장이 비슷한 크기인 경우
㉱ 입자의 반경과 입사광선 파장의 크기가 정확히 일치하는 경우

풀이 레일라이 산란(Rayleigh scattering)효과가 가장 뚜렷이 나타나는 조건은 입자의 반경이 입사광선의 파장보다 훨씬 작은 경우이다.

19 흑체의 최대에너지가 복사될 때 이용되는 파장(λ_m : μm) 흑체의 표면온도(T : 절대온도)와의 관계를 나타내는 다음 복사이론에 관한 법칙은?

$$\lambda_m = a/T \text{ (단, 비례상수 a : 0.2898 cm·K)}$$

㉮ 알베도의 법칙
㉯ 플랑크의 법칙
㉰ 비인의 변위법칙
㉱ 스테판-볼츠만의 법칙

풀이 ㉰ 비인의 변위법칙에 대한 설명이다.

20 보통 가을부터 봄에 걸쳐 날씨가 좋고, 바람이 약하며, 습도가 적을 때 자정 이후부터 아침까지 잘 발생하고, 낮이 되면 일사로 인해 지면이 가열되면 곧 소멸되는 역전의 형태는?

㉮ Lofting inversion
㉯ Coning inversion
㉰ Radiative inversion
㉱ Subsidence inversion

풀이 ㉰ 복사성 역전(Radiative inversion)에 대한 설명이다.

TIP
복사성(방사성) 역전은 지표역전으로 런던 스모그사건의 원인으로 작용했다.

answer 17 ㉱ 18 ㉯ 19 ㉰ 20 ㉰

| 제2과목 | 대기오염공정시험기준

21 다음은 환경대기 중 옥시던트 측정방법-중성아이오딘화 포타슘(Determination of Oxidants-Neutral Buffered Potassium Iodide Method)의 적용범위이다. ( )안에 가장 적합한 것은?

> 이 방법은 오존으로써 ( )범위에 있는 전체 옥시던트를 측정하는데 사용되며 산화성물질이나 환원성물질이 결과에 영향을 미치므로 오존만을 측정하는 방법은 아니다.

㉮ (0.0001~0.001)μmol/mol
㉯ (0.001~0.01)μmol/mol
㉰ (0.01~10)μmol/mol
㉱ (100~1000)μmol/mol

TIP
① 중성요오드화칼륨법 = 중성아이오딘화포타슘법
② 요오드 = 아이오드

22 굴뚝 배출가스 중 수은화합물을 냉증기원자흡수분광광도법으로 분석할 때 측정파장(nm)으로 옳은 것은?

㉮ 193.7 ㉯ 253.7
㉰ 324.8 ㉱ 357.9

풀이 수은화합물의 냉증기-원자흡수분광광도법 암기사항
① 흡수액 : 4% 과망간산포타슘 + 10% 황산
② 환원제 : 염화제일주석용액
③ 측정파장 : 253.7nm
④ 정량범위 : 0.0005mg/Sm³~0.0075mg/Sm³
⑤ 방법검출한계 : 0.0002mg/Sm³

23 비분산적외선분광분석법에 관한 설명으로 옳지 않은 것은?

㉮ 광원은 원칙적으로 중공음극램프를 사용하며 감도를 높이기 위하여 텅스텐램프를 사용하기도 한다.
㉯ 대기 및 굴뚝 배출기체 중의 오염물질을 연속적으로 측정하는 비분산 정필터형 적외선가스 분석계에 대하여 적용한다.
㉰ 선택형 검출기를 이용하여 시료 중 특성성분에 의한 적외선의 흡수량 변화를 측정하여 시료 중 들어있는 특정 성분의 농도를 측정한다.
㉱ 광학필터는 시료가스 중에 간섭 물질가스의 흡수파장역의 적외선을 흡수제거하기 위하여 사용하며, 가스필터와 고체필터가 있는데 이것은 단독 또는 적절히 조합하여 사용한다.

풀이 ㉮ 광원은 니크로뮴선 또는 탄화규소의 저항체에 전류를 흘려 가열한 것을 사용한다.

24 단면의 모양이 4각형인 어느 연도를 6개의 등면적으로 구분하여 각 측정점에서 유속과 굴뚝 건조 배출가스 중 먼지 농도를 수동식으로 측정한 결과가 다음과 같았다. 이 때 전체 단면의 평균 먼지 농도(g/Sm³)는?

측정점	먼지농도 (g/Sm³)	유속 (m/s)
1	0.48	8.2
2	0.45	7.8
3	0.51	8.4
4	0.47	8.0
5	0.45	8.0
6	0.46	7.9

answer 21 ㉰ 22 ㉯ 23 ㉮ 24 ㉯

㉮ 0.45　　㉯ 0.47
㉰ 0.49　　㉱ 0.50

풀이 평균 먼지농도(g/Sm³)
$$= \frac{0.48 \times 8.2 + 0.45 \times 7.8 + 0.51 \times 8.4 + 0.47 \times 8.0 + 0.45 \times 8.0 + 0.46 \times 7.9}{8.2 + 7.8 + 8.4 + 8.0 + 8.0 + 7.9}$$
$= 0.47 \text{ g/Sm}^3$

25 대기오염공정시험기준상 시약, 표준물질, 표준용액에 관한 설명으로 옳지 않은 것은?

㉮ 시험에 사용하는 표준물질은 원칙적으로 특급시약을 사용한다.
㉯ 표준용액을 조제하기 위한 표준용 시약은 따로 규정이 없는 한 데시케이터에 보존된 것을 사용한다.
㉰ 시험시약 중 따로 규정이 없고, 단순히 질산으로 표시했을 때는, 그 비중은 약 1.38, 농도는 60.0~62.0(%) 이상의 것을 뜻한다.
㉱ 표준물질을 채취할 때 표준액이 정수로 기재되어 있는 경우에는 실험자가 환산하여 기재한 수치에 "약"자를 붙여 사용할 수 없다.

풀이 ㉱ 표준물질을 채취할 때 표준액이 정수로 기재되어 있는 경우에는 실험자가 환산하여 기재한 수치에 "약"자를 붙여 사용할 수 있다.

26 굴뚝 배출가스 중 먼지를 연속적으로 자동 측정하는 방법에서 사용되는 용어의 의미로 옳지 않은 것은?

㉮ 검출한계 : 제로드리프트의 5배에 해당하는 지시치가 갖는 교정용입자의 먼지농도를 말한다.

㉯ 균일계 단분산 입자 : 입자의 크기가 모두 같은 것으로 간주할 수 있는 시험용입자로서 실험실에서 만들어진다.
㉰ 교정용입자 : 실내에서 감도 및 교정오차를 구할 때 사용하는 균일계 단분산 입자로서 기하평균 입경이 (0.3~3)μm인 인공입자로 한다.
㉱ 응답시간 : 표준교정판(필름)을 끼우고 측정을 시작했을 때 그 보정치의 95%에 해당하는 지시치를 나타낼 때까지 걸린 시간을 말한다.

풀이 ㉮ 검출한계 : 제로드리프트의 2배에 해당하는 지시치가 갖는 교정용 입자의 먼지농도를 말한다.

27 배출가스 중 질소산화물을 자외선/가시선분광법(아연환원나프틸에틸렌다이아민법)으로 측정할 경우 흡수액으로 알맞은 것은?

㉮ 질산용액(0.005mol/L)
㉯ 염산용액(0.005mol/L)
㉰ 과염소산용액(0.005mol/L)
㉱ 황산용액(0.005mol/L)

풀이 질소산화물을 자외선/가시선분광법(아연환원나프틸에틸렌다이아민법) 암기사항
① 흡수액 : 황산용액(0.005mol/L)
② 질산이온을 아질산이온으로 환원 : 아연분말
③ 오존발생장치 : 부피분율 1% 정도의 오존농도를 얻을 수 있는 것
④ 흡광도 측정파장 : 545nm
⑤ 정량범위 : (6.7~230)ppm

answer　25 ㉱　26 ㉮　27 ㉱

28 환경대기 중 아황산가스 측정을 위한 파라로자닐린법(Pararosaniline Method)의 장치구성에 관한 설명으로 옳지 않은 것은?

㉮ 필터는 (0.8~2.0)μm의 다공질막 또는 유리솜필터를 사용한다.
㉯ 흡입펌프는 유량조절기와 펌프사이에 적어도 0.7 기압의 압력 차이를 유지하여야 한다.
㉰ 분광광도계로 376nm에서 흡광도를 측정하고, 측정에 사용되는 스펙트럼폭은 50nm이어야 한다.
㉱ 시료분산기는 외경 8mm, 내경 6mm 및 길이 152mm이 유리관으로서 끝은 외경 (0.3~0.8)mm로 가늘게 만든 것을 사용한다.

 ㉰ 분광광도계로 548nm에서 흡광도를 측정하고, 측정에 사용되는 스펙트럼폭은 15nm이어야 한다.

29 배출가스를 피토관으로 측정한 결과, 동압이 6mmH₂O일 때 배출가스 평균 유속(m/s)은? (단, 피토관계수 = 1.5, 중력가속도 = 9.8m/s², 굴뚝 내 습한 배출가스 밀도 = 1.3kg/m³)

㉮ 12.8
㉯ 14.3
㉰ 15.8
㉱ 16.5

풀이
$V = C \times \sqrt{\dfrac{2gh}{r}}$

여기서
- V : 공기의 유속(m/sec)
- C : 피토관 계수
- g : 중력가속도(9.8m/sec²)
- h : 동압(mmH₂O)
- r : 밀도(kg/m³)

따라서 $V = 1.5 \times \sqrt{\dfrac{2 \times 9.8 \text{m/sec}^2 \times 6 \text{mmH}_2\text{O}}{1.3 \text{kg/m}^3}}$
= 14.27m/sec

30 다음은 굴뚝 배출가스 중 사이안화수소의 자외선/가시선 분광법(4-피리딘카복실산-피라졸론법)에 관한 설명이다. ( )안에 알맞은 것은?

이 방법은 사이안화수소를 흡수액에 흡수시킨 다음 발색시켜서 얻은 발색액에 대하여 흡광도를 측정하여 사이안화수소를 정량하는 방법으로써, 이 방법의 방법검출한계는 ( )이다.

㉮ 0.005ppm
㉯ 0.010ppm
㉰ 0.02ppm
㉱ 0.032ppm

풀이 사이안화수소의 자외선/가시선 분광법(4-피리딘카복실산-피라졸론법)
① 정량범위 : (0.05~8.61)ppm
② 방법검출한계 : 0.02ppm
③ 간섭물질(방해성분) : 염소 등의 산화성가스 또는 알데하이드, 황화수소, 이산화황 등의 환원성 가스

31 환경대기 중 위상차현미경법에 의한 석면먼지의 농도표시에 관한 설명으로 옳은 것은?

㉮ 0℃, 1기압 상태의 기체 1mL 중에 함유된 석면섬유의 개수(개/mL)로 표시한다.
㉯ 0℃, 1기압 상태의 기체 1μl 중에 함유된 석면섬유의 개수(개/μl)로 표시한다.
㉰ 20℃, 1기압 상태의 기체 1mL 중에 함유된 석면섬유의 개수(개/mL)로 표시한다.
㉱ 20℃, 1기압 상태의 기체 1μl 중에 함유

answer 28 ㉰ 29 ㉯ 30 ㉰ 31 ㉰

된 석면섬유의 개수(개/μl)로 표시한다.

풀이 위상차현미경법에 의한 석면먼지의 농도표시는 20℃, 1기압 상태의 기체 1mL 중에 함유된 석면섬유의 개수(개/mL)로 표시한다.

32 대기오염공정시험기준 총칙에 관한 사항으로 옳지 않은 것은?

㉮ 냉수는 15℃ 이하, 온수는 (60~70)℃, 열수는 약 100℃를 말한다.
㉯ 기체 중의 농도를 mg/m^3로 표시했을 때는 m^3은 표준상태(0℃, 1기압)의 기체용적을 뜻하고 Sm^3로 표시한 것과 같다.
㉰ "냉후"(식힌 후)라 표시되어 있을 때는 보온 또는 가열 후 표준상태 온도까지 냉각된 상태를 뜻한다.
㉱ 시험에 사용하는 물은 따로 규정이 없는 한 정제수 또는 이온교환수지로 정제한 탈염수를 사용한다.

풀이 ㉰ "냉후"(식힌 후)라 표시되어 있을 때는 보온 또는 가열 후 실온까지 냉각된 상태를 뜻한다.

33 굴뚝 배출가스 중 일산화탄소 분석방법으로 옳지 않은 것은?

㉮ 전기화학식
㉯ 이온선택적정법
㉰ 비분산적외선분광분석법
㉱ 기체크로마토그래피

풀이 일산화탄소 분석방법
① 전기화학식(정전위전해법)
② 비분산적외선분광분석법
③ 기체크로마토그래피법

34 이온크로마토그래피의 장치 요건으로 옳지 않은 것은?

㉮ 송액펌프는 맥동이 적은 것을 사용한다.
㉯ 검출기는 분리관 용리액 중의 시료성분의 유무와 량을 검출하는 부분으로 일반적으로 전도도 검출기를 많이 사용한다.
㉰ 써프렛서는 관형과 이온교환막형이 있으며, 관형은 음이온에는 스티롤계 강산형(H^+)수지가, 양이온에는 스티롤계 강염기형(OH^-)의 수지가 충진된 것을 사용한다.
㉱ 용리액조는 이온성분이 잘 용출되는 재질로써 용리액과 공기와의 접촉이 효과적으로 되는 것을 선택하며, 일반적으로 실리카 재질의 것을 사용한다.

풀이 ㉱ 용리액조는 이온성분이 잘 용출되지 않는 재질로써 용리액을 직접 공기와 접촉시키지 않는 밀폐된 것을 선택하며, 일반적으로 폴리에틸렌이나 경질 유리제를 사용한다.

35 비분산형적외선분석기의 장치구성에 관한 설명으로 옳지 않은 것은?

㉮ 비교셀은 시료셀과 동일한 모양을 가지며 수소 또는 헬륨 기체를 봉입하여 사용한다.
㉯ 시료셀은 시료가스가 흐르는 상태에서 양단의 창을 통해 시료광속이 통과하는 구조를 갖는다.
㉰ 광학필터는 시료가스 중에 간섭 물질가스의 흡수파장역의 적외선을 흡수제거하기 위하여 사용한다.
㉱ 검출기는 광속을 받아들여 시료가스 중 측정성분 농도에 대응하는 신호를 발생시키는 선택적 검출기 혹은 광학필터와 비선택적 검출기를 조합하여 사용한다.

answer 32 ㉰ 33 ㉯ 34 ㉱ 35 ㉮

풀이 ㉮ 비교셀은 시료셀과 동일한 모양을 가지며 아르곤 또는 질소와 같은 불활성 기체를 봉입하여 사용한다.

36 배출가스 중 금속화합물을 원자흡수분광광도법으로 분석할 때 전처리법으로 산분해법인 질산-과산화수소법을 이용할 때 적용 가능한 금속에 해당하지 않는 것은?

㉮ 구리　　㉯ 수은
㉰ 납　　　㉱ 니켈

풀이 질산-과산화수소법을 이용할 때 적용 가능한 금속은 구리, 납, 니켈, 비소, 아연, 철, 카드뮴, 크로뮴이다.

37 가스상 물질 시료채취장치에 대한 주의사항으로 옳지 않은 것은?

㉮ 가스미터는 $100mmH_2O$ 이내에서 사용한다.
㉯ 습식가스미터를 이동 또는 운반할 때에는 반드시 물을 뺀다.
㉰ 시료가스의 양을 재기 위하여 쓰는 채취병은 미리 0℃ 때의 참부피를 구해둔다.
㉱ 흡수병은 각 분석법에 공용 사용을 원칙으로 하고, 대상 성분이 달라질 때마다 메틸 알콜로 3회 정도 씻은 후 사용한다.

풀이 ㉱ 흡수병은 각 분석법에 공용할 수가 있는 것도 있으나, 대상 성분마다 전용으로 하는 것을 원칙으로 하고, 대상 성분이 달라질 때마다 묽은 산 또는 알칼리용액과 물로 깨끗이 씻은 다음 다시 흡수액으로 3회 정도 씻은 후 사용한다.

38 원자흡수분광광도법(Atomic Absorption Spectrophotometry)에서 사용되는 용어로 옳지 않은 것은?

㉮ 제로 가스(Zero Gas)
㉯ 멀티 패스(Multi-path)
㉰ 공명선(Resonance Line)
㉱ 선프로파일(Line Profile)

풀이 ㉮ 제로가스는 비분산 적외선 분광분석법에서 사용하는 용어이다.

39 배출가스 중 사이안화수소를 자외선/가시선분광법(4-피리딘카복실산-피라졸론법)으로 분석하고자 할 때 흡수액으로 알맞은 것은?

㉮ 수산화소듐용액(20g/L)
㉯ 다이에틸아민구리용액
㉰ 황산용액(0.005mol/L)
㉱ 아연아민착염용액

풀이 각 가스별 흡수액
㉯ 다이에틸아민구리용액 : 이황화탄소
㉰ 황산용액(0.005mol/L) : 질소산화물
㉱ 아연아민착염용액 : 황화수소

40 원자흡수분광광도법의 장치에 관한 설명으로 옳지 않은 것은?

㉮ 아세틸렌-아산화질소 불꽃은 불꽃온도가 낮고 일부 원소에 대하여 높은 감도를 나타낸다.
㉯ 램프점등장치 중 교류점등 방식은 광원의 빛 자체가 변조되어 있기 때문에 빛의 단속기(Chopper)는 필요하지 않다.
㉰ 원자흡광분석용 광원은 원자흡광 스펙

answer　36 ㉯　37 ㉱　38 ㉮　39 ㉮　40 ㉮

트럼선의 선폭보다 좁은 선폭을 갖고 휘도가 높은 스펙트럼을 방사하는 중공음극램프가 많이 사용된다.
㉣ 분광기(파장선택부)는 광원램프에서 방사되는 휘선스펙트럼 가운데서 필요한 분석선만을 골라내기 위하여 사용되는데 일반적으로 회절격자나 프리즘(Prism)을 이용한 분광기가 사용된다.

풀이 ㉮ 아세틸렌-아산화질소(C_2H_2-N_2O) 불꽃은 불꽃 온도가 높기 때문에 불꽃 중에서 해리하기 어려운 내화성 산화물을 만들기 쉬운 원소의 분석에 적당하다.

| 제3과목 | 대기오염방지기술

41 다음 [보기]가 설명하는 원심력송풍기의 유형으로 옳은 것은?

> [보기]
> 축차의 날개는 작고 회전축차의 회전방향 쪽으로 굽어있다. 이 송풍기는 비교적 느린 속도로 가동되며, 이 축차는 때로는 '다람쥐축차'라고 불린다. 주로 가정용 화로, 중앙난방장치 및 에어컨과 같이 저압 난방 및 환기 등에 이용된다.

㉮ 프로펠러형 ㉯ 방사 날개형
㉰ 전향 날개형 ㉱ 방사 경사형

풀이 ㉰ 전향 날개형에 대한 설명이다.

TIP
문제조건 중에서 "날개와 회전방향"의 단어에서 전향날개형을 유추해서 정답을 찾으면 됩니다.

42 오염가스의 처리를 위한 소각법에 관한 설명으로 옳지 않은 것은?

㉮ 가열소각법의 연소실 내의 온도는 850 ~ 1,100℃, 체류시간 3 ~ 5초로 설계하고 있다.
㉯ 촉매소각은 Pt, Co, Ni 등의 촉매를 사용하며 400~500℃ 정도에서 수백분의 1초 동안에 소각시키는 방법이다.
㉰ 가열소각법은 오염기체의 농도가 낮을 경우 보조연료가 필요하며, 보통 경제적으로 오염가스의 농도가 연소하한치의 50% 이상일 때 적합한 방법이다.
㉱ 촉매소각은 소각효율도 높고, 압력손실도 작다는 장점이 있으나 Zn, Pb, Hg 및 분진과 같은 촉매독 때문에 촉매의 수명이 짧아지는 단점도 있다.

풀이 ㉮ 가열소각법의 연소실 내의 온도는 500 ~ 800℃, 체류시간 0.2 ~ 0.8초로 설계하고 있다.

43 A굴뚝 배출가스 중 염소농도를 측정하였더니 100ppm이었다. 이 때 염소농도를 50mg/Sm³로 저하시키기 위하여 제거해야 할 염소농도(mg/Sm³)는?

㉮ 약 32 ㉯ 약 50
㉰ 약 267 ㉱ 약 317

풀이 제거해야 할 염소농도(mg/Sm³)
$= \left(100\text{mL/Sm}^3 \times \dfrac{71\text{mg}}{22.4\text{mL}}\right) - 50\text{mg/Sm}^3$
$= 266.96\text{mg/Sm}^3$

TIP
① ppm = mL/Sm³
② Cl_2 1mol $\begin{cases} 71\text{mg} \\ 22.4\text{mL} \end{cases}$
③ 염소(Cl_2)의 분자량 = 35.5×2 = 71
④ mL/Sm³ × $\dfrac{\text{분자량(mg)}}{22.4\text{mL}}$ = mg/Sm³

answer 41 ㉰ 42 ㉮ 43 ㉰

44 전기집진장치의 집진율이 98%이고 집진시설에서 배출되는 먼지농도가 $0.25g/m^3$일 때 유입되는 먼지농도(g/m^3)는?

㉮ 12.5 ㉯ 15.0
㉰ 17.5 ㉱ 20.0

풀이

집진율(%) = $\left(1 - \dfrac{\text{배출되는 먼지농도}}{\text{유입되는 먼지농도}}\right) \times 100$

$98\% = \left(1 - \dfrac{0.25g/Sm^3}{\text{유입되는 먼지농도}}\right) \times 100$

따라서 유입되는 먼지농도 = $\dfrac{0.25g/Sm^3}{(1-0.98)}$
$= 12.5g/m^3$

45 다음 중 착화성이 좋은 경유의 세탄값 범위로 가장 적합한 것은?

㉮ 0.1 ~ 1 ㉯ 1 ~ 5
㉰ 5 ~ 10 ㉱ 40 ~ 60

풀이 착화성이 좋은 경유의 세탄값의 범위는 40~60이다.

TIP
세탄가 : 경유의 착화성을 나타내는 척도이다.
옥탄가 : 휘발유 성능 특성을 나타내는 수치로서, 노킹에 대한 저항성을 의미한다.

46 다음 가스연료의 완전연소 반응식으로 옳지 않은 것은?

㉮ 수소 : $2H_2 + O_2 \rightarrow 2H_2O$
㉯ 메탄 : $CH_4 + O_2 \rightarrow CO_2 + 2H_2$
㉰ 일산화탄소 : $2CO + O_2 \rightarrow 2CO_2$
㉱ 프로판 : $C_3H_8 + 5O_2 \rightarrow 3CO_2 + 4H_2O$

풀이 ㉯ 메탄 : $CH_4 + 2O_2 \rightarrow CO_2 + 2H_2O$

47 여과집진장치에서 처리가스 중 SO_2, HCl 등을 함유한 200℃ 정도의 고온 배출가스를 처리하는데 가장 적합한 여포재는?

㉮ 양모(wool)
㉯ 목면(cotton)
㉰ 나일론(nylon)
㉱ 유리섬유(glass fiber)

풀이 처리가스 중 SO_2, HCl 등을 함유한 200℃ 정도의 고온 배출가스를 처리하는데 사용되는 여포재는 유리섬유(glass fiber)이다.

TIP
여과재의 사용 온도
㉮ 양모 : 80℃ ㉯ 목면 : 80℃ ㉰ 나일론 : 110℃

48 사이클론의 직경이 56cm, 유입가스의 속도가 5.5m/s일 때 분리계수는?

㉮ 약 11.0 ㉯ 약 23.3
㉰ 약 46.5 ㉱ 약 55.2

풀이

분리계수(S) = $\dfrac{V^2}{Rg} = \dfrac{(5.5m/sec)^2}{\dfrac{0.56m}{2} \times 9.8m/sec^2}$

$= 11.02$

TIP
① R(반경) = $\dfrac{\text{직경(D)}}{2} = \dfrac{0.56m}{2}$
② 분리계수의 단위는 없다.

49 옥탄(C_8H_{18})이 완전연소 될 때 부피기준의 AFR(air fuel ratio)은?

㉮ 약 15.0 ㉯ 약 59.5
㉰ 약 69.6 ㉱ 약 71.2

answer 44 ㉮ 45 ㉱ 46 ㉯ 47 ㉱ 48 ㉮ 49 ㉯

풀이 $C_8H_{18} + 12.5O_2 \rightarrow 8CO_2 + 9H_2O$

$$AFR\,(Sm^3/Sm^3) = \frac{12.5 \times 22.4 Sm^3 \times \frac{1}{0.21}}{1 \times 22.4 Sm^3}$$

$$= 59.52$$

TIP

① 완전연소반응식 : $C_mH_m + (m + \frac{n}{4})O_2 \rightarrow mCO_2 + \frac{n}{2}H_2O$

② 질량(kg) = 계수×분자량(kg)

③ 체적(Sm^3) = 계수×22.4(Sm^3)

④ 공연비(Sm^3/Sm^3) = $\frac{공기량}{연료량}$

$$= \frac{산소갯수 \times 22.4Sm^3 \times \frac{1}{0.21}}{연료갯수 \times 22.4Sm^3}$$

50 기상농도와 액상농도의 평형관계를 나타내는 헨리법칙이 잘 적용되지 않는 기체는?

㉮ O_2 ㉯ N_2
㉰ CO ㉱ Cl_2

풀이 헨리법칙이 잘 적용되지 않는 기체는 수용성기체로 염소(Cl_2)가 정답이다.

TIP

① 헨리법칙 적용기체 : 난용성기체
② 헨리법칙 비적용기체 : 수용성기체

51 유해가스 성분을 제거하기 위한 흡수제의 구비조건 중 옳지 않은 것은?

㉮ 흡수제의 손실을 줄이기 위하여 휘발성이 적어야 한다.
㉯ 흡수제는 화학적으로 안정해야 하며, 빙점은 높고, 비점은 낮아야 한다.
㉰ 흡수율을 높이고 범람(flooding)을 줄이기 위해서는 흡수제의 점도가 낮아야 한다.
㉱ 적은 양의 흡수제로 많은 오염물을 제거하기 위해서는 유해가스의 용해도가 큰 흡수제를 선정한다.

풀이 ㉯ 흡수제는 화학적으로 안정해야 하며, 빙점은 낮고, 비점은 높아야 한다.

TIP

① 비점 = 끓는점
② 빙점 = 어는점

52 직경 0.3m인 덕트로 공기가 1m/s로 흐를 때 이 공기의 레이놀즈 수(N_{Re})는? (단, 공기밀도는 $1.3kg/m^3$, 점도는 1.8×10^{-4} kg/m·s이다.)

㉮ 약 1,083 ㉯ 약 2,167
㉰ 약 3,251 ㉱ 약 4,334

풀이 $N_{Re} = \frac{D \times V \times \rho}{\mu}$

$$= \frac{0.3m \times 1m/sec \times 1.3kg/m^3}{1.8 \times 10^{-4} kg/m \cdot sec}$$

$$= 2,166.67$$

상태판별

① 층류 : $N_{Re} < 2,100$
② 천이구역 : $2,100 < N_{Re} < 4,000$
③ 난류 : $N_{Re} > 4,000$

answer 50 ㉱ 51 ㉯ 52 ㉯

53 악취처리기술에 관한 설명으로 옳지 않은 것은?

㉮ 흡수에 의한 방법 중 단탑은 충전탑에서 가스액의 분리가 문제될 때 유용하다.
㉯ 흡착에 의한 방법에서 흡착제를 재생하기 위해서는 증기를 사용하여 충전층을 340℃ 정도로 가열하여 준다.
㉰ 통풍 및 희석에 의한 방법을 사용할 경우 가스토출속도는 50cm/s 정도로 하고 그 이하가 되면 다운워시(down wash) 현상을 일으킨다.
㉱ 흡수에 의한 처리방법을 사용할 경우 흡수에 의해 제거되는 가스상 오염물질은 세정액에 대해 가용성이어야 하고, H_2S의 경우는 에탄올과 아민 등에 흡수된다.

풀이 ㉰ 통풍 및 희석에 의한 방법을 사용할 경우 높은 굴뚝을 통해 방출시켜 대기중에 분산 희석시키는 방법이다.

54 휘발성 유기화합물과 냄새를 생물학적으로 제거하기 위해 사용하는 생물여과의 일반적 특성으로 가장 거리가 먼 것은?

㉮ 설치에 넓은 면적을 요한다.
㉯ 습도제어에 각별한 주의가 필요하다.
㉰ 고농도 오염물질의 처리에는 부적합한 편이다.
㉱ 입자상 물질 및 생체량이 감소하며 장치 막힘의 우려가 없다.

풀이 ㉱ 입자상 물질 및 생체량이 증가하며 장치막힘의 우려가 있다.

55 중력침강실 내 함진가스의 유속이 2m/s인 경우, 바닥면으로부터 1m 높이(H)로 유입된 먼지는 수평으로 몇 m 떨어진 지점에 착지하겠는가? (단, 층류기준, 먼지의 침강속도는 0.4m/s)

㉮ 2.5　　㉯ 3.0
㉰ 4.5　　㉱ 5.0

풀이 길이(L) = $\dfrac{U \times H}{V_g}$ = $\dfrac{2m/sec \times 1m}{0.4m/sec}$ = 5.0m

TIP

길이(L) = $\left(\dfrac{작은입자}{큰입자}\right)^2 \times \dfrac{U \times H}{V_g}$

56 입자의 비표면적(단위 체적당 표면적)에 관한 설명으로 옳은 것은?

㉮ 입자의 직경이 작아질수록 비표면적은 커진다.
㉯ 입자의 비표면적이 커지면 응집성과 흡착력이 작아진다.
㉰ 입자의 비표면적이 작으면 원심력집진장치의 경우 입자가 장치의 벽면에 부착하여 장치벽면을 폐색시킨다.
㉱ 입자의 비표면적이 작으면 전기집진장치에서는 주로 먼지가 집진극에 퇴적되어 역전리현상이 초래된다.

풀이
㉯ 입자의 비표면적이 커지면 응집성과 흡착력이 커진다.
㉰ 입자의 비표면적이 크면 원심력집진장치의 경우 입자가 장치의 벽면에 부착하여 장치 벽면을 폐색시킨다.
㉱ 입자의 비표면적이 크면 전기집진장치에서는 주로 먼지가 집진극에 퇴적되어 역전리 현상이 초래된다.

answer 53 ㉰　54 ㉱　55 ㉱　56 ㉮

57 습식세정장치의 특징으로 옳지 않은 것은?

㉮ 가연성, 폭발성 먼지를 처리할 수 있다.
㉯ 부식성 가스와 먼지를 중화시킬 수 있다.
㉰ 단일장치에서 가스흡수와 먼지포집이 동시에 가능하다.
㉱ 배출가스는 가시적인 연기를 피하기 위해 별도의 재 가열이 불필요하고, 집진된 먼지는 회수가 용이하다.

풀이 ㉱ 배출가스는 가시적인 연기를 피하기 위해 별도의 재 가열이 필요하고, 집진된 먼지는 회수가 용이하지 못하다.

58 유입공기 중 염소가스의 농도가 80,000ppm이고, 흡수탑의 염소가스 제거효율은 80%이다. 이 흡수탑 3개를 직렬로 연결했을 때 유출 공기 중 염소가스의 농도(ppm)는?

㉮ 460　㉯ 540
㉰ 640　㉱ 720

풀이 유출공기 중 염소가스의 농도(ppm)
= 80,000ppm×$(1-0.80)^3$
= 640ppm

59 선택적 촉매환원법(SCR)에서 질소산화물을 N_2로 환원시키는데 가장 적당한 반응제는?

㉮ 오존　㉯ 염소
㉰ 암모니아　㉱ 이산화탄소

풀이 선택적 촉매환원법(SCR) : $NO_X+NH_3 \rightarrow N_2+H_2O$

60 연소계산에서 연소 후 배출가스 중 산소농도가 6.2%일 때 완전연소 시 공기비는?

㉮ 1.15　㉯ 1.23
㉰ 1.31　㉱ 1.42

풀이 공기비(m) = $\dfrac{21}{21-O_2\%} = \dfrac{21}{21-6.2\%}$
= 1.42

제5과목 | 대기환경관계법규

61 대기환경보전법령상 비산먼지 발생사업 신고 후 변경신고를 하여야 하는 경우로 옳지 않은 것은?

㉮ 사업장의 명칭 또는 대표자를 변경하는 경우
㉯ 비산먼지 배출공정을 변경하는 경우
㉰ 건설공사의 공사기간을 연장하는 경우
㉱ 공사중지를 한 경우

풀이 비산먼지 발생사업 신고 후 변경신고를 하여야 하는 경우
① 사업장의 명칭 또는 대표자를 변경하는 경우
② 비산먼지 배출공정을 변경하는 경우
③ 건설공사의 공사기간을 연장하는 경우
④ 사업 또는 공사의 규모를 늘리거나 그 종류를 추가하는 경우
⑤ 비산먼지 발생억제시설 또는 조치사항을 변경하는 경우

62 대기환경보전법령상 청정연료를 사용하여야 하는 대상시설의 범위로 옳지 않은 것은?

㉮ 산업용 열병합 발전시설
㉯ 건축법 시행령에 따른 공동주택으로서 동일한 보일러를 이용하여 하나의 단지

answer　57 ㉱　58 ㉰　59 ㉰　60 ㉱　61 ㉱　62 ㉮

또는 여러 개의 단지가 공동으로 열을 이용하는 중앙집중난방방식으로 열을 공급받고, 단지 내의 모든 세대의 평균 전용면적이 40.0m²를 초과하는 공동주택

㉰ 전체 보일러의 시간당 총 증발량이 0.2톤 이상인 업무용보일러(영업용 및 공공용보일러를 포함하되, 산업용보일러는 제외한다.)

㉱ 집단에너지사업법 시행령에 따른 지역냉난방사업을 위한 시설(단, 지역냉난방사업을 위한 시설 중 발전폐열을 지역냉난방용으로 공급하는 산업용 열병합발전시설로서 환경부장관이 승인한 시설은 제외)

[풀이] ㉮ 발전시설. 다만, 산업용 열병합 발전시설은 제외한다.

63 다음은 대기환경보전법령상 총량규제구역의 지정사항이다. ( )안에 가장 적합한 것은?

(㉠)은/는 법에 따라 그 구역의 사업장에서 배출되는 대기오염물질을 총량으로 규제하려는 경우에는 다음 각 호의 사항을 고시하여야 한다.
1. 총량규제구역
2. 총량규제 대기오염물질
3. (㉡)
4. 그 밖에 총량규제구역의 대기관리를 위하여 필요한 사항

㉮ ㉠ 대통령, ㉡ 총량규제부하량
㉯ ㉠ 환경부장관, ㉡ 총량규제부하량
㉰ ㉠ 대통령, ㉡ 대기오염물질의 저감계획
㉱ ㉠ 환경부장관, ㉡ 대기오염물질의 저감계획

[풀이] 사업장에서 배출되는 대기오염물질 총량규제
① 규제권자 : 환경부장관
② 고시해야 하는 사항
 ⓐ 총량규제구역
 ⓑ 총량규제 대기오염물질
 ⓒ 대기오염물질의 저감계획

64 다음은 대기환경보전법령상 오염물질 초과에 따른 초과부과금의 위반횟수별 부과계수이다. ( )안에 알맞은 것은?

위반횟수별 부과계수는 각 비율을 곱한 것으로 한다.
• 위반이 없는 경우 : (㉠)
• 처음 위반한 경우 : (㉡)
• 2차 이상 위반한 경우 : 위반 직전의 부과계수에 (㉢)을(를) 곱한 것

㉮ ㉠ 100분의 100, ㉡ 100분의 105, ㉢ 100분의 105
㉯ ㉠ 100분의 100, ㉡ 100분의 105, ㉢ 100분의 110
㉰ ㉠ 100분의 105, ㉡ 100분의 110, ㉢ 100분의 110
㉱ ㉠ 100분의 105, ㉡ 100분의 110, ㉢ 100분의 115

answer 63 ㉱ 64 ㉮

65 대기환경보전법령상 자동차제작자는 자동차배출가스가 배출가스 보증기간에 제작차배출허용기준에 맞게 유지될 수 있다는 인증을 받아야 하는데, 이 인증받은 내용과 다르게 자동차를 제작하여 판매한 경우 환경부장관은 자동차제작자에게 과징금을 처분을 명할 수 있다. 이 과징금은 최대 얼마를 초과할 수 없는가?

㉮ 500억원 ㉯ 100억원
㉰ 10억원 ㉱ 5억원

66 대기환경보전법령상 위임업무 보고사항 중 자동차연료 제조기준 적합여부 검사현황의 보고 횟수기준으로 옳은 것은?

㉮ 수시 ㉯ 연 1회
㉰ 연 2회 ㉱ 연 4회

> **풀이** ① 자동차 연료 제조기준 적합여부 검사현황 : 연 4회
> ② 자동차 첨가제 제조기준 적합여부 검사현황 : 연 2회

67 실내공기질 관리법령상 실내공간 오염물질에 해당하지 않는 것은?

㉮ 이산화탄소(CO_2)
㉯ 일산화질소(NO)
㉰ 일산화탄소(CO)
㉱ 이산화질소(NO_2)

> **풀이** 실내공간 오염물질로는 미세먼지(PM-10), 이산화탄소, 폼알데하이드, 총부유세균, 일산화탄소, 이산화질소, 라돈, 오존, 휘발성유기화합물, 석면, 초미세먼지(PM-2.5), 곰팡이, 벤젠, 톨루엔, 에틸벤젠, 자일렌, 스티렌이 있다.

68 대기환경보전법령상 초과부과금 산정 시 다음 오염물질 1kg당 부과금액이 가장 큰 오염물질은?

㉮ 불소화물 ㉯ 황화수소
㉰ 이황화탄소 ㉱ 암모니아

> **풀이** 오염물질 1 kg당 부과금액(원)
> ㉮ 불소화물 : 2,300
> ㉯ 황화수소 : 6,000
> ㉰ 이황화탄소 : 1,600
> ㉱ 암모니아 : 1,400

69 악취방지법령상 위임업무 보고사항 중 "악취검사기관의 지정, 지정사항 변경보고 접수 실적"의 보고 횟수 기준은?

㉮ 연 1회 ㉯ 연 2회
㉰ 연 4회 ㉱ 수시

> **풀이** 위임업무 보고 횟수
> ① 악취검사기관의 지정, 지정사항 변경보고 접수 실적 : 연 1회
> ② 악취검사기관의 지도·실적 및 행정처분 실적 : 연 1회

70 대기환경보전법령상 시·도지사가 설치하는 대기오염 측정망의 종류에 해당하지 않는 것은?

㉮ 도시지역의 대기오염물질 농도를 측정하기 위한 도시대기측정망
㉯ 도로변의 대기오염물질 농도를 측정하기 위한 도로변대기측정망
㉰ 대기 중의 중금속 농도를 측정하기 위한 대기중금속측정망
㉱ 도시지역의 휘발성유기화합물 등의 농도를 측정하기 위한 광화학대기오염물질측정망

answer 65 ㉮ 66 ㉱ 67 ㉯ 68 ㉯ 69 ㉮ 70 ㉱

풀이 ① 수도권대기환경청장, 국립환경과학원장 또는 한국환경공단이 설치하는 대기오염측정망의 종류에는 교외대기측정망, 국가배경농도측정망, 유해대기물질측정망, 광화학대기오염물질측정망, 산성강하물측정망, 지구대기측정망, 대기오염집중측정망, 미세먼지성분측정망이 있다.
② 시·도지사가 설치하는 대기오염측정망의 종류에는 도시대기측정망, 도로변대기측정망, 대기중금속측정망이 있다.

71 악취방지법령상 악취방지계획에 따라 악취방지에 필요한 조치를 하지 아니하고 악취배출시설을 가동한 자에 대한 벌칙기준은?

㉮ 1년 이하의 징역 또는 1천만원 이하의 벌금
㉯ 500만원 이하의 벌금
㉰ 300만원 이하의 벌금
㉱ 100만원 이하의 벌금

풀이 악취방지에 필요한 조치를 하지 아니하고 악취배출시설을 가동한 자에 대한 벌칙기준은 300만원 이하의 벌금에 해당한다.

72 환경정책기본법령상 초미세먼지(PM-2.5)의 ㉠ 연간 평균치 및 ㉡ 24시간 평균치 대기환경 기준으로 옳은 것은? (단, 단위는 μg/m3)

㉮ ㉠ 50 이하, ㉡ 100 이하
㉯ ㉠ 35 이하, ㉡ 50 이하
㉰ ㉠ 20 이하, ㉡ 50 이하
㉱ ㉠ 15 이하, ㉡ 35 이하

풀이 초미세먼지(PM-2.5)의 환경기준
① 연간 평균치 : 15μg/m³ 이하
② 24시간 평균치 : 35μg/m³ 이하

TIP
미세먼지(PM-10)의 환경기준
① 연간 평균치 : 50μg/m³ 이하
② 24시간 평균치 : 100μg/m³ 이하

73 환경정책기본법령상 오존(O_3)의 대기환경기준으로 옳은 것은? (단, 8시간 평균치 기준)

㉮ 0.10ppm 이하   ㉯ 0.06ppm 이하
㉰ 0.05ppm 이하   ㉱ 0.02ppm 이하

풀이 오존(O_3)의 대기환경기준
① 8시간 평균치 : 0.06ppm 이하
② 1시간 평균치 : 0.1ppm 이하

74 대기환경보전법령상 자동차에 온실가스 배출량을 표시하지 아니하거나 거짓으로 표시한 자에 대한 과태료 부과기준으로 옳은 것은?

㉮ 500만원 이하의 과태료
㉯ 300만원 이하의 과태료
㉰ 200만원 이하의 과태료
㉱ 100만원 이하의 과태료

풀이 자동차에 온실가스 배출량을 표시하지 아니하거나 거짓으로 표시한 자에 대한 벌칙은 500만원 이하의 과태료이다.

answer 71 ㉰ 72 ㉱ 73 ㉯ 74 ㉮

75 대기환경보전법령상 장거리이동대기오염물질 대책위원회에 관한 사항으로 거리가 먼 것은?

㉮ 위원회는 위원장 1명을 포함한 25명 이내의 위원으로 성별을 고려하여 구성한다.
㉯ 위원회의 위원장은 환경부차관이 된다.
㉰ 위원회와 실무위원회 및 장거리 이동 대기오염물질연구단의 구성 및 운영 등에 관하여 필요한 사항은 환경부령으로 정한다.
㉱ 소관별 추진대책의 수립·시행에 필요한 조사·연구를 위하여 위원회에 장거리이동대기오염물질연구단을 둔다.

풀이 ㉰ 위원회와 실무위원회 및 장거리 이동 대기오염물질연구단의 구성 및 운영 등에 관하여 필요한 사항은 대통령령으로 정한다.

76 대기환경보전법령상 2016년 1월 1일 이후 제작자동차 중 휘발유를 연료를 사용하는 최고속도 130km/h 미만 이륜자동차의 배출가스 보증기간 적용기준으로 옳은 것은?

㉮ 2년 또는 20,000km
㉯ 5년 또는 50,000km
㉰ 6년 또는 100,000km
㉱ 10년 또는 192,000km

TIP
이륜자동차의 배출가스 보증기간
① 최고속도 130km/hr 미만 : 2년 또는 20,000km
② 최고속도 130km/hr 이상 : 2년 또는 35,000km

77 대기환경보전법령상 개선명령 등의 이행보고 및 확인과 관련하여 환경부령으로 정한 대기오염도 검사기관과 거리가 먼 것은?

㉮ 수도권대기환경청
㉯ 시·도의 보건환경연구원
㉰ 지방한국환경보전원
㉱ 한국환경공단

풀이 ㉰ 국립환경과학원

78 대기환경보전법령상 유해성 대기감시물질에 해당하지 않는 것은?

㉮ 불소화물   ㉯ 이산화탄소
㉰ 사염화탄소   ㉱ 일산화탄소

풀이 유해성 대기감시물질은 카드뮴 및 그 화합물, 시안화수소, 납 및 그 화합물, 폴리염화비페닐, 크롬 및 그 화합물, 비소 및 그 화합물, 수은 및 그 화합물, 프로필렌옥사이드, 염소 및 염화수소, 불소화물, 석면, 니켈 및 그 화합물, 염화비닐, 다이옥신, 페놀및 그 화합물, 베릴륨 및 그 화합물, 벤젠, 사염화탄소, 이황화메틸, 아닐린, 클로로포름, 포름알데히드, 아세트알데히드, 벤지딘, 1,3-부타디엔, 다환 방향족 탄화수소류, 에틸렌옥사이드, 디클로로메탄, 스틸렌, 테트라클로로에틸렌, 1,2-디클로로에탄, 에틸벤젠, 트리클로로에틸렌, 아크릴로니트릴, 히드라진, 암모니아, 아세트산비닐, 비스(2-에틸헥실)프탈레이트, 디메틸포름아미드, 일산화탄소, 알루미늄 및 그 화합물, 망간화합물, 구리 및 그 화합물이다.

answer 75 ㉰ 76 ㉮ 77 ㉰ 78 ㉯

79 대기환경보전법령상 기본부과금 산정을 위해 확정배출량 명세서에 포함되어 시·도지사 등에게 제출해야 할 서류목적으로 거리가 먼 것은?

㉮ 황 함유분석표 사본
㉯ 연료사용량 또는 생산일지
㉰ 조업일지
㉱ 방지시설개선 실적표

[풀이] 기본부과금 산정을 위해 확정배출량 명세서에 포함되어 제출해야 할 서류
① 황 함유분석표 사본
② 연료사용량 또는 생산일지 등 배출계수별 단위 사용량을 확인할 수 있는 서류 사본
③ 조업일지 등 조업일수를 확인할 수 있는 서류 사본
④ 배출구별 자가측정한 기록 사본

80 대기환경보전법령상 대기오염물질 배출시설의 설치가 불가능한 지역에서 배출시설 설치허가를 받지 않거나 신고를 하지 아니하고 배출시설을 설치한 경우의 1차 행정처분기준으로 옳은 것은?

㉮ 조업정지   ㉯ 개선명령
㉰ 폐쇄명령   ㉱ 경고

[풀이] 행정처분
① 1차 : 사용중지명령, 폐쇄명령
② 2차 : 없음
③ 3차 : 없음
④ 4차 : 없음

answer 79 ㉱ 80 ㉰

CBT 모의고사

| 제1과목 | 대기오염개론

01 다음 역전현상에 관한 내용으로 틀린 것은?

㉮ 대류권 내에서 온도는 높이에 따라 감소하는 것이 보통이나 경우에 따라 역으로 높이에 따라 온도가 높아지는 층을 역전층이라고 한다.
㉯ 침강역전은 저기압의 중심부분에서 기층이 서서히 침강하면서 발생하는 현상으로 좁은 범위에 걸쳐서 단기간 지속된다.
㉰ 복사역전은 일출직전에 하늘이 맑고 바람이 적을 때 가장 강하게 형성된다.
㉱ LA스모그는 침강역전, 런던스모그는 복사역전과 관계가 있다.

풀이 ㉯ 침강역전은 고기압의 중심부분에서 기층이 서서히 침강하면서 발생하는 현상으로 넓은 범위에 걸쳐서 장기간 지속된다.

02 염화수소의 주요 배출 관련 업종으로 틀린 것은?

㉮ 냉동공장   ㉯ 금속제련
㉰ 쓰레기소각장   ㉱ 플라스틱 공장

풀이 ㉮ 냉동공장에서는 암모니아(NH_3)가 발생한다.

03 코리올리힘(C, 전향력)의 크기를 나타낸 식으로 알맞은 것은? (단, Ω : 지구자전 각속도, θ : 위도, U : 물체의 속도)

㉮ $2\Omega\cos\theta U$ ㉯ $2\Omega\sin\theta U$
㉰ $2\Omega\tan\theta U$ ㉱ $3\Omega\tan\theta U$

04 다음에서 설명하는 오염물질은 무엇인가?

> 이 오염물의 만성 폭로의 가장 흔한 증상은 단백뇨이다. 신피질에서 이 물질이 임계농도에 이르면 처음에는 저분자량의 단백질의 배설이 증가하는데, 계속적으로 폭로되면 아미노산뇨, 당뇨, 고칼슘뇨증, 인산뇨 등의 증상을 가지는 Fanconi씨 증후군으로 진행된다.

㉮ As   ㉯ Hg
㉰ Cr   ㉱ Cd

풀이 ㉱ 카드뮴(Cd)에 대한 설명이다.

answer 01 ㉯   02 ㉮   03 ㉯   04 ㉱

05 파장 5,320 Å 인 빛 속에서 밀도가 0.95g/cm³, 직경 0.42μm인 기름방울이 분산면적비가 4.5일 때 먼지 농도가 0.4mg/m³이라면, 가시거리(km)는 얼마인가? (단, $V = [(5.2 \times \rho \times r)/(K \times C)]$ 식 적용)

㉮ 0.33km ㉯ 0.38km
㉰ 0.58km ㉱ 0.82km

풀이 $V = \dfrac{5.2 \times \rho \times r}{K \times C}$

$= \dfrac{5.2 \times 0.95 \text{g/cm}^3 \times \left(\dfrac{0.42\mu m}{2}\right)}{4.5 \times 0.4 \times 10^{-3} \text{g/m}^3}$

$= 576.33\text{m} = 0.58\text{km}$

06 A사업장 굴뚝에서의 암모니아 배출가스가 30mg/m³로 일정하게 배출되고 있는데, 향후 이 지역 암모니아 배출허용기준이 20ppm으로 강화될 예정이다. 방지시설을 설치하여 강화된 배출허용기준치의 70%로 유지하고자 할 때, 이 굴뚝에서 방지시설을 설치하여 저감해야 할 암모니아의 농도(ppm)는 얼마인가? (단, 모든 농도조건은 표준상태 기준)

㉮ 11.5ppm ㉯ 16.8ppm
㉰ 20.8ppm ㉱ 25.5ppm

풀이 ① 배출농도($\text{ppm} = \text{mL/Sm}^3$)
$= \dfrac{30\text{mg}}{\text{Sm}^3} \times \dfrac{22.4\text{mL}}{17\text{mg}} = 39.53\text{ppm}$
② 유지농도 = 강화된 배출허용 기준치 × 0.70
       = 20ppm × 0.70 = 14ppm
③ 저감해야 할 농도
  = 39.53ppm − 14ppm = 25.53ppm

TIP NH_3 1mol $\begin{cases} 17\text{mg} \\ 22.4\text{mL} \end{cases}$

07 다음의 내용은 오염물질에 대한 피해이다. 알맞은 물질은?

- 섬유의 인장강도를 아주 크게 떨어뜨리는 물질로 알려져 있다.
- 이 물질의 미세한 액적이 나일론 섬유에 침적하여 섬유의 강도를 약화시킨다.
- 셀룰로우즈 섬유, 면(cotton), 레이온 등에 피해를 입힌다.

㉮ 라돈   ㉯ 오존
㉰ 황산화물 ㉱ 이산화질소

풀이 섬유재질에 부식성이 가장 큰 물질은 황산화물이다.

08 다이옥신의 특징 중 ( )안에 알맞은 것은?

- 수용성은 (①)
- 증기압은 (②)
- 완전분해 후 연소가스 배출시 (③)℃ 정도의 범위에서 재생성이 활발

㉮ ① 높다 ② 낮다 ③ 1,200 ~ 1,300
㉯ ① 높다 ② 높다 ③ 300 ~ 400
㉰ ① 낮다 ② 낮다 ③ 300 ~ 400
㉱ ① 낮다 ② 높다 ③ 1,200 ~ 1,300

answer 05 ㉰ 06 ㉱ 07 ㉰ 08 ㉰

09 다음 중 2차 오염물질로 볼 수 없는 것은?

㉮ 이산화황이 대기중에서 산화하여 생성된 삼산화황
㉯ 이산화질소의 광화학반응에 의하여 생성된 일산화질소
㉰ 질소산화물의 광화학반응에 의한 원자상 산소와 대기중의 산소가 결합하여 생성된 오존
㉱ 석유정제시 수소첨가에 의하여 생성된 황화수소

풀이 ㉱번은 환원반응에 의해 생성된 1차 오염물질이다.

TIP
2차 오염물질은 산화반응, 광화학반응, 광분해반응에 의해서 생성되는 물질이다.

10 악취(냄새)의 물리적, 화학적 특성에 대한 내용으로 틀린 것은?

㉮ 예외는 있으나 일반적으로 증기압이 높을수록 냄새는 더 강하다.
㉯ 악취유발물질들은 paraffin과 CS_2를 제외하고는 일반적으로 적외선을 강하게 흡수한다.
㉰ 악취유발가스는 통상 활성탄과 같은 표면흡착제에 잘 흡수된다.
㉱ 악취는 물리적 차이보다는 화학적 구성에 의해서 결정된다는 주장이 더 지배적이다.

풀이 ㉱ 악취는 화학적 구성보다는 구성 그룹배열에 의해 나타나는 물리적 차이에 의해 결정된다.

11 다음 역사적인 대기오염사건 중 Methyl isocyanate가 주된 오염원인 사건은 어느 것인가?

㉮ Donora 사건
㉯ Meuse valley 사건
㉰ Bhopal시 사건
㉱ Poza Rica 사건

풀이 ㉰ Bhopal시 사건에 대한 설명이다.

TIP
Methyl isocyanate = MIC = CH_3CNO

12 다음 중 2차 대기오염물질로 틀린 것은?

㉮ NaCl   ㉯ H_2O_2
㉰ PAN   ㉱ SO_3

풀이 ㉮ NaCl(염화나트륨)은 1차 대기오염물질이다.

13 지상 10m에서의 풍속이 5m/s라면 지상 50m에서의 풍속(m/s)은 얼마인가?
(단, Deacon식 적용, 대기는 심한 역전상태이며, P = 0.4이다.)

㉮ 8.5   ㉯ 9.5
㉰ 10.5   ㉱ 11.5

풀이
$$u_2\,m/sec = u_1\,m/sec \times \left(\frac{H_2}{H_1}\right)^P$$
$$= 5\,m/sec \times \left(\frac{50\,m}{10\,m}\right)^{0.4} = 9.52\,m/sec$$

answer 09 ㉱ 10 ㉱ 11 ㉰ 12 ㉮ 13 ㉯

14 최근 문제시 되고 있는 석면에 대한 내용으로 틀린 것은?

㉮ 석면은 자연계에서 산출되는 길고, 가늘고, 강한 섬유상 물질이다.
㉯ 석면에 폭로되어 중피종이 발생되기까지의 기간은 일반적으로 폐암보다는 긴 편이나 20년 이하에서 발생하는 예도 있다.
㉰ 석면은 절연성의 성질을 가지고, 화학적 불활성이 요구되는 곳에 사용될 수 있다.
㉱ 석면의 유해성은 백석면이 청석면보다 강하다.

풀이 ㉱ 석면의 유해성은 청석면이 백석면보다 강하다.

TIP
석면의 독성은 원색에 가까울수록 독성이 강하다. 따라서 독성순서는 청석면>황석면>백석면 순이다.

15 오염물질이 식물에 미치는 영향에 관한 내용으로 틀린 것은?

㉮ 불화수소는 어린 잎에 현저하며 지표식물로는 글라디올러스, 메밀 등이 있다.
㉯ 일산화탄소의 중독증상으로 엽록체를 파괴시키고, 잎 전체를 갈변시키며, 토마토, 해바라기, 메밀 등은 25ppm 정도에서 1시간 접촉시 현저한 피해증상을 보인다.
㉰ 에틸렌은 이상낙엽, 새 나무 가지의 성장저해 및 생장억제를 일으킨다.
㉱ 황화수소는 일반적으로 독성은 약하나 어린 잎과 새싹에 피해가 많은 편이며, 지표식물로는 코스모스, 크로바 등이 있다.

풀이 ㉯ 일산화탄소(CO)는 식물에 미치는 피해가 거의 없고, 지표동물로 카나리아가 있다.

16 최대혼합고(MMD)에 관한 내용으로 틀린 것은?

㉮ 오후 2시를 전후로 해서 일중 최대치를 나타낸다.
㉯ 실제 최대혼합고는 지표위 수km까지의 실제 공기의 온도종단도를 작성함으로써 결정된다.
㉰ 과단열감률이 생기면 반드시 대류현상이 있게 되고, 이때 대류가 이루어지는 최대고도를 최대혼합고라 한다.
㉱ 최대혼합고가 높으면 높을수록 오염물질이 넓게 퍼져서 더 많은 피해를 입힌다.

풀이 ㉱ 최대혼합고가 높으면 높을수록 대기오염이 약하여 피해가 작다.

17 다음 가스상 대기오염물질 중 식물에 영향이 가장 크며, 잎의 끝 또는 가장자리가 타거나 발육부진 등 특히 식물의 어린잎에 피해가 큰 물질은 어느 것인가?

㉮ 오존   ㉯ 아황산가스
㉰ 질소산화물   ㉱ 플루오린화수소

풀이 ㉱ 플루오린화수소(HF)에 대한 설명이다.

TIP
HF = 불소수소 = 플루오린화수소

answer 14 ㉱ 15 ㉯ 16 ㉱ 17 ㉱

18 대체연료 자동차에 대한 내용으로 틀린 것은?

㉮ 전기자동차는 1회 충전당 주행거리가 휘발유 자동차의 10배 정도이다.
㉯ 메탄올자동차는 발열량이 휘발유의 절반 정도이므로 연료탱크의 크기를 2배로 하면 1회 충전당 얻을 수 있는 항속거리를 휘발유자동차와 유사하게 할 수 있다.
㉰ 메탄올자동차는 메탄올의 윤활기능이 휘발유에 비해 매우 약하므로 금속이나 플라스틱재료 모두를 침식시킨다.
㉱ 수소자동차는 다른 에너지원에 비해 밀도가 낮으므로 생산된 단위에너지당 연료 무게가 작고, 연소에 의해 배출되는 가스상 오염물질의 양이 매우 적은 장점을 가지고 있다.

풀이 ㉮ 전기자동차는 1회 충전당 주행거리가 휘발유 자동차의 $\frac{1}{2}$ 배 정도이다.

19 광화학적 스모그(smog)의 3대 생성요소로 틀린 것은?

㉮ 질소산화물(NO_X)
㉯ 올레핀(Olefin)계 탄화수소
㉰ 아황산가스(SO_2)
㉱ 자외선

풀이 광화학적 스모그의 3대 생성요소는 질소산화물(NO_X), 올레핀계 탄화수소, 자외선이다.

20 유효굴뚝높이 60m에서 유량 980,000 m³/day, SO_2 1,200ppm으로 배출되고 있다. 이 때 최대 지표농도(ppb)는 얼마인가? (단, sutton의 확산식을 사용하고, 풍속은 6 m/s, 이 조건에서 확산계수 $k_y = 0.15$, $k_z = 0.18$이다.)

㉮ 485ppb   ㉯ 361ppb
㉰ 177ppb   ㉱ 96ppb

풀이 $C_{max} = \frac{2Q}{\pi \cdot e \cdot U \cdot He^2}\left(\frac{k_z}{k_y}\right)$

여기서 C_{max} : 최대지표농도
 e : 자연대수(2.72)
 u : 풍속(m/sec)
 He : 유효굴뚝높이(m)
 k_z : 수직확산계수
 k_y : 수평확산계수

① C_{max}
$= \frac{2 \times 980,000 m^3/day \times \frac{1 day}{24 hr} \times \frac{1 hr}{3,600 sec} \times 1,200 ppm}{\pi \times 2.72 \times 6 m/sec \times (60m)^2}$
$\times \left(\frac{0.18}{0.15}\right)$
$= 0.17698 ppm$

② $0.17698 ppm \times \frac{10^3 ppb}{1 ppm} = 176.98 ppb$

제2과목 | 대기오염공정시험기준

21 굴뚝 배출가스 중 페놀화합물 분석방법에 관한 내용으로 틀린 것은?

㉮ 자외선/가시선분광법에서는 시료중의 페놀화합물을 수산화소듐용액에 흡수시켜 포집한다.
㉯ 자외선/가시선분광법에서는 염소, 브로민 등의 산화성 기체 및 황화수소, 이

answer 18 ㉮ 19 ㉰ 20 ㉰ 21 ㉯

산화황 등의 환원성 기체가 공존하면 정(正)의 오차를 나타낸다.
㉰ 자외선/가시선분광법에서 시료중의 다량의 오염물질이 함유되어 있으면 클로로폼으로 추출하여 적용할 수 있다.
㉱ 자외선/가시선분광법에서는 규정시약을 순서대로 가하여 얻은 적색액을 510nm의 파장에서 흡광도를 측정하여 페놀화합물의 농도를 산출한다.

[풀이] ㉯ 자외선/가시선분광법에서는 염소, 브로민 등의 산화성 기체 및 황화수소, 이산화황 등의 환원성 기체가 공존하면 부의 오차를 나타낸다.

22 환경대기 중의 아황산가스 농도를 측정하기 위한 시험방법으로서 주 시험방법은 어느 것인가?

㉮ 파라로자닐린법(수동)
㉯ 불꽃광도법(자동)
㉰ 자외선형광법(자동)
㉱ 흡광차분광법(자동)

[풀이] 환경대기 중의 아황산가스 농도를 측정하기 위한 주 시험방법은 자외선형광법(자동)이다.

23 배출가스 중 납화합물을 분석하는 방법에 대한 설명으로 틀린 것은?

㉮ 원자흡수분광광도법에서 납의 양이 미량으로 존재하거나 방해물질이 존재할 경우, 용매추출법을 적용하여 정량할 수 있다.
㉯ 원자흡수분광광도법의 정량범위는 0.050mg/Sm³ ~ 6.250mg/Sm³(분석용 시료용액 250mL, 건조시료가스량 1Sm³인 경우)이고, 방법검출한계는 0.015mg/Sm³이다.
㉰ 유도결합플라스마 분광법은 시료용액을 플라스마에 분무하여, 파장 320.351nm에서 발광세기를 측정하여 농도를 구한다.
㉱ 유도결합플라스마 분광법의 정량범위는 0.025mg/Sm³ ~ 0.500mg/Sm³(분석용 시료 용액 250mL, 건조시료가스량 1Sm³인 경우)이고, 방법검출한계는 0.008mg/Sm³이다.

[풀이] ㉰ 유도결합플라스마 분광법은 시료용액을 플라스마에 분무하여, 파장 220.351nm에서 발광세기를 측정하여 농도를 구한다.

24 환경대기 중의 탄화수소 농도를 자동연속(불꽃이온화검출기법)으로 측정하는 방법으로 틀린 것은 어느 것인가?

㉮ 총탄화수소 측정법
㉯ 비메탄 탄화수소 측정법
㉰ 광산란 탄화수소 측정법
㉱ 활성 탄화수소 측정법

[풀이] 탄화수소의 측정방법은 총탄화수소 측정법, 비메탄 탄화수소 측정법(주시험방법), 활성 탄화수소 측정법이 있다.

25 원형 굴뚝 단면의 반경이 2.2m인 경우 측정점수는 얼마인가?

㉮ 8
㉯ 12
㉰ 16
㉱ 20

[풀이] 반경이 2.2m이므로 직경은 4.4m, 반경구분수는 4, 측정점수는 16이다.

answer 22 ㉰ 23 ㉰ 24 ㉰ 25 ㉰

TIP

굴뚝직경(m)	반경구분수	측정점수
1 이하	1	4
1 초과 2 이하	2	8
2 초과 4 이하	3	12
4 초과 4.5 이하	4	16
4.5 초과	5	20

26 굴뚝 배출가스 중의 산소를 측정하는 방법 중 자동측정법에 해당하지 않는 것은?

㉮ 자기식(자기풍) ㉯ 오르쟈트분석법
㉰ 자기식(자기력) ㉱ 전기화학식

풀이 ㉯ 오르쟈트분석법은 측정방법에 해당하지 않는다.

27 다음은 이온크로마토그래피법 중 써프렛서에 대한 내용이다. ( )안에 알맞은 것은?

> 써프렛서는 (①)과 이온교환막형이 있으며, (①)은 음이온에는 스티롤계 (②)수지가, 양이온에는 스티롤계 강염기형의 수지가 충진된 것을 사용한다.

㉮ ① 덤벨형, ② 강산형
㉯ ① 덤벨형, ② 약산형
㉰ ① 관형, ② 강산형
㉱ ① 관형, ② 약산형

28 다음 중 4-아미노 안티피린 용액과 헥사사이아노철(Ⅲ)산포타슘 용액을 가하여 얻어진 적색액의 흡광도를 측정하여 정량하는 오염물질은?

㉮ 폼알데하이드 ㉯ 페놀화합물
㉰ 클로로폼 ㉱ 벤젠

풀이 ㉯ 페놀화합물에 대한 설명이다.

29 배출가스상 물질시료채취 방법 중 채취부에 대한 내용으로 틀린 것은?

㉮ 수은마노미터는 대기와 압력차가 50 mmHg 이상인 것을 쓴다.
㉯ 유리로 만든 가스건조탑을 쓰며, 건조제로는 입자상태의 실리카겔, 염화칼슘 등을 쓴다.
㉰ 펌프는 배기능력 0.5L/분 ~ 5L/분인 밀폐형인 것을 쓴다.
㉱ 가스미터는 일회전 1L의 습식 또는 건식 가스미터로 온도계와 압력계가 붙어 있는 것을 쓴다.

풀이 ㉮ 수은마노미터는 대기와 압력차가 100 mmHg 이상인 것을 쓴다.

30 철강공장의 아크로와 연결된 개방형 여과집진시설에서 배출되는 먼지채취방법에 대한 규정으로 틀린 것은?

㉮ 등속흡인할 필요가 없으며 채취관은 대구경 흡인노즐(보통 10mm정도)이 연결된 흡인관을 사용한다.
㉯ 흡인관을 측정점까지 밀어넣고 출강에서 다음 출강 개시전까지를 먼지 배

answer 26 ㉯ 27 ㉰ 28 ㉯ 29 ㉮ 30 ㉱

출상태를 고려하여 적당한 시간간격으로 나누어 시료를 채취하여 구한 먼지농도를 출강에서 다음 출강개시전까지의 평균먼지농도로 간주한다.
㉰ 시료채취시 측정공을 헝겊 등으로 밀폐할 필요는 없으며 건옥백하우스의 경우는 장입 및 출강시 20±5L/min의 유속으로 배출가스를 흡인한다.
㉱ 한 개의 원통형 여과지에 포집된 1회 먼지포집량은 20mg 이상 50mg 이하로 함을 원칙으로 한다.

풀이 ㉱ 한 개의 원통형 여과지에 포집된 1회 먼지포집량은 2mg 이상 20mg 이하로 함을 원칙으로 한다.

31 대기오염공정시험기준에 사용되는 용어 중 물질을 취급 또는 보관하는 동안에 기체 또는 미생물이 침입하지 않도록 내용물을 보호하는 용기는 어느 것인가?

㉮ 밀폐용기 ㉯ 기밀용기
㉰ 밀봉용기 ㉱ 차광용기

풀이 ㉰ 밀봉용기에 대한 설명이다.

TIP
밀폐용기의 "미"와 미생물의 "미"를 연관지어 기억하시면 됩니다.

32 환경대기 중 가스상 물질의 시료채취 방법으로 틀린 것은?

㉮ 용매채취법 ㉯ 용기채취법
㉰ 고체흡착법 ㉱ 고온흡수법

풀이 가스상 물질의 시료채취 방법으로는 직접채취법, 용기채취법, 용매채취법, 고체흡착법, 저온농축법, 채취용 여과지에 의한 방법이 있다.

33 굴뚝 배출가스 중 가스상 물질 시료채취 방법 중 연결관(도관)에 관한 설명으로 틀린 것은?

㉮ 연결관은 가능한 한 수직으로 연결해야 한다.
㉯ 가열 연결관은 시료연결관, 퍼지라인, 교정가스관, 열원(선), 열전대 등으로 구성되어야 한다.
㉰ 하나의 연결관으로 여러개의 측정기를 사용할 경우 각 측정기 앞에서 연결관을 병렬로 연결하여 사용한다.
㉱ 연결관의 안지름은 연결관의 길이, 흡입가스의 유량, 응축수에 의한 막힘 또는 흡입펌프의 능력 등을 고려해서 40mm ~ 250mm로 한다.

풀이 ㉱ 연결관의 안지름은 연결관의 길이, 흡입가스의 유량, 응축수에 의한 막힘 또는 흡입펌프의 능력 등을 고려해서 4mm ~ 25mm로 한다.

34 환경대기 중의 옥시단트 측정방법에서 사용되는 용어의 설명으로 알맞은 것은?

㉮ 옥시단트 농도는 산소농도를 기준으로 나타내며, 산성아이오드화포타슘법을 주시험방법으로 한다.
㉯ 옥시단트란 전옥시단트, 광화학옥시단트, 오존등의 산화성물질의 총칭이다.
㉰ 전옥시단트란 광화학옥시단트에서 이산화질소를 제외한 물질의 총칭이다.
㉱ 광화학옥시단트란 중성아이오드화포타슘용액에 의해 아이오드를 유리시키는 물질을 말한다.

answer 31 ㉰ 32 ㉱ 33 ㉱ 34 ㉯

풀이 ㉮ 옥시단트 농도는 오존농도를 기준으로 나타내며, 자외선광도법(자동)을 주시험방법으로 한다.
㉰ 전옥시단트란 중성아이오드화포타슘용액에 의해 아이오드를 유리시키는 물질의 총칭이다.
㉱ 광화학옥시단트란 전옥시단트에서 이산화질소를 제외한 물질이다.

35 다음 중 분석 대상가스가 폼알데하이드일 경우 분석방법으로 알맞은 것은?

㉮ 침전적정법
㉯ 질산은법
㉰ 기체크로마토그래피법
㉱ 크로모트로핀산법

풀이 폼알데하이드의 분석방법으로는 고성능 액체크로마토그래피법, 자외선/가시선분광법(크로모트로핀산법, 아세틸아세톤법)이 있다.

36 굴뚝 배출가스 분석대상 성분과 그 분석방법 및 흡수액의 연결로 틀린 것은?

㉮ 질소산화물 - 아연환원나프틸에틸렌다이아민법 - 수산화소듐용액
㉯ 브로민화합물 - 자외선/가시선분광법 - 수산화소듐용액
㉰ 페놀화합물 - 4-아미노안티피린법 - 수산화소듐용액
㉱ 플루오린화합물 - 자외선/가시선분광법 - 수산화소듐용액

풀이 ㉮ 질소산화물 - 아연환원나프틸에틸렌다이아민법 - 황산용액

37 이론단수가 1,600인 분리관이 있다. 보유시간이 10분인 봉우리의 좌우 변곡점에서 접선이 자르는 바탕선의 길이(mm)는 얼마인가? (단, 기록지 이동속도는 5mm/min, 이론단수는 모든 성분에 대하여 같다.)

㉮ 1mm
㉯ 2mm
㉰ 5mm
㉱ 10mm

풀이 $n = 16 \times \left(\dfrac{tR}{w}\right)^2$

여기서 n : 이론단수
tR : 기록지 이동속도(mm/min)
w : 봉우리의 폭(mm)

따라서 $1,600 = 16 \times \left(\dfrac{5mm/min \times 10min}{w}\right)^2$

∴ $w = 5mm$

TIP
tR = 기록지 이동속도(mm/min) × 보유시간(min)

38 대기오염공정시험기준상 환경대기 중의 먼지 측정에 적용 가능한 시험방법으로 틀린 것은?

㉮ 고용량 공기시료채취기법
㉯ 저용량 공기시료채취기법
㉰ 오존전구물질-자동측정법
㉱ 베타선법

풀이 환경대기 중의 먼지 측정에 적용 가능한 시험방법으로는 고용량 공기시료채취기법, 저용량 공기시료채취기법, 베타선법, 광학기법이 있다.

answer   35 ㉱   36 ㉮   37 ㉰   38 ㉰

39 다음은 환경대기내의 석면 시험방법 중 시료채취위치 및 시간에 대한 설명이다. ( )안에 알맞은 것은?

> 주간 시간대에 (①)의 흡인유량으로 (②) 측정한다.

㉮ ① 5L/min, ② 1시간
㉯ ① 5L/min, ② 2시간
㉰ ① 10L/min, ② 1시간
㉱ ① 10L/min, ② 2시간

풀이 시료채취 및 측정시간은 주간 시간대(오전 8시~오후 7시) 10L/min으로 1시간 측정한다.

40 대기오염공정시험기준상 따로 규정이 없을 경우 사용하는 시약의 규격으로 틀린 것은 어느 것인가?

	명칭	농도(%)	비중(약)
①	아세트산	99.0% 이상	1.05
②	과산화수소	30.0 ~ 35.0	1.11
③	아이오딘화수소산	28.0 ~ 30.0	0.90
④	과염소산	60.0 ~ 62.0	1.54

㉮ ①   ㉯ ②
㉰ ③   ㉱ ④

풀이 ③ 아이오딘화수소산의 농도는 55.0 ~ 58.0이며, 비중은 1.70이다.

| 제3과목 | 대기오염방지기술

41 송풍관(duct)에서 흄(fume) 및 매우 가벼운 건조 먼지(예 : 나무 등의 미세한 먼지와 산화아연, 산화알루미늄 등의 흄)의 반응속도로 알맞은 것은?

㉮ 2m/s   ㉯ 10m/s
㉰ 25m/s   ㉱ 50m/s

42 연료 중 탄수소비(C/H비)에 관한 설명으로 틀린 것은?

㉮ 액체연료의 경우 중유 > 경유 > 등유 > 휘발유 순이다.
㉯ C/H비가 작을수록 비점이 높은 연료는 매연이 발생되기 쉽다.
㉰ C/H비는 공기량, 발열량 등에 큰 영향을 미친다.
㉱ C/H비가 클수록 휘도는 높다.

풀이 C/H비가 클수록 비점이 높은 연료는 매연이 발생되기 쉽다.

43 총집진효율 90%를 요구하는 A 공장에서 50% 효율을 가진 1차 집진장치를 이미 설치하였다. 이때 2차 집진장치는 몇 % 효율을 가진 것이어야 하는가? (단, 장치 연결은 직렬 조합 기준)

㉮ 70%   ㉯ 75%
㉰ 80%   ㉱ 85%

풀이 $\eta_T = 1 - (1-\eta_1) \times (1-\eta_2)$
$0.90 = 1 - (1-0.50) \times (1-\eta_2)$
$\therefore \eta_2 = 0.80$ 따라서 80%

answer 39 ㉰   40 ㉰   41 ㉯   42 ㉯   43 ㉰

44 집진장치에서 후드(Hood)의 일반적인 흡인요령으로 틀린 것은?

㉮ 후드를 발생원에 근접시킨다.
㉯ 국부적인 흡인 방식을 택한다.
㉰ 충분한 포착속도를 유지한다.
㉱ 후드의 개구면적을 크게 한다.

풀이 ㉱ 후드의 개구면적을 작게 한다.

TIP 후드의 개구면을 작게하면 흡입속도를 크게 할 수 있다.

45 원추하부 지름이 20cm인 Cyclone에서 가스접선 속도가 5m/sec이면 분리계수는 얼마인가?

㉮ 25.5 ㉯ 18.5
㉰ 12.8 ㉱ 9.7

풀이 분리계수(S) $= \dfrac{v^2}{Rg} = \dfrac{(5m/sec)^2}{0.1m \times 9.8m/sec^2}$
$= 25.51$

TIP 반경(R) $= \dfrac{직경(D)}{2} = \dfrac{0.2m}{2} = 0.1m$

46 A공장의 전기집진장치에서 원통형 집진극의 반경이 8cm이고, 길이가 1.5m이다. 처리가스의 유속을 1.5m/sec로 하고 먼지입자가 집진극을 향하여 이동하는 이동분리 속도가 10cm/sec라면 먼지제거 효율(%)은 얼마인가?

㉮ 약 92% ㉯ 약 94%
㉰ 약 96% ㉱ 약 98%

풀이 $\eta = \left\{1 - \exp\left(\dfrac{-2 \cdot W \cdot L}{R \cdot U}\right)\right\} \times 100$
$= \left\{1 - \exp\left(\dfrac{-2 \times 0.1m/sec \times 1.5m}{0.08m \times 1.5m/sec}\right)\right\} \times 100$
$= 91.79\%$

47 탄소 87%, 수소 13%의 연료를 완전연소 시 배기가스를 분석한 결과 O_2는 5%이었다. 이 때 과잉공기량(Sm^3/kg)은 얼마인가?

㉮ $1.3Sm^3/kg$ ㉯ $3.5Sm^3/kg$
㉰ $4.6Sm^3/kg$ ㉱ $6.9Sm^3/kg$

풀이 ① $O_2\%$ 존재시 공기비(m)
$= \dfrac{21}{21 - O_2\%} = \dfrac{21}{21 - 5\%} = 1.3125$
② 이론공기량(A_o)
$= 8.89C + 26.67\left(H - \dfrac{O}{8}\right) + 3.33S(Sm^3/kg)$
$= 8.89 \times 0.87 + 26.67 \times 0.13$
$= 11.2014 Sm^3/kg$
③ 실제공기량 $= m \times A_o = A$
$= 1.3125 \times 11.2014 Sm^3/kg$
$= 14.70 Sm^3/kg$
④ 과잉공기량 $= A - A_o$
$= 14.70 Sm^3/kg - 11.2014 Sm^3/kg$
$= 3.50 Sm^3/kg$

48 다음 각종 먼지 중 진비중/겉보기 비중이 가장 큰 것은 어느 것인가?

㉮ 카본블랙 ㉯ 미분탄보일러
㉰ 시멘트 원료분 ㉱ 골재 드라이어

풀이 진비중/겉보기비중
㉮ 카본블랙 : 76
㉯ 미분탄보일러 : 4.04

answer 44 ㉱ 45 ㉮ 46 ㉮ 47 ㉯ 48 ㉮

㉰ 시멘트 원료분 : 5.0
㉱ 골재 드라이어 : 2.73

TIP
이 문제에서 (진비중/겉보기비중)이 가장 큰 먼지는 카본블랙임을 기억하시면 됩니다.

49 다음 중 배출가스 중의 NO_x의 제거방법으로 틀린 것은?

㉮ 석회석주입법
㉯ 선택적촉매환원법
㉰ 선택적비촉매환원법
㉱ 황산흡수법

풀이 ㉮ 석회석주입법은 황산화물(SO_x)을 제거하는 방법에 해당한다.

50 아래 그림은 다음 중 어떤 집진장치에 해당하는가?

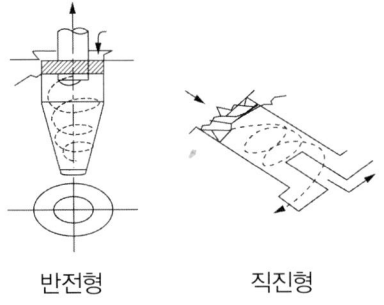

반전형   직진형

㉮ 중력집진장치 ㉯ 관성력집진장치
㉰ 원심력집진장치 ㉱ 전기집진장치

풀이 ㉰ 원심력집진장치의 그림이다.

51 휘발유 자동차의 배출가스를 감소시키기 위해 적용되는 삼원촉매장치의 촉매물질 중 환원촉매로 사용되는 물질은?

㉮ Rh   ㉯ Ni
㉰ Pt   ㉱ Pd

풀이 로듐(Rh)은 NO_x를 저감하는 환원촉매이며, 백금(Pt)과 팔라듐(Pd)는 CO와 HC를 저감하는 산화촉매이다.

TIP
① CO, HC $\xrightarrow{Pt, Pd}$ $CO_2 + H_2O$
② NO_x $\xrightarrow{Rh}$ N_2

52 후드의 형식 및 설치 위치의 결정에 대한 내용으로 틀린 것은?

㉮ 후드 개구면이 바깥주변에 플랜지를 부착하면 후드 뒤쪽의 공기흡입을 유도할 수 있고, 그 결과 포착속도를 높일 수 있다.
㉯ 가능한 한 발생원을 모두 포위할 수 있는 포위식 또는 부스식을 선택한다.
㉰ 작업 또는 공정상 발생원을 포위할 수 없는 경우 외부식을 선택한다.
㉱ 오염물질의 발생상태를 조사한 결과 오염기류가 공정 또는 작업자체에 의해 일정방향으로 발생하고 있을 경우 레시버식을 선택한다.

풀이 ㉮ 후드 개구면이 바깥주변에 플랜지를 부착하면 후드 뒤쪽의 공기흡입을 방지할 수 있고, 그 결과 포착속도를 높일 수 있다.

answer 49 ㉮ 50 ㉰ 51 ㉮ 52 ㉮

53 A 연료가스가 부피로 H_2 9%, CO 24%, CH_4 2%, CO_2 6%, O_2 3%, N_2 56%의 구성비를 갖는다. 이 기체 연료를 1기압 하에서 20%의 과잉공기로 연소시킬 경우 연료 $1Sm^3$당 요구되는 실제공기량 (Sm^3)은 얼마인가?

㉮ $0.83Sm^3$ ㉯ $1Sm^3$
㉰ $1.68Sm^3$ ㉱ $1.98Sm^3$

풀이
$H_2 + 0.5O_2 \rightarrow H_2O$: 9%
$CO + 0.5O_2 \rightarrow CO_2$: 24%
$CH_4 + 2O_2 \rightarrow CO_2 + 2H_2O$: 2%
O_2 : 3%
실제공기량(A)
= 공기비(m) × 이론공기량(A_o)
$= 1.2 \times \dfrac{0.5 \times 0.09 + 0.5 \times 0.24 + 2 \times 0.02 - 0.03}{0.21}$
$= 1.0 Sm^3/Sm^3$

TIP
① 이론공기량(A_o)
$= \dfrac{\text{연소성분 연소시 필요한 산소량-연료의 산소량}}{0.21}$
② 100%+20% = 120% ∴ m = 1.2

54 중량조성이 탄소 85%, 수소 15%인 액체연료를 매시 100kg 연소한 후 배출가스를 분석 하였더니 분석치가 CO_2 12.5%, CO 3%, O_2 3.5%, N_2 81%이었다. 이 때 매시간당 필요한 공기량 (Sm^3/hr)은 얼마인가?

㉮ 약 13   ㉯ 약 157
㉰ 약 657 ㉱ 약 1,271

풀이 ① 공기비(m)
$= \dfrac{N_2 \%}{N_2 \% - 3.76(O_2 \% - 0.5CO\%)}$
$= \dfrac{81\%}{81\% - 3.76 \times (3.5\% - 0.5 \times 3\%)}$
$= 1.1023$
② 이론공기량(A_o)
$= 8.89C + 26.67\left(H - \dfrac{O}{8}\right) + 3.33S \, (Sm^3/kg)$
$= 8.89 \times 0.85 + 26.67 \times 0.15$
$= 11.557 \, Sm^3/kg$
③ 필요한 공기량
= 공기비(m) × 이론공기량(A_o) × 연료량(kg/hr)
$= 1.1023 \times 11.557 \, Sm^3/kg \times 100 \, kg/hr$
$= 1,273.93 \, Sm^3/hr$

55 질소산화물(NO_x)의 억제방법으로 틀린 것은?

㉮ 저산소 연소
㉯ 배출가스 재순환
㉰ 화로내 물 또는 수증기 분무
㉱ 고온영역 생성촉진 및 긴불꽃연소를 통한 화염온도 증가

풀이 ㉱ 고온영역 감소 및 화염온도 감소

56 연료의 성질에 대한 내용 중 틀린 것은?

㉮ 휘발분의 조성은 고탄화도 역청탄에서는 탄화수소가스 및 타르 성분이 많아 발열량이 높다.
㉯ 석탄의 탄화도가 저하하면 탄화수소가 감소하며 수분과 이산화탄소가 증가하여 발열량은 낮아진다.
㉰ 고정탄소는 수분과 이산화탄소의 합을 100에서 제외한 값이다.
㉱ 고정탄소와 휘발분의 비를 연료비라 한다.

풀이 ㉰ 고정탄소는 수분과 회분과 휘발분의 합을 100에서 제외한 값이다.

answer 53 ㉯   54 ㉱   55 ㉱   56 ㉰

57 액체연료의 버너 중 그 유량의 조절 범위가 가장 큰 것은?

㉮ 유압식 버너 ㉯ 회전식 버너
㉰ 로터리식 버너 ㉱ 고압공기식 버너

풀이 고압공기식 버너의 유량조절범위는 1:10 정도로 가장 크다.

58 전형적인 자동차 배기가스를 구성하는 다음 물질 중 가장 많은 양(부피%)을 차지하고 있는 것은? (단, 공전상태 기준)

㉮ HC ㉯ CO
㉰ NO_X ㉱ SO_X

풀이 전형적인 자동차(휘발유 자동차)의 경우 NO_X는 가속시, CO는 공회전시(아이드링시), HC는 감속시에 가장 많이 배출된다.

59 입경측정방법 중 간접측정방법으로 틀린 것은?

㉮ 표준체측정법 ㉯ 관성충돌법
㉰ 액상침강법 ㉱ 광산란법

풀이 ① 직접측정방법 : 표준체측정법, 현미경측정법
② 간접측정방법 : 관성충돌법, 액상침강법, 공기투과법, 광산란법

60 유해가스를 처리하기 위한 흡수액의 구비요건으로 틀린 것은?

㉮ 용해도가 높아야 한다.
㉯ 휘발성이 커야 한다.
㉰ 점성이 비교적 작아야 한다.
㉱ 용매의 화학적 성질과 비슷해야 한다.

풀이 ㉯ 휘발성이 작아야 한다.

| 제4과목 | 대기환경관계법규

61 대기환경보전법규상 조업정지처분을 갈음하여 과징금을 부과할 때, 조업정지일수에 1일당 부과금액과 사업장 규모별 부과계수를 곱하여 산정한다. 다음 중 4종 사업장의 부과계수는 얼마인가?

㉮ 0.7 ㉯ 0.5
㉰ 0.3 ㉱ 0.1

풀이 사업장별 부과계수
① 1종사업장 : 2.0
② 2종 사업장 : 1.5
③ 3종 사업장 : 1.0
④ 4종 사업장 : 0.7
⑤ 5종 사업장 : 0.4

62 대기환경보전법규상 수도권대기환경청장, 국립환경과학원장 또는 한국환경공단이 설치하는 대기오염 측정망의 종류로 틀린 것은?

㉮ 기후·생태계변화 유발물질의 농도를 측정하기 위한 지구대기측정망
㉯ 도시지역의 휘발성유기화합물 등의 농도를 측정하기 위한 광화학대기오염물질측정망
㉰ 대기 중의 중금속 농도를 측정하기 위한 대기중금속 측정망
㉱ 대기오염물질의 지역배경농도를 측정하기 위한 교외 대기측정망

answer 57 ㉱ 58 ㉯ 59 ㉮ 60 ㉯ 61 ㉮ 62 ㉰

풀이 시·도지사가 설치하는 대기오염 측정망의 종류
① 도시대기 측정망
② 도로변 대기측정망
③ 대기중금속 측정망

63 대기환경보전법규상 운행차배출허용기준 중 일반기준에 관한 내용으로 틀린 것은?

㉮ 1993년 이후에 제작된 자동차 중 과급기(Turbo changer)나 중간냉각기(Intercooler)를 부착한 경유사용 자동차의 배출허용기준은 무부하급가속검사방법의 매연 항목에 대한 배출허용기준에 5%를 더한 농도를 적용한다.
㉯ 휘발유사용 자동차는 휘발유 및 가스(천연가스는 제외한다)를 섞어서 사용하는 자동차를 포함하며, 경유사용 자동차는 경유와 알코올(천연가스는 제외한다)을 섞어서 사용하거나 같이 사용하는 자동차를 포함한다.
㉰ 희박연소(Lean burn) 방식을 적용하는 자동차는 공기 과잉률 기준을 적용하지 아니한다.
㉱ 알코올만 사용하는 자동차는 탄화수소 기준을 적용하지 아니한다.

풀이 ㉯ 휘발유사용 자동차는 휘발유·알코올 및 가스(천연가스는 포함한다)를 섞어서 사용하는 자동차를 포함하며, 경유사용 자동차는 경유와 가스를 섞어서 사용하거나 같이 사용하는 자동차를 포함한다.

64 대기환경보전법령상 자동차제작자에게 부과하는 매출액 산정 및 위반행위 정도에 따른 과징금의 부과기준에 따른 과징금 산정방법 관계식으로 알맞은 것은?

㉮ 총매출액×2/100×가중부과계수
㉯ 총매출액×3/100×가중부과계수
㉰ 총매출액×5/100×가중부과계수
㉱ 총매출액×10/100×가중부과계수

풀이 과징금의 부과기준에 따른 과징금 산정방법 관계식은 총매출액×5/100×가중부과계수이다.

65 대기환경보전법규상 특정대기유해물질로 틀린 것은?

㉮ 카드뮴 및 그 화합물
㉯ 브로민 및 그 화합물
㉰ 니켈 및 그 화합물
㉱ 다환 방향족 탄화수소류

66 다음 중 배출부과금을 부과할 때 고려사항으로 틀린 것은?

㉮ 배출허용기준 초과 여부
㉯ 배출되는 오염물질의 유해성 여부
㉰ 배출되는 대기오염물질의 종류
㉱ 대기오염물질의 배출량

풀이 배출부과금을 부과할 때 고려사항으로 배출허용기준 초과 여부, 대기오염물질의 배출기간, 배출되는 대기오염물질의 종류, 대기오염물질의 배출량, 자가측정을 하였는지 여부이다.

answer 63 ㉯ 64 ㉰ 65 ㉯ 66 ㉯

67 대기환경보전법규상 한국환경공단이 환경부장관에게 보고해야 할 위임업무 보고사항 중 '자동차 연료의 제조기준 적합 여부검사현황'의 보고 횟수로 알맞은 것은?

㉮ 연 1회　　㉯ 연 2회
㉰ 연 3회　　㉱ 연 4회

68 대기환경보전법령상 대기오염물질발생량의 합계가 연간 13톤인 사업장은 사업장 분류기준 중 몇 종 사업장에 해당하는가?

㉮ 2종사업장　　㉯ 3종사업장
㉰ 4종사업장　　㉱ 5종사업장

풀이 사업장 분류기준
① 제1종사업장 : 연간 80톤 이상
② 제2종사업장 : 연간 20톤 이상 80톤 미만
③ 제3종사업장 : 연간 10톤 이상 20톤 미만
④ 제4종사업장 : 연간 2톤 이상 10톤 미만
⑤ 제5종사업장 : 연간 2톤 미만

69 다음 중 대기오염방지시설의 종류로 틀린 것은?

㉮ 흡수에 의한 시설
㉯ 간접연소에 의한 시설
㉰ 흡착에 의한 시설
㉱ 미생물을 이용한 처리시설

풀이 ㉯ 직접연소에 의한 시설

70 다음 (　)안에 들어갈 수의 합은 얼마인가?

- 신규교육 : 환경기술인으로 임명된 날로부터 (　)년 이내에 1회
- 보수교육 : 신규교육을 받은 날을 기준으로 (　)년마다 1회

㉮ 1　　㉯ 3
㉰ 4　　㉱ 5

풀이 ① 신규교육 : 환경기술인으로 임명된 날로부터 1년 이내에 1회
② 보수교육 : 신규교육을 받은 날을 기준으로 3년마다 1회

71 대기환경법규상 시설의 가동시간, 대기오염물질 배출량 등에 관한 사항을 대기오염물질 배출시설 및 방지시설의 운영기록부에 매일 기록하고, 최종 기재한 날부터 얼마 동안 보존하여야 하는가?

㉮ 1년간　　㉯ 2년간
㉰ 3년간　　㉱ 6개월간

72 대기환경보전법령상 대기오염 경보단계별 조치사항으로 틀린 것은?

㉮ 주의보 : 자동차 사용제한 명령
㉯ 경보 : 사업장의 연료사용량 감축권고
㉰ 중대경보 : 주민의 실외활동 금지요청
㉱ 중대경보 : 사업장의 조업시간 단축명령

풀이 ㉮ 주의보 : 주민의 실외활동 자제요청, 자동차 사용의 자제 요청

answer　67 ㉱　68 ㉯　69 ㉯　70 ㉰　71 ㉮　72 ㉮

> **TIP**
> **단계별 조치사항**
> ① 주의보 발령 : 주민의 실외활동 및 자동차 사용의 자제요청
> ② 경보 발령 : 주민의 실외활동 제한 요청, 자동차 사용의 제한 및 사업장의 연료 사용량 감축 권고
> ③ 중대경보 발령 : 주민의 실외활동 금지 요청, 자동차의 통행금지 및 사업장의 조업시간 단축명령

73 환경정책기본법령상 오존(O_3)의 대기환경기준으로 알맞은 것은? (단, 8시간 평균치 기준)

㉮ 0.10ppm 이하　㉯ 0.06ppm 이하
㉰ 0.05ppm 이하　㉱ 0.02ppm 이하

풀이 오존(O_3)의 대기환경기준
① 8시간 평균치 : 0.06ppm 이하
② 1시간 평균치 : 0.1ppm 이하

74 대기환경보전법령상 초과부과금 산정 기준에서 다음 대기오염물질 중 1킬로그램당 부과금액이 가장 낮은 물질은?

㉮ 불소화물　㉯ 황화수소
㉰ 암모니아　㉱ 염화수소

풀이 오염물질 1킬로그램당 부과금액
㉮ 불소화물 : 2,300원
㉯ 황화수소 : 6,000원
㉰ 암모니아 : 1,400원
㉱ 염화수소 : 7,400원

75 대기환경보전법규상 경유를 연료로 하는 자동차연료 제조기준으로 틀린 것은?

㉮ 10% 잔류 탄소량(%) : 0.15 이하
㉯ 밀도 @15℃(kg/m³) : 815 이상 835 이하
㉰ 다환 방향족(무게%) : 5 이하
㉱ 윤활성(μm) : 560 이하

풀이 ㉱ 윤활성(μm) : 400 이하

76 대기환경보전법령상 배출허용기준초과와 관련하여 개선명령을 받은 사업자는 시·도지사에게 그 명령을 받은 날부터 며칠 이내에 개선계획서를 제출하여야 하는가?

㉮ 7일 이내　㉯ 10일 이내
㉰ 15일 이내　㉱ 30일 이내

풀이 개선명령을 받은 사업자는 시·도지사에게 그 명령을 받은 날부터 15일 이내에 개선계획서를 제출하여야 한다.

77 사업장에서 배출되는 대기오염물질을 총량으로 규제하려는 경우 고시사항으로 틀린 것은?

㉮ 총량규제구역
㉯ 총량규제 대기오염물질
㉰ 규제기준농도
㉱ 대기오염물질의 저감계획

풀이 사업장에서 배출되는 대기오염물질을 총량으로 규제하려는 경우 고시사항으로는 총량규제구역, 총량규제 대기오염물질, 대기오염물질의 저감계획이 있다.

answer 73 ㉯　74 ㉰　75 ㉱　76 ㉰　77 ㉰

78 대기환경보전법상 연소할 때 생기는 유리탄소가 응결하여 입자의 지름이 1미크론 이상이 되는 입자상물질은?

㉮ 가스 ㉯ 먼지
㉰ 매연 ㉱ 검댕

풀이 ㉱ 검댕에 대한 정의이다.

TIP
① 먼지 : 대기 중에 떠다니거나 흩날려 내려오는 입자상물질
② 매연 : 연소할 때에 생기는 유리탄소가 주가 되는 미세한 입자상물질

79 다음은 신축 공동주택의 실내공기질 권고기준 중 틀린 것은? (단위는 $\mu g/m^3$)

㉮ 스티렌 : 600
㉯ 벤젠 : 30
㉰ 에틸벤젠 : 360
㉱ 폼알데하이드 : 210

풀이 ㉮ 스티렌 : $300\mu/m^3$ 이하

TIP
실내공기질 권고기준
① 폼알데하이드 : $210\mu g/m^3$ 이하
② 톨루엔 : $1,000\mu g/m^3$ 이하
③ 자일렌 : $700\mu g/m^3$ 이하
④ 라돈 : $148Bq/m^3$ 이하

80 대기환경보전법령상 일일초과배출량 및 일일유량의 산정방법으로 알맞은 것은?

㉮ 일일조업시간은 배출량을 측정하기 전 최근 조업한 30일 동안의 배출시설 조업시간평균치를 시간으로 표시한다.
㉯ 먼지의 배출농도의 단위는 세제곱미터당 마이크로그램으로 표시한다.
㉰ 특정대기유해물질의 배출허용기준초과 일일오염물질 배출량은 소수점 이하 첫째자리까지 계산한다.
㉱ 먼지의 배출허용기준초과 일일오염물질배출량은 일일유량×배출허용기준초과농도×10^{-3}으로 산정한다.

풀이 ㉯ 먼지의 배출농도의 단위는 세제곱미터당 밀리그램으로 표시한다.
㉰ 특정대기유해물질의 배출허용기준초과 일일오염물질 배출량은 소수점 이하 넷째자리까지 계산한다.
㉱ 먼지의 배출허용기준초과 일일오염물질배출량은 일일유량×배출허용기준초과농도×10^{-6}으로 산정한다.

※ 알림
CBT 시험문제는 수강생들이 복원한 문제를 중심으로 구성되어 있으므로 실제 출제된 문제와 다소 차이가 있을 수 있음을 알려드립니다.
저자는 수험생들이 원하시는 보다 알차고 보다 쉽게 공부할 수 있는 수험서를 만들기 위해 항상 최선의 노력을 다하고 있습니다.

answer 78 ㉱ 79 ㉮ 80 ㉮

대기환경산업기사 과년도

초　판 인쇄 | 2012년 1월 5일
초　판 발행 | 2012년 1월 10일
개정 9판 발행 | 2023년 1월 10일
개정 10판 발행 | 2024년 1월 10일
개정 11판 발행 | 2025년 1월 10일

지 은 이 | 전화택
발 행 인 | 조규백
발 행 처 | 도서출판 구민사
　　　　　(07293) 서울특별시 영등포구 문래북로 116, 604호(문래동3가 46, 트리플렉스)
전화 (02) 701-7421
팩스 (02) 3273-9642
홈페이지 www.kuhminsa.co.kr

신고번호 | 제2012-000055호(1980년 2월 4일)
I S B N | 979-11-6875-412-6　13500

값 35,000원

※ 낙장 및 파본은 구입하신 서점에서 바꿔드립니다.
※ 본서를 허락없이 부분 또는 전부를 무단복제, 게재행위는 저작권법에 저촉됩니다.